“十三五”普通高等教育本科系列教材

传感器与检测技术原理及实践

主　编　沈显庆
副主编　孟毅男　王蕴恒　寇晓静
编　写　潘洪亮　曹小燕　周　杰　孙　鹏
主　审　樊尚香

中国电力出版社
CHINA ELECTRIC POWER PRESS

内 容 提 要

本书从系统工程的角度，以被控参量的类型为模块，以误差理论为依据，重点介绍传感器的测量电路及测试方法，并对温度、转速、压力、流量等非电量参数进行了电路设计，具有取材新颖、内容丰富、适用面广等特点。全书共八章，主要内容包括传感器及检测技术概述、测量误差理论、检测信号处理、常用传感器、电参数测量、非电量测量、检测系统的综合设计、工程实践方法等。

本书可作为高等院校自动化、电气工程及其自动化、机电一体化等相关专业的本科教材，也可作为高职高专及函授教材，还可作为工业控制及相关领域工作人员的参考书。

图书在版编目（CIP）数据

传感器与检测技术原理及实践/沈显庆主编．—北京：中国电力出版社，2018.10（2021.6 重印）

“十三五”普通高等教育本科规划教材

ISBN 978-7-5198-2049-7

Ⅰ.①传…　Ⅱ.①沈…　Ⅲ.①传感器—检测—高等学校—教材　Ⅳ.①TP212

中国版本图书馆 CIP 数据核字（2018）第 172180 号

出版发行：中国电力出版社
地　　址：北京市东城区北京站西街 19 号（邮政编码 100005）
网　　址：http://www.cepp.sgcc.com.cn
责任编辑：陈硕（010－63412532）　贾丹丹
责任校对：黄　蓓　太兴华
装帧设计：郝晓燕
责任印制：钱兴根

印　　刷：北京天宇星印刷厂
版　　次：2018 年 10 月第一版
印　　次：2021 年 6 月北京第三次印刷
开　　本：787 毫米×1092 毫米　16 开本
印　　张：22.25
字　　数：548 千字
定　　价：53.00 元

前 言

为贯彻落实教育部《关于进一步加强高等学校本科教学工作的若干意见》和《教育部关于以就业为导向深化高等职业教育改革的若干意见》的精神，加强教材建设，确保教材质量，中国电力教育协会组织制定了“十三五”普通高等教育本科系列教材。该教材强调适应不同层次、不同类型院校，满足学科发展和人才培养的需求，坚持专业基础课教材与教学亟需的专业教材并重、新编与修订相结合。本书为新编教材。

随着微型计算机及微电子技术在检测领域的广泛应用，传感器与检测技术在测量原理、准确度、灵敏度、可靠性、功能及自动化水平等方面都发生了巨大的变化。因此，学习传感器及检测技术的工作原理，掌握相关的新技术和设计方法是十分重要的。

本书在内容上以本科应用型人才的培养为目标，注重培养学生的实践能力。本书主要内容包括测量误差理论、检测信号处理、常用传感器、电参数测量、非电量测量等内容，重点讲述了检测系统综合设计和工程实践方法。本书主要特点为：

（1）在取材和教材体系编排上注重原理与应用技术相结合，突出应用性和针对性，把误差理论、传感器原理、检测方法及工程实践的具体事例联系在一起，突出实践能力的培养；

（2）力求将最新的传感技术、检测技术等及时反映在教材中，同时还增加了检测综合设计、工程实践方法等内容；

（3）测量电路实用性强，所有测量电路均通过实践验证，部分电路可直接应用到生产实际中。

本书由沈显庆统稿并编写第一章和第六章的第一节至第七节，孟毅男编写第二章，寇晓静编写第三章和第六章的第八节和第九节，王蕴恒编写第四章的第八节至第十四节，曹小燕编写第四章的第一节至第七节，周杰编写第五章，潘洪亮编写第七章，孙鹏编写第八章。

由于编者水平有限，书中不足之处在所难免，敬请广大读者批评指正。

编 者

2018 年 1 月

目　　录

第一章　传感器及检测技术概述

在机电一体化产品中，无论是机械电子化产品（如数控机床），还是机电相互融合的高级产品（如机器人），都离不开检测与传感器这个重要环节。若没有传感器对原始的各种参数进行精确而可靠的自动检测，那么信号转换、信息处理、正确显示、控制器的最佳控制等，都是无法进行和实现的。

检测系统是机电一体化产品中的一个重要组成部分，用于实现计测功能。在机电一体化产品中，传感器的作用就相当于人的感官，用于检测有关外界环境及自身状态的各种物理量（如力、位移、速度、位置等）及其变化，并将这些信号转换成电信号，然后再通过相应的变换、放大、调制与解调、滤波、运算等电路将有用的信号检测出来，反馈给控制装置或送去显示。实现上述功能的传感器及相应的信号检测与处理电路，就构成了机电一体化产品中的检测系统。

随着现代测量、控制及自动化技术的发展，传感器技术越来越受到人们的重视，应用越来越普遍。凡是应用到传感器的地方，必然伴随着相应的检测系统。传感器与检测系统可对各种材料、机件、现场等进行无损探伤、测量和计量；对自动化系统中各种参数进行自动检测和控制。尤其是在机电一体化产品中，传感器及其检测系统不仅是一个必不可少的组成部分，而且已成为机与电有机结合的一个重要纽带。

第一节　传感器的组成与分类

一、传感器的定义

传感器是能感受规定的被测量并按照一定规律转换成可用输出信号的器件或装置，通常由敏感元件和转换元件组成。其中，敏感元件是指传感器中直接感受被测量的部分，转换元件是指传感器能将敏感元件的输出转换为适于传输和测量的电信号部分。

应该说明，并不是所有的传感器都能明显区分敏感元件与转换元件两个部分，而是二者合为一体。例如，半导体气体、湿度传感器等，它们一般都是将感受的被测量直接转换为电信号，没有中间转换环节。其输出信号形式有很多种，如电压、电流、频率、脉冲等，输出信号的形式由传感器的原理确定。

二、传感器的组成

由于传感器输出信号一般都很微弱，需要有信号调节与转换电路将其放大或变换为容易传输、处理、记录和显示的形式。其组成框图如图 1-1 所示。

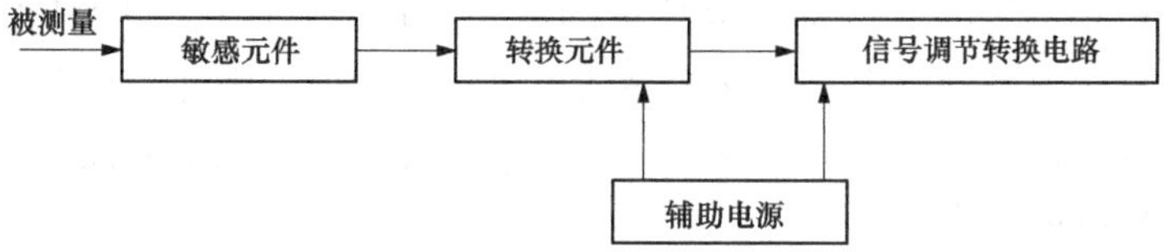

图 1-1　传感器组成框图

三、传感器的分类

1. 按被测参量分类

（1）电工量：电压、电流、电功率、电阻、电容、频率、磁场强度、磁通密度等。

（2）热工量：温度、热量、比热容、热流、热分布、压力、压差、真空度、流量、流速、物位、液位、界面等。

（3）机械量：位移、形状、力、应力、力矩、重量、质量、转速、线速度、振动国、加速度、噪声等。

（4）物性和成分量：气体成分、液体成分、固体成分、酸碱度、盐度、浓度、黏度、粒度、密度、比重等。

（5）光学量：光强、光通量、光照度、辐射能量等。

（6）状态量：颜色、透明度、磨损量、裂纹、缺陷、泄漏、表面质量等。

2. 按被测参量的检测转换方法分类

（1）电磁转换：电阻式、应变式、压阻式、热阻式、电感式、互感式（差动变压器）、电容式、阻抗式（电涡流式）、磁电式、热电式、压电式、霍尔式、振频式、感应同步器、磁栅等。

（2）光电转换：光电式、激光式、红外式、光栅、光导纤维式等。

（3）其他能/电转换：声/电转换（超声波式）、辐射能/电转换（X 射线式、β 射线式、γ 射线式）、化学能/电转换（各种电化学转换）等。

3. 按使用性质分类

按使用性质检测仪表通常可分为标准表、实验室表和工业用表等三种。

“标准表”是各级计量部门专门用于精确计量、校准送检样品和样机的标准仪表。标准表的精度等级必须高于被测样品、样机所标称的精度等级；而其本身又根据量值传递的规定，必须经过更高一级法定计量部门的定期检定、校准。

“实验室表”多用于各类实验室中，它的使用环境条件较好，往往无特殊的防水、防尘措施。对于温度、相对湿度、机械振动等的允许范围也较小。这类检测仪表的精度等级虽较工业用表为高，但使用条件要求较严，只适于实验室条件下的测量与读数，不适于远距离观察及传送信号等。

“工业用表”是长期使用于实际工业生产现场的检测仪表与检测系统。这类仪表为数最多，根据安装地点的不同，又有现场安装及控制室安装之分。前者应有可靠的防护，能抵御恶劣的环境条件，其显示也应醒目。工业用表的精度一般不很高，但要求能长期连续工作，并具有足够的可靠性。

第二节 传感器技术的发展动向

传感器位于检测系统的入口是获取信息的第一个环节，因此它的精度、可靠性、稳定性、抗干扰性等直接关系到机电一体化产品的整机性能指标。因此，传感器的研究与开发一直受到人们的重视，传感器的性能不断提高，主要表现在以下几个方面：

一、新型传感器的开发

鉴于传感器的工作机理是基于各种效应和定律，由此启发人们进一步发现新现象、采用新原理、开发新材料、采用新工艺，并以此研制出具有新原理的新型物性型传感器，这是发展高性能、多功能、低成本和小型化传感器的重要途径。总之，传感器正经历着从以结构型为主转向以物性型为主的过程。

二、传感器的集成化和多功能化

传感器集成化包括两种定义，一是同一功能的多元件并列化，即将同一类型的单个传感元件用集成工艺在同一平面上排列起来，排成 1 维的为线性传感器，CCD 图像传感器就属于这种情况。集成化的另一个定义是多功能一体化，即将传感器与放大、运算以及温度补偿等环节一体化，组装成一个器件。

多功能体现在传感器能测量不同性质的参数，实现综合检测。例如：集成有压力、温度、湿度、流量、加速度、化学等不同功能敏感元件的传感器，能同时检测外界环境的物理特性或化学特性，进而实现对环境的多参数综合监测。

三、传感器的智能化

传感器与微处理机相结合，使之不仅具有检测功能，还具有信息处理、逻辑判断、自诊断以及“思维”等人工智能，就称之为传感器的智能化。借助于半导体集成化技术把传感器部分与信号预处理电路、输入输出接口、微处理器等制作在同一块芯片上，即成为大规模集成智能传感器。可以说智能传感器是传感器技术与大规模集成电路技术相结合的产物，它的实现将取决于传感技术与半导体集成化工艺水平的提高与发展。这类传感器具有多能、高性能、体积小、适宜大批量生产和使用方便等优点，可以肯定地说，是传感器重要的方向之一。

四、传感器的微型化

微电子工艺、微机械加工和超精密加工等先进制造技术在各类传感器的开发和生产中的不断普及，使传感器向以微机械加工技术为基础、仿真程序为工具的微结构技术方向发展。如采用微机械加工技术制作的 MEMS 产品（微传感器和微系统），具有划时代的微小体积、低成本、高可靠性等独特的优点。

五、网络化

网络传感器的开发，使测控系统主动进行信息处理以及远距离实时在线测量成为可能。

第三节　检测技术的地位与作用

一、检测的定义

检测是指在各类生产、科研、试验及服务等各个领域，为及时获得被测、被控对象的有关信息而实时或非实时地对一些参量进行定性检查和定量测量。

二、检测技术的地位与作用

对工业生产而言，采用各种先进的检测技术对生产全过程进行检查、监测，对确保安全生产，保证产品质量，提高产品合格率，降低能源和原材料消耗，提高企业的劳动生产率和经济效益是必不可少的。

“检测”是测量，“计量”也是测量，两者有什么区别？一般说来，“计量”是指用精度等级更高的标准量具、器具或标准仪器，对送检量具、仪器或被测样品、样机进行考核性质的测量；这种测量通常具有非实时及离线和标定的性质，一般在规定的具有良好环境条件的计量室、实验室，采用比被测样品、样机更高精度的并按有关计量法规经定期校准的标准量具、器具或标准仪器进行测量。而“检测”通常是指在生产、实验等现场，利用某种合适的检测仪器或综合测试系统对被对象进行在线、连续的测量。

据了解，目前国内外一些城市污水处理厂由于在污水的收集、提升、处理及排放和各环节均实现自动检测与优化控制，因而大大降低了污水处理的运营成本，其污水处理的平均运行费用约0.4元/m^3；而我国许多基本上靠人工操作的城镇污水处理厂其污水处理的平均运行费用为1.0～1.6元/m^3，两者相比差距十分明显。

在军工生产和新型武器、装备研制过程中更离不开现代检测技术，对检测的需求更多，要求更高。研制任何一种新武器，从设计到零部件制造、装配到样机试验，都要经过成百、上千次严格的试验，每次试验需要同时高速、高精度地检测多种物理参理，测量点经常多达上千个。飞机、潜艇等在正常使用时都装备了上百个不同的检测传感器，组成十几至几十种检测仪表，实时监测和指示各部位的工作状况。在新机型设计、试验过程中需要检测的物理量更多，而检测点通常在5000个以上。在火箭、导弹和卫星的研制过程中，需动态高速检测的参量也很多，要求也更高；没有精确、可靠的检测手段，要使导弹准确命中目标和卫星准确入轨是根本不可能的。

用各种先进的医疗检测试仪器可大大提高疾病的检查、诊断速度和准确性，有利于争取时间，对症治疗，增加患者战胜疾病的机会。

随着生活水平的提高，检测技术与人们日常生活也越来越密切。例如，新型建筑材料的物理、化学性能检测，装饰材料有害成分是否超标检测，城镇居民家庭室内的温度、湿度、防火、防盗及家用电器的安全监测等，不难看出检测技术在现代社会中的重要地位与作用。

第四节　检测技术的发展趋势

随着世界各国现代化步伐的加快，对检测技术的要求越来越高。而科学技术，尤其是大规模集成电路技术、微型计算机技术、机电一体化技术、微机械和新材料技术的不断进步，则大大促进了现代检测技术的发展。目前，现代检测技术发展的总趋势大体有以下几个方面。

(1) 不断拓展测量范围，努力提高检测精度和可靠性。

随着科学技术的发展，对检测仪器和检测系统的性能要求，尤其是精度、测量范围、可靠性指标的要求越来越高。以温度为例，为满足某些科研实验的需求，不仅要求研制测温下限接近绝对零度（−273.15℃），且测温量程尽可能达到15K（约−258℃）的高精度超低温检测仪表；同时，某些场合需连续测量液态金属的温度或长时间连续测量2500～3000℃的高温介质温度，目前虽然已能研制和生产最高上限超过2800℃的热电偶，但测温范围一旦超过2500℃，其准确度将下降，而且极易氧化，从而严重影响其使用寿命与可靠性；因此，寻找能长时间连续准确检测上限超过2000℃被测介质温度的新方法、新材料和研制（尤其是适合低成本大批量生产）出相应的测温传感器是各国科技工作者多年来一直努力要解决的课题。目前，非接触式辐射型温度检测仪表的测温上限，理论上最高可达10^5℃以上，但与聚核反应优化控制理想温度约 10^8℃相比还相差 3 个数量级，这就说明超高温检测的需求远远高于当前温度检测所能达到的技术水平。

（2）传感器逐渐向集成化、组合式、数字化方向发展。

鉴于传感器与信号调理电路分开，微弱的传感器信号在通过电缆传输的过程中容易受到各种电磁干扰信号的影响，由于各种传感器输出信号形式众多，而使检测仪器与传感器的接口电路无法统一和标准化，实施起来颇为不便。

随着大规模集成电路技术的迅猛发展，采用贴片封装方式、体积大大缩小的通用和专用集成电路越来越普遍，因此，目前已有不少传感器实现了敏感元件与信号调理电路的集成和一体化，对外可直接输出标准的 4～20mA 电流信号，成为名副其实的变送器。这对检测仪器整机研发与系统集成提供了很大的方便，从而使得这类传感器身价倍增。

其次，一些厂商把两种或两种以上的敏感元件集成于一体，成为可实现多种功能的新型组合式传感器。例如，将热敏元件和湿敏元件及信号调理电路集成在一起，一个传感器可同时完成温度和湿度的测量。

（3）重视非接触式检测技术研究。

在检测过程中，把传感器置于被测对象上，可灵敏地感知被测参量的变化，这种接触式检测方法通常比较直接、可靠，测量精度较高，但在某些情况下，因传感器的加入会对被测对象的工作状态产生干扰，而影响测量的精度。而在有些被测对象上，根本不允许或不可能安装传感器，例如测量高速旋转的振动、转矩等。因此，各种可行的非接触式检测技术的研究越来越受到重视，目前已商品化的光电式传感器、电涡流式传感器、超声波检测仪表、核辐射检测仪表等正是在这些背景下不断发展起来的。今后不仅需要继续改进和克服非接触式（传感器）检测仪器易受外界干扰及绝对精度较低等问题，而且相信对一些难以采用接触式检测或无法采用接触方式进行检测的，尤其是那些具有重大军事、经济或其他应用价值的非接触检测技术课题的研究投入会不断增加，非接触检测技术的研究、发展和应用步伐将会明显加快。

（4）检测系统智能化。

近十年来，由于包括微处理器、单片机在内的大规模集成电路的成本和价格不断降低，功能和集成度不断提高，许许多多以单片机、微处理器或微型计算机为核心的现代检测仪器（系统）实现了智能化，这些现代检测仪器通常具有系统故障自测、自诊断、自调零、自校准、自选量程、自动测试和自动分选功能，强大数据处理和统计功能，远距离数据通信和输入、输出功能，可配置各种数字通信接口，传递检测数据和各种操作命令等，还可方便地接入不同规模的自动检测、控制与管理信息网络系统。与传统检测系统相比，智能化的现代检测系统具有更高的精度和性能/价格比。

本章小结

本章在论述传感器及检测技术基本概念的基础上，较为详细地介绍了传感器的分类和发展方向、检测技术的发展趋势，并在环境监护、医疗和军事领域的应用进行了阐述。

习题与思考题

1-1 传感器的组成与分类是什么？

1-2 举例说明检测技术在现代化建设中的作用。

1-3 检测系统通常由哪几部分组成？各类检测系统对传感器的一般要求是什么？

1-4 检测技术的发展趋势是什么？

第二章　测量误差理论

人类为了认识自然与改造自然，需要不断地对自然界的各种现象进行测量和研究，但由于受人们的认识能力、测量仪器的性能、实验方法的不完善、周围环境以及被测对象的变化等因素的影响，测量和实验所得数据与被测量的真值之间不可避免地存在着差异，这些差异在数值上即表现为误差。随着科学技术的日益发展和人们认识水平的不断提高，虽然可将误差控制得越来越小，但终究不能完全消除。

误差存在的必然性和普遍性已为大量实践所证明：任何测量均有误差，误差存在于一切测量过程中，这就是所谓的误差公理。为了充分认识并减小误差，必须对测量过程和科学实验中的误差进行研究。

测量误差理论包括基本误差理论、不确定度评定、数据处理方法等三大部分内容。

目前，误差理论与数据处理已经发展成为一门独立的学科，属于理论计量学范畴。本章的有关内容均符合最新的相关国家计量技术规范。

第一节　测量与测量误差的基本概念

一、测量的定义和分类

测量是以确定量值为目的的一组操作。测量有时也称为计量。

按获取被测量测量结果的方法不同，测量一般可分为直接测量法和间接测量法。

间接测量法是指通过直接测量的量值与被测量量值之间的已知函数关系确定被测量量值的测量方法。直接测量法则是直接获取被测量量值的测量方法。例如：用尺子测量长度、用玻璃温度计测量温度、用量筒测量液体容积等测量均属于直接测量；根据测量电阻、导线长度和截面积的方法确定金属电阻率的方法则属于间接测量。

在计量学领域，为了获得更好的测量结果，还经常采用诸如定义测量法、直接比较法、闭环组合测量法、替代测量法、交换（对置）测量法、微差测量法、零位测量法以及最常见的偏移测量法等，这些方法均属于上述两种方法的范畴，只是具体实施方法略有不同，因此对于不同的测量任务，应选择合适的测量方法。

测量与计量既有联系，又有区别。计量是实现单位统一、量值准确可靠的活动，这个活动通常伴随测量。计量学关于测量的科学，是保证单位统一和量值准确可靠的科学。计量学覆盖测量的理论与实践的各个方面。计量学曾经称作“度量衡学”“权度学”。计量学研究的主要内容包括：可测量的量、计量单位、计量基准和计量标准的建立与复现、量值保存及传递、测量原理、测量方法、测量不确定度、观测者进行测量的能力、计量的法制和管理、物理常量与物理常数、标准（参考）物质、材料特性的准确确定等。

二、量与测量误差的基本概念

（一）被测量

被测量指测量对象的特定量。

（二）量的真值

（1）定义：与给定的特定量定义一致的值。

（2）说明：通过测量得到的值只能逼近真值。

（三）量的约定真值

（1）定义：对于给定的目的、被赋予适当不确定度的特定量的值，该值通常是约定采用的。

（2）说明：

1）约定真值有时称为最佳估计值、指定值、约定值、参考值；

2）在实际测量中约定真值通常是被测量的实际值、已修正过的算术平均值、计量标准的值等相对准确的值；

3）约定真值可以是权威推荐值，如科学技术数据委员会（CODATA）2012 年推荐的“阿伏伽德罗常数”为 $6.022\ 141\ 79(30)\times10^{23}\ \mathrm{mol}^{-1}$，测量该值的相对标准不确定度为 5.0×10^{-8}；

4）约定真值可以是理论值，如三角形内角和为 180°。

（四）测量误差

（1）定义：测量结果与被测量真值的差。

（2）定义式：

$$e = x - x_{\mathrm{true}} \tag{2-1}$$

由于真值 x_{true} 不能确定，则误差不能确定，故常用约定真值 $x_{\mathrm{con\cdot true}}$ 代替真值 x_{true}，此时得到的误差值 $e=x-x_{\mathrm{con\cdot true}}$ 为误差的测量值或估计值，通常所说的误差均是测量误差的测量值或估计值。误差的测量值是一个大小和符号确定的值。

（五）相对误差

（1）定义：测量误差与被测量真值的比值。

（2）定义式：

$$r_{\mathrm{tr}} = \frac{x - x_{\mathrm{true}}}{x_{\mathrm{true}}} \times 100\% \tag{2-2}$$

由于被测量真值不可知，因此工程上常用以下表达式计算相对误差的估计值

$$r_{\mathrm{c}} \approx \frac{x - x_{\mathrm{con\cdot true}}}{x_{\mathrm{con\cdot true}}} \times 100\% \tag{2-3}$$

$$r_{\mathrm{x}} \approx \frac{x - x_{\mathrm{con\cdot true}}}{x} \times 100\% \tag{2-4}$$

（3）说明：

1）相对误差以百分数表示，r_{c} 通常称实际相对误差、r_{x} 通常称示值相对误差。

2）给出相对误差时，必须说明 x 的取值范围，要避免 $x=0$ 的情况用相对误差表达。如果出现这种情况，则用相对误差表达绝对误差，即 $e=r_{\mathrm{x}}\cdot x$，这时当 $x=0$ 时可能导出 $e=0$，但要注意：误差的测量值为 0，并不意味着测量误差为 0，因为被测量的真值不可知。

3）在式（2-1）中所表达的误差通常称作绝对误差，是与相对误差对应的专有名词，不要与误差绝对值混淆。

（4）相对误差由绝对误差和测量值大小决定，因此不能简单地根据相对误差值的大小来

判断测量结果的好坏和测量仪器及系统的优劣，只能判断误差相对测量值的大小。某些小信号测量的相对误差较大，测量结果和仪器却体现了相当高的技术水平；另外由于测量目的不同，具体的测量任务对绝对误差和相对误差的要求也不同。

在测量工作中，要获得相对准确的测量结果，选择合适性能的仪表和量程非常重要，否则导致测量成本的提高或测量结果的不满意。

三、仪器误差的有关概念

（一）引用误差

（1）定义：测量器具的绝对误差与其引用值的比值。

（2）定义式：

$$r_f=\frac{e}{x_f}\times 100\% \tag{2-5}$$

（3）说明：

1）如果不做特殊说明，引用值 x_f 通常是该仪器的量程，即 $x_f=x_{max}-x_{min}$；当 $x_{min}=0$ 时 $x_f=x_{max}$，此时引用值 x_f 为标称范围的上限。

2）引用误差虽然是相对值，但由于引用值是确定的，故引用误差是以相对误差的形式表示测量器具的绝对误差，当仪表的准确度等级以引用误差表达时，则给出了仪表的最大绝对误差 $e_{max}=C\%\cdot(x_{max}-x_{min})$，$C$ 为仪表等级、$r_f=C\%$。

3）模拟指针仪表、工业仪表的等级常用引用误差表达。

4）某些模拟指针仪表用相对误差表达等级，但必须给出合适的测量范围。

5）数字仪表通常用 2 项合成的表达式表达其误差极限值：

a）$e_{max}=\pm(a\%\cdot x+b\%\cdot FR)$，$x$ 为示值、FR（Full Range）通常是 x_{max}；

b）$e_{max}=\pm(a\%\cdot x+n\cdot digit)$，$n=1\sim4$、$digit$ 是与量程对应的末位数字所代表的值。

【例 2-1】 求以引用误差定等的 1.0 级、测量范围为 0～100V 电压表的最大绝对误差。当用该电压表测量 50V 的电压时，测量结果的相对误差不超过多少？

解：最大绝对误差　$e_{max}=1.0\%\times(100-0)=1$（V）。

用该电压表测量 50V 时的相对误差不超过　$r_{max}=\frac{1V}{50V}=2\%$

【例 2-2】 标称范围为 0～150V 的电压表，当其示值为 100.0V 时，测得其输入电压实际值为 99.4V。则求该电压表在 100.0V 处的引用误差和相对误差。

解：该电压表在 100.0V 处的引用误差　$r_f=\frac{e}{x_f}=\frac{100-99.4}{150-0}=0.4\%$

该电压表在 100.0V 处的相对误差　$r=\frac{e}{x}=\frac{100-99.4}{100}=0.6\%$

【例 2-3】 用 $4\frac{1}{2}$ 位数字电压表 2V 挡和 200V 挡测量 1V 电压，该电压表各挡允许误差限均为 $\pm(0.02\%\cdot x+1digit)$，试分析用上述两挡分别测量时的相对误差。

解：用 2V 挡测量，绝对误差为　$e_{2V}=\pm(0.02\%\cdot 1V+0.0001V)=\pm0.0003V$，

相对误差　$r_{2V}=\frac{0.0003V}{1V}=0.03\%$

用 200V 挡测量，绝对误差为 $e_{200V}=\pm(0.02\%\cdot 1V+0.01V)=\pm 0.010\ 2V$，

相对误差 $r_{200V}=\dfrac{0.010\ 2V}{1V}=1.02\%$

这个例子说明了用同一数字仪表的不同量程测量同一个被测量，测量误差是不同的；使用同一量程测量两个差距较大的被测量时，误差表达式中的两个部分误差的贡献是不同的。

【例 2-4】 某待测的电压约为 100V，现有 0.5 级 0～300V 和 1.0 级 0～100V 两个以引用误差定等的电压表，问用哪一个电压表测量比较好？

解：用 0.5 级 0～300V 测量 100V 时

最大绝对误差为 $e_{max}=0.5\%\times(300-0)=1.5V$

最大相对误差为 $r_{max}=\dfrac{1.5V}{100V}=1.5\%$

用 1.0 级 0～100V 测量 100V 时

最大绝对误差为 $e_{max}=1.0\%\times(100-0)=1.0V$

最大相对误差为 $r_{max}=\dfrac{1.0V}{100V}=1.0\%$

上面这个例子同样说明了如果量程选择恰当，用 1.0 级仪表进行测量比用 0.5 级仪表更准确。

（二）分贝误差

在电子测量领域，分贝误差广泛用于增益（衰减）量的测量中，经常使用分贝误差来表达增益（衰减）测量的相对误差。

1. 对于电压、电流量

设双口网络（如放大器或衰减器）输入、输出电压的测量值分别为 U_i 和 U_o，电压增益的测量值为 A_u

$$A_u=\frac{U_o}{U_i} \tag{2-6}$$

用对数表示为

$$G_u=20\lg A_u\ (\text{dB}) \tag{2-7}$$

G_u 为增益测量值的分贝值（dB）。

设 A 为电压增益实际值，其分贝值 $G=20\lg A$，根据误差定义及式（2-7）有

$$\Delta A=A_u-A$$

从而 $G_u=20\lg(A+\Delta A)=20\lg\left[A\left(1+\dfrac{\Delta A}{A}\right)\right]=20\lg A+20\lg\left(1+\dfrac{\Delta A}{A}\right)$

定义分贝误差为 $\gamma_{dB}=G+20\lg\left(1+\gamma_{dB}\dfrac{\Delta A}{A}\right)=G_x-G=20\lg\left(1+\dfrac{\Delta A}{A}\right)\quad(\text{dB})$

定义增益相对误差 $\gamma_A=\dfrac{\Delta A}{A}$ 则有

$$\gamma_{dB}=20\lg(1+\gamma_A)\quad(\text{dB}) \tag{2-8}$$

式（2-8）表达了电压（电流）增益相对误差与分贝误差的关系。

2. 对于功率类参量

同理，当 $A_P=\dfrac{P_o}{P_i}$时可得

$$\gamma_{dB}=10\lg(1+\gamma_P)\qquad(dB)\tag{2-9}$$

式（2-9）表达了功率增益相对误差与分贝误差的关系。

当 γ_A 与 γ_P 较小时，将式（2-8）、式（2-9）分别按级数展开后，得到两个近似公式

$$\gamma_{dB}\approx 8.69\gamma_A\qquad(dB)\tag{2-10}$$

$$\gamma_{dB}\approx 4.34\gamma_P\qquad(dB)\tag{2-11}$$

3. 说明

在实际工作中，常用 dB 来表示信号电平，用 dBm 来表示功率信号电平。

为统一测量方法，确定了一个规约的输入信号大小，也就是所谓的零电平。

在电子学领域中，零电平一般定义为：在 600Ω 的纯电阻上耗散 1mW 的功率。按此定义电阻上的电压和流过的电流分别为

$$U_i=\sqrt{PR}=\sqrt{0.001\times 600}=0.7746(V)$$

$$I_i=\sqrt{\frac{P}{R}}=\sqrt{\frac{0.001}{600}}=1.291(mA)$$

作为输入基准值的 1mW、0.774 6V 和 1.291mA 分别称为零电平功率、零电平电压和零电平电流（我国不采用电流电平测量基准），在微波和通信领域中广泛应用。

电压和电流信号引入零电平后的对数增益公式为

$$G_u=20\lg\frac{U_o}{0.7746}\qquad(dB)\tag{2-12}$$

功率信号引入零电平后的对数增益公式为

$$G_P=10\lg\frac{P_o}{0.001}\qquad(dBm)\tag{2-13}$$

我国现在使用的测量仪器也有取 1μW 为零电平的（例如测量接收机），在这种情况下要注意。

【例 2-5】 测量某电压放大器的电压增益。当输入端电压 $U_i=1.2mV$ 时，测得输出电压 $U_o=6V$，若 U_i 的测量误差可忽略，U_o 的测量误差为 $\gamma_u=+3\%$，求：放大器电压增益的绝对误差 ΔA，相对误差 γ_A 及分贝误差 γ_{dB}。

解：

电压增益的测量值　$A_u=\dfrac{\hat{U}_o(\text{测量值})}{U_i}=\dfrac{6V}{1.2mV}=5000$

电压增益的实际值　$A=\dfrac{U_o(\text{实际值})}{U_i}=\dfrac{\hat{U}_o-\gamma_u\hat{U}_0}{U_i}=\dfrac{\hat{U}_o(1-3\%)}{U_i}=A_u\cdot(1-3\%)=4850$

电压增益的绝对误差　$\Delta A=A_u-A=5000-4850=+150$

电压增益的相对误差　$\gamma_A=\dfrac{\Delta A}{A}=\dfrac{+150}{4850}\approx+3.1\%$

电压增益的分贝误差　$\gamma_{dB}=20\lg(1+0.031)=20\lg1.031=+0.27(dB)$

（三）准确度

1. 测量准确度

测量结果与被测量真值之间的一致程度。

2. 测量仪器的准确度

测量仪器的响应接近真值的能力。

3. 说明

根据上述定义，准确度是一个定性的概念。

关于准确度这个术语在使用中的有关注意在后面详细介绍。

（四）准确度等级

（1）定义：符合一定的计量要求，使误差保持在规定极限以内的测量仪器的等别或级别。

（2）说明：准确度等级以符号 C 表示时，意味着该仪器的相对误差或引用误差为 $C\%$，其中 $C=A\times10^N$、N 为整数，通常 $A=1$、（1.5）、2、（2.5）、5，括号内的数表示可用但不推荐。

（五）标称值

（1）定义：测量仪器上标注的、表明其特性或指导其使用的量值。

（2）说明：玻璃温度计、量块、量筒、固定标准电阻上的量值都是标称值，通常为化整值。

（六）偏差

计量器具的实际值与其标称值之差。

【例 2-6】 BZ3 型 100Ω 标准电阻在某一条件下的实际值为 100.002 5Ω。求其偏差及相对偏差、误差及相对误差。

解： 偏差＝100.002 5－100＝＋0.002 5（Ω），相对偏差＝$+2.5\times10^{-5}$；

误差＝100－100.002 5＝－0.002 5（Ω），相对误差＝-2.5×10^{-5}。

结论：具有标称值的器具的偏差与其误差符号相反。

（七）测量仪器的重复性

（1）定义：在相同测量条件下，重复测量同一个被测量，测量仪器提供相近示值的能力。

（2）说明：

1）相同测量条件主要指人员相同、设备相同、方法相同、环境相同、程序相同；

2）重复性可用分散性指标-实验标准偏差定量描述；

3）重复测量过程中，该被测量必须足够稳定。

（八）复现性

（1）定义：在改变了的测量条件下，同一被测量的测量结果之间的一致程度。

（2）说明：

1）改变了的测量条件主要指测量原理、测量方法、测量设备、测量人员、测量程序、测量环境的改变，给出复现性指标时，应说明改变测量条件的详细情况；

2）复现性可用分散性指标-实验标准偏差定量描述；

3）测量结果为修正系统误差后的结果；

4）改变测量条件获得各测量结果过程中，如果被测量足够稳定，则得到的是不同测量条件下的复现性指标；如果被测量发生变化则得到的是总体复现性指标。

（九）影响量

（1）定义：不是被测量但影响被测量值或测量仪器示值的量。

（2）说明：

1）测量长度时的环境温度；

2）测量交流电压时的频率。

第二节　测量误差的性质与基本规律

一、测量误差的来源

在测量过程中，误差产生的来源主要为以下几个方面：

（一）测量仪器（装置）

1. 标准量具误差

以固定形式复现标准量值的器具，如标准量块、标准线纹尺、标准砝码、标准电阻、标准电池、参考电压源等，它们本身体现的量值都不可避免地都含有误差。

2. 仪器误差

凡用来直接或间接将被测量和已知量进行比较的比较仪、仪器或仪表、器具设备、天平等具有的误差。

3. 附件误差

仪器仪表的附件带来的测量误差。

（二）环境条件

各种环境因素与规定的标准状态不一致而引起的测量装置和被测量本身的变化导致测量结果的误差。如温度、湿度、气压（引起空气各部分的扰动）、振动（外界条件及测量人员引起的振动）、照明（引起视差、光辐射）、重力加速度、电磁场等所造成的影响。

通常仪器仪表在规定的正常工作条件所具有的误差称为基本误差，而超出此条件时所增加的误差称为附加误差。

（三）测量方法

测量方法不完善、测量所依据的理论不严密或对测量表达式做不适当简化等原因而造成的误差，方法误差也称作理论误差。凡是在测量结果的表达式中没有得到反映（未建模），而在实际测量中又起作用的一些因素所引起的误差都会产生方法（理论）误差。如测量设备的绝缘漏电、寄生电势、引线与接触电阻的压降、平衡线路中的分辨力、仪器在测量过程中吸收被测电路的功率等。

（四）人为因素

人为因素指由实验者的分辨能力、感觉器官的不完善和生理变化、反应速度和固有习惯以及一时疏忽等所造成的误差。如估计读数时始终偏大或偏小、记录信号时超前或滞后、视觉和听觉不完善的人员进行测量工作时有可能造成上述误差。

目前，随着计算机技术和电子技术的飞速发展，自动测试系统正在逐步替代人在测量中的工作，人员造成误差的范围正在逐步缩小，但人在整个测量工作中仍然起到决定性的作用。

总之，在测量前、过程中、测量后都应对上述四个方面的误差来源予以充分考虑，进行全面的分析，以保证测量工作达到目标。在进行不确定度评定时，对各种误差因素应力求不重复、不遗漏，特别要注意对测量结果影响较大的那些误差因素。

【例 2-7】 图 2-1 和图 2-2 表达了两种测量直流稳压电源输出功率的方法。试分析不同测量方法可能产生的误差。

解： 直流稳压电源输出功率的定义为 $P_{\text{out}}=V_{\text{AB}}\cdot I$。

图 2-1 所示的方法符合定义，只有仪器误差（电压测量误差和电流测量误差）影响测量结果。

图 2-2 所示的方法 $P_{\text{out}}=\dfrac{V_{\text{AB}}^2}{R}$。其中 R 应为 A 与 B 两端负载电阻，它是标准电阻与导线电阻之和，电压测量误差和电阻误差影响输出功率的测量结果。如果未考虑引线电阻，则产生方法误差；如果负载电阻确定不准，则产生仪器误差。

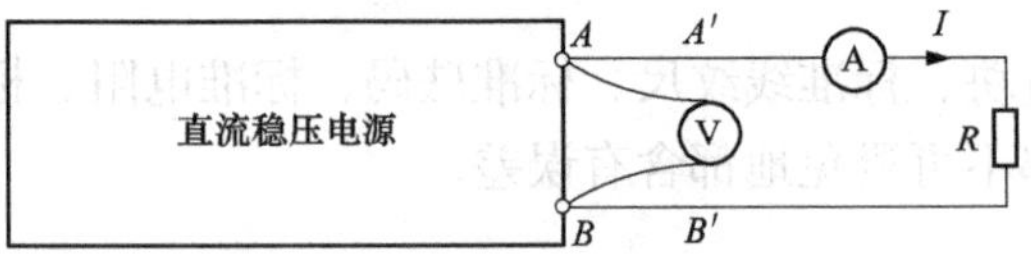

图 2-1 输出功率的测量方法 1

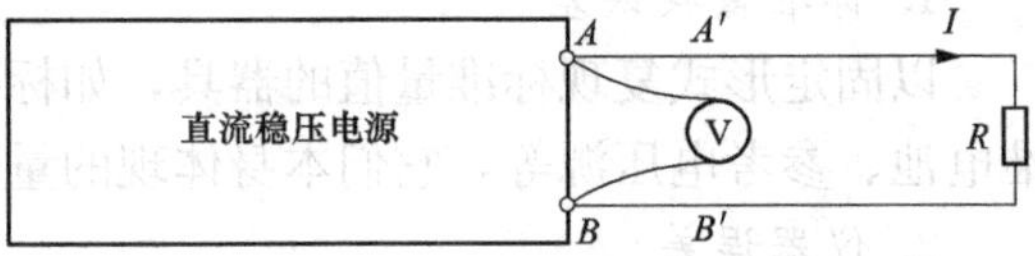

图 2-2 输出功率的测量方法 2

上述两种方法在电压表输入阻抗有限或电压取样点不正确时（取自 $A'B'$）时，都将产生方法误差；电压表、电流表、标准电阻偏离规定使用条件时将产生附加误差。

二、测量误差的性质及其表达

表 2-1 是用某种仪器对某电阻进行 15 次测量的结果。表中 R_i 为第 i 次测量值，$\overline{R}$ 为测量值的算术平均值，定义 $v_i=R_i-\overline{R}$ 为残余误差。为了更直观地考察测量值的分布规律，用图 2-3 表示测量结果的分布情况，图 2-3 中小圆点代表各次测量值。

表 2-1 电阻测量值及其残余误差分布

No	R_i（Ω）	$v_i=R_i-\overline{R}$	v_i^2
1	85.30	+0.09	0.008 1
2	85.71	+0.50	0.25
3	84.70	−0.51	0.260 1
4	84.94	−0.27	0.072 9
5	85.63	+0.42	0.176 4
6	85.24	+0.03	0.000 9
7	85.36	+0.15	0.022 5
8	84.86	−0.35	0.122 5
9	85.21	0.00	0.00
10	84.97	−0.24	0.057 6
11	85.19	−0.02	0.004
12	85.35	+0.14	0.019 6
13	85.21	0.00	0.00

续表 2-1

No	$R_i(\Omega)$	$v_i=R_i-\overline{R}$	v_i^2
14	85.16	−0.05	0.002 5
15	85.32	+0.11	0.012 1
统计量	$\overline{R}=85.21$	$\sum v_i=0$	$\sum v_i^2=1.016\,3$

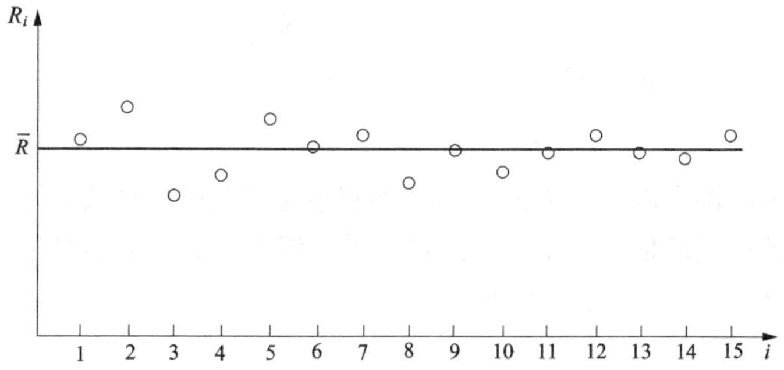

图 2-3　电阻测量值的分布情况

由表 2-1 和图 2-3 可以看出实验数据有以下几个特点：

(1) 正的残余误差出现了 7 次，负的残余误差出现了 6 次，两者出现次数基本相等，正负误差出现的概率基本相等，即误差具有对称性；

(2) 残余误差的绝对值分布于 (0，0.1)、(0.1，0.2)、(0.2，0.3)、(0.3，0.4)、(0.4，0.5) 几个区间，绝对值小的误差出现的概率大，绝对值大的误差出现的概率小，即具有单峰性；

(3) 所有残余误差的绝对值都没有超过某一界限，即具有有界性。

需要说明的是：在实际测量工作中，大多数测量数据基本符合上述特点，但也有不符合的情况。

数据产生的起伏和分散是众多影响因素联合作用的结果，主要包括以下几种因素：

(1) 测量仪器内部的元器件产生的噪声、接触不良、零部件配合的不稳定、摩擦等；

(2) 温度、湿度、气压及电源电压的波动、空间电磁干扰、地基振动等；

(3) 测量人员感觉器官的无规则变化而造成的读数不稳定等。

其中前两种因素为主要因素。

根据上述数据，人们自然会提出这样的问题：$\overline{R}$ 是什么？数据的分散性如何来度量？测量结果有多准确？将通过以下内容的学习回答这些问题。

实际的测量结果 x 必然具有分散性，可以认为 x 是符合一定分布规律的随机变量。

设 $E(x)$ 为测量结果 x 的数学期望值。

根据误差定义式有：　$e=x-x_{\text{true}}=[x-E(x)]+[E(x)-x_{\text{true}}]$

从而定义随机误差：

$$e_{\text{rand}}=[x-E(x)] \tag{2-14}$$

系统误差：

$$e_{\text{sys}}=[E(x)-x_{\text{true}}] \tag{2-15}$$

$$e=e_{\text{rand}}+e_{\text{sys}} \tag{2-16}$$

从而得出结论：测量误差＝随机误差＋系统误差，即测量误差由随机误差和系统误差构成。

（一）系统误差

（1）定义：对同一被测量进行无限多次重复测量所得结果的算术平均值与被测量真值的差。

$$e_{\text{sys}}=E(x)-x_{\text{true}}=\lim_{n\to\infty}\frac{\sum_{i=1}^{n}x_i}{n}-x_{\text{true}} \tag{2-17}$$

（2）说明：

1）由于 x_{true}不能确定以及 n 有限，往往得到系统误差的估计值；

2）可以用系统误差的估计值来修正测量结果，但由于修正值本身是估计值，不够完善，因此修正后的结果仍然具有一定的不确定度。

（二）随机误差

（1）定义：对同一被测量进行无限多次测量所得的每个单次测量结果与其算术平均值的差。

$$e_{\text{rand}-i}=x_i-E(x)=x_i-\lim_{n\to\infty}\frac{\sum_{i=1}^{n}x_i}{n} \tag{2-18}$$

（2）说明：

1）随机误差表示测量结果 x_i 之间的分散程度；

2）由于 n 有限，获得的是测量数据样本，因此实际得到的是随机误差的估计值——残余误差；

3）测量数据的母体是符合一定的统计规律的随机变量，单个随机误差的大小和符号不可预估，因此随机误差不能修正，只能用统计量估计其限度。随机误差可以通过设计合理的测量方法、选择适当的测量仪器、构造针对性的测量算法来降低，不可能完全消除。

（三）粗大误差

（1）定义：明显超出规定条件下预期值的某些测量值的误差。

（2）说明：

1）粗差也称疏失误差、寄生误差，对测量数据而言也称异常值、野值，它的发生是一种明显不符合测量误差（数据）母体统计规律的事件。

2）具体的测量工作中，某一组测量数据中可能会存在有异常的数据，这些数据对统计期望值而言表现为较大的误差，其产生的原因主要是环境突发干扰、测量仪器有缺陷或使用不正确、人员读数错误以及被测对象的量值突然变化等。

粗大误差可以采用一定的统计方法予以检验并剔除。

规律性较强的粗差可能表现了测量仪器（系统）存在的问题或被测对象量值的变化规律，应仔细分析其产生的原因并重新考虑测量方法或测量系统的构成以降低或消除这种粗差的影响。对于这类粗差的适当处理，可能会导致对被测对象的重新认识和测量仪器（系统）设计思想的变革。

（四）残余误差（残差）

（1）定义：n 有限时随机误差的估计值。

$$v_i = x_i - \frac{\sum_{i=1}^{n} x_i}{n}(n\text{ 有限}) \tag{2-19}$$

（2）说明：

残余误差具有一个数值特点，即 $\sum_{i=1}^{n} v_i = 0$。

（五）实验标准偏差

（1）定义：对同一被测量做多次（n 有限）测量、表征测量结果分散性的量。

（2）说明：该分散性定量描述指标用著名的贝塞尔公式计算

$$S(x_i) = \sqrt{\frac{\sum_{i=1}^{n}(x_i - \overline{x})^2}{n-1}} \tag{2-20}$$

$$S(\overline{x}) = \frac{S(x_i)}{\sqrt{n}} \tag{2-21}$$

$$\overline{x} = \frac{\sum_{i=1}^{n} x_i}{n} \tag{2-22}$$

式中：n 为有限的测量次数；x_i 为被测量 x 的第 i 次测量值，$\overline{x}$ 为 x_i 的算术平均值；S（x_i）、S（$\overline{x}$）为测量数据的分散性度量指标，分别称作单个测量值（列）的实验标准偏差和测量列算术平均值的实验标准偏差。当 n 有限时，$S(x_i)$、$S(\overline{x})$ 本身也为随机变量，即不同的测量列之间的 $S(x_i)$ 或 $S(\overline{x})$ 存在着分散性。

（六）修正值

（1）定义：用代数法与未修正测量结果相加，以补偿其系统误差的值。

（2）定义式：

$$C + x = x_{\text{con·true}} \tag{2-23}$$

（3）说明：

1）在确定某一修正值 C 的过程中使用约定真值及 n 有限时，得到的修正值为估计值，即修正值的估计值＝约定真值－测量平均值＝－系统误差估计值；

2）系统误差可以采用一些特殊的方法补偿或用修正值予以修正，但由于补偿方法的不完善和修正值本身的不确定度，补偿和修正后的测量结果的测量误差的模可能变得很小，甚至为 0，但是修正后的测量结果仍然具有一定的不确定度，应采用不确定度的评定方法予以估值。

下面的内容说明了修正值的获得和使用的过程。

图 2-4 为用标准源法获得仪器修正值过程（仪器的校准）的示意图。$X_{\text{con·true}}$为标准源输出值（约定真值），x 为仪器显示值，二者之间的理论传递系数为

图 2-4　修正值的获得过程

1。显示值的修正值 $C=\overline{x}_{\text{con}\cdot\text{true}-i}-\overline{x}_i$，$i$ 为重复校准的次数。显然标准值和测量值（显示值）的随机起伏以及标准值的不确定度都将使修正值 C 产生校准不确定度。

图 2-5 修正值的使用过程

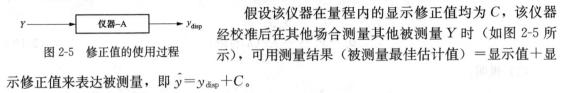

假设该仪器在量程内的显示修正值均为 C，该仪器经校准后在其他场合测量其他被测量 Y 时（如图 2-5 所示），可用测量结果（被测量最佳估计值）＝显示值＋显示修正值来表达被测量，即 $\hat{y}=y_{\text{disp}}+C$。

$\hat{y}$ 为被测量 Y 的“最佳估计值”，但 Y 未知。由于 C 在使用时的条件可能偏离获得时的条件，严格讲，使用时的修正值已经不是 C 了，因此又引出了一个必须回答的问题：$\hat{y}$ 到底有多准？由于被测量的真值 Y 无法知道，因此不能计算误差 $\hat{y}-Y$ 的值，那么至少应该知道误差 $\hat{y}-Y$ 应该处于什么范围，否则就确定不了测量结果的质量。

（七）测量不确定度

（1）定义：与测量结果相关联、表征被测量合理赋值之分散性的参数。

（2）定义式：

$$Y=\hat{y}\pm U_{\text{P}}(\hat{y}) \tag{2-24}$$

（3）说明：

1）$\hat{y}$ 为测量结果的最佳估计值；

2）Y 为被测量真值（未知）；

3）U_{P}（$\hat{y}$）为测量结果 $\hat{y}$ 在一定置信概率意义下的不确定度，是测量结果 $\hat{y}$ 的质量指标，它是一个正值；

4）通常置信概率取值为 95％、99％、99.73％；

5）如果不做特殊说明，测量仪器的最大允许误差（允许误差限）对应的置信概率应为 100％。

三、系统误差的基本规律与修正

实际的测量数据既包含随机误差又包含系统误差。在大部分情况下，系统误差数值比随机误差大得多且辨识和处理的方法也比较复杂，因此只有充分重视系统误差的特征、规律及修正（补偿）方法的研究，才能获得最佳的测量结果和研制出高质量的测量仪器。另外只有将测量数据中的显著系统误差消除后，对随机误差的数学处理才有意义。

（一）产生系统误差的影响因素

1. 环境的影响

由于各种环境影响因素与要求的标准状态不一致、其在空间上的存在梯度、其随时间的变化而引起的测量仪器（装置）对被测量响应产生变化。这些因素与温度、湿度、气压、电路结构、电磁场影响、照明、野外工作时的风效应、阳光照射和辐射、透明度、空气含尘量等都有关。

2. 仪器自身的原因

测量仪器（装置）本身的设计缺陷（结构、工艺）、校准与调整方法、磨损以及老化等影响因素所引起的误差。

3. 方法（理论）存在缺陷

测量方法或理论不完善引起的误差（如静态设计和动态使用、测量方程不完善等）。

4. 人员操作、读数的习惯

计量人员生理差异和技术不熟练引起的误差。

（二）系统误差的基本规律

系统误差按其呈现的特征可以分为定值系统误差和变值系统误差。而变值系统误差又可分为累积的、周期的和按复杂规律变化的系统误差。

1. 定值系统误差

在测量过程中大小和符号始终不变的误差。

例如：某量块的标称尺寸为 10.000mm，实际尺寸为 10.001mm，误差为−0.001mm，若按标称尺寸使用，则始终存在−0.001mm 的系统误差。

2. 累积系统误差

在测量过程中按一定速率逐渐增大或减小的误差，通常称作线性误差。

例如：刻度值为 1mm 的标准刻度尺，由于存在刻划（分度）误差 $-\Delta L$ mm，每一刻度间实际距离为 $(1+\Delta L)$mm。用该尺测量一长度为 L 的物体，读数为 n，则 L 的实际值为 $n\cdot(1+\Delta L)$mm，从而读数误差 $e=n\times1-L=-n\times\Delta L$ mm，显然 e 是随读数 n（测量值）的大小而变化的线性系统误差。

3. 周期性系统误差

在测量过程中周期性变化的误差。

例如：对于指针式仪表，由于安装问题，使实际的指针中心偏离了仪表刻度盘的中心，则会出现周期性变化的指示误差。如图 2-7 所示，指针的实际转动中心 O' 沿水平方向偏离刻度盘中心 O 的距离为 L，则实际指针与水平线的夹角为 ϕ。由于 L 很小，可以用两平行线间的直线距离代替指针端部的弧长，若刻度盘是按理想圆心均匀刻度的，则可以得到指针的指示误差 ΔL 与夹角 ϕ 之间的关系 $\Delta L=L\cdot\sin\phi$。从而可知：指针在（0°，180°）范围转动时，指示误差为正；指针在（180°，0°）范围转动时，指示误差为负；在 90°和 270°点处的指示误差最大，分别为 $\pm L$，在 0°和 180°点处的指示误差最小，分别为 0。

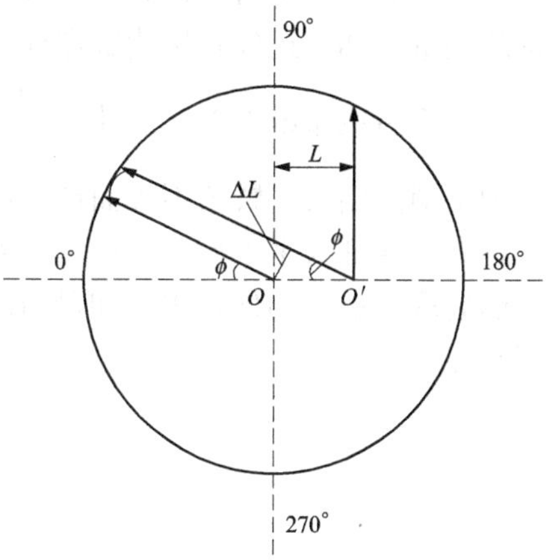

图 2-6　偏心导致的周期性误差示意图

4. 按复杂规律变化的系统误差

在测量过程中按复杂规律变化的误差，一般可用曲线或公式表示。

例如：晶体振荡器频率的长期漂移近似服从对数规律，若不考虑这种漂移，就会带来按对数规律变化的系统误差。

（三）系统误差的抵消与修正

系统误差的抵消或修正方法应该在仪器设计阶段和测量工作开始前就予以充分的重视并开展研究，以保证设计目标和测量目标的实现。

总的来说，有三种方法可用于使系统误差减小。

（1）测量前尽可能消除导致系统误差的来源。

(2) 建立误差模型，修正系统误差。通过实验或其他方法建立系统误差的与相应影响量之间的数学模型，根据实际影响量的值计算出合理的修正值，加到测量结果上，从而使修正后的测量结果更加接近真值。由于计算机技术的发展，这种方法获得了广泛的应用。

(3) 在测量过程中采用合适的测量方法，使系统误差被抵消而不带到测量结果中。

人们在长期的科学实验中，总结了很多行之有效的测量方法来试图消除或减小系统误差，如替代法、反向补偿法、交换法（对置法）、等间隔对称法、半周期法、微差法等。

1. 定值系统误差的抵消方法

(1) 替代法。替代法最直观的例子就是利用精密天平称重。在电子测量中也大量采用替代法，例如用电桥测量电阻、电感、电容以及用直流替代交流的方法准确地测量高频电压等。

1）替代法的应用之一——用等臂天平精密测量物体质量。

设待测物体的质量为 x，当天平达到平衡时所加标准砝码的质量为 Q，天平的两臂长度分别为 L_1 和 L_2。根据力矩平衡原理，当天平达到平衡时有

$$x=\frac{L_2}{L_1}Q \tag{2-25}$$

用等臂天平做一般称量时，如果天平处于正常工作状态，认为 $L_1=L_2$，则有 $x=Q$，这种测量方法通常称作直接读数。

实际在制造天平时，很难保证天平的两臂长度相等，即 $L_1\neq L_2$（微小差异），所以对于精密的测量，如果还像直接读数那样，认为所加砝码质量即为物体的质量，这样就会因天平臂长不等而造成系统误差 $e_L=\left(1-\frac{L_2}{L_1}\right)\cdot Q$。

为了消除因天平臂长不等而产生的系统误差，采用替代法测量。

首先为保证天平平衡，用质量为 Q 的替代物与物体质量 x 平衡，则有式（2-25）成立。

然后取下被测物体，用已知量值的标准砝码 P 代替 x，不断地调整 P 的值，使天平仍达到平衡，则有

$$P=\frac{L_2}{L_1}Q \tag{2-26}$$

比较式（2-25）与式（2-26）可知 $x=P$，显然测量结果中不含有天平臂长的影响。

这种消除系统误差的方法最早就是应用在称重上，称沃尔德称重法。

2）替代法的应用之二——用电桥采用替代法测量电阻。

电路如图 2-7 所示。电桥平衡时，检流计 G 指示为零，由 $U_{BD}=U_{CD}$，可得

$$R_x=\frac{R_3}{R_2}R_1 \tag{2-27}$$

由式（2-27）可以看出，任意三个桥臂电阻的误差都会对测量结果产生有影响。如果采用替代法，则可以避免这种影响。

接入被测电阻 R_x 并调节桥臂电阻使桥路平衡后，保持各可调元件 R_1、R_2、R_3 不动，然后在 R_x 位置换上标准可调电阻 R_s，不断调节 R_s 大小，使电桥又恢复平衡，则有

$$R_s=\frac{R_3}{R_2}R_1 \tag{2-28}$$

比较式（2-27）和式（2-28）可得到 $R_x=R_s$。

显然测量结果 R_x 与 R_1、R_2、R_3 的误差无关，只要检流计有足够高的灵敏度和各电阻在测量过程中保持稳定不变即可。

（2）反向补偿法（异号法）。这种方法要求对被测量要进行两次适当的测量，通过取两次测量结果的平均值作为最终测量结果，从而达到消除系统误差的目的。

1）反向补偿法的应用之一——消除寄生热电动势带来的测量电阻时的系统误差。

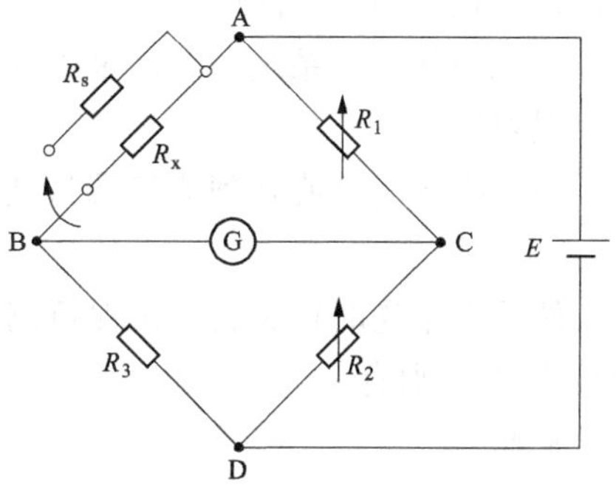

图 2-7　替代法测量电阻示意图

在电学测量中，为了测量一未知电阻值 R_x，可将待测电阻 R_x 与一已知阻值的标准电阻 R_s 串联后通以激励电流，用电位差计或高输入阻抗电压表分别测出两电阻上的电压 U_x、U_s，在理想情况下有

$$R_x=\frac{U_x}{U_s}\cdot R_s \tag{2-29}$$

在测量回路中，由于导线之间材料的差异和接点温度的差异等因素，在电压引线的接点处将产生寄生热电动势，这种寄生热电动势会使电压测量结果产生误差，从而影响电阻测量结果。为了消除它们对测量造成的影响，可以改变电流方向进行两次测量。

第一次给正向电流 I 时测得的电压降为 U_{x1}、U_{s1}，在两个电压端上的寄生热电动势分别为 E_x、E_s，且满足

$$U_{x1}=I\cdot R_x+E_x$$
$$U_{s1}=I\cdot R_s+E_s$$

如果不做下面的第二次测量，则有

$$R_x=\frac{U_{x1}-E_x}{U_{s1}-E_s}\cdot R_s \tag{2-30}$$

显然测量结果受 E_x 和 E_s 的影响，将产生系统误差。

第二次给反向电流 $-I$ 时测得的电压降为 U_{x2}、U_{s2}，且满足

$$U_{x2}=-I\cdot R_x+E_x$$
$$U_{s2}=-I\cdot R_s+E_s$$

取

$$\overline{U}_x=\frac{1}{2}\cdot[U_{x1}+(-U_{x2})]$$

$$\overline{U}_s=\frac{1}{2}\cdot[U_{s1}+(-U_{s2})]$$

则有

$$\overline{U}_x=I\cdot R_x$$

从而

$$\overline{U}_s=I\cdot R_s$$

$$R_x=\frac{\overline{U}_x}{\overline{U}_s}R_s \tag{2-31}$$

在 U_x 和 U_s 中不包含 E_x 和 E_s，消除了寄生热电动势对测量所造成的影响。

2）反向补偿法的应用之二——消除测微仪空行程造成的系统误差。

由于测微仪机械传动机构的特点，在旋转其螺旋套筒时，刻度变化而量杆不动，由于测微仪是接触式原理，因此这样的测量结果必然存在系统误差。

为了消除这一系统误差，采用双向对线法。设被测物体的实际尺寸为 a，空行程造成的系统误差为 e_a。

第一次顺时针旋转到测量端与被测物体表面良好接触为止，测微仪标尺读数为 d，则有

$$d=a+e_a$$

然后微量逆时针旋转，仍保持测量端与被测物体表面同样的良好接触，此时测微仪标尺读数为 d'，则有

$$d'=a-e_a$$

从而

$$D=\frac{1}{2}\cdot(d+d')=a$$

其中测量结果 D 中不包含空行程的影响，为实际值 a。

（3）交换法（对置法）。将测量中的某些条件（例如被测物的位置等）相互交换，导致误差因素作用相反而消除系统误差的方法。典型的例子是用于消除天平不等臂因素引起的恒定系统误差。

设待测物体的质量为 x，当天平达到平衡时所加标准砝码的质量为 Q，天平的两臂长度分别为 L_1 和 L_2。根据力矩平衡原理，当天平达到平衡时有

$$x=\frac{L_2}{L_1}Q \tag{2-32}$$

然后交换 x 和 Q 的位置，由于 $L_1\neq L_2$，为使天平平衡，调整 Q 的值为 Q'，这时有

$$x=\frac{L_1}{L_2}Q' \tag{2-33}$$

上面两式相乘后得到

$$x=\sqrt{QQ'} \tag{2-34}$$

由于 x 与 L_1 和 L_2 无关，只与标准砝码值 Q 和 Q' 有关，因此按式（2-34）得到的测量结果 x 不包含天平力臂的影响，即消除了由于天平不等臂而造成的系统误差。

将式（2-32）和式（2-33）相除得到

$$\frac{L_2}{L_1}=\sqrt{\frac{Q'}{Q}} \tag{2-35}$$

根据式（2-35）得到天平的力臂比，为准确的单次测量提供了可靠数据。

当 Q 和 Q' 相差不大，即两个力臂相差不大时，将式（2-34）在名义值附近做一阶近似展开后有近似公式

$$x\approx\frac{1}{2}(Q+Q') \tag{2-36}$$

这种方法最早在天平称重中应用，称高斯称量法。

2. 变值系统误差的抵消方法

（1）等间隔对称测量法。如果测量结果的系统误差为某量（如时间）的线性函数，若等间隔依次测量数次（最少三次），则其中任何二个对称测量点的误差的平均值都等于该两个

测量点的中点对应的误差。利用这一对称性便可将线性累积系统误差消除。

在一切有条件的场合，均宜采用等间隔对称测量法降低或消除系统误差。

等间隔对称测量法的应用——用数字电压表（DVM）测量电阻。

用数字电压表（DMM）测量电阻的线路如图 2-8 所示。

为简化问题，假设测量仪器没有漂移，测量电流 I 随时间线性变化，如图 2-9 所示。

理论上这种测量电阻的方法由两步测量完成。

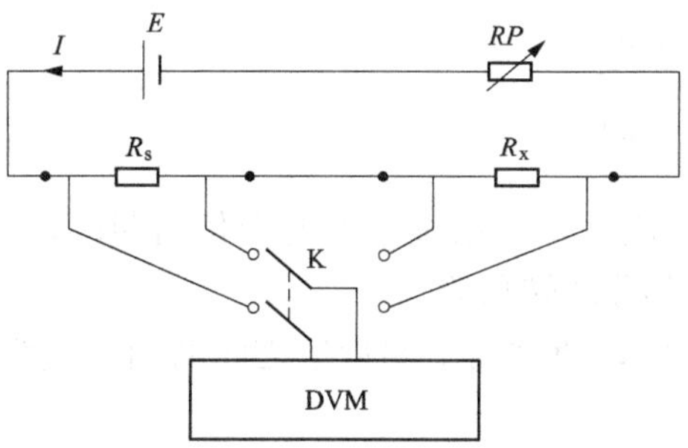

图 2-8　DVM 法测量电阻示意图

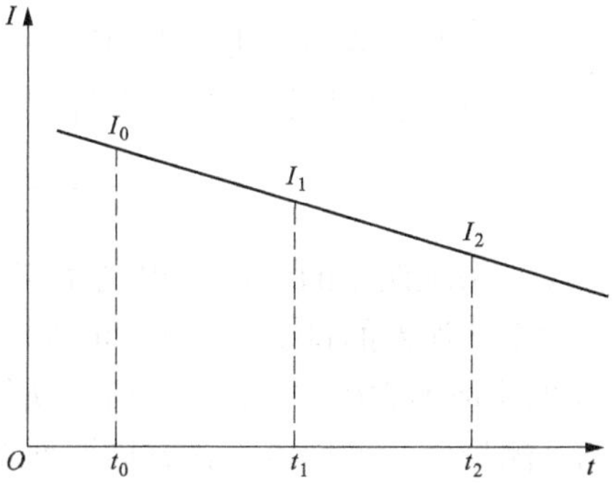

图 2-9　工作电流变化规律

首先测量标准电阻 R_s 上的电压 $U_s=I_0\cdot R_s$，然后测量被测电阻上的压 $U_x=I_1\cdot R_x$，如果二次测量过程中工作电流不变，即 $I_0=I_1$ 时，则有测量结果

$$R_x=\frac{U_x}{U_s}\cdot R_s \tag{2-37}$$

当工作电流按图 2-9 所示规律变化时，分别获得电压测量值 U_s 和 U_x，则有

$$R_x=\frac{U_x}{U_s}\cdot\frac{I_0}{I_1}\cdot R_s \tag{2-38}$$

由于 I_0 与 I_1 未知，无法按式（2-38）得到测量结果。此时若不考虑测量电流变化的影响而直接引用式（2-38）时，则产生测量误差。

电阻测量结果的绝对误差为

$$e=\frac{U_x}{U_s}\cdot R_s-\frac{U_x}{U_s}\cdot\frac{I_0}{I_1}\cdot R_s=\left(1-\frac{I_0}{I_1}\right)\cdot\frac{U_x}{U_s}\cdot R_s \tag{2-39}$$

电阻测量结果的相对误差与测量电流变化的相对值相等，即

$$r_R=\left(1-\frac{I_0}{I_1}\right)=\frac{I_1-I_0}{I_1}=r_I \tag{2-40}$$

为了消除上述系统误差，采用等时距对称测量法。

首先在 t_0 时刻完成对标准电阻 R_s 电压的测量，有

$$U_{s0}=I_0\cdot R_s$$

然后在 t_1 时刻完成对被测电阻 R_x 电压的测量，有

$$U_{x1}=I_1\cdot R_x$$

在 t_2 时刻再次完成对标准电阻 R_s 电压的测量，有

$$U_{s2}=I_2\cdot R_s$$

如果每次测量的时间间隔相等且对应的电流改变值为 Δ，则有

$$I_0 = I_1 + \Delta, \ I_2 = I_1 - \Delta$$

从而有

$$R_x = \frac{2 \cdot U_{x1}}{(U_{s0} + U_{s2})} \cdot R_s = \frac{U_{x1}}{\frac{1}{2}(U_{s0} + U_{s2})} \cdot R_s \quad (2\text{-}41)$$

式（2-41）为在理论上消除了由于测量电流 I 线性变化而产生线性系统误差的电阻测量公式。

（2）半周期偶数测量法（半周期法）。

对比较规则的周期性变化的系统误差，可以表示为

$$y = A \cdot \sin\left(\frac{2\pi}{T} \cdot x\right)$$

式中：A 为系统误差的幅值，也是系统误差的最大值；T 为系统误差的变化周期；x 为决定周期性系统误差的自变量，比如时间、仪表可动部分的转角等。

如果测量过程中，在每个周期内获得两个测量值，使这两个测量值之间的相位差为 π，则这两个测量值的平均值不含有周期性系统误差。

设对被测量 Y_0 的测量过程中，混入了周期性系统误差 $A \cdot \sin\left(\frac{2\pi}{T} \cdot t\right)$，则实际获得的时域测量值为 $y(t) = Y_0 + A \cdot \sin\left(\frac{2\pi}{T} \cdot t\right)$。

若在 t_0 时刻获得测量值 $y(t_0)$，通过同步措施，又获得了第二个测量值 $y\left(t_0 + \frac{T}{2}\right)$，则有

$$\frac{1}{2} \cdot \left[y(t_0) + y\left(t_0 + \frac{T}{2}\right)\right] = \frac{1}{2}\left\{Y_0 + A\sin\left(\frac{2\pi}{T}t_0\right) + Y_0 + A\sin\left[\frac{2\pi}{T}\left(t_0 + \frac{T}{2}\right)\right]\right\} = Y_0$$

半周期法的应用——仪表指针偏心造成的周期性系统误差的消除。

如图 2-7 所示，若仪表指针的实际转动中心与度盘刻度中心不重合，转动中心沿水平方向向右偏移的距离为 L，则周期性系统误差 $\Delta L = L \cdot \sin\phi$。

设仪表度盘的刻度均匀，并具有外围参考度盘，输入的被测量为 A_0、分度值为 K。

在正常工作状态仪表示值为 A_1，则 $A_1 = A_0 + \Delta L \cdot K = A_0 + K \cdot L \cdot \sin\phi$。

为创造系统误差反号的条件，将仪表外围参考度盘旋转 180°，则转动中心变成向左偏移的距离为 L，由于偏心的影响，仪表示值为 A_2。根据前面分析的结果，在 A_0 不变时有 $A_1 > A_2$，且有 $A_2 = A_0 - \Delta L \cdot K = A_0 - K \cdot L \cdot \sin\phi$。从而二次测量结果的平均值即为被测量量值，即 $A_0 = \frac{1}{2}(A_1 + A_2)$。

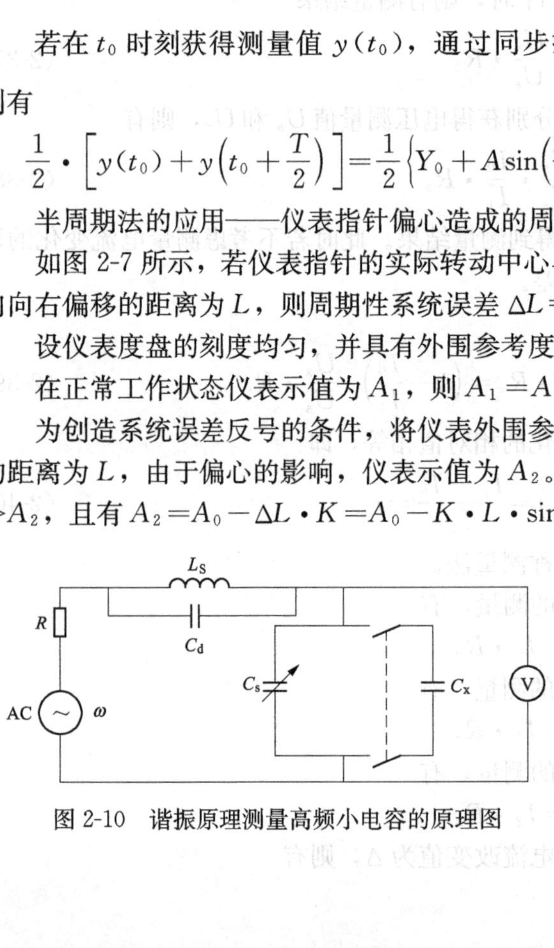

图 2-10　谐振原理测量高频小电容的原理图

3. 其他特殊测量方法

（1）抵消测量法。利用谐振原理测量高频小电容的原理图如图 2-10 所示。其中 L_s 为标准电感、C_d 为标准电感的分布电容、C_s 为标准电容、C_x 为被测电容。信号源频率为 ω，调整 C_s 可以使 L-C 回路

产生谐振，谐振时幅值电压表示值达到最大。

由于标准可变电感难于制造，因此用标准线圈产生固定电感 L_s，用标准可变电容 C_s 进行调谐。由于标准线圈存在分布电容 C_d，测量结果产生系统误差。

若只用 C_s 调谐，当幅值电压表示值达到最大时，$C_s=C_{s1}$ 有

$$j\cdot\frac{\omega L_s}{1-\omega^2 L_s C_d}+\frac{1}{j\omega C_{s1}}=0$$

即

$$\omega^2\cdot L_s(C_{s1}+C_d)=1 \tag{2-42}$$

将 C_x 与 C_s 并联，则电压表示值降低，重新调整 C_s 值使电压表示值达到最大，有 $C_s=C_{s2}$

$$\omega^2\cdot L_s(C_{s2}+C_x+C_d)=1 \tag{2-43}$$

据式（2-42）和式（2-43）有　$C_x=C_{s1}-C_{s2}$　(2-44)

式（2-44）即为不包含分布电容 C_d 影响的测量结果。

（2）微差测量法。在使用天平测量质量及使用平衡电桥测量电阻时，使用的是零位测量法（零示法），该方法的特点是指零仪灵敏度足够和低噪声即可，对其线性误差几乎没有要求。但是在测量过程中要仔细调节标准量 S 使之与未知量 x 相等，这通常很费时间，有时甚至不可能做到（需要标准量 S 具有足够小的步进值和足够大的变化范围）。

微差法是一种不完全的零位测量法，它不要求 $s=x$，只要 $d=x-s$ 足够小，即可利用小范围、高分辨力且低噪声的测量仪器获得与零位测量法相近的误差，由于 d 很小，对微差测量仪器的线性度要求不高，另外由于 S 是固定量，其误差可以控制在较小的范围内。

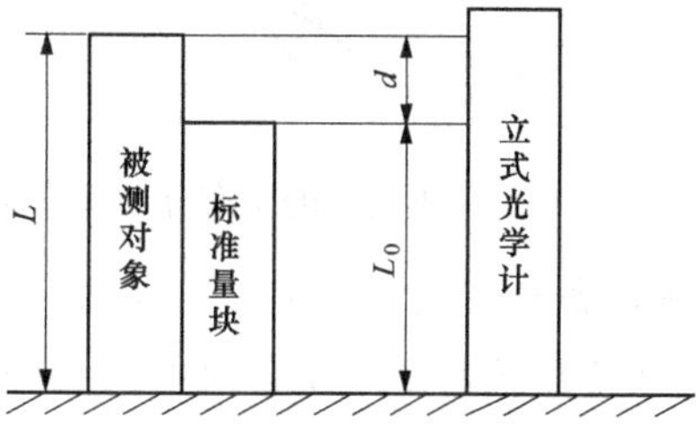

图 2-11　微差法测量零件高度示意图

图 2-11 表达了采用微差法测量零件高度 L 的方法，其中标准量块的高度为 L_0，采用立式光学计测量二者之差 $d=L-L_0$，则测量结果 $L=d+L_0$。注意该方法通过直接测量被测量 d 和标准量 L_0 而间接获得被测量 L。设 d 的测量误差为 e_d、L_0 的误差为 e_{L0}，则测量结果 L 的绝对误差 $e_L=e_d+e_{L0}$，相对误差 $r_L\approx\frac{d}{L_0}\cdot r_d+r_{L0}$。显然 d 的相对误差 r_d 被衰减了 $\frac{d}{L_0}$ 倍，因此可以适当放宽对光学计测量相对误差的要求，d 越小对测量仪器测量相对误差的要求就越低。

四、随机误差的统计规律与度量

随机误差的大小、符号虽然显得杂乱无章，事先无法确定，但当进行大量等精度测量时，随机误差服从某种统计规律。

当对测量结果的影响因素较多而每个因素的对测量结果的影响程度基本相近（“均匀地小”）时，根据概率论的中心极限定理，可以认为测量结果的随机误差服从正态分布，这个结论已被大量的实验所证明。整个经典误差理论是以正态分布作为基础理论发展起来的。正态分布也是研究其他非正态分布的基础。

数学家高斯于1795年首先提出了误差正态分布定律，又于1809年推导出描述随机误差统计规律的解析方程式，即概率密度函数，也称为高斯分布定律。

（一）正态分布的概率密度函数

设对某被测量 x 进行了 n 次等精度独立测量，测量列的各测量值为 x_i，$i=1, 2, \cdots, n$。

当 $n\to\infty$ 时，测量值 x 服从正态分布，其概率密度函数为

$$f(x)=\frac{1}{\sigma\sqrt{2\pi}}e^{-\frac{(x-a)2}{2\sigma2}} \tag{2-45}$$

式中 a——被测量的期望值 $E(x)$；

σ——测量列的标准偏差。

由于 a 一般情况下无法确定，通常用测量列的算术平均值 $\overline{x}$（数学期望）替代 a；当 n 有限时，用实验标准偏差 $S(x_i)$ 替代 σ。σ 反映了一组测量数据对其数学期望 E（x）的分散程度，σ 越大数据越分散。俗称的等精（密）度测量就是一种 σ 值相同的测量。

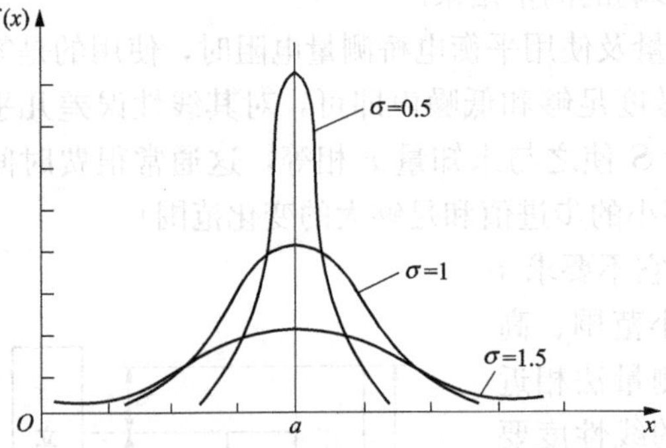

图 2-12 不同 σ 的正态分布概率密度函数曲线

正态分布的概率密度函数曲线如图2-12所示，为一条“钟形”的曲线，其中（a，σ）是正态分布的两个关键参数，从图2-12中可以看到，σ 越大曲线越平缓，σ 越小曲线越尖锐。

通常把具有参数（a，σ^2）的正态分布简记为 $N(a, \sigma^2)$，把随机变量 x 服从正态分布表达成 $x\sim N(a, \sigma^2)$。

（二）正态分布组合随机变量的基本性质

（1）若 $x\sim N(a, \sigma^2)$，则 $\zeta=\alpha\cdot x+\beta$ 也服从正态分布（$\alpha\neq0$，α，β 为常数），且有随机变量 $\zeta\sim N[(\alpha\cdot a+\beta), (\alpha\cdot\sigma)^2]$。

从而对于随机变量 $\zeta=\dfrac{x-a}{\sigma}=\dfrac{1}{\sigma}\cdot x-\dfrac{a}{\sigma}$，则有 $\zeta\sim N(0, 1)$，称标准化正态分布。

（2）若 η_1，η_2，…，η_n 为 n 个相互独立且符合正态分布的随机变量，则其和变量 $\sum\limits_{i=1}^{n}\eta_i$ 也为正态分布的随机变量，有 $\sum\limits_{i=1}^{n}\eta_i\sim N(\sum a_i, \sum\sigma_i^2)$。

（三）随机误差的基本性质

服从正态分布的随机误差 $\delta=x-a$ 具有以下基本性质：

（1）单峰性：在一系列等精度测量中，绝对值小的误差出现的概率大，绝对值大的误差出现的概率小，存在一个峰值。

（2）有界性：在一定的条件下，绝对值很大的误差出现的概率为零，随机误差的绝对值不会超过某一界限（误差的工程性质）。

（3）对称性：当测量次数足够多时，绝对值相等的正、负误差出现的概率相同，

即$P(+\delta)=P(-\delta)$。

(4) 抵偿性：当测量次数无限增加时，随机误差的算术平均值的极限为零，即$\lim\limits_{n\to\infty}\left(\frac{1}{n}\sum\limits_{i=1}^{n}\delta_i\right)=0$。

上述的随机误差的性质是大量实验的统计结果，其中的单峰性不一定对所有的随机误差都成立，随机误差最主要的性质是抵偿性。

（四）服从正态分布测量数据取值的置信区间及其（置信）概率

若测量数据服从的概率密度函数为$f(x)$，则有

$$P(|x|<\infty)=\int_{-\infty}^{+\infty}f(x)\mathrm{d}x=1$$

然而在测量工作中，测量数据x仅在一定小的范围内随机变化，即σ较小，且所研究数据样本是有限的，因此在实际工作中常常要求回答式（2-46）或式（2-47）所代表的问题，即测量数据x在规定范围内出现的概率是多少？

$$P(\alpha\leqslant x\leqslant\beta)=\int_{\alpha x}^{\beta x}f(x)\mathrm{d}x \tag{2-46}$$

$$P[|x-E(x)|\leqslant U]=\int_{E(x)-U}^{E(x)+U}f(x)\mathrm{d}x \tag{2-47}$$

在式（2-46）和式（2-47）中x的取值区间$[\alpha_x, \beta_x]$或$[E(x)-U, E(x)+U]$通常称作x的置信区间，U为测量不确定度（正数），对应的概率P称作置信概率，$\alpha=1-P$在统计学中称为显著水平（超限概率）。其中式（2-47）在测量工作中经常用到。

对于$x\sim N(a, \sigma^2)$，由于$\delta=x-E(x)$，则有

$$P[|x-E(x)|\leqslant U]=P(|\delta|\leqslant U)=\int_{-U}^{U}p(\delta)\mathrm{d}\delta=\frac{1}{\sigma\sqrt{2\pi}}\int_{-U}^{+U}\mathrm{e}^{-\frac{\delta 2}{2\cdot\sigma 2}}\mathrm{d}\delta$$

令$\frac{\delta}{\sigma}=z$，则$\mathrm{d}\delta=\sigma\mathrm{d}z$，有

$$P(|\delta|\leqslant U)=\frac{1}{\sqrt{2\pi}}\int_{-\frac{U}{\sigma}}^{+\frac{U}{\sigma}}\mathrm{e}^{-\frac{z2}{2}}\mathrm{d}z=2\cdot\frac{1}{\sqrt{2\pi}}\int_{0}^{\frac{U}{\sigma}}\mathrm{e}^{-\frac{z2}{2}}\mathrm{d}z=2\cdot\Phi\left(Z=\frac{U}{\sigma}\right) \tag{2-48}$$

式（2-48）中$\Phi(Z)=\frac{1}{\sqrt{2\pi}}\int_{0}^{Z}\mathrm{e}^{-\frac{z2}{2}}\mathrm{d}z$称作拉普拉斯（Laplase）函数（$Z\geqslant 0$），已被制成标准数表。显然$z\sim N(0, 1)$，故式（2-49）为标准化正态分布概率密度函数。

$$\phi(z)=\frac{1}{\sqrt{2\pi}}\mathrm{e}^{-\frac{z2}{2}} \tag{2-49}$$

更一般的情况

$$P(\alpha\leqslant x\leqslant\beta)\overset{z=\frac{x-a}{\sigma}}{=}\frac{1}{\sqrt{2\pi}}\int_{\frac{\alpha-a}{\sigma}}^{\frac{\beta-a}{\sigma}}\mathrm{e}^{-\frac{z2}{2}}\mathrm{d}z=\frac{1}{\sqrt{2\pi}}\int_{Z_1}^{Z_2}\mathrm{e}^{-\frac{z2}{2}}\mathrm{d}z=\Phi(Z_2)-\Phi(Z_1) \tag{2-50}$$

根据式（2-50）计算置信概率时，注意应用性质$\Phi(-Z)=-\Phi(Z)$。

关于置信概率与显著性水平的关系如图 2-13 所示。

【例 2-8】 已知测量数据$x\sim N(a, \sigma^2)$，试分别求出误差$\delta=x-a$处于$[-\sigma, +\sigma]$、$[-2\sigma, +2\sigma]$和$[-3\sigma, +3\sigma]$置信区间的置信概率。

解：设$U=k_P\cdot\sigma$（k_P为置信概率为P时的扩展因子或置信因子），根据题意有

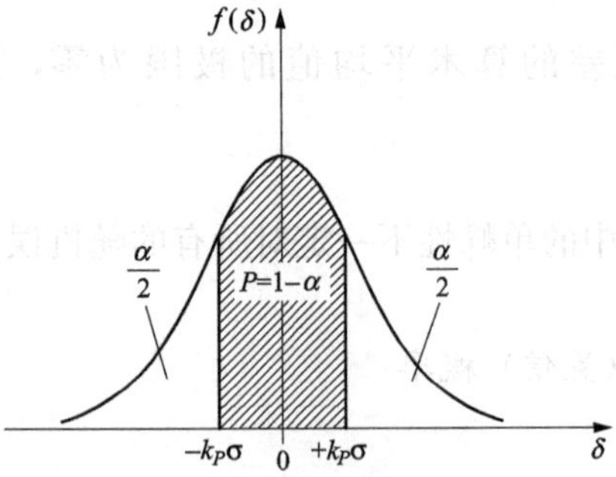

图 2-13 置信概率 P 与显著性水平 α 的关系

$$P(|\delta|\leqslant U)=\frac{1}{\sqrt{2\pi}}\int_{\frac{U}{\sigma}}^{+\frac{U}{\sigma}}\mathrm{e}^{-\frac{z2}{2}}\mathrm{d}z=2\cdot\Phi(k_P)$$

$$=\begin{cases}2\times0.341\ 34=68.27\%, & k_P=1;\\ 2\times0.477\ 25=95.45\%, & k_P=2;\\ 2\times0.498\ 65=99.73\%, & k_P=3;\end{cases}$$

【例 2-9】 已知测量数据 $x\sim N(a,\sigma^2)$，试分别求出置信概率为 95%和 99%时的 δ 取值的置信区间。

解：设 $U=k_P\cdot\sigma$，根据题意有 $P(|\delta|\leqslant U)=2\cdot\Phi(k_P)=\begin{cases}95\%\\99\%\end{cases}\Rightarrow\Phi(k_P)=\begin{cases}0.475\\0.495\end{cases}$

查 Φ（Z）函数表可知 $k_{95\%}=1.96$。而（0.495，$k_{99\%}$）介于（0.493 79，2.5）和（0.495 06，2.58）之间，经计算可知 $k_{99\%}\approx2.58$。相应的置信区间为 $[-1.96\sigma,+1.96\sigma]$ 和 $[-2.58\sigma,+2.58\sigma]$。

（五）其他概率分布

正态分布是随机误差最普遍的一种分布规律，大部分随机误差遵从或接近正态分布，但正态分布并不是唯一的分布规律。

随着误差理论研究与应用的深入，发现有不少随机误差不符合正态分布，实际的分布规律可能是比较复杂的。以下介绍几种常用的非正态分布。

1. 均匀分布

在测量实践中，均匀分布是仅次于正态分布的一种重要分布，其概率密度函数如图 2-17 所示。均匀分布的特点是：测量数据（误差）具有确定的范围，在该范围内，数据（误差）出现的概率各处相同，故又称其为矩形分布或等概率分布，如图 2-14 所示。

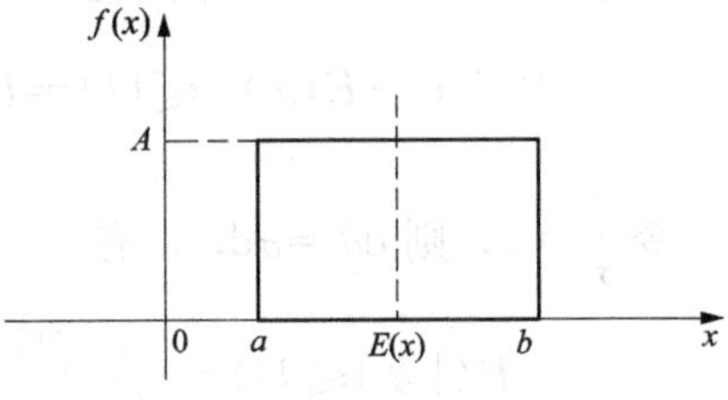

图 2-14 均匀分布的概率密度函数

均匀分布的概率密度函数为

$$f(x)=\begin{cases}A, & a\leqslant x\leqslant b;\\ 0, & 其他\end{cases}$$

概率密度幅值 A 计算如下

$$\int_{-\infty}^{+\infty}f(x)\mathrm{d}x=1\Rightarrow\int_a^b A\mathrm{d}x=1\Rightarrow A=\frac{1}{b-a}$$

（1）对于 $c>b$，有 $P(a<x<c)=\int_a^c f(x)\mathrm{d}x=\int_a^b A\mathrm{d}x+\int_b^c 0\mathrm{d}x=1$

（2）对于 $c<b$，有 $P(a<x<c)=\int_a^c f(x)\mathrm{d}x=\int_a^c A\mathrm{d}x=\frac{c-a}{b-a}$

（3）数学期望 $E(x)=\int_{-\infty}^{+\infty}x\cdot f(x)\mathrm{d}x=\int_a^b x\cdot A\mathrm{d}x=\frac{1}{b-a}\cdot\frac{b^2-a^2}{2}=\frac{b+a}{2}$

（4）方差 $D(x)=\int_{-\infty}^{+\infty}[x-E(x)]^2\cdot f(x)\mathrm{d}x=\int_a^b\left(x-\frac{a+b}{2}\right)^2\cdot A\mathrm{d}x$

$$=A\int_a^b\left(x-\frac{a+b}{2}\right)^2\mathrm{d}x$$

$$=\frac{1}{3}A\cdot\int_{-\frac{b-a}{2}}^{\frac{b-a}{2}}\mathrm{d}u^3=\frac{(b-a)^2}{12}=\left[\frac{\frac{(b-a)}{2}}{\sqrt{3}}\right]^2$$

(5) 对称区间 $[-\alpha, +\alpha]$ 上均匀分布的特点。

这种均匀分布的概率密度函数如图 2-15 所示。

对于 $a=-\alpha$，$b=\alpha$，有数学期望 $E(x)=\frac{b+a}{2}=0$、方差 $D(x)=\frac{(b-a)^2}{12}=\frac{\alpha^2}{3}=\left(\frac{\alpha}{\sqrt{3}}\right)^2$。

在 ADC、有限长度的数据表以及指针仪表的人眼读数中，α 为量化误差限、截断误差限和估读误差限，通常为最低位数值的 1/2。

在实际工作中，对于无法准确确定其概率分布的误差因素，通常根据掌握的有关信息确定其误差限 U，然后假设其遵从 $[-U, +U]$ 上的均匀分布，则可以根据 $u=\frac{U}{\sqrt{3}}$ 估计出标准不确定度 u。

2. 三角形分布

两个误差限相同且服从均匀分布的随机误差之和的分布为三角形分布，又称辛普森 (Simpson) 分布。若误差限不同则为梯形分布。

在实际测量中，若整个测量过程必须进行二次才能完成，而每次测量的随机误差服从相同的均匀分布，则测量结果的误差服从三角形分布。例如用替代法检定标准砝码、标准电阻时，两次调零不准引起的误差符合三角形分布。

三角形分布的误差 δ 的概率密度 $f(\delta)$ 如图 2-16 所示。

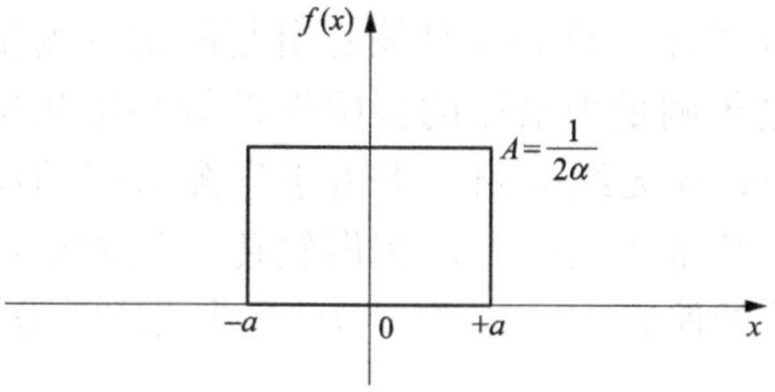

图 2-15　对称区间上的均匀分布的概率密度函数

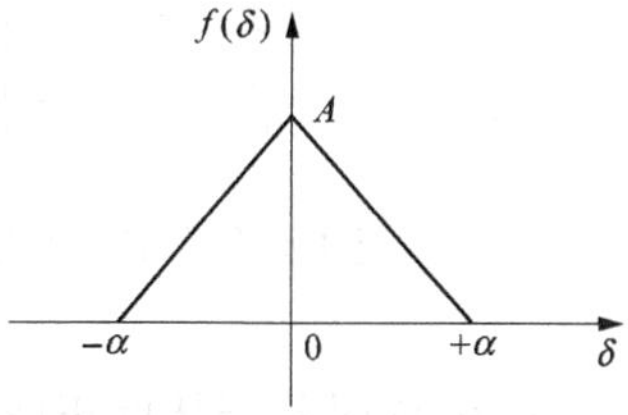

图 2-16　三角形分布的概率密度函数

三角形分布的概率密度函数为

$$f(\delta)=\begin{cases}+\frac{A}{\alpha}(\delta+\alpha), & -\alpha\leqslant\delta\leqslant 0;\\ -\frac{A}{\alpha}(\delta-\alpha), & 0\leqslant\delta\leqslant\alpha;\\ 0, & |\delta|>\alpha\end{cases}$$

概率密度幅值 A 计算如下

$$\int_{-\alpha}^{0}\frac{A}{\alpha}(\delta+\alpha)\mathrm{d}\delta+\int_{0}^{\alpha}-\frac{A}{\alpha}(\delta-\alpha)\mathrm{d}\delta=1$$

从而有

$$\frac{1}{2}\frac{A}{\alpha}\cdot(-\alpha^2)+A\cdot\alpha-\frac{1}{2}\frac{A}{\alpha}\cdot\alpha^2+A\cdot\alpha=1$$

$$A=\frac{1}{\alpha}$$

因此概率密度函数又可以表达为

$$f(\delta)=\begin{cases}\dfrac{(\alpha+\delta)}{\alpha^2}, & -\alpha\leqslant\delta\leqslant 0;\\ \dfrac{(\alpha-\delta)}{\alpha^2}, & 0\leqslant\delta\leqslant\alpha;\\ 0, & |\delta|>\alpha\end{cases}$$

（1）数学期望 $E(x)=\int_{-\infty}^{+\infty}x\cdot f(x)\mathrm{d}x=\int_{-\alpha}^{+\alpha}\delta\cdot f(\delta)\mathrm{d}\delta$

$$=\int_{-\alpha}^{0}\delta\cdot\frac{A}{\alpha}(\delta+\alpha)\mathrm{d}\delta+\int_{0}^{\alpha}\delta\cdot\frac{-A}{\alpha}(\delta-\alpha)\mathrm{d}\delta=0$$

（2）方差 $D(x)=\int_{-\infty}^{+\infty}[x-E(x)]^2\cdot f(x)\mathrm{d}x=\int_{-\alpha}^{\alpha}\delta^2\cdot f(\delta)\mathrm{d}\delta$

$$=\int_{-\alpha}^{0}\delta^2\cdot\frac{A}{\alpha}(\delta+\alpha)\mathrm{d}\delta+\int_{0}^{\alpha}\delta^2\cdot\frac{-A}{\alpha}(\delta-\alpha)\mathrm{d}\delta$$

$$=\frac{2}{3}A\alpha^3-\frac{2}{4}\frac{A}{\alpha}\alpha^4=\frac{\alpha^2}{6}=\left(\frac{\alpha}{\sqrt{6}}\right)^2$$

3. 反正弦分布

反正弦分布是一种随机变量函数的分布，若 ζ 遵从均匀分布，则 $\eta=A\sin\zeta$ 是遵从反正弦分布的随机变量。反正弦分布概率密度曲线如图 2-17 所示。例如度盘偏心引起的角度测量误差和电子测量中谐振的振幅误差等都遵从反正弦分布；在无线电测量中由于失配引起的反射都是正弦量或余弦量；在齿轮传动机构中，主动齿轮的偏心在 $[0, 2\pi]$ 区间遵从均匀分布，则从动件的位移误差服从反正弦分布。

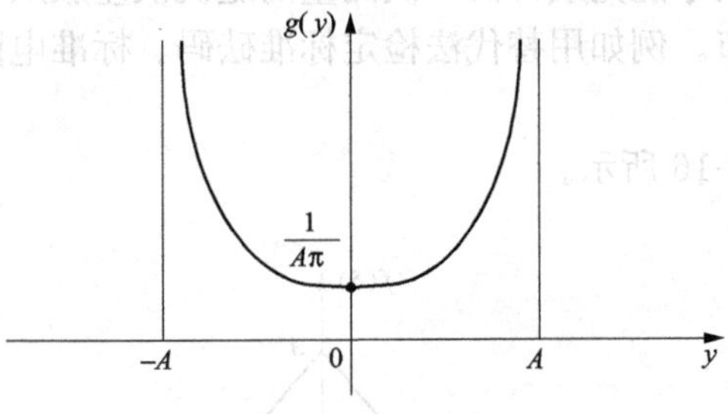

图 2-17 反正弦分布概率密度曲线

反正弦分布随机变量 η 的分布函数与分布密度函数：

设随机变量 ζ 在 $[0, 2\pi]$ 中遵从均匀分布，$y=h(x)=A\cdot\sin x$。则随机变量 $\eta=A\cdot\sin\zeta$ 的分布函数 $G(y)$ 及概率密度函数 $g(y)$：

分布函数 $G(y)$ 具有 $0<G(y)\leqslant 1$ 的性质，则有

$$G(y)=\begin{cases}0, & y<-A\\ \dfrac{1}{2}+\dfrac{1}{\pi}\arcsin\dfrac{y}{A}, & -A\leqslant y\leqslant A\\ 0, & y>A\end{cases}$$

从而

$$\frac{\mathrm{d}(G)y}{\mathrm{d}y}=\frac{1}{\pi}\cdot\frac{1}{\sqrt{A^2-y^2}}$$

则概率密度函数 $g(y)$ 为

$$g(y)=\begin{cases}\dfrac{1}{\pi}\cdot\dfrac{1}{\sqrt{A^2-y^2}}, & |y|\leqslant A\\ 0, & |y|>A\end{cases}$$

反正弦分布随机变量的期望与方差

数学期望

$$E(y)=\int_{-\infty}^{+\infty}y\cdot g(y)\mathrm{d}y=\int_{-A}^{+A}\frac{y}{\pi\sqrt{A^2-y^2}}\mathrm{d}y=\frac{1}{\pi}\int_{-A}^{+A}y\cdot\mathrm{d}\left(\sin^{-1}\frac{y}{A}\right)$$

$$=\frac{1}{\pi}\int_{-A}^{+A}\left[\mathrm{d}\left(y\sin^{-1}\frac{y}{A}\right)-\sin^{-1}\frac{y}{A}\mathrm{d}y\right]=\frac{1}{\pi}\left[\left(A\frac{\pi}{2}-A\frac{\pi}{2}\right)-A\left(\frac{A}{A}\frac{\pi}{2}-\frac{A}{A}\frac{\pi}{2}\right)=0\right.$$

方差

$$D(y)=\int_{-\infty}^{+\infty}[y-E(y)]^2\cdot g(y)\mathrm{d}y=\int_{-A}^{A}\frac{y^2}{\pi\sqrt{A^2-y^2}}\mathrm{d}y=\frac{A^2}{2}=\left(\frac{A}{\sqrt{2}}\right)^2$$

推导过程略。

4. t 分布（学生分布）

以上介绍的测量数据 x 或 δ 的分布、数值特征 $[E(x), D(x)]$ 以及置信区间和置信概率的求解都是在已知其总体分布的假设条件下进行的，如果在实际测量工作中样本量足够大，则可以通过较精确的统计直方图判断分布情况并做出有关分析。然而测量数据样本量往往是有限的，这样必须采用一种更为有效且实用的方法解决以上问题。

t 分布又称学生分布（Student Distribution），它是英国统计学家哥赛特（W. S. Gosset）从实验中发现 t 变量分布规律，并以笔名“学生”发表的。t 分布在研究小样本的测量数据误差时，是一个严密而有用的理论分布。

对于有限次测量数据列 $\{x_i, i=1, 2, \cdots, n\}$，通常以 $\bar{x}$ 表达测量结果，以 $S(x_i)$ 表达测量列单个数据对 $E(x)$ 的分散性。若 x 为服从正态分布的随机变量，则由于 n 有限，$\bar{x}$ 也是服从正态分布的随机变量，$\bar{x}$ 对 $E(x)$ 的分散程度用 $S(\bar{x})$ 来表达。对于实际的测量工作而言，需要知道以 $\bar{x}$ 表达测量结果时的置信区间和置信概率。虽然可以证明随机变量 $\dfrac{\bar{x}-E(x)}{\sigma_{\bar{x}}}$ 服从标准化正态分布 $N(0, 1)$，但由于无法确知 $\sigma_{\bar{x}}$，在实际工作中通常用 $S(x_i)$ 代替 σ、用 $S(\bar{x})$ 代替 $\sigma_{\bar{x}}$。

因此随机变量 $\dfrac{\bar{x}-E(x)}{\sigma_{\bar{x}}}$ 通常用随机变量 $t=\dfrac{\bar{x}-E(x)}{S(\bar{x})}$ 来替代，显然 t 的实际含义为以 $\bar{x}$ 表达测量结果时的置信因子（t 分布置信因子）。

随机变量 t 的概率密度函数为

$$f(t)=\frac{\Gamma\left(\frac{\nu+1}{2}\right)}{\sqrt{\nu\cdot\pi}\cdot\Gamma\left(\frac{\nu}{2}\right)}\cdot\left(1+\frac{t^2}{\nu}\right)^{-\frac{\nu+1}{2}}, \quad -\infty<t<+\infty \tag{2-51}$$

其中伽玛函数

$$\Gamma(m)=\int_0^{\infty} x^{m-1}\cdot e^{-x}\mathrm{d}x,\ m>0$$

自由度 $\nu=n-1$。

在给定显著性水平 $\alpha=1-P$ 和测量的自由度 $\nu=n-1$ 的情况下，随机变量 t 的值 $t_\alpha(\nu)$ 可根据以下概率公式间接计算，即

$$P[|t|<t_\alpha(\nu)]=1-\alpha=\int_{-t_\alpha(\nu)}^{+t_\alpha(\nu)} f(t)\mathrm{d}t=2\int_0^{t_\alpha(\nu)} f(t)\mathrm{d}t=Q[\nu,\ t_\alpha(\nu)] \tag{2-52}$$

上述积分具有数值结果，该概率值决定的 t 分布置信因子 $t_\alpha(\nu)$ 已被编成数值表，根据 $(\alpha,\ \nu)$ 即可查出 $t_\alpha(\nu)$。

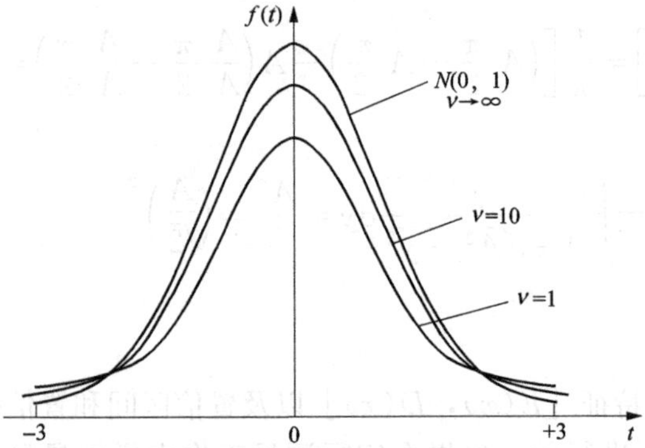

图 2-18 在不同自由度 ν 下的 t 分布的概率密度函数曲线

必须注意，t 分布是实际测量条件下的一种“近正态分布”，当测量的自由度较小时其与正态分布有一定差距；而自由度较大时，趋于正态分布；自由度为无穷大时，转为正态分布。二者的概率密度函数比较如图 2-18 所示。

t 分布的置信因子 $t_P(\nu)$ 与正态分布的置信因子 k_P 不同，它除了与置信概率 P 有关，还与实际发生的测量自由度 ν 有关。当给定置信概率 P 或显著性水平 α 时，有限自由度对应的 $t_P(\nu)$ 要大于 k_P，无限大自由度时二者相等；当取 $t_P(\nu)=k_P=\mathrm{const}$ 时，在有限自由度时 t 分布的置信概率低于正态分布，无限大自由度时二者相等，参见表 2-2。

表 2-2 不确定度为 3 倍标准偏差 $S(x_i)$ 时 t 分布的置信概率

ν	1	3	7	13	∞
$P=1-\alpha$	80%	95%	98%	99%	99.73%

【例 2-10】 对某量进行 6 次测量，测得数据如下：802.40，802.50，802.38，802.48，802.42，802.46。试给出在置信概率为 99.73%时的被测量的完整表达。

解： $\bar{x}=\dfrac{\sum_{i=1}^{6}x_i}{6}=802.44$，$S(x_i)=\sqrt{\dfrac{\sum_{i=1}^{6}(x_i-\bar{x})^2}{6-1}}=0.047$，$S(\bar{x})=\dfrac{S(x_i)}{\sqrt{n}}=\dfrac{0.047}{\sqrt{6}}=0.019$

由于测量次数 $n=6$，较少，应按 t 分布计算不确定度 $t_\alpha(\nu)\cdot S(\bar{x})$。

$$\nu=6-1=5、\alpha=1-P=0.0027、故\ t_\alpha(\nu)=t_{0.0027}(5)=5.51、$$

则

$$t_\alpha(\nu)\cdot S(\bar{x})=5.51\times0.019=0.10469$$

$$X=\bar{x}\pm t_\alpha(\nu)\cdot S(\bar{x})=802.44\pm0.10,\ P=99.73\%$$

若按正态分布计算：

$$k_P \cdot S(\bar{x}) = 3 \times 0.019 = 0.057$$

$$X = \bar{x} \pm t_\alpha(\nu) \cdot S(\bar{x}) = 802.44 \pm 0.06$$

显然，正态分布计算的不确定度较 t 分布小，过于乐观，将导致超限概率增加。

第三节　最佳估计值及其误差分析

一、测量误差的传递规律

（一）测量系统的数学模型

一个或若干仪表（仪器）构成一个测量系统。

可以用式（2-53）表达被测量 Y 与系统各因素 $x_j(j=1\sim m)$ 的关系，F 表达了系统的结构。

$$Y = F[x_j] \tag{2-53}$$

式（2-53）通常称作测量方程，是实现测量任务、完成测量系统设计和分析测量误差的依据。

（二）测量误差的传递规律

误差的传递规律是表达各种影响因素的误差导致最终测量结果误差的规律。

通过设计合理的测量方法、选择合适的元器件、控制仪器使用时的环境条件、修正了绝大部分系统误差、随机误差被抑制到最小的程度时，可以认为剩余的各部分影响因素导致的误差限很小，可以将测量方程右侧按泰勒级数在设计状态 x_{des-j} 附近展开，当状态值误差的二阶小量影响可以忽略时，取一阶展开式近似表达测量结果的误差。

根据式（2-55）和式（2-56）有

$$\Delta Y = F[x_{des-j}] - F[x_j]$$

当各因素状态值误差 $\Delta x_j = x_{des-j} - x_j$ 的二阶小量可以忽略时，有

$$\Delta Y \approx \frac{\partial F}{\partial x_1} \cdot \Delta x_1 + \frac{\partial F}{\partial x_2} \cdot \Delta x_2 + \cdots + \frac{\partial F}{\partial x_m} \cdot \Delta x_m \tag{2-54}$$

式（2-54）表明了各种误差因素 x_j 的绝对误差与被测量绝对误差 ΔY 的关系，通常称为误差传递公式，其中 $\frac{\partial F}{\partial x_j}$ 称作误差传递系数。

需注意 Δx_j 的定义方向应与 ΔY 的定义方向一致，即 $\Delta x_j = x_{des-j} - x_j$ 。

将式（2-53）两端取自然对数有 $\ln Y = \ln F(x_j)$，微分后得到

$$\frac{\mathrm{d}Y}{Y} = \frac{\partial \ln F}{\partial x_1}\mathrm{d}x_1 + \frac{\partial \ln F}{\partial x_2}\mathrm{d}x_2 + \cdots + \frac{\partial \ln F}{\partial x_n}\mathrm{d}x_m$$

即

$$\frac{\Delta Y}{Y} \approx x_1 \frac{\partial \ln F}{\partial x_1} \cdot \frac{\Delta x_1}{x_1} + x_2 \frac{\partial \ln F}{\partial x_2} \frac{\Delta x_2}{x_2} + \cdots + x_n \frac{\partial \ln F}{\partial x_m} \frac{\Delta x_m}{x_m}$$

$$r_Y \approx x_1 \frac{\partial \ln F}{\partial x_1} \cdot r_{x1} + x_2 \frac{\partial \ln F}{\partial x_2} r_{x2} + \cdots + x_n \frac{\partial \ln F}{\partial x_m} r_{xm} \tag{2-55}$$

式（2-55）表明了各种误差因素 x_j 的相对误差与被测量相对误差的关系，称为相对误差传递公式。

当各影响因素为系统误差时，由于符号和大小均确定，则根据式（2-54）可知 ΔY 的大

小和符号也是确定的；而当各影响因素为随机误差时，不能直接根据式（2-54）计算测量结果的随机误差。由于各随机误差因素都具有各自的方差，因此当各影响因素的系统误差已经被修正且各误差因素之间相互独立时，可按式（2-56）计算测量结果中随机误差的方差。

$$u_Y^2 \approx \left(\frac{\partial F}{\partial x_1}\cdot u_{x1}\right)^2+\left(\frac{\partial F}{\partial x_2}\cdot u_{x2}\right)^2+\cdots+\left(\frac{\partial F}{\partial x_m}\cdot u_{xm}\right)^2 \tag{2-56}$$

式（2-56）称作独立误差因素的方差传递公式，u_{xj} 为各因素的标准偏差。

【例 2-11】 设两个电阻 R_1 和 R_2 的误差分别为 ΔR_1 和 ΔR_2。若将它们分别串联和并联使用，试求等效电阻的绝对误差和相对误差分别是多少？若 $R_1 \gg R_2$，这两种误差又分别是多少？

解：（1）串联使用时 $R=R_1+R_2$，

绝对误差 $\Delta R=\Delta R_1+\Delta R_2$，相对误差 $r_R=\dfrac{\Delta R}{R}=\dfrac{\Delta R_1+\Delta R_2}{R_1+R_2}$。

若 $R_1 \gg R_2$，则有相对误差 $r_R \approx \dfrac{\Delta R_1+\Delta R_2}{R_1}=r_1+\dfrac{R_2}{R_1}r_2 \approx r_1$

显然串联时的等效电阻的相对误差基本由大电阻的相对误差决定。

（2）并联使用时 $R=\dfrac{R_1R_2}{R_1+R_2}=F(R_1, R_2)$

$$\frac{\partial F}{\partial R_1}=\frac{R_2^2}{(R_1+R_2)^2}\quad \frac{\partial F}{\partial R_2}=\frac{R_1^2}{(R_1+R_2)^2}$$

绝对误差 $$\Delta R \approx \frac{R_2^2}{(R_1+R_2)^2}\Delta R_1+\frac{R_1^2}{(R_1+R_2)^2}\Delta R_2$$

相对误差 $$r_R=\frac{\Delta R}{R}\approx\frac{R_2}{(R_1+R_2)}\frac{\Delta R_1}{R_1}+\frac{R_1}{(R_1+R_2)}\frac{\Delta R_2}{R_2}=\frac{R_2}{(R_1+R_2)}r_{R1}+\frac{R_1}{(R_1+R_2)}r_{R2}$$

若 $R_1 \gg R_2$，则有相对误差

$$r_R \approx \frac{R_2}{R_1}r_{R1}+r_{R2}\approx r_{R2}$$

显然并联时的等效电阻的相对误差基本由小电阻的相对误差决定。

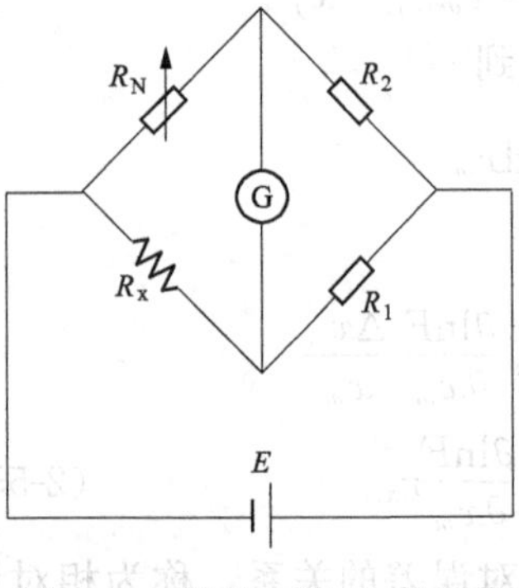

图 2-19　测量电阻 R_x 的平衡电桥原理线路图

【例 2-12】 用手动平衡电桥测量电阻 R_x（见图 2-19）。已知各电阻的名义值分别为 $R_1=100\Omega$，$R_2=1000\Omega$，$R_N=100\Omega$，各桥臂电阻的恒定系统误差分别为 $\Delta R_1=+0.1\Omega$，$\Delta R_2=+0.5\Omega$，$\Delta R_N=+0.1\Omega$。求不修正各部分系统误差时测量结果 R_x 值及其绝对误差和相对误差。

解： 电桥平衡后有

按照误差的定义有 $R_x=\dfrac{R_1}{R_2}R_N$

不修正各部分系统误差时测量结果　$R_x=\frac{100}{1000}\times 100=10(\Omega)$

修正各部分系统误差后的测量结果　$R_{x-t}=\frac{100-0.1}{1000-0.5}\times(100-0.1)\approx 9.9850025(\Omega)$

绝对误差：　$e_{R_x}=R_x-R_{x-t}\approx 10-9.9850025=+0.0149975(\Omega)$

相对误差：　$r_{R_x}=\frac{R_x-R_{x-t}}{R_{x-t}}=\frac{+0.0149975\Omega}{9.985\Omega}\approx+0.15\%$

若按误差传递公式有测量结果的绝对误差：

$$\begin{aligned}\Delta R_x&=\frac{R_N}{R_2}\Delta R_1+\frac{R_1}{R_2}\Delta R_N-\frac{R_1R_N}{R_2^2}\Delta R_2\\&=\frac{100}{1000}\times 0.1+\frac{100}{1000}\times 0.1-\frac{100\times 100}{1000^2}\times 0.5\\&=0.01+0.01-0.005=+0.015(\Omega)\end{aligned}$$

显然按误差传递公式的计算结果与按定义的计算结果存在微小的误差，其原因是忽略了因素误差高次项造成的，这种误差在分析不确定度时是可以忽略的，但是在计算修正值时不可忽略，计算修正值时应按误差定义法计算。

二、最佳估计值及其标准偏差

以下讨论中，假设测量数据的系统误差已经被修正，测量数据中只含有随机误差。

（一）测量列最佳估计值及其标准偏差

若测量列中各测量值的标准偏差相等，则称为等精密度测量。

1. 测量列的最佳估计值

设测量列为 $\{x_i\}$，$i=1、2、\cdots、n$。若 $x\sim N(a,\sigma^2)$，则有

$$p(x_i)=\frac{1}{\sqrt{2\pi}\cdot\sigma}\cdot e^{-\frac{(xi-a)2}{2\sigma 2}}$$

由于测量列 $\{x_i\}$ 已为事实，因此有联合概率密度为最大，即

$$L(x_i)=\prod_{i=1}^{n}p(x_i)=\frac{1}{(\sqrt{2\pi}\sigma)^n}\cdot e^{-\frac{\sum_{i=1}^{n}(xi-a)2}{2\sigma 2}}=\max$$

从而

$$Q=\sum_{i=1}^{n}(x_i-a)^2=\min \tag{2-57}$$

式（2-57）称作“最小二乘”表达式，Q 为残差平方和指标。

根据式（2-57）有

$$\frac{\partial Q}{\partial a}=0\Rightarrow-2\sum_{i=1}^{n}(x_i-a)=0\overset{n有限}{\Rightarrow}a=\frac{\sum_{i=1}^{n}x_i}{n}=\overline{x} \tag{2-58}$$

式（2-58）说明测量列 $\{x_i\}$ 的数学期望为该测量列的算术平均值 $\overline{x}$，即被测量的最佳估计值为该测量列的算术平均值。

2. 测量列 $\{x_i\}$ 及其最佳估计值 $\overline{x}$ 的实验标准偏差

设测量列 $\{x_i\}$ 的数学期望为 a_t，则随机误差 $\delta_i=x_i-a_t$，则测量列（也即 x_i）的方

差为

$$\sigma^2=\frac{\sum_{i=1}^{n}\delta_i^2}{n}=\frac{\sum_{i=1}^{n}(x_i-a_t)^2}{n}$$

从而

$$\sigma^2=\frac{\sum_{i=1}^{n}[(x_i-\overline{x})+(\overline{x}-a_t)]^2}{n}$$

$$\overset{n有限}{=}\frac{1}{n}\left[\sum_{i=1}^{n}v_i^2+2(\overline{x}-a_t)\sum_{i=1}^{n}v_i+n(\overline{x}-a_t)^2\right]$$

注意到 n 有限时 $\sum_{i=1}^{n}v_i=0$，则

$$\sigma^2=\frac{1}{n}\left[\sum_{i=1}^{n}v_i^2+n(\overline{x}-a_t)^2\right] \tag{2-59}$$

由于 $\overline{x}=\frac{1}{n}\sum_{i=1}^{n}x_i$ ，当 n 有限且等精度测量时，根据误差传递公式有

$$\sigma_{\overline{x}}^2=\sum_{i=1}^{n}\left(\frac{1}{n}\right)^2\cdot\sigma_i^2\overset{\sigma i=\sigma}{=}\frac{\sigma^2}{n} \tag{2-60}$$

$$\sigma_{\overline{x}}^2=\frac{\sum_{i=1}^{n}(\overline{x}-a_t)^2}{n} \tag{2-61}$$

根据方差的定义有

根据式（2-59）～式（2-61）可知

$$n\cdot(\overline{x}-a_t)^2=\sigma^2 \tag{2-62}$$

将式（2-62）代入式（2-59）得到

$$\sigma^2=\frac{1}{n-1}\sum_{i=1}^{n}v_i^2 \tag{2-63}$$

式（2-63）即为 n 有限且未知 a_t 时计算测量列方差的公式。

为了区别 a_t 已知情况下的标准偏差，通常用 $S(x_i)$ 和 $S(\overline{x})$ 表示测量列 $\{x_i\}$ 及其最佳估计值 $\overline{x}$ 的实验标准偏差，并有

$$S(x_i)=\sqrt{\frac{\sum_{i=1}^{n}v_i^2}{n-1}} \tag{2-64}$$

$$S(\overline{x})=\frac{S(x_i)}{\sqrt{n}}=\sqrt{\frac{\sum_{i=1}^{n}v_i^2}{n(n-1)}} \tag{2-65}$$

式（2-64）、式（2-65）为著名的贝塞尔公式。

根据上面分析可知：

（1）在 n 次等精密度测量列中，算术平均值的标准偏差为单次测量标准差的 $1/\sqrt{n}$ 倍，

测量次数越多，算术平均值越接近被测量的期望值。

(2) 算术平均值 $\overline{x}$ 服从以期望值为中心，以 σ^2/n 为方差的正态分布，因此算术平均值的分布范围是单次测量测量值 x_i 分布范围的 $1/\sqrt{n}$，即其测量精密度提高了（见图 2-20）。

平均值的标准偏差 $\sigma_{\overline{x}}$ 与计量次数 n 之间的关系曲线如图 2-21 所示。由图可见，平均值标准差 $\sigma_{\overline{x}}$ 随计量次数 n 的增加而减小，并且开始较快，逐渐变慢。当 n 等于 5 时，曲线变化已比较缓慢，当 n 大于 10 的时候，变化得更慢。所以在测量中，测量次数 n 等于 10 或 12 就基本可以。要提高测量结果的精密度，$\overline{x}$ 不能单靠无限地增加测量次数，一味地增加测量次数使测量时间增加，从而可能导致新的系统误差。正确的做法是应在合理增加测量次数的同时，减小标准偏差 σ，也就是说要改善测量方法和测量系统中的仪器水平。

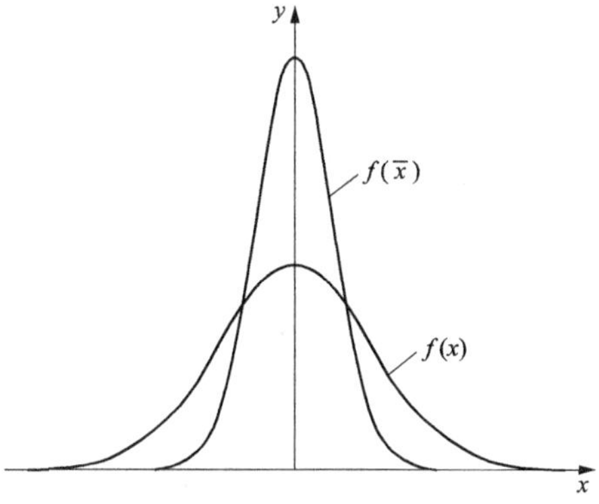

图 2-20　$\overline{x}$ 和 x 的分布密度曲线

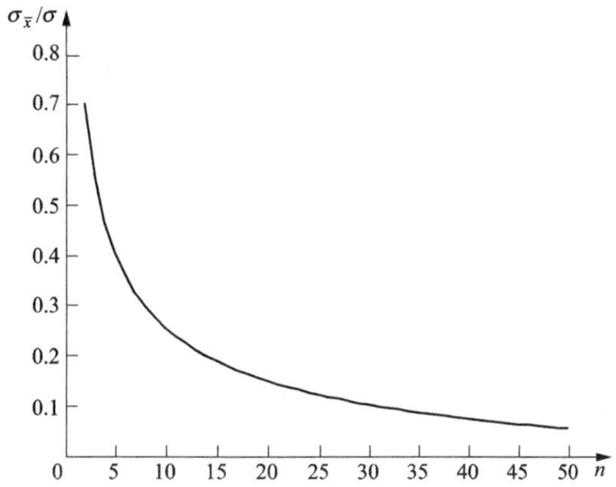

图 2-21　平均值的标准偏差与计量次数之间的关系曲线

（二）加权测量组最佳估计值及其标准偏差

在科学研究或更高准确度的测量中，为了得到更精密的结果，对同一被测量往往在不同的测量条件下，采用不同的测量仪器、采用不同的测量方法、由不同的测试人员进行不同次数的测量，得到了不同质量的若干个测量结果。

由于上述测量是分组进行的，例如对某被测量 X 进行测量时分 m 组进行，第 1 组进行了 n_1 次等精密度、无系统误差、独立测量，得平均值 $\overline{x}_1$ 及 $\overline{x}_1$ 的方差 σ_1^2；第 2 组进行 n_2 次测量，得平均值 $\overline{x}_2$ 及 $\overline{x}_2$ 的方差 σ_2^2；…；第 m 组进行 n_m 次测量，得值 $\overline{x}_m$ 及 $\overline{x}_m$ 的方差 σ_m^2。这时由于各组测量的精密度不等，即 $\sigma_1^2 \neq \sigma_2^2 \neq \cdots \neq \sigma_m^2$，那么应如何根据 $(\overline{x}_j, \sigma_j^2)$ 求得被测量 X 的最佳估计值及其方差。

1. 加权测量组最佳估计值 $\overline{x}_{\mathrm{P}}$

对于不等精度测量组，$(\overline{x}_j, \sigma_j^2)j=1, 2, \cdots, m$，若各组测量值 $\overline{x}_j$ 独立且不等精度，当 $\overline{x}_j \sim N(a, \sigma_j^2)$ 时有

$$L(\overline{x}_j)=\prod_{j=1}^{m} p(\overline{x}_j)=\frac{1}{(\sqrt{2\pi})^m \cdot \prod\limits_{j=1}^{m}\sigma_j} \cdot \mathrm{e}^{-\frac{1}{2}\cdot\sum\limits_{j=1}^{m}\left[\frac{(\overline{x}_j-a)}{\sigma_j}\right]^2}=\max$$

从而

$$Q=\sum_{j=1}^{m}\left[\frac{(\overline{x}_j-a)}{\sigma_j}\right]^2=\min$$

则

$$\frac{\partial Q}{\partial a}=0\Rightarrow -2\sum_{j=1}^{m}\frac{1}{\sigma_j}\cdot\frac{(\overline{x}_j-a)}{\sigma_j}=0\overset{m\text{有限}}{\Rightarrow}\sum_{j=1}^{m}\frac{\overline{x}_j}{\sigma_j^2}=a\cdot\sum_{j=1}^{m}\frac{1}{\sigma_j^2}$$

若令“权”

$$p_j=\frac{c}{\sigma_j^2}$$

则有

$$a=\frac{\sum_{j=1}^{m}p_j\cdot\overline{x}_j}{\sum_{j=1}^{m}p_j}=\overline{x}_P \tag{2-66}$$

式（2-66）表明不等权测量组的最佳估计值是加权算术平均值 $\overline{x}_P$。

注意：当 $p_j=p$ 即等权时，加权算术平均值即为算术平均值，此时 $\overline{x}_P=\overline{x}=\frac{\sum_{j=1}^{m}\overline{x}_j}{m}$。

2. 权

在上面的推导中，取测量数据 $\overline{x}_j$ 的权 $p_j=\frac{c}{\sigma_j^2}$，即权与测量方差成反比。c 的取值并不影响加权算术平均值 $\overline{x}_P$ 的值。

设某 σ^2 的权为 1（为单位权方差），根据权的定义有 $p_j\cdot\sigma_j^2=1\cdot\sigma^2$，因此可以认为 c 为单位权方差 σ^2。

根据权的定义，精密度越高（即方差 σ_j^2 越小），说明 $\overline{x}_j$ 越可信赖，则权 p_j 越大，即测量数据 $\overline{x}_j$ 在 $\overline{x}_P$ 中的贡献越大。加权算术平均值的实质是使权大的数据贡献大、权小的数据贡献小。

权 p_j 与方差 σ_j^2 的关系可用下式表达：

$$p_1:p_2:\cdots:p_m=\frac{1}{\sigma_1^2}:\frac{1}{\sigma_2^2}:\cdots:\frac{1}{\sigma_m^2}$$

上式说明权与方差成反比。

如果形成 $\overline{x}_j$ 的数据列为 x_{ij}，其测量次数为 n_j，若 m 个数据 $\overline{x}_j$ 的各列内方差相等均为 σ_0^2，则有 $\sigma_j^2=\frac{\sigma_0^2}{n_j}$，从而

$$p_1:p_2:\cdots:p_m=n_1:n_2:\cdots:n_m$$

上式说明权还与测量次数成正比。

在实际工作中，通常用相应的实验标准偏差 $S(\overline{x}_j)$ 代替 σ_j，可以按 $p_j=c/\sigma_j^2$、列内测量次数 n_j、测量方法优劣、测量仪器水平甚至专家意见取权的值，但必须保证权的归一性并且有利于计算，即保证下式成立。

$$\sum_{j=1}^{m}\frac{p_j}{\sum_{j=1}^{m}p_j}=1$$

3. 加权测量组最佳估计值 $\overline{x}_P$ 的实验标准偏差

因篇幅所限，略去推导过程。

$\overline{x}_P$ 的实验标准偏差为

$$S(\overline{x}_P)=\sqrt{\frac{\sum_{j=1}^{m}p_j\cdot v_j^2}{(m-1)\cdot\sum_{j=1}^{m}p_j}}=\sqrt{\frac{\sum_{j=1}^{m}p_j\cdot(\overline{x}_j-\overline{x}_P)^2}{(m-1)\cdot\sum_{j=1}^{m}p_j}} \tag{2-67}$$

【例 2-13】 由三位技术人员分别对同一个高稳定性的标准电阻在较短的间隔内进行了三组测量，假设系统误差均已经被修正。这三组测量结果的报告数据如下：

(1) $\overline{x}_1=1000.045\Omega$，$S(\overline{x}_1)=5\text{m}\Omega$；

(2) $\overline{x}_2=1000.015\Omega$，$S(\overline{x}_2)=20\text{m}\Omega$；

(3) $\overline{x}_3=1000.060\Omega$，$S(\overline{x}_3)=10\text{m}\Omega$。

求该标准电阻的最佳估计值及其标准偏差，并完整表达这个测量结果（假设测量结果服从正态分布）。

解： 最佳估计值为加权平均值。

从而

$$p_1:p_2:p_3=\frac{1}{S^2(\overline{x}_1)}:\frac{1}{S^2(\overline{x}_2)}:\frac{1}{S^2(\overline{x}_3)}=\frac{1}{5^2}:\frac{1}{20^2}:\frac{1}{10^2}=16:1:4$$

$$\overline{x}_P=\frac{1000.045\times16+1000.015\times1+1000.060\times4}{16+1+4}=1000.046\,4(\Omega)$$

$$S(\overline{x}_P)=\sqrt{\frac{\sum_{j=1}^{3}p_j\cdot v_j^2}{(3-1)\cdot\sum_{j=1}^{3}p_j}}=\sqrt{\frac{16\times(-1)^2+1\times(-31)^2+4\times(+14)^2}{42}}$$

$$=\sqrt{\frac{1761}{42}}=6.5(\text{m}\Omega)$$

若结果服从正态分布有

被测量 $X=\overline{x}_P\pm3\cdot S(\overline{x}_P)=1000.046\Omega\pm20\text{m}\Omega$，$k_P=3$，$P=99.73\%$。

本题中若给出的三个数据质量不是以标准偏差给出，而是以测量次数 n_j 给出，则以权与测量次数成正比给出各数据的权，然后进行相应计算。

三、异常值的检验与剔除

异常值表现为粗大误差，也称疏失误差。粗大误差的产生是一种明显不符合母体统计规律的事件，可采用一定的统计方法检验、剔除。

实际的随机测量误差是有界的，因此大于一定限度值的随机误差的出现是不合理的。

统计法的基本思想是：给定一个显著性水平，按一定分布确定一个临界值，凡超过这个界限的误差，就认为它不属于随机误差的范围，而是粗大误差，该数据应予以剔除。

（一）3σ 准则

3σ 准则也称为拉依达准则，是最常用也是最简单的判别和剔除粗大误差的准则。

该准则认为误差的绝对值超过 3σ 的概率很小，为不可能事件。

对于有限次测量列 $\{x_i\}$，有残余误差 $v_i = x_i - \overline{x}$，对于满足下式的数据 x_i 视为含有粗大误差而应剔除。

$$|v_i| > 3 \cdot S(x_i) = 3 \cdot \sqrt{\frac{\sum_{i=1}^{n}(x_i - \overline{x})^2}{n-1}}$$

3σ 准则可以重复应用，直至所保留数据中已不含粗大误差为止。即剔除粗大误差数据后应重复进行检验，看是否还存在粗大误差。每剔除一个粗大误差，测量次数随之减 1，同时再次计算新测量列的 $S(x_i)$。

在使用该准则时要注意：该准则在 $n \leqslant 10$ 时是失效的。即测量次数不大于 10 次时，不能用 3σ 准则。原因是：

$$v_i^2 < \sum_{i=1}^{n} v_i^2$$

从而

$$|v_i| < \sqrt{\sum_{i=1}^{n} v_i^2} = \sqrt{n-1}\sqrt{\frac{1}{n-1}\sum_{i=1}^{n} v_i^2} = \sqrt{n-1} \cdot S(x_i)$$

若 $n \leqslant 10$，则恒有 $\sqrt{n-1} \leqslant 3$，则无论对于任何数据均有 $|v_i| < 3 \cdot S(x_i)$，显然此时是无法剔除粗大误差的。

（二）罗曼诺夫斯基准则

当测量次数较少时，按 t 分布确定置信因子来判别粗大误差较为合理。

罗曼诺夫斯基准则又称 t 检验准则，其特点是首先剔除一个可疑的测量值 x_j（通常是 $|v_j| = \max$），然后计算新的测量列的 $S(x_i)$，按 t 分布确定置信因子而检验即将被剔除的值是否是含有粗大误差，如果不含有粗大误差，则该数据 x_j 保留，否则剔除。

对于有限次数测量列 $\{x_i\}$，若 x_j 是满足 $|v_j| = \max$ 的点，则首先剔除 x_j，然后计算残余误差

$$v_i = x_i - \overline{x} = x_i - \frac{\sum_{i=1}^{n} x_i}{n-1}, \quad i \neq j$$

再计算实验标准偏差

$$S(x_i) = \sqrt{\frac{\sum_{i=1}^{n}(x_i - \overline{x})^2}{n-2}}, \quad i \neq j$$

对于测量次数 n 和选择的显著性水平 α，有置信因子

$$K(n, \alpha) = t_\alpha(n-2) \cdot \sqrt{\frac{n}{n-1}}$$

式中的 $t_\alpha(n-2)$ 为“学生分布”的置信因子，$K(n, \alpha)$ 为罗曼诺夫斯基准则的置信因子，可用表 2-3 查得，也可根据 t 分布表查得。

若 $|x_j - \overline{x}| > K(n, \alpha) \cdot S(x_i)$，则 x_j 为含有粗大误差的数据，应剔除，反之保留。

表 2-3　　罗曼诺夫斯基准则 $K(n, \alpha)$

$K(n, \alpha)$		α 0.05	α 0.01	$K(n, \alpha)$	α 0.05	α 0.01	$K(n, \alpha)$	α 0.05	α 0.01
n	4	4.97	11.46	13	2.29	3.23	22	2.14	2.91
	5	3.56	6.53	14	2.26	3.17	23	2.13	2.90
	6	3.04	5.04	15	2.24	3.12	24	2.12	2.88
	7	2.78	4.36	16	2.22	3.08	25	2.11	2.86
	8	2.62	3.96	17	2.20	3.04	26	2.10	2.85
	9	2.51	3.71	18	2.18	3.01	27	2.10	2.84
	10	2.43	3.54	19	2.17	3.00	28	2.09	2.83
	11	2.37	3.41	20	2.16	2.95	29	2.09	2.82
	12	2.33	3.31	21	2.15	2.93	30	2.08	2.81

（三）格拉布斯（Grubbs）准则

1950 年格拉布斯根据顺序统计量的某种分布规律提出一种判别粗大误差的准则。

1974 年我国学者用电子计算机做过统计模拟试验，与其他几个准则相比，对样本中仅混入一个异常值的情况，用格拉布斯准则检验的效率最高。

设对某量作多次等精度独立测量，得 $\{x_i\}$，假定 x 服从正态分布。

为了检验 $\{x_i\}$ 中是否含有粗大误差，将 $\{x_i\}$ 按大小顺序排列成顺序统计量 $x_{(i)}$，即

$$x_{(1)} \leqslant x_{(2)} \leqslant \cdots \leqslant x_{(n)}$$

格拉布斯导出了 $g_{(n)}=\dfrac{x_{(n)}-\bar{x}}{S(x_i)}$ 和 $g_{(1)}=\dfrac{\bar{x}-x_{(1)}}{S(x_i)}$ 的分布，在显著度为 α（一般为 0.05 或 0.01）条件下，可得如表 2-4 的临界值 g_0（n，α）。

表 2-4　　格拉布斯（Grubbs）准则 $g_0(n, \alpha)$

n	α 0.05 $g_0(n, \alpha)$	α 0.01 $g_0(n, \alpha)$	n	α 0.05 $g_0(n, \alpha)$	α 0.01 $g_0(n, \alpha)$
3	1.15	1.16	17	2.48	2.78
4	1.46	1.49	18	2.50	2.82
5	1.67	1.75	19	2.53	2.85
6	1.82	1.94	20	2.56	2.88
7	1.94	2.10	21	2.58	2.91
8	2.03	2.22	22	2.60	2.94
9	2.11	2.32	23	2.62	2.96
10	2.18	2.41	24	2.64	2.99
11	2.23	2.48	25	2.66	3.01
12	2.28	2.55	30	2.74	3.10
13	2.33	2.61	35	2.81	3.18
14	2.37	2.66	40	2.87	3.24
15	2.41	2.70	50	2.96	3.34
16	2.44	2.75	100	3.17	3.59

临界值 $g_0(n,\alpha)$ 的含义为

$$P\left[\frac{x_{(n)}-\bar{x}}{S(x_i)} \geqslant g_0(n,\alpha)\right]=\alpha$$

$$P\left[\frac{\bar{x}-x_{(1)}}{S(x_i)} \geqslant g_0(n,\alpha)\right]=\alpha$$

从而得到异常值剔除准则：

对于残余误差 $v_{(k)}=x_{(k)}-\bar{x}$，$k=n$ 或 $k=1$。若有：$|v_{(k)}| \geqslant g_0(n,\alpha) \cdot S(x_i)$，则 $x_{(k)}$ 中包含粗大误差，应剔除。

该准则可以重复使用，直到所保留的数据中不再包含有粗大误差为止。

【例 2-14】 对某量进行 15 次等精度测量，测量值见表 2-5，设系统误差已修正，试用 3σ 准则判断该测量列中的各数据是否含有粗大误差。

表 2-5 某量的 15 次等精度测量结果

序号	x_i	$v_i=x_i-\bar{x}$	v_i^2	$v_{i(2)}$	$v_{i(2)}^2$
1	20.42	+0.016	0.000 256	+0.009	0.000 081
2	20.43	+0.026	0.000 676	+0.019	0.000 361
3	20.40	−0.004	0.000 016	−0.011	0.000 121
4	20.43	+0.026	0.000 676	+0.019	0.000 361
5	20.42	+0.016	0.000 256	+0.009	0.000 081
6	20.43	+0.026	0.000 676	+0.019	0.000 361
7	20.39	−0.014	0.000 196	−0.021	0.000 441
*8	20.30	−0.104	0.010 816	—	—
9	20.40	−0.004	0.000 016	−0.011	0.000 121
10	20.43	+0.026	0.000 676	+0.019	0.000 361
11	20.42	+0.016	0.000 256	+0.009	0.000 081
12	20.41	+0.006	0.000 036	−0.001	0.000 001
13	20.39	−0.014	0.000 196	−0.021	0.000 441
14	20.39	−0.014	0.000 196	−0.021	0.000 441
15	20.40	−0.004	0.000 016	−0.011	0.000 121
$\bar{x}=\frac{\sum_{i=1}^{15}x_i}{n}=20.404$		$\sum_{i=1}^{15}v_i=0$	$\sum_{i=1}^{15}v_i^2=0.014\ 96$		$\sum_{i=1}^{15}v_{i(2)}^2=0.003\ 374$

解： $\bar{x}=20.404$

$$S(x_i)=\sqrt{\frac{\sum_{i=1}^{n}v_i^2}{n-1}}=\sqrt{\frac{0.014\ 96}{14}}=0.033$$

$$3S(x_i)=3\times 0.033=0.099$$

经观察，第 8 个数据的残差绝对值最大，根据 3σ 准则 $|v_8|=0.104>0.099$，则 x_8 中可能含有粗大误差，应剔除。

对剩下的 14 个数据继续做统计检验：

$$\overline{x}_{(2)}=20.411,\ S[x_{i(2)}]=\sqrt{\frac{\sum_{i=1}^{n-1}v_{i(2)}^2}{n-1}}=\sqrt{\frac{0.003\ 374}{13}}=0.016$$

$$3S[x_{i(2)}]=3\times0.016=0.048$$

经观察，剩下的 14 个测量值的残余误差均满足 $|v_{i(2)}|<3\cdot S(x_i)$，故可以认为这些测量值不再含有粗大误差。

【例 2-15】 仍使用表 2-5 所示的测量值，试用 Grubbs 准则判断该测量列中的各数据是否含有粗大误差，给定显著性水平 $\alpha=5\%$。

解： 将数据按大小顺序排列得到

$$x_{(1)}=x_8=20.30\leqslant x_{(2)}\leqslant\cdots\leqslant x_{(15)}=x_{2,6,10}=20.43$$

有两个测量值 $x_{(1)}$，$x_{(15)}$ 可怀疑，但由于

$$\overline{x}-x_{(1)}=20.404-20.30=0.104$$

$$x_{(15)}-\overline{x}=20.43-20.404=0.026$$

故应先怀疑 $x_{(1)}$ 是否含有粗大误差。

查表 2-4 得 $g_0(n,\ a)=g_0(15,\ 0.05)=2.41$，则 $g_0(n,\ \alpha)\cdot S(x_i)=2.41\times0.033=0.079\ 5$

由于 $|x_{(1)}-\overline{x}|=0.104>0.079\ 5$，故 $x_{(1)}=x_8$ 含有粗大误差，应予剔除。

对剩下的 14 个数据，再重复上述步骤，判别 $x_{(15)}$ 是否含有粗大误差。

$$\overline{x}_{(2)}=20.411$$

$$S[x_{i(2)}]=\sqrt{\frac{\sum_{i=1}^{n-1}v_{i(2)}^2}{n-2}}=\sqrt{\frac{0.003\ 374}{13}}=0.016$$

$$g_0(n,\ \alpha)\cdot S[x_{i(2)}]=2.41\times0.016=0.038\ 56$$

由于 $|x_{(15)}-\overline{x}|=0.026<0.038\ 5$，故 $x_{(15)}$ 不含有粗大误差，判别过程结束。

【例 2-16】 仍使用表 2-5 所示的测量值，试用罗曼诺夫斯基准则判断该测量列中的各数据是否含有粗大误差，给定显著性水平 $\alpha=5\%$。

解： 首先怀疑第八组测量值 x_8 含有粗大误差，将其剔除［不参与 $\overline{x}$ 和 $S\ (x_i)$ 的计算］。然后根据剩下的 14 个测量值计算平均值和标准差，得：$\overline{x}=20.411$，$S\ (x_i)\ =0.016$ 查表 2-3 得 $K\ (15,\ 0.05)\ =2.24$，则 $K\ (15,\ 0.05)\ \cdot S\ (x_i)\ =2.24\times0.016=0.036$ 因 $|x_8-\overline{x}|=|20.30-20.411|=0.111>0.036$，故第八组测量值 x_8 含有粗大误差，剔除是正确的。此后对剩下的 14 个测得值进行判别，可知这些测量值不再含有粗大误差。

以上介绍了三种粗大误差的判别准则，根据前人的实践经验，在具体应用时建议按如下几点考虑：

（1）大样本情况（$n>50$）用 3σ 准则最简单方便，虽然这种判别准则的可靠性不高，但它使用简便，不需要查表，故在要求不高时经常使用；$30<n\leqslant50$ 情形，用格拉布斯准则效果较好；$3\leqslant n<30$ 情形，用格拉布斯准则适于剔除一个异常值；当测量次数比较小时，也可根据情况采用罗曼诺夫斯基准则。

(2) 在较为精密的实验场合，可以选用 2～3 种准则同时判断，当一致认为某值应剔除或保留时，则可以放心地加以剔除或保留。当几种方法的判断结果有矛盾时，则应慎重考虑，一般以不剔除为妥。因为留下某个怀疑的数据后算出的 σ 只是偏大一点，这样较为安全。另外，可以再增添测量次数，以消除或减少它对平均值的影响。

还有一些统计检验方法，如肖维勒（Chauvenet）准则、狄克逊（Dixon）准则等，因篇幅有限，不再详述。

四、误差分配

在做方案设计时，通常是给定技术指标（主要是不确定度指标），要求按所要求的指标设计测量仪器或测量系统。

在扩展不确定度给定的情况下，涉及各影响因素（系统参数）不确定度如何分配的问题，是用于初步确定各影响因素不确度的方法。

误差分配是一项需要设计者的知识和经验都非常丰富的工作，误差分配决定了设计工作的成败，非常重要。下面介绍的内容仅仅是一些原则，在进行实际设计工作时，还需要设计者通过缜密的思考而决定。

用 x_i 表示各误差影响因素（系统参数及响应），在各因素误差之间相互独立时，以下的分析均依据方差传递公式：

$$u_Y^2 \approx \left(\frac{\partial F}{\partial x_1} \cdot u_{x1}\right)^2 + \left(\frac{\partial F}{\partial x_2} \cdot u_{x2}\right)^2 + \cdots + \left(\frac{\partial F}{\partial x_m} \cdot u_{xm}\right)^2$$

设被测量 Y 的最佳估计值 $\hat{y}$ 的不确定度的扩展因子为 k_P、各误差影响因素 x_i 的不确定度的扩展因子为 k_i，则 $\hat{y}$ 的扩展不确定度为

$$U_P(\hat{y}) = k_P \cdot \sqrt{\sum_{i=1}^{m}\left[\frac{\partial F}{\partial x_i} \cdot \frac{U(x_i)}{k_i}\right]^2} \tag{2-68}$$

误差（不确定度）分配问题就是在给定 $U_P^*(\hat{y})$ 的要求下，如何初步确定 U（x_i）的问题，即如何保证式（2-69）成立的问题。

$$k_P \cdot \sqrt{\sum_{i=1}^{m}\left[\frac{\partial F}{\partial x_i} \cdot \frac{U(x_i)}{k_i}\right]^2} \leqslant U_P^*(\hat{y}) \tag{2-69}$$

（一）标准不确定度分量等贡献分配法

定义 $u_i(\hat{y})$ 为标准不确定度分量，$u_i(\hat{y})$ 由下式定义，即

$$u_i(\hat{y}) = \left|\frac{\partial F}{\partial x_i} \cdot \frac{U(x_i)}{k_i}\right|$$

这种方法可以由式（2-70）表达，即

$$\left|\frac{\partial F}{\partial x_1} \cdot \frac{U(x_1)}{k_1}\right| = \left|\frac{\partial F}{\partial x_2} \cdot \frac{U(x_2)}{k_2}\right| = \cdots = \left|\frac{\partial F}{\partial x_m} \cdot \frac{U(x_n)}{k_m}\right| = u_i(\hat{y}) \tag{2-70}$$

将式（2-70）带入式（2-69）中，有

$$u_i(\hat{y}) = \left|\frac{\partial F}{\partial x_i} \cdot \frac{U(x_i)}{k_i}\right| \leqslant \frac{U_P^*(\hat{y})}{\sqrt{m} \cdot k_P}$$

从而

$$U(x_i)\leqslant\frac{k_i}{k_P}\cdot\frac{U_P^*(\hat{y})}{\sqrt{m}\cdot\left|\dfrac{\partial F}{\partial x_i}\right|}\tag{2-71}$$

式（2-71）是确定 $U(x_i)$ 的依据。

（二）因素标准不确定度等量分配法

定义 $u(x_i)$ 为因素标准不确定度，$u(x_i)$ 由下式定义，即

$$u(x_i)=\frac{U(x_i)}{k_i}$$

在各因素为同一物理量且量值相近时，这种方法可以由式（2-72）表达，即

$$\frac{U(x_1)}{k_1}=\frac{U(x_2)}{k_2}=\cdots=\frac{U(x_m)}{k_m}=u(x_i)\tag{2-72}$$

将式（2-72）带入式（2-69）中，有

$$u(x_i)=\frac{U(x_i)}{k_i}\leqslant\frac{U_P^*(\hat{y})}{\sqrt{\sum\limits_{i=1}^{m}\left(\dfrac{\partial F}{\partial x_i}\right)^2}\cdot k_P}$$

从而

$$U(x_i)\leqslant\frac{k_i}{k_P}\cdot\frac{U_P^*(\hat{y})}{\sqrt{\sum\limits_{i=1}^{m}\left(\dfrac{\partial F}{\partial x_i}\right)^2}}\tag{2-73}$$

式（2-73）是确定 $U(x_i)$ 的依据。

（三）重点标准不确定度分量保证法

对于标准不确定度分量 $u_i(\hat{y})$，$1\leqslant K\leqslant m$。若除了 $u_K(\hat{y})$ 以外其他各分量不确定度均已确定且与 $u_k(\hat{y})$ 相比均很小，则有

$$\sqrt{\sum_{i=1}^{m}\left[\frac{\partial F}{\partial x_i}\cdot\frac{U(x_i)}{k_i}\right]^2}=\sqrt{\left[\frac{\partial F}{\partial x_K}\cdot\frac{U(x_K)}{k_K}\right]^2+\sum_{\substack{i=1\\i\neq K}}^{m}\left[\frac{\partial F}{\partial x_i}\cdot\frac{U(x_i)}{k_i}\right]^2}\tag{2-74}$$

将式（2-74）带入式（2-69）中，有

$$\left[\frac{\partial F}{\partial x_K}\cdot\frac{U(x_K)}{k_K}\right]^2\leqslant\left[\frac{U_P^*(\hat{y})}{k_P}\right]^2-\sum_{\substack{i=1\\i\neq K}}^{m}\left[\frac{\partial F}{\partial x_i}\cdot\frac{U(x_i)}{k_i}\right]^2$$

从而

$$U(x_K)\leqslant\frac{k_K}{\left|\dfrac{\partial F}{\partial x_K}\right|}\cdot\sqrt{\left[\frac{U_P^*(\hat{y})}{k_P}\right]^2-\sum_{\substack{i=1\\i\neq K}}^{m}\left[\frac{\partial F}{\partial x_i}\cdot\frac{U(x_i)}{k_i}\right]^2}\tag{2-75}$$

式（2-75）是确定 $U(x_K)$ 的依据。

式（2-71）和式（2-73）中各扩展因子可按以下思路取值：

（1）对于无法确定各因素误差分布时，均假设其服从均匀分布，即 $k_i=\sqrt{3}$；

（2）扩展因子 k_P 按 t 分布确定，即 $k_P=t_\alpha(v_{eff})$，v_{eff} 为有效自由度。

【例 2-17】 按 $W=I^2Rt$ 测量电能，若要求 $U_{95\%}^*(\hat{W})=1\%\cdot W$，$v_{eff}\approx12$。试分别确定

I、R、t 的不确定度。

解：$W=I^2Rt=F(I,R,t)$、$\dfrac{\partial F}{\partial I}=2IRt$、$\dfrac{\partial F}{\partial R}=I^2t$、$\dfrac{\partial F}{\partial t}=I^2R$

$$k_P=t_{5\%}(12)=2.18、k_i=\sqrt{3}、m=3$$

按标准不确定度分量等贡献分配，有

$$U(x_i)\leqslant\frac{1}{2.18}\cdot\frac{1\%\cdot W}{\left|\dfrac{\partial F}{\partial x_i}\right|}$$

从而

$$U(I)\leqslant\frac{1}{2.18}\cdot\frac{1\%\cdot I^2Rt}{2IRt}=0.23\%\cdot I$$

$$U(R)\leqslant\frac{1}{2.18}\cdot\frac{1\%\cdot I^2Rt}{I^2t}=0.46\%\cdot R$$

$$U(t)\leqslant\frac{1}{2.18}\cdot\frac{1\%\cdot I^2Rt}{I^2R}=0.46\%\cdot t$$

五、最佳测量方案

所谓最佳方案就是在约束条件下使不确定度最小的方案。

在现有条件下，根据已有的仪器设备、设计不同的测量方法，初步分析相应的测量结果的标准不确定度（或标准偏差），取其最小者即为最佳测量方案。

【例 2-18】 测量电阻 R 上的功率，有三种测量方法：$P_1=IV$、$P_2=\dfrac{V^2}{R}$、$P_3=I^2R$。现手头上有 0.1 级单电桥、1.0 级 0～15V 的电压表和 1.0 级 0～10mA 的电流表各一台，其中电桥以相对误差定级，电压表和电流表以引用误差定级。

若已知 $R\approx1000\Omega$、$V_R\approx5V$、$I_R\approx5mA$，试问采用哪种测量方案最好。

解：第一种方案的方差

$$u^2(P_1)=[I\cdot u(V)]^2+[V\cdot u(I)]^2=\left(\frac{1}{\sqrt{3}}\right)^2\cdot\{[I\cdot U(V)]^2+[V\cdot U(I)]^2\}$$

其中 $U(V)=1\%\times15V=0.15V$、$U(I)=1\%\times10mA=0.1mA$

$U(R)=0.1\%\times1000\Omega=1\Omega$

从而

$$u(P_1)\approx\sqrt{\left(\frac{1}{\sqrt{3}}\right)^2\cdot\{[5mA\times0.15V]^2+[5V\times0.1mA]^2\}}=5.2\times10^{-4}(W)$$

同理：

$$u(P_2)\approx\sqrt{\left(\frac{1}{\sqrt{3}}\right)^2\cdot\left\{\left[\frac{2\times5V}{1000\Omega}\times0.15V\right]^2+\left[-\frac{(5V)^2}{(1000\Omega)^2}\times1\Omega\right]^2\right\}}=8.7\times10^{-4}(W)$$

$$u(P_3)\approx\sqrt{\left(\frac{1}{\sqrt{3}}\right)^2\cdot\{[1000\Omega\times2\times5mA\times0.1mA]^2+[(5mA)^2\times1\Omega]^2\}}=5.8\times10^{-4}(W)$$

根据三种方案的标准不确定度的大小，显然第一种方案是最佳的。

第四节　测量不确定度及其评定

一、测量不确定度概述

前面几节对误差的基本概念、系统误差及其处理方法以及最佳估计值及其标准偏差等基本内容进行了详细的论述。

关于测量不确定度已经介绍了它的基本概念，知道测量不确定度是表达测量结果质量的重要参数。本节将深入研究测量不确定度评定的有关问题。

由于在进行测试、校准、检定、系统设计和调试等测量工作时，必须对已定的系统误差进行修正或补偿，因此可以认为在测量结果中系统误差的显著部分已经被消除了。但是由于真实误差的不可知性，必然还有一部分残余的误差存在，这些误差虽然不具有随机误差的特征，但其大小或符号难以确定，因此不能再次修正，但是却可以通过其他非统计学方法估算其限度，因此有理由把这些误差的限度视为不确定度予以估计。另外构成的测量系统是比较复杂的，各种影响测量结果的因素共同的作用必然导致随机误差的发生，这些随机误差是无法消除的，应该分析或测试其限度并以一定的方法与其他误差限度进行合成，这个合成的数值即是表达被测量合理赋值范围的指标，即测量结果的不确定度。

"不确定度"一词起源于1927年德国物理学家海森堡在量子力学中提出的测不准关系。1970年左右，一些学者逐步使用不确定度一词，但是在1993年之前，关于测量不确定度及其表达等问题国际上尚无统一的规定，因此在如何表达测量结果的质量问题上存在很多混乱的现象。

1986年由国际标准化组织（ISO）等七个国际组织共同组成了不确定度工作组，经过七年以后，由ISO于1993年颁布《测量不确定度表示指南》（GUM），在世界各国得到执行和广泛应用。根据GUM和我国的实际情况，我国制定了国家技术规范《测量不确定度评定与表示》（JJF 1059—1999），作为表达测量不确定度的技术法规文件。

目前规范的最新版本是《测量不确定度评定与表示》（JJF 1059.1—2012）。

二、测量不确定度与误差的关系

测量误差是测量过程中的客观产物，由于真值不可知，因此按定义的测量误差通常是不能得到的，通常得到的是在某个具体条件下的误差测量值或估计值，这种误差测量值或估计值一旦离开了当时的条件，则可靠性往往是不可知的。

测量不确定度是在一定限定条件（统计分布、概率、影响量参数变化范围等）和测量条件下（如重复实验）对误差限度的一种估计值，因此测量不确定度所包含的信息量更大，能更好地指导测量工作。但是在不确定度评定过程中，很多影响因素及其量化取值由评定者的知识和经验决定，因此这种评定值具有相当大的主观成分。不确定度评定值过小，则测量结果落入规定区域的可靠性变差；不确定度评定值过大，则虽然测量结果落入规定区域的可靠性提高甚至成为确定性事件，但是测量结果的真实质量被诋毁了。因此不确定度评定值必须符合实际，评定结果的好坏应该以能经受住实践的检验为标准。

三、测量不确定度的有关概念

以下是与不确定度评定的有关概念：

（一）标准不确定度

以标准偏差表示的不确定度。

（二）合成标准不确定度

当测量结果由若干个其他量的值求得时，按其他量的方差及协方差计算得到的不确定度。当各误差因素之间互相独立时，不考虑协方差部分的影响。

（三）扩展不确定度

确定测量结果存在的区间的量，被测量合理赋值的大部分含于此区间。

（四）包含因子（覆盖因子）

为求得扩展不确定度，对合成标准不确定度所乘的数字因子。该值一般为2～3。

（五）不确定度的A类评定

对观测列用统计分析的方法来确定标准不确定度的方法。

（六）不确定度的B类评定

对观测列用非统计分析的方法来确定标准不确定度的方法。

（七）自由度

在方差的计算中，总和所包含的项数与各项之间存在的约束条件数之差。

合成标准不确定度的自由度称为有效自由度，记为 v_{eff}。自由度的大小反映了实验标准偏差的可靠程度。

四、测量不确定度评定规范及测量结果的表达

不确定度的各影响因素应该在仪器设备、测量方法、环境条件、对象特征等四方面予以考虑，对于手动仪器设备还应考虑人员操作习惯。在“不遗漏、不重复”的原则下，根据定理、定律及实验结果等建立合理的不确定度分析数学模型。建立分析模型时，特别要注意一些隐含因素的表达。

（1）建立被测量 Y 的不确定度分析数学模型 $Y=F(x_j)$、$j=1\sim m$，为便于分析，x_j 应为相互独立的因素。

（2）对模型做灵敏度分析，即确定误差因素 x_j 的灵敏度 $C_j=\dfrac{\partial F}{\partial x_j}$。

（3）分析并确定标准不确定度分量 $u_j(\hat{y})=C_j\times u(x_j)$ 中 $u(x_j)$ 的大小、概率分布及自由度 v_j，从而确定 $u_j(\hat{y})$。

其中：可用B类方法根据经验和知识确定 $u(x_j)$，对于无法用B类确定的 $u(x_j)$ 可直接用A类方法确定 $u_j(\hat{y})$。

分析B类不确定度的自由度 v_j 所使用的计算公式为

$$v_j=\frac{1}{2}\times\frac{1}{\left[\dfrac{\sigma_{u(x_j)}}{u(x_j)}\right]^2}$$

式中的 $\dfrac{\sigma_{u(x_j)}}{u(x_j)}$ 为标准不确定度 $u(x_j)$ 的相对标准不确定度。该值由 $u(x_j)$ 信息来源的可信程度，凭经验给出，一般在0%～50%，其值越小，即 v_j 越大说明 $u(x_j)$ 越可靠。

（4）计算被测量估计值 $\hat{y}$ 的合成标准不确定度

$$u_C(\hat{y})=\sqrt{\sum_{i=1}^{m}u_j^2(\hat{y})}$$

（5）$u_C(\hat{y})$ 的有效自由度 v_{eff}。

有效自由度 v_{eff} 根据韦尔奇-萨特斯维特（Welch-Satterthwaite）公式计算

$$v_{eff}=\frac{u_C^4(\hat{y})}{\sum_{j=1}^{m}\frac{u_j^4(\hat{y})}{v_j}}$$

（6）对于给定的置信概率 P，确定 t 分布覆盖因子 $k_P=t_P(v_{eff})$，从而 $\hat{y}$ 的扩展不确定度为 $U_P(\hat{y})=k'_P\cdot u_C(\hat{y})$。

误差因素之间有相关关系时的处理方法参见文献［1］。

（7）测量结果的完整表达。

测量结果的完整表达应当包含被测量的最佳估计值、该估计值的测量不确定度、置信概率 P 和有效自由度 v_{eff} 等信息，其中报告的不确定度可以是标准不确定度 $u_C(\hat{y})$、按正态分布确定覆盖因子（通常取 2 或 3）的扩展不确定度 $U(\hat{y})$ 和按 t 分布确定覆盖因子的扩展不确定度 $U_P(\hat{y})$，如果能确定 $\hat{y}$ 的具体分布，则按该分布求解覆盖因子。

这些不确定度通常保留 1～2 位有效数字。

不确定度也可以用相对扩展不确定度 U_{rel} 或相对标准不确定度 u_{rel} 表示。

【例 2-19】 若标准砝码的质量为 m_s，测量结果为 $\hat{m}_s=100.021\ 47$g，合成标准不确定度 $u_C(\hat{m}_s)=0.35$mg，试表达测量结果。

解：（1）以合成标准不确定度 $u_C(\hat{m}_s)$ 报告测量结果

则 $\hat{m}_s=100.021\ 47$g，$u_C(\hat{m}_s)=0.35$mg。

或者 $m_s=100.021\ 47$（35）g。

或者 $m_s=100.021\ 47$（0.000 35）g。

或者 $m_s=$（100.021 47±0.000 35）g。

最后一种方式应尽量避免使用，以免与扩展不确定度表达方式混淆。

（2）以扩展不确定度 $U(\hat{m}_s)=k\cdot u_C(\hat{m}_s)$ 报告测量结果

此种情况下，通常取覆盖因子 $k=2$ 或 $k=3$。

则 $\hat{m}_s=100.021\ 47$g，$U=0.70$mg；$k=2$。

或者 $m_s=$（100.021 47±0.000 70）g；$k=2$。

（3）以扩展不确定度 $U_P(\hat{m}_s)=k_P\cdot u_C(\hat{m}_s)$ 报告测量结果

设 $p=95\%$、$v_{eff}=9$，则 $k_P=t_{95}(9)=2.26$、$U_{95}(\hat{m}_s)=k_P\cdot u_C(\hat{m}_s)=0.79$mg。

则 $m_s=100.021\ 47$g，$U_{95}=0.79$mg；$v_{eff}=9$。

或者 $m_s=100.021\ 47(79)$g；$v_{eff}=9$；$p=95\%$。

或者 $m_s=100.021\ 47(0.000\ 79)$g；$v_{eff}=9$；$p=95\%$。

或者 $m_s=$（100.021 47±0.000 79）g；$v_{eff}=9$；$p=95\%$。该方式为推荐方式。

五、测量不确定度评定举例

测量不确定度的评定在测量仪器检定、校准、测试以及成果鉴定和测量结果评价方面具有极其重要的应用价值。以下就测量结果评价方面给出一个例题，作为了解评定规范基本内容的一个范例。

【例 2-20】 以 $7\frac{1}{2}$ 位数字电压表为标准，在标准条件下测量直流标准电压源的输出电压 10 次，直流电压源的设定值为 10.000 00V，标准数字电压表的测量值分别为（V）：10.000 107、10.000 103、10.000 097、10.000 111、10.000 091、10.000 108、10.000 121、10.000 101、10.000 110、10.000 094。

求：（1）直流标准电压源输出的实际值、在 10V 处的绝对误差和相对误差；

（2）分析数字电压表测量结果的不确定度并给出测量结果的完整表达。

其他已知信息如下：

（1）数字电压表是在上级计量部门校准后的 24h 内使用；

（2）上级计量部门的校准证书报告了该数字电压表的校准不确定度；

（3）置信概率取 99.73%。

解：（一）直流标准电压源输出的实际值（电压表测量结果的最佳估计值）：$\overline{U}=10.000\ 104$（V）

直流标准电压源在 10V 处的绝对误差

$$e=U_{set}-\overline{U}=10-10.000\ 104=-0.000\ 104(\mathrm{V})$$

直流标准电压源在 10V 处的设定值相对误差

$$r=\frac{U_{set}-\overline{U}}{U_{set}}=\frac{-0.000\ 104}{10}\approx-1.0\times10^{-5}$$

（二）数字电压表测量结果的不确定度评定

1. 不确定度评定的数学模型

在该数字电压表测量过程中，其测量结果受以下误差因素的影响

（1）数字电压表短期稳定度因素造成的误差 U_1，可以通过 B 类评定确定。

（2）数字电压表校准不确定度因素造成的误差 U_2，可以通过 B 类评定确定。

（3）测量过程中各种随机因素造成的误差，主要包括：

1）数字电压表自身测量噪声（包括量化噪声）的影响；

2）直流标准电压源输出电压的低频噪声和纹波的影响；

3）其他随机因素的影响。

这些随机因素的共同影响结果用 $S(\overline{U})$ 表达，通过 A 类评定确定。

（4）环境因素的影响。

由于测量过程是在标准条件下进行的，因此该因素的影响可忽略。

考虑到上述因素后，被测量实际值的数学模型可以表达为

$$\hat{U}=\overline{U}-U_1-U_2$$

式中　U_1、U_2——上述因素而产生的电压误差。

由于 U_1、U_2 的具体的大小和符号是无法确定的，因此作为不确定度考虑。

从而得到

$$u_{\hat{U}}=\sqrt{S^2(\overline{U})+(-1\times u_{U1})^2+(-1\times u_{U2})^2}$$

2. 评定过程

（1）标准电压表示值稳定度引起的标准不确定度分量 u_{U1}。由于数字电压表是在上级计量部门校准后的24h内使用，经查阅仪表说明书并根据经验可知其在24h内的偏移量绝对值 U_{U1} 不超过15μV。由于不知道该因素的具体分布，故假设其服从均匀分布，从而

$$u_{U1}=\frac{U_{U1}}{\sqrt{3}}=\frac{15\mu V}{\sqrt{3}}=8.7\mu V$$

该数字电压表技术说明书给出的技术指标极为可靠，故可以认为 $\frac{\sigma_{uU1}}{u_{U1}}\approx 0$，从而

$$v_1=\frac{1}{2}\times\frac{1}{\left[\frac{\sigma_{uU1}}{u_{U1}}\right]^2}\rightarrow\infty$$

（2）数字电压表校准不确定度引起的标准不确定度分量 u_{U2}。查阅校准证书得知：该数字电压表的校准不确定度（3σ）为 $3.5\times10^{-6}\times U_x$，从而

$$u_{U2}=\frac{U_{U2}}{3}=\frac{3.5\times10^{-6}\times10V}{3}\approx 11.7\mu V$$

查阅校准证书得知：校准不确定度的自由度 $v_2\rightarrow\infty$。

（3）测量平均值 $\overline{V}$ 的标准不确定度 $S(\overline{U})$。计算公式如下

$$S(U_i)=\sqrt{\frac{\sum_{i=1}^{10}(U_i-\overline{U})^2}{10-1}}\approx 9\mu V$$

$$S(\overline{U})=\frac{S(U_i)}{\sqrt{10}}\approx 2.8\mu V$$

$$v_3=10-1=9$$

（4）合成标准不确定度

$$u_{\hat{U}}=\sqrt{S^2(\overline{U})+(-1\times u_{U1})^2+(-1\times u_{U2})^2}\approx 15\mu V$$

（5）合成标准不确定度的自由度

$$v_{eff}=\frac{u_{\hat{U}}^4}{\sum_{j=1}^{3}\frac{u_j^4}{v_j}}=\frac{(15\mu V)^4}{\frac{(8.7\mu V)^4}{\infty}+\frac{(11.7\mu V)^4}{\infty}+\frac{(2.8\mu V)^4}{9}}\approx 7413\rightarrow\infty$$

（6）扩展不确定度。查 t 分布表得知：$k_{99.73\%}=t_{99.73\%}$（7412）$\approx t_{99.73\%}$（∞）$=3$，则

$$U_{99.73\%}(\hat{U})=k_P\times u_{\hat{U}}=3\times15\mu V=45\mu V$$

相对不确定度：

$$U_{rel-99.73\%}=\frac{U_{99.73\%}(\hat{U})}{10V}=\frac{45\mu V}{10V}=4.5\times10^{-6}$$

（7）表达测量结果。

$$U=(10.000\ 104\pm0.000\ 045)V;\ v_{eff}=7412;\ P=99.73\%$$

第五节　最小二乘法

在误差理论与数据处理领域，最小二乘法（LSM）是最佳值及其误差计算、曲线拟合及变量筛选、多元回归分析、数字滤波等方面的理论基础，在第三节推导测量列的最佳估计值时，已经应用了最小二乘法。

以下简介一阶多项式模型的经典解及求解一般线性参数模型的矩阵最小二乘法。

一、模型 $y=a\cdot x+b$ 的参数最佳估计值及其标准偏差

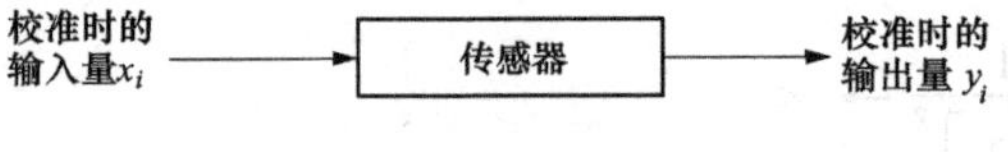

图 2-22　传感器响应特性的校准

如图 2-22 为校准某种传感器响应特性的示意图，x_i 为约定真值，y_i 为输出量。对于测量数据（x_i，y_i），可利用 LSM 原理分别求出传感器特性的最佳估计值和相应的参数标准偏差，测量次数 $n\geqslant 3$。

设指标函数为 Q，据 LSM 准则有

$$\begin{cases} Q=\sum\limits_{i=1}^{n}v_i^2=\sum\limits_{i=1}^{n}(y_i-\hat{y}_i)^2=\min \\ \hat{y}_i=ax_i+b \end{cases} \Rightarrow \begin{cases} \hat{a}=\dfrac{n\cdot\sum x_iy_i-\left(\sum x_i\right)\left(\sum y_i\right)}{D} \\ \hat{b}=\dfrac{\left(\sum x_i^2\right)\left(\sum y_i\right)-\left(\sum x_i\right)\left(\sum x_iy_i\right)}{D} \\ D=n\cdot\sum x_i^2-\left(\sum x_i\right)^2 \end{cases} \tag{2-76}$$

上述各式中，$D\neq 0$ 时有唯一解。

拟合标准偏差为

$$S(y_i)=\sqrt{\frac{Q}{n-2}}=\sqrt{\frac{\sum\limits_{i=1}^{n}(y_i-\hat{y}_i)^2}{n-2}} \tag{2-77}$$

（$\hat{a}$，$\hat{b}$）的实验标准偏差 S（$\hat{a}$）、S（$\hat{b}$）分别为

$$S(\hat{a})=\sqrt{\sum_{i=1}^{n}\left(\frac{\partial\hat{a}}{\partial y_i}\right)^2}\cdot S(y_i)=\sqrt{\frac{n}{D}}\cdot S(y_i) \tag{2-78}$$

$$S(\hat{b})=\sqrt{\sum_{i=1}^{n}\left(\frac{\partial\hat{b}}{\partial y_i}\right)^2}\cdot S(y_i)=\sqrt{\frac{\sum x_i^2}{D}}\cdot S(y_i) \tag{2-79}$$

二、一般线性参数模型的矩阵 LSM

设待测系统的拟合函数结构为 $y=f(r,\ x_j)$，$j=1\sim t$，r 为系统输入、x_j 为待求参数。测量数据为（r_i，y_i），$i=1\sim n(n\gg t)$，通常 r_i 为约定真值，假设仅 y_i 含有误差。

根据测量数据得到的残差方程组为

定义
$$\begin{cases}\nu_1=y_1-[a_{11}\cdot x_1+a_{12}\cdot x_2+\cdots+a_{1t}\cdot x_t]\\ \nu_2=y_2-[a_{21}\cdot x_1+a_{22}\cdot x_2+\cdots+a_{2t}\cdot x_t]\\ \vdots\\ \nu_n=y_n-[a_{n1}\cdot x_1+a_{n2}\cdot x_2+\cdots+a_{nt}\cdot x_t]\end{cases}$$

残差向量 $\boldsymbol{V}=\begin{bmatrix}\nu_1\\ \nu_2\\ \vdots\\ \nu_n\end{bmatrix}$、观测向量 $\boldsymbol{Y}=\begin{bmatrix}y_1\\ y_2\\ \vdots\\ y_n\end{bmatrix}$、待求参数向量 $\boldsymbol{X}=\begin{bmatrix}x_1\\ x_2\\ \vdots\\ x_t\end{bmatrix}$

结构矩阵 $\boldsymbol{A}=\begin{bmatrix}a_{11} & a_{12} & \cdots & a_{1t}\\ a_{21} & a_{22} & \cdots & a_{2t}\\ \vdots & \vdots & \vdots & \vdots\\ a_{n1} & a_{n2} & \cdots & a_{nt}\end{bmatrix}$。

有 $\boldsymbol{V}=\boldsymbol{Y}-\boldsymbol{AX}$。对于等精度观测列，由 $\boldsymbol{Q}=\boldsymbol{V}^{\mathrm{T}}\boldsymbol{V}=\min$，得到 $\dfrac{\partial\boldsymbol{V}^{\mathrm{T}}\boldsymbol{V}}{\partial\boldsymbol{X}}=0$。

则待求参数解为 $\boldsymbol{X}=\boldsymbol{C}^{-1}\boldsymbol{A}^{\mathrm{T}}\boldsymbol{Y}$，$\boldsymbol{C}=\boldsymbol{A}^{\mathrm{T}}\boldsymbol{A}$。参数协方差阵为 $\boldsymbol{D}(\boldsymbol{X})=\boldsymbol{C}^{-1}S^2(y_i)$，拟合标准偏差为 $S(y_i)=\sqrt{\dfrac{Q}{n-t}}=\sqrt{\dfrac{\sum\limits_{i=1}^{n}[y_i-f(r_i,\ x_j)]^2}{n-t}}$。

【例 2-21】 铜棒长度 $L_t=L_0(1+\alpha\cdot t)$，在各个温度下的实验数据见表 2-6，求：($\hat{L}_0$，$\hat{\alpha}$) 及其误差。

表 2-6　　铜棒长度在各个温度下的实验数据

i	1	2	3	4	5	6
t_i(℃)	10	20	25	30	40	45
L_i(mm)	2000.36	2000.72	2000.80	2001.07	2001.48	2001.60

解： $L_t=L_0+L_0\cdot\alpha\cdot t=x_1+x_2\cdot t$

$$\begin{cases}v_1=2000.36-(x_1+10\cdot x_2)\\ v_2=2000.72-(x_1+20\cdot x_2)\\ v_3=2000.80-(x_1+25\cdot x_2)\\ v_4=2001.07-(x_1+30\cdot x_2)\\ v_5=2001.48-(x_1+40\cdot x_2)\\ v_6=2001.60-(x_1+45\cdot x_2)\end{cases};\ \boldsymbol{Y}=\begin{bmatrix}2000.36\\ 2000.72\\ 2000.80\\ 2001.07\\ 2001.48\\ 2001.60\end{bmatrix};\ \boldsymbol{A}=\begin{bmatrix}1 & 10\\ 1 & 20\\ 1 & 25\\ 1 & 30\\ 1 & 40\\ 1 & 45\end{bmatrix};\ \boldsymbol{X}=\begin{bmatrix}x_1\\ x_2\end{bmatrix}$$

$$\boldsymbol{C}=\begin{bmatrix}6 & 170\\ 170 & 5650\end{bmatrix};\ \boldsymbol{C}^{-1}=\begin{bmatrix}1.13 & -0.034\\ -0.034 & 0.0012\end{bmatrix};\ \boldsymbol{A}^{\mathrm{T}}\times\boldsymbol{Y}=\begin{bmatrix}12\,006.03\\ 340\,201.3\end{bmatrix}$$

$$\boldsymbol{X}=\begin{bmatrix}1.13 & -0.034\\ -0.034 & 0.001\,2\end{bmatrix}\times\begin{bmatrix}12\,006.03\\ 340\,201.3\end{bmatrix}=\begin{bmatrix}1999.969\,7\\ 0.036\,54\end{bmatrix};\ \boldsymbol{V}=\boldsymbol{Y}-\boldsymbol{A}\times\boldsymbol{X}=\begin{bmatrix}0.024\,9\\ 0.019\,5\\ -0.083\,2\\ 0.004\,1\\ 0.048\,7\\ -0.014\,0\end{bmatrix}。$$

$x_2=\alpha\cdot L_0=0.036\,54(\text{mm/℃})$、$x_1=L_0=1999.969\,7(\text{mm})\Rightarrow\alpha=\dfrac{x_2}{L_0}=1.827\times 10^{-5}(1/℃)$；

$$S^2(y_i)=\frac{\boldsymbol{V}^{\mathrm{T}}\boldsymbol{V}}{n-t}=\frac{0.010\,507}{6-2}=0.002\,626\,75\Rightarrow S(y_i)=0.051$$

$$\boldsymbol{DX}=\boldsymbol{C}^{-1}\times S^2(y_i)=\begin{bmatrix}0.002\,968\,228 & -0.000\,09\\ -0.000\,09 & 0.000\,003\,152\,1\end{bmatrix}$$

参数方差和不确定度：

$$\begin{cases}D(x_1)=0.002\,968\,228(\text{mm}^2)\\ D(x_2)=0.000\,003\,152\,1(\text{mm/℃})^2\end{cases}\Rightarrow\begin{cases}3\sqrt{D(x_1)}\approx 0.16(\text{mm})\\ 3\sqrt{D(x_2)}\approx 0.005\,3(\text{mm/℃})\end{cases}$$

参数化整值：

$$\begin{cases}x_1=L_0=1999.97(\text{mm})\\ x_2=\alpha L_0=0.037(\text{mm/℃})\end{cases};\ U(\alpha)\approx\frac{0.005\,3}{2000}=2.6\times 10^{-6}(1/℃)\Rightarrow\alpha=1.83\times 10^{-5}(1/℃)。$$

本章小结

本章在论述测量与测量误差的基本概念的基础上，较为详细地介绍了系统误差的基本规律和减少系统误差影响的基本方法、随机误差的基本规律和随机误差度量指标的计算方法、测量不确定度评定规范及评定实例，最后对数据处理中常用的基本最小二乘法在传感器特性校准中的应用进行了简介。

习题与思考题

2-1 什么是误差公理？简述误差、相对误差、修正值的定义。

2-2 什么是真值？如何选择实用的真值？

2-3 列出仪表示值误差、实际相对误差、示值相对误差、示值引用误差的表达式。

2-4 误差来源一般应如何考虑？简述系统误差、随机误差和粗大误差的含义。

2-5 服从正态分布的随机误差有哪些性质？

2-6 正态分布随机误差在［$-\sigma$，$+\sigma$］、［-2σ，$+2\sigma$］和［-3σ，$+3\sigma$］内的概率分别是多少？

2-7 为什么要进行多次测量？对某量等精度测量 5 次：29.18、29.24、29.27、29.25、29.26，求平均值及单次测量的实验标准偏差。

2-8 对某量独立等精度测量 16 次，单次测量实验标准偏差为 1.2，求平均值的实验标准偏差。

2-9　有哪些方法可减少系统误差的影响？对含有粗大误差的异常值如何处理？

2-10　什么叫权？什么叫等精度测量和不等精度测量？在不等精度测量时，最佳值及其实验标准偏差如何计算？

2-11　电阻 R 上的电流 I 产生的热量 $Q=0.24I^2Rt$，式中 t 为通过电流的持续时间。已知测量 I 与 R 的相对误差为 1%，测量 t 的相对误差为 0.5%，求 Q 的相对误差。

2-12　在 19、20、21、22、23℃各温度 t_i 上校准标准电阻器的电阻值，得到对应各温度下的电阻修正值 y_i 分别为−1、0、2、5、7mΩ。现需要在 25℃下使用该标准电阻器，试求温度为 25℃时的标准电阻修正值。

第三章　检测信号处理

由于传感器种类不同，工作原理不同，因而其所变换的电参量或电信号也有较大差别。对于输出量为电参量（如电阻、电容、电感）的参量型传感器，必须将这些输出参量转换为电压或电流量。对于输出量为电量的传感器，其多数情况量值过小，需要放大；有些信号的输出特性为非线性，需要进行线性化处理；有些信号混有噪声，需要进行滤波处理。因而，一般在传感器和显示记录仪表之间有一个中间环节，即信号处理器，使传感器检测的原始信号经过处理之后，驱动显示记录仪表。

常见的信号处理电路有电桥电路、放大电路、滤波电路、调制解调电路、相敏检波电路等。由于篇幅所限不能一一介绍，本章仅介绍几种常用的信号处理电路。

第一节　测量电桥

由于电桥电路具有灵敏度高、测量范围宽、容易实现温度补偿等优点，因此电桥电路在测量电路中广泛应用。电桥电路可以方便检测出某些电参量的微小变化，并将电参量的变化借助于电桥转换为相应的电压或电流的变化输出，此外，电桥电路还可以方便进行测量电路的零点调节。电桥电路的桥臂电阻可为固定电阻，也可为其他类型的可变电阻，如应变电阻、热电阻等；在交流电桥中，桥臂电阻则可以是电容、电感等。

目前电桥电路的供桥方式有恒压和恒流两种，现在多数采用恒压方式。故在下面以恒压源电桥为例进行介绍。电桥根据电源的性质分为直流电桥和交流电桥两种，由于两种电桥转换原理一样，基本公式也有相似的表达方式，故本节主要以直流电桥为例来分析其工作原理和特性。

一、直流电桥的工作原理

图 3-1 为直流惠斯登电桥，它的 4 个桥臂由固定电阻 R_1，R_2，R_3，R_4 组成，A，C 端接直流电源，称为供桥端，U_i 为供桥电压，B，D 为输出端。

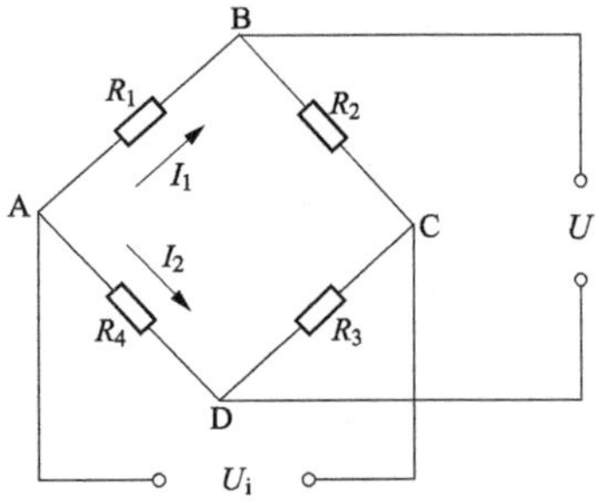

图 3-1　直流惠斯登电桥

根据分压原理，在电桥 ABC 支路的 R_2 上的电压降为

$$U_{BC}=\frac{R_2}{R_1+R_2}U_i \tag{3-1}$$

同理，在电桥 ADC 支路的 R_3 上的电压降为

$$U_{DC}=\frac{R_3}{R_3+R_4}U_i \tag{3-2}$$

则输出电压

$$U=U_{DC}-U_{BC}=\frac{R_3}{R_3+R_4}U_i-\frac{R_2}{R_1+R_2}U_i=\frac{R_3R_1-R_2R_4}{(R_3+R_4)(R_1+R_2)}U_i \tag{3-3}$$

由式（3-3）可知，当电桥各桥臂的电阻满足如下条件

$$R_1R_3=R_2R_4 \text{或} \frac{R_1}{R_2}=\frac{R_4}{R_3}$$

则电桥的输出电压为零，即电桥处于平衡状态。

设电桥中桥臂 R_1 为应变片，其余桥臂为固定电阻，电桥处于平衡状态。当 R_1 感应应变而产生电阻增量 ΔR_1 时，由于 $\Delta R_1 \ll R_1$，故此时电桥的输出电压可通过微分式（3-3），求得

$$dU=U_i\frac{R_2}{(R_1+R_2)^2}dR_1 \tag{3-4}$$

当 ΔR_1 很小时（在一般的测量中都能满足这一点），$\Delta U \approx dU$，故式（3-4）可用增量来表示

$$\Delta U=U_i\frac{R_2}{(R_1+R_2)^2}\Delta R_1=\frac{R_1R_2}{(R_1+R_2)^2}\frac{\Delta R_1}{R_1}U_i \tag{3-5}$$

（1）对输出对称形式：当 $R_1=R_2=R$，$R_3=R_4=R'$ 时，当桥臂 R_1（应变片）的电阻发生变化，其电阻增量为 $\Delta R_1=\Delta R$，则输出电压为

$$\Delta U=U_i\frac{R^2}{(R+R)^2}\frac{\Delta R}{R}=\frac{U_i}{4}\frac{\Delta R}{R}=\frac{U_i}{4}K\varepsilon \tag{3-6}$$

式中　K——应变片的灵敏度；

ε——应变片的应变量。

（2）对电源对称形式：当 $R_1=R_4=R$，$R_2=R_3=R'$ 时，当桥臂 R_1（应变片）的电阻发生变化，其电阻增量为 $\Delta R_1=\Delta R$，则输出电压为

$$\Delta U=U_i\frac{RR'}{(R+R')^2}\frac{\Delta R}{R}=\frac{RR'}{R+R'}U_iK\varepsilon \tag{3-7}$$

（3）全等臂电桥：当 $R_1=R_2=R_3=R_4=R$ 时，当桥臂 R_1（应变片）的电阻发生变化，其电阻增量为 $\Delta R_1=\Delta R$，则输出电压为

$$\Delta U=U_i\frac{R^2}{(R+R)^2}\frac{\Delta R}{R}=\frac{U_i}{4}\frac{\Delta R}{R}=\frac{U_i}{4}K\varepsilon \tag{3-8}$$

在上述3种电桥中，当电桥的一个桥臂电阻（即应变片电阻）发生变化时，电桥的输出电压也随着发生变化。当 $\Delta R \ll R$ 时，其输出电压与电阻变化率 $\Delta R/R$（或应变 ε）呈线性关系。因而输出电压的变化就反映了应变的变化，也即反映了所加外力的变化。

在桥臂电阻发生相同变化的情况下，全等臂电桥与对输出对称电桥的输出电压相同，它们的输出电压皆比对电源对称电桥的输出电压大，即它们的灵敏度较高，因此在实测中多采用这两种形式的电桥。

二、电桥的基本特性

以全等臂电桥的电压输出为例分析4个桥臂的电阻变化，从而说明电桥的基本特性。设电桥的4个桥臂都由应变片组成，且工作时各桥臂的电阻都将发生变化，电桥也将有电压输出。当供桥电压一定且 $\Delta R_i \ll R_i$ 时，对式（3-3）全微分即可求得电桥的输出电压增量为

$$dU=\frac{\partial U}{\partial R_1}dR_1+\frac{\partial U}{\partial R_2}dR_2+\frac{\partial U}{\partial R_3}dR_3+\frac{\partial U}{\partial R_4}dR_4$$

$$=U_i\left[\frac{R_2}{(R_1+R_2)^2}dR_1-\frac{R_1}{(R_1+R_2)^2}dR_2+\frac{R_4}{(R_3+R_4)^2}dR_3-\frac{R_3}{(R_3+R_4)^2}dR_4\right]$$

$$=U_i\left[\frac{R_1R_2}{(R_1+R_2)^2}\frac{dR_1}{R_1}-\frac{R_1R_2}{(R_1+R_2)^2}\frac{dR_2}{R_2}+\frac{R_3R_4}{(R_3+R_4)^2}\frac{dR_3}{R_3}-\frac{R_3}{(R_3+R_4)^2}\frac{dR_4}{R_4}\right] \tag{3-9}$$

由于全等臂电桥的电阻 $R_1=R_2=R_3=R_4=R$，式（3-8）可简化为

$$dU=\frac{U_i}{4}\left(\frac{dR_1}{R_1}-\frac{dR_2}{R_2}+\frac{dR_3}{R_3}-\frac{dR_4}{R_4}\right) \tag{3-10}$$

当 $\Delta R_i \ll R_i$时，式（3-10）还可以用增量式表示

$$\Delta U=\frac{U_i}{4}\left(\frac{\Delta R_1}{R_1}-\frac{\Delta R_2}{R_2}+\frac{\Delta R_3}{R_3}-\frac{\Delta R_4}{R_4}\right) \tag{3-11}$$

当各桥臂应变片的灵敏度系数 K 相同时，可以用应变形式表达

$$\Delta U=\frac{U_iK}{4}(\varepsilon_1-\varepsilon_2+\varepsilon_3-\varepsilon_4) \tag{3-12}$$

式（3-11）和式（3-12）为电桥转换原理的一般形式，从以上两式中可得到电桥的重要特性，通常也称为加减特性。内容：

（1）两相邻桥臂上电阻值（或应变片的应变）变化符号相同时，输出电压为两相邻桥臂电压之差，如果变化量相等，则输出为零；异号时为两相邻桥臂电压之和。

（2）两相对桥臂上电阻值（或应变片的应变）变化符号相同时，输出电压为两相对桥臂电压之和；异号时为两相对桥臂电压之差，如果变化量相等，则输出为零。

合理地利用上述特性，可以通过不同的组桥方式来提高测量灵敏度或消除不需要的成分。

三、电桥常用工作方式

现在假设用 4 个应变片组成一个测量电桥，其中每个应变片都称为电桥的一个桥臂，贴在试件上的桥臂称为工作臂。一般情况 4 个应变片取相同阻值，且灵敏系数 K 相同。

（一）单臂工作

当电桥只有一个桥臂为工作臂，其余各臂为固定电阻（$R_2=R_3=R_4=R$）时，称此电桥为单臂工作，由式（3-10）可得到单臂工作的输出电压为

$$\Delta U=\frac{U_i}{4}\frac{\Delta R_1}{R_1}=\frac{U_iK}{4}\varepsilon_1 \tag{3-13}$$

（二）半桥工作

当电桥有两个桥臂为工作臂，其余两臂为固定电阻时，称为半桥工作。半桥工作有两种情况，一种是两相邻臂工作，一种是两相对桥臂工作。

两相邻臂工作时，如图 3-1 所示，即电桥的桥臂 $R_1=R_2$ 为工作臂，且工作时有电阻增量 ΔR_1和 ΔR_2，而 R_3，R_4臂为固定电阻（$\Delta R_3=\Delta R_4=0$），则式（3-10）变为

$$\Delta U=\frac{U_i}{4}\left(\frac{\Delta R_1}{R_1}-\frac{\Delta R_2}{R_2}\right)=\frac{U_iK}{4}(\varepsilon_1-\varepsilon_2) \tag{3-14}$$

此时，当 $R_1=R_2=R$ 且 $\Delta R_1=\Delta R_2=\Delta R$ 时，则有

$$\Delta U=\frac{U_i}{4}\left(\frac{\Delta R_1}{R_1}-\frac{\Delta R_2}{R_2}\right)=0 \tag{3-15}$$

当 $\Delta R_1=\Delta R$，$\Delta R_2=-\Delta R$ 时，则有

$$\Delta U=\frac{U_{\rm i}}{4}\left(\frac{\Delta R_1}{R_1}-\frac{\Delta R_2}{R_2}\right)=\frac{U_{\rm i}}{4}\left(\frac{\Delta R}{R}+\frac{\Delta R}{R}\right)=2\left(\frac{U_{\rm i}}{4}\frac{\Delta R}{R}\right)=\frac{1}{2}U_{\rm i}K\varepsilon \tag{3-16}$$

此时电桥的输出比单臂工作时增大一倍，提高了测量的灵敏度。但要注意，此时试件的真实应变为仪器读数的一半。

两个相对桥臂工作时，如图 3-1 所示，即电桥的桥臂 R_1 和 R_3 为工作臂，且工作时有电阻增量 ΔR_1 和 ΔR_3，而 R_2 和 R_4 臂为固定电阻（$\Delta R_2=\Delta R_4=0$），则式（3-10）变为

$$\Delta U=\frac{U_{\rm i}}{4}\left(\frac{\Delta R_1}{R_1}+\frac{\Delta R_3}{R_3}\right)=\frac{U_{\rm i}K}{4}(\varepsilon_1+\varepsilon_3) \tag{3-17}$$

此时，当 $\Delta R_1=\Delta R_3=\Delta R$ 时，则有

$$\Delta U=2\left(\frac{U_{\rm i}}{4}\frac{\Delta R}{R}\right)=\frac{1}{2}U_{\rm i}K\varepsilon \tag{3-18}$$

当 $\Delta R_1=\Delta R$，$\Delta R_3=-\Delta R$ 时，则有

$$\Delta U=\frac{U_{\rm i}}{4}\left(\frac{\Delta R_1}{R_1}-\frac{\Delta R_3}{R_3}\right)=0 \tag{3-19}$$

（三）全桥工作

当 4 个桥臂都为工作臂时，则为全桥式工作。其输出电压为

$$\Delta U=\frac{U_{\rm i}}{4}\left(\frac{\Delta R_1}{R_1}-\frac{\Delta R_2}{R_2}+\frac{\Delta R_3}{R_3}-\frac{\Delta R_4}{R_4}\right) \tag{3-20}$$

当 $R_1=R_2=R_3=R_4=R$ 时，则有

$$\Delta U=\frac{U_{\rm i}}{4}\left(\frac{\Delta R_1}{R_1}-\frac{\Delta R_2}{R_2}+\frac{\Delta R_3}{R_3}-\frac{\Delta R_4}{R_4}\right)=0$$

当 $\Delta R_1=\Delta R_3=\Delta R$，$\Delta R_2=\Delta R_4=-\Delta R$ 时，则有

$$\Delta U=\frac{U_{\rm i}}{4}\left(\frac{\Delta R_1}{R_1}-\frac{\Delta R_2}{R_2}+\frac{\Delta R_3}{R_3}-\frac{\Delta R_4}{R_4}\right)=\frac{U_{\rm i}}{4}\frac{4\Delta R}{R}=U_{\rm i}\frac{\Delta R}{R}=U_{\rm i}K\varepsilon$$

此时电桥的输出比半桥工作时大一倍，但必须注意，此时试件的真实应变为仪器读数的 1/4。

四、交流电桥

直流电桥虽然有不少优点，但是它的输出量须采用直流放大器加以放大，而直流放大器容易产生零点漂移。此外，在有些情况下，如果桥臂是由电感、电容式传感器提供信号，此时就只能采用交流电桥，因此交流电桥的应用更广泛。

交流电桥原理如图 3-2 所示，其电路结构形式与直流电桥相同，不同之处在于交流电桥的供桥电压是采用高频交流电源，桥臂可以是纯电阻，也可以是含有电容、电感的交流阻抗。

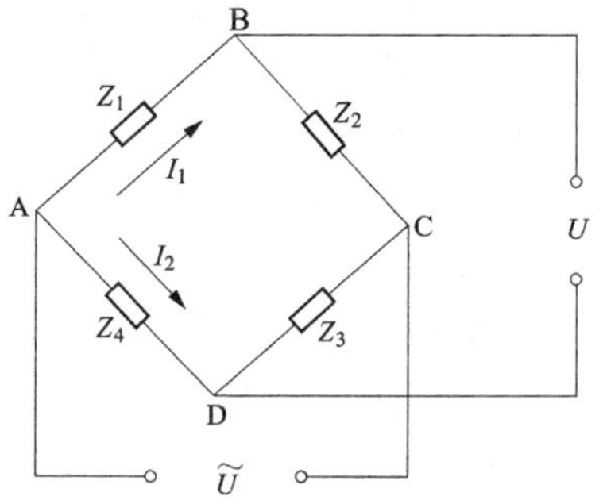

图 3-2　交流电桥原理

（一）交流电桥的平衡条件

交流电桥输出电压公式、平衡条件的推导过程与直流电桥基本相同，公式的形式上类似，只是用复阻抗的来表示。

由图 3-2 可以推导出交流电桥的平衡条件，即

$$Z_1Z_3=Z_2Z_4$$

式中 Z——各桥臂的复阻抗，$Z=|Z|e^{j\varphi}$；

$|Z|$——复阻抗的模；

φ——复阻抗的阻抗角。

因此交流电桥的平衡条件可表达为

$$|Z_1||Z_3|e^{j(\varphi_1+\varphi_3)}=|Z_2||Z_4|e^{j(\varphi_2+\varphi_4)} \tag{3-21}$$

如果要式（3-21）成立，需要同时满足幅值平衡条件和相位平衡条件，即下面两式要同时成立

$$\begin{cases}|Z_1||Z_3|=|Z_2||Z_4|\\ \varphi_1+\varphi_3=\varphi_2+\varphi_4\end{cases}$$

可见，交流电桥的平衡条件与直流电桥的平衡条件不完全相同，交流电桥必须同时满足幅值平衡和相位平衡两个条件才能保证交流电桥的平衡。对于纯电阻交流电桥，虽然各桥臂均为电阻，但由于导线间存在分布电容，相当于各桥臂并联一个电容，在调节电桥平衡时，电阻平衡时尚需进行电容平衡。

（二）交流电桥的使用注意事项

由于交流电桥的平衡由两个条件决定，供桥电源的稳定性将影响平衡调节，因而对交流电桥的供桥电源要求较高，其必须具有良好的电压波形和频率稳定性。供桥电源电压波形会影响其输出灵敏度；供桥电源电压频率会影响电桥的平衡，因为交流阻抗计算中均包含有电源频率的因子，所以当电源频率不稳定或电压波形畸变时，交流阻抗值就会发生变化，从而给电桥的平衡带来困难。电桥的供桥电源一般采用频率范围 5～10kHz 的音频交流电源，此时频率高，外界工频干扰不易从线路中引入，能获得较好的一定频带宽度的频率响应。此外，因电桥输出为调制波，容易消除放大电路中的零漂移。

采用交流电桥时，还应注意影响测量精度及误差的一些因素。例如电桥中各元件之间的互感耦合、无感电阻的残余电抗、泄漏电阻、元件间以及元件对地之间的分布电容、邻近交流电路对电桥的感应影响等，对此应尽可能地采取适当措施加以消除。

这种电桥的最大优点是可以对被测量进行动态测量。但此种电桥的输出受电源电压的影响较大，如果电源电压略有波动，就会影响桥路输出，给测量带来误差。

五、变压器式电桥

变压器式电桥将变压器中感应耦合的两线圈绕组作为电桥的桥臂，图 3-3 所示其常用的两种形式。图 3-3（a）所示电桥常用于电感比较仪中，其中感应耦合绕组 W_1、W_2（阻抗 Z_1、Z_2）与阻抗 Z_3、Z_4组成电桥的四个臂，绕组 W_1、W_2为变压器副边，平衡时有 $Z_1Z_3=Z_2Z_4$。如果任一桥臂阻抗有变化，则电桥有电压输出。图 3-3（b）为另一种变压器式电桥形式，其中变压器的原边绕组 W_1、W_2（阻抗 Z_1、Z_2）与阻抗 Z_3、Z_4组成电桥的四个臂，若使阻抗 Z_3、Z_4相等并保持不变，电桥平衡时，绕组 W_1、W_2中两磁通大小相等但方向相反，激磁效应相互抵消，因此变压器副边绕组中无感应电动势产生，输出为零。反之当移动变压器中铁芯位置时，电桥失去平衡，促使副边绕组中产生感应电动势，从而有电压输出。

上述两种电桥中的变压器结构实际上均为差动变压器式传感器，通过移动其中的敏感元件——铁芯的位置将被测位移转换为绕组间互感的变化，再经电荷转换为电压或电流输出

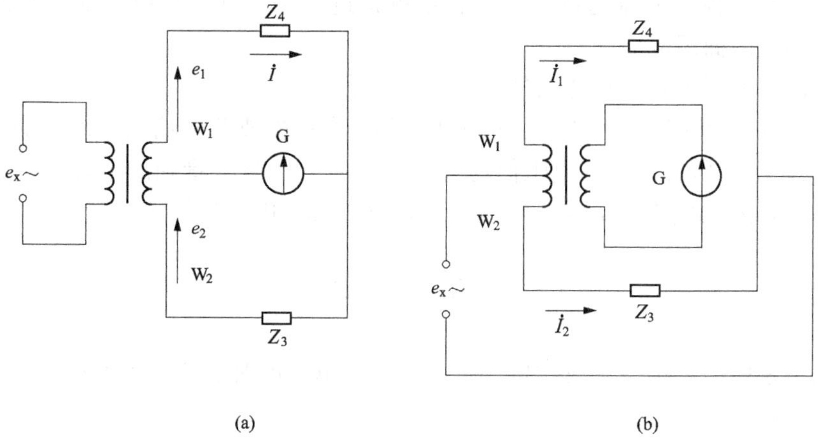

图 3-3　变压器式电桥

(a) 变压器式电桥一；(b) 变压器式电桥二

量。与普通电桥相比，变压器式电桥具有较高的测量精度和灵敏度，且性能也较稳定，因此在非电量测量中得到广泛的应用。

六、电桥使用中应注意的问题

电桥电路具有很高的灵敏度和精度，且结构形式多样，适合不同的应用。但电桥电路也易受到各种外界因素的影响，除以上介绍的温度、电源电压的波形和频率等因素之外，还会受到传感元件的连线等因素的影响。此外在不同的应用中需要调节电桥的灵敏度，以适应不同的测量精度。在具体的电桥应用中常应注意以下几方面：

（一）连接导线的补偿

实际应用中，所用的传感器与所接的桥式仪表常常相隔一定的距离［见图 3-4（a）］，这样连接导线会给电桥的一个桥臂引入附加的阻抗，由此会带来测量误差。若采取图 3-4（b）所示的三导线结构形式，由于其中附加的补偿导线与传感器的连接电线处在相邻桥臂上，因此它平衡了整个导线的长度，也消除了由此所引起的任何不平衡。

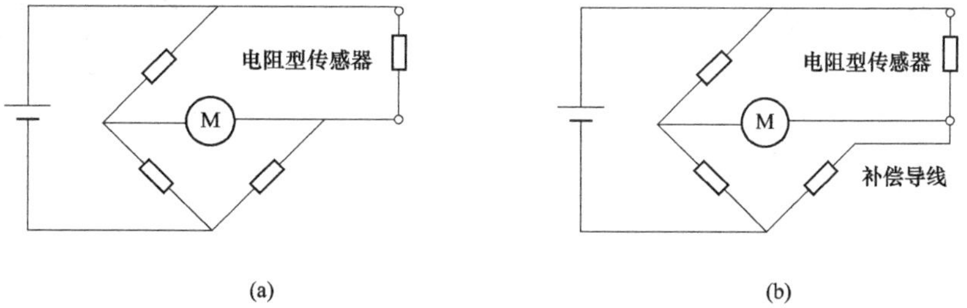

图 3-4　电桥接线的补偿方法

(a) 具有远距离连接传感器的电桥；(b) 带补偿电缆的电桥

（二）电桥灵敏度的调节

使用中常由于下述原因对电桥的灵敏度做调节：

(1) 衰减大于所需电平的输入量；

(2) 在系统标定和读出仪器刻度之间提供一种便利的关系；

(3) 通过调节使各传感器的特性能适合预校正过的系统（如将电阻应变片的应变系数插入到某些已制成的商用电路中）；

(4) 为控制诸如温度效应这样的外部输入提供手段。

图 3-5 所示为一种调节电桥灵敏度的方法，其中在一根或两根输入导线上加入一可变串联电阻 R_S。假设电桥所有桥臂的电阻值均为 R，则由电压源所看到的电阻值将为 R。因此若如图 3-5 所示串联一电阻 R_S，那么根据分压电路原理，电桥的输入将减少一个因子

$$n=\frac{R}{R+R_S}=\frac{1}{1+R_S/R}$$

式中　n——电桥因子。

电桥输出也相应地减小一个成比例的量，该法简单，但对电桥灵敏度控制十分有用。

（三）电桥的并联校正法

实际中常常需要对电桥进行标定或校正，所采用的方法是对电桥直接引入一个已知的电阻变化来观察其对电桥输出的效果。图 3-6 所示一种电桥的并联校正法，图中的标定电阻 R_C 的阻值已知。若开始电桥在图中开关打开时是平衡的，则当开关闭合时，桥臂 AB 上的电阻改变导致整个电桥失去平衡。从电压表上可读出输出电压 e_{AC}，引起该电压输出的电阻改变 ΔR 可由式（3-21）计算

$$\Delta R=R_1-\frac{R_1R_C}{1+R_C} \tag{3-22}$$

电桥的灵敏度为

$$S=\frac{e_{AC}}{\Delta R}(\mathrm{V}/\Omega)$$

上述过程能够实现电桥的一种整体标定，因为其中考虑了所有的电阻值和电源电压。

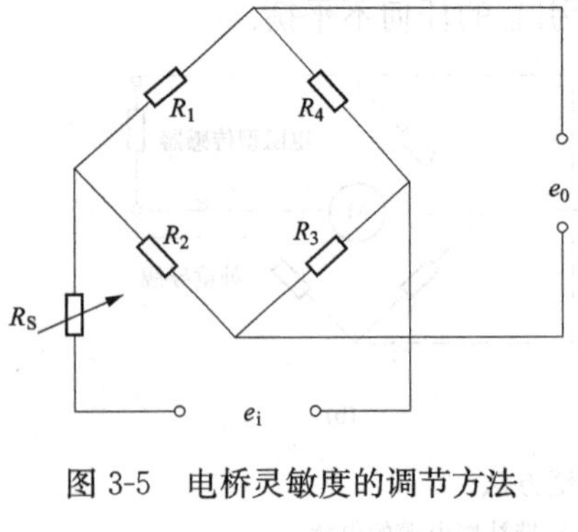

图 3-5　电桥灵敏度的调节方法

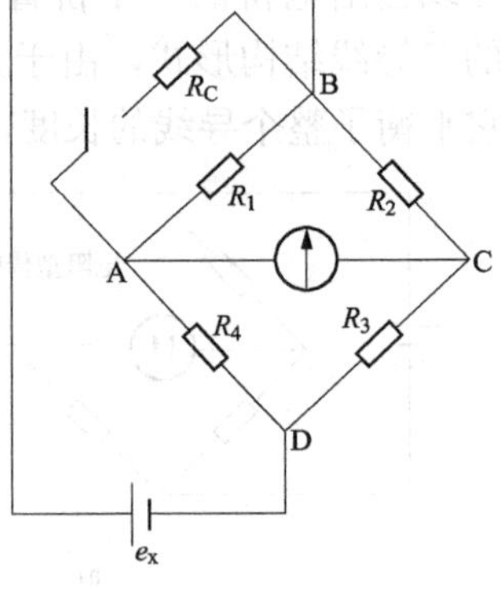

图 3-6　电桥并联校正方法

第二节　测量放大器

传感器的测量电路是由传感器的类型而决定的。不同的传感器具有不同的输出信号。从能量的观点看，传感器可分为能量控制型（也称为有源传感器）和能量转换型（也称为无源

传感器）两种。前者有物理量输入、电激励源输入和电输出三个能量口，实际上，由输入物理量调制激励源。此类传感器（如电阻应变片、电容传感器）一般需配置电桥电路，从而得到电压、电流信号或调制信号。能量转换型传感器大多只有一个物理量输入口和一个电输出口，如光电池、压电传感器等。当传感器的输出阻抗很高或输出信号很弱时，一般需要采用阻抗匹配的放大电路，供后级信号的处理。

一、电桥放大器

电桥放大器的形式很多。一般要求电桥放大器具有高输入阻抗和高共模抑制比。在实际应用中要考虑种种因素，如供给桥路的电源是接地还是浮地；传感元件是接地还是浮地；输出是否要求线性关系等，应选用不同的电桥放大器。

（一）半桥式放大器

图 3-7 为半桥式放大器。这种桥路结构简单，桥路电源 E 不受运放共模电压范围限制，但要求 E 稳定、正负对称、噪声和纹波小。

该线路的输出电压为

$$U_o = E\frac{R_f}{R}\left[\frac{x}{1+x}\right] \tag{3-23}$$

式（3-23）表明，当 x 较大时，输出电压与电阻变量呈非线性关系。本线路抗干扰能力较差，要求输入引线短，并加屏蔽。

（二）电源浮地式电桥放大器

图 3-8 为电源浮地式电桥放大器。根据“虚地”概念，电桥的不平衡输出电压即为运算放大器在 A 点呈现的电压，即

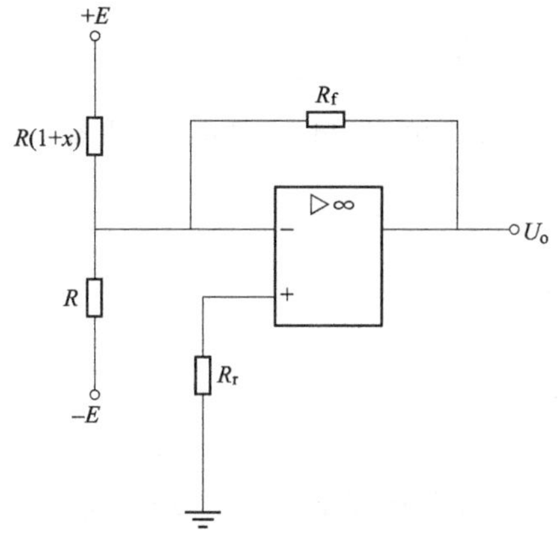

图 3-7 半桥式放大器

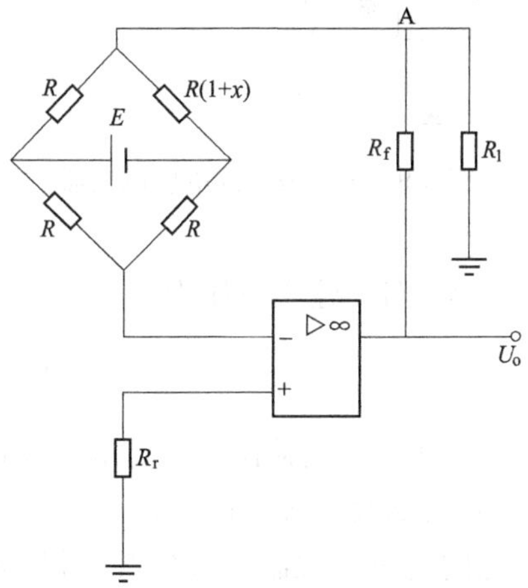

图 3-8 电源浮地式电桥放大器

$$\frac{Ex}{2(2+x)} = \frac{U_o R_1}{R_f + R_1}$$

所以放大器的输出电压为

$$U_o = \frac{R_1 + R_f}{R_1} \cdot \frac{Ex}{2(2+x)} \tag{3-24}$$

由式（3-23）可见，该电路同样只有在 $x \ll 1$ 时，输出电压才与电阻变量呈线性关系。

该电路对电桥的不平衡电压有放大作用，如将 R_f或 R_1代之以电位器，则可方便地调整增益，而与桥路电阻 R 无关。由于运放的输入阻抗很高，使电桥几乎处于空载状态。该电路的桥路供电电源要求浮地，有时可能给使用带来不便。

（三）电流放大式电桥放大器

图 3-9 为电流放大式电桥放大器，这是差动输入式线路。当 $R_f \gg R$，$x \ll 1$ 时，输出电压为

$$U_o = \frac{E}{2}\left(1+\frac{2R_f}{R}\right)\frac{x}{2+x} \approx \frac{R_f}{2R}Ex \tag{3-25}$$

该电路的特点是电桥供电电源接地。但是电路的灵敏度与电桥阻抗有关。

（四）同相输入式电桥放大器

图 3-10 为同相输入式电桥放大器。它和一般同相输入比例放大器一样，具有输入阻抗高的优点，但要求运放具有较高的共模抑制比及较宽的共模电压范围，对供电电源要求浮地及稳定性好。

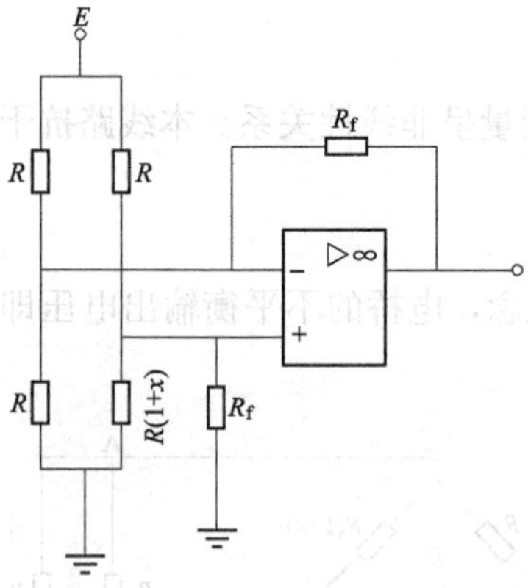

图 3-9 电流放大式电桥放大器

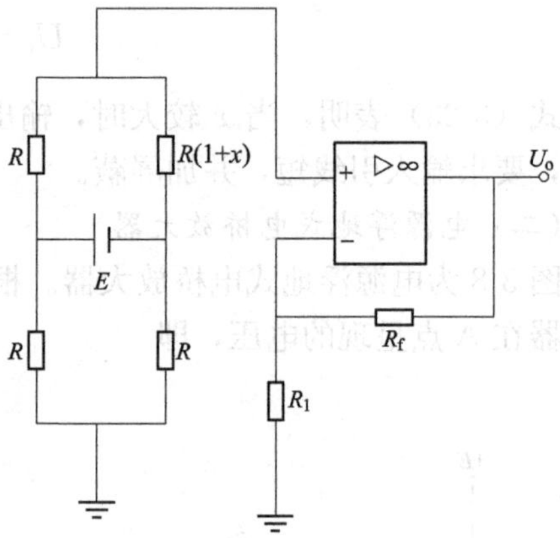

图 3-10 同相输入式电桥放大器

当 $x \ll 1$ 时，输出电压为

$$U_o = \frac{E}{4}\left(1+\frac{R_f}{R_1}\right)x \tag{3-26}$$

式（3-26）说明输出电压与电阻变量呈线性关系。

（五）线性放大式电桥放大器

前述的电桥放大器，只有当 x 很小时，才使 U_o与 x 呈线性关系。当 x 较大时，非线性就很明显，以致给实际测量带来不便。图 3-11 是采用负反馈技术，使 x 在很大范围内变化时，电路输出电压的非线性偏差保持在 0.1%以内。

由图 3-11 可得如下等式

$$U_o = \left(1+\frac{2R_f}{R}\right)\frac{x}{2+x}\cdot\frac{U_3-U_2}{2}$$

$$U_3 = -U_2 = U_1 + U_o\frac{R_1}{R_0}$$

解得

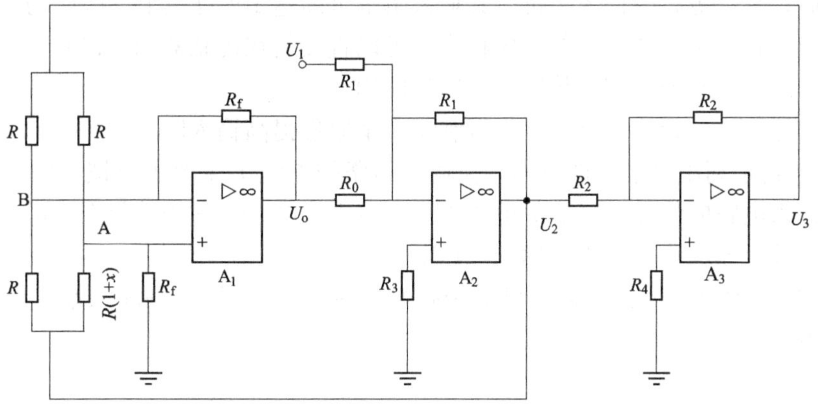

图 3-11　线性放大式电桥放大器

$$U_o = \left(1+\frac{2R_f}{R}\right)U_1 x \frac{1}{2+x-\left(1+\frac{2R_f}{R}\right)\frac{R_1}{R_0}x}$$

当 $\frac{R_1}{R_0}\left(1+\frac{2R_f}{R}\right)=1$ 时，得

$$U_o = \frac{U_1}{2}\left(1+\frac{2R_f}{R}\right)x$$

二、高输入阻抗放大器

很多传感器的输出阻抗都比较高，如压电传感器、电容传感器等。为了使此类传感器在输入到测量系统时信号不产生衰减，要求测量电路具有很高的输入阻抗。以下介绍几种高输入阻抗放大器。

图 3-12 所示的电路采用了自举反馈原理，即设想把一个变化的交流信号电压（相位与幅值均与输入信号相同），加到电阻 R_G 不与栅极相连的一端（见图中 A 点），因此使 R_G 两端的交流电压近似相等，即 R_G 上只有很小电流流过，即 R_G 所引起分路效应很小，从物理意义上理解就是提高了输入电阻。

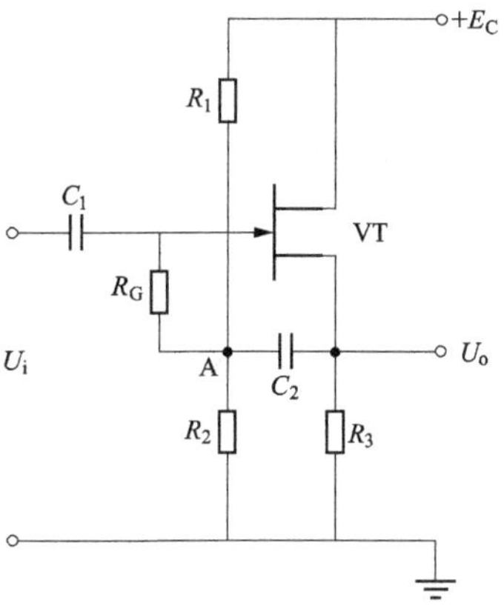

图 3-12　自举型高输入阻抗放大器之一

图 3-12 中的 R_1，R_2 产生偏置电压并通过 R_G 耦合到栅极，电容 C_2 把输出电压耦合到 R_G 的下端，则电阻 R_G 两端电压 U_i（$1-A_V$）（A_V 为电路的电压增益）。故输入回路的直流输入电阻为

$$R = R_G + \frac{R_1 R_2}{R_1 + R_2}$$

必须特别指出，自举电容 C_2 的容量要足够大，以防止电阻 R_G 下端 A 点的电压与输入电压有较大的相位差而影响自举效果。为确保 R_G 两端的电压相位差小于 0.6°，则要求 C_2 的容抗比 $\frac{1}{\omega C_2}$（$R_1 // R_2$）阻值小 1%。

由于场效应管是电平驱动元件，栅漏极电流很小，因而本身就具有很高的输入阻抗。加上自举电路后，具有更高的输入阻抗，其输入阻抗可高达 $10^{12}\Omega$ 以上。因此场效应管常用于前级阻抗变换，且由于其结构简单、体积小，可以直接装在传感器内，以减少外界干扰。在电容拾音器、压电传感器等容性传感器中广泛应用。

运算放大器作为前置放大器时，也可利用自举原理提高输入阻抗。

图 3-13 电路是利用自举反馈技术，使输入回路的电流 I_i 主要由反馈电路的电流 I 来提供。因此，输入电路向信号源吸取的电流 I_i 就可以大大减少，适当选择图中电路参数，可使这种反相比例放大器的输入电阻高达 $10^8\Omega$ 以上。

若 A_1，A_2 为理想运算放大器。可应用弥勒原理，将 R_2 折算到输入端，可得如图 3-14 所示的等效电路。

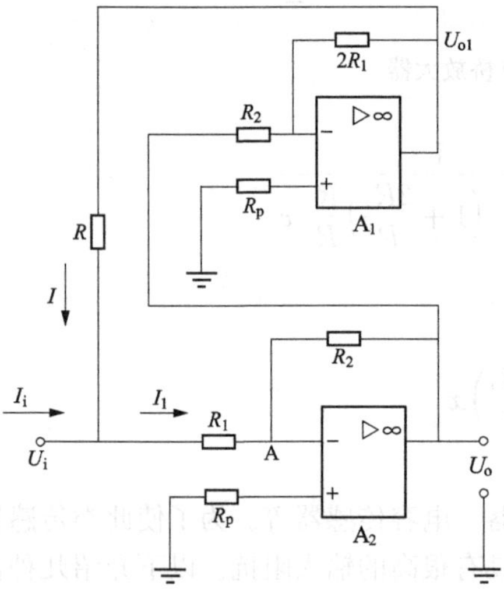

图 3-13 自举型高输入阻抗放大器之二

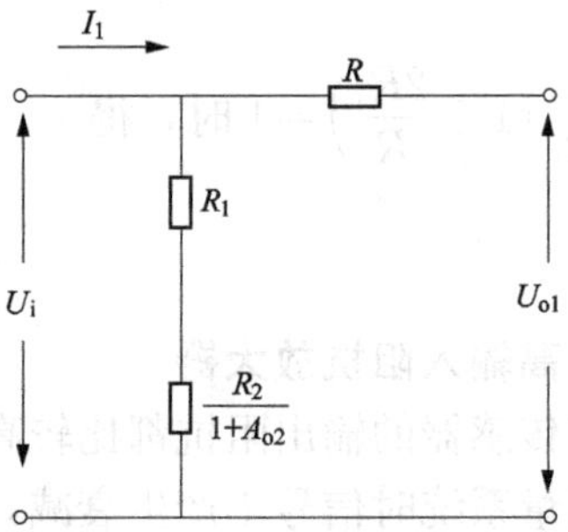

图 3-14 等效输入回路

其中 A_{o2} 为运算放大器 A_2 的开环电压增益。

当 $A_{o2}\to\infty$ 时，$\frac{R_2}{1+A_{o2}}\approx 0$，输入电流为 $I_i=\frac{U_i}{R_1}+\frac{U_i-U_{o1}}{R}$，从而由图可知 $U_{o1}=-\frac{2R_1}{R_2}U_o$，而 $U_o=-\frac{R_2}{R_1}U_i$，从而可得 $U_{o1}=\left(-\frac{2R_1}{R_2}\right)\left(-\frac{R_2}{R_1}\right)U_i=2U_i$，代入 I_i 可得 $I_i=\frac{U_i}{R_1}+\frac{U_i-2U_i}{R}=\frac{R-R_1}{R_1R}U_i$，输入电阻为

$$R_i=\frac{U_i}{I_i}=\frac{R_1R}{R-R_1} \tag{3-27}$$

式（3-14）表明，当 $R=R_1$ 时，输入电流 I_i 将全部由放大器 A_1 提供，从理论上说，这时输入阻抗为无限大。实际上，R 与 R_1 之间总有一定偏差，若 $\frac{R-R_1}{R}$ 为 0.01%，当 $R_1=10\text{k}\Omega$，则输入阻抗可高达 $10^8\Omega$，这是一般反相比例放大器所无法达到的指标。

图 3-15 为电流自举型高输入阻抗放大器。若没有辅助自举放大器 A_2，则放大器 A_1 为一般的同相放大器。接入辅助放大器 A_2 后，它将放大器 A_1 的反相端电压 $U_1=\left(\frac{R_1}{R_1+R_2}\right)U_o$

用电压增益为 1 的同相跟随器送至放大器 A_1 同相端，由于放大器 A_2 的隔离作用使电流不会倒流，图中放大器 A_2 的输出电流 I_{o2} 的方向正好与信号源供出的电流 I_i 相反。如没有限流电阻 R_0，则使 $I_{o2}>I_i$，即电路成负阻，接入 R_0 可起限流作用。不难求出，该电路的输入阻抗为

$$R_i' = R_i \frac{1+\dfrac{R_1}{R_1+R_2}A_{o1}}{1-\dfrac{R_iR_1}{R_0(R_1+R_2)}A_{o1}} \tag{3-28}$$

式中　R_i——放大器 A_1 的输入阻抗。

由式（3-28）可见，当调节 R_0 到适当值时，可以使电路获得近似无限大的输入阻抗，但为了使电路能稳定的工作，应当满足下列条件

$$R_0 > \frac{R_1}{R_1+R_2}R_iA_{o1}$$

用这种自举反馈也可使电路的输入阻抗达到 $10^8\Omega$ 以上。

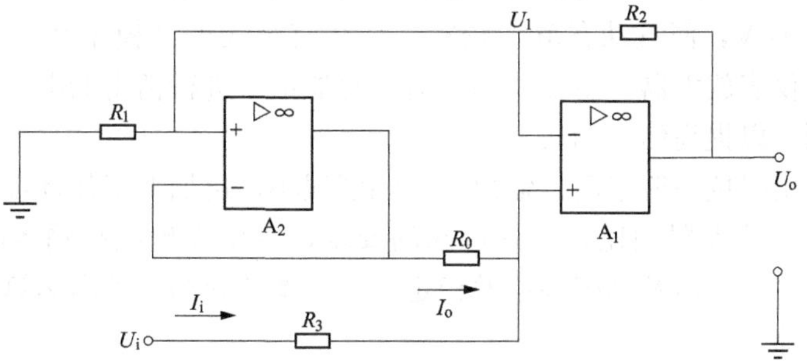

图 3-15　自举型高输入阻抗放大器之三

三、电荷放大器

电荷放大器是一种带电容负反馈的高输入阻抗高增益运算放大器，被广泛应用于电场型传感器的输入接口，其优点在于可以避免传输电缆分布电容的影响。

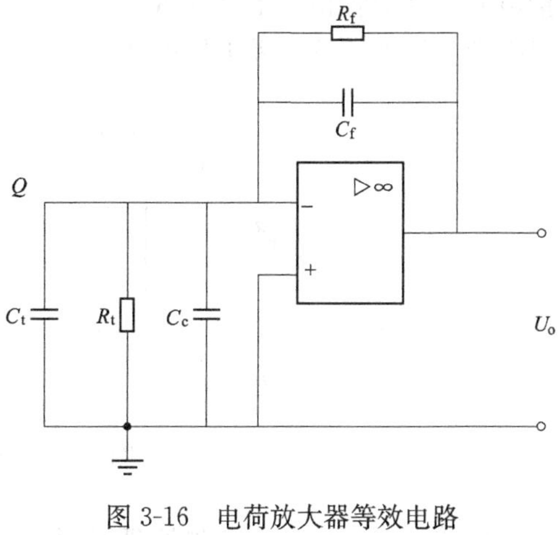

图 3-16　电荷放大器等效电路

图 3-16 为用于压电传感器的电荷放大器等效电路。它的输出电压与传感器产生的电荷分别用 U_o 和 Q 表示，图 3-16 中，C_f 为放大器反馈电容，R_f 为反馈电阻，C_t 为压电传感器等效电容，C_c 为电缆分布电容，R_t 为压电传感器等效电阻，A_0 为放大器开环放大倍数。

为得到输出电压 U_o 与输入电荷 Q 间的关系，先将 C_f 与 R_f 等效到放大器的输入端，然后对各并联电路使用结点电压法 U_o，得到

$$U_o=\frac{-j\omega QA_0}{\left[\frac{1}{R_t}+(1+A_0)\frac{1}{R_f}\right]+j\omega[C_t+C_c+(1+A_0)C_t]} \tag{3-29}$$

一般情况下，R_t、R_f较大，C_t、C_c与C_f大约是同一个数量级。而A_0又较大，因此，在式（3-28）中，分母中的$(C_t+C_c)\ll(1+A_0)C_t$，$[1/R_t+(1+A_0)/R_f]\ll\omega(1+A_0)C_f$，由此得到

$$U_o=-\frac{A_0Q}{(1+A_0)C_f}\approx-\frac{Q}{C_f} \tag{3-30}$$

显然，只要A_0足够大，则输出电压U_o只与电荷Q和反馈电容C_f有关，与电缆分布电容无关，说明电荷放大器的输出不受传输电缆长度的影响。

实际的电荷放大器由电荷转换级、适调放大级、低通滤波级、电压放大级、过载指示电路和功放级六部分组成。其中电荷转换级将电荷量转为电压变化；适调放大级是为了进行传感器和放大电路综合灵敏度的归一化，当使用不同灵敏度的传感器时，可以在适调放大级进行灵敏度调整以使单位输入信号得到相同电压输出；低通滤波器根据需要调节系统的截止频率；功放级与过载指示均可根据实际情况取舍。

四、仪表放大器

各种非电量的测量，通常由传感器把它转换为电压（或电流）信号，此电压信号一般都较弱，最小的到0.1μV，而且动态范围较宽，往往有很大的共模干扰电压。因此，在传感器后面大都需要接仪表放大器，主要作用是对传感器信号进行精密的电压放大，同时对共模干扰信号进行抑制，以提高信号的质量。

由于传感器输出阻抗一般很高，输出电压幅度很小，再加上工作环境恶劣，因此，仪器放大器与一般的通用放大器相比，有其特殊的要求，主要表现在高输入阻抗，高共模抑制比、低失调与漂移、低噪声及高闭环增益稳定性等。本节介绍几种由运算放大器构成的高共模抑制比仪表放大器。

（一）同相串联差动放大器

图3-17为一同相串联差动放大器。电路要求两只运算放大器性能参数基本匹配，且在外接电阻元件对称情况下（即$R_1=R_4$，$R_2=R_3$），电路可获得很高的共模抑制比，此外还可以抵消失调及漂移误差电压的作用。

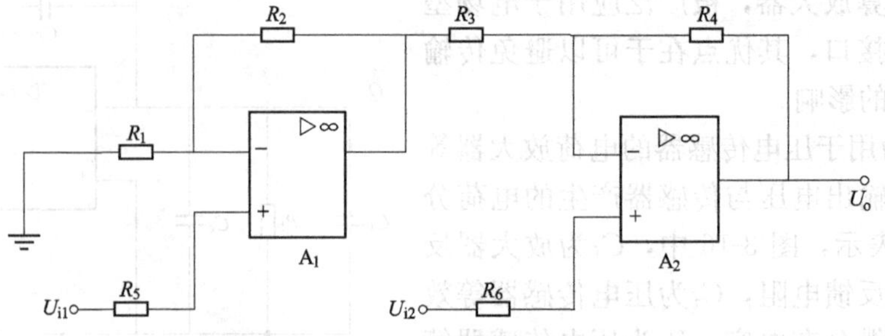

图3-17　同相串联差动放大器

该电路的输出电压由叠加原理可得

$$U_o=\left(1+\frac{R_2}{R_1}\right)U_{i1}\left(-\frac{R_4}{R_3}\right)+\left(1+\frac{R_4}{R_3}\right)U_{i2}$$

$$=-\left(1+\frac{R_4}{R_3}\right)U_{i1}+\left(1+\frac{R_4}{R_3}\right)U_{i2}$$

$$=\left(1+\frac{R_4}{R_3}\right)(U_{i2}-U_{i1}) \tag{3-31}$$

从而求得差模闭环增益

$$A_d=\frac{A_0}{U_{i2}-U_{i1}}=1+\frac{R_4}{R_3}$$

（二）同相并联差动放大器

图 3-18 为同相并联差动放大器。该电路与图 3-17 电路一样，仍具有输入阻抗高、直流效益好、零点漂移小、共模抑制比高等特点，在传感器信号放大中得到广泛应用。

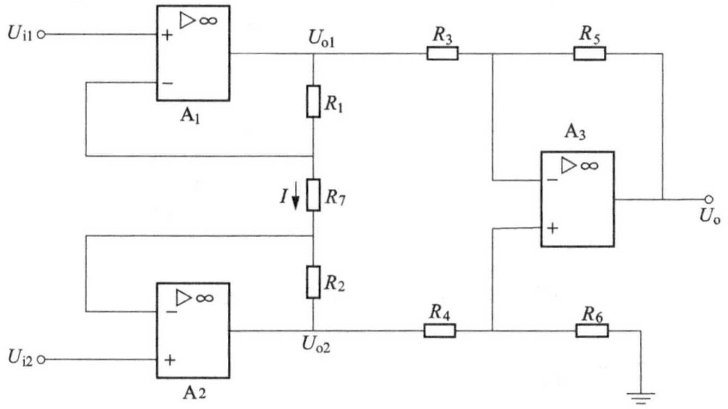

图 3-18　同相并联差动放大器

由图 3-18 可知

$$U_{o1}=U_{i1}+IR_1$$

$$U_{o2}=U_{i2}-IR_2$$

$$I=\frac{U_{i1}-U_{i2}}{R_7}$$

将 I 代入 U_{o1}，U_{o2} 可得

$$U_{o1}=U_{i1}+\left(\frac{U_{i1}-U_{i2}}{R_7}\right)R_1=U_{i1}\left(1+\frac{R_1}{R_7}\right)-\frac{R_1}{R_7}U_{i2}$$

$$U_{o2}=U_{i2}-\left(\frac{U_{i1}-U_{i2}}{R_7}\right)R_2=U_{i2}\left(1+\frac{R_2}{R_7}\right)-\frac{R_2}{R_7}U_{i1}$$

$$U_o=\frac{R_5}{R_3}(U_{o2}-U_{o1})=\left(1+\frac{R_1+R_2}{R_7}\right)\frac{R_5}{R_3}\cdot(U_{i2}-U_{i1})$$

由此可得电路差模闭环增益

$$A_d=\left(1+\frac{R_1+R_2}{R_7}\right)\frac{R_5}{R_3}$$

该电路若用一可调电位器代替 R_7，可以调整差模增益 A_d 的大小。

该电路要求放大器 A_3 的外接电阻严格匹配，因为 A_3 放大的是 A_1、A_2 输出之差。电路的失调电压是由放大器 A_3 引起的，降低 A_3 的增益可以减小输出温度漂移。

（三）增益线性可调差动放大器

图 3-19 是电压增益可线性调节的差动放大器。可以通过调节电位器 R_p 的线性刻度来直接读取电压增益，给使用带来很大的方便。

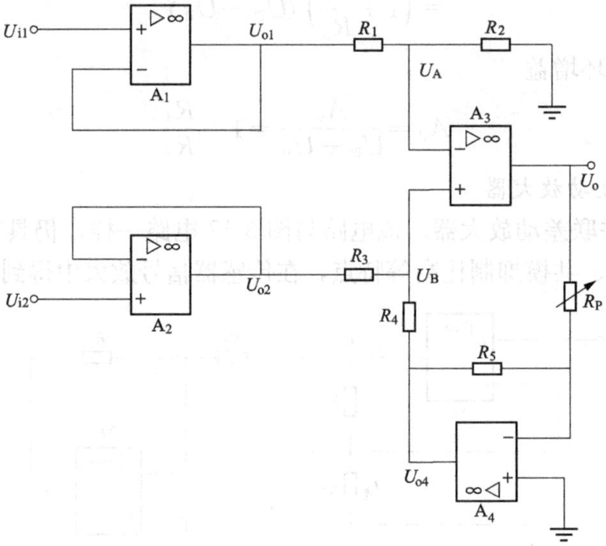

图 3-19 增益可线性调差动放大器

图 3-19 中，由叠加原理可得

$$U_A = \frac{R_2}{R_1 + R_2} U_{o1} = \frac{R_2}{R_1 + R_2} U_{i1}$$

$$U_B = \frac{R_4}{R_3 + R_4} U_{o2} + \frac{R_3}{R_3 + R_4} U_{o4} = \frac{R_4}{R_3 + R_4} U_{i2} - \frac{R_3}{R_3 + R_4} \frac{R_5}{R_p} U_o$$

因 $U_A = U_B$，整理上两式，且当 $R_1 = R_2 = R_3 = R_4$ 时，输出电压为

$$U_o = \frac{R_p}{R_5}(U_{i2} - U_{i1})$$

电路闭环增益为

$$A_d = \frac{R_p}{R_5}$$

可见，电路增益与 R_p 呈线性关系，改变 R_p 大小不影响电路的共模抑制比。

（四）高共模抑制比差动放大器

前面讨论的电路中，没有考虑寄生电容、输入电容和输入参数不对称对抑制比的影响。当要求提高交流放大电路的共模抑制比时，这些影响就必须考虑。在检测和控制系统中，常用屏蔽电缆来实现长距离信号传输，信号线与屏蔽层之间有不可忽略的电容存在。习惯上采用屏蔽层接地的方法，这样该电容就成为放大器输入端对地的寄生电容，加上放大器本身的输入电容。如果差动放大器两个输入端各自对地的电容不相等，就会使电路的共模抑制比变坏，测量精度下降。

为了消除信号线与屏蔽层之间寄生电容的影响，最简单的方法是采用等电位屏蔽的措施，即不把电缆的屏蔽层接地，而是接到与输入共模信号相等的某等电位点上，即使电缆芯线与屏蔽层之间处于等电位，从而消除了共模输入信号在差动放大器两端形成的误差电压，如图 3-20 所示。

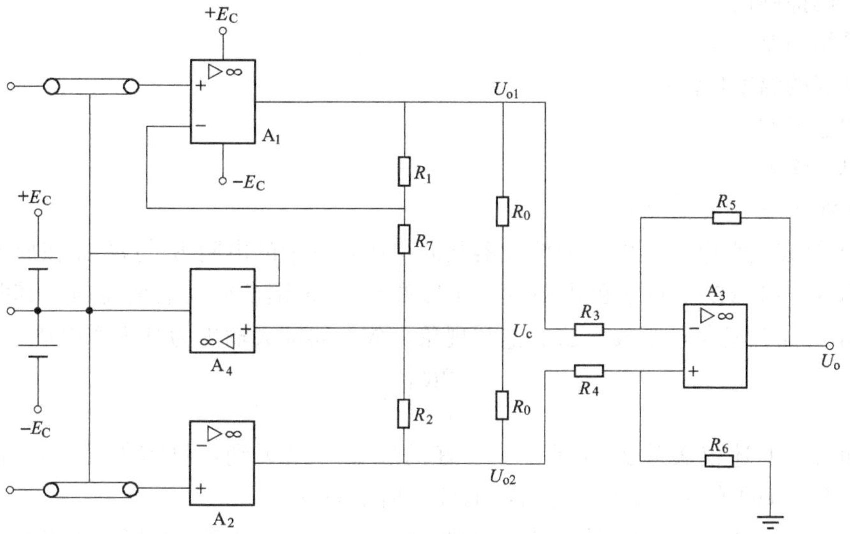

图 3-20　高共模抑制比差动放大器

图中两只电阻 R_0 的连接点电位正好等于输入共模电压，将连接点电位通过 A_4 电压跟随器连到输入信号电缆屏蔽层上，使屏蔽层电位也等于共模电压。

参照同相并联差动放大器的分析可知

$$U_{o1}=U_{i1}\left(1+\frac{R_1}{R_7}\right)-\frac{R_1}{R_7}U_{i2}$$

$$U_{o2}=U_{i2}\left(1+\frac{R_2}{R_7}\right)-\frac{R_2}{R_7}U_{i1}$$

当 $R_1=R_2$ 时，可证明连接点电位

$$U_C=\frac{1}{2}(U_{o1}+U_{o2})=\frac{1}{2}(U_{i1}+U_{i2})$$

正好等于共模输入电压，即是电缆屏蔽层的电位与共模输入电缆芯线电位相等，因此不再因电缆电容的不平衡而造成很大的误差电压。

由图 3-20 还可见，放大器 A_4 的输出端还接到输入运算放大器 A_1、A_2 供电电源 $\pm E_C$ 的公共端，因此使其电源处于随共模电压而变的浮动状态，即使正负电源的涨落幅度与共模输入电压的大小完全相同。由于电源对共模电压的跟踪作用，会使共模电压造成的影响大大地削弱。

（五）集成仪器放大器

在差分放大电路中，电阻匹配问题是影响共模抑制比的主要因素。如果用分立运算放大器来作测量电路，难免有电阻的差异，因而造成共模抑制比的降低和增益的非线性。采用后模工艺制作的集成仪器放大器解决了上述匹配问题，此外集成芯片较分立放大器具有性能优异、体积小、结构简单、成本低的优点，因而被广泛使用。

一般集成仪器放大器具有以下特点：

（1）输入阻抗高，一般高于 $10^9\,\Omega$；

（2）偏置电流低；

（3）共模抑制比高；

（4）平衡的差动输入；

（5）良好的温度特性；

（6）增益可调；

（7）单端输入。

1. AD620 仪表放大器简介

图 3-21 仪表放大电路是由三个放大器共同组成，其中的电阻 R 与 R_x 需在放大器的电阻适用范围内（1～10kΩ）。固定的电阻 R，可以调整 R_x 来调整放大的增益值，其关系式如式（3-31）所示，注意避免每个放大器的饱和现象（放大器最大输出为其工作电压 $\pm U_{dc}$）

$$U_o = \left(1 + \frac{2R}{R_x}\right)(U_1 - U_2) \tag{3-32}$$

一般而言，上述仪表放大器都有包装好的成品可以买到，只需外接一电阻（即式中 R_x），依照其特有的关系式去调整至所需的放大倍率即可。

AD620 仪表放大器的引脚图如图 3-22 所示。其中 1、8 引脚要跨接一个电阻来调整放大倍率，4、7 引脚需提供正负相等的工作电压，由 2、3 引脚输入的电压即可从引脚 6 输出放大后的电压值。引脚 5 是参考基准，如果接地则引脚 6 的输出即为与地之间的相对电压。AD620 的放大增益关系式如式（3-32）所示，通过以上二式可推算出各种增益所要使用的电阻值 R_G。

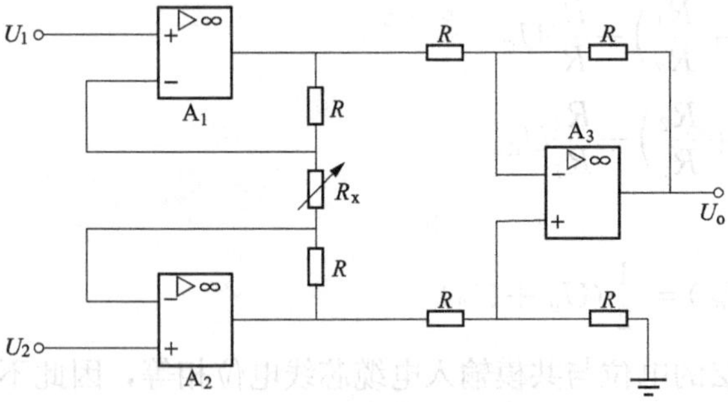

图 3-21 仪表放大电路示意图

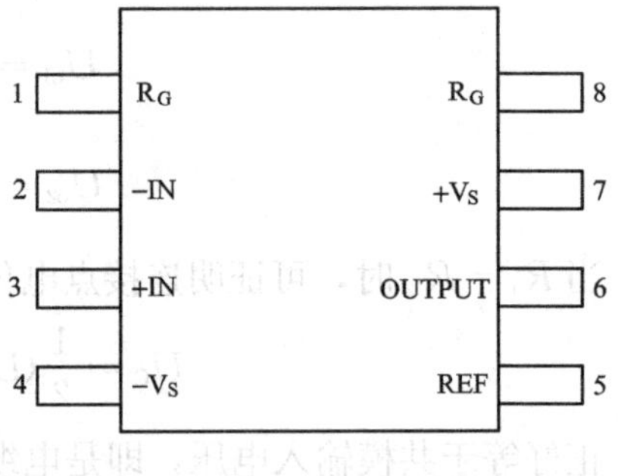

图 3-22 AD620 仪表放大器的引脚图

$$G = \frac{49.4\text{k}\Omega}{R_G} + 1 \tag{3-33}$$

即

$$R_G = \frac{49.4\text{k}\Omega}{G - 1} \tag{3-34}$$

AD620 的基本特点为精度高、使用简单、低噪声，增益范围 1～1000，只需一个电阻即可设定，电源供电范围 ±2.3～±18V，而且耗电量低，可用电池驱动，方便应用于可携式仪器中。

2. AD620 仪表放大器基本放大电路

图 3-23 为 AD620 电压放大电路图，其中电阻 R_G 需根据所要放大的倍率由式（3-33）求得，

计算出放大 2 倍所需要的电阻为 49.4 KΩ。

AD620 非常适合压力测量方面的应用，如血压测量、一般压力测量器的电桥电路的信号放大等。AD620 也可以作为 ECG 测量使用由于 AD620 的耗电量低，电路中电源可用 3V 干电池驱动；也因此 AD620 可以应用在许多可携式的医疗器材中。

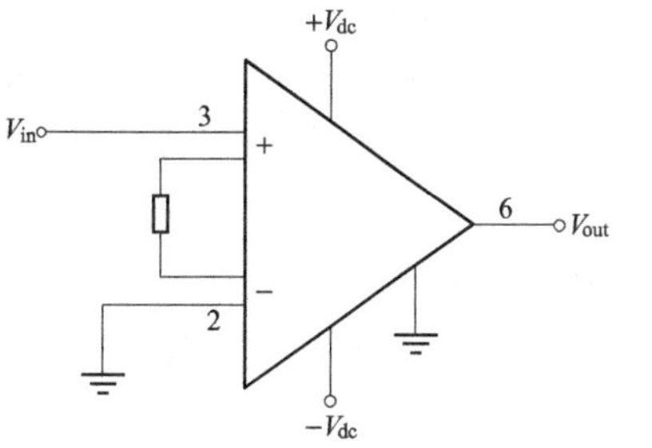

图 3-23 AD620 电压放大电路图

第三节 噪声信号处理

由于电路中电子及其他载流子的随机扰动，电路内部的噪声无处不在。电路外部的各种干扰也会在电路中感应出不同频率分布的噪声。无论是内部噪声或是外部干扰，这里统称为噪声。

噪声是与信号相对应的，所以一般情况下，脱离了信号大小来谈噪声的大小是没有意义的。例如，当输入信号只有 10μV 时，信号调理电路等效到输入端的噪声电压必须远低于 10μV，信号才不至于被噪声淹没。工程上为了判断噪声对测量结果的影响，常采用信噪比（SNR）这一参数来度量噪声相对于信号的大小。信噪比越大，信号测量越容易精确。信噪比的概念可简单理解为在某一时间点上，被测信号的幅值与噪声信号幅值之比。信噪比一般采用对数形式表示：

$$\text{信噪比}(SNR)=10\lg\left(\frac{\text{信号功率}}{\text{信号中含有的噪声功率}}\right) \tag{3-35}$$

$$=10\lg\left(\frac{P_S}{P_n}\right) \quad (\text{dB})$$

或

$$\text{信噪比}(SNR)=20\lg\left(\frac{\text{信号幅值}}{\text{信号中含有的噪声幅值}}\right) \tag{3-36}$$

$$=20\lg\left(\frac{V_S}{V_n}\right) \quad (\text{dB})$$

对于尖峰类的信号，信噪比采用峰值进行计算。对于随机噪声，信噪比则采用均方根值计算。因此，具体定义信噪比时，应同时给出信号与噪声的类型，说明是信号峰值与噪声峰值的比值，还是信号功率与噪声功率的比值。

一、电路中的噪声源

在测控系统中，大量的噪声是随机噪声。电子电路中主要噪声源是热噪声、散粒噪声和 $1/f$ 噪声或低频噪声。

（一）热噪声

热噪声起源于耗散能量的任何媒质，如导体，也叫作约翰逊噪声和奈奎斯特噪声。奈奎斯特利用热力学理论和实验，得到热噪声电压的有效值（均方根值）

$$E_t=\sqrt{4kTBR} \tag{3-37}$$

式中 k——1.38×10^{-23}J/K，是玻尔兹曼常数；

T——绝对温度，K；

B——噪声带宽；

R——电阻阻值。

1 kΩ 电阻在室温下，在 1Hz 带宽内给出 4nV 的噪声电压。等效噪声有效电流值为

$$I_t^2=\frac{4kTB}{R} \tag{3-38}$$

因此，1kΩ 电阻在室温下，在 1Hz 带宽内给出 4pA 的噪声电流。

式（3-37）表明，热噪声取决于带宽而不取决于频率。因此，除高斯噪声外，它也是白噪声。降低热噪声的最有效方法是减小 B，例如用一个电容器与大数值电阻器相并联，条件是电容器不会影响信号带宽。

此外，噪声电压与电阻的二次方呈正比。例如，$B=10$kHz，$T=300$K（室温）时，对 $R=1$kΩ，$E_t=0.41$μV，而 $R=1$MΩ 时，$E_t=12.8$μV。因此，在微弱信号检测中，信号调理电路中应尽量避免选用大阻值的电阻，额外的串联电阻必须避免。同时，工作带宽尽可能窄，只维持通过信号特征所必需的带宽。

（二）散粒噪声

散粒噪声是一种电路噪声，起源于越过插入电荷流中的势垒的电荷数量的随机起伏。散粒噪声电流的有效值为

$$I_{sh}=\sqrt{2qI_{dc}B} \tag{3-39}$$

式中 q——电子电荷，$q=0.160\ 2\times10^{19}$C；

I_{dc}——通过势垒的平均电流；

B——噪声带宽。

总瞬时电流为 $i(t)=I_{dc}+i_{sh}(t)$，其中 $i_{sh}(t)$ 是随机散粒噪声。这类噪声尚无解析表示式，但其有效值为 i_{sh}。例如，在 PN 结中会产生散粒噪声。它是白噪声和高斯噪声，它的功率谱密度为 $S_{sh}=i_{sh}^2=I_{sh}^2/B=2qI_{dc}$。减少散粒噪声的方法是降低平均直流电流和系统带宽。

（三）低频噪声

低频噪声或 $1/f$ 噪声指的是当电流通过电阻器或半导体结时，在其两端实际测得的过剩噪声。这类噪声的概率分布函数为高斯概率分布函数，其功率谱密度按下式与频率成反比

$$S_f(f)=e_f^2=\frac{K_f}{f^a} \tag{3-40}$$

通常 $a=1$，因此取名为 $1/f$ 噪声。所以，与热噪声和散粒噪声不同，低频噪声不是白噪声。从 f_L 到 f_H 的噪声功率为

$$E_L^2(f_L,\ f_H)=\int_{f_L}^{f_H}S_f\mathrm{d}f=\int_{f_L}^{f_H}\frac{K_f}{f}\mathrm{d}f=K_f\ln\frac{f_H}{f_L} \tag{3-41}$$

因此，频率每变化10倍都有相同噪声，但是，对于给定带宽，在低频端噪声较大；另外，$1/f$ 噪声也可用电流 I_f 来描述。

在测量系统中，许多传感器都需要外加激励信号源，如图3-24所示。因此，对系统噪声特性进行分析时，应同时考虑内部噪声源与外部干扰源。为了减少 $1/f$ 噪声的影响，提高 f_1 是显而易见的方法。实际上，当频率高到一定程度时，$1/f$ 噪声几乎不随频率增高而发生显著变化。因此可采用调制的方法，使测量系统工作在高频段，避开 $1/f$ 噪声区，可有效降低 $1/f$ 噪声的影响。需要注意的是，图3-24中输出量在时域为乘积，在频域则为卷积。因此，这种方式不仅必须充分考虑随工作频率升高所带来寄生参量的不利影响，还应该对信号解调时所采用带通滤波器的参数予以充分考虑。

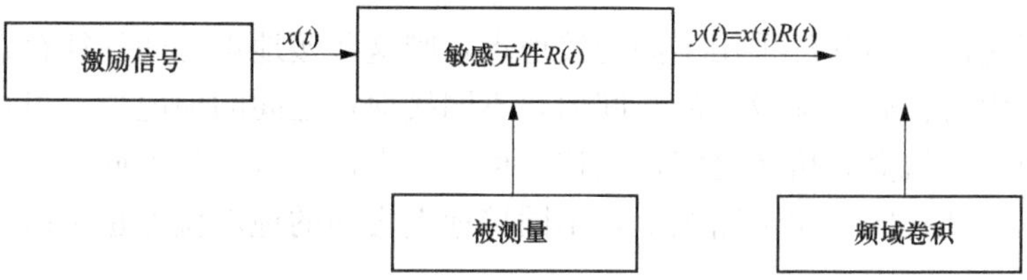

图3-24　激励信号与线性元件组成的测量系统

二、干扰噪声源

某个外部干扰源产生噪声，并经过一定的途径将噪声耦合到信号检测电路，从而形成对检测系统的外部干扰噪声。干扰噪声种类很多，它可能是电噪声，通过电场、磁场、电磁场或直接的电气连接耦合到敏感的检测电路，这些都是电磁兼容性所涉及的领域；也可能是机械性的，例如，通过压电效应，机械振动会导致电噪声；甚至温度的随机波动也可能导致随机的热电势噪声。常见的外部干扰噪声源有以下几种：

（一）电力线噪声

随着工业电气化的发展，工频（50Hz）电源几乎无处不在，因此工频电力线干扰也就普遍存在。电力线干扰噪声主要表现在以下几个方面：

1. 尖峰脉冲

由于电网中大功率开关的通断，电机、变压器和其他大功率设备的启停以及电焊机等原因，工频电网中频繁出现尖峰干扰脉冲。这种尖峰脉冲的幅度可能是几伏、几百伏，有时甚至几千伏，持续时间短，多数在微秒数量级。这种尖峰干扰脉冲的高次谐波分量很丰富，而且出现很频繁，幅度高，是污染低压（220V）工频电网的一个主要干扰噪声，对交流供电的电子系统会带来很多不利影响。

多数检测仪表都是由工频电力线提供给能源，电网的尖峰干扰脉冲一般是通过电源系统引入到检测电路中。如果不采取适当的措施抑制电源的尖峰脉冲干扰，就可能导致检测波形的畸变，严重时甚至会导致信号处理计算机的程序跑飞和死机。

2. 工频电磁场

在由工频电力线供电的实验室、工厂车间和其他生产现场，工频电磁场几乎是无处不在。在高电压、小电流的工频设备附近，存在着较强的工频电场；在低电压、大电流的工频设备附近，存在着较强的工频磁场；即使在一般的电器设备和供电线的相当距离之内，都会存在一定强度的50Hz电磁辐射波。工频电磁场会在检测电路的导体和信号回路中感应出

50Hz 的干扰噪声。

3. 电网电压波动

工业电网电压的欠压或过电压有时会达到额定电压的±15%以上，如果检测系统的电压稳压电路性能不高，工频电压的波动就有可能串入到检测信号中。随着电力工业的发展和供电质量的不断提高，电网电压波动问题逐渐趋缓和。

（二）电器设备噪声

电器设备必然产生工频电磁场，而且在开关时还会在电网中产生尖峰脉冲。某些特殊的电器设备还有可能产生射频噪声，例如高频加热电器和逆变电源。此外某些电器设备还会产生放电干扰，包括辉光放电、弧光放电、火花放电和电晕放电。

（三）地电位差噪声

如果检测系统的不同部件采用不同的接地点，则这些接地点之间往往存在或大或小的地电位差。在一个没有良好接地设备的车间内，不同接地点之间的地电位差可达几伏甚至几十伏。在飞机的机头、机翼和机尾之间，电位差可达几十伏。汽车的不同部件之间很可能存在几伏的电位差。即使在同一块电路板上，不同接地点之间的地电位差也可能在毫伏数量级或更大。

如果信号源和放大器采用不同的接地点，则地电位差对于差动放大器来说是一种共模干扰，而对于单端放大器来说是一种差模干扰，因为地电位差噪声的频率范围很可能与信号频率范围相重叠，所以很难用滤波的方法解决问题。克服地电位差噪声不利影响的有效办法是采用合适的接地技术或隔离技术。

（四）射频噪声

随着无线广播、电视、雷达、微波通信事业的不断发展，以及手机的日益推广，空间中的射频噪声越来越严重。射频噪声的频率范围很广，从 100kHz 到 G 赫兹数（1GHz＝1000MHz）量级。射频噪声多数是调制（调幅、调频或调相）电磁波也含有随机的成分。检测设备中的传输导线可以看作是接收天线，程度不同地接收空间中无处不在的射频噪声。因为射频噪声的频率范围一般都高于检测信号的频率范围，利用滤波器可以有效地抑制射频噪声的不利影响。

（五）机械起源的噪声

在非电起源的噪声中，机械原因占多数。例如，电路板、导线和触点的振动有可能通过某种机-电传感机理（摩擦起电效应、压电效应和颤噪效应等）转换为电噪声。而在不少应用场合，很难避免电路的机械运动和振动。例如，装设在运载工具或工业设备的运动部件中的检测电路振动的幅度可能很大，电缆线的运动和振动更是常见。

（六）雷电

雷电发生时的一次电流可达到 10^6A，云与地面之间的感应电场可达 1～10kV/m，上升时间为μs 数量级。雷电会造成幅度很大的电场和磁场，也会产生高强度的电磁辐射波，频率范围从几千赫兹到几十兆赫兹。此外，在云与地雷电的附近，大地的地电位差也会发生剧烈变化，可高达几千伏。

（七）温度变化引起的噪声

有的电阻的阻值随温度变化而变化，半导体 PN 结的正向压降随温度的变化而变化，这些都会把温度的变化转换为电压的变化，由温度变化导致的电路电压变化常常叫作“温度漂移”。

在微弱信号检测电路的敏感部位采用低温度系数的电阻，并采用对称平衡的差动输入放大器电路（这种放大器的温度系数较小），可以有效地减少温度漂移。通过把敏感电路装配在高导热率、大热容量的散热器上，可以减少电路元件温度的变化及温度梯度，这对抑制各种由温度变化引起的噪声都有效。

三、干扰噪声的耦合途径

干扰源产生的干扰是通过耦合通道对仪器系统发生作用的。抑制干扰噪声有 3 种方法：

（1）消除或削弱干扰源。

（2）设法使检测电路对干扰噪声不灵敏。

（3）使噪声传输通道的耦合作用最小化。

在多数情况下，对于产生噪声的外部干扰源很难采取有效措施消除或隔离，但是如果能切断或削弱干扰耦合途径的传播作用，则可以有效地削弱干扰噪声对检测系统的不利影响。

一般常见的耦合方式分为：

（一）传导耦合

传导耦合是经导线传导引入干扰噪声。例如，交流电源线会将工频电力线噪声引入到检测装置，长信号线会把工频和射频电磁场、雷电等感应出的噪声引入信号系统。

这种耦合并不是很容易避免的，因为检测电路通过电气连接从直流单元或工业电源获取能量，而这些电源都是干扰噪声源。当检测电路与大功率模拟电路或开关电路共同工作时，连接两者的地线很可能就是一条噪声传播途径。

解决传导耦合的一种方法是使信号线尽量远离噪声源，另一种方法是在干扰噪声传导到检测系统之前，采取有效的去耦和滤波措施。

（二）公共阻抗耦合

如果多个电路共同使用一段公共导线，例如公共电源线或公共地线，则当其中的任何一个电路的电流发生波动时，都会在公共导线的阻抗上产生波动电压，形成对其他电路的干扰。例如图 3-25 中的电路 1 的电流 i_1 发生波动时，通过公共阻抗 Z_C 和 Z_G 的作用，将使 A、B 点的电位发生波动，进而影响电路 2 的正常工作。

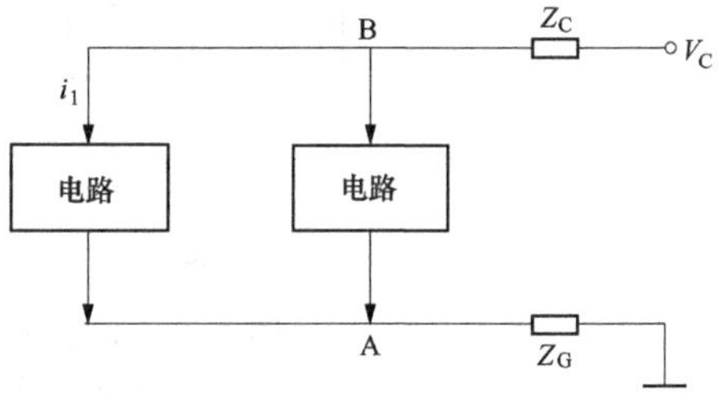

图 3-25 公共阻抗耦合

利用合适的接地措施可以有效地克服公共阻抗耦合噪声。

（三）电源耦合

在检测电路的直流电源一般不同程度地叠加有各种其他噪声，例如电源电路中的整流器、电压调节器件以及其他元件的固有噪声，如果电源整流器输出滤波器不理想，电源输出还会叠加有工频 50Hz 及其高次谐波的分量以及工频电源线上其他噪声的分量。

解决电源噪声的方法是选用低噪声、低输出阻抗的电源，在电路中增设电源滤波电容和放大器偏置电路滤波电容也是一种抑制电源噪声的有效方法。

此外，因为直流电源的输出阻抗以及连接导线的阻抗不为零，电路的工作电流变化也会导致电源电压的波动，这类似公共阻抗耦合。为了防止其他电路（例如数字电路和大功率模拟电路）的电流噪声经过电源耦合到微弱信号检测电路中，必要时应该考虑对微弱信号检测电路采用单独的电源供电。

（四）电场耦合

通过不同导体之间的电场耦合，干扰源导体的电位变化会在敏感电路中感应出电噪声。电场噪声可以看作是由不同电路之间的分布电容耦合传播的，所以电场耦合也叫容性耦合。减少接收电路的输入阻抗能有效地减少电场耦合噪声。

（五）磁场耦合

由于动力线、变压器和大型用电设备（如电机等）周围的交流磁场所产生的干扰。应尽量使微弱信号检测电路远离时变磁场，以减少干扰磁场的磁感应强度。如果做不到远离干扰源，就必须采取一系列的预防和降噪措施。如检测信号线采用双绞线可以抑制磁场干扰，微弱信号导线应尽量贴近大面积的地线，这样可以减少该导线与其他电路导线的互感。

对于减少变压器的漏磁，应该使用环形铁芯变压器，环形铁芯变压器比 E 形铁芯变压器的漏磁少，这样可以减少来自变压器的磁场耦合噪声。如果条件允许，可以用高导磁率材料容器把有可能释放干扰磁场的变压器封装屏蔽起来，以降低变压器的漏磁，如图 3-26 所示，对于敏感的微弱信号检测电路，也可以采用高导磁材料容器把电路封装屏蔽起来，以阻止外来干扰磁场进入检测电路。

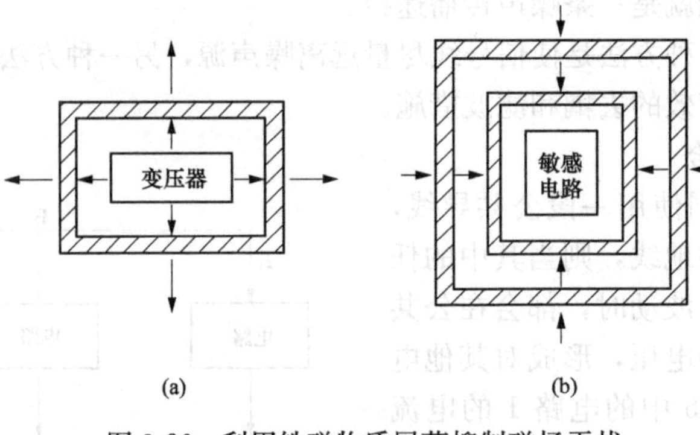

图 3-26 利用铁磁物质屏蔽抑制磁场干扰

(a) 屏蔽干扰源；(b) 屏蔽敏感电路

（六）电磁辐射耦合

任何载有交变电流的电路都会向远场辐射电磁波，高频电路的辐射作用更为明显，因为高频辐射源波长更短，辐射源距离其他远场与近场分界点更近。任何导体都可能接收电磁波而产生噪声。

微弱信号检测电路中任何导体都会像天线一样拾取电磁辐射噪声，电路中的有用信号越微弱，相对而言电磁辐射噪声的影响就越严重。而且，检测电路中的非线性器件又可能对接收到的电磁辐射噪声进行解调或变频，所以电磁辐射噪声不但影响高频电路，还会影响中频和低频检测电路。

因为导体对电磁辐射噪声有反射和吸收的作用，所以用导体屏蔽罩来屏蔽发射源或敏感电路都能有效地衰减电磁辐射噪声。

四、抗干扰技术

（一）电源抗干扰技术

根据工程统计分析，系统有70%的干扰是通过电源耦合进来的，因此提高电源系统的供电质量，对系统的安全可靠运行是非常重要的。

1. 电源抗干扰的基本方法

采用交流稳压器：当电网电压波动范围较大时，应使用交流稳压器。若采用磁饱和式交流稳压器对电源的噪声干扰也有很好的抑制作用。

电源滤波器：交流电源引线上的滤波器可以抑制输入端的瞬态干扰。直流电源的输出也 接入电容滤波器，使输出纹波电压限制在一定的范围内，并能抑制数字信号的脉冲干扰。采用发电机组或逆变电源供电：在供电质量很高的特殊情况下或线式UPS不间断电源供电。

电源变压器采用屏蔽措施：利用几毫米厚的高导磁材料将变压器严密地屏蔽起来，减小漏磁。在每块印刷电路板的电源与地之间并接去耦电容：一个大容量的铝或胆电解电容（10～100μF）和一个自身电感小的云母或陶瓷电容（0.01～0.1μF），大电容去掉低频干扰，并接小电容去掉高频干扰成分。

分立式供电：整个系统不是统一变压、滤波、稳压后供各单元电路使用，而是变压后直接送各单元的整流、滤波、稳压。这样可以消除各单元电路间的电源线，地线间的耦合干扰，提高供电质量，增大散热面积。

分类供电方式：把空调、照明、动力设备分为一类供电方式，把智能仪器为一类供电方式，避免了强电设备工作时对系统的干扰。

2. 交流电源进线的对称滤波器

任何使用交流电源的检测装置，噪声经电源线传导耦合到测量电路中去，对检测装置工作造成干扰是最明显的。为了抑制这种噪声干扰，在交流电源进线端子间加装滤波器，如图3-27所示。其中图3-27（a）为线间电压滤波器，图3-27（b）为线间电压和对地电压滤波器，图3-27（c）为简化的线间电压和对地电压滤波器。这种高频干扰电压对称滤波器，对于抑制中波段的高频噪声干扰是很有效的。图3-28所示的是低频干扰电压滤波电路。此电路对抑制因电源波形失真而含有较多高次谐波的干扰很有效。

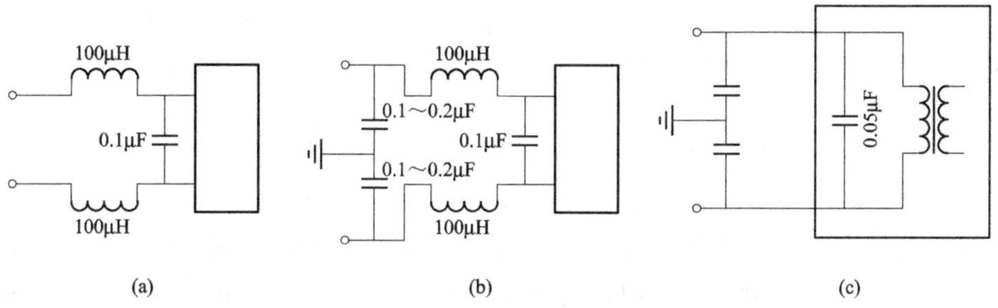

图3-27 高频干扰电压对称滤波器

（a）线间电压滤波器；（b）线间电压和对地电压滤波器；

（c）简化的线间电压和对地电压滤波器

3. 直流电源输出的滤波器

直流电源往往是检测装置几个电路公用的。为了减弱经公用电源内阻在电路之间形成的

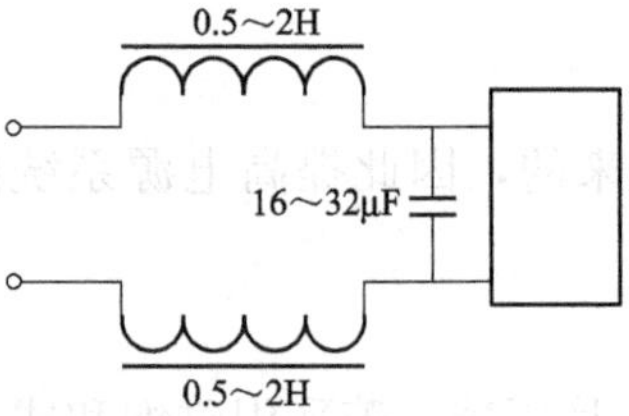

图 3-28 低频干扰滤波电路

噪声耦合，对直流电源输出需加高低频成分的滤波器，如图 3-29 所示。

4. 退耦滤波器

当一个直流电源对几个电路同时供电时，为了避免通过电源内阻造成几个电路之间互相干扰，应在每个电路的直流电源进线与地线之间加装退耦滤波器。如图 3-30 所示，其中图 3-30（a）是 R-C 退耦滤波器，图 3-30（b）是 L-C 退耦滤波器的示意图。应注意，L-C 滤波器有一个谐振频率，其值

$$f_{\mathrm{r}}=\frac{1}{2\pi\sqrt{LC}}$$

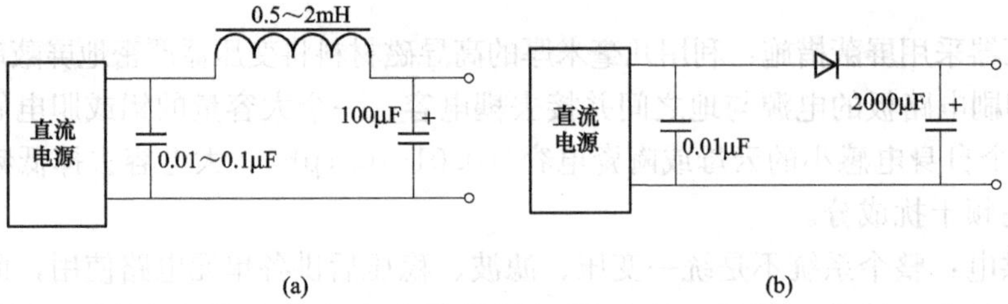

图 3-29 高、低频干扰电压滤波器

（a）滤波器一；（b）滤波器二

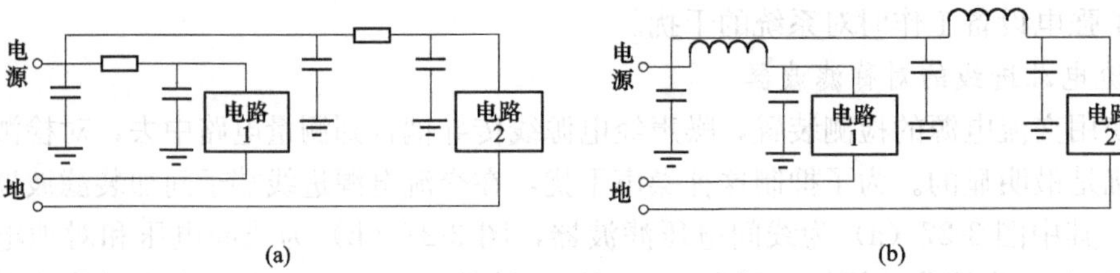

图 3-30 电源退耦滤波器

（a）R-C 退耦滤波器；（b）L-C 退耦滤波器

在这个谐振频率 f_{r} 上，经滤波器传输过去的信号，比没有滤波器时还要大。因此，必须将这个谐振频率取在电路的通频带之外。在谐振频率 f_{r} 下，滤波器的增益与阻尼系数 ξ 成反比。L-C 滤波器的阻尼系数 $\xi=\frac{R}{2}\sqrt{\frac{C}{L}}$（$R$ 是电感线圈的等效电阻）。

为了把谐振时的增益限制在 2dB 以下，应取 $\xi>0.5$。对于一台多级放大器，各放大级之间会通过电源的内阻抗产生耦合干扰。因此，多级放大器的级间及供电必须进行退耦滤波，可采用 R-C 退耦滤波器。由于电解电容在频率较高时呈现电感特性，所以退耦电容常由两个电容并联组成。一个为电解电容，起低频退耦作用；另一个为小容量的非电解电容，起高频退耦作用。

（二）接地技术

设计检测设备的接地系统基于 3 个目的：一个是减少多个电路的电流流经公共阻抗产生噪声电压，即减少公共阻抗耦合噪声；二是缩减信号回路感应磁场噪声的感应面积；三是消

除地电位差对信号回路的不利影响。

从微弱信号检测的角度考虑，选择和设计接地方式的主要出发点是避免电路中各部分电路之间经公共地线相互耦合，因为这一部分电路的信号对于另一部分电路往往就是噪声。可以采用多种措施来达到这个目的，即选用低功耗器件，减少流经地线的电流；在高噪声电路中增设电源滤波电容，使其流经地线的电流变得平滑；采用横截面积较大的地线，以减少地线阻抗，但要注意，在高频情况下集肤效应会使阻抗增大；更重要的是根据电路特点选择合适的接地方式。

在下述的各种电路接地方式中，必须考虑到任何导线都具有一定的阻抗，通常由电阻和电感组成；而且电路中各个物理上分隔开的“地”点往往处于不同的电位。

1. 串联单点接地

串联单点接地就是把各部分电路的“地”串联在一起，之后再某一个点接到电源地，如图 3-31 所示。图 3-31 中的 Z_1、Z_2 和 Z_3 分别表示各段接地导线的阻抗，i_1、i_2 和 i_3 分别表示各部分电路的地电流。

图中的 A 点电位

$$u_A = Z_1(i_1 + i_2 + i_3)$$

B 点电位

$$u_B = Z_1(i_1 + i_2 + i_3) + Z_2(i_2 + i_3)$$

C 点电位

$$u_C = Z_1(i_1 + i_2 + i_3) + Z_2(i_2 + i_3) + Z_3 i_3$$

因为这种接地方式接线简单，布线方便，所以在对噪声特性要求不高的电路中使用得很普遍，尤其广泛应用于脉冲数字电路。但是对于各部分电路功率差异较大的情况，这种接地方式显然是不适合的，因为功率较大的电路会产生较大的接地电流，转而影响小功率电路。对于有的部分是数字电路、有的部分是模拟电路的情况，尤其是微弱信号检测电路的情况，更不能使用这种接地方式。

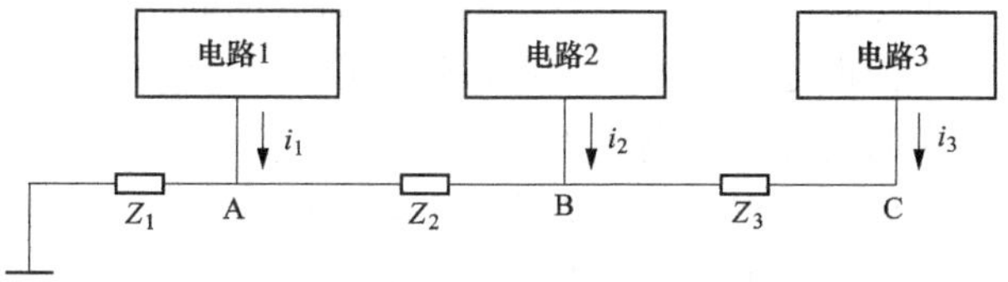

图 3-31　串行单点接地

2. 并行单点接地

并行单点接地方式如图 3-32 所示，图中的各部分电路都使用各自独立的接地线，所以在低频情况下，各电路的地电流不会经过地线阻抗相互耦合而形成干扰。

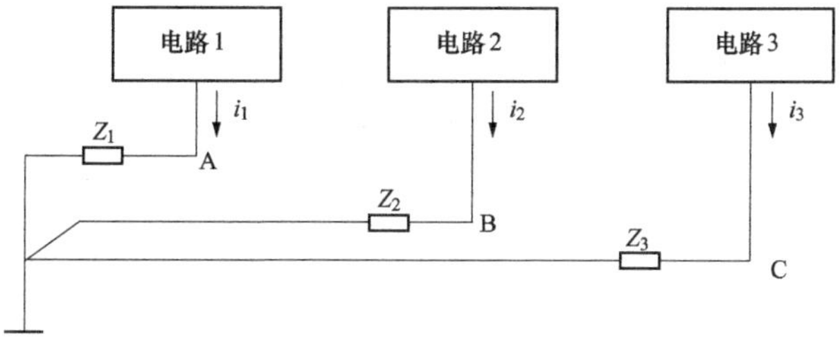

图 3-32　并行单点接地

图 3-32 中的 A、B 和 C 点电位分别如下：

$$u_A = Z_1 i_1$$
$$u_B = Z_2 i_2$$
$$u_C = Z_3 i_3$$

可见，对于并行单点接地方式，各部分电路的地电位只是自身的地电流和地线阻抗的函数，与其他电路无关。但是当电路复杂时，多个独立的接地线也会增加系统的成本和布线的难度。

在高频情况下，各部分电路接地线之间会经过分布电容和分布电感的耦合而形成相互干扰。而且频率越高，接地线的感抗越大，接地线之间的分布电容越大，这种相互影响越严重。在很高频率的情况下，接地线的等效阻抗会很大，而且会像天线一样向外发射电磁波噪声。当频率低于 1MHz 时，这种接地方式比较适用；当频率为 1 ～ 10MHz 时，要注意最长的接地线不要超过波长的 1/20；当频率高于 10MHz，必须考虑使用多点接板地方法。

3. 多点接板地

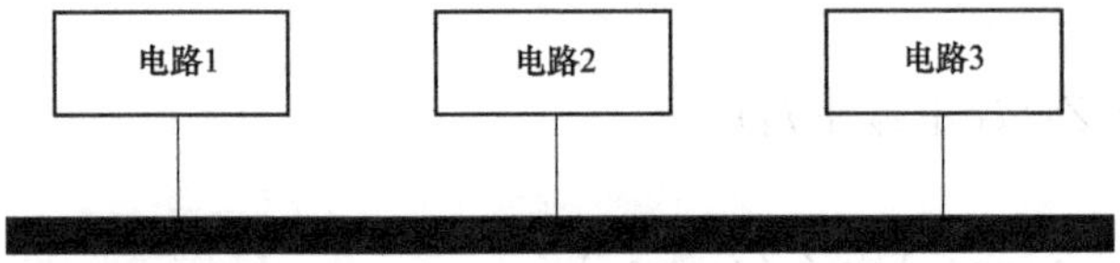

图 3-33 多点接地板

多点接板地方法用于高频电路，以降低接地阻抗，如图 3-33 所示，各部分电路就近连接到板地上。所谓板地，可以是金属板条，也可以是金属机壳，板地本身的高频阻抗要尽量小。因为高频电流的集肤效应，增加板地的厚度并不能减小其高频阻抗。而增加板地的表面积，或在板地的表面镀金或镀银可以减小其高频阻抗。各部分电路连接到板地的导线要尽量短，为的是降低其高频阻抗。

如果把多点接板地方法用于低频情况，尤其是地电流较大的情况，则因各部分电路的地电流都流经板地，板地阻抗会导致一定程度的相互耦合，所以其低频特性劣于并行单点接地方式。

4. 混合接地方式

如果各部分电路的工作频率范围很宽，既有高频分量，又有低频分量，则可以采用图 3-34 所示的混合接地方式，该方式是在并行单点接地的基础上，各部分电路又用小电容就近接到板地，所以该方式综合了前两种接地方式的优点。对于低频地电流，小电容阻抗很大，该方式相当于并行单点接地；而对于高频地电流，小电容阻抗很小，该方式相当于多点接板地。

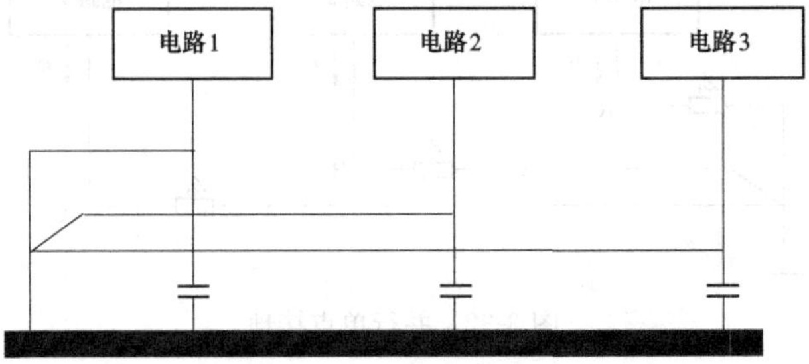

图 3-34 混合接地方式

五、其他抗干扰技术

（一）隔离

隔离是指把干扰源与接收系统隔离开来，使有用信号正常传输，而干扰耦合通道被切断，达到抑制干扰的目的。常见的隔离方法有光电隔离、变压器隔离和继电器隔离等方法。

1. 光电隔离

光电隔离是以光作媒介在隔离的两端间进行信号传输的，所用的器件是光电耦合器。由于光电耦合器在传输信息时，不是将其输入和输出的电信号进行直接耦合，而是借助于光作为媒介物进行耦合，因而具有较强的隔离和抗干扰的能力。在控制系统中，它既可以用作一般输入/输出的隔离，也可以代替脉冲变压器起线路隔离与脉冲放大作用。由于光电耦合器具有二极管、三极管的电气特性，使它能方便地组合成各种电路。又由于它靠光耦合传输信息，使它具有很强的抗电磁干扰的能力，从而在机电一体化产品中获得了极其广泛的应用。

由于光耦合器共模抑制比大、无触点、寿命长、易与逻辑电路配合、响应速度快、小型、耐冲击且稳定可靠，因此在机电一体化系统特别是数字系统中得到了广泛的应用。

2. 变压器隔离

对于交流信号的传输一般使用变压器隔离干扰信号的办法。隔离变压器也是常用的隔离部件，用来阻断交流信号中的直流干扰和抑制低频干扰信号的强度。隔离变压器把各种模拟负载和数字信号源隔离开来，也就是把模拟地和数字地断开。传输信号通过变压器获得通路，而共模干扰由于不形成回路而被抑制。

3. 继电器隔离

继电器线圈和触点仅有机械上形成联系，而没有直接电的联系，因此可利用继电器线圈接受电信号，而利用其触点控制和传输电信号，从而可实现强电和弱电的隔离如图 3-35 所示。同时，继电器触点较多，且其触点能承受较大的负载电流，因此应用非常广泛。

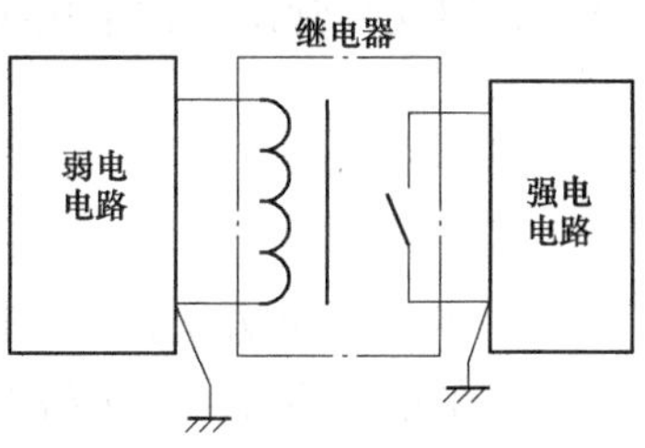

图 3-35　继电器隔离

实际使用中，继电器隔离指适合于开关量信号的传输。系统控制中，常用弱电开关信号控制继电器线圈，使继电器触电闭合和断开。而对应于线圈的触点，则用于传递强电回路的某些信号。隔离用的继电器，主要是一般小型电磁继电器或干簧继电器。

（二）屏蔽

利用铜或铝等低阻材料制成的容器，将需要防护的部分包起来或者是用导磁性良好的铁磁性材料制成的容器将要防护的部分包起来，此种方法主要是防止静电或电磁干扰，称为屏蔽。

1. 静电屏蔽

在静电场作用下，导体内部无电力线，即各点等电位。静电屏蔽就是利用了与大地相连接的导电性良好的金属容器，使其内部的电力线不外传，同时也不使外部的电力线影响其内部。静电屏蔽能防止静电场的影响，用它可以消除或削弱两电路之间由于寄生分布电容耦合而产生的干扰。

在电源变压器的一次、二次侧绕组之间插入一个梳齿形薄铜皮并将它接地，以此来防止两绕组间的静电耦合，就是静电屏蔽的范例。

2. 电磁屏蔽

电磁屏蔽是采用导电良好的金属材料做成屏蔽层，利用高频干扰电磁场在屏蔽体，内产生涡流，再利用涡流消耗高频干扰磁场的能量，从而削弱高频电磁场的影响。

若将电磁屏蔽层接地，则同时兼有静电屏蔽的作用。也就是说，用导电良好的金属材料做成的接地电磁屏蔽层，同时起到电磁屏蔽和静电屏蔽两种作用。

3. 低频磁屏蔽

在低频磁场干扰下，采用高导磁材料做成屏蔽层以便将干扰磁力线限制在磁阻很小的磁屏蔽体内部，防止其干扰作用。通常采用坡莫合金之类的对低频磁通有高导磁系数的材料。同时要有一定的厚度，以减少磁阻。

4. 驱动屏蔽

驱动屏蔽就是使被屏蔽导体的电位与屏蔽导体的电位相等。驱动屏蔽能有效地抑制通过寄生电容的耦合干扰。驱动屏蔽属于有源屏蔽，只有当线性集成电路出现以后，驱动屏蔽才有了实用价值，并在工程中获得越来越广泛的应用。

本章小结

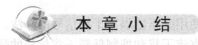

本章介绍了信号检测常用信号处理器，重点介绍测量电桥和测量放大器，对它们工作原理、工作方式及各种组成电路进行详细的叙述，分析了电路内和外界干扰噪声源，针对干扰噪声，介绍几种常用的抗干扰技术。

习题与思考题

3-1 判断下列方法是否可以提高灵敏度？

(1) 在相邻两臂上（半桥双臂测量方式）各串联一应变片；

(2) 在相邻两臂上（半桥双臂测量方式）各并联一应变片；

(3) 在两对边的桥臂上，各串联一应变片；

(4) 在两对边的桥臂上，各并联一应变片。

3-2 测量如图 3-36 所示的纯弯试件，4 片相同的应变片中 R_1 和 R_3 贴在一边，R_2 和 R_4 贴在对称于中性层的另一边，组成全等臂电桥。

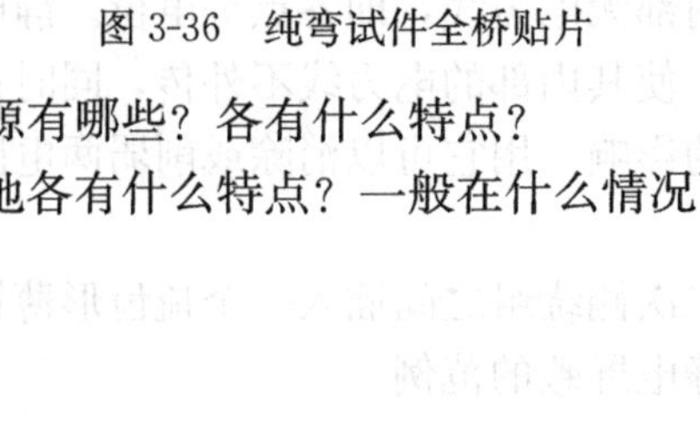

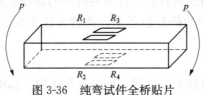

图 3-36 纯弯试件全桥贴片

3-3 电子电路中的噪声源有哪些？各有什么特点？

3-4 单点接地与多点接地各有什么特点？一般在什么情况下采用？

第四章　常用传感器

第一节　传感器的特性

传感器是一个二端口装置，传感器的基本特性指的是其端口输入信号与输出信号对应关系的特性。不同传感器输入、输出特性不同，同一传感器对应不同的输入信号所呈现的特性也有所不同，尤其当被测信号为静态信号和动态信号两种状态下，传感器的输入、输出特性完全不同。

一、传感器的静态特性

传感器的静态特性是指在稳态信号的作用下，传感器输出量与输入量之间的关系特性，衡量传感器静态特性的主要技术指标有线性度、迟滞性、重复性、灵敏度和漂移等。

1. 线性度

传感器的线性度是指传感器输出量与输入量之间关系的线性程度。传感器理想的输入与输出关系是线性的，而实际上各种实际的传感器其输出、输入的关系严格说是非线性的，一般可用下列多项式表示

$$y=a_0+a_1x+a_2x^2+\cdots+a_nx^n \tag{4-1}$$

式中　x——输入量（被测量）；

y——输出量；

a_0——零位输出；

a_1——线性灵敏度；

a_2、…、a_n——非线性项的待定系数。

在使用传感器时，对于非线性程度不大的传感器，通常用割线或切线等直线来近似地代表实际曲线的一段，这种方法称为传感器非线性的线性化。非线性曲线称为校准曲线，线性化的直线称之为拟合直线。拟合直线可以用多种方法获得，比如切线法、割线法、最小二乘法、端点连线法等。对于实际的传感器测出的输出-输入校准（标定）曲线与其理论拟合直线之间不吻合的程度的最大值称为该传感器的线性度，通常用相对误差表示其大小，即相对应的最大偏差与传感器满量程输出 $y_{F\cdot S}$ 之比

$$\gamma_l=\pm\frac{\Delta_{\max}}{y_{F\cdot S}}\times 100\% \tag{4-2}$$

式中　γ_l——非线性误差，即线性度；

$\Delta_{\max}$——最大非线性绝对误差；

$y_{F\cdot S}$——满量程输出值。

2. 迟滞性

迟滞性是指传感器在正（输入量增大）、反（输入量减小）行程期间输出、输入特性曲线不重合的程度，也就是说对于同一大小的输入信号，传感器正反行程输出信号大小不相等，如图 4-1 所示。

正向行程输出与反向行程输出之间的差值叫滞环误差，迟滞常用最大滞环误差 $\Delta m_{\max}$ 与满量程输出 $y_{F\cdot S}$ 之百分比表示，即

$$\gamma_H=\frac{\Delta m_{\max}}{y_{F\cdot S}}\times 100\% \tag{4-3}$$

迟滞性是传感器静态下一个重要的性能指标，它反映了传感器部分存在着不可避免的缺陷，如轴承摩擦、灰尘积塞、间隙不当、元件磨蚀等，其大小一般由实验确定。

3. 重复性

重复性是指传感器输入量按同一方向做全量程连续多次测试时所得输出一输入特性曲线不重合的程度，它是反映传感器精密度的一个指标，产生的原因与迟滞性基本相同，重复性越好，误差越小。

如图 4-2 所示，正行程的最大重复性偏差为 Δm_1，反行程的最大重复性偏差为 Δm_2，重复性误差取这两个最大偏差中之较大者 $\Delta m_{\max}$，与满量程输出 $y_{F\cdot S}$ 的百分比表示，即

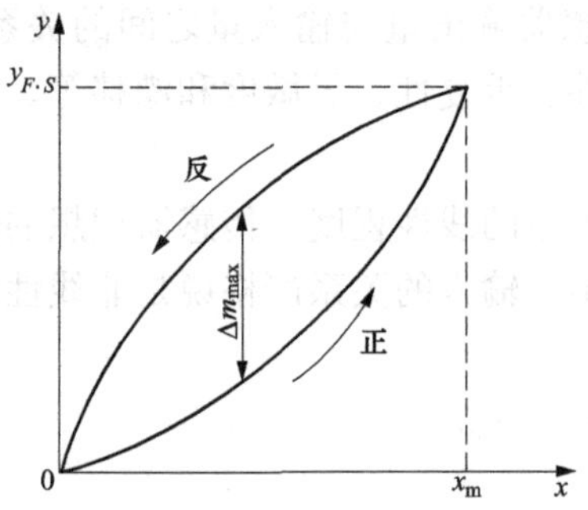

图 4-1 传感器的迟滞性

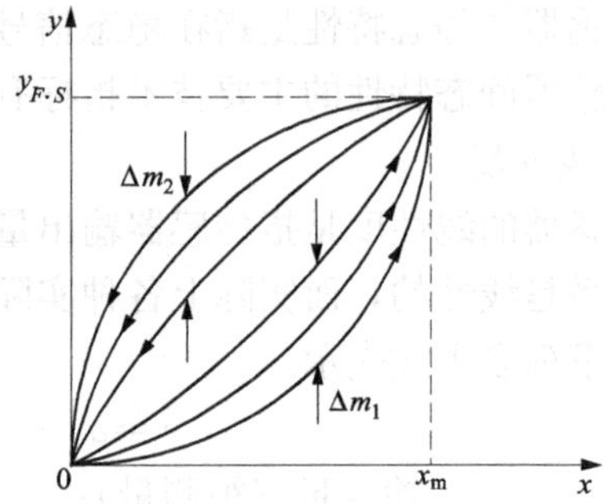

图 4-2 传感器的重复性

$$\gamma_R=\pm\frac{\Delta m_{\max}}{y_{F\cdot S}}\times 100\% \tag{4-4}$$

4. 灵敏度

灵敏度是指传感器输出的变化量 Δy 与引起该变化量的输入变化量 Δx 之比。其表达式为

$$k=\frac{\Delta y}{\Delta x} \tag{4-5}$$

对于线性传感器测量系统，其灵敏度就是它的静态特性的斜率；对于非线性传感器测量系统，其灵敏度不是常数，常用 $k=\frac{\mathrm{d}y}{\mathrm{d}x}$ 表示非线性传感器在某一工作点处的灵敏度。

灵敏度实际上是一个放大倍数，它体现了传感器对被测量的微小变化放大成输出信号显著变化的能力，即传感器对输入变量微小变化的敏感程度。通常用拟合直线的斜率表示系统的平均灵敏度。一般希望传感器的灵敏度高，在满量程的范围内是恒定的，即输入一输出特性为直线。灵敏度越高，就越容易受外界干扰的影响，系统的稳定性就越差。

5. 漂移

漂移是指在外界干扰下，传感器输出量发生了与输入量无关的、不需要的变化，常表现为零点漂移和温度漂移。零点漂移简称零漂，指传感器在无输入或在输入量不变时，其输出值偏离零值（或原指示值）的现象。温度漂移简称温漂，指在温度变化时，传感器输出量偏

移正常输出值的程度。

二、传感器的动态特性

即使静态性能很好的传感器，当被检测物理量随时间变化时，如果传感器的输出量不能很好地追随输入量的变化而变化，也有可能导致高达百分之几十甚至百分之百的误差。因此，在研究、生产和应用传感器时，要特别注意其动态特性的研究。传感器的动态特性是指在测量动态信号时传感器的输出反映被测量的大小和随时间变化的能力。一个动态特性好的传感器，其输出将再现输入量的变化规律，即具有相同的时间函数。实际上除了具有理想的比例特性外，输出信号将不会与输入信号具有相同的时间函数，这种输出与输入间的差异就是所谓的动态误差。实际被测量随时间变化的形式可能是多种多样的，在研究动态特性时通常根据标准输入特性来考虑传感器的响应特性。

虽然传感器的种类和形式很多，但它们一般可以简化为一阶或二阶系统（高阶可以分解成若干个低阶环节），因此一阶和二阶传感器是最基本的。传感器的输入量随时间变化的规律是各种各样的，下面在对传感器动态特性分析时，采用最典型、最简单、易实现的正弦信号和阶跃信号作为标准输入信号。对于正弦输入信号，传感器的响应称为频率响应或稳态响应；对于阶跃输入信号，则称为传感器的阶跃响应或瞬态响应。

1. 频率响应特性

传感器对正弦输入信号的响应特性，称为频率响应特性。由物理学可知，在一定条件下，任意信号均可分解为一系列不同频率的正弦信号。也就是说，一个以时间作为独立变量进行描述的时域信号，可以变换成一个以频率作为独立变量进行描述的频域信号。如果我们把正弦信号作为传感器的输入，然后测出它的响应，就可对传感器的频域动态性能做出分析和评价。

（1）一阶系统。一阶系统方程式的一般形式为

$$a_1\frac{\mathrm{d}y}{\mathrm{d}t}+a_0y=b_0x \tag{4-6}$$

式（4-6）两边都除以 a_0，得

$$\frac{a_1}{a_0}\frac{\mathrm{d}y}{\mathrm{d}t}+y=\frac{b_0}{a_0}x$$

或者写成

$$\tau\frac{\mathrm{d}y}{\mathrm{d}t}+y=kx \tag{4-7}$$

$$\tau=a_1/a_0$$

$$k=b_0/a_0$$

式中　τ——时间常数；

　　k——静态灵敏度。

在动态特性分析中，k 只起着输出量增加 k 倍的作用。因此为了方便起见，在讨论任意阶传感器时可采用 $k=1$，这种处理方法称为灵敏度归一化。

一阶系统的传递函数如下：

$$H(s)=\frac{1}{1+\tau s} \tag{4-8}$$

频率特性为

$$H(\mathrm{j}\omega)=\frac{1}{1+\tau \mathrm{j}\omega} \tag{4-9}$$

幅频特性为

$$A(\omega)=\frac{1}{\sqrt{1+(\omega\tau)^2}} \tag{4-10}$$

相频特性为

$$\phi(\omega)=\arctan(-\omega\tau) \tag{4-11}$$

一阶传感器的频率响应特性曲线如图 4-3 所示。

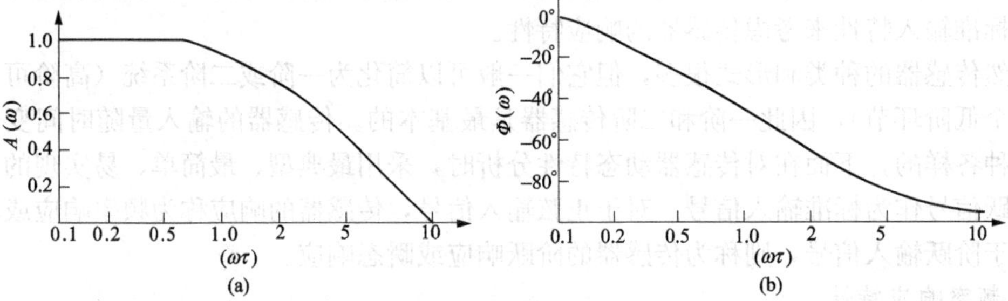

图 4-3 一阶传感器的频率特性

(a) 幅频特性；(b) 相频特性

从式（4-10）、式（4-11）和图 4-3 看出，时间常数 τ 越小，频率响应特性越好。当 $\omega\tau \ll 1$ 时，$A(\omega)\approx 1$，它表明传感器输出与输入为线性关系；$\varphi(\omega)$ 很小，$\tan\varphi\approx\varphi$，$\varphi(\omega)\approx\omega\tau$，表明相位差与频率 ω 也呈线性关系。

（2）二阶系统。二阶系统的微分方程为

$$a_2\frac{\mathrm{d}^2y}{\mathrm{d}t^2}+a_1\frac{\mathrm{d}y}{\mathrm{d}t}+a_0y=b_0x \tag{4-12}$$

二阶系统的传递函数为

$$H(s)=\frac{k}{\frac{1}{\omega_0{}^2}s^2+\frac{2\xi}{\omega_0}s+1} \tag{4-13}$$

$$\omega_0=1/\tau$$

$$\tau=\sqrt{a_2/a_0}$$

$$k=b_0/a_0$$

$$\xi=a_1/(2\sqrt{a_0a_2})$$

式中 ω_0——系统无阻尼时的固有振动角频率；

τ——时间常数；

k——静态灵敏度；

ξ——阻尼比。

由式（4-13）可得二阶传感器的频率特性、幅频特性、相频特性，分别为

$$H(\mathrm{j}\omega)=\frac{k}{1-\left(\frac{\omega}{\omega_0}\right)^2+2\xi\mathrm{j}\left(\frac{\omega}{\omega_0}\right)} \tag{4-14}$$

$$A(\omega)=\frac{k}{\sqrt{\left[1-\left(\frac{\omega}{\omega_0}\right)^2\right]^2+4\xi^2\left(\frac{\omega}{\omega_0}\right)^2}} \tag{4-15}$$

$$\phi(\omega)=\arctan\left[\frac{2\xi}{(\omega/\omega_0)-(\omega_0/\omega)}\right] \tag{4-16}$$

图 4-4 所示为二阶传感器的频率响应特性曲线，由式（4-15）、式（4-16）和图 4-4 可见，传感器的频率响应特性好坏，主要取决于传感器的固有频率 ω_0 和阻尼比 ξ。当 $\xi<1$、$\omega\ll\omega_0$ 时，有 $A(\omega)\approx1$，幅频特性平直，输出与输入为线性关系；$\varphi(\omega)$ 很小，$\varphi(\omega)$ 与 ω 为线性关系。此时，系统的输出 $y(t)$ 真实准确地再现输入 $x(t)$ 的波形。当 $\xi\geqslant1$ 时，$A(\omega)<1$；当阻尼比 ξ 趋于 0 时，在 $\omega/\omega_0\approx1$ 附近，系统将出现谐振，此时，输出与输入信号的相位差 $\phi(\omega)$ 由 0℃突然变化到 180℃。

显然，传感器的频率响应随固有频率 ω_0 的大小而不同，ω_0 越大，保持动态误差在一定范围内的工作频率范围越宽；反之，工作频率范围越窄。一般，对二阶传感器系统推荐采用 ξ 值为 0.7 左右，$\omega\leqslant0.4\omega_0$，这样可使系统的频率特性工作在平直段、相频特性工作在直线段，从而使测量的失真最小。

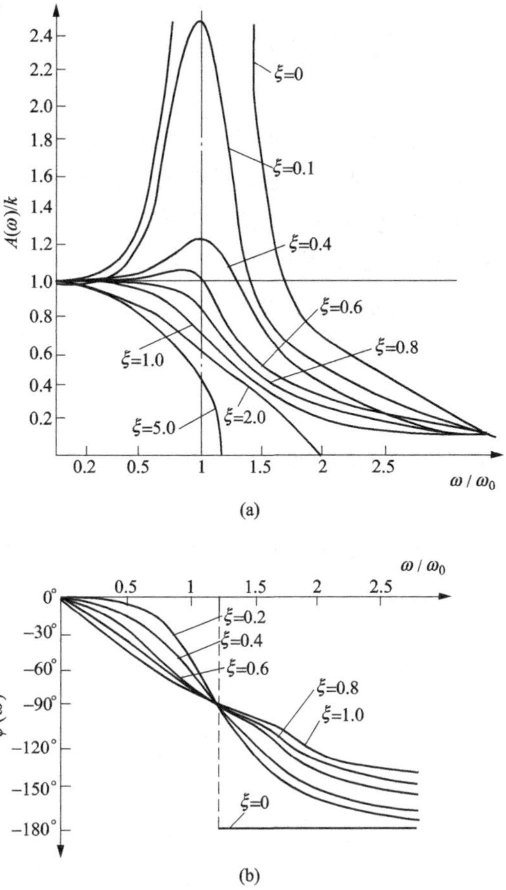

图 4-4 二阶传感器的频率特性

（a）幅频特性；（b）相频特性

2. 瞬态响应特性

在研究传感器的动态特性时，有时需要从时域中对传感器的响应和过渡过程进行分析。这种分析方法是时域分析法，传感器对所加激励信号响应称瞬态响应。常用激励信号有阶跃函数、斜坡函数、脉冲函数等。下面以传感器的单位阶跃响应来评价传感器的动态性能指标。

（1）一阶传感器的单位阶跃响应在工程上，一般将下式

$$\tau\frac{\mathrm{d}y(t)}{\mathrm{d}t}+y(t)=x(t) \tag{4-17}$$

视为一阶传感器单位阶跃响应的通式。式中 $x(t)$、$y(t)$ 分别为传感器的输入量和输出量，均是时间的函数，τ 是表征传感器的时间常数，具有时间“秒”的量纲。

一阶传感器的传递函数为

$$H(s)=\frac{Y(s)}{X(s)}=\frac{1}{\tau s+1} \tag{4-18}$$

对初始状态为零的传感器，当输入一个单位阶跃信号

$$x(t)=\begin{cases}0 & (t\leqslant 0)\\ 1 & (t>0)\end{cases}$$

时，由于 $x(t)=1(t)$，$X(s)=\frac{1}{s}$，传感器输出的拉氏变换为

$$Y(s)=H(s)X(s)=\frac{1}{\tau s+1}\cdot\frac{1}{s} \tag{4-19}$$

一阶传感器的单位阶跃响应信号为

$$y(t)=1-e^{-\frac{t}{\tau}} \tag{4-20}$$

相应的响应曲线如图 4-5 所示。由图可见，传感器存在惯性，它的输出不能立即复现输入信号，而是从零开始，按指数规律上升，最终达到稳态值。理论上传感器的响应只在 t 趋于无穷大时才达到稳态值，但实际上当 $t=4\tau$ 时其输出达到稳态值的 98.2%，可以认为已达到稳态。τ 是系统的时间常数，系统的时间常数越小，响应就越快，故时间常数 τ 值是决定响应速度的重要参数。

(2) 二阶传感器的单位阶跃响应。二阶传感器的单位阶跃响应的通式为

$$\frac{d^2y(t)}{dt^2}+2\xi\omega_0\frac{dy(t)}{dt}+\omega_0^2y(t)=\omega_0^2x(t) \tag{4-21}$$

式中 ω_0——传感器的固有频率；

ξ——传感器的阻尼比。

二阶传感器的传递函数为

$$H(s)=\frac{\omega_0^2}{s^2+2\xi\omega_0 s+\omega_0^2} \tag{4-22}$$

传感器输出的拉氏变换为

$$Y(s)=H(s)X(s)=\frac{\omega_0^2}{s(s^2+2\xi\omega_0 s+\omega_0^2)} \tag{4-23}$$

二阶传感器对阶跃信号的响应在很大程度上取决于阻尼比 ξ 和固有频率 ω_0。固有频率 ω_0 由传感器主要结构参数所决定，ω_0 越高，传感器的响应越快。当 ω_0 为常数时，传感器的响应取决于阻尼比 ξ，阻尼比 ξ 直接影响超调量和振荡次数。图 4-6 为对应于不同 ξ 值的二阶传感器的单位阶跃响应曲线簇。

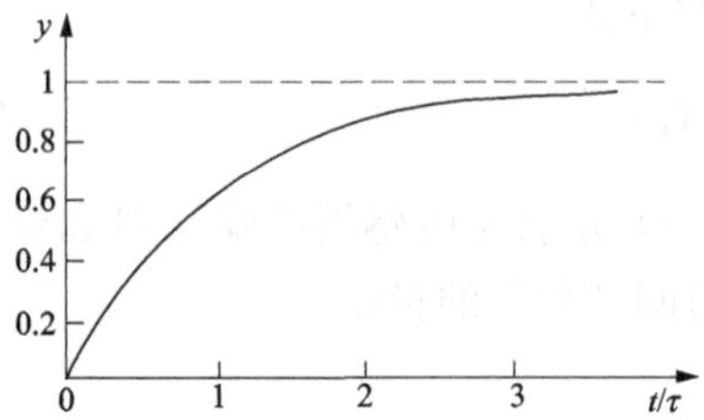

图 4-5 一阶传感器单位阶跃响应曲线

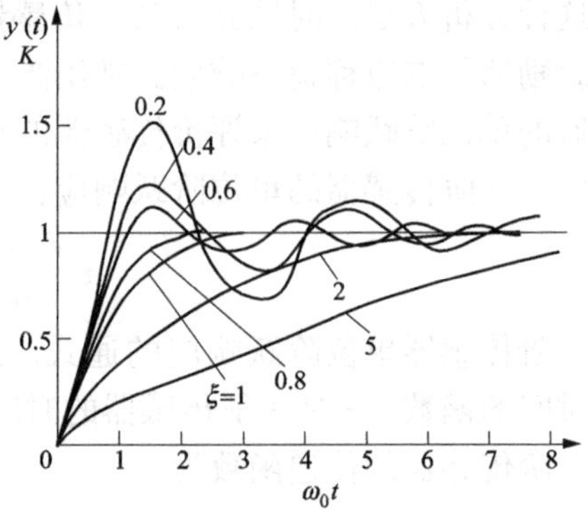

图 4-6 二阶传感器的单位阶跃响应曲线簇

1）$\xi=0$，为无阻尼，即临界振荡情形，超调量为 100%，产生等幅振荡，其振荡频率就是系统的固有振动频率 ω_0，达不到稳态。

2）$\xi>1$，为过阻尼，无超调也无振荡，但达到稳态所需时间较长。

3）$\xi<1$，为欠阻尼，衰减振荡，其振荡角频率为 ω_d，幅值按指数衰减，ξ 越大，即阻尼越大，衰减越快。

4）$\xi=1$，为临界阻尼，此时系统既无超调也无振荡，响应时间很短。

在一定的 ξ 值下，欠阻尼系统比临界阻尼系统更快地达到稳态值；过阻尼系统反应迟钝，动作缓慢，所以系统常按稍欠阻尼调整，ξ 取 0.6～0.8 为最好。

（3）瞬态响应特性指标。传感器的动态特性常用单位阶跃信号（其初始条件为零）为输入信号时输出 $y(t)$ 的变化曲线来表示，如图 4-7 所示。表征动态特性的主要参数有上升时间 t_r、响应时间 t_s（过程时间）、超调量 σ_p，衰减度 φ 等。

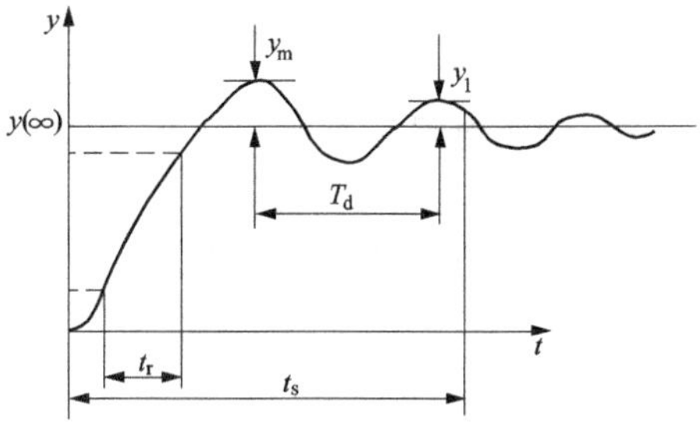

图 4-7　阶跃输入时的动态响应

上升时间 t_r：指仪表示值从最终值的 a%变化到最终值的 b%所需时间，a%常采用 5%或 10%，而 b%常采用 90%或 95%。

响应时间 t_s：指输出量 y 从开始变化到示值进入最终值的规定范围内所需的时间。最终值的规定范围常取仪表的允许误差值。它与响应时间一起写出，例如 $t_s=0.5s$（±5%）。

超调量 σ_p：指输出最大值与最终值之间的差值对最终值之比，用百分数来表示，即

$$\sigma_p=\frac{y_m-y(\infty)}{y(\infty)}\times 100\% \tag{4-24}$$

衰减度 φ：用来描述瞬态过程中振荡幅值衰减的速度，定义为

$$\phi=\frac{y_m-y_1}{y_m} \tag{4-25}$$

式中　y_1——出现一个周期后 $y(t)$ 的值。

如果 $y_1=y_m$，则 $\varphi\approx 1$ 表示衰减很快，该系统很稳定，振荡很快停止。

第二节　电阻应变式传感器

电阻应变式传感器是将非电量的变化转换成与之有一定关系的电阻值的变化，通过对电阻值的测量达到对非电量测量的目的。其主要特点是：结构简单，性能稳定、可靠，灵敏度高，频率响应特性好，适合于静、动态测量。它是用于测量力、力矩、压力、加速度、质量等参数最广泛的传感器之一。

电阻应变式传感器由弹性元件、电阻应变片和测量电路组成。弹性元件用来感受被测量的变化，并将被测量的变化转换为弹性元件表面应变；电阻应变片粘贴在弹性元件上，将弹性元件的表面应变转换为应变片电阻值的变化；然后通过测量电路将应变片电阻值的变化转换为便于输出测量的电量，从而实现非电量的测量。

电阻应变片是应变测量的关键元件，为适应各种领域测量的需要，可供选择的电阻应变

片的种类很多，但按其敏感栅材料及制作方法分类见表 4-1。

表 4-1 电阻应变片分类

大类	细分	
金属电阻应变片	金属丝应变片	
	金属箔应变片	
	金属薄膜应变片	
半导体电阻应变片	体型半导体应变片	P 型应变片、N 型应变片
	扩散型半导体应变片	P 型应变片、N 型应变片
	薄膜型半导体应变片	

一、金属电阻应变片

1. 金属丝电阻应变效应

金属导体在发生机械变形时，其阻值发生相应变化，即形成导体的电阻应变效应。由于

$$R=\rho\frac{L}{S} \tag{4-26}$$

式中 ρ——电阻率；

L——导体长度；

S——导体截面积。

对式（4-26）进行全微分得

$$\frac{\mathrm{d}R}{R}=\frac{\mathrm{d}\rho}{\rho}+\frac{\mathrm{d}L}{L}-\frac{\mathrm{d}S}{S} \tag{4-27}$$

即当金属丝受拉而伸长时，则 ρ、L、S 的变化 $\mathrm{d}\rho$、$\mathrm{d}L$、$\mathrm{d}S$ 将会引起电阻值的变化。

令导体截面半径为 r，则

$$S=\pi r^2 \qquad \mathrm{d}S=2\pi r\,\mathrm{d}r$$

$$\frac{\mathrm{d}S}{S}=\frac{2\pi r\,\mathrm{d}r}{\pi r^2}=\frac{2\mathrm{d}r}{r} \tag{4-28}$$

令导体纵向（轴向）应变量 $\varepsilon=\mathrm{d}L/L$，横向（径向）应变量为 $\varepsilon_{\mathrm{r}}=\frac{\mathrm{d}r}{r}$，由《材料力学》相关知识可知，在弹性范围内，金属丝受拉时，纵向应变与横向应变的关系为

$$\frac{\mathrm{d}r}{r}=-\mu\frac{\mathrm{d}L}{L}\ \text{或}\ \varepsilon_{\mathrm{r}}=-\mu\varepsilon \tag{4-29}$$

式中 μ——金属材料的泊松系数。

将式（4-28）和式（4-29）代入式（4-27）得

$$\frac{\mathrm{d}R}{R}=(1+2\mu)\frac{\mathrm{d}L}{L}+\frac{\mathrm{d}\rho}{\rho} \tag{4-30}$$

引入应变灵敏系数 $K_{\mathrm{S}}=\frac{\mathrm{d}R}{R}\Big/\frac{\mathrm{d}L}{L}$，由式（4-30）得

$$K_{\mathrm{S}}=(1+2\mu)+\frac{\mathrm{d}\rho}{\rho}\Big/\frac{\mathrm{d}L}{L}$$

$$=(1+2\mu)+\frac{\mathrm{d}\rho/\rho}{\varepsilon} \tag{4-31}$$

其中，$(1+2\mu)$ 决定于导体几何形状发生的变化，$\frac{d\rho/\rho}{\varepsilon}$ 决定于导体变形后所引起的电阻率的变化。

K_S 为金属导体应变灵敏系数，其物理含义是单位纵向应变引起电阻的相对变化量，即

$$\frac{dR}{R}=K_S\frac{dL}{L}=K_S\varepsilon \tag{4-32}$$

或

$$\frac{\Delta R}{R}=K_S\frac{\Delta L}{L}=K_S\varepsilon \tag{4-33}$$

当金属丝制作成敏感栅时，其灵敏系数不仅决定于金属导体材料本身的灵敏系数 K_S，而且还与敏感栅的横向效应、黏结剂及粘贴工艺等诸多因素有关。因而实际的电阻应变片灵敏系数略小于 K_S，电阻应变片产品上标注的灵敏系数即为该批应变片抽样检测所得到的灵敏系数的平均值。

2. 金属丝电阻应变片结构

金属丝电阻应变片的基本结构如图 4-8 所示。一般由敏感栅、基片、覆盖层、黏结剂和引线等组成。这些部分所选用的材料将直接影响应变片的性能。因此，应根据使用条件和要求合理地加以选择。

(1) 敏感栅。敏感栅是由直径均为 0.025mm、高电阻率的合金电阻丝绕制而成，栅长为 l，栅宽为 b，静态电阻值有 60、120、200Ω 等多种规格，以 120Ω 最为常用。应变片栅长大小关系到所测应变的准确度，应变片测得的应变大小是应变片栅长和栅宽所在面积内的平均轴向应变量。对敏感栅的材料的要求：

1) 应变灵敏系数大，并在所测应变范围内保持为常数；

2) 电阻率高而稳定，以便于制造小栅长的应变片；

3) 电阻温度系数要小；

4) 抗氧化能力高，耐腐蚀性能强；

5) 在工作温度范围内能保持足够的抗拉强度；

6) 加工性能良好，易于拉制成丝或轧压成箔材；

7) 易于焊接，对引线材料的热电势小。

(2) 基片和覆盖层。基片和覆盖层是用来固定敏感栅、引线的几何形状和相对位置。基片多采用黏结剂和有机树脂薄膜制成，厚度为 0.02～0.04mm，它也是敏感栅与弹性元件间的绝缘层。覆盖层起保护敏感栅作用，也是由黏结剂和树脂薄膜制成。

(3) 黏结剂。黏结剂用于将敏感栅固定于基片上，并将覆盖层与基片粘贴在一起。使用金属应变片时，也需用黏结剂将应变片基片粘贴在构件表面某个方向和位置上。以便将构件受力后的表面应变传递给应变片的基片和敏感栅。粘贴工艺在应变式传感器中尤为重要，偏向、倾斜等微小的变化都会对传感器的准确度造成很大的影响。常用的黏结剂分为有机和无机两大类。有机黏结剂用于低温、常温和中温。常用的有聚丙烯酸酯、酚醛树脂、有机硅树脂、聚酰亚胺等。无机黏结剂用于高温，常用的有磷酸盐、硅酸、硼酸盐等。

(4) 引线。应变片的引线常用直径为 0.1～0.15mm 的镀锡铜线，引线与敏感栅焊接可靠，电阻率低，电阻温度系数小，抗氧化，耐腐蚀。

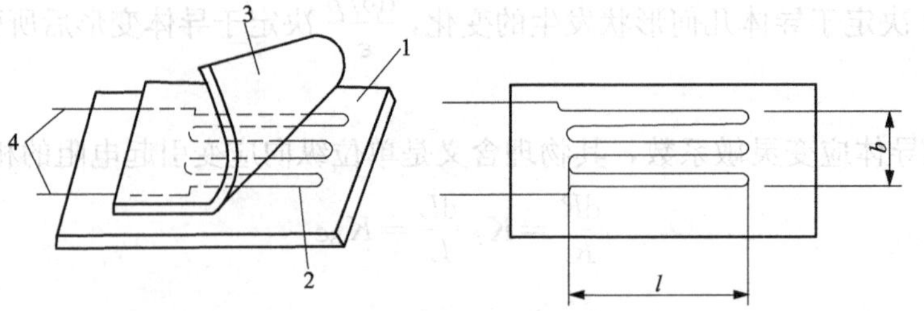

图 4-8 金属丝电阻应变片基本结构

1—基片；2—敏感栅；3—覆盖层；4—引线

3. 金属丝电阻应变片基本特性

（1）横向效应。直线金属丝受纵向拉伸力时，丝上各段所感受的应力应变是相同的，因而每段的伸长也是相同的，金属丝总电阻的增加等于各段电阻增加的总和。但将金属丝绕制成敏感栅后，在同样的拉伸力作用下，沿拉伸力方向的直线段仍感受纵向拉应变而伸长；但弯曲的圆弧段在感受纵向拉应变的同时，也感受与纵向拉应变相反的横向压应变，称之为横向效应，且弯曲半径越大，横向效应越严重，致使电阻的增加值减小，应变片灵敏系数降低。

（2）机械滞后。当温度恒定时，应变片粘贴在被测试件上其加载特性与卸载特性不重合，即为机械滞后，这将引起应变片灵敏系数下降。产生原因：应变片在承受机械应变后，其内部会产生残余变形，使敏感栅电阻发生少量不可逆变化；在制造或粘贴应变片时，敏感栅受到不适当的变形或者黏结剂固化不充分。机械滞后值还与应变片所承受的应变量有关，加载时的机械应变越大，卸载时的滞后也越大。所以，通常在实验之前应将试件预先加、卸载若干次，以减少因机械滞后所产生的实验误差。

（3）蠕变。应变片受恒定力作用时，应变电阻值随时间而变化，这是因为应力在粘胶层中传递时出现滑动现象，胶层越厚，滑动越严重，这种现象称之为蠕变，蠕变结果也将引起灵敏系数下降。因而在应变片制作及往弹性元件上粘贴时，不但要选用同型号优质粘贴剂，而且粘贴层要薄而均匀。

（4）温漂。应变片材料的电阻一般都受温度影响，温度变化引起应变片电阻值变化的现象称之为温漂，这种由于物质内部热激发所引起的热输出，通常是导致灵敏度下降的主要因素，因而在应变测量中都要采取相应的温度补偿措施。

（5）应变极限。在一定温度下，应变片的指示应变对测试值的真实应变的相对误差不超过规定范围（一般为 10%）时的最大真实应变值。真实应变是由于工作温度变化或承受机械载荷，在被测试件内产生应力（包括机械应力和热应力）时所引起的表面应变。主要影响因素为：黏结剂和基片材料传递变形的性能及应变片的安装质量。制造与安装应变片时，应选用抗剪强度较高的黏结剂和基片材料。基片和黏结剂的厚度不宜过大，并应经过适当的固化处理，才能获得较高的应变极限。

二、半导体电阻应变片

金属电阻应变片工作性能稳定、精度高、应用广泛，至今还在不断改进和开发新型应变片，以适应工程应用的需要，但其主要缺点是灵敏系数小，一般为 2～4。为了改善这一不足，20 世纪 60 年代后期，相继开发出多种类型的半导体电阻应变片，其灵敏度可达金属应变片的 50～80 倍，且尺寸小、横向效应小、蠕变及机械滞后小，更适用于动态测量。

沿着半导体某晶向施加一定的压力而使其产生应变时，其电阻率将随应力改变而变化，这种现象称之为半导体的压阻效应。不同类型的半导体，其压阻效应不同；同一类型的半导体，受力方向不同，压阻效应也不同，半导体应变片的纵向压阻效应可由式（4-30）改写为

$$\frac{\Delta R}{R}=(1+2\mu)\frac{\Delta L}{L}+\frac{\Delta\rho}{\rho}$$

由半导体电阻理论可知
$$\frac{\Delta\rho}{\rho}=\pi E\varepsilon$$

所以

$$\frac{\Delta R}{R}=(1+2\mu+\pi E)\varepsilon \tag{4-34}$$

式中　π——半导体材料的纵向压阻系数；

　　E——半导体材料的弹性模量。

其中 $1+2\mu$ 是由纵向应力而引起应变片几何形状的变化，金属电阻应变灵敏系数主要由此项决定；πE 是因纵向应力所引起的压阻效应，半导体电阻应变灵敏系数主要由 πE 决定，一般 πE 比 $1+2\mu$ 大近百倍，故可得

$$\frac{\Delta R}{R}=\pi E\varepsilon$$

其应变灵敏系数为

$$K_{\rm B}=\frac{\Delta R}{R}\Big/\frac{\Delta L}{L}=\pi E \tag{4-35}$$

用于制作半导体应变片的材料有硅、锗、锑化铟、磷化镓等，但目前一般用硅和锗的杂质半导体。

三、测量电路

由于机械应变一般都很小，很难把微小应变引起的微小电阻变化直接测量出来，同时要把电阻变化转换成为电压或电流的变化，因此需要采用转换测量电路。在电阻应变式传感器中最常用的转换测量电路是桥式电路。

将应变电阻接入电桥的工作方式有单臂电桥、半桥和全桥三种。单臂电桥的接法如图 4-9 所示，仅有一只应变片 $R_1=R$ 接入电桥。半桥的接法如图 4-10 所示，有两只完全相同的应变片 R_1、R_2（$R_1=R_2=R$）接入电桥的相邻两臂中，应变片应保持一个拉伸，一个压缩，使得两只应变片电阻变化大小相同而且方向相反。全桥的接法如图 4-11 所示，有四只完全相同的应变片 $R_1\sim R_4$（$R_1=R_2=R_3=R_4=R$）接入电桥，并且两两工作在差动状态。电桥的三种方式的工作原理和特性见第三章第一节。

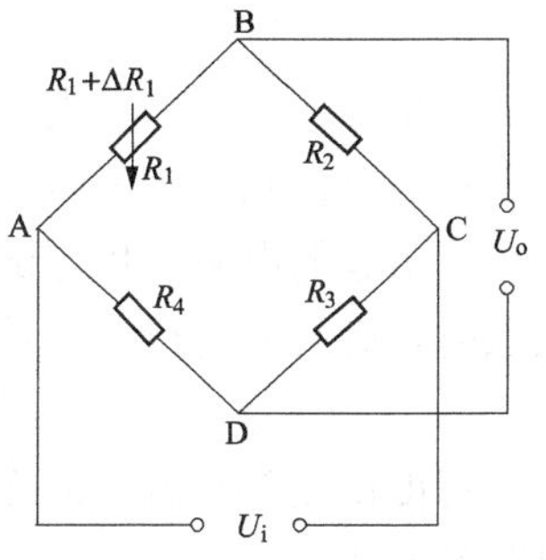

图 4-9　单臂电桥接法

由第三章第一节的分析可知：用恒压源直流电桥作为应变片的测量电路时，电桥输出电压与被测应变量呈线性关系；而在相同条件下，半桥、全桥工作比单臂工作输出信号大，半

桥差动工作输出是单臂工作输出的两倍，而全桥差动工作输出又是半桥工作输出的两倍。全桥工作时输出电压最大，检测的灵敏度也最高。在实际工作中可根据具体情况选择不同的电桥工作方式。

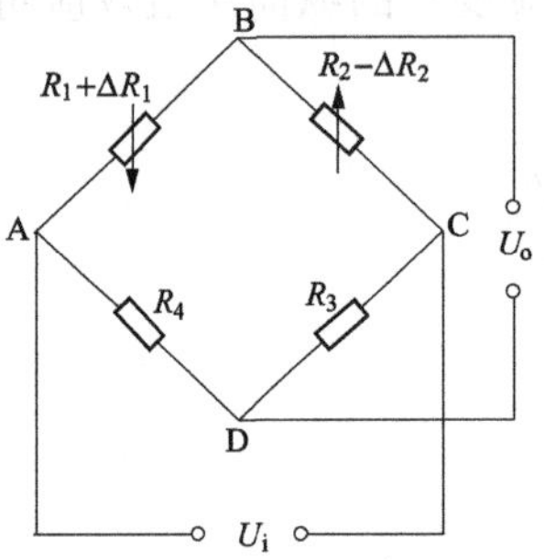

图 4-10 半桥接法

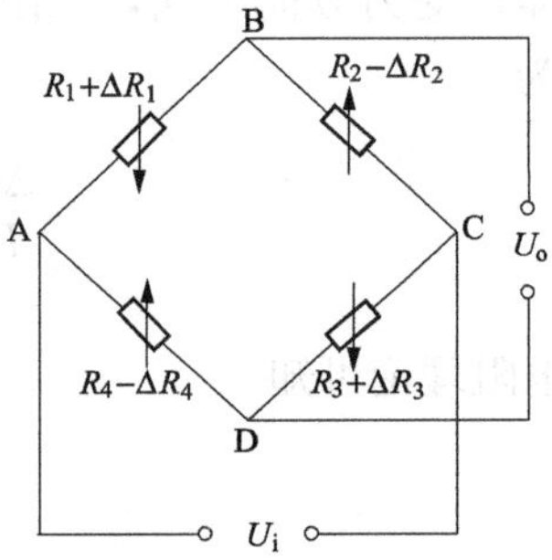

图 4-11 全桥接法

四、电阻应变片的温度误差及其补偿法

（一）应变片的温度误差及其产生原因

讨论应变片特性，通常是以室温恒定为前提条件的。实际在应用时，环境（工作）温度经常会发生变化，使应变片工作条件改变，影响其输出特性。这种单纯由温度引起的应变片电阻值变化的现象，称为温度效应。

设工作温度变化为 Δt℃，则由此引起粘贴在试件上的应变片电阻的相对变化为

$$\frac{\Delta R}{R}=\alpha\Delta t+K(\beta_s-\beta_t)\Delta t \tag{4-36}$$

式中 α——敏感栅材料的电阻温度系数；
β_s——试件的线膨胀系数；
β_t——敏感栅材料的线膨胀系数；
K——应变片灵敏系数。

则由温度变化所引起的总的输出应变为

$$\varepsilon_t=\frac{\Delta R/R}{K}=\frac{1}{K}\alpha\Delta t+(\beta_s-\beta_t)\Delta t \tag{4-37}$$

由式（4-36）和式（4-37）可以看出，应变片因环境温度变化而引起的附加电阻变化或附加输出应变由两部分组成。一部分为敏感栅电阻变化所造成的，大小为 $\alpha\Delta t$；另一部分为敏感栅与试件热膨胀不匹配所引起的，大小为 $K(\beta_s-\beta_t)\Delta t$ 。一般情况下，应变片由温度变化所引起的电阻变化与试件应变所造成的电阻变化几乎有相同的数量级。在工作温度变化较大时，有必要进行温度补偿以减小或消除其带来的测量误差。

（二）应变片温度误差补偿方法

温度误差补偿就是消除对测量应变的干扰，常采用线路补偿法、应变片自补偿法和热敏电阻补偿法。

1. 线路补偿法

电桥补偿是最常用的且效果较好的线路补偿法，图 4-12 所示是电桥补偿法的原理图。

电桥输出电压 U_0 与桥臂参数的关系为

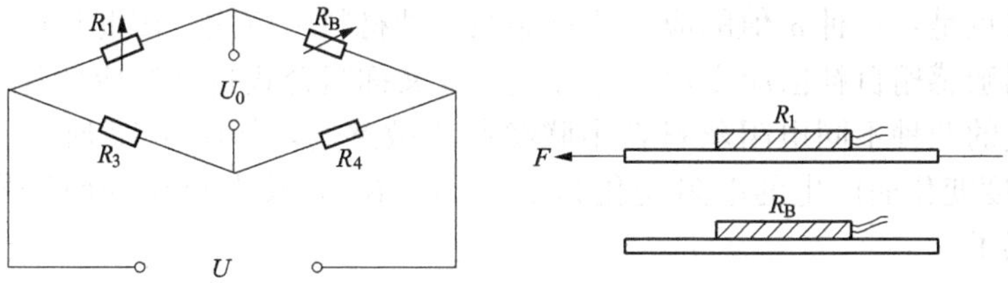

图 4-12　电桥补偿法

R_1—工作应变片；R_B—补偿应变片

$$U_0 = A(R_1R_4 - R_BR_3) \tag{4-38}$$

式中　A——由桥臂电阻和电源电压决定的常数。

由式（4-38）可知，当 R_3 和 R_4 为常数时，R_1 和 R_B 对电桥输出电压 U_0 的作用方向相反，利用这一基本关系可实现对温度的补偿。

测量应变时，工作应变片 R_1 粘贴在被测试件表面上，补偿应变片 R_B 粘贴在与被测试件材料完全相同的补偿块上，且仅工作应变片承受应变。当被测试件不承受应变时，R_1 和 R_B 又处于同一环境温度为 t℃的温度场中，调整电桥参数使之达到平衡，有

$$U_0 = A(R_1R_4 - R_BR_3) = 0$$

工程上，一般按 $R_1 = R_2 = R_3 = R_4$ 选取桥臂电阻。

当温度升高或降低 $\Delta t = t - t_0$ 时，两个应变片的因温度而引起的电阻变化量相等，电桥仍处于平衡状态，即

$$U_0 = A[(R_1 + \Delta R_1 t)R_4 - (R_B + \Delta R_B t)R_3] = 0$$

若此时被测试件有应变 ε 的作用，则工作应变片电阻 R_1 又有新的增量 $\Delta R_1 = R_1 K\varepsilon$ ，而补偿片因不承受应变，故不产生新的增量，此时电桥输出电压为

$$U_0 = AR_1R_4K\varepsilon \tag{4-39}$$

由式（4-39）可知，电桥的输出电压 U_0 仅与被测试件的应变 ε 有关，而与环境温度无关。

应当指出，若实现完全补偿，上述分析过程必须满足四个条件：

（1）在应变片工作过程中，保证 $R_3 = R_4$ 。

（2）R_1 和 R_B 两个应变片应具有相同的电阻温度系数 α，线膨胀系数 β，应变灵敏度系数 K 和初始电阻值 R_0。

（3）粘贴补偿片的补偿块材料和粘贴工作片的被测试件材料必须一样，两者线膨胀系数相同。

（4）两应变片应处于同一温度场。

2. 应变片自补偿法

这是一种用特殊的应变片粘贴在被测部位上，使温度发生变化时，产生的附加应变为零或相互抵消的方法。采用的应变片有：

（1）选择式自补偿应变片。

实现温度补偿的条件为　$\varepsilon_t = \frac{1}{K}\alpha\Delta t + (\beta_s - \beta_t)\Delta t = 0$

则
$$\alpha = -K(\beta_s - \beta_t) \tag{4-40}$$

当被测试件材料选定后，就可以选择合适的应变片敏感材料以满足式（4-40）的要求，从而达到温度自补偿。这种方法的优点是：简便实用，在检测同一材料构件及精度要求不高

时尤为普遍。缺点是：一种 α 值的应变片只能在一种材料上应用，因此局限性很大。

（2）双金属敏感栅自补偿应变片。这种应变片又称组合式自补偿应变片，利用电阻温度系数为一正一负的两种不同电阻丝材料串联绕制成敏感栅，如图 4-13 所示。若两段敏感栅 R_1 和 R_2 由于温度变化而产生的电阻变化为 ΔR_{1t} 和 ΔR_{2t}，其大小相等而符号相反时，就可以实现温度补偿了。

电阻 R_1 与 R_2 的比值关系可由式（4-41）决定

$$\frac{R_1}{R_2}=\frac{-\Delta R_{2t}/R_2}{\Delta R_{1t}/R_1} \tag{4-41}$$

$$\Delta R_{1t}=-(\Delta R_{2t})$$

这种补偿效果比前者要好，在工作温度范围内精度可达到±0.14με/℃的效果。

3. 热敏电阻补偿法

如图 4-14 所示，图中的热敏电阻 R_t 处在与应变片相同的温度条件下。当应变片的灵敏度随温度升高而下降时，热敏电阻 R_t 的阻值也要下降，使电桥的输入电压随温度的升高而增加，从而提高了电桥的输出，补偿应变片引起的输出下降。通过选择分流电阻 R_5 的值，就可以得到良好的补偿效果。

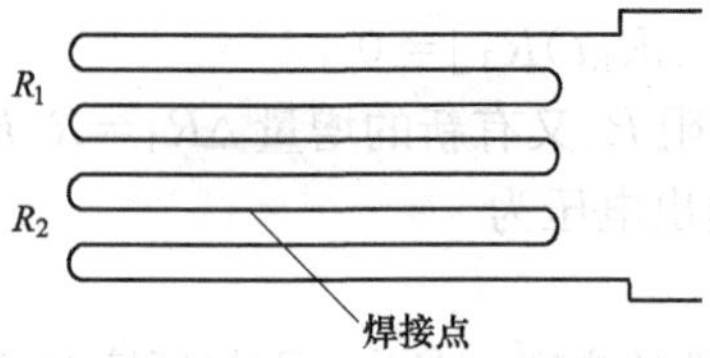

图 4-13 双金属敏感栅

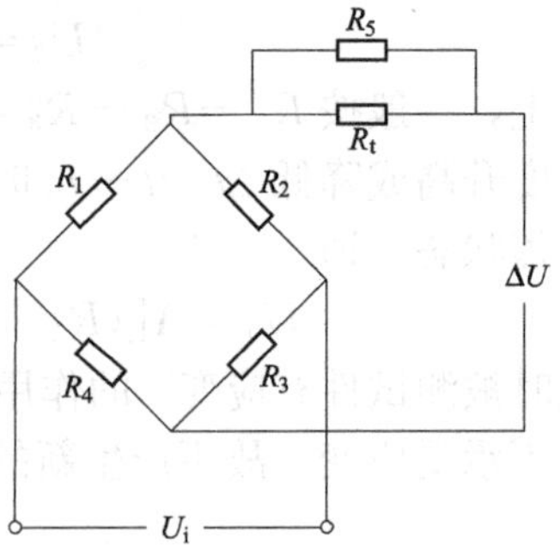

图 4-14 热敏电阻补偿法

五、电阻应变式传感器的应用

电阻应变式传感器的应用十分广泛，它除了可测应变外还可测应力、压力、弯矩、扭矩、加速度、位移等物理量。电阻应变式传感器按其用途不同，可分为电阻应变式力传感器、电阻应变式压力传感器和电阻应变式加速度传感器。

1. 电阻应变式力传感器

电阻应变式力传感器主要用来测量荷重及力。它在电子自动秤中的应用非常普遍，例如电子轨道衡、电子吊车衡、电子配料秤、商用电子秤、自动灌包定量秤、电子皮带秤等。在工业及国防上使用电阻应变式力传感器的地方也很多，例如各种机械零件受力状态、材料试验设备、发动机推力测试等。

应变式力传感器要求有较高的灵敏度和稳定性，当传感器在受到侧向力作用或力的作用点做少量变化时，不应对输出有明显的影响。应变式力传感器上的应变片要尽量粘贴在弹性元件较平的地方，弹性元件在结构上最好能有相同的正负应变区。

使用柱式弹性元件要尽可能消除偏心和弯矩的影响，应变片应对称地粘贴在应力均匀的柱表面中间部位。在轴向布置一个或几个应变片时，在圆周方向布置同样数目的应变片，后者取符号相反的横向应变，从而构成了差动对。因为应变片沿圆周方向分布，所以非轴向载

荷分量被补偿，在与轴线任意夹角的 α 方向，其应变为

$$\varepsilon_\alpha = \frac{\varepsilon_1}{2}[(1-\mu)+(1+\mu)\cos 2\alpha] \tag{4-42}$$

式中　ε_1——沿轴向的应变；

μ——弹性元件的泊松比。

应变与受力的关系为：

当 $\alpha=0$ 时　$$\varepsilon_\alpha=\varepsilon_1=\frac{F}{SE}$$

当 $\alpha=90°$时　$$\varepsilon_\alpha=\varepsilon_2=-\mu\varepsilon_1=-\mu\frac{F}{SE} \tag{4-43}$$

式中　E——弹性元件的杨氏模量；

S——受力面积；

F——沿轴向的力。

【例 4-1】 如图 4-15 钢实心圆柱形试件上，沿轴线和圆周方向各贴一片 $R=120\Omega$ 应变片 R_1、R_2，把 R_1、R_2 接入全等臂电桥，若钢泊松系数 $\mu=0.285$，应变片灵敏系数 $K=2$，电桥电源 $E=2\text{V}$，当试件轴向拉伸时，应变片 R_1 电阻变化 $\Delta R_1=0.48\Omega$，求：(1) 轴向应变量；(2) 电桥输出电压。

解：(1) 电阻的变化与应变的关系

$$\frac{\Delta R_1}{R_1}=K\cdot\varepsilon,\ \varepsilon=\frac{\Delta R_1}{R_1}\cdot\frac{1}{K}=\frac{0.48}{120}\times\frac{1}{2}=0.002$$

(2) 圆柱径向应变为

$$\varepsilon_r=\varepsilon_{90°}=\frac{\varepsilon}{2}[(1-\mu)+(1+\mu)\cos 180°]$$
$$=-\varepsilon\mu=-0.285\times0.002=-570\times10^{-6}$$

电桥输出电压为

$$U_0=\frac{E}{4}\left(\frac{\Delta R_1}{R_1}-\frac{\Delta R_1}{R_2}\right)$$
$$=\frac{E}{4}\left(\frac{\Delta R_1}{R_1}-K\varepsilon_r\right)=\frac{2\text{V}}{4}\times\frac{0.48}{120}+570\times10^{-6}\text{V}=2.57\text{mV}$$

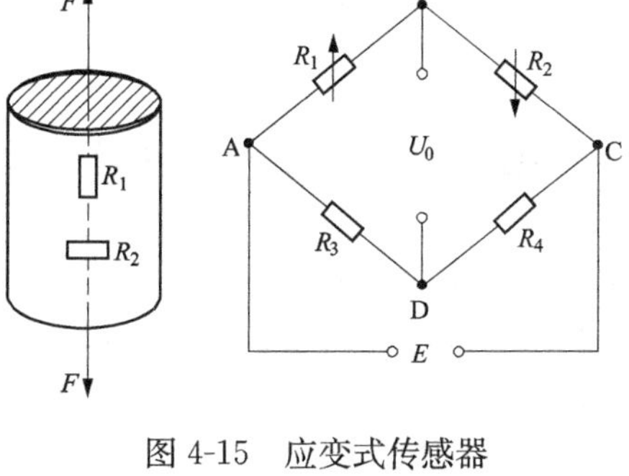

图 4-15　应变式传感器

2. 应变式压力传感器

应变式压力传感器主要用来测量流动介质动态或静态压力，例如动力管道设备的进出口气体或液体的压力、发动机内部的压力变化、枪管及炮管内部的压力、内燃机管道压力

等。应变式压力传感器多采用膜片式或筒式弹性元件。图 4-16 是膜片式应变压力传感器的结构示意图。

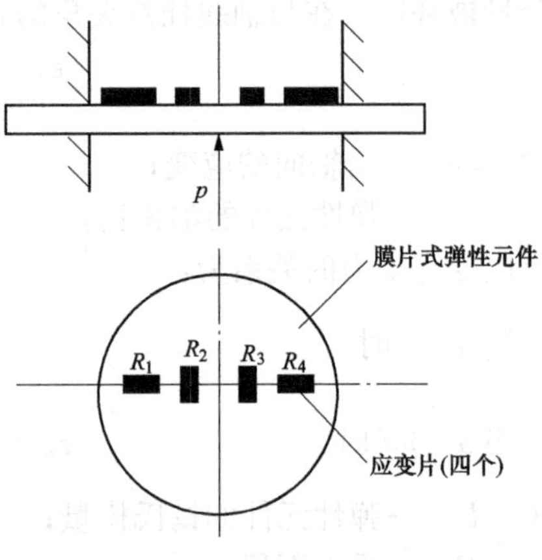

图 4-16 膜片式应变压力传感器结构图

3. 应变式加速度传感器

应变式加速度传感器主要用于物体加速度的测量。其基本工作原理是：物体运动的加速度与作用在它上面的力成正比，与物体的质量成反比，即

$$a = F/m \tag{4-44}$$

式中 F——作用在物体上的力，N；

m——物体的质量，kg；

a——物体在力作用下产生的加速度，m/s^2。

应变式加速度传感器由质量块、贴有应变片的弹性元件和基座等组成，如图 4-17 所示。实际使用时，传感器的基座与被测物体固定在一起，当被测物体以加速度 a 运动时，质量块受到一个与加速度方向相反的惯性力的作用，使悬臂梁变形，该变形被粘贴在悬留梁上的应变片感受到并随之产生应变，从而使应变片的电阻发生变化。电阻的变化引起由应变片组成的桥路出现不平衡，从而输出电压，即可得出加速度 a 的大小。

应变式加速度传感器不适于频率较高的振动和冲击，一般它的适用频率为 10～60Hz。

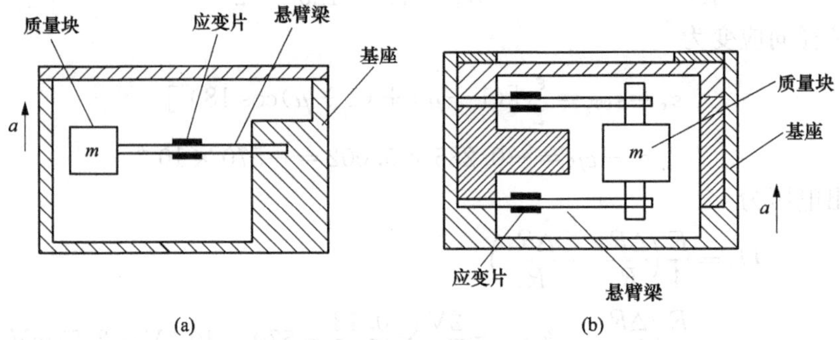

图 4-17 应变式加速度传感器结构示意

(a) 悬臂梁式；(b) 双悬臂梁式

第三节 电容式传感器

电容式传感器是将被测非电量的变化转换为电容量变化的一种传感器。它结构简单，体积小、分辨率高，可非接触式测量，并能在高温、辐射和强烈振动等恶劣条件下工作，广泛应用于压力、液位、振动、位移、加速度、成分含量等多方面测量中。随着电容测量技术的迅速发展，电容式传感器在非电量测量和自动检测中得到了广泛的应用。

一、工作原理

多数场合下，电容传感器是指以空气为介质的两个平行金属板组成的所谓的平板电容器。根据平行板电容器电容量的变化原理，在忽略极板间电场的边缘效应的情况下，其电容

量的计算式为

$$C = \varepsilon \frac{S}{d} = \varepsilon_0 \varepsilon_r \frac{S}{d} \tag{4-45}$$

式中　S——极板间有效面积；

d——极板间距离；

ε——极板间介质的介电常数；

ε_r——极板间介质的相对介电常数；

ε_0——真空的介电常数。

当被测参数变化使得式（4-45）中的 S、d 或 ε 发生变化时，电容量 C 也随之变化。如果保持其中两个参数不变，而仅改变其中一个参数，就可把该参数的变化转换为电容量的变化，通过测量电路就可转换为电量输出。因此，电容式传感器可分为极距变化型、面积变化型和介质变化型，其中极距间距变化型和面积变化型应用较广。

1. 极距变化型

极距变化型电容式传感器的一个极板是固定不动的，另一个极板是可动的，一般称为动片，如图 4-18 所示。当动片受被测量变化引起移动时，就改变了两极板间的距离 d，从而使电容量发生变化。

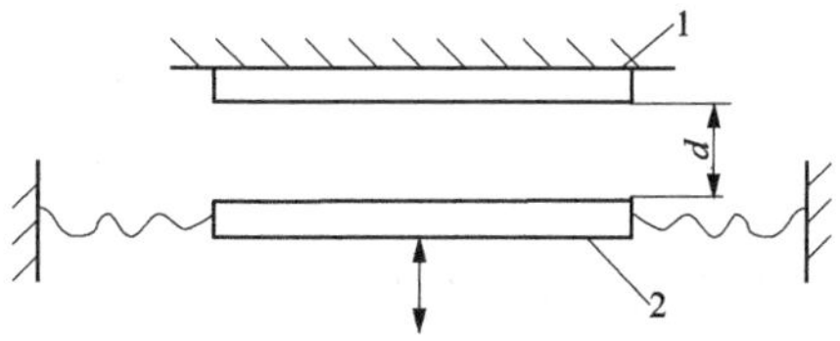

图 4-18　极距变化型电容传感器原理图

1—定极板；2—动极板

设动片未动时的电容量为 C_0，当动片移动 Δd 值后，其电容值 C_1，它们分别为

$$C_0 = \frac{\varepsilon S}{d_0}$$

$$C_1 = \frac{\varepsilon S}{d_0 - \Delta d} = \frac{\varepsilon S / d_0}{1 - \frac{\Delta d}{d_0}} = C_0 \frac{1 + \frac{\Delta d}{d_0}}{1 - \frac{\Delta d^2}{d_0^2}} \tag{4-46}$$

式（4-46）表示 C_1 与 Δd 呈双曲函数关系，但进行微位移测量时，$\Delta d \ll d_0$，则式（4-46）具有近似的线性关系，即

$$C_1 = C_0 \left(1 + \frac{\Delta d}{d_0}\right) \tag{4-47}$$

由式（4-46）可知，电容的相对变化量为

$$\frac{\Delta C}{C_0} = \frac{C_1 - C_0}{C_0} = \frac{\Delta d}{d_0} \left(1 - \frac{\Delta d}{d_0}\right)^{-1} \tag{4-48}$$

在 $\Delta d / d_0 \ll 1$ 时，将式（4-48）按级数展开，得电容的相对变化量为

$$\frac{\Delta C}{C_0} = \frac{\Delta d}{d_0} \left[1 + \frac{\Delta d}{d_0} + \left(\frac{\Delta d}{d_0}\right)^2 + \left(\frac{\Delta d}{d_0}\right)^3 + \cdots\right]$$

略去高次项，则得变间距型电容式传感器的灵敏度为

$$K = \frac{\Delta C}{\Delta d} = \frac{C_0}{d_0} \tag{4-49}$$

此时，传感器的相对非线性误差 δ 近似为

$$\delta = \frac{|(\Delta d / d_0)^2|}{|(\Delta d / d_0)|} \times 100\% = \left|\frac{\Delta d}{d_0}\right| \times 100\% \tag{4-50}$$

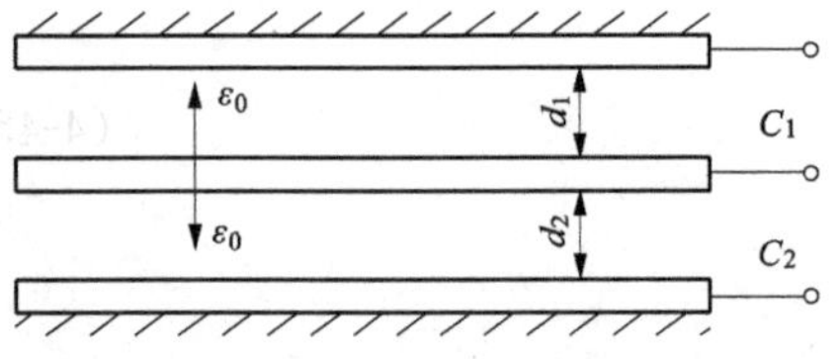

图 4-19 差动平板式电容传感器结构图

非线性误差与间距的相对变化量成正比，因此，仅适用于测量微小的位移。实际应用中，为了提高传感器的灵敏度、增大线性工作范围和克服外界条件（如电源电压、环境温度等）的变化对测量精度的影响，常常采用差动式结构。图 4-19 是极距变化型差动平板式电容传感器结构示意图。

中间一片为动片，两边的两片为定片，当动片移动距离为 Δd 时，电容器 C_1 的间隙 d_1 变为 $d_0-\Delta d$，电容器 C_2 的间隙 d_2 变为 $d_0+\Delta d$，则

$$C_1=C_0\frac{1}{1-\dfrac{\Delta d}{d_0}},\ C_2=C_0\frac{1}{1+\dfrac{\Delta d}{d_0}}$$

当 $\Delta d/d_0\ll 1$ 时，则按级数展开

$$C_1=C_0\left[1+\frac{\Delta d}{d_0}+\left(\frac{\Delta d}{d_0}\right)^2+\left(\frac{\Delta d}{d_0}\right)^3+\cdots\right]$$

$$C_2=C_0\left[1-\frac{\Delta d}{d_0}+\left(\frac{\Delta d}{d_0}\right)^2-\left(\frac{\Delta d}{d_0}\right)^3+\cdots\right]$$

电容值总的变化量为

$$\Delta C=C_1-C_2=C_0\left[2\frac{\Delta d}{d_0}+2\left(\frac{\Delta d}{d_0}\right)^3+\cdots\right]$$

电容值相对变化量为

$$\frac{\Delta C}{C_0}=2\frac{\Delta d}{d_0}\left[1+\left(\frac{\Delta d}{d_0}\right)^2+\left(\frac{\Delta d}{d_0}\right)^4+\cdots\right] \tag{4-51}$$

略去高次项，则得灵敏度为

$$K=\frac{\Delta C}{\Delta d}=\frac{2C_0}{d_0} \tag{4-52}$$

非线性误差 δ 近似为

$$\delta=\frac{|(\Delta d/d_0)^3|}{|(\Delta d/d_0)|}\times 100\%=\left|\frac{\Delta d}{d_0}\right|^2\times 100\% \tag{4-53}$$

由以上分析可知，极距变化型电容式传感器做成差动平板式结构之后，其非线性大大减小，而其灵敏度提高了一倍。同时，差动式传感器还能减小静电引力给测量带来的影响，并能有效改善因温度等环境影响所造成的误差。

2. 面积变化型

改变两平行板电极间的有效面积 S 通常有两种方式，如图 4-20 所示，分别为角位移式和直线位移式，其工作原理及特性如下。

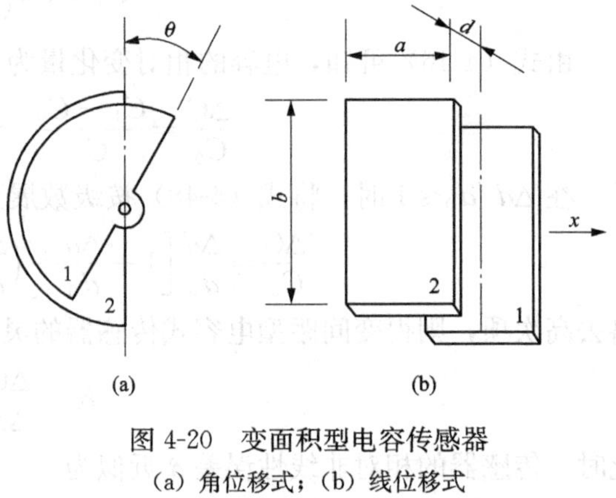

图 4-20 变面积型电容传感器

(a) 角位移式；(b) 线位移式

(1) 角位移式。图 4-20 (a) 是一个角位移变 S 型电容传感器，当动片 1 相对于定片有

一定角位移时，两极板之间的有效面积发生相应变化，其表达式为

$$C_\theta = \frac{\varepsilon S\left(1-\frac{\theta}{\pi}\right)}{d} = C_0\left(1-\frac{\theta}{\pi}\right) \tag{4-54}$$

式中：θ 为动极板相对于定极板旋转的角度，即角位移。此时电容量 C_θ 与角位移 θ 呈线性关系。

（2）直线位移式。图 4-20（b）是一个直线位移式变 S 型电容传感器，当动片 1 相对于定片 2 有一定直线位移时，两极板之间的有效面积发生相应变化，其表达式为

当 $x=0$ 时有

$$C_0 = \frac{\varepsilon S}{d} = \frac{\varepsilon ba}{d} \tag{4-55}$$

当 $x \neq 0$ 时有

$$C_x = \frac{\varepsilon b(a-x)}{d} = C_0\left(1-\frac{x}{a}\right) \tag{4-56}$$

由式（4-56）可知，电容值 C_x 与直线位移 x 也呈线性关系，其测量灵敏度为

$$K = \frac{\Delta C}{\Delta x} = \frac{C_x - C_0}{\Delta x} = -\frac{\varepsilon b}{d} \tag{4-57}$$

由式（4-57）可知，增加 b 的值或是减小 d 的值，都能提高传感器的灵敏度，但要注意，b 的大小受传感器的尺寸的限制，而 d 的减小会使电容传感器有被击穿的危险。

（3）齿形位移式。图 4-21 所示为一齿形极板的位移式电容传感器。它是图 4-20（b）图的一种变形，采用齿形极板的目的是为了增加遮盖面积，提高灵敏度。

设齿形极板的齿数为 n，当动极板发生直线位移 x 时，其电容为

$$C_x = \frac{n\varepsilon_0\varepsilon_r b(a-x)}{d_0} = nC_0\left(1-\frac{x}{a}\right) \tag{4-58}$$

该传感器的灵敏度 K 变为

$$K = \frac{dC_x}{dx} = -n\frac{C_0}{a} \tag{4-59}$$

（4）同轴圆柱形电容式传感器。如图 4-22 所示同轴圆柱形电容式传感器，两柱形导体间的电位差为

$$U_{AB} = \int_A^B E\mathrm{d}l = \int_r^R \frac{\lambda}{2\pi\varepsilon_0 l}\mathrm{d}l = \frac{\lambda}{2\pi\varepsilon_0}\ln\frac{R}{r}$$

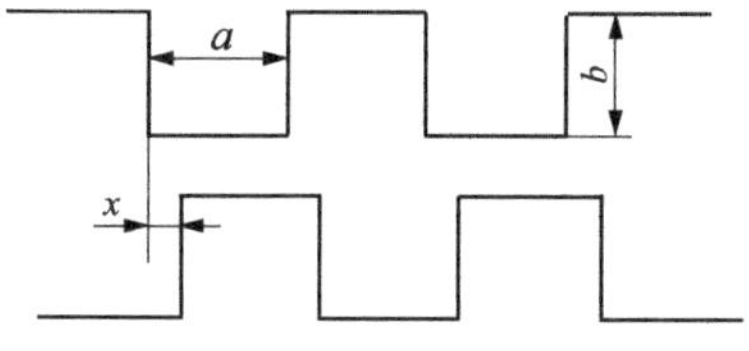

图 4-21　齿形位移式传感器

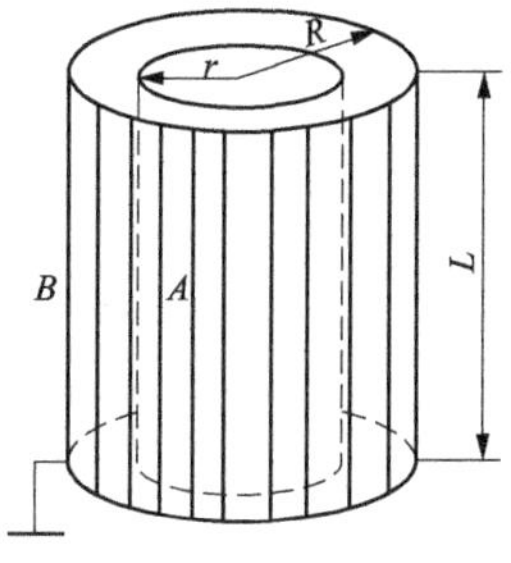

图 4-22　同轴圆柱形电容式传感器

在圆柱形电容器每个极板上的总电荷为

$$Q=\lambda L$$

由电容定义得圆柱形电容器的电容为

$$C=\frac{Q}{U_{AB}}=\frac{\lambda L}{\lambda\ln\frac{R}{r}/2\pi\varepsilon_0}=\frac{2\pi\varepsilon_0 L}{\ln\frac{R}{r}} \tag{4-60}$$

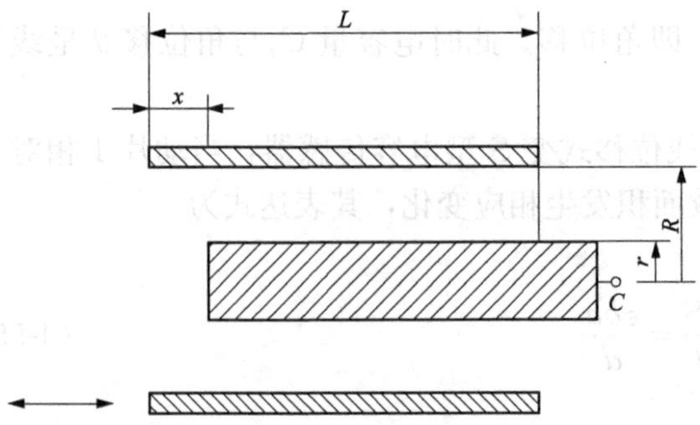

图 4-23 同轴圆柱变面积型电容传感器

变面积型电容传感器中，平板形结构对极距变化特别敏感，测量精度受到影响。而圆柱形结构受极板径向变化的影响很小，成为实际中最常采用的结构，如图 4-23 所示。

当两圆筒相对移动 x 时，电容变化量 ΔC 为

$$\Delta C=\frac{2\pi\varepsilon(l-x)}{\ln(R/r)}-\frac{2\pi\varepsilon l}{\ln(R/r)}=-\frac{2\pi\varepsilon x}{\ln(R/r)}=-C_0\frac{x}{l}$$

灵敏度为

$$K=\frac{\Delta C}{x}=-\frac{C_0}{l} \tag{4-61}$$

这类传感器具有良好的线性，大多用来检测位移等参数。

3. 变介电常数型

变介电常数型电容传感器是在两极板间加上介质构成的，由于各种介质的介电常数不同，当极板间的介电常数变化时电容量随之变化。常用于检测容器中液面的高度、溶液浓度和板材的厚度等。

表 4-2 列出了几种常用气体、液体、固体介质的相对介电常数。

表 4-2 几种介质的相对介电常数

介质名称	相对介电常数 ε_r	介质名称	相对介电常数 ε_r
真空	1	玻璃釉	3～5
空气	略大于 1	SiO_2	38
其他气体	1～1.2	云母	5～8
变压器油	2～4	干的纸	2～4
硅油	2～3.5	干的谷物	3～5
聚丙烯	2～2.2	环氧树脂	3～10
聚苯乙烯	2.4～2.6	高频陶瓷	10～160
聚四氟乙烯	2.0	低频陶瓷、压电陶瓷	1000～10 000
聚偏二氟乙烯	3～5	纯净的水	80

(1) 介电常数串联型。图 4-24 是变介电常数型电容式传感器示意图。极板间两种介质厚度分别是 d_0 和 d_1，此传感器的电容量等于两个电容 C_0 和 C_1 相串联。

$$C=\frac{C_0C_1}{C_0+C_1}=\frac{\frac{\varepsilon_0 S}{d_0}\cdot\frac{\varepsilon_1 S}{d_1}}{\frac{\varepsilon_0 S}{d_0}+\frac{\varepsilon_1 S}{d_1}}=\frac{S}{\frac{d_1}{\varepsilon_1}+\frac{d_0}{\varepsilon_0}}$$

如果ε_1代表某种液体，改变液体的高度d_0与d_1同时发生改变，最终使得C发生变化。

（2）介电常数并联型。电容液位计就是利用介质变化型电容传感器，其原理如图 4-25 所示。在被测介质中放入两个同心圆柱状极板 1 和极板 2，如果在电容器两个极板间液体介质的介电常数为ε_1，容器内液体介质上面气体的介质为ε_2，当液位变化时，两极板间的电容值就会发生变化。

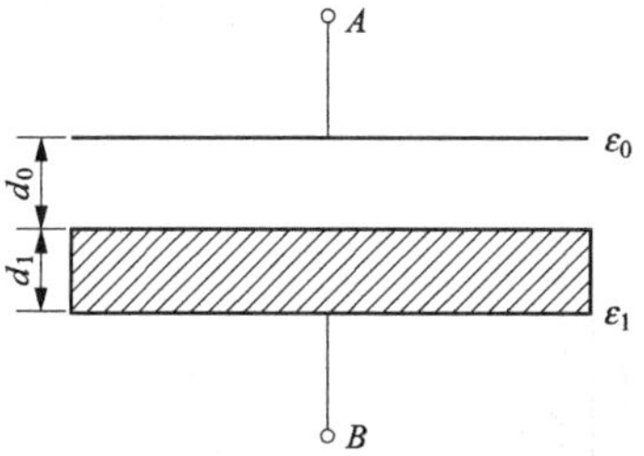

图 4-24 变介电常数串联型

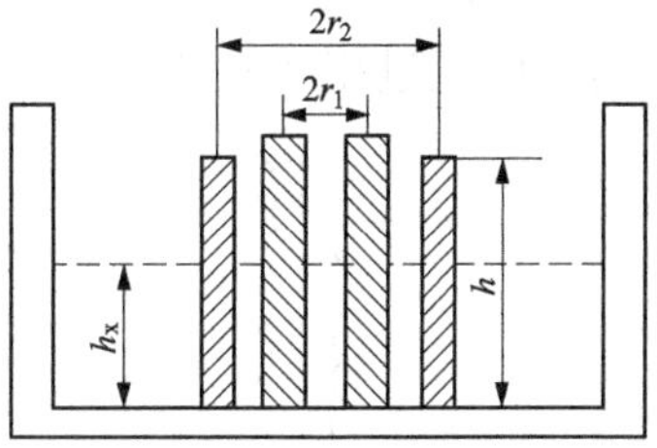

图 4-25 介电常数并联型

如果被测的液体是非导电的，容器中浸没电极 2 的高度h_x，这时总的电容量C等于液体介质间电容与气体介质间的电容量之和（相当于两个介质不同的电容的并联），即

$$C_1=\frac{2\pi\varepsilon_1 h_x}{\ln(r_2/r_1)},\ C_2=\frac{2\pi\varepsilon_2(h-h_x)}{\ln(r_2/r_1)}$$

$$C=C_1+C_2=\frac{2\pi\varepsilon_2 h}{\ln(r_2/r_1)}+\frac{2\pi(\varepsilon_1-\varepsilon_2)h_x}{\ln(r_2/r_1)} \tag{4-62}$$

式中：$\frac{2\pi\varepsilon_2 h}{\ln(r_2/r_1)}$，$\frac{2\pi(\varepsilon_1-\varepsilon_2)}{\ln(r_2/r_1)}$均为常数，表明液位计的输出电容$C$与液位值$h_x$呈线性关系。

二、测量电路

电容式传感器中电容值以及电容变化值都十分微小，这样微小的电容量还不能直接为目前的显示仪表所显示，也很难为记录仪所接受，不便于传输。这就必须借助于测量电路检出这一微小电容增量，并将其转换成与其成单值函数关系的电压、电流或者频率。常用的测量电路有电桥电路、调频电路等。

1. 电桥电路

将电容式传感器接入交流电桥作为电桥的一个臂（另一个臂为固定电容）或两个相邻臂，另两个臂可以是电阻或电容或电感，也可以是变压器的两个二次线圈。变压器式电桥使用元件最少，桥路内阻最小，因此目前较多采用。

由于电桥输出电压与电源电压成比例，因此要求电源电压波动极小，需采用稳幅、稳频等措施，在要求精度很高的场合，可采用自动平衡电桥；传感器必须工作在平衡位置附近，否则电桥非线性增大；接有电容传感器的交流电桥输出阻抗很高（一般达几兆欧至几十兆欧)，输出电压幅值又小，所以必须后接高输入阻抗放大器将信号放大后才能测量。

如图 4-26 所示为桥式测量电路，图 4-26（a）为单臂接法，C_x为电容传感器，高频电源经变压器接到电容桥的一条对角线上，电容 C_1、C_2、C_3、C_x构成电桥的四臂，当电桥平衡时有 $\frac{C_1}{C_2}=\frac{C_x}{C_3}$，此时$U_o=0$。当电容式传感器$C_x$变化时，$U_o\neq 0$，由此可测得电容的变化值。在图 4-26（b）中，接有差动电容传感器，其空载输出电压可表示为

$$U_o=\frac{(C_0-\Delta C)-(C_0+\Delta C)}{(C_0-\Delta C)+(C_0+\Delta C)}\times\frac{U}{2}=-\frac{2\Delta C}{2C_0}\times\frac{U}{2}=-\frac{\Delta C}{C_0}\times\frac{U}{2} \tag{4-63}$$

式中 C_0——传感器的初始电容值；

ΔC——传感器电容的变化值。

可见差动接法的交流电桥其输出电压 U_o与被测电容的变化量 ΔC 之间呈线性关系。该线路的输出还应经过相敏检波电路才能分辨 U_o的相位。

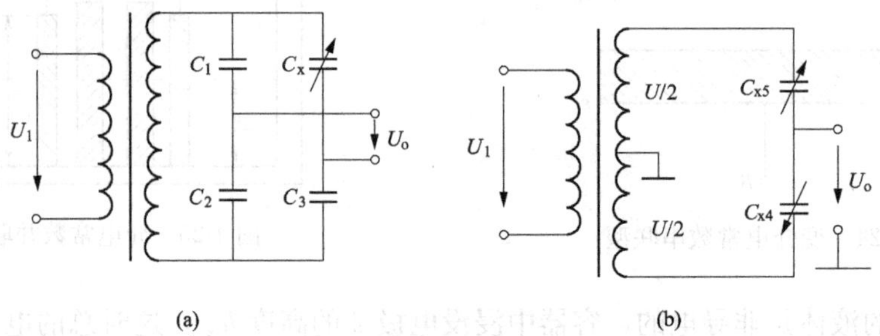

图 4-26 桥式测量电路

（a）单臂接法；（b）差动接法

2. 调频测量电路

调频测量电路把电容式传感器作为振荡器谐振回路的一部分。当输入量导致电容量发生变化时，振荡器的振荡频率就发生变化。虽然可将频率作为测量系统的输出量，用以判断被测非电量的大小，但此时系统是非线性的，不易校正，因此加入鉴频器，将频率的变化转换为振幅的变化，经过放大就可以用仪器指示或记录仪记录下来。调频测量电路原理框图如图 4-27 所示。

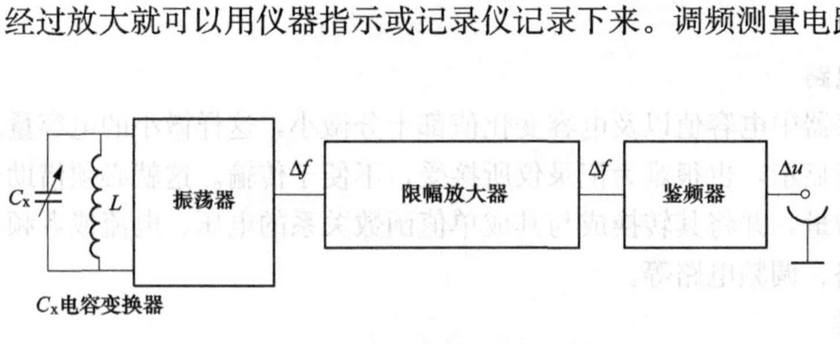

图 4-27 调频测量电路原理框图

图 4-27 中调频振荡器的振荡频率为

$$f=\frac{1}{2\pi\sqrt{LC}} \tag{4-64}$$

式中 L——振荡回路的电感；

C——振荡回路的总电容，$C=C_1+C_2+C_0\pm\Delta C$。其中，C_1 为振荡回路固有电容；C_2 为传感器引线分布电容；$C_0\pm\Delta C$ 为传感器的电容。

当被测信号为 0 时，$\Delta C=0$，则 $C=C_1+C_2+C_0$，所以振荡器有一个固有频率 f_0，即

$$f_0=\frac{1}{2\pi\sqrt{L(C_1+C_2+C_0)}} \tag{4-65}$$

当被测信号为 0 时，$\Delta C\neq 0$，振荡器频率有相应变化，此时频率为

$$f_0=\frac{1}{2\pi\sqrt{L(C_1+C_2+C_0\pm\Delta C)}}=f_0\pm\Delta f \tag{4-66}$$

调频电容传感器测量电路具有较高灵敏度，可以测至 0.01μm 级位移变化量。频率输出易于用数字仪器测量和与计算机通信，抗干扰能力强，可以发送、接收以实现遥测遥控。

3. 运算放大器电路

由于运算放大器具有放大倍数 K 非常大，输入阻抗 Z_i 很高的特点，因此可以将运算放大器作为电容式传感器的比较理想的测量电路。图 4-28 是运算放大器式测量电路原理图。C_x 为电容式传感器，C 为固定电容值，U_i 是交流电源电压，U_o 是输出信号电压，O 点是虚地点。由运算放大器工作原理可得

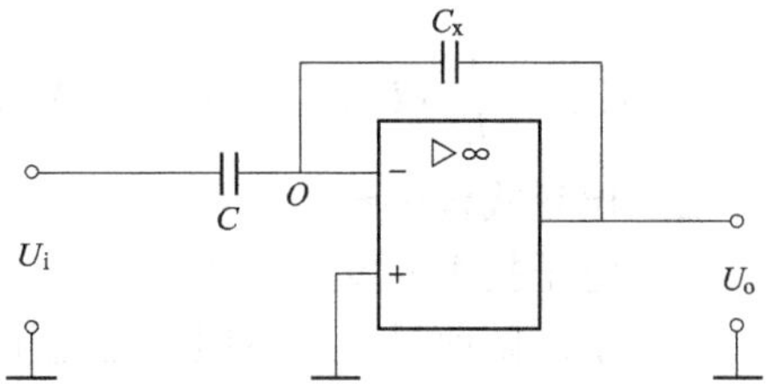

图 4-28　运算放大器电路

$$\dot{U}_o=-\frac{C}{C_x}\dot{U}_i \tag{4-67}$$

【例 4-2】 现有一只电容式位移传感器，其结构如图 4-29 所示。已知：$L=25$mm，$R=6$mm，$r=4.5$mm。其中圆柱 C 为内电极，圆筒 A、B 为两个外电极，D 为屏蔽套筒，BC 之间构成一个固定电容 C_1，AC 之间是随活动屏蔽套筒伸入位置量 x 而变的可变电容 C_x，采用理想运算放大器检测电路如图 4-29 所示，其信号源电压有效值 $U_{SR}=6$V。问：

(1) 在要求运算放大器输出电压 U_{SC} 与输入位移 x 成正比时，电容 1、2 哪个是 C_1，哪个是 C_x，求 U_{SC} 表达式。(已知真空介电常数 $\varepsilon_0=8.85\times10^{-12}$F/m)

(2) 求电容式传感器的输出电容/位移灵敏度是多少？

(3) 求测量系统输出电压/位移灵敏度是多少？

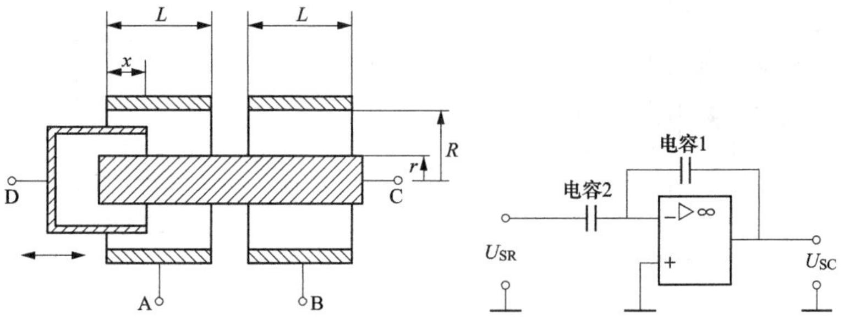

图 4-29　电容式位移传感器

解：(1) 两个套筒电容的表达式为

$$C_1=\frac{2\pi\varepsilon_0\varepsilon_r L}{\ln\frac{R}{r}}, C_x=\frac{2\pi\varepsilon_0\varepsilon_r (L-x)}{\ln\frac{R}{r}}$$

输出电压U_{SC}与输入位移x成正比时

$$U_{SC}=-\frac{\frac{1}{j\omega C_1}}{\frac{1}{j\omega C_x}}\cdot U_{SR}=-\frac{C_x}{C_1}\cdot U_{SR}=\left(\frac{x}{L}-1\right)U_{SR}$$

因此，电容 1 为C_1，电容 2 为C_x。

(2) $K=\frac{dC_x}{dx}=-\frac{2\pi\varepsilon_0\varepsilon_r}{\ln\frac{R}{r}}=-\frac{55.606\ 19}{0.287\ 68}=-193\times10^{-12}\text{F/m}=-1.93\times10^{-10}\text{F/m}$

(3) $K_{SC}=\frac{1}{L}\cdot U_{SR}=2.4\times10^{2}\text{V/m}$

三、电容式传感器的应用

由于电子技术的发展，成功地解决了电容式传感器存在的技术问题，为电容式传感器的应用开辟了广阔前景。它不但广泛地用于精确测量位移、厚度、角度、振动等机械量，还用于测量力、压力、加速度、速度、浓度、液位等参数。

1. 电容式压力传感器

图 4-30 所示为差动电容式压力传感器的结构图。图中所示为一个膜式动电极和两个在凹形玻璃上电镀成的固定电极组成的差动电容器。当被测压力或压力差作用于膜片并使之产生位移时，形成的两个电容器的电容量，一个增大，一个减小。该电容值的变化经测量电路转换成与压力或压力差相对应的电流或电压的变化。

2. 电容式测微仪

高灵敏度电容式测微仪采用非接触方式精确测量微位移和振动振幅。在最大量程为(100±5)μm 时，最小检测量为 0.01μm。解决了动压轴承陀螺仪的动态参数测试问题。图 4-31 是电容式测微仪原理图。电容探头与待测表面间形成的电容为$C_x=\frac{\varepsilon_0 S}{h}$。

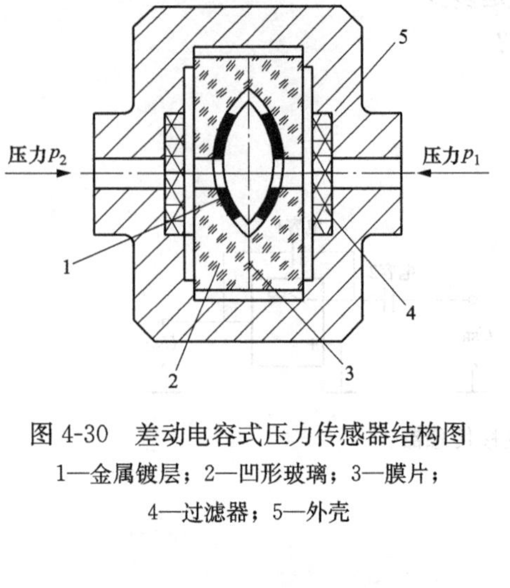

图 4-30 差动电容式压力传感器结构图

1—金属镀层；2—凹形玻璃；3—膜片；4—过滤器；5—外壳

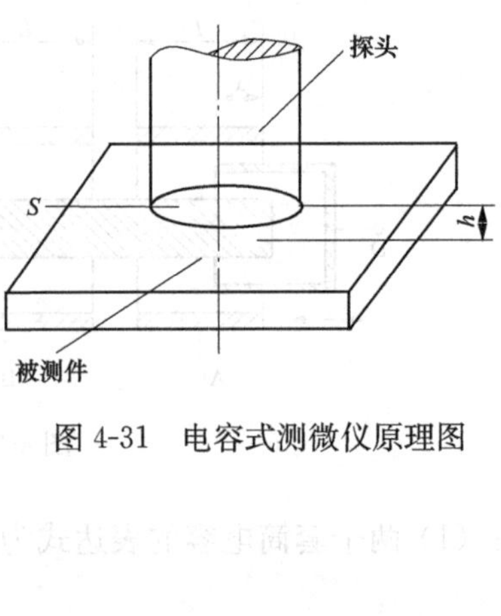

图 4-31 电容式测微仪原理图

3. 电容式接近开关

电容式接近开关是利用变极距型电容传感器的原理设计的。接近开关是以电极为检测端的静态感应方式，它由高频振荡、检波、放大、整形及输出等部分组成。其中装在传感主体上的金属板为定板，而被测物体上的相对应位置上的金属板相当于动板。工作时，当被测物体位移后接近传感器主体时（接近的距离范围可通过理论计算或实验取得），由于两者之间的距离发生了变化，从而引起传感器电容量的改变，使输出发生变化。此外，开关的作用表面与大地之间构成一个电容器，参与振荡回路的工作。当检测物体接近开关的作用表面时，回路的电容量将发生变化，使得高频振荡器的振荡减弱直至停振。振荡器的振荡及停振这两个信号由电路转换成开关信号送给后续开关电路中，从而完成传感器按预先设置的条件发出信号，控制或检测机电设备，使其正常工作。

电容式接近开关的振荡电路及其他电路部分与电容式传感器基本相同。这种接近开关主要用于定位及开关报警控制等场合，它具有无抖动、无触点、非接融检测等长处，其抗干扰能力、耐蚀性能等比较好。此外、体积小、功耗低、寿命长，是进行长期开关工作的比较理想的器件，尤其适合自动化生产线和检测线的自动限位、定位等控制系统，以及一些对人体安全影响较大的机械设备（如压力机、切纸机、压膜机、锻压机等）的行程和保护控制系统。

4. 电容式油量表（见图 4-32）

当油箱中注满油时，液位上升，指针停留在转角为 θ_1 处。当油箱中的油位降低时，电容传感器的电容量 C_x 减小，电桥失去平衡，伺服电动机反转，指针逆时针偏转（示值减小），同时带动 RP 的滑动臂移动。当 RP 阻值达到一定值时，电桥又达到新的平衡状态，伺服电动机停转，指针停留在新的位置 θ_2 处。

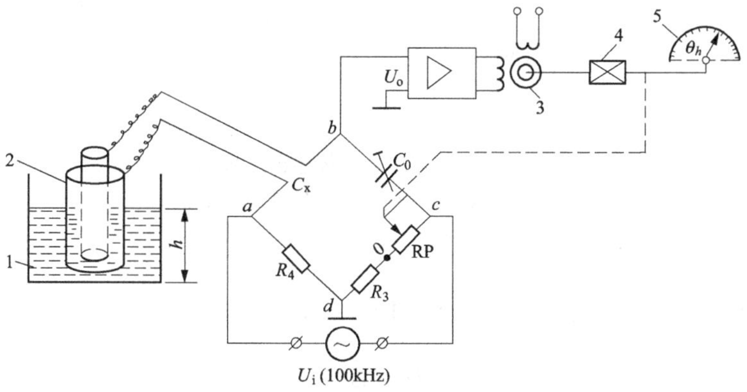

图 4-32　电容式油量表

1—油箱；2—电容式传感器；3—伺服电动机；4—同轴连接器；5—表盘

第四节　电感式传感器

利用电磁感应原理将被测非电量如位移、压力、流量、振动等转换成线圈自感系数 L 或互感系数 M 的变化，再由测量电路转换为电压或电流的变化量输出，这种装置称为电感式传感器。

电感式传感器具有结构简单，工作可靠，测量精度高，零点稳定，输出功率较大等优点。其缺点是灵敏度、线性度和测量范围相互制约，传感器自身频率响应低，不适用于快速动态测量。这种传感器能实现信息的远距离传输、记录、显示和控制，在工业自动控制系统中被广泛采用。

电感式传感器的种类很多，主要分为自感式和互感式两大类。

一、自感式传感器

自感式传感器是利用线圈自身电感的改变来实现非电量与电量的转换。目前常用的自感传感器有变气隙型、螺管型和差动型三种类型，它们的基本结构包括线圈、铁芯和活动衔铁等三个部分。

（一）变气隙型自感传感器

变隙型自感传感器，它是根据铁芯线圈磁路气隙的改变，引起磁路磁阻的改变，从而改变线圈自感的大小。气隙参数的改变分变气隙长度 δ 和变气隙截面积 S 两种方式，传感器线圈又分为单线圈和双线圈两种。

1. 工作原理

单个线圈变气隙式自感传感器工作原理如图 4-33 所示。

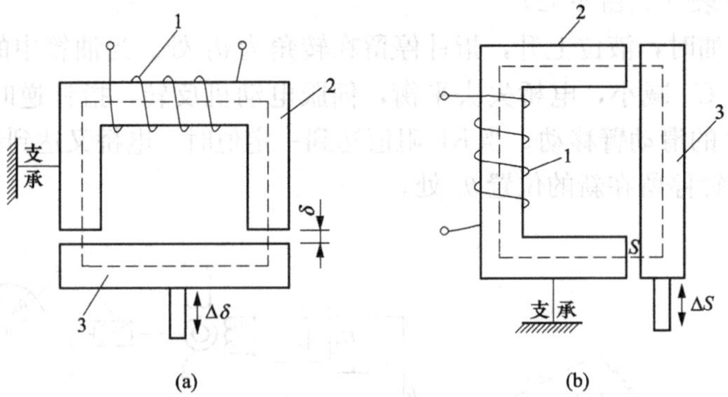

图 4-33　气隙型自感传感器原理图

（a）变气隙长度型；（b）变气隙截面积型

1—激励线圈；2—铁芯；3—衔铁

根据磁路知识，线圈 1 的自感可按式（4-68）计算

$$L=\frac{N^2}{R_{\mathrm{m}}} \tag{4-68}$$

式中　N——线圈的匝数；

R_{m}——磁路的总磁阻，即铁芯、衔铁和气隙三部分磁路磁阻之和。即

$$R_{\mathrm{m}}=\sum R_{\mathrm{m}i}=\frac{l_1}{\mu_1 S_1}+\frac{l_2}{\mu_2 S_2}+\frac{2\delta}{\mu_0 S_0} \tag{4-69}$$

式中　l_1、l_2、δ——分别为铁芯、衔铁和气隙的长度；

S_1、S_2、S_0——分别为铁芯、衔铁和气隙的截面积；

μ_1、μ_2、μ_0——分别为铁芯、衔铁和气隙的磁导率。

实际上由于铁芯一般工作于非饱和状态，此时铁芯的磁导率远远大于空气的磁导率，因而磁路的总磁阻主要由气隙长度决定。即

$$R_{\mathrm{m}} \approx \frac{2\delta}{\mu_0 S_0}$$

所以

$$L = \frac{N^2 \mu_0}{2\delta} S_0 \tag{4-70}$$

显然在图 4-34 中移动衔铁的位置，即可改变气隙的长度或截面积，从而引起线圈自感的变化。

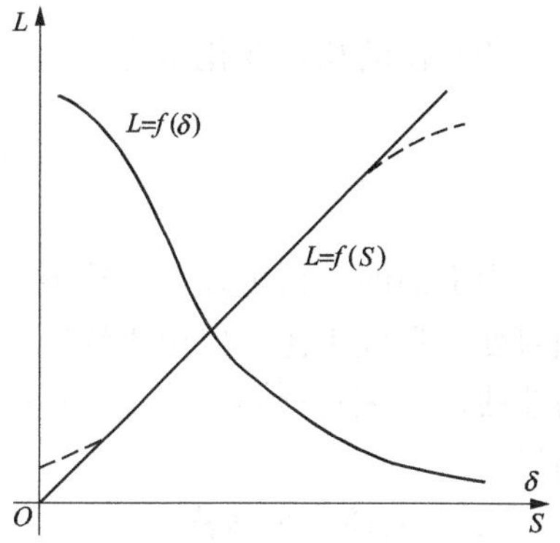

图 4-34　气隙型自感传感器特性曲线

2. 工作特性

单个线圈的自感传感器工作特性如图 4-34 所示，图中 $L=f(\delta)$ 是变气隙长度型工作特性曲线，$L=f(S)$ 是变气隙截面积型工作特性曲线。

（1）变气隙长度型。变气隙长度 δ 型传感器的电感 L 与 δ 呈非线性关系。其灵敏度为

$$K_\delta = \frac{\mathrm{d}L}{\mathrm{d}\delta} = -\frac{N^2 \mu_0 S}{2\delta^2} \tag{4-71}$$

式中　δ——单个气隙长度。

从式（4-71）可知，当间隙 δ 很小时具有较高的灵敏度，其灵敏度随气隙距离的增大而减小，非线性误差大，因此测量量程较小，多用于测量微小的位移。

（2）变气隙截面积型。变气隙截面积 S 型传感器的自感 L 与 S 之间呈线性关系，其灵敏度为

$$K_{\mathrm{S}} = \frac{\mathrm{d}L}{\mathrm{d}S} = -\frac{N^2 \mu_0}{2\delta} \tag{4-72}$$

变气隙截面积型传感器在改变截面积时，其衔铁行程受到的限制很小，所以测量范围大。又由于衔铁易做成转动式的，故多用于角位移的测量。

（二）螺管型自感传感器

图 4-35 为螺管型电感传感器的结构原理图。它由螺管线圈、铁芯及磁性套筒等组成，铁芯在外力作用下可左右运动。这种传感器的精确理论分析较变气隙型电感传感器的理论分析要复杂得多，这是由于沿着有限长线圈的轴向磁场强度分布不均匀。

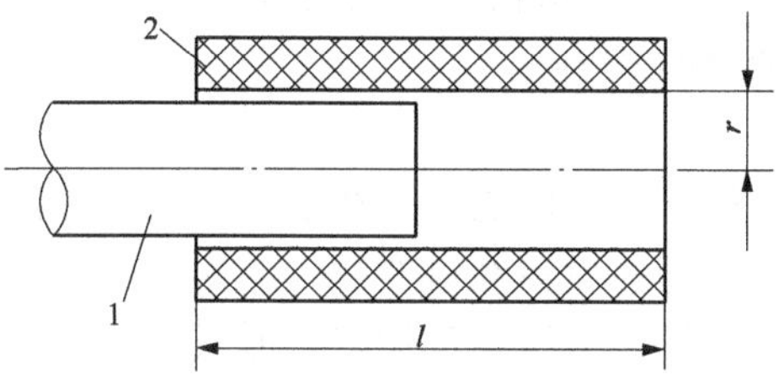

图 4-35　螺管型电感传感器的结构原理

1—铁芯；2—线圈

设线圈内磁场强度是均匀的，螺管线圈全长为 l，半径为 r，匝数为 N，则其电感为

$$L = \frac{\mu \pi N^2 r^2}{l} \tag{4-73}$$

当铁芯插入线圈内时，使插入部分的磁阻下降，所以磁感应强度增大，从而电感值增加。设铁芯半径为 r_{c}，铁芯材料磁导率为 μ_{m}，铁芯插入线圈内长度为 l_{c}（$l_{\mathrm{c}} < l$），那么电感为

$$L = \frac{\mu\pi N^2}{l^2}[lr^2 + (\mu_m - 1)l_c r_c^2] \tag{4-74}$$

若 l_c增加 Δl_c，则电感增加 ΔL，有

$$L + \Delta L = \frac{\mu\pi N^2}{l^2}[lr^2 + (\mu_m - 1)(l_c + \Delta l_c)r_c^2]$$

$$\Delta L = \frac{\mu\pi N^2}{l^2}(\mu_m - 1)r_c^2 \Delta l_c$$

这种传感器的相对变化量为

$$\frac{\Delta L}{L} = \frac{\Delta l_c / l_c}{1 + \frac{1}{\mu_m - 1}\left(\frac{r}{r_c}\right)^2 \frac{l}{l_c}} \tag{4-75}$$

由上面的分析可知，当线圈参数和衔铁尺寸一定时，电感相对变化量与衔铁插入长度的相对变化量成正比，但由于线圈内磁场强度沿轴向分布并不均匀，因而这种传感器输出特性为非线性。螺管型传感器灵敏度最低，量程大，结构简单，制作方便，多用于大位移的测量。

（三）差动电感传感器

单个线圈使用时，由于线圈中流往负载的电流不可能等于零，存在初始电流，因而不适于精密测量，而且变气隙型和螺管型电感传感器都存在着不同程度的非线性。此外，外界的干扰也会引起传感器输出产生误差。因此，常用差动技术来改善其性能，即由两个相同的传感器线圈共用一个活动衔铁，构成差动电感传感器，以提高电感传感器的灵敏度，减小测试误差。变气隙型和螺管型均可差动使用，对差动电感传感器的结构要求是：两个导磁体的几何尺寸完全相同，材料性能完全相同，两个线圈的电气参数（如电感、匝数、铜电阻等）和几何尺寸也完全相同。

差动式与单线圈电感式传感器相比，具有下列优点：

（1）差动式线性好；

（2）灵敏度提高一倍，即衔铁位移相同时，输出信号大一倍；

（3）温度变化、电源波动、外界干扰等对传感器精度的影响能互相抵消而减小；

（4）电磁吸力对测力变化的影响也由于能互相抵消而减小。

二、互感式传感器

互感式传感器又称变压器式传感器，它与自感式传感器不同之处，在于互感式传感器是先把被测非电量的变化转换成线圈相互的互感量的变化，然后再经过变换，成为电压信号而输出。这种传感器是根据变压器的基本原理制成的，并且次级绕组都用差动形式连接，故称差动变压器式传感器，又称差动变压器。

差动变压器结构形式较多，有变隙式、变面积式和螺管式等，但其工作原理基本一样。非电量测量中，应用最多的是螺管式差动变压器，它可以测量 1～100mm 范围内的机械位移，并具有测量精度高、灵敏度高、结构简单、性能可靠等优点。

（一）工作原理

下面以三段式螺管型差动变压器为例分析其工作原理。

螺管型差动变压器按绕组排列形式有二段式（段又称节，如二段式又称二节式）、三段式、四段式和五段式。一段式灵敏度高，三段式零点残余电压较小，通常采用的是二段式和

三段式两类。不管绕组排列方式如何，其主要结构都是由线圈绕组（分初级绕组和次级绕组）、可移动衔铁和导磁外壳三大部分组成。线圈绕组由初、次级线圈和骨架组成，初级线圈加激励电压，次级线圈输出电压信号。可移动衔铁采用高导磁材料类做成，输入位移量加于衔铁导杆上，用以改变初、次级线圈之间的互感量。导磁外壳的作用是提供磁回路、磁屏蔽和机械保护，一般与可移动衔铁的所用材料相同。

三段式螺管型差动变压器结构如图 4-36（a）所示。它由初级线圈 1、两个次级线圈 21 和 22、线圈绝缘框架 3 和插入线圈中央的衔铁 4 等组成，变量 Δx 表示衔铁的位移变化量。

螺管型差动变压器传感器中两个次级线圈反向串联，并且在忽略铁损、导磁体磁阻和线圈分布电容的理想条件下，其等效电路如图 4-36（b）所示。当初级绕组加以激励电压 U_1 时，根据变压器的工作原理，在两个次级绕组中便会产生感应电势 e_{21} 和 e_{22}。如果工艺上保证变压器结构完全对称，当活动衔铁处于初始平衡位置即中心位置时，两互感系数 $M_1 = M_2$。根据电磁感应原理，将有 $e_{21} = e_{22}$。由于传感器两个次级绕组反向串联，因而输出电压 $U_2 = e_{21} - e_{22} = 0$，即传感器输出电压为零。

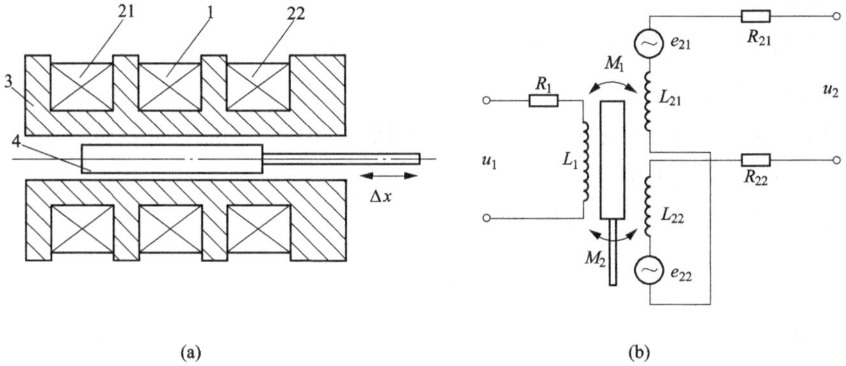

图 4-36　三段式螺管型差动变压器结构和等效电路

（a）结构；（b）等效电路

当活动衔铁向上移动时，由于磁阻的影响，22 线圈中磁通将大于 21 线圈中的磁通，使 $M_1 = M_2$，因而 e_{22} 增加，而 e_{21} 减小；反之，e_{22} 减小，e_{21} 增加。因为 $U_2 = e_{21} - e_{22} = 0$，所以当 e_{22}、e_{21} 随着衔铁位移 x 变化时，互感式传感器输出电压 U_2 也必将随 x 变化。图 4-37 给出了互感式传感器输出电压 U_2 与活动衔铁位移 x 的关系曲线。

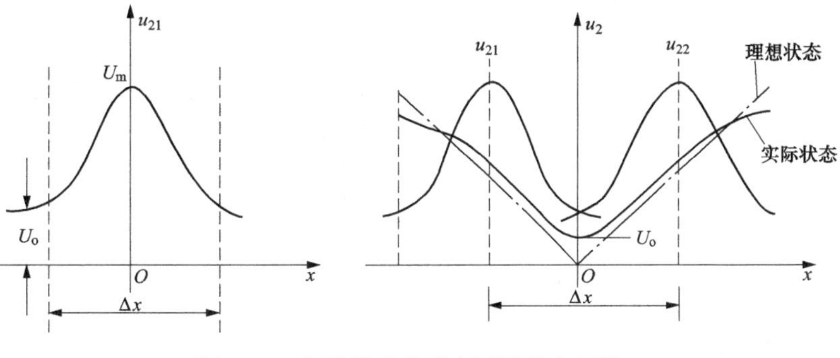

图 4-37　螺线管式差动变压器输出特性

实际上，当衔铁位于中心位置时，差动变压器输出电压并不等于零，把差动变压器在零位移时的输出电压称为零点残余电压，记作 U_o，它的存在使传感器的输出特性不过零点，造成实际特性与理论特性不完全一致。零点残余电压产生的原因主要是传感器的两个次级绕组的电气参数与几何尺寸不对称，以及磁性材料的非线性等问题引起的。零点残余电压的波形十分复杂，主要由基波和高次谐波组成。基波的产生主要是传感器的两个次级绕组的电气参数，几何尺寸不对称，导致它们产生的感应电动势幅值不等、相位不同，因此不论怎样调整衔铁位置，两线圈中感应电动势都不能完全抵消。高次谐波中起主要作用的是三次谐波，产生的原因是由于磁性材料磁化曲线的非线性（磁饱和、磁滞）。零点残余电压一般在几十毫伏以下，在实际使用时，应设法减小 U_o，否则将会影响传感器的测量结果。

零点残余电压消除或减小的方法主要是：

（1）提高差动变压器的组成结构及电磁特性的对称性；

（2）引入相敏整流电路，对差动变压器输出电压进行处理；

（3）采用外电路补偿。

（二）基本特性

在图 4-36（b）中，R_1 和 L_1 表示初级线圈 1 的电阻和自感，R_{21} 和 R_{22} 表示两次级线圈的电阻，L_{21} 和 L_{22} 表示两次级线圈的自感，M_1 和 M_2 表示初级线圈分别与两次级线圈间的互感系数，e_{21} 和 e_{22} 表示在初级电压 u_1 作用下在两次线圈上产生的感应电动势，图中两次级线圈反向串联，形成差动输出电压 u_2。

根据电路原理，初级线圈的激磁电流 I_1 为

$$I_1=\frac{U_1}{R_1+j\omega L_1} \tag{4-76}$$

在次级线圈中产生的磁通分别为

$$\left.\begin{aligned}\phi_{21}&=\frac{N_1 I_1}{R_{m1}}\\ \phi_{22}&=\frac{N_1 I_1}{R_{m2}}\end{aligned}\right\} \tag{4-77}$$

式中　N_1——初级线圈的匝数，次级线圈的匝数为 $N_{21}=N_{22}=N_2$；

R_{m1}, R_{m2}——分别为 ϕ_{21} 和 ϕ_{22} 的通道磁阻。

在次级线圈中感应电动势 e_{21} 和 e_{22}，其值分别为

$$e_{21}=-j\omega M_1 I_1\ ;\ e_{22}=-j\omega M_2 I_1 \tag{4-78}$$

式中　ω——激励电压角频率。

由于两个次级绕组反向串联，且考虑到次级开路，可得到空载输出电压 U_2 为

$$U_2=e_{21}-e_{22}=-\frac{j\omega(M_1-M_2)U_1}{R_1+j\omega L_2} \tag{4-79}$$

其有效值为

$$U_2=-\frac{\omega(M_1-M_2)U_1}{\sqrt{R_1^2+(\omega L_1)^2}} \tag{4-80}$$

下面分三种情况进行分析。

（1）当活动衔铁处于中心位置时，有 $M_1=M_2=M$，此时 $U_2=0$。

(2) 当活动衔铁向上移动时，有 $M_1=M+\Delta M$，$M_2=M-\Delta M$，此时，$U_2=\dfrac{2\omega\Delta MU_1}{\sqrt{r_1^2+(\omega L_1)^2}}$，极性与 e_{22} 相同。

(3) 当活动衔铁向下移动时，有 $M_1=M-\Delta M$，$M_2=M+\Delta M$，此时，$U_2=\dfrac{2\omega\Delta MU_1}{\sqrt{r_1^2+(\omega L_1)^2}}$，极性与 e_{21} 相同。

三、测量电路

1. 交流电桥式测量电路

如图 4-38 为交流电桥式测量电路原理图。电桥平衡条件：$\dfrac{Z_1}{Z_2}=\dfrac{R_1}{R_2}$，设 $Z_1=Z_2=Z=R_S+j\omega L$；$R_1=R_2=R$，$R_{S1}=R_{S2}=R_S$；$L_1=L_2=L$，E 为桥路电源，Z_L是负载阻抗。因为对于高品质电感式传感器，线圈的电感远远大于有功功率，所以 $\Delta Z_1+\Delta Z_2\approx jw(\Delta L_1+\Delta L_2)$，因此

$$U_{SC}=E\frac{Z_1-Z_2}{2(Z_1+Z_2)}=E\frac{\Delta Z_1+\Delta Z_2}{2(Z_1+Z_2)}\propto \Delta L_1+\Delta L_2$$

其中，
$$\Delta L_1=L_0\frac{\Delta\delta}{\delta_0}\left[1+\left(\frac{\Delta\delta}{\delta_0}\right)+\left(\frac{\Delta\delta}{\delta_0}\right)^2+\left(\frac{\Delta\delta}{\delta_0}\right)^3+\cdots\right]$$

$$\Delta L_2=L_0\frac{\Delta\delta}{\delta_0}\left[1-\left(\frac{\Delta\delta}{\delta_0}\right)+\left(\frac{\Delta\delta}{\delta_0}\right)^2-\left(\frac{\Delta\delta}{\delta_0}\right)^3+\cdots\right]$$

$$\Delta L=\Delta L_1+\Delta L_2=2L_0\frac{\Delta\delta}{\delta_0}\left[1+\left(\frac{\Delta\delta}{\delta}\right)^2+\left(\frac{\Delta\delta}{\delta_0}\right)^4+\cdots\right]$$

$$\frac{\Delta L}{L_0}=2\frac{\Delta\delta}{\delta_0}，\Delta L=2L_0\frac{\Delta\delta}{\delta_0}$$

$U_{sc}\propto 2L_0\dfrac{\Delta\delta}{\delta_0}$ 电桥的输出电压与 $\Delta\delta$ 成正比关系。

2. 变压器电桥

如图 4-39 所示为变压器电桥原理图，平衡臂为变压器的两个副边，当负载阻抗为无穷大时，流入工作臂的电流为

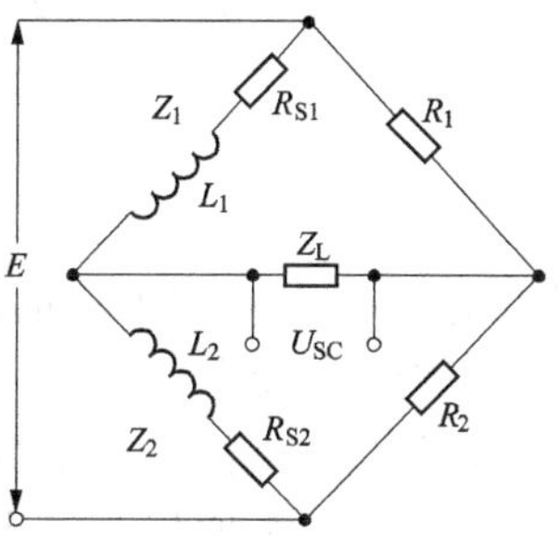

图 4-38　交流电桥式测量电路原理图

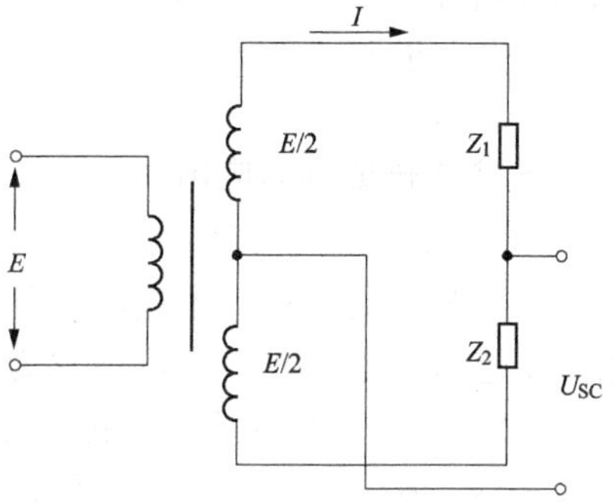

图 4-39　变压器电桥原理图

$$I=\frac{E}{Z_1+Z_2}$$

$$U_{SC}=\frac{E}{Z_1+Z_2}Z_2-\frac{E}{2}=\frac{E}{2}\frac{Z_2-Z_1}{Z_1+Z_2}$$

初始 $Z_1=Z_2=Z=R_S+j\omega L$，故平衡时，$U_{SC}=0$。双臂工作时，设 $Z_1=Z-\Delta Z$，$Z_2=Z+\Delta Z$，相当于差动式自感传感器的衔铁向一侧移动，则 $U_{SC}=\frac{E}{2}\frac{\Delta Z}{Z}$，同理反方向移动时 $U_{SC}=-\frac{E}{2}\frac{\Delta Z}{Z}$。可见，衔铁向不同方向移动时，产生的输出电压 U_{SC} 大小相等、方向相反，即相位互差 180°，可反映衔铁移动的方向。但是，为了判别交流信号的相位，需接入专门的相敏检波电路。

3. 谐振式转换电路

谐振式转换电路有谐振式调幅电路和谐振式调频电路，如图 4-40、图 4-41 所示。

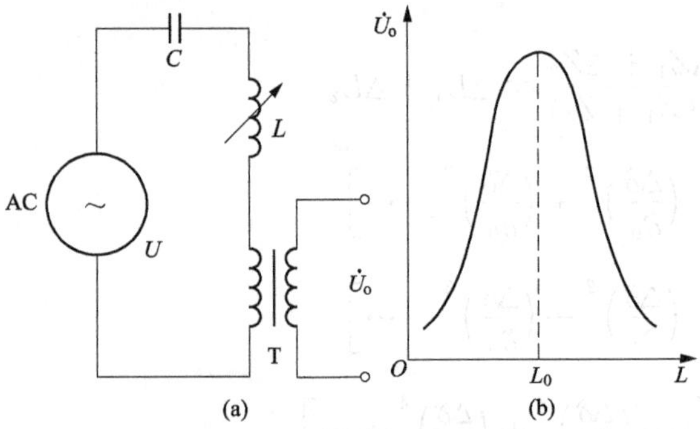

图 4-40　谐振式调幅电路

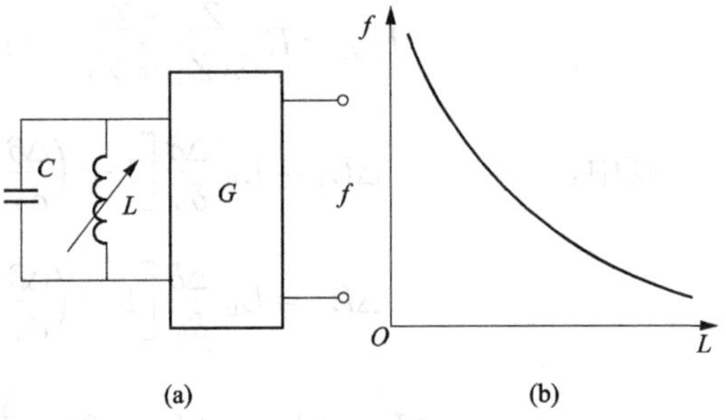

图 4-41　谐振式调频电路

在调幅电路中，传感器电感 L 与电容 C，变压器原边串联在一起，接入交流电源，变压器副边将有电压 $\dot{U}_o$ 输出，输出电压的频率与电源频率相同，而幅值随着电感 L 而变化，图 4-40（b）所示为输出电压 $\dot{U}_o$ 与电感 L 的关系曲线，其中 L_0 为谐振点的电感值，此电路灵敏度很高，但线性差，适用于线性要求不高的场合。

调频电路的基本原理是传感器电感 L 变化将引起输出电压频率的变化。一般是把传感器电感 L 和电容 C 接入一个振荡回路中，其振荡频率 $f=1/(2\pi\sqrt{LC})$。当 L 变化时，振荡频率随之变化，根据 f 的大小即可测出被测量的值。图 4-41（b）表示 f 与 L 的特性，它具有明显的非线性关系。

四、电感式传感器的应用

1. 自感式传感器的应用

自感式传感器是被广泛采用的一种电磁机械式传感器，它除可直接用于测量直线位移、角位移的静态和动态量外，还可以它为基础，用于测量力、压力、转矩等。

图 4-42 所示为一种气体压力传感器的结构原理图。被测压力 p 变化时，弹簧管 2 的自由端产生位移，带动衔铁 5 移动，使传感器线圈中 4、7 的自感值一个增加、一个减小。线圈分别装在铁芯 3、6 上，其初始位置可用螺钉 1 来调节，也就是调整传感器的机械零点。传感器的整个机芯装在一个圆形的金属盒内，用接头螺纹与被测对象相连接。

2. 互感式传感器的应用

互感式传感器可以直接用于位移测量，也可以测量与位移有关的任何机械量，如振动、加速度、应变、比重、张力和厚度等。

图 4-43 所示是一个加速度计应用的差动变压器式传感器。质量块 2 由两片弹簧片 1 支承。测量时，质量块的位移与被测加速度成正比，因此，使加速度的测量转变为位移的测量。质量块的材料是导磁的，所以它既是加速度计中的惯性元件，又是磁路中的磁元件。

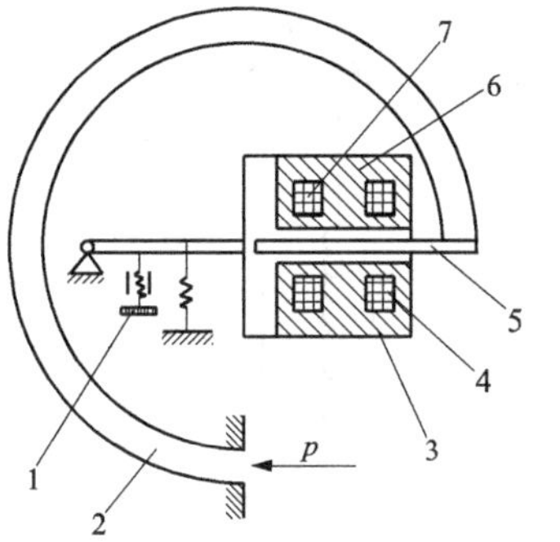

图 4-42　压力传感器结构原理图
1—螺钉；2—弹簧管；3，6—铁芯；4，7—线圈；5—衔铁

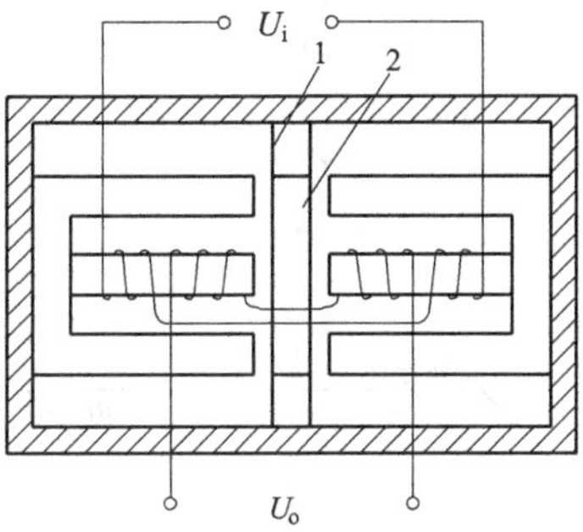

图 4-43　加速度计用传感器
1—弹簧片；2—质量块

第五节　电涡流式传感器

电涡流式传感器是一种建立在电涡流效应原理上的传感器，它具有结构简单、频率响应宽、灵敏度高、测量线性范围大、抗干扰能力强以及体积较小等一系列优点。电涡流式传感器可以对物体表面为金属导体的多种物理量实现非接触测量，可以测量振动、位移、厚度、转速、温度和硬度等参数，并且还可以进行无损探伤。

电涡流式传感器所具有的特点和广泛的应用范围，已使它在传感检测技术中成为一种日益得到重视和有发展前途的传感器。

一、工作原理

置于交变磁场中的金属导体，当交变磁场穿过该导体时，将在导体内产生感应电流，这种电流像水中旋涡那样在导体内转圈，故称为电涡流或涡流，这种现象称为涡流效应。电涡流式传感器就是在这种涡流效应的基础上建立起来的。要形成涡流必须具备下列两个条件：①存在交变磁场；②导电体处于交变磁场之中。因此，涡流式传感器主要由产生交变磁场的通电线圈和置于交变磁场中的金属导体两部分组成，金属导体也可以是被测对象本身。

电涡流式传感器在金属导体中产生的涡流，其渗透深度与传感器线圈的励磁电流频率有关，所以电涡流式传感器主要可分为高频反射和低频透射两类，其中前者应用较广泛。

1. 高频反射式电涡流传感器

如图 4-44 所示，一块金属导体放置于一个扁平线圈附近，相互不接触，当线圈中通有高频交变电流 i_1时，在线圈周围产生交变磁场 φ_1；交变磁场 φ_1将通过附近金属导体产生电涡流 i_2，同时产生交变磁场 φ_2，且 φ_2与 φ_1的方向相反。φ_2对 φ_1有反作用，从而使线圈中电流 i_1的大小和相位均发生变化，即线圈中的等效阻抗发生了变化。涡流的大小与金属导体的

电阻率 ρ、磁导率 μ、厚度 t 以及线圈与金属体的距离 x 、线圈的励磁电流角频率 ω 等参数有关。实际应用时，控制上述这些可变参数，只改变其中的一个参数，则线圈阻抗的变化就成为这个参数的单值函数。这就是利用电涡流效应实现测量的主要原理。

由上述电涡流效应的作用过程，金属导体可看作一个短路线圈，它与高频通电扁平线圈磁性相连。为了分析方便，将被测导体上形成的电涡流等效为一个短路环中的电流。这样，线圈与被测导体便等效为相互耦合的两个线圈，如图 4-45 所示。

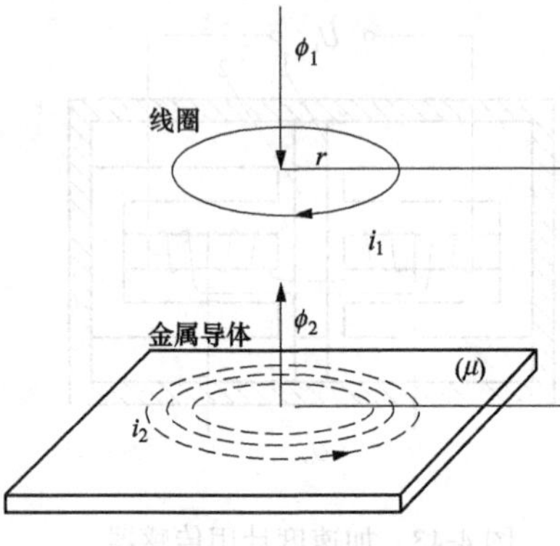

图 4-44 电涡流效应示意图

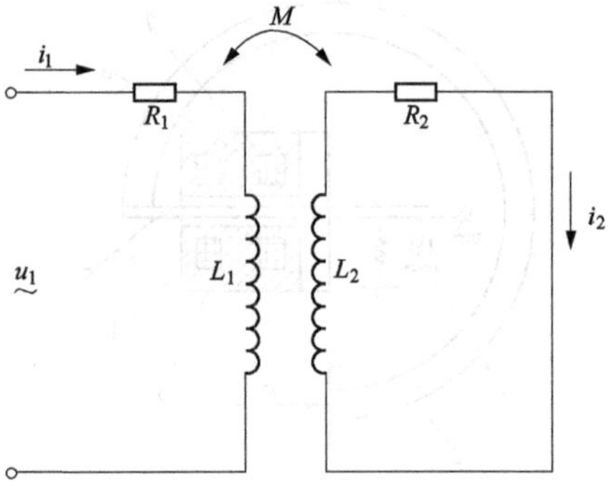

图 4-45 电涡流传感器等效电路

设线圈的电阻为 R_1，电感为 L_1，阻抗 $Z_1=R_1+j\omega L_1$；短路环的电阻为 R_2，电感为 L_2；线圈与短路环之间的互感系数为 M，M 随它们之间的距离 x 减小而增大。设加在线圈两端的激励电压为 $\dot{U}_1$。根据基尔霍夫定律，可列出电压平衡方程组为

$$\left.\begin{array}{l} R_1\dot{I}_1+j\omega L_1\dot{I}_1+j\omega M\dot{I}_2=\dot{U}_1 \\ -j\omega M\dot{I}_1+R_2\dot{I}_2+j\omega L_2\dot{I}_2=0 \end{array}\right\} \tag{4-81}$$

解以上方程组，得

$$\dot{I}_1=\frac{\dot{U}_1}{R_1+\dfrac{\omega^2M^2}{R_2^2+(\omega L_2)^2}R_2+j\omega\left[L_1-\dfrac{\omega^2M^2}{R_2^2+(\omega L_2)^2}L_2\right]}$$

$$\dot{I}_2=j\omega\frac{M\dot{I}_1}{R_2+(j\omega L_2)}=\frac{M\omega^2L_2\dot{I}_1+j\omega MR_2\dot{I}_1}{R_2^2+(\omega L_2)^2}$$

由此可算出线圈受金属导体影响后的等效阻抗为

$$Z=R_1+R_2\frac{\omega^2M^2}{R_2^2+\omega^2L_2^2}+j\omega\left[L_1-L_2\frac{\omega^2M^2}{R_2^2+(\omega L_2)^2}\right] \tag{4-82}$$

从而可得到线圈的等效电感和等效电阻分别为

$$L=L_1-L_2\frac{\omega^2M^2}{R_2^2+\omega^2L_2^2} \tag{4-83}$$

$$R=R_1+R_2\frac{\omega^2M^2}{R_2^2+\omega^2L_2^2} \tag{4-84}$$

由式（4-83）和式（4-84）可见，有金属导体影响后，线圈的电感由原来的 L_1 减小为 L，电阻由 R_1 增大为 R。

由于涡流的影响，线圈阻抗的实数部分增大，虚数部分减小，因此线圈的品质因数 Q 下降。由式（4-82）则可得线圈的品质因数 Q 为

$$Q=Q_0\left[1-\frac{L_2}{L_1}\frac{\omega^2M^2}{|Z_2|^2}\right]\Big/\left[1+\frac{R_2}{R_1}\frac{\omega^2M^2}{|Z_2|^2}\right] \tag{4-85}$$

$$Q_0=\omega L_1/R_1$$

$$|Z_2|=\sqrt{R_2^2+\omega^2L_2^2}$$

式中 Q_0——无涡流影响时线圈的品质因数；

Z_2——短路环的阻抗。

由式（4-85）可知，被测参数变化，既能引起线圈阻抗 Z 变化，也能引起线圈电感 L 和线圈的品质因数 Q 变化。所以传感器所用的转换电路可以选用 Z、L、Q 中的任一参数，并将其转换成电量，即可达到测量的目的。这样，金属导体的电阻率 ρ、磁导率 μ、线圈尺寸 r、线圈激励电流的角频率 ω 以及线圈与金属导体的距离 x 等参数，都将通过涡流效应和磁效应与线圈阻抗发生联系。或者说，线圈阻抗 Z 是这些参数的函数，可写成

$$Z=f(\rho,\ \mu,\ r,\ x,\ \omega)$$

若能控制其中大部分参数恒定不变，只改变其中一个参数，这样阻抗就能成为这个参数的单值函数。

2. 低频透射式电涡流传感器

若将激励频率减低，涡流的贯穿深度将加厚，可做成低频透射传感器。如图 4-46 所示，传感器由两个绕在胶木棒上的线圈组成，一个为发射线圈，一个为接收线圈，分别位于被测金属材料的两侧。由振荡器产生的低频电压 U_1 加到发射线圈 L_1 的两端后，线圈中流过一个同频率的交流电流，并在其周围产生一个交变磁场，如果两线圈间不存在被测物体，那么 L_1 的磁力线就能直接贯穿 L_2，于是 L_2 的两端就会感应出一交变电动势 U_2，它的大小与 U_1 的幅值、频率以及 L_1，L_2 的匝数、结构和两者间的相对位置有关。如果这些参数是确定的，U_2 就是定值。

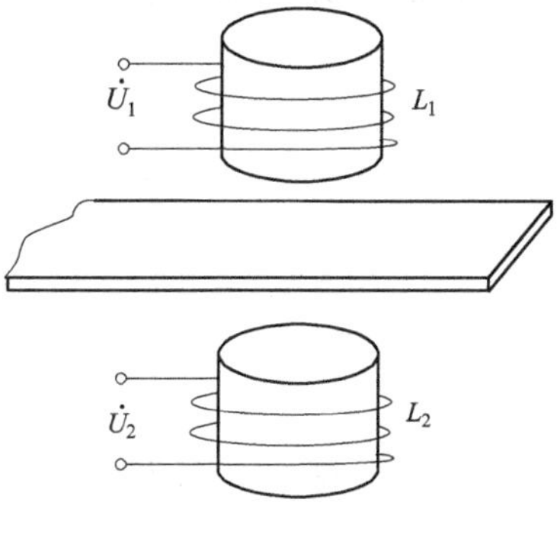

图 4-46 低频透射电涡流传感器工作原理示意图

当 L_1 和 L_2 之间放入金属板 M 后，金属板内就会产生涡流 I，涡流 I 损耗了部分磁场能量，使到达 L_2 上的磁力线减少，从而引起 U_2 的下降。金属板 M 的厚度越大，损耗的磁场能量就越大，U_2 就越小。

电涡流仅分布在环体内的贯穿深度为

$$h=\sqrt{\rho/\pi\mu f} \tag{4-86}$$

式中 ρ，μ——被测材料的电阻率和磁导率；

f——电源激励频率。

式（4-86）说明，当被测材料确定时，ρ 和 μ 为定值，对于不同的激励频率，其穿透深度不同 h，产生的电涡流强度 I 也不同，在线圈 L_2 中的感应电动势就不同。

二、测量电路

从电涡流式传感器的工作原理可知，被测参数变化可以转换成传感器线圈的参数如品质

因素 Q、等效阻抗 Z 和等效电感 L 的变化。转换电路的任务就是把这些参数转换成电压或电流输出，相应地有 Q 值转换电路，阻抗转换电路和电感转换电路三种转换电路。Q 值转换电路使用很少，这里不做介绍；阻抗转换电路大多采用电桥电路，属于调幅电路类；而电感转换电路通常用谐振电路，根据谐振电路输出电压是按幅值变化还是按频率变化，又可分为调幅与调频两种。

1. 电桥电路

如图 4-47 所示，L_1、L_2 为两个线圈，它们既可以是差动式传感器的两个线圈，也可以一个是传感器线圈，另一个是平衡用的固定线圈。它们与电容 C_1、C_2，电阻 R_1、R_2 组成电桥的四个臂。电源 U 由振荡器供给，振荡频率根据涡流式传感器的需要加以选择。检测时，由于传感器线圈的阻抗发生变化，电桥失去平衡而有输出，将这一输出信号进行放大、检波，就可得到与被测量成正比的输出。那么在桥路上就将反映出线圈阻抗的变化，并将其转换为电压幅值的变化。

2. 谐振调幅电路

如图 4-48 所示，该电路的主要特征是把传感器线圈的等效电感 L 和一固定电容组成并联谐振回路，由频率稳定的振荡器（如石英振荡器）提供高频激励信号。在没有加入被测信号前，应先使电路的 LC 谐振回路的谐振频率 f_0 等于激励振荡器的振荡频率（通常为 1MHz），此时 LC 回路的阻抗为最大，输出电压的幅值也最大。

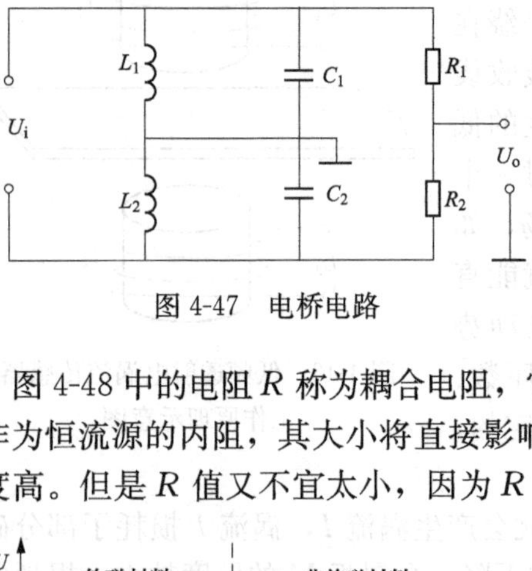

图 4-47 电桥电路

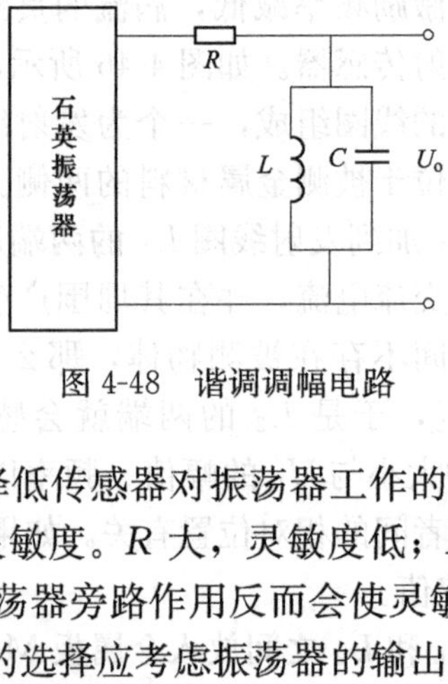

图 4-48 谐调调幅电路

图 4-48 中的电阻 R 称为耦合电阻，它既可以用来降低传感器对振荡器工作的影响，又可作为恒流源的内阻，其大小将直接影响转换电路的灵敏度。R 大，灵敏度低；R 小，灵敏度高。但是 R 值又不宜太小，因为 R 太小了由于振荡器旁路作用反而会使灵敏度降低。耦合电阻的选择应考虑振荡器的输出阻抗和传感器线圈的品质因数。

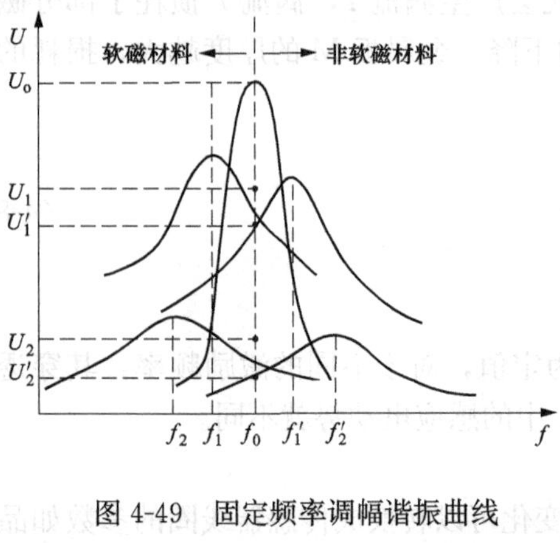

图 4-49 固定频率调幅谐振曲线

当被测信号接入以后，线圈的等效电感、谐振回路的谐振频率、等效阻抗等都将发生变化，致使回路失谐而产生输出信号。被测体为非铁磁材料或硬磁材料时，因传感器电感量减小，谐振曲线右移；当被测体为软磁材料时，其电感量增大，谐振曲线左移，如图 4-49 所示。

三、电涡流式传感器的应用

电涡流式传感器广泛用于工业生产和科学

研究的各个领域，下面就几种应用做一简略介绍。

1. 位移的测量

电涡流传感器的主要用途之一是可用来测量金属的静态或动态位移量，最大量程达数百毫米，分辨率为0.1%。目前电涡流传感器的分辨力最高已经做到0.05μm（量程0～15μm）。凡是可转换为位移量的参数，都可用电涡流传感器测量，如金属材料的热膨胀系数、纱线引力、流体压力等。由于电涡流式传感器测量范围宽、反应速度快、可实现非接触测量，常用于在线检测。

2. 转速的测量

在一个旋转体上开一条或数条槽，如图4-50（a）所示，或者做成齿，如图4-50（b）所示，旁边安装一个电涡流传感器。

当旋转体转动时，电涡流式传感器将周期性地改变输出信号，此电压经过放大、整形，可用频率计指示出频率数值。此值与槽数和被测转速有关，即

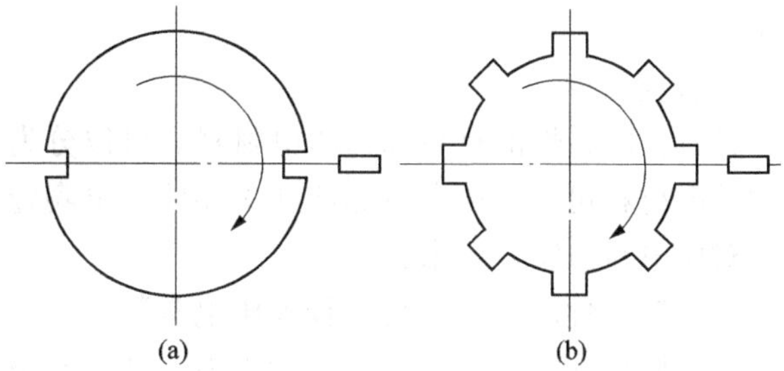

图4-50 转速测量

（a）开槽；（b）齿状

$$N=\frac{f}{n}\times 60 \tag{4-87}$$

式中 f——频率值，Hz；

n——旋转体的槽（齿）数；

N——被测轴的转速，r/min。

用同样的方法可以实现流水线上产品的计数。

3. 电涡流探伤

电涡流式传感器可以用来检查金属的表面裂纹、热处理裂纹以及用于焊接部位的探伤等。使传感器与被测体距离不变，如有裂纹出现，将引起金属的电阻率、磁导率的变化。在裂纹处可以说有位移值的变化。这些综合参数（x，ρ，μ）的变化将引起传感器参数的变化，通过测量传感器参数的变化即可达到探伤的目的。

在探伤时导体与线圈之间是有着相对运动速度的，在测量线圈上就会产生调制频率信号。这个调制频率取决于相对运动速度和导体中物理性质的变化速度，如缺陷、裂缝，它们出现的信号总是比较短促的。所以缺陷、裂缝会产生较高的频率调幅波。剩余应力趋向于中等频率调幅波，热处理、合金成分变化趋向于较低的频率调幅波。在探伤时，重要的是缺陷信号和干扰信号比。为了获得需要的频率而采用滤波器，使某一频率的信号通过，而将干扰频率信号衰减。

第六节 压电式传感器

压电式传感器是一种典型的有源传感器，具有良好的静态特性和动态特性，灵敏度及分辨率高；固有频率高，工作频带宽；体积小，质量轻，结构简单，工作可靠。近年来随着电子技术的飞速发展，与之配套的二次仪表及低噪声、小电容、高绝缘电阻电缆的出现，使压

电式传感器获得广泛的应用。

一、压电式传感器的工作原理

1. 压电效应

某些电介质，当沿一定方向对其施加外力导致材料发生形变时，其内部将发生极化现象，某些表面上也会产生电荷；当外力去掉后，又重新回到原来的状态。这种现象称为压电效应。反过来，在电介质极化方向施加电场，它会产生机械变形；当去掉外加电场时，电介质的变形随之消失。这种将电能转变成机械能的现象称为“逆压电效应”或称为电致伸缩效应。

2. 压电元件

具有压电特性的材料称为压电材料。可以分为天然的压电材料和人工合成压电材料，常见的压电材料可分为压电单晶体和多晶体压电陶瓷两类。

对压电材料特性要求：

（1）转换性能。要求具有较大压电常数。

（2）机械性能。压电元件作为受力元件，希望它的机械强度高、刚度大，以期获得宽的线性范围和高的固有振动频率。

（3）电性能。希望具有高电阻率和大介电常数，以减弱外部分布电容的影响并获得良好的低频特性。

（4）环境适应性强。温度和湿度稳定性要好，要求具有较高的居里点，获得较宽的工作温度范围。

（5）时间稳定性。要求压电性能不随时间变化。

3. 石英晶体

压电单晶体有石英（包括天然石英和人造石英）、水溶性压电晶体（包括酒石酸钾钠、酒石酸乙烯二铵、酒石酸二钾、硫酸锂等）；多晶体压电陶瓷有钛酸钡压电陶瓷、锆钛酸铅系压电陶瓷、铌酸盐系压电陶瓷和铌镁酸铅压电陶瓷等。其中石英晶体是一种最具实用价值的天然压电晶体材料。

图 4-51（a）所示为天然石英晶体，其结构形状为一个六角形晶柱，两端为一对称棱锥。石英晶体即二氧化硅，天然的石英晶体理想外形是一个正六面棱体，如图 4-51（b）所示。在晶体学中为了分析方便，把它用三个相互垂直的轴 x、y、z 来描述。其中纵向轴 z 轴称为光轴，它贯穿整六面棱体的两个棱顶；x 轴称为电轴，它经过正六面棱体的棱线且与光轴正交；y 轴称为机械轴，它同时垂直于 x 轴和 z 轴。石英晶体在 xyz 直角坐标中，沿不同方位进行切片，可得到不同的几何切型的晶片，其压电常数、弹性系数、介电常数、温度特性等都不一样，图 4-51（c）为 zy 平面切片。

石英晶体在 x 轴向力作用下在垂直于轴的晶体表面产生电荷的现象，称为纵向压电效应。在石英晶体线性弹性范围内，x 轴向力使晶片产生形变，并引起极化现象，极化方向决定于作用力的正向，极化后在晶体表面所产生的电荷极性如图 4-52（a）、（b）所示。

当晶片受到沿 x 轴方向的压缩应力 σ_{xx} 作用时，极化强度 P_{xx} 与应力 σ_{xx} 成正比，即

$$P_{xx}=d_{xx}\sigma_{xx}=d_{xx}\frac{F_x}{lb}$$

式中　F_x——x 轴方向的电场强度；

l、b——石英晶片的长度和宽度。

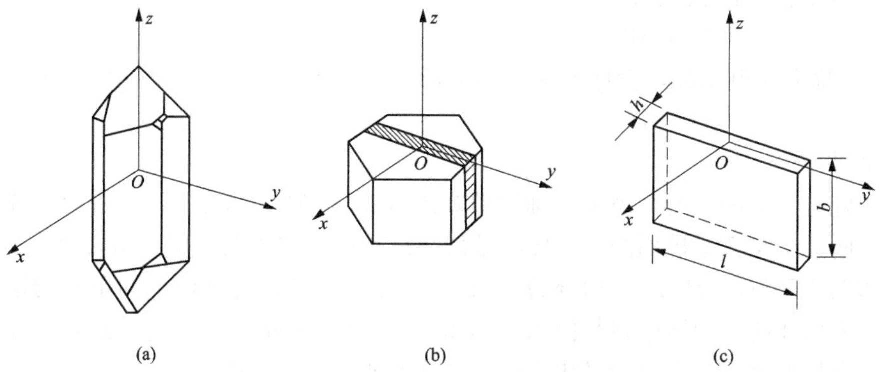

图 4-51　石英晶体及其切片

(a) 天然石英晶体结构；(b) 石英晶体理想外形；(c) zy 平面切片

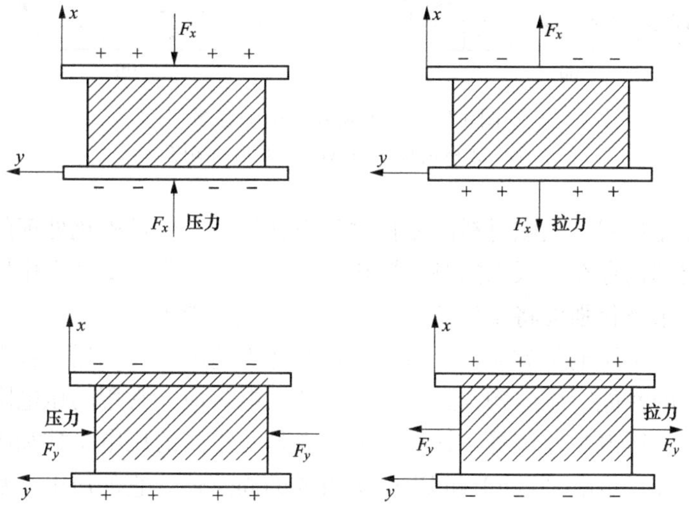

图 4-52　晶体切片上电荷极性与受力方向的关系

极化强度 P_{xx} 在数值上等于晶面上的电荷密度，即

$$P_{xx}=\frac{q_{xx}}{lb}$$

式中　q_{xx}——垂直于 x 轴平面上的电荷。

将上两式整理，得

$$q_{xx}=d_{xx}F_x \tag{4-88}$$

式中　d_{xx}——纵向压电系数，脚标中第一个 x 电荷平面的法线方向，第二个 x 表示作用力的方向，其大小为 $d_{xx}=2.31\times10^{-12}\mathrm{C}\cdot\mathrm{N}^{-1}$。

石英晶体在 y 轴向力作用下产生表面电荷的现象，称为横向压电效应。横向压电效应所产生的电荷极性如图 4-52 (c)、(d) 所示，其电荷量大小由下式确定

$$q_{xy}=d_{xy}F_yL/h \tag{4-89}$$

式中 L——切片 y 轴方向长度；

h——切片 x 轴方向厚度；

d_{xy}——横向压电系数，脚标中 x 表示电荷平面的法线方向，y 表示作用力的方向，其大小为 $d_{xy}=-d_{xx}$ 。

4. 压电陶瓷

压电陶瓷是人工制造的，由无数细微单晶组成的多晶体，如图 4-53 所示。各单晶体的自发极化方向完全是任意排列的，这样的排列使得各单晶的压电效应互相抵消，不会产生压电效应，如图 4-53（a）所示。这种陶瓷只有经过极化处理，使其内部的单晶的极性轴转到接近电场的方向才能作为压电材料使用，如图 4-53（b）所示。当陶瓷受到外力作用时，极化强度就会发生变化，在垂直于极化方向的平面上就会出现电荷。

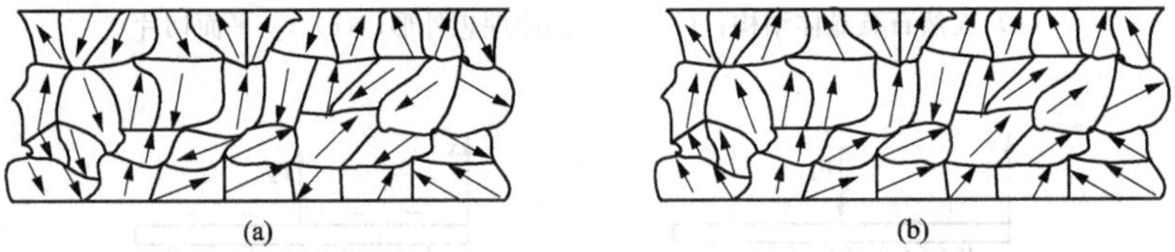

图 4-53 压电陶瓷结构示意图

（a）未极化的陶瓷；（b）极化后的陶瓷

压电陶瓷的极化过程与铁磁材料的磁化过程极其相似。经过极化处理的压电陶瓷，在外电场去掉后，其内部仍存在着很强的剩余极化强度。当压电陶瓷受外力作用时，电畴的界限发生移动，因此剩余极化强度将发生变化，压电陶瓷就呈现出压电效应。

压电陶瓷的特点是压电常数大，灵敏度高；制造工艺成熟，可通过合理配方等人工控制方法来达到所要求的性能。压电陶瓷具有非常好的压电效应，常用的压电陶瓷有钛酸钡、锆钛酸铅系压电陶瓷、压电半导体等。钛酸钡的优点是有很高的压电系数和压电常数；锆钛酸铅系压电陶瓷（PZT）是由 $PbTiO_3$ 和 $PbZrO_3$ 组成的固熔体，它的压电系数更大，温度稳定性好，是最普遍使用的一种压电材料。压电半导体主要由氧化锌和硫化镉组成，将它们在非压电材料的基片上形成很薄的膜，构成半导体压电材料。

二、压电式传感器的等效电路

压电式传感器的基本原理就是利用上述压电材料的压电效应特性，即当有一个外力作用在压电材料上时，传感器就有电荷或电压输出。在压电晶片上产生电荷的两个平面装上金属电极，就构成了一个压电元件。由于压电元件可以把力转换为电荷，因此可以利用它做成各种传感器。由于外力作用在压电材料产生的电荷只能在无泄漏的情况下才能保存，它需要后续测量回路有无限大的输出阻抗，但这是不可能的。因此压电式传感器不能用于静态测量，只有在交变力的作用下，使电荷可以不断得到补充，才可以供给测量回路以一定的动态电流，故只适用于动态测量。当压电片受力时，在晶体的一个表面上会聚集正电荷，而在另一个表明上聚集负电荷，这两个极板上的电荷量大小相等、方向相反，所以可以把压电片看作一个电荷发生器。由于在晶体的上下表面聚集电荷，中间为绝缘介质，可看成是一个电容器，其电容量为

$$C_a = \frac{\varepsilon S}{d} \tag{4-90}$$

式中　S——压电元件聚集电荷的表面面积；

d——压电元件的厚度；

ε——压电元件的介电常数。

因此可以把压电式传感器等效为一个与电容并联的电荷源，如图 4-54（a）所示。电容上的电压 U_a、电荷 q 与电容 C_a 三者之间的关系为

$$U_a = \frac{q}{C_a} \tag{4-91}$$

所以压电式传感器又可等效为一个电压源，如图 4-54（b）所示。

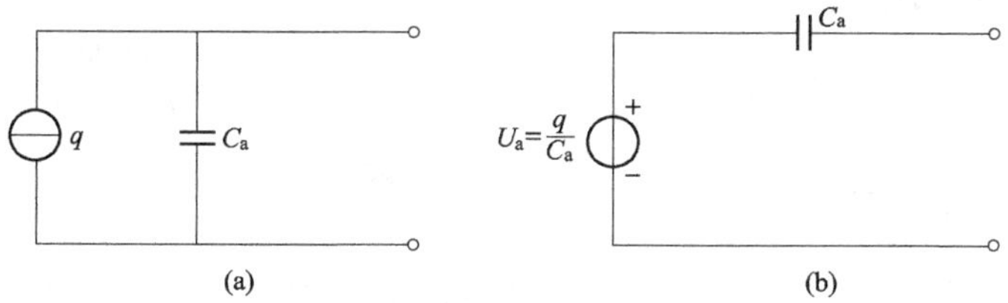

图 4-54　压电式传感器的等效电路

（a）电荷源；（b）电压源

图 4-54 的等效电路只是作为一个空载的传感器而得到的简化模型。利用压电式传感器进行测量时，它要与测量电路相连接，所以需考虑电缆电容 C_c、放大器的输入电阻 R_i、输入电容 C_i 和压电传感器的泄漏电阻 R_a。如果把这些因素一同考虑，就得到压电传感器完整的等效电路如图 4-55 所示。

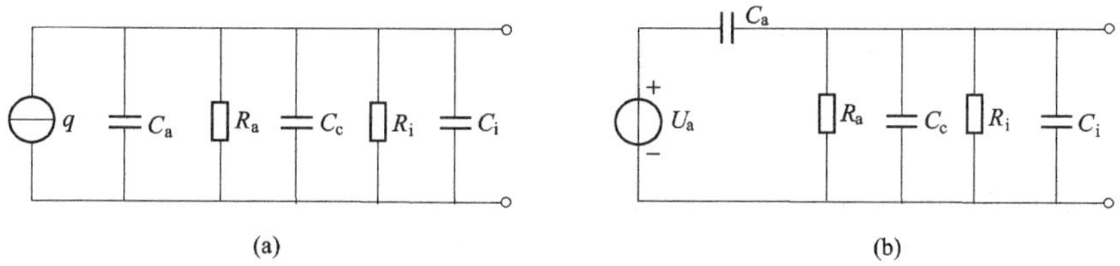

图 4-55　压电式传感器的完整等效电路

（a）电荷等效电路；（b）电压等效电路

三、测量电路

由于压电式传感器的输出电信号很微弱，通常应把传感器信号先输入到高输入阻抗的前置放大器中，经过阻抗交换以后，方可用一般的放大检波电路再将信号输入到指示仪表或记录器中。前置放大器的作用有两点：其一是将传感器的高阻抗输出变换为低阻抗输出；其二是放大传感器输出的微弱电信号。

前置放大器电路有两种形式：一种是用电阻反馈的电压放大器，其输出电压与输入电压（即传感器的输出）成正比；另一种是用带电容板反馈的电荷放大器，其输出电压与输入电荷成正比。由于电荷放大器电路的电缆长度变化的影响不大，几乎可以忽略不计，故而电荷放大器应用日益广泛。

1. 电压放大器

图 4-56 所示为电压放大器的等效电路，图 4-57 为简化后的等效电路。

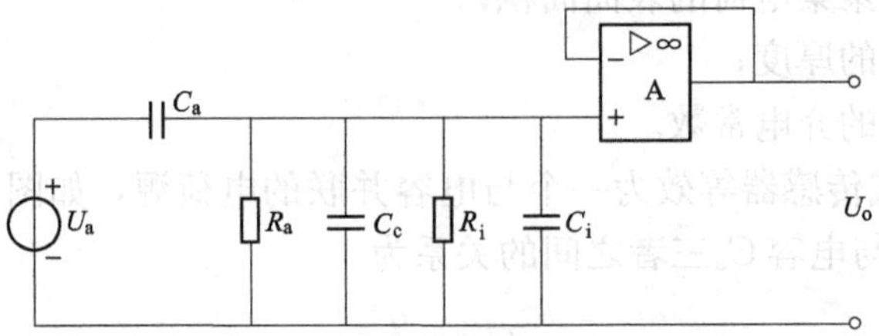

图 4-56 电压放大器的等效电路

图 4-57 中，等效电阻 R 为

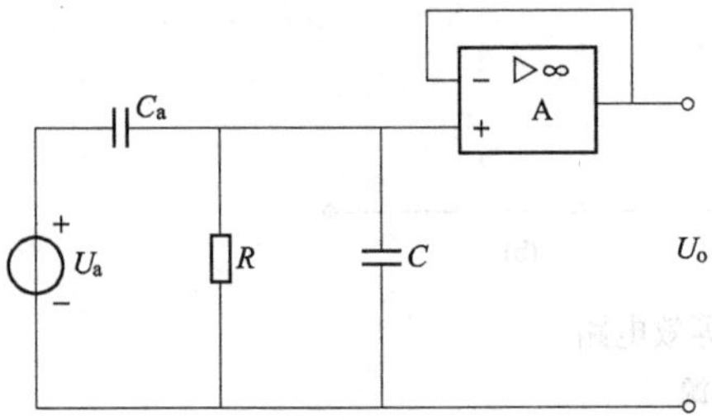

图 4-57 简化后的等效电路

$$R=\frac{R_aR_i}{R_a+R_i}$$

等效电容 C 为

$$C=C_c+C_i$$

如果压电元件受到交变力 $F=F_m\sin\omega t$ 的作用，压电元件所用压电材料的压电系数为 d_{33}，则在力 F 作用下产生的电荷和电压均按正弦规律变化。

当选用压电陶瓷为压电元件材料时，压电效应产生的电荷又为

$$Q=d_{33}F=d_{33}F_m\sin\omega t \tag{4-92}$$

式中 F_m——作用力的幅值；

ω——作用力的变化角频率。

则在外力作用下，压电元件产生的电压值为

$$U_a=\frac{Q}{C_a}=\frac{d_{33}F_m\sin\omega t}{C_a} \tag{4-93}$$

可得放大器输入端的电压 U_i，其复数形式为

$$\dot{U}_i=d_{33}\dot{F}\frac{j\omega R}{1+j\omega R(C+C_a)} \tag{4-94}$$

U_i 的幅值 U_{im} 为

$$U_{im}=\frac{d_{33}F_m\omega R}{\sqrt{1+\omega^2R^2(C_a+C_c+C_i)^2}} \tag{4-95}$$

输入电压与作用力之间的相位差 ϕ 为

$$\phi=\frac{\pi}{2}-\arctan[\omega R(C_a+C_c+C_i)] \tag{4-96}$$

令 $\tau=R(C_a+C_c+C_i)$，τ 为测量回路的时间常数，并令 $\omega_0=1/\tau$，则可得

$$U_{im}=\frac{d_{33}F_m\omega R}{\sqrt{1+(\omega/\omega_0)^2}}\approx\frac{d_{33}F_m}{C_a+C_c+C_i} \tag{4-97}$$

可见，如果 $\omega/\omega_0\gg 1$，即作用力变化频率与测量回路时间常数的乘积远大于 1 时。前置放大器的输入电压 U_{im} 与频率无关。一般认为 $\omega/\omega_0\geqslant 3$，可近似看作输入电压与作用

力频率无关。这说明，在测量回路时间常数一定的条件下，压电式传感器具有相当好的高频响应特性。但是，当被测动态量变化缓慢，而测量回路时间常数不大时，会造成传感器灵敏度下降，因而要扩大工作频带的低频端，就必须提高测量回路的时间常数 τ。但是靠增大测量回路的电容来提高时间常数，会影响传感器的灵敏度。根据传感器电压灵敏度 K_u的定义得

$$K_u=\frac{U_{im}}{F_m}=\frac{d_{33}}{\sqrt{\left(\frac{1}{\omega R}\right)^2+(C_a+C_c+C_i)^2}}\approx\frac{d_{33}}{C_a+C_c+C_i} \tag{4-98}$$

可见，K_u与回路电容成反比，增加回路电容必然使 K_u下降。为此常将 R_i很大的前置放大器接入回路。其输入内阻越大，测量回路时间常数越大，则传感器低频响应也越好。

电压放大器的输出电压幅值为

$$U_{om}=AU_{im}=Ad_{33}F_m/(C_a+C_c+C_i) \tag{4-99}$$

式中　A——放大器的电压放大倍数。

可见，用电压放大器作压电式传感器的测量电路时，压电元件与放大器间的接线电缆将影响传感器的输出电压和电压灵敏度。由于产品出厂时，配备的接线电缆长度是一定的，即 C_c 是固定值，所以如果实际测量需要增长电线时，必须重新校正灵敏度值，否则将引入测量误差。故电压放大器在压电传感器中应用较少。

2. 电荷放大器

电荷放大器是一个具有反馈电容 C_f 的高增益运算放大器，压电传感器与电荷放大器连接的等效电路如图 4-58 所示。

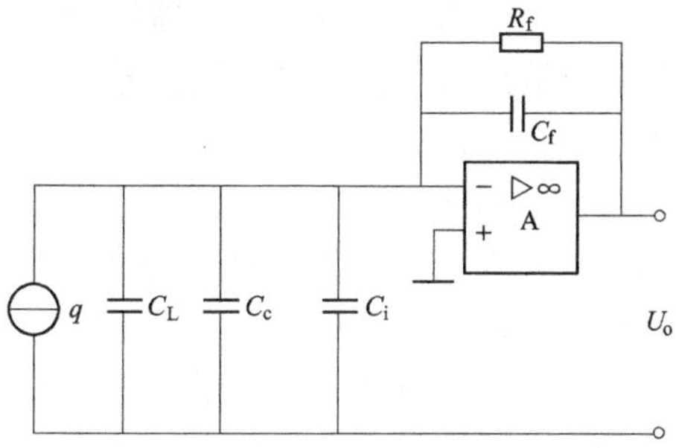

图 4-58　电荷放大器的等效电路

图 4-58 中 C_f 为电荷放大器的反馈电容；R_f 为并在反馈电容两端的漏电阻；K 为运算放大器的开环增益；反馈电容 C_f 折合到放大器的输入端的有效电容为（$1+K$）C_f。

当放大器的输入电阻 R_i 和反馈电容并联的漏电阻 R_f 相当大时，放大器的输出电压 U_o 正比于输入电荷 q，即

$$U_o=-Kq/[C_a+C_c+C_i+(1+K)C_f]$$

因为 $K\gg1$，一般 K 约为 10^4以上，所以有（$1+K$）$C_f\gg$（$C_i+C_c+C_a$），此时传感器自身电容 C_a、电缆电容 C_c 和放大器输入电容 C_i 均可忽略不计，放大器的输出电压可写为

$$U_o\approx-q/C_f$$

由放大器输出电压的公式可见，电荷放大器的输出电压仅与输入电荷和反馈电容有关，只要保持反馈电容的数值不变，输出电压就正比于输入电荷，当 $(1+K)C_f>10(C_i+C_c+C_a)$ 时，可以认为传感器的灵敏度与电缆电容无关。

在实际线路中采用的运算放大器开环增益为 $10^4\sim10^6$数量级，反馈电容 C_f 一般不小于 100pF。选择不同容量的反馈电容，可以改变前置级的输出大小，考虑到电容反馈线路在直流工作时相当于开路状态，因此对电缆噪声比较敏感，放大器的零漂也比较大。为了减小零漂，提高放大器工作稳定性，一般在反馈电容的两端并联一个大电阻 R_f（$10^{10}\sim10^{14}\,\Omega$）来提供直流反馈。

四、压电式传感器的误差

1. 环境温度的影响

环境温度的变化将会使压电材料的压电常数、介电常数和体电阻等参数发生变化。温度对传感器电容量和体电阻的影响较大。电容量随温度升高而增大，体电阻随温度升高而减小。电容量增大使传感器的电荷灵敏度增加，电压灵敏度降低。体电阻减小使时间常数减小，传感器的低频响应变差。为了保证传感器在高温环境中的低频测量精度，应当采用电荷放大器与之匹配。

某些铁电多晶压电材料具有热释电效应。通常的热电信号是环境温度缓慢变化引起的，频率低于 1Hz。若采用截止频率接近或高于 2Hz 的放大器，这种缓慢变化的热电输出就不存在了。

缓变环境温度对传感器输出的影响与压电材料的性质有关。通常压电陶瓷都有明显的热释电效应，这主要是由于陶瓷内部的极化强度随温度变化。石英晶体对缓变的温度并不敏感，因此可应用于很低频率信号的测量。

瞬变温度对压电式传感器的影响比较大。瞬变温度在传感器壳体和基座等部件内产生温度梯度，由此引起的热应力传递给压电元件，并产生热电输出。此外，瞬变温度也会使预紧力变化，将导致压电传感器的线性度变差。

瞬变温度引起的热电输出的频率通常很高，可用放大器检测出来。瞬变温度越高，热电输出越大，有时可大到使放大器过载。因此，在高温环境中进行小信号测量时，瞬变温度引起的热电输出可能会淹没有用信号。为此，应设法补偿温度引起的误差。一般可采用以下几种方法进行补偿。

(1) 采用剪切型结构。剪切型传感器由于压电元件与壳体隔离，壳体的热应力不可能传递到压电元件上，且基座热应力通过中心柱隔离，温度梯度不会导致明显的热电输出，因此，剪切型传感器受瞬变温度的影响极小。

(2) 采用隔热片。在测量爆炸冲击波压力时，冲击波前沿的瞬态温度非常高。为了隔离和缓冲高温对压电元件的冲击，减小热梯度的影响，一般可在压电式压力传感器的膜片与压电元件之间放置氧化铝陶瓷片或非极化的陶瓷片等热导率小的绝热垫片。

(3) 采用冷却措施。对应用于高温介质动态压力测量的压电式压力传感器，通常采用强制冷却的措施，即在传感器内部注入循环的冷却水，以降低压电元件和传感器各部件的温度。

除内冷却外，也可以采用外冷却措施，即将传感器装入冷却套中，冷却套内注入循环的冷却水。

2. 环境湿度的影响

环境湿度对压电式传感器性能的影响也很大。如果传感器长期在高湿度环境中工作，传感器的绝缘电阻（泄漏电阻）将会减小，以致传感器的低频响应变坏。为此，传感器的有关部分一定要选用绝缘性能好的绝缘材料，并采取防潮密封措施。

3. 基座应变的影响

在振动测试中，被测构件由于机械载荷或不均匀的加热使传感器的安装部位产生弯曲或延伸应变时，将引起传感器的基座应变。该应变直接传递到压电元件上，产生误差信号输出。

基座应变影响的大小与传感器的结构形式有关。一般压缩型传感器，由于压电元件直接放置在基座上，所以基座应变的影响较大。剪切型传感器因其压电元件不与基座直接接触，因此基座应变的影响比一般压缩型传感器要小得多。

4. 电缆噪声

电缆噪声完全是由电缆自身产生的。普通的同轴电缆是由带挤压聚乙烯或聚四氟乙烯材料作为绝缘保护层的多股绞线组成的，外部屏蔽套是一个编织的多股的镀银金属网套。当电缆受到突然的弯曲或振动时，电缆芯线与绝缘体之间，以及绝缘体和金属屏蔽套之间就可能发生相对移动，以致在它们两者之间形成一个空隙。当相对移动很快时，在空隙中将因相互摩擦而产生静电感应电荷，此静电荷将直接与压电元件的输出叠加以后馈送到放大器中，使主信号中混杂有较大的电缆噪声。

5. 接电回路噪声

在振动测量中，一般测量仪器比较多，如果各仪器和传感器各自接地，由于不同的接地点之间存在电位差 ΔU，就会在接地回路中形成回路电流，导致在测量系统中产生噪声信号，防止接地回路中产生噪声信号的办法是整个测试系统在一点接地。由于没有接地回路，当然也就不会有回路电流和噪声信号。

一般合适的接地点是在指示器的输入端。为此，要将传感器和放大器采取隔离措施实现对地隔离。传感器的简单隔离方法是电气绝缘，可以用绝缘螺栓和去母垫片将传感器与所安装的构件绝缘。

五、压电式传感器的应用

利用压电式传感器，能测量各种各样的动态力，甚至准静态力。它不但可以测单向力，还可以对空间多个力同时进行测量；利用压电式传感器能对内燃机的汽缸、油管、进（排）气管的压力，枪炮的膛压，发动机燃烧室的压力，以及电弧放电和爆炸等瞬态过程的压力进行测量。利用压电元件的压电效应制成的超声波振荡器，装配成带有超声波探头的超声波传感器，可在几十千赫到几千兆赫的范围内进行无损探伤和超声波医疗诊断；压电元件还可以用来制成压电扬声器、声响器件、拾音器、送话器、水声传感器，也可以用于打火机、引信引爆和料位测量等。迄今，压电传感器已应用于工业、军事和民用等各个方面。

1. 压电元件组成压电传感器的连接方式

连接方式：图 4-59（a）为并联形式，片上的负极集中在中间极上，其输出电容 C' 为单片电容 C 的两倍，但输出电压 U' 等于单片电压 U，极板上电荷量 q' 为单片电荷量 q 的两倍，即

$$q'=2q;\ U'=U;\ C'=2C$$

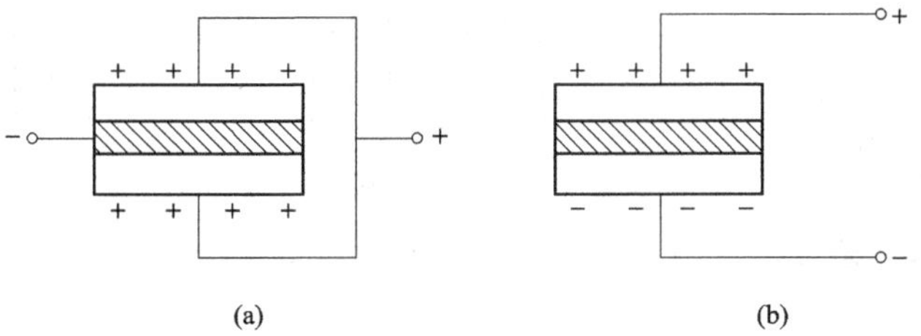

图 4-59 压电传感器的连接方式

图 4-59（b）为串联形式，正电荷集中在上极板，负电荷集中在下极板，而中间的极板上产生的负电荷与下片产生的正电荷相互抵消。从图 4-59 中可知，输出的总电荷 q'等于单片电荷 q，而输出电压 U'为单片电压 U 的二倍，总电容 C'为单片电容 C 的一半，即

$$q'=q;\ U'=2U;\ C'=\frac{1}{2}C$$

可见并联接法，输出电荷大，时间常数大，宜用于测量缓变信号，并且适用于以电荷作为输出量的场合。串联接法，输出电压大，本身电容小，适用于以电压作为输出信号，且测量电路输入阻抗很高的场合。

2. 压电式加速度传感器

压电式加速度传感器结构一般有纵向效应型、横向效应型和剪切效应型三种。纵向效应是最常见的，如图 4-60 所示。压电陶瓷 4 和质量块 2 为环形，通过螺母 3 对质量块预先加载，使之压紧在压电陶瓷上。测量时将传感器基座 5 与被测对象牢牢地紧固在一起。输出信号由电极 1 引出。

当传感器感受振动时，因为质量块相对被测体质量较小，因此质量块感受与传感器基座相同的振动，并受到与加速度方向相反的惯性力，此力 $F=ma$ 。同时惯性力作用在压电陶瓷片上产生电荷为

$$q=d_{33}F=d_{33}ma$$

此式表明电荷量直接反映加速度大小。其灵敏度与压电材料压电系数和质量块质量有关。为了提高传感器灵敏度，一般选择压电系数大的压电陶瓷片。若增加质量块质量会影响被测振动，同时会降低振动系统的固有频率，因此一般不用增加质量办法来提高传感器灵敏度。此外用增加压电片数目和采用合理的连接方法也可提高传感器灵敏度。

3. 压电式微位移传感器

利用压电陶瓷实现微位移的测量，可达 $10^{-3}\mu m$ 级位移。压电元件由多片取轴向极化的压电陶瓷并联（相邻片极化方向相反）叠加而成，如图 4-61（a）所示。施加电场后，每片均有相同的伸长量。总的伸长量使工作件 4 相对芯体 3 产生轴向微位移量 ΔS。例如若采用 PZT 压电陶瓷，每片厚度为 1mm，50 片叠加，外加 2000V 直流电压，就得到 50μm 位移量；如外加交变电压，就可获得交变振幅输出。

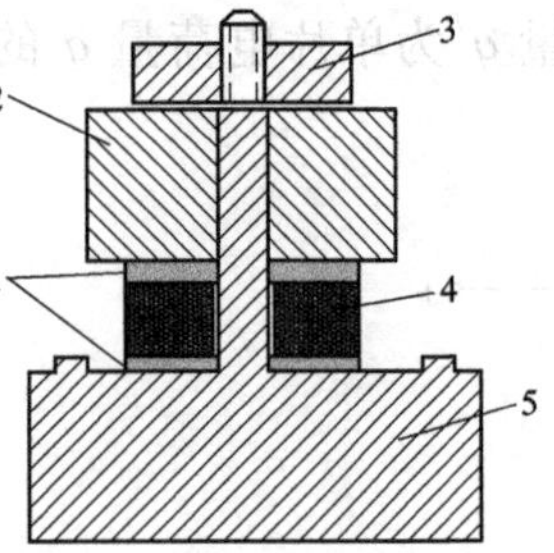

图 4-60 压电式加速度传感器

1—电极；2—质量块；3—螺母；4—压电陶瓷；5—传感器基座

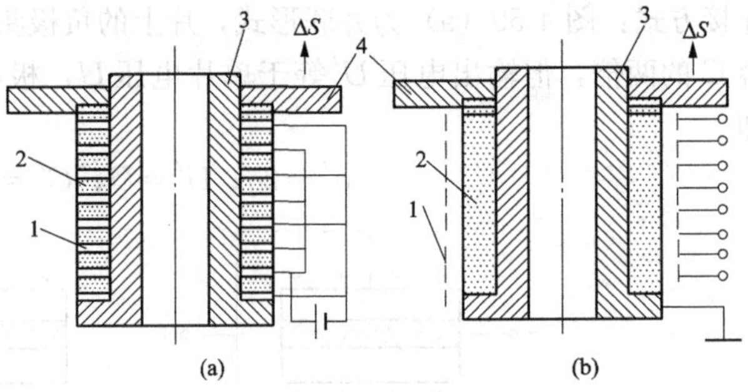

图 4-61 压电陶瓷微位移装置结构简图

（a）叠片式（b）圆管式

1—电极；2—压电陶瓷；3—芯体；4—工作件

图 4-61（b）所示为圆管式，压电陶瓷取径向极化，其外柱面镀有 8 个相互隔离的环状电极 1，压电管 2 与芯体 3 之间取 0.5μm 的过盈配合。对某一极外加电场后，该段即产生径向膨胀和轴向伸长。采用这种形式的优点是，根据所要求的位移大小和不同的运动方向（如均匀位移式或蚯蚓爬行式等），可通过对多电极程控施加脉冲电压的方法来实现，灵活机动。

4. 汽轮发电机工况检测系统

振动的监控、检测是压电式传感器应用的典型。目前，对这种振动的监控、检测，多数采用压电式加速度传感器。图 4-62 所示为发电厂汽轮发电机工作情况（振动）监测系统工作示意图。众多的压电式加速度传感器分布在轴承等高速旋转的要害部位，并用螺栓刚性固定在振动体上。当传感器感受振动体的振动加速度时，加速度传感器中质量块产生的惯性力 F 作用于压电元件上，从而产生电荷 q 输出，而输出的电荷 q 与输入的加速度成正比，因此就不难求出加速度 a。

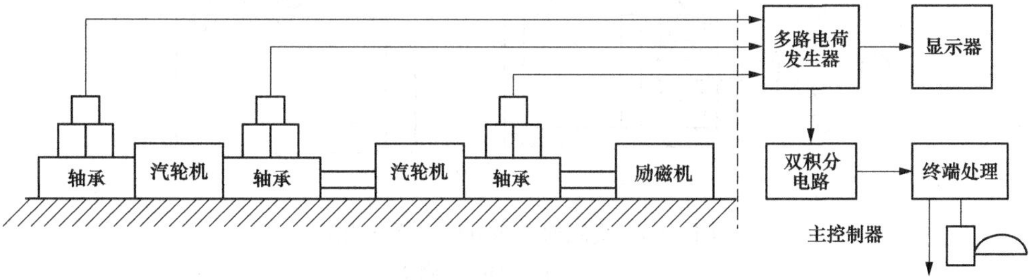

图 4-62　汽轮发电机运行监测系统

第七节　磁电式传感器

磁电式传感器又称感应式传感器或电动式传感器，是利用导体和磁场发生相对运动而在导体两端输出感应电动势的原理进行工作的。它不需要辅助电源就能把被测对象的机械量转换成易于测量的电信号，是有源传感器。磁电式传感器电路简单，输出功率大且性能稳定，又具有一定的频率响应范围（一般为 10～1000Hz），适用于振动、转速、扭矩等测量。

一、磁电式传感器的工作原理

磁电感应式传感器是以电磁感应原理为基础的，根据法拉第电磁感应定律可知，当 N 匝线圈在均恒磁场内运动切割磁力线或线圈所在磁场的磁通变化时，线圈中所产生的感应电动势 E 的大小取决于穿过线圈的磁通 Φ 的变化率，即

$$E=-N\frac{\mathrm{d}\Phi}{\mathrm{d}t} \tag{4-100}$$

根据这一原理，将磁电感应式传感器分为变磁通式和恒磁通式两类。

1. 变磁通式

变磁通式传感器又称为变磁阻磁电感应式传感器或变气隙磁电感应式传感器，图 4-63 是变磁通式磁电传感器，用来测量旋转物体的角速度。图 4-63（a）为开磁路变磁通式：线圈、磁铁静止不动，测量齿轮安装在被测旋转体上，随之一起转动。每转动一个齿，齿的凹

凸引起磁路磁阻变化一次，磁通也就变化一次，线圈中产生感应电动势，其变化频率等于被测转速与测量齿轮齿数的乘积。这种传感器结构简单，但输出信号较小，且因高速轴上加装齿轮较危险而不宜测量高转速。

图 4-63（b）为闭磁路变磁通式结构示意图，被测旋转体 1 带动椭圆形测量轮 2 在磁场气隙中等速转动，使气隙平均长度周期性地变化，因而磁路磁阻也周期性地变化，磁通同样周期性地变化，则在线圈 3 中产生感应电动势，其频率与测量轮的转速成正比。也可以用齿轮代替椭圆形测量轮，软铁制成内齿轮形式，内外齿轮齿数相同。当转轴连接到被测转轴上时，外齿轮不动，内齿轮随被测轴而转动，内、外齿轮的相对转动使气隙磁阻产生周期性变化，从而引起磁路中磁通的变化，使线圈内产生周期性变化的感应电动势，显然感应电动势的频率与被测转速成正比。

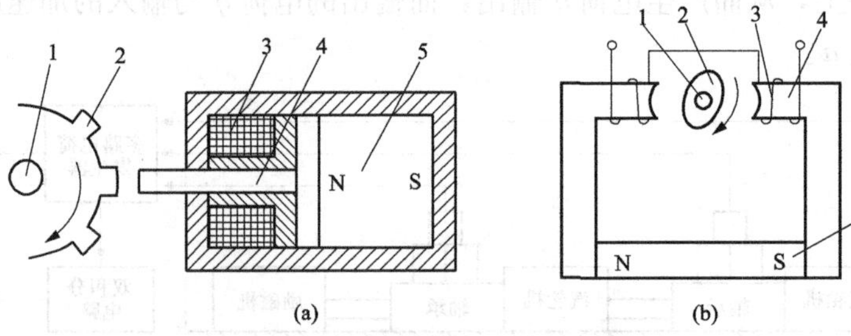

图 4-63 变磁通式磁电传感器结构图

（a）开磁路；（b）闭磁路

1—转轴；2—测量轮；3—感应线圈；4—软铁；5—永久磁铁

变磁通式传感器对环境条件要求不高，能在－150～＋90℃的温度下工作，不影响测量精度，也能在油、水雾、灰尘等条件下工作。但它的工作频率下限较高，约为 50Hz，上限可达 100kHz。

2. 恒磁通式

图 4-64 为恒磁通式磁电传感器典型结构，它由永久磁铁 5、线圈 2、弹簧 3、金属骨架 1 和壳体 4 等组成。磁路系统产生恒定的直流磁场，磁路中的工作气隙固定不变，因而气隙中磁通也是恒定不变的。其运动部件可以是线圈，也可以是磁铁，因此又分为动圈式和动铁式两种结构类型。图 4-64（a）所示为动圈式结构原理图，永久磁铁 5 与传感器壳体 4 固定，线圈 2 和金属骨架 1 用柔软弹簧 3 支承。图 4-64（b）所示为动铁式结构原理图，线圈 2 和金属骨架 1 与壳体 4 固定，永久磁铁 5 用柔软弹簧 3 支承。两者的阻尼都是由金属骨架 1 和磁场发生相对运动而产生的电磁阻尼，所谓动圈、动铁都是相对于传感器壳体而言。

动圈式和动铁式的工作原理是完全相同的，当壳体 4 随被测振动体一起振动时，由于弹簧 3 较软，运动部件质量相对较大，当振动频率足够高（远大于传感器固有频率）时，运动部件惯性很大，来不及随振动体一起振动，近乎静止不动，振动能量几乎全被弹簧吸收，永久磁铁 5 与线圈 2 之间的相对运动速度接近于振动体振动速度，磁铁 5 与线圈 2 的相对运动切割磁力线，从而产生感应电动势为

$$E = -B_0 LNv \tag{4-101}$$

式中 B_0——工作气隙磁感应强度；

L——每匝线圈平均长度；
N——线圈在工作气隙磁场中的匝数；
v——相对运动速度。

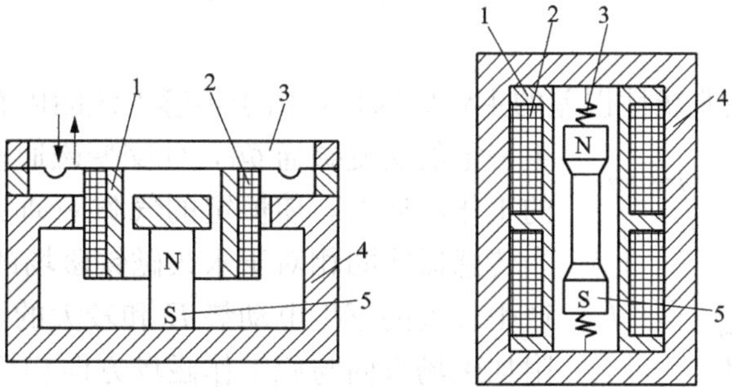

图 4-64　恒磁通式磁电传感器结构原理图
（a）动圈式；（b）动铁式
1—金属骨架；2—线圈；3—弹簧；4—壳体；5—永久磁铁

由式（4-101）可知，当传感器结构参数确定后，B_0、L、N 均为定值，因此感应电动势 E 与线圈相对磁场的运动速度 v 成正比。

由理论推导可得，当振动频率低于传感器的固有频率时，这种传感器的灵敏度（E/v）随振动频率而变化；当振动频率远大于固有频率时，传感器的灵敏度基本上不随振动频率而变化，而近似为常数；当振动频率更高时，线圈阻抗增大，传感器灵敏度随振动频率增加而下降。

恒磁通磁电式传感器的频响范围一般为几十赫兹至几百赫兹，低的可到 10Hz 左右，高的可达 2kHz 左右。

由以上分析可知，磁电式传感器只适用于动态测量，可直接测量振动物体的速度或旋转体的角速度。如果在其测量电路中接入积分电路或微分电路，那么还可以用来测量位移或加速度。

二、磁电感应式传感器基本特性

当测量电路接入磁电传感器电路中，磁电传感器的输出电流 I_o 为

$$I_o = \frac{E}{R+R_f} = \frac{B_o L N v}{R+R_f} \tag{4-102}$$

式中　R_f——测量电路输入电阻；
R——线圈等效电阻。

传感器的电流灵敏度为

$$S_I = \frac{I}{\nu} = \frac{B_o L N}{R+R_f} \tag{4-103}$$

而传感器的输出电压和电压灵敏度分别为

$$U_o = I_o R_f = \frac{B_o L N \nu R_f}{R+R_f} \tag{4-104}$$

$$S_u = \frac{U_o}{\nu} = \frac{B_o L N R_f}{R+R_f} \tag{4-105}$$

当传感器的工作温度发生变化或受到外界磁场干扰、机械振动或冲击时，其灵敏度将发生变化而产生测量误差。相对误差为

$$\gamma=\frac{\mathrm{d}S_{\mathrm{I}}}{S_{\mathrm{I}}}=\frac{\mathrm{d}B}{B}+\frac{\mathrm{d}L}{L}-\frac{\mathrm{d}R}{R} \tag{4-106}$$

1. 非线性误差

磁电式传感器产生非线性误差的主要原因是：由于传感器线圈内有电流 I 流过时，将产生一定的交变磁通 Φ_{I}，此交变磁通叠加在永久磁铁所产生的工作磁通上，使恒定的气隙磁通变化，如图 4-65 所示。当传感器线圈相对于永久磁铁磁场的运动速度增大时，将产生较大的感生电动势 E 和较大的电流 I，由此而产生的附加磁场方向与原工作磁场方向相反，减弱了工作磁场的作用，从而使得传感器的灵敏度随着被测速度的增大而降低。当线圈的运动速度与图 4-65 所示方向相反时，感生电动势 E、线圈感应电流反向，所产生的附加磁场方向与工作磁场同向，从而增大了传感器的灵敏度。其结果是线圈运动速度方向不同时，传感器的灵敏度具有不同的数值，使传感器输出基波能量降低，谐波能量增加。即这种非线性特性同时伴随着传感器输出的谐波失真。显然传感器灵敏度超高，线圈中电流越大，这种非线性越严重。

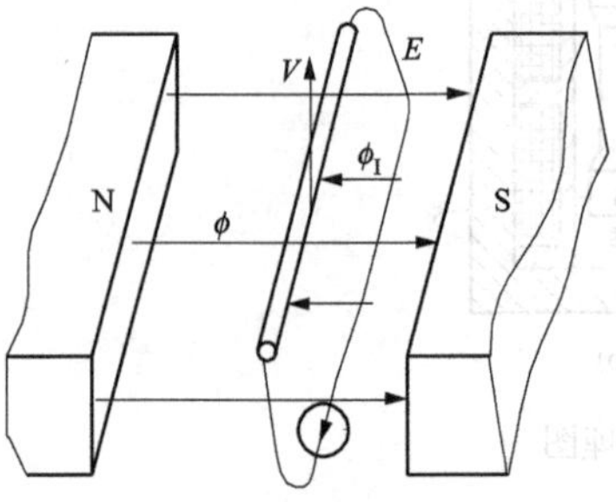

图 4-65 传感器电流的磁场效应

为补偿上述附加磁场干扰，可在传感器中加入补偿线圈。补偿线圈通以经放大 K 倍的电流，适当选择补偿线圈参数，可使其产生的交变磁通与传感线圈本身所产生的交变磁通互相抵消，从而达到补偿的目的。

2. 温度误差

当温度变化时，式（4-106）中右边三项都不为零，对铜线而言每摄氏度变化量为 $\mathrm{d}L/L\approx 0.167\times10^{-4}$，$\mathrm{d}R/R\approx 0.43\times10^{-2}$，$\mathrm{d}B/B$ 每摄氏度的变化量取决于永久磁铁的磁性材料。对铝镍钴永久磁合金，$\mathrm{d}B/B\approx -0.02\times10^{-2}$，这样由式（4-106）可得近似值

$$\gamma_{t}\approx(-4.5\%)/10℃$$

这一数值是很可观的，所以需要进行温度补偿。补偿通常采用热磁分流器，热磁分流器由具有很大负温度系数的特殊磁性材料做成。它在正常工作温度下已将空气隙磁通分流掉一小部分。当温度升高时，热磁分流器的磁导率显著下降，经它分流掉的磁通占总磁通的比例较正常工作温度下显著降低，从而保持空气隙的工作磁通不随温度变化，维持传感器灵敏度为常数。

三、磁电感应式传感器的应用

1. 动圈式振动速度传感器

图 4-66 是动圈式振动速度传感器，一般用于大型构件的测振。传感器的磁钢与壳体（软磁材料）固定在一起，形成磁路系统，壳体还起屏蔽作用。芯轴的一端固定着一个线圈，另一端固定一个圆筒形铜杯（阻尼杯）。惯性元件（质量块）是线圈组件、阻尼杯和芯轴，而不是磁钢。使用时，将传感器固定在被测振动体上，当振动频率远高于传感器的固有频率时，线圈接近静止不动，而磁钢则跟随振动体一起振动。这样，线圈与磁钢之间就有了相对运动，其相对速度等于振动体的振动速度。线圈以相对速度切割磁力线，并输出正比于振动

速度的感应电动势，通过引线接到测量电路。

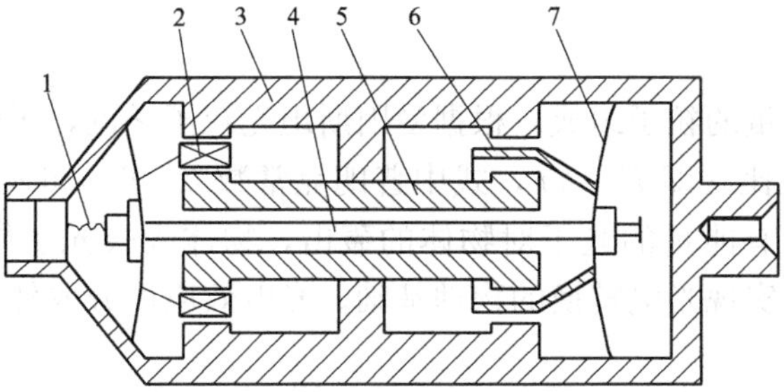

图 4-66　动圈式振动速度传感器

1—引线；2—线圈；3—外壳；4—芯轴；5—磁钢；6—阻尼杯；7—弹簧片

由于线圈组件、阻尼杯和芯轴的质量较小，且阻尼杯又增加了阻尼，所以阻尼比增加。这就改善了传感器的低频范围的幅频特性，使共振峰降低，从而提高了低频范围的测量精度。但从另一方面来说，质量减少却会使传感器的固有频率增加，使低频率响应受到限制。因此，在传感器中采用了非常柔软的薄片弹簧，以降低固有频率，扩大低频段的测量范围。

2. 磁电式扭矩传感器

磁电式扭矩传感器属于变磁通式，图 4-67 是磁电式扭矩传感器的工作原理图。它由转子和定子组成，转子（包括线圈）固定在传感器轴上，定子（永久磁铁）固定在传感器外壳上，转子和定子上都有一一对应的齿和槽。

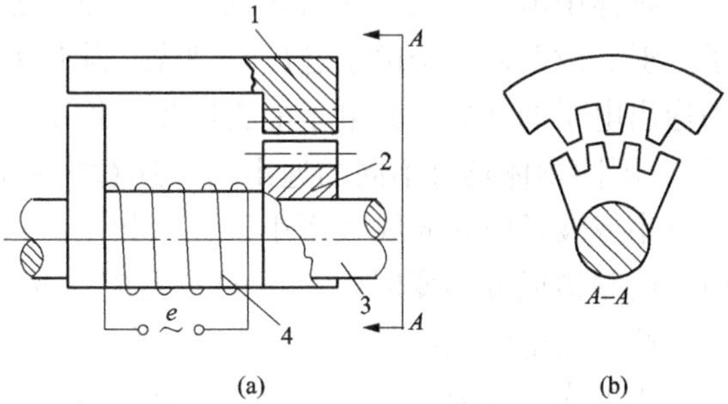

图 4-67　磁电式扭矩传感器工作原理图

(a) 主视图；(b) A-A 视图

1—定子；2—转子

测量扭矩时，需用两个传感器。将这两个传感器的转轴（包括线圈和转子）分别固定在被测轴的两端，其外壳固定不动。安装时，一个传感器的定子齿与其转子齿相对；另一个传感器定子槽与其转子齿相对。当被测轴无外加扭矩时，扭转角为零。这时若转轴以一定角速度旋转，则两传感器产生相位差 180°近似正弦波的两个感应电动势。当被测轴承受扭矩时，轴的两端产生扭转角 ϕ。因此，两传感器的输出感应电动势产生附加相位差 ϕ_0。扭转角 ϕ 与感应电动势相位差 ϕ_0 之间的关系为

$$\phi_0 = Z\phi \tag{4-107}$$

式中　Z——传感器定子（或转子）的齿数。

经测量电路将相位差转换成时间差，就可以测出扭矩。

磁电式传感器除了上述一些应用外，还可构成电磁流量计，用来测量具有一定电导率的液体流量。其优点为反应快，易于自动化和智能化，但结构较为复杂。

第八节　光电式传感器

光电式传感器是一种将光信号转换成电信号的装置，它具有结构简单、性能可靠、精度

高、反应快等优点。在现代测量和自动控制系统中，应用非常广泛，是一种很有发展前途的新型传感器。

一、光电效应

光是由具有一定能量的粒子组成，根据爱因斯坦光粒子学说，每个光子所具有的能量 E 与其频率 f 的大小成正比（即 $E=hf$，式中普朗克常数 $h=6.626\times10^{-34}\text{J}\cdot\text{s}$）。光照射在物体上可看成一连串具有能量的光子对物体的轰击，物体吸收光子能量而产生相应的电效应，即光电效应，这是实现光电转换的物理基础。光电效应可分成外光电效应和内光电效应两类。

1. 外光电效应

在光的照射下，使物体内的电子逸出物体表面而产生光电子发射的现象，称为外光电效应。爱因斯坦光电方程为

$$hf=\frac{1}{2}mv_0^2+A_0 \tag{4-108}$$

式中 m——电子质量；

v_0——电子逸出速度。

若物体中电子吸收的入射光的能量足以克服逸出功 A_0 时，电子就逸出物体表面，产生电子发射。故要使一个电子逸出，则光子能量 h_f 必须超出逸出功 A_0。超过部分的能量，表现为逸出电子的动能。光电子能否产生，取决于光子的能量是否大于该物体的表面电子逸出功 A_0。不同物体具有不同的逸出功，这意味着每一个物体都有一个对应的光频阈值，成为红限频率或波长限。光线频率小于红限频率的入射光，光强再大也不会产生光电子发射。当入射光的频谱成分不变时，产生的光电流与光强成正比。光电子逸出物体表面具有初始动能，因此外光电效应器件，如光电管即使没有加阳极电压，也会有光电流产生。

基于外光电效应原理工作的光电器件有光电管和光电倍增管。

光电管的种类很多，它是个装有光阴极和光阳极的真空玻璃管。当阴极受到适当的照射后便发射电子，被阳极吸收，在光电管内形成空间电子流。如果在外电路中串入一适当阻值的电阻，则该电阻上将产生正比空间电流的电压降。

光电倍增管中除有阴极、阳极外，还有倍增极，增大光电流。

2. 内光电效应

光照射在光敏材料上，材料中处于价带的电子吸收光子能量，通过禁带跃入导带，使导带内电子浓度和价带内空穴增多，即激发出电子-空穴对，从而使半导体材料产生光电效应。内光电效应按其工作原理可分为光电导效应和光生伏特效应。

半导体受到光照射时会产生电子-空穴对，使导电性能增强；光线越强，阻值越低。这种光照射后电导率（$\sigma=1/\rho$，ρ 为材料的电阻率）发生变化的现象，称为光电导效应。基于这种效应的光电器件有光敏电阻。

在光的作用下，能够使物体内部产生一定方向的电动势的现象叫光生伏特效应。光生伏特效应是由于在光线照射下，PN 结附近被束缚的价电子吸收光子能量，受激发产生电子空穴对，在内电场的作用下，空穴移向 P 区，电子移向 N 区，使 P 区带正电，N 区带负电，于是在 P 区和 N 区之间产生电动势。利用光生伏特效应制成的光电器件有光敏二极管、光敏三极管和光电池等。

二、外光电效应器件

（一）光电管

1．结构与工作原理

光电管由一个涂有光电材料的阴极 K 和一个阳极 A 封装在真空玻璃壳内组成，阴极装在光电管玻璃泡内壁或特殊的薄片上，光线通过玻璃泡的透明部分投射到阴极。要求阴极镀有光电发射材料，并有足够的面积来接收光的照射，如图 4-68（a）所示。当入射光照射在阴极上时，阴极就会发射出电子，由于阳极的电位比阴极高，阳极便会收集由阴极发射出来的电子，在光电管组成的回路中形成电流 I。外电路接线如图 4-68（b）所示，串入一适当阻值的电阻，在该电阻上的电压降或电路中的电流大小都与光强成函数关系，从而实现了光电转换。

2．主要特性

（1）光谱特性。一般光电管，即使照射在阴极上的入射光的频率高于红限频率 γ_0，并且强度相同，随着入射光频率的不同，阴极发射的光电子的数量也会不同，即同一光电管对于不同频率的光的灵敏度不同，这就是光电管的光谱特性。光电管的光谱特性主要取决于阴极材料，不同阴极材料制成的光电管有着不同的灵敏度较高的区域，应用时应根据所测光谱的波长选用相应的光电管。

图 4-69 是不同材料光电管的光谱特性曲线，特性曲线峰值对应的波长称为峰值波长，特性曲线占据的波长范围称为光谱响应范围。

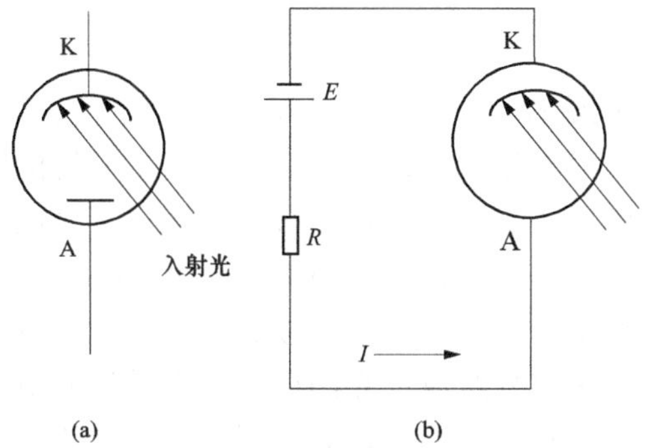

图 4-68　光电管结构示意图和连接电路

（a）光电管结构；（b）光电管连接电路

A—阳极；K—阴极

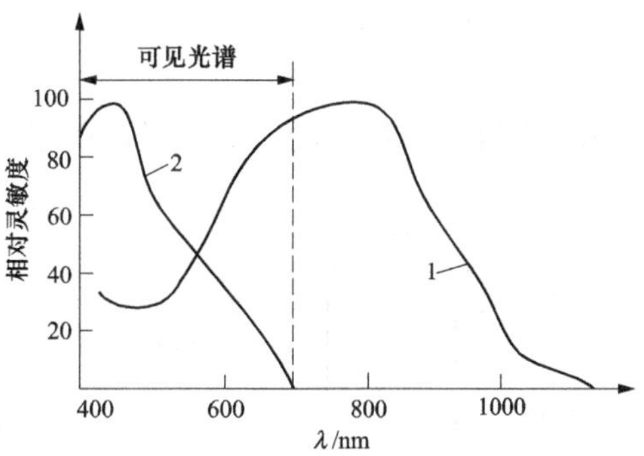

图 4-69　光电管的光谱特性图

1—氧铯阴极；2—锑铯阴极

（2）伏安特性。光电管的伏安特性是指在一定光通量照射下，光电管阳极与阴极之间的电压 U_A 与光电流 I 之间的关系。光通量是发射、传输或接收光能量的时间变化率。单位是 lm（流明），1lm 是 555nm 处的单色辐射的光通量。光电管在一定光通量照射下，光电管阴极在单位时间内发射一定量的光电子，这些光电子分散在阳极与阴极之间的空间，若在光电管阳极上施加电压 U_A，则光电子被阳极吸引收集，形成回路中的光电流 I。当阳极电压较小时，阴极发射的光电子只有一部分被阳极收集，其余部分仍返回阴极。随着阳极电压的升高，阳极在单位时间内收集到的光电子数增多，光电流 I 也增加。如果阳极电压升高到一定数值时，阴极在单位时间内发射的光电子全部被阳极收集，称为饱和状态。以后阳极电压再升高，光电流 I 也不会增加。图 4-70 给出了光电管不同光通量下的伏安特性曲线簇。

（3）光照特性。通常指光电管的阳极和阴极之间所加电压一定时，光通量与光电流之间的关系为光电管的光照特性。其特性曲线如图 4-71 所示。曲线 1 表示氧铯阴极光电管的光照特性，光电流 I 与光通量呈线性关系。曲线 2 为锑铯阴极的光电管光照特性，它呈非线性关系。光照特性曲线的斜率（光电流与入射光光通量之比）称为光电管的灵敏度。

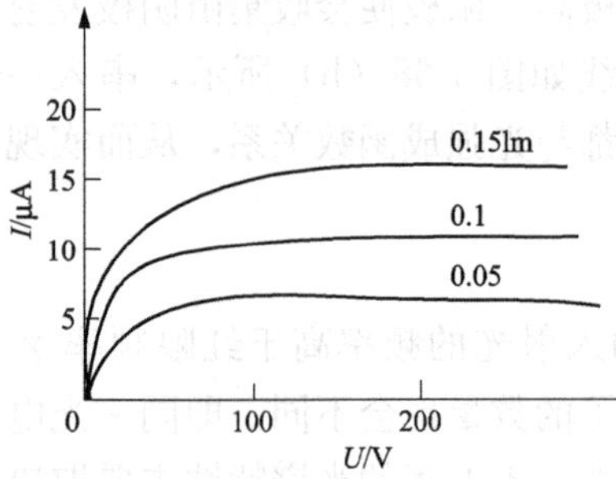

图 4-70 光电管的伏安特性

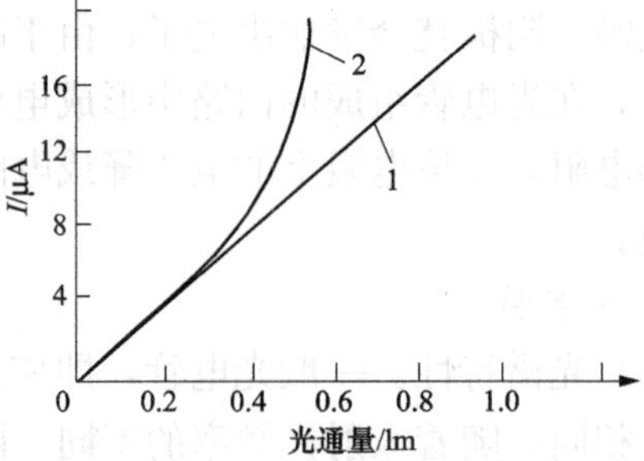

图 4-71 光电管的光照特性

1—氧铯阴极；2—锑铯阴极

（4）暗电流。如果将光电管置于无光的黑暗条件下，当光电管施加正常的使用电压时，光电管产生微弱的电流，此电流称为暗电流。暗电流的产生主要是由漏电引起的。

（二）光电倍增管

1. 结构与工作原理

用光电管测量微弱的入射光时，由于产生的光电流很小，造成的测量误差很大，甚至无法检测。为了提高光电管的灵敏度，在光电管的阴极 K 和阳极之间安装一些倍增极，就构成了光电倍增管，图 4-72 是光电管增管的工作原理示意图。

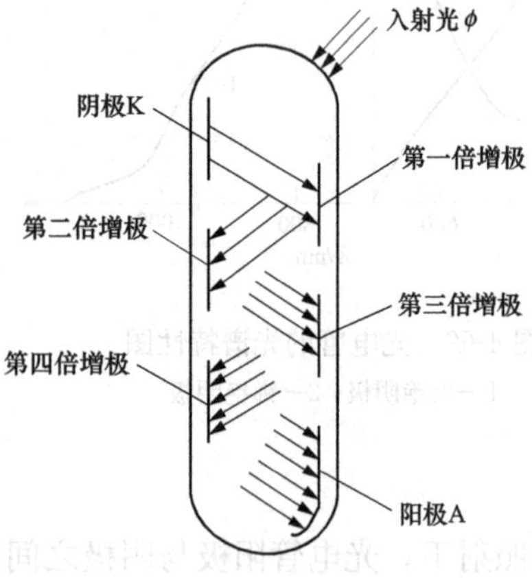

图 4-72 光电倍增管的工作原理

光电倍增管由光阴极 K、次阴极（倍增电极）以及阳极 A 三部分组成。光阴极是由半导体光电材料锑铯做成。次阴极是在镍或钢-铍的衬底上涂上锑铯材料而形成的。次阴极多的可达 30 级，通常为 12～14 级。阳极是最后用来收集电子的，它输出的是电压脉冲。

阴极电位最低，从阴极开始，各个倍增电极的电位依次升高，阳极电位最高。这些倍增电极用次级发射材料制成，这种材料在具有一定能量的电子轰击下，能够产生更多的“次极电子”。由于相邻两个倍增电极之间有电位差，因此，存在加速电场，对电子加速。从阴极发出的光电子，在电场的加速下，打到第 1 个倍增电极上，引起二次电子发射。每个电子能从这个倍增电极上打出 3～6 倍个次极电子，被打出来的次级电子再经过电场的加速后，打在第 2 个倍增电极上，电子数又增加 3～6 倍，如此不断倍增，阳极最后收集到的电子数将达到阴极发射电子数的 10^5～10^6 倍，即光电倍增管的放大倍数可达到几万倍到几百万倍。因此光电倍增管的灵敏度就比普通光电管高几万倍到几百万倍，在很微弱的光照时，它就能产生很大的光电流。

2. 主要参数

(1) 倍增系数 M。倍增系数 M 等于各个倍增电极的二次发射电子数 δ_i 的乘积。如果 n 个倍增电极的 δ_i 都一样，则

$$M=\delta_i n \tag{4-109}$$

因此，阳极电流为

$$I=i\delta_i^n \tag{4-110}$$

式中　i——光电阴极的光电流。

光电倍增管的电流放大倍数 β 为

$$\beta=I/i=\delta_i^n \tag{4-111}$$

M 与所加电压有关，一般 M 为 $10^5 \sim 10^6$。光电倍增管的实际放大倍数如图 4-73 所示。如果电压有波动，倍增系数也要波动，因此 M 具有一定的统计涨落。极间所加电压越稳越好，这样可以缩小统计涨落，减少测量误差。

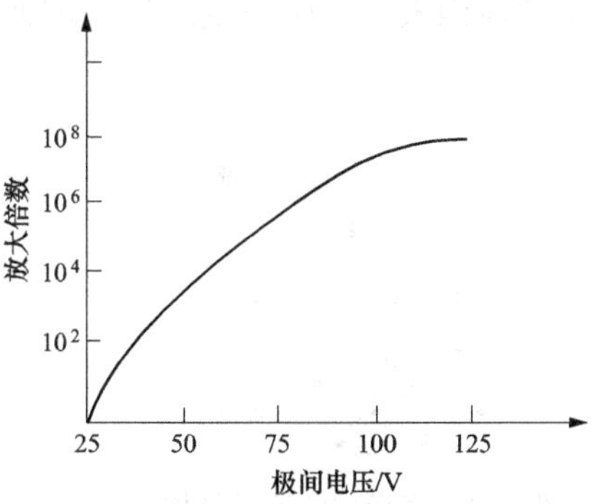

图 4-73　光电倍增管的放大倍数

(2) 阴极灵敏度和光电倍增管总灵敏度。一个光子在阴极上能够打出的平均电子数叫作光电阴极的灵敏度。而一个光子在阳极上产生的平均电子数叫作光电倍增管的总灵敏度。它的总灵敏度的最大值可达 10A/lm（安培/流明），极间电压越高，灵敏度越高。但极间电压也不能太高，太高反而会使阳极电流不稳。

因为光电倍增管的灵敏度很高，所以不能受强光照射，否则将会损坏。

(3) 暗电流和本底脉冲。由于环境温度、热辐射和其他因素的影响，即使没有光信号输入，光电倍增管加上电压后阳极仍有电流，这种电流称为暗电流。这种暗电流通常可以用补偿电路加以消除。一般在使用光电倍增管时，必须把管子放在暗室里避光使用，使其只对入射光起作用。

光电倍增管的阴极前面放一块闪烁体，就构成闪烁计数器。在闪烁体受到人眼看不见的宇宙射线的照射后，光电倍增管就会有电流信号输出，这种电流称为闪烁计数器的暗电流，一般称为本底脉冲。

(4) 光电倍增管的光谱特性。光电倍增管的光谱特性与相同材料的光电管的光谱特性很相似，它取决于光电阴极的材料。

三、内光电效应器件

常见的内光电效应器件有光敏电阻、光敏晶体管和光电池等。

(一) 光敏电阻

1. 光敏电阻的工作原理

光敏电阻又称光导管，是利用光电导效应制成的。一般选用禁带宽度较宽的半导体材料作为光敏电阻。常用的材料有硫化镉、硫化铅、硫化铊、硫化铋、硒化镉、硒化铅等。其工作原理是：当入射光照到半导体上时，光子的能量如果大于禁带宽度，则电子受光子的激发由价带越过禁带跃迁到导带，如图 4-74 所示。在价带中就留有空穴，在外加电压下，导带

中的电子和价带中的空穴同时参与导电，即载流子数增多，因此使电阻率下降。光照停止时，失去光子能量的光生自由电子又重新跌落回价带与空穴复合，自由电子空穴对减少，导电率下降，电阻值提高。当入射光的波长很长时，被吸收的光子还会改变导带中的电子迁移率，使电阻率改变。

由此可见，无光照时，光敏电阻的阻值很高；有光照时，阻值大大降低，光照越强阻值越低；光照停止，又恢复高阻状态。

如果把光敏电阻连接到外电路中，在外加电压的作用下，用光照射就能改变电路中电流的大小，图 4-75 为光敏电阻的接线电路。光敏电阻在受到光的照射时，由于内光电效应使其导电性能增强，电阻值下降，电路中的电流增大。光线越强，电流越大。当光照停止时，光电效应消失，电阻恢复原值，因而可将光信号转换为电信号。

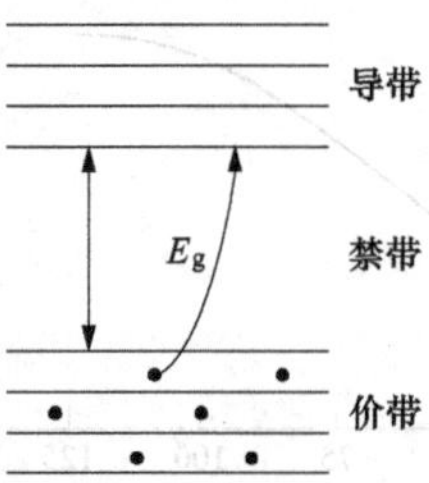

图 4-74 半导体的能带结构

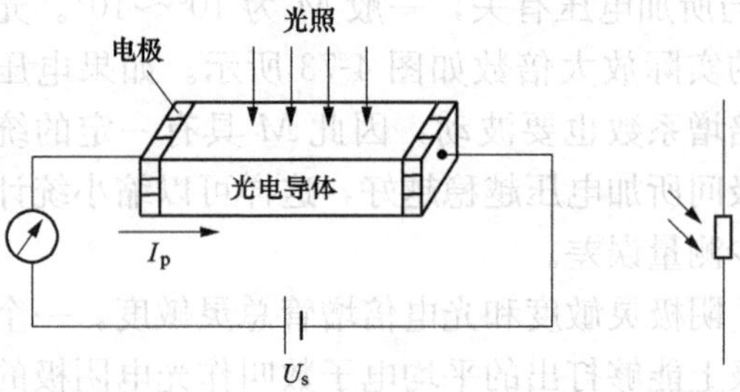

图 4-75 光敏电阻的接线电路

并非一切纯半导体都能显示出光电特性。对于不具备这一特性的物质可以加入杂质使之产生光电效应。用来产生这种效应的物质由金属的硫化物、硒化物、碲化物等组成。

光敏电阻具有很高的灵敏度、很好的光谱特性、很长的使用寿命、高度的稳定性能、很小的体积，以及简单的制造工艺，所以被广泛地用于自动化技术中。

2. 光敏电阻的种类

光敏电阻是一个纯电阻性两端器件，适用于交直流电路，因而应用广泛，种类很多。对光照敏感的半导体光敏元件都可以制成光敏电阻，目前人类已开发应用的光波频谱范围为 $0.1\sim10^{21}$ Hz，相应的波长为 3×10^{9} m～0.3pm，按其最佳工作波长范围可分为对紫外光敏感元件、对可见光敏感元件、对红外光敏感元件三类。

3. 光敏电阻的主要参数和基本特性

(1) 主要参数。

1) 暗电阻、亮电阻、光电流。光敏电阻在未受到光照时的阻值称暗电阻，此时流过的电流称为暗电流。在受到光照时的阻值称亮电阻，此时流过的电流称为亮电流。亮电流与暗电流之差称为光电流。一般暗电阻越大，亮电阻越小，光敏电阻的灵敏度就越高。光敏电阻的暗电阻的阻值一般在兆欧数量级，亮电阻在几千欧以下。暗电阻与亮电阻之比一般为 $10^2\sim10^6$，这个数值是相当可观的。

2) 光谱范围及峰值波长。光敏电阻的光谱响应特性表示光敏电阻对各种单色光的敏感程度。对应于一定敏感程度的波长区间称为光谱响应范围。对光谱响应最敏感的波长数值称为光谱响应峰值波长。

(2) 主要特性。

光敏电阻的基本特性包括伏安特性、光照特性、光谱特性、频率特性等。

1）伏安特性。伏安特性是指光敏电阻两端所加电压和电流的关系曲线，如图 4-76 所示。由曲线可知，加在光敏电阻两端电压越大，光电流也越大，而且没有饱和现象。在给定的光照下，电阻值与外加电压无关，即斜率为常数，说明光敏电阻也是一个线性电阻，符合欧姆定律。在给定的电压下，光电流随光照增强而增大。同普通电阻一样，光敏电阻也有最大额定功率的限制，当超过这个功率使用，就会导致光敏电阻损坏。光敏电阻的最高工作电压是由耗散功率决定的，而光敏电阻的耗散功率又和面积大小及散热条件等因素有关。

2）光照特性。光照特性是指光电流 I 和光通量 Φ 的关系曲线，如图 4-77 所示。由图 4-77 可知，光电流和光照强度之间关系是非线性的，而且光照强度较大时，光电流有饱和趋向。因此，光敏电阻不适宜作检测元件，这是它的缺点。所以光敏电阻在机电控制系统中只是常用作开关量的光电传感器。

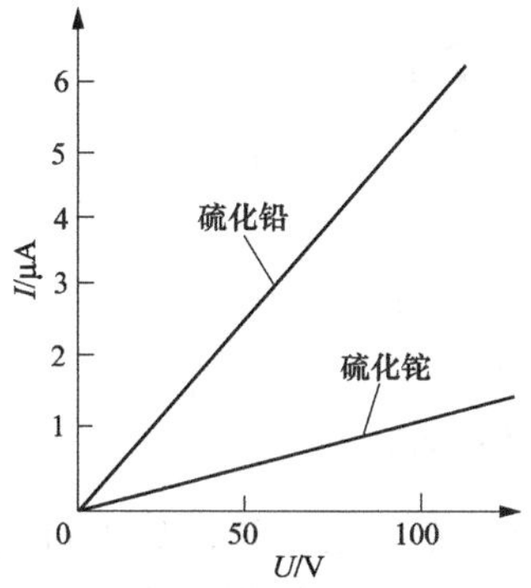

图 4-76　光敏电阻的伏安特性图

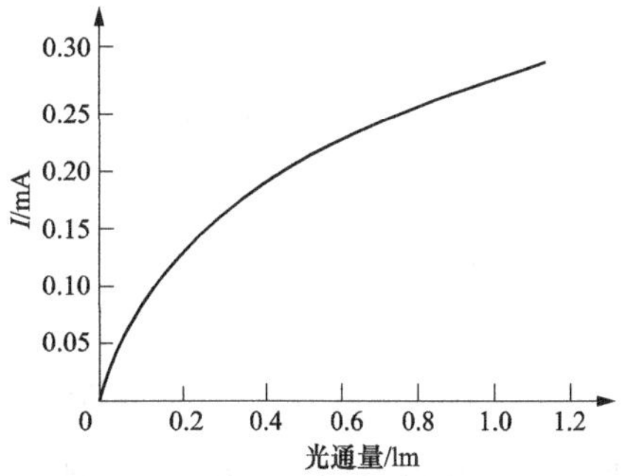

图 4-77　光敏电阻的光照特性

3）光谱特性。如图 4-78 所示，同一光敏电阻对不同波长 λ 的入射光，其相对灵敏度也是不同的，而且不同的光敏电阻其最大峰值点出现的波长也不相同。从图 4-79 中看出，硫化镉的峰值在可见光区域，而硫化铅的峰值在红外区域。所以，在选用光敏电阻时，应当把元件与光源结合起来考虑，才能获得满意的结果。

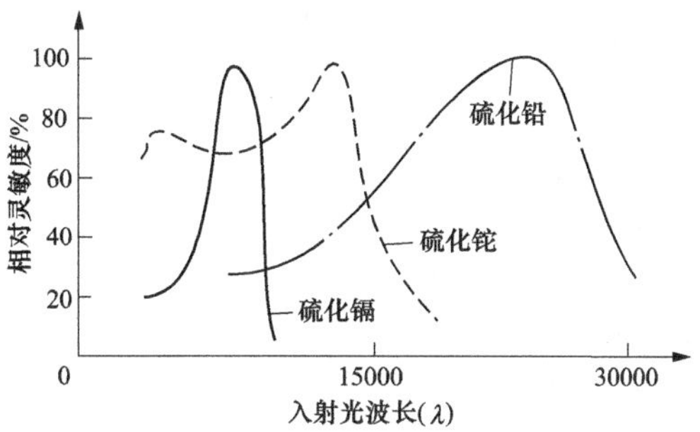

图 4-78　光敏电阻的光谱特性

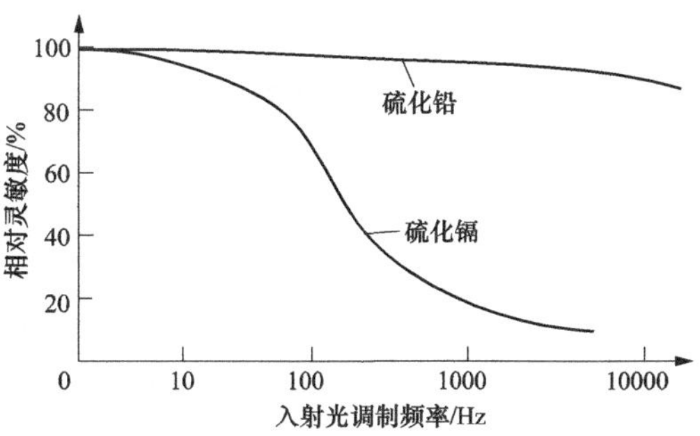

图 4-79　光敏电阻的频率特性

4）频率特性。频率特性指入射光的强度变化频率与光电流的相对灵敏度的关系曲线。当光敏电阻受到脉冲光作用时，光电流并不立即做出相应的变化，而具有一定的“惰性”，这种惰性常用时间常数 τ 来描述。所谓时间常数即为从光敏电阻停止光照时起到电流下降到原来的63%所需的时间。时间常数越小越好，说明反应迅速，动态特性好。图4-79所示为硫化铅和硫化镉光敏电阻的频率特性。硫化铅的使用频率范围最大，其他都较小。

（二）光敏二极管和光敏三极管

1. 结构和工作原理

光敏二极管的结构与一般的二极管相似，其PN结对光敏感。将其PN结装在管的顶部，上面有一个透镜制成的窗口，以便使光线集中在PN结上。

图4-80是光敏二极管的原理结构和基本电路。光敏二极管在电路中通常工作在反向偏置状态，无光照时，处于反向偏置状态下的光敏二极管呈高阻截止状态，只有少数的载流子形成极小的暗电流。当有光照时，光生电子和空穴在PN结电场和外加反向偏置电压的共同作用下，形成光电流I。光照越强激发的光生电子和空穴越多，形成的光电流越大，光电二极管呈低阻导通状态。

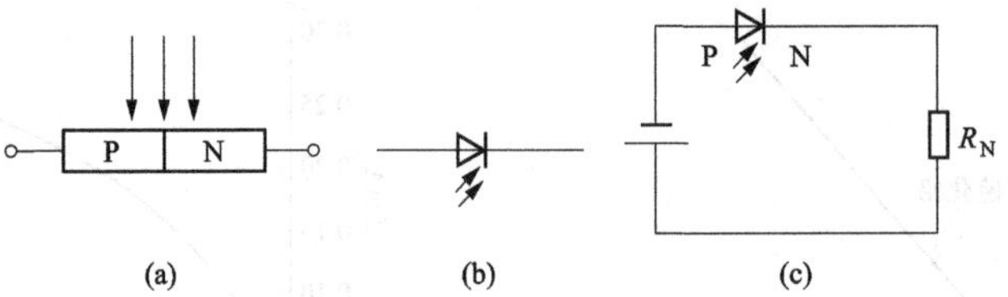

图4-80 光敏二极管

（a）结构；（b）表示符号；（c）基本接线图

光敏三极管有PNP型和NPN型两种，其结构类似于光敏二极管，只不过内部有两个PN结。光敏三极管与一般三极管的不同之处是，它的发射极一边做得很大，以扩大光照面积，通常基极无引出线。

图4-81给出了NPN型光敏三极管结构和基本电路。基极开路，基极-集电极处于反向偏置状态。当光照射到PN结附近时，由于光生伏特效应，产生光电流。该电流相当于普通三极管的基极电流，因此将被放大（$1+\beta$）倍，从而使光敏三极管具有比光敏二极管更高的灵敏度。

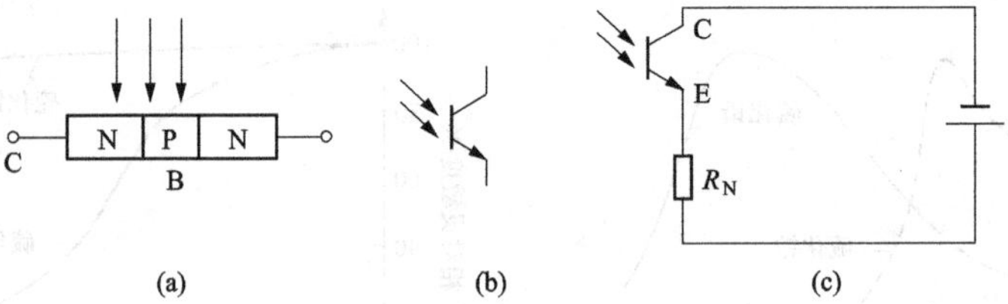

图4-81 光敏三极管

（a）结构；（b）表示符号；（c）基本接线图

2. 光敏晶体管的基本特性

（1）光谱特性。光敏晶体管的光谱特性是光电流随入射光的波长而变化的关系，其光谱特性曲线如图4-82所示。从图4-82中可以看出：硅光敏晶体管适用于0.4～1.1μm波长，最灵敏的响应波长为0.8～0.9μm；而锗光敏晶体管适用于0.6～1.8μm的波长，其最灵敏的响应波长为1.4～1.5μm。

由于锗光敏晶体管的暗电流比硅光敏晶体管大，故在可见光作光源时，都采用硅管；但是，对红外光源探测时，则锗管较为合适。

（2）光照特性。光敏晶体管的光照特性如图 4-83 所示，它给出了光敏晶体管的输出电流 I 和光照强度之间的关系。从图中可以看出它们的关系曲线可近似看作是线性关系。

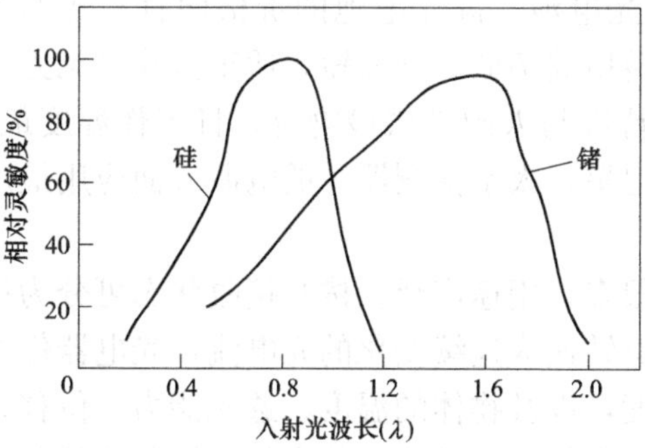

图 4-82　光敏晶体管的光谱特性

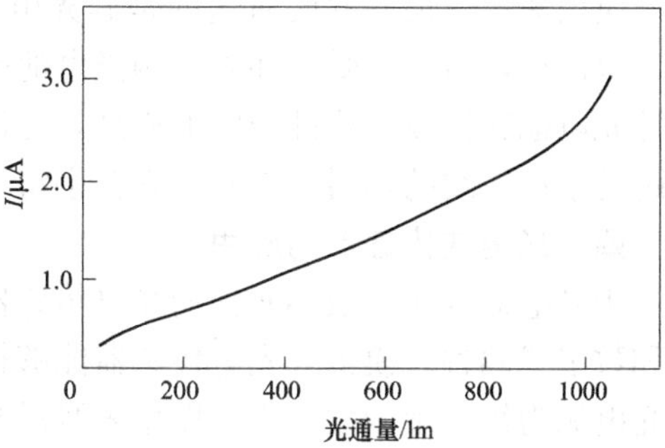

图 4-83　光敏晶体管的光照特性

（3）伏安特性。伏安特性是光敏晶体管在光强一定的条件下，光电流与外加电压之间的关系。光敏三极管的伏安特性曲线如图 4-84 所示。

（4）频率特性。光敏晶体管的频率特性是光电流与光强变化频率的关系。光敏二极管的频率特性是很好的，其响应时间可以达到 10^{-7}～10^{-8}s，因此它适用于测量快速变化的光信号。光敏三极管由于存在发射结电容和基区渡越时间（发射极的载流子通过基区所需要的时间），所以光敏三极管的频率响应比光敏二极管差，而且和光敏二极管一样，负载电阻越大，高频响应越差。图 4-85 给出了硅光敏三极管的频率特性曲线。

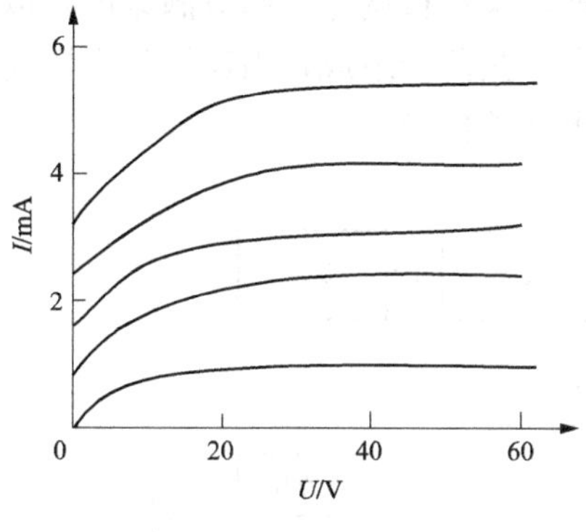

图 4-84　光敏三极管的伏安特性

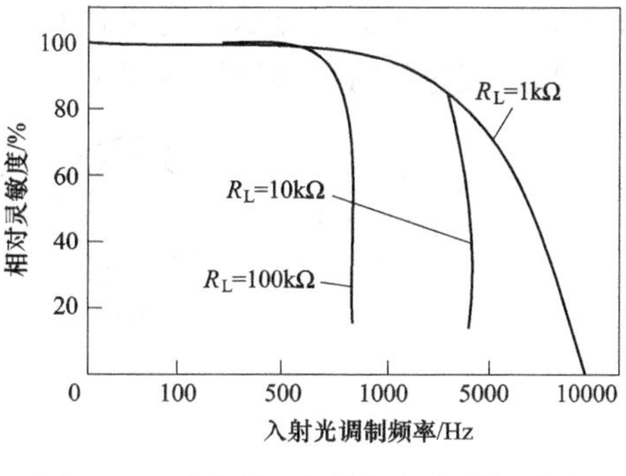

图 4-85　硅光敏三极管的频率特性曲线

综上所述，可以把光敏二极管和三极管的主要差别归纳为：

1）光电流。光敏二极管一般只有几微安到几百微安，而光敏三极管一般都在几毫安以上，至少也有几百微安，两者相差十倍至百倍。光敏二极管与光敏三极管的暗电流则相差不大，一般都不超过 1μA。

2）响应时间。光敏二极管的响应时间在 100ns 以下，而光敏三极管为 5～10μs。因此，当工作频率较高时，应选用光敏二极管；在工作频率较低时，才选用光敏三极管。

3）输出特性。光敏二极管有很好的线性特性，而光敏三极管的线性较差。

（三）光电池

光电池是利用光生伏特效应把光直接转变成电能的光电器件。由于它可把太阳能直接转变为电能，因此又称为太阳能电池。它有较大面积的PN结，当光照射在PN结上时，在结的两端出现电动势，故光电池是有源元件。

应用最广、最有发展前途的是硅光电池和硒光电池。硅光电池的价格便宜，转换效率高，寿命长，适于接受红外光。硒光电池的光电转换效率低、寿命短，适于接收可见光。砷化镓光电池转换效率比硅光电池稍高，光谱响应特性与太阳光谱最吻合，且工作温度最高，更耐受宇宙射线的辐射。因此，它在宇宙飞船、卫星、太空探测器等的电源方面应用最广。

四、光电式传感器的应用

用光电器件作为敏感元件的光电传感器种类很多，用途广泛。按其接收状态可分为模拟式和数字式两种。模拟式光电传感器能够把被测量转换成连续变化的光电流，光电器件产生的光电流为被测量函数。它可以用来测量光的强度，以及物体的温度、透光能力、位移、表面状态等。数字式光电传感器是利用光电元件的输出仅有两种稳定状态的特性制成的各种光电自动装置。在这类应用中，光电元件用作开关式光电转换元件。

1．烟尘浊度监测仪

烟道里的烟尘浊度是通过光在烟道里传输过程中的光强变化来检测的。如果烟道浊度增加，光源发出的光被烟尘颗粒的吸收和折射增加，到达光检测器上的光通量减少，因而光电传感器输出的强弱便可反映烟尘浊度的大小。

图4-86是吸收式烟尘浊度监测系统的组成框图。为了检测出烟尘中对人体危害性最大的亚微米颗粒的浊度并避免水蒸气和二氧化碳对光源衰减的影响，选取400～700nm波长的白炽光灯作光源，获取相应电信号的光电传感器是光谱响应范围为400～600nm的光电管。采用高增益的运算放大器对信号进行放大。刻度校正被用来进行调零与调节满刻度，以保证测试准确性。显示器可显示浊度瞬时值。报警电路由多谐振荡器组成，当运算放大器输出浊度信号超过规定值时，多谐振荡器工作，驱动喇叭发出报警信号。

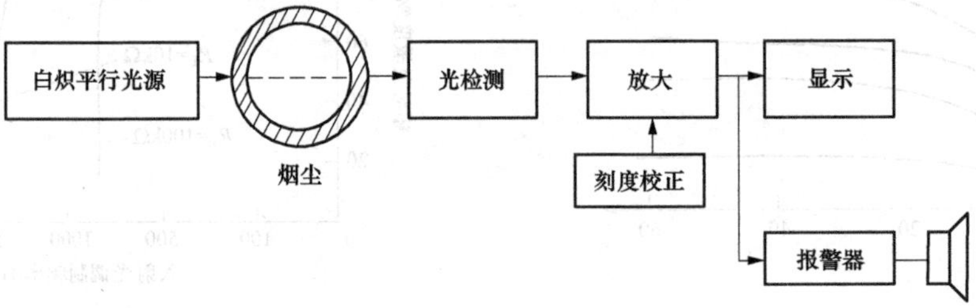

图4-86 吸收式烟尘浊度监测系统

2．光电转速传感器

光电转速传感器根据其工作方式可分为反射型和直射型两种。

反射型光电转速传感器的工作原理如图4-87所示。转轴上沿轴向均匀涂上黑白相间条纹。光源发出的光照在电机轴上，再反射到光敏元件上。由于电机转动时，电机轴上的反光面和不反光面交替出现，所以光敏元件间断地接收光的反射信号，输出相应的电脉冲。电脉冲经放大整形电路变为方波，根据方波的频率，就可测得电机的转速。

直射型光电转速传感器的工作原理如图4-88所示。电机轴上装有带孔的圆盘，圆盘的一边放置光源，另一边是光电元件。当光线通过圆盘上的孔时，光电元件产生一个电脉冲。当电机转动时，圆盘随着转动，光电元件就产生一列与转速及圆盘上的孔数成正比的电脉冲数，由此可测得电机的转速。电机的转速 N 为

$$N=60f/n_0 \tag{4-112}$$

式中　n_0——圆盘孔数；

f——电脉冲的频率。

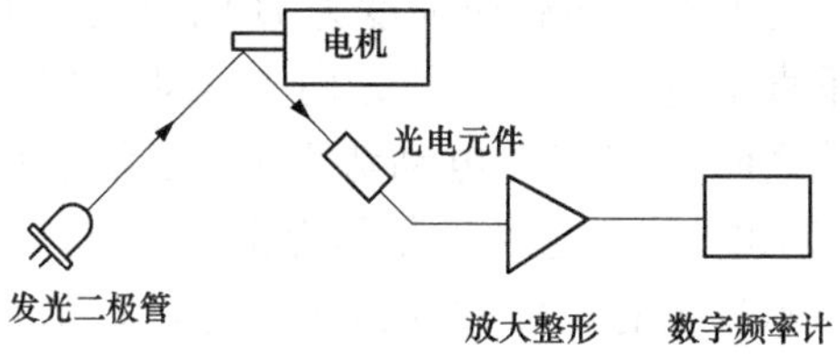

图 4-87　反射型光电转速传感器工作原理

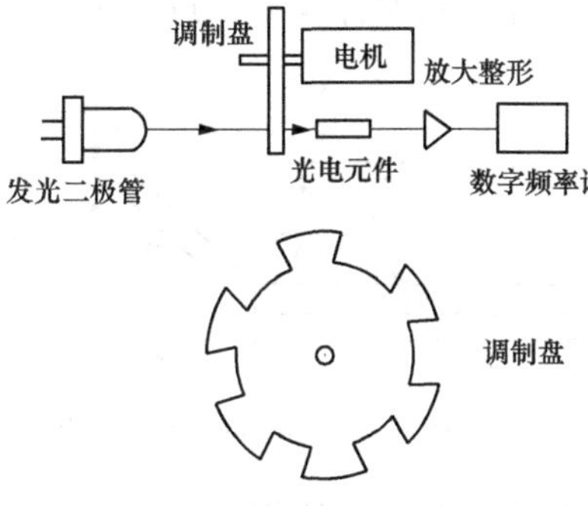

图 4-88　直射型光电转速传感器工作原理

3. 光电测微计

光电测微计主要用于检测加工零件的尺寸，其装置的结构如图 4-89 所示。它的工作原理是：从光源发出的光束经一个间隙照在光电器件上，照射在光电器件上的光束大小是由被测零件和样板环之间的间隙决定的，照射在光电器件上的光束大小决定了光电器件产生的光电流的大小，而间隙则是由零件的尺寸决定的，这样光电流的大小就是零件尺寸的函数。因此，通过检测光电流，就可以知道零件的尺寸。

调制盘在测量过程中以恒定转速旋转，对入射光进行调制，使光信号以某一频率变化，使其区别于自然光和其他杂散光，提高检测装置的抗干扰能力。

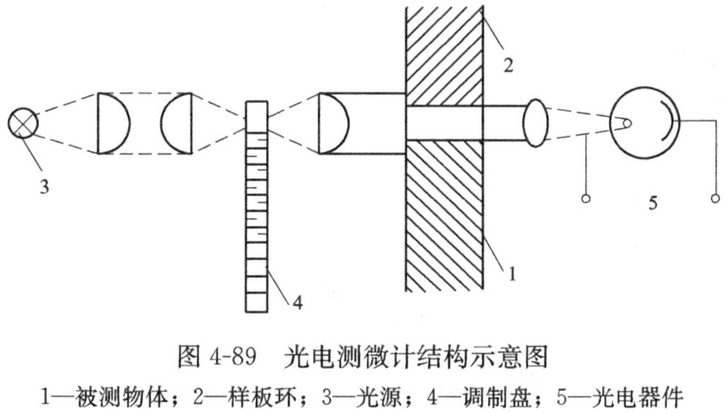

图 4-89　光电测微计结构示意图

1—被测物体；2—样板环；3—光源；4—调制盘；5—光电器件

第九节　霍尔式传感器

霍尔式传感器是基于霍尔效应原理而将被测量转换成电动势输出的一种传感器。虽然它

的转换率较低，温度影响大，要求转换精度较高时必须进行温度补偿，但霍尔式传感器结构简单，体积小，坚固，频率响应宽，动态范围大，无触点，使用寿命长，可靠性高，易于微型化和集成电路化，因此在测量技术、自动化技术和信息处理等方面得到广泛的应用。

一、霍尔效应

霍尔是美国的一位物理学家，在 1879 年首先在金属材料中发现了霍尔效应，后来人们发现某些半导体材料的霍尔效应十分显著，制成了霍尔元件，广泛用于电磁测量、位移测量、计数器、转速计及无触点开关等方面。

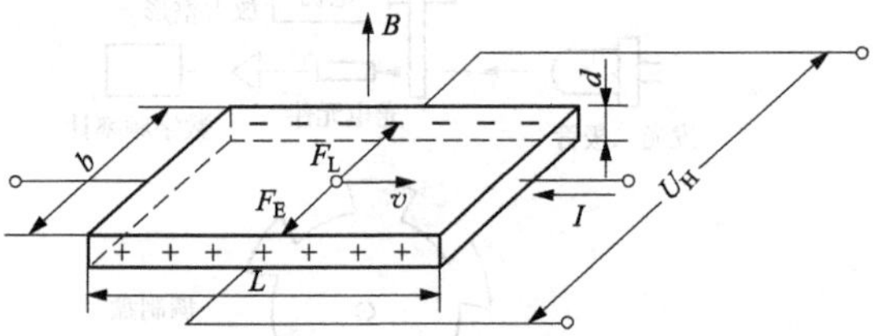

图 4-90 霍尔效应原理图

如图 4-90 所示的半导体薄片，若在它的两端通以控制电流 I，并在薄片的垂直方向上施加磁感应强度为 B 的磁场，则在垂直于电流和磁场的方向上（即霍尔输出端之间）将产生电动势 U_H（霍尔电势或霍尔电压），这种现象称为霍尔效应。具有霍尔效应的元件称为霍尔元件，霍尔式传感器就是由霍尔元件所组成。

图 4-90 中，v 表示电子在控制电流作用下的运动速度，F_L表示电子所受到的洛仑兹力，其大小为

$$F_L = qv \times B \tag{4-113}$$

式中 q——电子的电荷量。

F_L方向符合左手定则，在 F_L的作用下，电子向一侧运动，致使在霍尔元件的电子向一边偏转，并使该边形成电子积累；而另一边则积累正电荷，于是产生电场。该电场阻止运动电子继续偏转。当电场作用在运动电子上的力 F_E与洛仑兹力 F_L相等时，电子的积累达到平衡。这时，在薄片两横断面之间建立的电场称为霍尔电场 E_H，相应的电动势就成为霍尔电动势 U_H，其大小可用下式表示，即

$$U_H = \frac{R_H IB}{d} \tag{4-114}$$

式中 R_H——霍尔常数，m^3C^{-1}；

I——控制电流，A；

B——磁感应强度，T；

d——霍尔元件的厚度，m。

引入

$$K_H = \frac{R_H}{d} \tag{4-115}$$

将式（4-115）代入式（4-114）中则可得

$$U_H = K_H IB \tag{4-116}$$

由式（4-116）可知，霍尔电动势的大小正比于控制电流 I 和磁感应强度 B。K_H称为霍尔元件的灵敏度，它是表征在单位磁感应强度和单位控制电流时输出霍尔电压大小的一个重要参数，一般要求它越大越好，霍尔元件的灵敏度与元件材料的性质和几何尺寸有关。由于半导体的霍尔常数 R_H要比金属的大得多，所以在实际应用中，一般都采用 N 型半导体材料

作霍尔元件。此外，元件的厚度 d 对灵敏度的影响也很大，元件的厚度越薄，灵敏度就越高，所以霍尔元件的厚度一般都比较薄。

【例 4-3】 已知霍尔元件的灵敏度系数 $K_H=30V/(A \cdot T)$，输入电阻 $R_i=2000\Omega$，输出电阻 $R_o=3000\Omega$，采用恒压源供电，恒压源电压为 5V，不考虑恒压源的输出电阻，当霍尔元件置于 $B=0.4T$ 的磁场中时，如输出接负载电阻 $R_L=27\ 000\Omega$，求负载上的电压。

解： 霍尔元件的等效电路如图 4-91 所示，则流经霍尔元件的电流为

$$I=\frac{U}{R_i}=\frac{5V}{2000\Omega}=2.5mA$$

霍尔电势为

$$U_H=K_H IB=30V/(A \cdot T)\times 2.5mA\times 0.4T=30mV$$

负载电阻上的电压为

$$U_L=U_H \cdot \frac{R_L}{R_L+R_o}=30mV\times\frac{27\ 000\Omega}{27\ 000\Omega+3000\Omega}=27mV$$

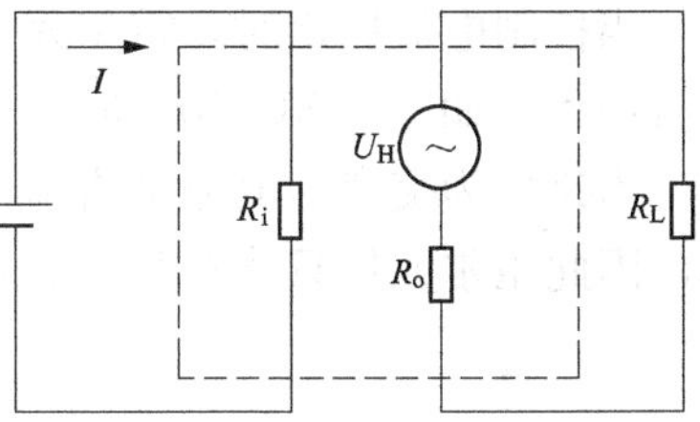

图 4-91　霍尔元件的等效电路

二、霍尔元件

霍尔元件一般采用 N 型的锗、锑化铟和砷化铟等半导体单晶材料。锑化铟元件的输出较大，但受温度的影响也较大；锗元件的输出虽小，但它的温度性能和线性度却比较好；砷化铟元件的输出信号没有锑化铟元件大，但是受温度的影响却比锑化铟要小，而且线性度也较好，因此，采用砷化铟作霍尔元件的材料受到普遍重视。一般地，在高精度测量中，大多采用锗和砷化铟元件；作为敏感元件时，一般采用锑化铟元件。

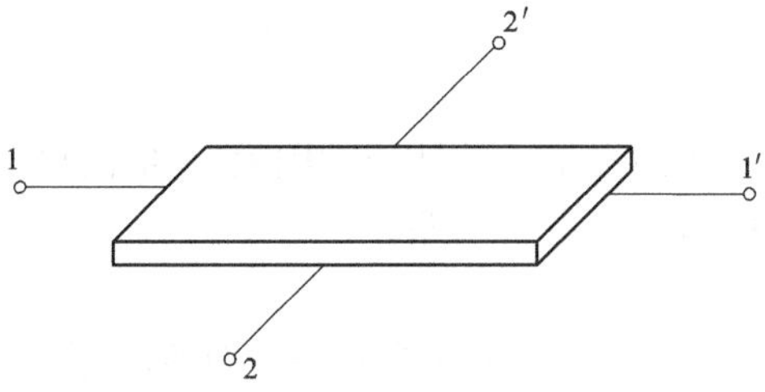

图 4-92　霍尔元件示意图

霍尔元件的结构简单，由霍尔片、引线和壳体组成。霍尔片是一块矩形半导体薄片，如图 4-92 所示。在长边的两个端面上焊上两根控制电流端引线（图中 1，1′），在元件短边的中间以点的形式焊上两根霍尔输出端引线（图中 2，2′），在焊接处要求接触电阻小，而且半导体具有纯电阻性质。霍尔片一般用非磁性金属、陶瓷或环氧树脂封装。

三、霍尔元件的电磁特性

霍尔元件的电磁特性包括控制电流（直流或交流）与输出之间的关系、霍尔输出（恒定或交变）与磁场之间的关系等。

1. U_H-I 特性

在磁场和环境温度一定时，霍尔输出电动势 U_H 与控制电流 I 之间呈线性关系，如图 4-93 (a) 所示。直线的斜率称为控制电流灵敏度，用 K_I 表示。控制电流灵敏度 K_I 为

$$K_I=\frac{U_H}{I}$$

由 $U_H=K_H IB$，可得到

$$K_I = K_H B \tag{4-117}$$

由式（4-117）可知，霍尔元件的灵敏度K_H越大，控制电流灵敏度也就越大。但灵敏度大的元件，其霍尔输出并不一定大。这是因为霍尔电动势在B固定时，不但与K_H有关，还与控制电流有关。因此，即使灵敏度不大的元件，如果在较大的控制电流下工作，那么同样可以得到较大的霍尔输出。

2. U_H-B 特性

当控制电流恒定时，霍尔元件的开路霍尔输出随磁场的增加并不完全呈线性关系，而是有所偏离，如图 4-93（b）所示。只有当$B<0.5\text{Wb/m}^2$时，U_H-B 才呈较好线性。

当磁场为交变，电流是直流时，由于交变磁场在导体内产生涡流而输出附加霍尔电动势，因此霍尔元件只能在几千赫频率的交变磁场内工作。

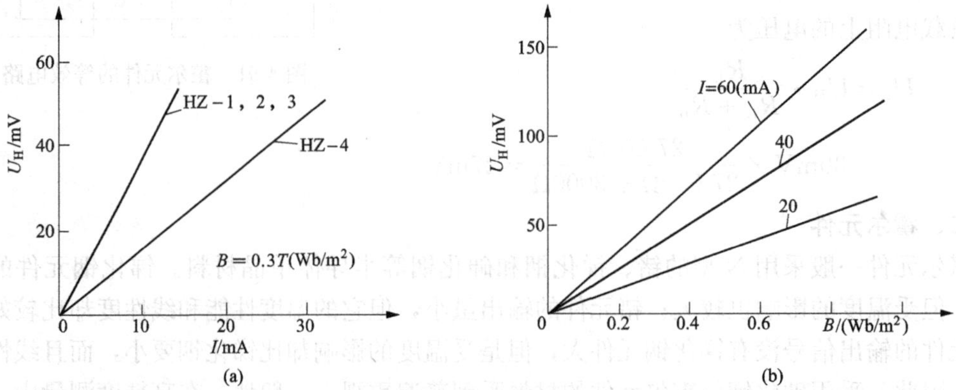

图 4-93　霍尔元件的电磁特性曲线

（a）霍尔元件的U_H—I 特性曲线；（b）霍尔元件的U_H—B 特性曲线

四、误差分析及误差补偿方法

由于制造工艺问题以及实际使用时所存在的各种影响霍尔元件性能的因素，如元件安装不合理、环境温度变化等，都会影响霍尔元件的转换精度，带来误差。

1. 元件的几何尺寸、电极接点大小对性能的影响

在霍尔电动势的表达式中，是将霍尔片的长度L看作无限大来考虑的。实际上霍尔片具有一定长宽比L/b，而元件的长宽比是否合适对霍尔电动势大小有直接关系。则式（4-114）可写为

$$U_H = \frac{R_H IB}{d} f_H\left(\frac{L}{b}\right) \tag{4-118}$$

式中　$f_H\left(\frac{L}{b}\right)$ ——元件的形状系数。

当$L/b>2$时，形状系数$f_H\left(\frac{L}{b}\right)$接近于1，从提高灵敏度出发，把$L/b$的值越大越好。但在实际设计时，取2已足够了，因$L/b$过大反而使输入功耗增加，以致降低元件的效率。

霍尔电极的大小对霍尔电动势输出也有一定的影响。按理想条件的要求，控制电流端的电极应与霍尔元件是良好的面接触，而霍尔电极与霍尔元件为点接触。实际上霍尔电极有一定宽度S，它对元件的灵敏度和线性度有较大影响。研究表明当$S/L<0.1$时，电极宽度的

影响才可忽略不计。

2. 不等位电动势及其补偿

不等位电动势是一个主要的零位误差。由于在制作霍尔元件时，不可能保证将霍尔电极焊在同一等位面上，如图 4-94 所示，因此，当控制电流 I 流过元件时，即使磁场强度 B 等于零，在霍尔电极上仍有电动势存在，该电动势就称为不等位电动势。

在分析不等位电动势时，把霍尔元件等效为一个电桥，如图 4-95 所示。电桥臂的 4 个电阻分别为 r_1，r_2，r_3，r_4。当两个霍尔电极在同一等位面上时，$r_1=r_2=r_3=r_4$，电桥平衡，这时，输出电压 U_o 等于零；当霍尔电极不在同一等位面上时，因 r_3 增大，r_4 减小，则电桥失去平衡，因此，输出电压 U_o 就不等于零。恢复电桥平衡的方法是减小 r_2，r_3。在制造过程中如确知霍尔电极偏离等位面的方向，就应采用机械修磨或用化学腐蚀元件的方法来减小不等位电势。

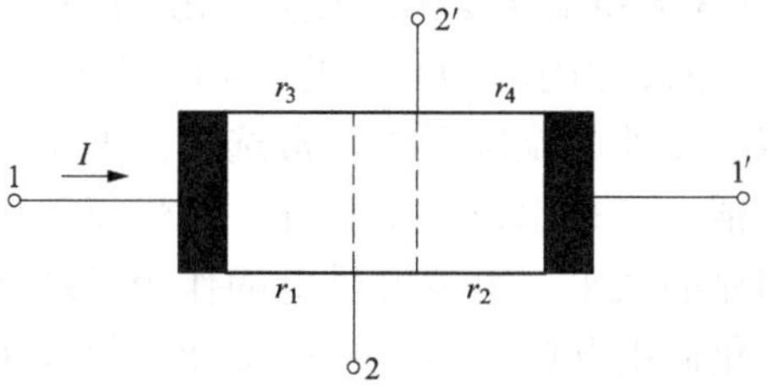

图 4-94　不等位电动势示意图

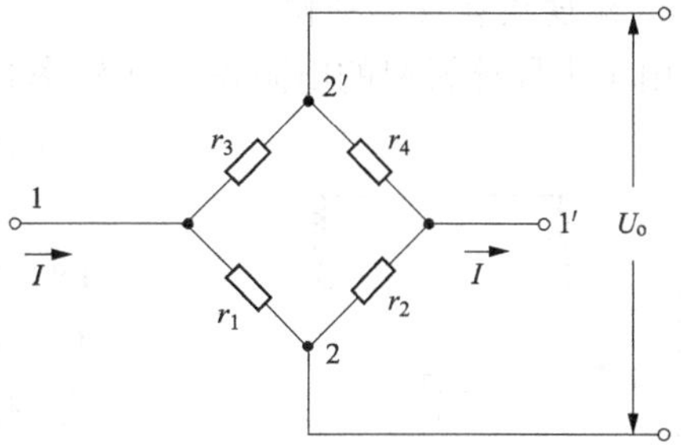

图 4-95　霍尔元件的等效电路

对已制成的霍尔元件，可以采用外接补偿线路进行补偿。常用的几种补偿电路如图 4-96 所示。

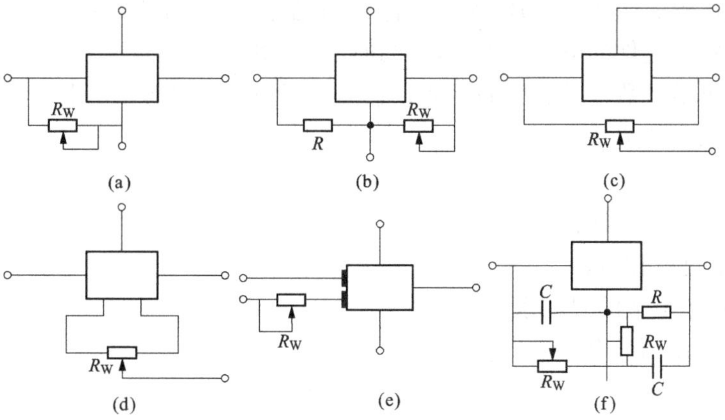

图 4-96　不等位电动势的几种补偿电路

3. 寄生直流电动势

由于霍尔元件的电极不可能做到完全欧姆接触，在控制电流极和霍尔电动势极上都可能出现整流效应。因此，当元件通以交流控制电流（不加磁场）时，它的输出除了交流不等位电动势外，还有一直流电动势分量，这个电动势就称为寄生直流电动势。寄生直流电动势与工作电流有关，随工作电流减小而减小。

此外，霍尔电动势极的焊点大小不一致，两焊点的热容量不一致产生温度差也是造成寄生直流电动势的另一个原因。

寄生直流电动势是霍尔元件零位误差的一个组成部分，它的存在对霍尔元件在交流情况下使用是有很大妨碍的。为了减少寄生直流电动势，在元件制作和安装时，应尽量改善电极的欧姆接触性能和元件的散热条件。

4. 感应电动势

霍尔元件在交变磁场中工作时，即使不加控制电流，由于霍尔电动势极的引线布置不合理，在输出回路中也会产生附加感应电动势，这个电动势的大小正比于磁场变化的频率和磁感应强度的幅值，并与霍尔电动势极引线构成的感应面积成正比。感应电动势是造成零位误差的一个因素。为了减少感应电动势，除了合理布线外，还可以在磁路气隙中安置另一辅助霍尔元件，如两元件特性相同，可以起到较好的补偿效果。

5. 温度误差及其补偿

由于半导体材料的电阻率、迁移率和载流子浓度等会随温度变化而发生变化，故霍尔元件的性能参数如内阻、霍尔电动势等也将随温度变化。

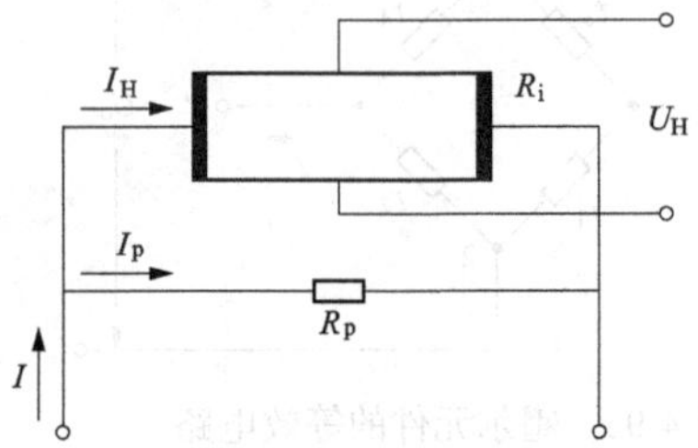

图 4-97　温度补偿电路

为了减小霍尔元件的温度误差，常选用温度系数小的元件（如砷化铟）或采用恒温措施外，用恒流源供电往往可以得到明显的效果。恒流源供电的作用是减小元件内阻随温度变化而引起的控制电流的变化。但采用恒流源供电还不能完全解决霍尔电动势的稳定性问题，还必须结合其他补偿电路。图 4-97 所示是一种既简单、效果又好的补偿电路。在控制电流极并联一个合适的补偿电阻 r_0，它起分流作用。当温度升高时，霍尔元件内阻迅速增加，所以通过元件的电流减少，而通过补偿电阻 r_0 的电流却增加。这样利用元件内阻的温度特性和一个补偿电阻，就能自动调节通过霍尔元件的电流的大小，起到补偿作用。

霍尔元件的灵敏系数也是温度的函数，它随温度的变化引起霍尔电动势的变化，霍尔元件的灵敏系数与温度的关系为

$$K_H = K_{H0}(1+\alpha\Delta T) \tag{4-119}$$

式中　K_{H0}——温度 T_0 时的 K_H 值；

ΔT——温度变化量；

α——霍尔电势的温度系数。

初始状态：K_{H0}，R_{i0} 有

$$I_{H0} = \frac{R_{p0} I}{R_{i0}+R_{p0}} \tag{4-120}$$

当温度升至 T 时，电路中各参数变为

$$\begin{aligned} R_i &= R_{i0}(1+\delta\Delta T) \\ R_p &= R_{p0}(1+\beta\Delta T) \\ K_H &= K_{H0}(1+\alpha\Delta T) \end{aligned} \tag{4-121}$$

式中　δ——霍尔元件输入电阻的温度系数；

β——分流电阻的温度系数。

则

$$I_H=\frac{R_p I}{R_i+R_p}=\frac{R_{p0}(1+\beta\Delta T)I}{R_{p0}(1+\beta\Delta T)+R_{i0}(1+\delta\Delta T)} \tag{4-122}$$

补偿电路必须满足温升前、后的霍尔电动势不变，即

$$U_{H0}=U_H$$

即

$$K_{H0}I_{H0}B=K_H I_H B$$

代入得

$$R_{p0}=\frac{\delta-\beta-\alpha}{\alpha}\cdot R_{i0} \tag{4-123}$$

式中　δ——霍尔元件输入电阻的温度系数；

β——分流电阻的温度系数；

α——霍尔电动势的温度系数。

当霍尔元件选定后，它的输入电阻 R_{i0} 和温度系数 δ 及霍尔电动势温度系数 α 可以从元件参数表中查到（R_{i0} 可以测量出来），用式（4-123）即可计算出分流电阻 R_{p0} 及所需的分流电阻温度系数 β 值。实践表明，补偿后霍尔电动势受温度的影响极小，且这种补偿方法对霍尔元件的其他性能并无影响，只是输出电压稍有降低。这显然是由于流过霍尔元件的电流达到额定电流，输出电压就会不变。

五、霍尔式传感器的应用

由于霍尔元件对磁场敏感、结构简单、体积小、频带相应宽、输出电动势的变化范围大、无活动部件，使用寿命长等优点，因而在测试技术、自动化技术和信息处理等方面有着广泛的应用。

1. 磁场测量

磁场测量的方法很多，其中应用比较普遍的是以霍尔元件做探头的特斯拉计（或高斯计、磁强计）。把探头放在待测磁场中，探头的磁敏感面要与磁场方向垂直。控制电流由恒流源（或恒压源）供给，用电能表或电位差计来测量霍尔电动势。根据 $U_H=K_H IB$，若控制电流 I 不变，则输出电动势 U_H 正比于磁场 B，故可以利用它来测量磁场。

用霍尔元件做探头的高斯计，一般能够测量 10^{-4} T 量级的低磁场。在对地磁场等弱磁场进行测量时，需要采用降低元件的噪声来提高信噪比的方法，一种有效的方法是采用高磁导率的磁性材料（如坡莫合金）集中磁通来增强磁场的集束器。它有两根同轴安置的细长同轴形磁棒，两磁棒间留一气隙，霍尔元件就放在此气隙之中。磁棒越长，间隙越小，集束器对磁场的增强作用就越大。在棒长 200mm、直径 11mm 和间隙 0.3mm 时，间隙中的磁场可以增强 400 倍。若使用锑化铟霍尔元件，并将集束器放置在液氮或液氦中，则可测量低达 10^{-13} T 的弱磁场。

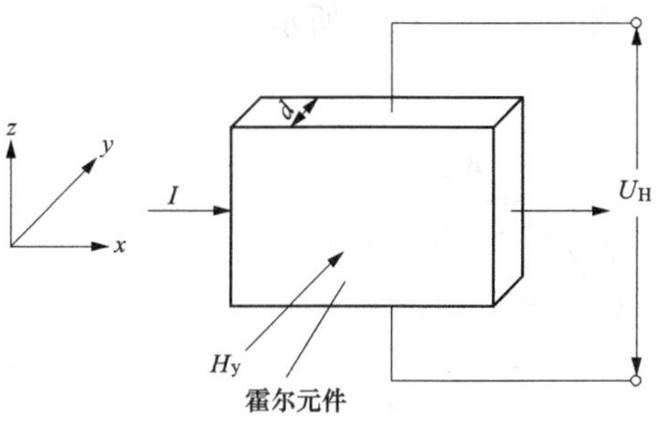

图 4-98　海洋用霍尔罗盘原理图

利用霍尔元件测量地磁场的能力，可以构成磁罗盘，在宇航和人造卫星中得到应用，图 4-98 所示为海洋用霍尔罗盘原理图。

罗盘是一种定向装置。在汪洋大海的恶劣环境中，不论是古老的指针罗盘，还是现代的回转罗盘都无法适应在这种条件下工作。而采用霍尔元件制作的罗盘在海洋的应用中体现出它固有的优越性，它体积小，响应时间可达微秒级，能经受住冲击的考验。

根据霍尔效应，图 4-97 所示的霍尔元件，在地磁场内旋转到不同的方位，可以得到霍尔元件的输出电压为

$$U_H = R_H \frac{I}{d} \cdot H_y \cos\theta \tag{4-124}$$

式中 R_H——霍尔常数；

I——输入元件的电流值；

d——元件的厚度；

H_y——地磁场的水平分量；

θ——y 方向同磁子午线的夹角。

从式（4-124）可以看出霍尔元件的输出电压，将随着方位角的变化而变化。如果将霍尔元件的输出同指示仪相连接，便可直接从仪表上读出方位角来。

2. 电流测量

由霍尔元件构成的电流传感器采用非接触式测量，具有测量精度高、不必切断电路电流、测量的频率范围广（从零到几千赫兹）、本身几乎不消耗功率等特点。

根据安培定律，在载流导体周围将产生一正比于该电流的磁场。用霍尔元件来测量这一磁场，可得到一正比于该磁场的霍尔电动势。通过测量霍尔电动势的大小来间接测量电流的大小。

如图 4-99 所示，把铁磁材料做成磁导体的铁芯，使被测通电导线贯穿于它的中央，将霍尔元件放在磁导体的气隙中，于是，可通过环形铁芯来集中磁力线。当被测导线中有电流流过时，在导线周围就会产生磁场，使导磁体铁芯磁化成一个暂时性磁铁，在环形气隙中就会形成一个磁场。通电导线中的电流越大，气隙处的磁感应强度就越强，霍尔元件输出的霍尔电压就越高，根据霍尔电压 U_H 的大小，就可能得到通电导线中电流的大小。该法具有较高的测量精度。

3. 位移测量

在非电量测量技术领域中利用霍尔元件可制成位移、压力、流量等传感器，图 4-100（a）是霍尔式位移传感器的磁路结构示意图。在极性相反、磁场强度相同的两个磁钢气隙中放置一块霍尔片，当控制电流恒定不变时，磁场在一定范围内沿 x 方向的变化率 $\frac{dB}{dx}$ 为一常数，如图 4-100（b）所示。

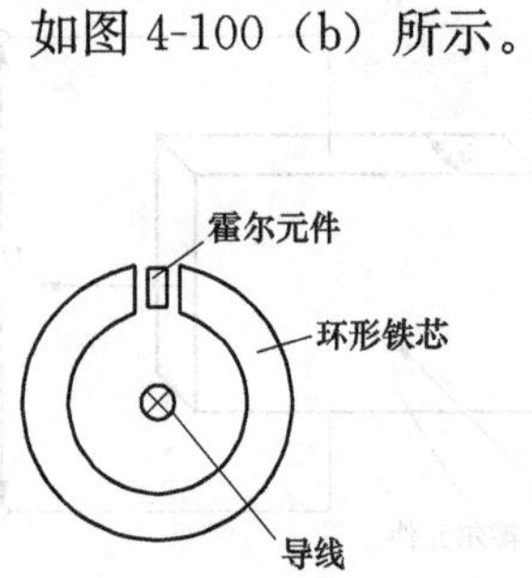

图 4-99 用霍尔传感器测量电流示意图

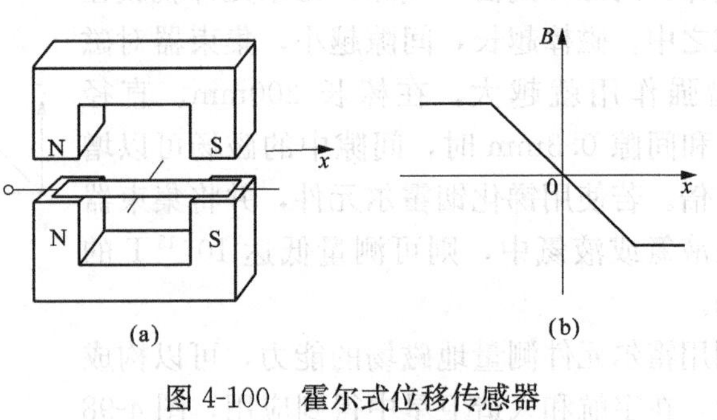

图 4-100 霍尔式位移传感器

（a）结构；（b）磁场变化

当霍尔元件沿 x 方向移动时，霍尔电动势的变化为

$$\frac{\mathrm{d}U_{\mathrm{H}}}{\mathrm{d}x}=K_{\mathrm{H}}I\frac{\mathrm{d}B}{\mathrm{d}x}=K \tag{4-125}$$

式中　K——霍尔式传感器输出灵敏度。

对式（4-125）积分后，得

$$U_{\mathrm{H}}=Kx \tag{4-126}$$

由式（4-126）可知，霍尔电动势与位移量 x 呈线性关系，即 $x=0$ 时，$U_{\mathrm{H}}=0$，这是由于在此位置元件同时受到方向相反、大小相等的磁通作用的结果。并且霍尔电动势的极性反映了元件位移的方向。实践证明：磁场变化率越大，灵敏度越高；磁场变化率越小，则线性度越好。基于霍尔效应制成的位移传感器一般可用来测量 1～2mm 的小位移，其特点是惯性小、响应速度快。

第十节　光纤传感器

光纤传感器是 20 世纪 70 年代中期迅速发展起来的一种基于光导纤维技术的新型传感器，用光作为敏感信息的载体，光纤作为传递敏感信息的媒质。其具有光纤及光学测量获取信息和传送信号的双重功能，与常规的各类传感器相比，有很多优点，即抗电磁干扰能力强，柔软性好，光纤集传感器与信号传输一体，利用它很容易构成分布式传感器。此外，光纤传感器还具有灵敏度高、响应速度快、动态范围大、耐腐蚀、便于遥测、结构简单、体积小、耗电少等优点。光纤传感器可实现的传感物理量很广，广泛应用于对磁、声、力、温度、位移、旋转、加速度、液位、扭矩、转矩、应变、光、电流、电压及某些化学量的测量等，前景十分广阔。

一、光纤传光原理及主要参数

（一）光纤传光原理

光纤是光导纤维的简称，它是工作在光波波段的一种介质波导，通常是圆柱形。它把以光的形式出现的电磁波能量，利用全反射的原理约束在其界面内，并引导光波沿着光纤轴线方向前进，可以高速、高可靠性地传送大量信息。

光纤的典型结构为多层同轴圆柱体，一般是由折射率较高的纤芯、折射率较低的包层、涂敷层和护套构成，如图 4-101 所示。中心圆柱体称为纤芯，直径只有几十微米，纤芯的四周是一层包层，其外径为 100～200μm，光线最外层为保护层（涂覆层及护套）。光纤的纤芯和包层主要由不同掺杂的石英玻璃制成，纤芯的折射略大于包层的折射率，纤芯和包层作为光纤结构的主体，对光波的传播起着决定性作用；涂覆层为硅酮或丙烯酸盐以保护光纤不受损害，增加光纤的机械强度。护套采用不同颜色的塑料管套，一方面起保护作用，一方面以颜色区分各种光纤。在某些特殊应用场合不加涂敷层和护套的光纤称为裸光纤。

光纤工作的基础是光的全反射。如图 4-102 所示的圆柱形光纤，它的两个端面均为光滑的平面，包层的折射率 n_2 略小于纤芯的折射率 n_1。根据物理光学可知，当光线从光密介质进入光疏介质时，它的传播方向将发生改变。当光线以各种不同角度入射击到光纤端面时，在端面发生折射进入光纤后，又入射到光密介质纤芯与光疏介质包层交界面，光线在该处有一部分光线折射到光疏介质中，一部分反射回光密介质。但是，如果光线的入射角 θ 减小到

某一角度 θ_c 时，光线就会从两种介质的分界面上全部反射回光密介质中，而没有光线透射到光疏介质，这就是全反射现象。产生全反射的光的入射角 θ_c 叫作临界角，只要 $\theta < \theta_c$，光在纤芯和包层界面上经过若干次全反射，呈锯齿形状路线在芯内向前传播，最后从光纤的另一端面射出，这就是光纤的传光原理。为保证全反射，必须满足 $\theta < \theta_c$ 这一全反射的条件。

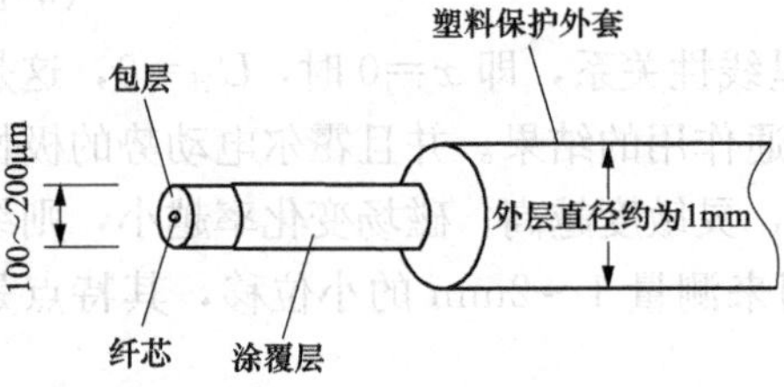

图 4-101　光纤的结构

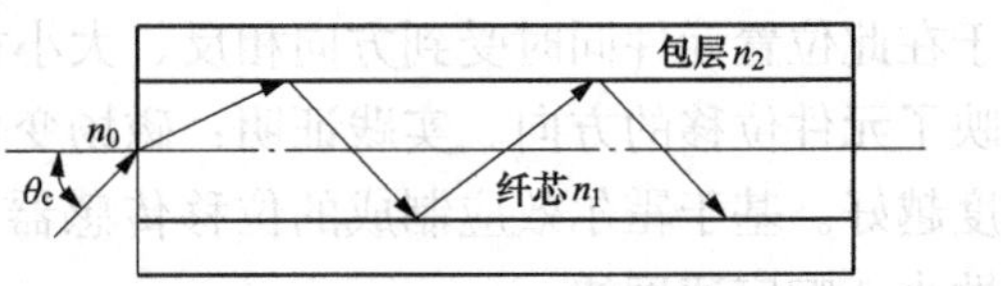

图 4-102　光在光纤中的传播

由斯乃尔（Snell）定律可导出光线由折射率为 n_0 的外界介质射入纤芯时，实现全反射的临界入射角为

$$\theta_c = \arcsin\left(\frac{1}{n_0}\sqrt{n_1^2 - n_2^2}\right) \tag{4-127}$$

外界介质一般为空气，空气的 $n_0 = 1$，所以

$$\theta_c = \arcsin(\sqrt{n_1^2 - n_2^2}) \tag{4-128}$$

由式（4-128）可知，某种光纤的临界入射角的大小是由光纤本身的性质——折射率 n_1 和 n_2 所决定的，与光纤的几何尺寸无关。

（二）光纤的主要参数

1. 数值孔径

临界入射角 θ_c 的正弦函数定义为光纤的数值孔径 NA，即

$$NA = \sin\theta_c = \frac{1}{n_0}\sqrt{n_1^2 - n_2^2} \tag{4-129}$$

数值孔径是光纤的一个重要参数，它能反映光纤的集光能力，光纤的 NA 越大，表明它集光能力就越强，可以在较大入射角范围内输入全反射光，光纤与光源的耦合就越容易，且保证实现全反射向前传播。即在光纤端面，无论光源的发射功率有多大，只有 $2\theta_c$ 张角内的入射光才能被光纤接收、传播。如果入射角超出这个范围，进入光纤的光将会进入包层而散失。但 NA 越大，光信号畸变也越大，所以要适当选择 NA 的大小。产品光纤通常不给出折射率，而给出 NA。石英光纤的 NA 为 0.2～0.4。

数值孔径 NA 由光纤材料的折射率决定，而与光纤的几何尺寸无关。因此，在制造光纤时可将 NA 值做得很大，而其截面积却很小，使得光纤柔软且可弯曲，这是光纤可以得到广泛应用的原因之一，也是其他一般光学系统无法比拟的。

2. 光纤模式

光纤中传输的光可分解为沿轴向何沿截面径向传播的两种平面波成分。沿截面径向传播的光波在纤芯与包层的界面上产生全反射，因此当它在径向每一次往返传输的相位变化是 2π 的整数倍时，就在截面内形成驻波。这种驻波光线组又称为“模”。它们是离散存在的，即某一种光纤只能形成特定数目的模式来传输光波，不同的光线可根据模式形状加以区分，

传播速度最快的模式称为基模或主模。

通常用归一化频率 v 表示光纤传播模式的总数，为 $v^2/2 \sim v^2/4$。归一化频率 v 由波动方程导出，其表达式为

$$v = 2\pi r/\lambda \tag{4-130}$$

式中 r——纤芯半径；

λ——光波长。

由此可知，v 值大的光纤传输的模数多，称为多模光纤。多模光纤直径较大（50～100μm），有多种传播模式。这种光纤的优点是：纤芯面积较大，在制造、连接和耦合等方面比较方便。其缺点是：性能较差，输出波形有较大的畸变。而纤芯很细的只能传输一个模（基模），称为单模光纤。单模光纤的直径很小（2～12μm），只能传输一种模式。这种光纤的优点是：传输性能好、信号畸变小、信息容量大、线性好、灵敏度高，但由于其纤芯尺寸较小，所以在制造、连接和耦合等方面较困难。

3. 传输损耗

由于光纤纤芯材料的吸收、散射以及光纤弯曲处的辐射损耗等影响，光信号在光纤中的传播不可避免地存在着损耗，这种损耗的大小是评定光纤优劣的重要指标。以 A 来表示传播损耗（单位为 dB），其表达式为

$$A = al = 10\lg\frac{I_0}{I} \tag{4-131}$$

式中 l——光纤长度；

a——单位长度的衰减；

I_0——入射光纤的强度；

I——射出光纤的强度。

4. 色散

当一个光脉冲信号通过光纤时，由于光纤材料等因素的影响，在输出端的光脉冲被展宽，即出现明显的失真，这种现象称为色散。

色散会影响光纤传输信息的容量和速率。在光纤数字编码通信中，当传输的脉冲速率很高时，由于色散而产生码间干扰等危害，导致误码，迫使必须降低脉冲速率，使光纤的传输频带变窄。当光纤用于传感器时，由于相比之下光纤的信息容量很大，色散引起的问题并不是主要问题。

按照引起光纤色散的因素可将色散分为材料色散、模式色散和波导色散。

（1）材料色散：由于纤芯的折射率随光波长而变化所引起的色散称为材料色散，又称为颜色色散。光源波谱宽度 $\Delta\lambda$ 越小，光的波长 λ 越长，色散越小。

（2）模式色散：在多模光纤中，由于各个模式以不同的速度传播而形成的色散称为模式色散。对于单模光纤，不存在模式色散。多模光纤同时能传播许多光线，每条光线在光纤中的分布状态不同。在阶跃型光纤中，沿光纤轴心线传播的模式成为基模。显然其传播速度最快，其他以较小入射角传播的光线由于折射次数增多而经过的路程增加，从而使本来同时进入光纤端面的入射光，由于光波中各光线入射角不同而在到达终端时有先有后，光纤越长，此差异越大，最终将导致合成信号畸变。折射率呈梯度变化的多模光纤可使模式色散大大减少，当折射率按抛物线规律变化时，可得到最小的色散。

（3）波导色散：由于光纤的传输常数随光线波长而呈现非线性所引起的色散称为波导色散，也称为结构色散。它主要由光纤的几何结构决定，与纤芯直径、纤芯与包层之间的相对折射率差等因素有关。随着光线波长的增大，波导色散有增大的倾向。

二、光纤传感器的分类

（一）按光纤在传感器中的作用分类

1. 功能型光纤传感器

功能型光纤传感器是利用光纤本身的特性把光纤作为敏感元件，被测量对光纤内传输的光进行调制，使传输的光的强度、相位、频率或偏振等特征发生变化，在通过对被调制过的信号进行解调，从而得出被测的信号。功能型光纤传感器主要使用单模光纤。这种传感器结构紧凑、灵敏度高，但需要特殊光纤和检测技术，成本高，如光纤陀螺、光纤水听器等。

2. 非功能型光纤传感器

非功能型光纤传感器是利用其他敏感元件感受被测量的变化，与其他敏感元件组合而成的传感器，光纤只作为光的传输介质。为了得到较大受光量和传输的光功率，非功能型光纤传感器使用的光纤主要是数值孔径和芯径大的阶跃型多模光纤。这种传感器无需特殊光纤，容易实现，成本低，灵敏度也较低，所使用的光纤传感器大都是非功能型的。

3. 拾光型光纤传感器

拾光型光纤传感器是利用光纤作为探头，接收由被测对象辐射的光或被其反射、散射的光。其典型例子有光纤激光多普勒速度计、辐射式光纤温度传感器等，其特点是非接触式测量，而且具有较高的精度。

（二）按光纤传感器调制的光波形式分类

1. 强度调制光纤传感器

利用被测对象的变化引起明暗元件的折射率、吸收或反射等参数变化，而导致光强度变化，实现敏感测量。常见的有利用光纤的微弯损耗，各物质的吸收特性，反射光强度的变化，以及物质的荧光辐射或光路的遮断等构成压力、振动、位移、气体等各种强度调制型光纤传感器。其优点是结构简单、容易实现、成本低，但受光源强度波动和连接器损耗变化等影响较大。

2. 相位调制光纤传感器

相位调制光纤传感器基本原理是利用被测对象对敏感元件的变化，使敏感元件的折射率或传播常数发生变化，而导致光的相位变化，然后利用干涉仪进行检测，以得到被测对象的信息。其调制机理分为两类：一类是将机械效应转变为相位调制，如将应变、位移、水声的声压等通过某种机械元件转换成光纤的光折射率的变化，从而使光波的相位变化。另一类是利用光学相位调制器将压力、转动等信号直接改变为相位变化。这类传感器的灵敏度较高，但由于需要特殊的光纤及高精度检测系统，因此成本较高。

3. 偏振调制光纤传感器

利用光的偏振态变化传递被测对象信息的传感器。常见的有利用光在磁场中的媒质内传播的法拉第效应做成的电流、磁场传感器；利用光在电场中的压电晶体内传播的泡尔效应做成的电场、电压传感器；利用物质光弹效应构成的压力、振动或声传感器；以及利用光纤的双折射性构成的温度、压力、振动等传感器。这类传感器可以避免光源强度变化的影响，因此灵敏度高。

4. 频率（波长）调制光纤传感器

频率（波长）调制光纤传感器利用被测对象引起的光频率的变化进行监测。当单色光照射到运动物体上后，反射回来时，由于多普勒效应，其频率间发生变化，将此频率的光与参考光共同作用于光探测器上，并产生差拍，经频谱分析器处理求得频率变化，即可推知物体的运动速度。常用的有光纤激光—多普勒测振仪和光纤多普勒血流量计。

三、光纤传感器的应用

由于光纤传感器的优点突出，因此发展极快。自 1977 年以来，已研制出多种光纤传感器。例如：可用于高压送电设备高压下的电场和电流测量的光纤传感器；可用于远距离传感系统的光纤传感器；可用于化学药品处理或煤矿、石油及天然气储存等危险易燃、易爆等场合的光纤传感器。下面介绍几种较常见的光纤传感器。

1. 光纤图像传感器

图像光纤是由数目众多的光纤组成一个图像单元，典型数目为 0.3 万～10 万股，每一股光纤的直径约为 10μm，图像经图像光纤传输的原理如图 4-103 所示。在光纤的两端，所有的光纤都是按统一规格整齐排列的。投影在光纤束一端的图像被分成许多像素，然后，图像是作为一组强度与颜色不同的光点传送，并在另一端重建原图像。

工业内窥镜用于检查系统内部结构，它采用光纤图像传感器，将探头放入系统内部，通过光束的传播在系统外部可以观察监视，如图 4-104 所示。光源发出的光通过传光束照射到被测物上，通过物镜和传像束把内部图像传送出来，以便观察、照相或通过传像束送入 CCD 器件，将图像信号转换成电信号，送入微机进行处理，可在屏幕上显示和打印观测结果。

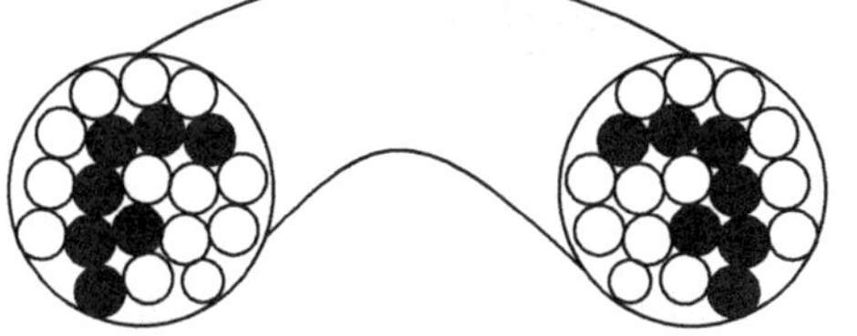

图 4-103 光纤图像传输原理图

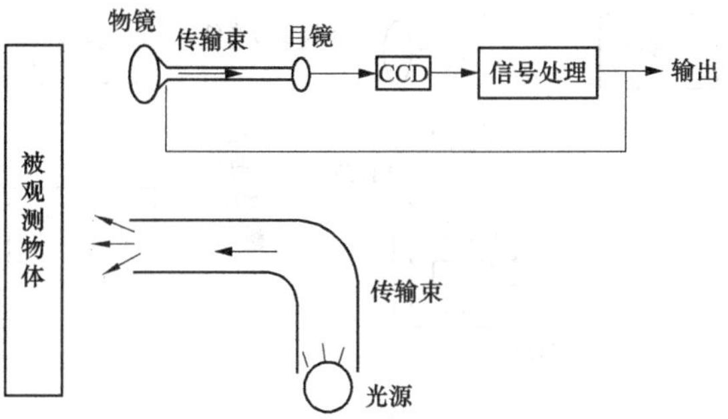

图 4-104 工业用内窥镜系统原理

2. 光纤温度传感器

光纤温度传感器可分为辐射温度型、光强调制型和荧光发射型。这里主要介绍一下最常用的辐射温度型。它是以非接触方式通过检测来自物体的热辐射而测定物体温度的方法，若采用光导纤维将热辐射引导到传感器中，则可得到如下特点的温度计：可实现远距离测量；利用多束光纤对物体上多点的温度及其分布进行测量；可在真空、放射线、爆炸性和有毒气体等特殊环境下进行测量。400～1600℃的黑体辐射的光谱主要由近红外线构成，采用高纯石英玻璃的光导纤维在 1.1～1.7μm 的波长带域内显示出低于 1dB/km 的低传输损失，所以最适合于上述温度范围的远距离测量。

图 4-105 为可测量高温的光纤温度传感器系统示意图。将直径为 0.25～1.25μm、长度

为 0.05～0.3m 的蓝宝石纤维接于光纤的前端，蓝宝石纤维的前端用 Ir（铱）的溅射薄膜覆盖。这可看作黑体空洞，从而满足黑体辐射公式的热辐射传入光纤。用这种温度计可检测具有 0.1μm 带宽的可见单色光（λ=0.5～0.7μm），从而可测量 600～2000℃范围的温度。

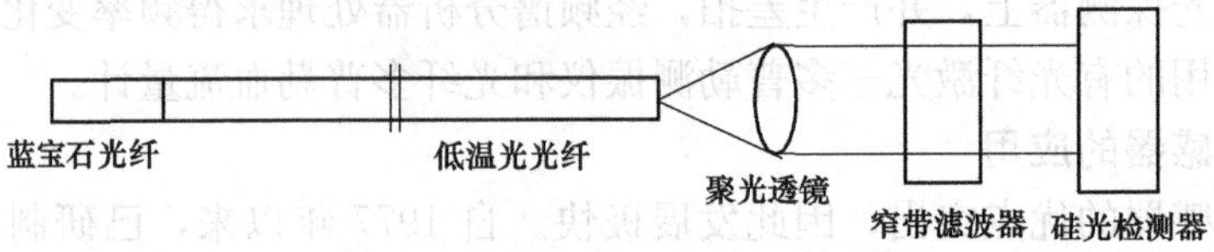

图 4-105　探针型光纤温度传感器

3. 光纤加速度传感器

光纤加速度传感器的组成结构如图 4-106 所示。它是一种简谐振子的结构形式。激光束通过分光板后分为两束光，透射光作为参考光束，反射光作为测量光束。当传感器感受加速度时，由于质量块对光纤的作用，从而使光纤被拉伸，引起光程差的改变。相位改变的激光束由单模光纤射出后与参考光束会合产生干涉效应。激光干涉仪的干涉条纹的移动可由光电接收装置转换为电信号，经过处理电路处理后便可正确地测出加速度值。

4. 光纤旋涡流量传感器

光纤旋涡流量传感器是将一根多模光纤垂直地装入流管，当液体或气体流经与其垂直的光纤时，光纤受到流体涡流的作用而振动，振动的频率与流速有关系，测出频率便可知流速。这种流量传感器结构示意图如图 4-107 所示。

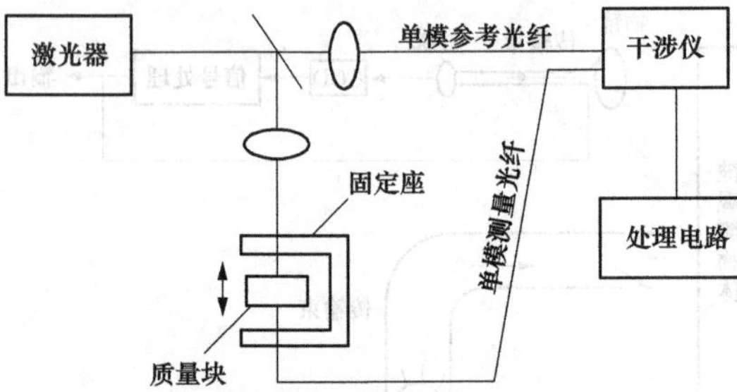

图 4-106　光纤加速度传感器结构简图

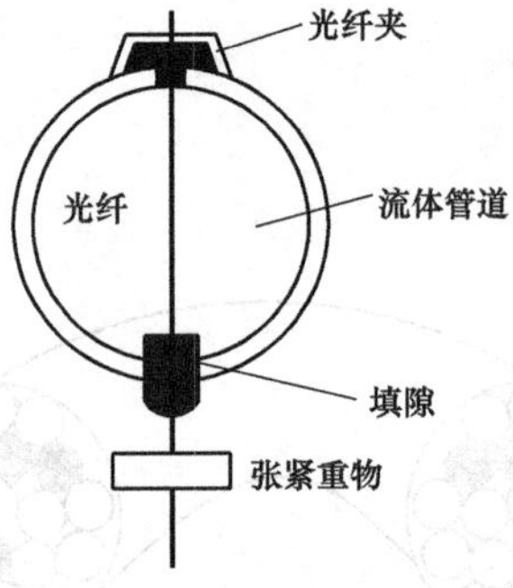

图 4-107　光纤旋涡流量传感器

当流体流动受到一个垂直于流动方向的非流线体阻碍时，根据流体力学原理，在某些条件下，在非流线体的下游两侧产生有规则的旋涡，其旋涡的频率 f 近似与流体的流速成正比，即

$$f=\frac{Sv}{d} \tag{4-132}$$

式中　v——流速；

d——流体中物体的横向尺寸大小；

S——斯持罗哈（Strouhal）数，它是一个无量纲的常数，仅与雷诺数有关。

式（4-132）是旋涡流体流量计测量流量的基本理论依据。由此可见，流体流速与涡流频率呈线性关系。

在多模光纤中，光以多种模式进行传输，在光纤的输出端，各模式的光就形成了干涉花样，这就是光斑。一根没有外界扰动的光纤所产生的干涉图样是稳定的，当光纤受到外界扰动时，干涉图样的明暗相间的斑纹或斑点发生移动。如果外界扰动是由于流体的涡流而引起时，干涉图样的斑纹或斑点就会随着振动的周期变化来回移动，那么测出斑纹或斑点移动，即可获得对应于振动频率 f 的信号，根据式（4-131）推算流体的流速。

这种流量传感器可测量液体和气体的流量，因为传感器没有活动部件，测量可靠，而且对流体流动不产生阻碍作用，所以压力损耗非常小。这些特点是孔板、涡轮等许多传统流量计所无法比拟的。

第十一节　超声波传感器

超声波传感器是一种以超声波作为检测手段的新型传感器。超声波在液体、固体中衰减很小，穿透力强。当超声波从一种介质入射到另一种介质时，由于在两种介质中的传播速度不同，在介质界面上会产生反射、折射和波型转换等现象。超声波的这些特性使它在检测技术中得到了广泛的应用，如超声波无损探伤、厚度测量、流速测量、超声显微镜及超声成像。

一、超声波及其物理性质

1. *声波的分类*

振动在弹性介质内的传播称为波动，简称波。声波是一种可在气体、液体、固体中传播的机械波。根据声波频率的范围，声波可分为次声波、声波和超声波。其中，频率在 16Hz～20kHz 的范围内时，可为人耳所感觉，称为声波；低于 16Hz 的机械振动人耳不可闻，称为次声波；频率高于 20kHz 的机械振动波称为超声波。

2. *超声波的波形*

由于声源在介质中的施力方向与波在介质中的传播方向的不同，超声波的波形也不同。通常可分为如下几种：

（1）纵波。质点振动方向与波的传播方向一致的波，它能在固体、液体和气体中传播。

（2）横波。质点振动方向垂直于波的传播方向的波，它只能在固体中传播。

（3）表面波。质点的振动介于纵波和横波之间，沿着表面传播，振幅随深度增加而迅速衰减的波。表面波的轨迹是椭圆形，质点位移的长轴垂直于传播方向，质点位移的短轴平行于传播方向。由于表面波随深度增加而衰减很快，因此只能沿着固体的表面传播。

当声波以一定的入射角从一种介质传播到另一种介质的分界面上时，除有纵波的反射、折射以外，还会发生横波的反射和折射，在一定条件下还会产生表面波。各种波型均符合几何光学中的折射和反射定律。

3. *超声波的传播速度*

超声波的传播速度取决于介质的弹性系数及介质的密度。气体和液体中只能传播纵波，气体中声速为 344m/s，液体中声速为 900～1900m/s。在固体中，纵波、横波和表面波三者的声速成一定关系，通常认为横波声速为纵波声速的一半，表面波的声速约为横波声速的 90％。

4. 超声波的反射和折射

当声波从一种介质传播到另一种介质时，在两介质的分界面上将发生反射和折射，如图4-108所示。

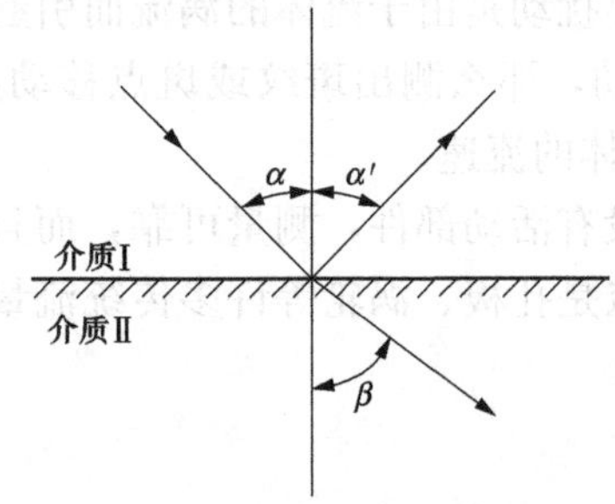

图 4-108　波的反射和折射

(1) 反射定律。入射角 α 的正弦与反射角 α' 的正弦之比等于入射波与反射波的速度之比。当反射波与入射波同处于一种介质中时，因波速相同，则反射角 α' 等于入射角 α。

(2) 折射定律。当波在界面上产生折射时，入射角 α 的正弦与折射角 β 的正弦之比等于入射波在第一种介质中的波速 C_1 与在第二种介质中的波速 C_2 之比，即

$$\frac{\sin\alpha}{\sin\beta}=\frac{C_1}{C_2} \tag{4-133}$$

5. 超声波在介质中的衰减

超声波在介质中传播时，随着传播距离的增加，能量逐渐衰减。其声压和声强的衰减规律为

$$\begin{aligned}P_x&=P_0e^{-ax}\\I_x&=I_0e^{-2ax}\end{aligned} \tag{4-134}$$

式中　P_x、I_x——平面波在 x 处的声压和声强；

P_0、I_0——平面波在 $x=0$ 处的声压和声强；

a——衰减系数。

超声波在介质中传播时，能量的衰减决定于声波的扩散、散射和吸收。在理想介质中，超声波的衰减仅来自于超声波的扩散，即随着超声波传播距离的增加而引起声能的衰减。散射衰减是固体介质中的颗粒界面或流体介质中的悬浮粒子使超声波散射。吸收衰减是由介质的导热性、黏滞性及弹性滞后等因素造成的，介质吸收声能并转化成为热能。

二、超声波传感器的工作原理

超声波传感器包括超声波发生器和超声波接收器，习惯上称为超声波换能器或超声波探头。

超声波传感器按其工作原理可分为压电式、磁致伸缩式、电磁式等，在检测技术中主要采用压电式。下面以压电式超声波传感器为例介绍其工作原理。

压电式超声波传感器常用的材料是压电晶体和压电陶瓷，它是利用压电材料的压电效应来工作的：逆压电效应将高频电振动转换成高频机械振动，从而产生超声波，可作为发射探头；而利用正压电效应，将超声振动波转换成电信号，可用为接收探头。

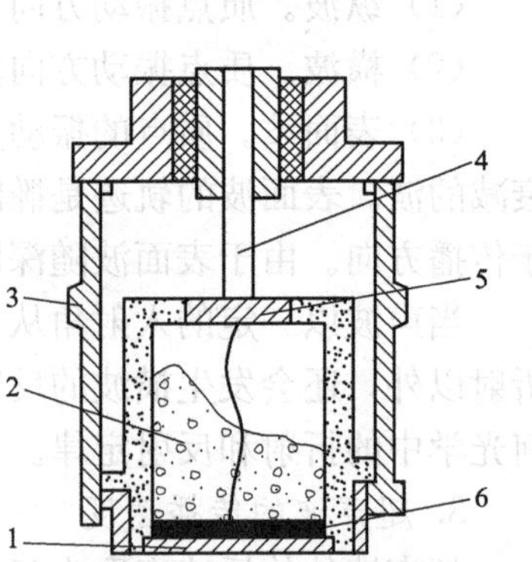

图 4-109　压电式超声波传感器结构

1—保护膜；2—吸收块；3—金属壳；4—导电螺杆；5—接线片；6—压电晶片

由于压电材料较脆，为了绝缘、密封、防腐蚀、阻抗匹配及防止不良环境的影响，压电元件常常装在一个外壳内而构成探头。超声波探头按其结构可分为直探头、斜探头、双探头和液浸探头等。在检测技术中最常用的是直探头，图4-109所示为压电式超声波传感器直探头的结构图。它主要由压电晶片、吸收块（阻

尼块）、保护膜组成。压电晶片多为圆板型，厚度为δ，超声波频率f与其厚度δ成反比。压电晶片的两面镀有银层，作为导电的极板，底面接地，上面接至引出线。为了避免传感器与被测件直接接触而磨损压电晶片，在压电晶片下粘合一层保护膜（0.3mm厚的塑料膜、不锈钢片或陶瓷片）。阻尼块的作用是降低压电晶片的机械品质，吸收超声波的能量。如果没有阻尼块，当激励的电脉冲信号停止时，晶片会继续振荡，加长超声波的脉冲宽度，使分辨率变差。

三、超声波传感器的应用

1. 声纳

声纳是一种水声学仪器。其声发射器发出的超声波在水中传播，当遇到障碍物时发生反射，经声接收器接收，通过信号处理能测知障碍物的位置和距离。声纳也可用来接收水中物体发出的声音，以测定物体的方位。

声纳最初被用来测定水深。超声波由超声换能器从水面垂直向下发射（称为垂直声纳），如图4-110所示，发射超声脉冲时会在示波管上出现发射脉冲的迹线，当发射的超声波（或声波）向下遇到海底时即被反射，该回波将被超声波传感器所接收，在示波管上即出现接收波脉冲的迹线。若从发射波开始到接收波出现的时间间隔为t，海水中的声速为v，则水深h为

$$h=\frac{1}{2}vt$$

由于海水是分层的，其水温、盐分等不相同，因此各层的声速也是不相同的，如各层的声速分别为v_1，v_2，v_3，…，v_n，则测水深时的声速应采用平均声速，即

$$v=\frac{1}{n}(v_1+v_2+v_3+\cdots+v_n)$$

鱼群探测器用的是相同原理，只是超声波向下发射时遇到的是密集鱼群而被反射，这时不仅可探测到鱼群，还可测知鱼群所在位置的深度。

2. 超声波探伤

利用超声波可探查金属内部的缺陷，这是一种非破坏性检测，即无损检测。利用此方法可对高速运动的板料、棒料进行检测，也可制成全自动检测系统，不但能发出报警信号，还可在有缺陷区域喷上有色涂料，并根据缺陷的数量或严重程度做出“通过”或“拒收”的决定。当材料内有缺陷时，材料内的不连续性成为超声波传输的障碍，超声波通过这种障碍时只能透射一部分声能。只要十分细小的细裂纹，在无损检测中即可构成超声波不能透过的阻挡层。利用此原理即可构成缺陷的透射检测法，如图4-111所示。

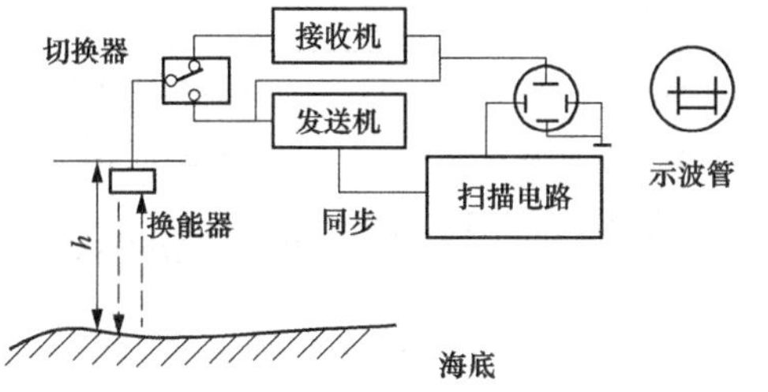

图4-110　声纳工作原理

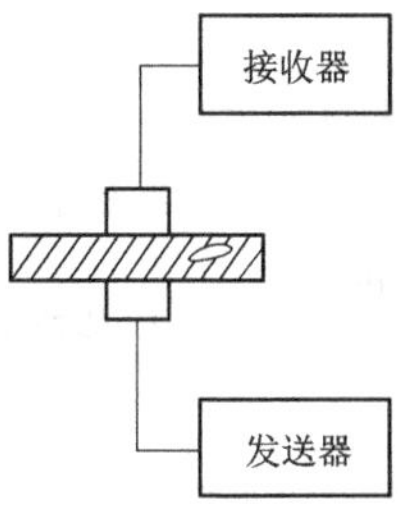

图4-111　透射法检测缺陷

在检测时，把超声发射探头置于试件的一侧，而把接收探头置于试件的另一侧，并保证探头和试件之间有良好的声耦合，以及两个探头置于一条直线上，这样监测接收到的超声波强度就可获得材料内部缺陷的信息。在超声波束的通道中出现的任何缺陷都会使接收信号下降，甚至完全消失，这就表示试件中有缺陷存在。

第十二节 气敏与湿敏传感器

一、气敏传感器

气敏传感器也称为气体传感器，是用来测量气体的类型、浓度和成分的传感器，是一种能把气体（空气）中的特定成分检测出来，并将成分参量转换成电信号的器件或装置，以便提供有关待测气体的存在及其浓度大小的信息。

最初的气敏传感器用于可燃性气体和瓦斯（煤气混合气体）泄漏报警。后来推广应用于有毒气体的检测，容器或管道泄漏的检测，环境监测（粉尘、烟雾）等。近年来在空气净化、家电用品、宇宙探测等方面使用逐渐增多。气敏传感器是暴露在含有各种成分的气体中使用的，由于检测现场温度、湿度的变化很大，又存在大量粉尘和油污等，所以其工作条件较恶劣，而且气体对传感元件的材料会产生化学反应物，附着在元件表面，往往会使其性能变差。因此，对气敏元件有下列要求：能长期稳定工作，重复性好，响应速度快，共存物质产生的影响小等。用半导体气敏元件组成的气敏传感器主要用于工业上的天然气、煤气、石油化工等部门的易燃、易爆、有毒等有害气体的监测、预报和自动控制。

能实现气-电转换的气敏传感器种类很多，按构成气敏传感器的材料可分为半导体和非半导体两大类。实际中使用最多的是半导体气敏传感器，本节主要介绍半导体气敏传感器。

1. 半导体气敏传感器的分类

半导体气敏传感器是利用气体在半导体敏感元件表面的氧化和还原反应导致敏感元件电阻值、电阻率或电容发生变化而制成的，借此来检测气体的类别、浓度和成分的传感器。

按照半导体与气体的相互作用主要局限于半导体表面，还是涉及半导体内部，半导体气敏传感器可分为表面控制型和体控制型，前者半导体材料表面吸附的气体与其组成原子间发生电子交换，结果使半导体的电阻率等物理性质发生变化，但内部化学组成不变；后者半导体材料与气体的反应，使半导体内部组成发生变化，而使电导率发生变化。按照半导体变化的物理特性，又可分为电阻式和非电阻式。电阻式半导体气敏传感器是利用敏感材料接触气体时，其阻值改变来检测被测气体的成分或浓度；而非电阻式气敏传感器则利用半导体的其他机理对气体进行直接或间接检测。半导体气敏传感器的分类见表 4-3。

表 4-3 半导体气敏传感器分类

分类	主要物理特性	类型	气敏元件	主要检测气体
电阻式	电　阻	表面控制型	氧化锡、氧化锌（烧结体、薄膜、厚膜）	可燃性气体
		体控制型	$T\text{-}Fe_2O_3$ 氧化钛（烧结体）氧化镁、氧化锡	酒精、可燃性气体、氧气
非电阻式	二极管整流特性	表面控制型	铂-硫化硒、铂-氧化钛（金属-半导体烧结二极管）	氢气、一氧化碳、酒精
	晶体管特性		铂栅、铂栅 MOS 场效应管	氢气、硫化氢

2. 半导体气敏传感器的工作原理

半导体气敏传感器的敏感元件采用金属氧化物半导体材料，它分为N型、P型和混合型三种。半导体气敏元件的敏感部分是金属氧化物半导体微结晶粒子烧结体，当它的表面吸附被检测气体时，半导体微结晶粒子接触界面的导电电子比例就会发生变化，从而使气敏元件的电阻值随被测气体的浓度改变而改变。这种反应是可逆的，因而是可重复使用的。电阻值的变化是伴随着金属氧化物半导体表面对气体的吸附和释放而发生的，为了加速这种反应，通常要用加热器对气敏元件加热。半导体气敏器件被加热到稳定状态下，当气体接触器件表面而被吸附时，吸附分子首先在表面自由地扩散（物理吸附），失去其运动能量，其间一部分分子蒸发，残留分子产生热分解而固定在吸附处（化学吸附）。这时，如果器件的功函数小于吸附分子的电子亲和力，则吸附分子将从器件夺取电子而变成负离子吸附。具有负离子吸附倾向的气体称为氧化型气体或电子接收性气体，如O_2、NO_x。如果器件的功函数大于吸附分子离解能，则吸附分子将向器件释放出电子，而成为正离子吸附。具有这种正离子吸附倾向的气体称为还原型气体或电子供给性气体，如H_2、CO、碳氢化合物和酒类等。

当氧化型气体吸附到N型半导体上，或还原型气体吸附到P型半导体上时，将使载流子减少，而使电阻值增大。相反，当还原型气体吸附到N型半导体上，或氧化型气体吸附到P型半导体上时，将使载流子增多，使电阻值下降。图4-112描述了半导体气敏元件吸附被测气体时电阻的变化情况。当半导体气敏元件在洁净的空气中开始通电加热时，其电阻值急剧下降，几分钟后达到稳定值，这段时间称为初始稳定时间。然后，其阻值随被测气体的吸附情况而发生变化，阻值的变化规律视半导体材料而定：P型半导体气敏元件的阻值上升；N型半导体气敏元件的阻值下降。

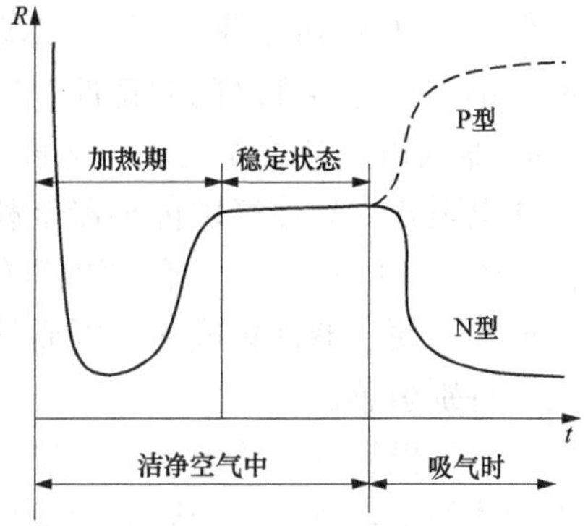

图4-112　半导体气敏元件检测气体时的阻值变化

3. 电阻式半导体气敏传感器

利用半导体与气体接触而导致电阻发生变化的效应制成，这类气敏传感器由于结构简单，不需要专门的放大电路来放大信号，主要用以检测可燃性气体，具有灵敏度高、响应快等优点。气敏元件采用的材料多数为氧化锡和氧化锌等较难还原的氧化物，为了提高检测的选择性，一般都掺有少量的贵金属（如铂等）作催化剂。

采用的气敏元件有烧结体型、薄膜型和厚膜型三种结构形式，如图4-113所示。其中图4-113（a）为多孔质烧结体气敏元件，是将电极和加热元件用的加热器埋入金属氧化物中，添加Al_2O_3、SiO_2等催化剂和黏合剂，通电加热或加压成型后低温烧结而成。这类元件的一致性较差，通常，其空隙率越大，响应速度越快。图4-113（b）是薄膜型气敏元件，这是在绝缘衬底（如石英基片）上蒸发或溅射上一层氧化物半导体薄膜（厚度数微米）制成的，其性能与工艺条件和薄膜的物理化学状态有关，因此各元件间的性能一致性较差。图4-113（c）是厚膜型气敏元件，一般是把半导体氧化物粉末、添加剂、黏合剂和载体混合成浆料，再把浆料印刷（丝网印刷）到基片上，形成厚度为几微米到几十微米的厚膜，其灵敏度与烧结体型的灵敏度相当，工艺性、机械强度和性能的一致性都较好。

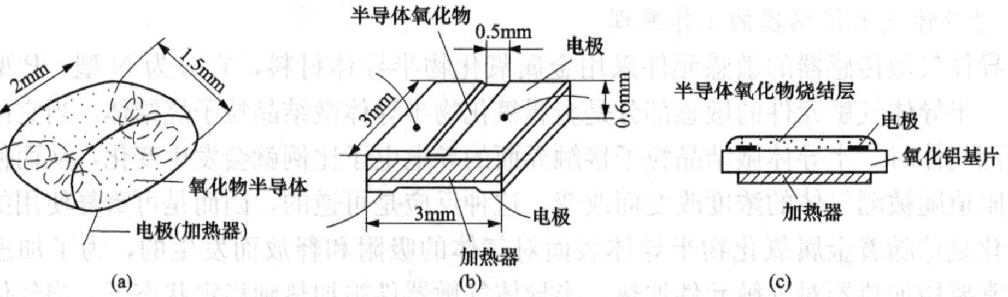

图 4-113　半导体气敏元件的结构形式

(a) 烧结体型；(b) 薄膜型图；(c) 厚膜型

上述这三种结构形式的气敏元件都有加热器，其作用是烧去附在元件表面上的油雾和尘埃，以加速气体的吸附，从而提高元件的灵敏度和响应速度。元件的工作加热温度与氧化物材料和被测气体种类有关，一般为 200～400℃。

这些气敏器件的优点是：工艺简单，价格便宜，使用方便；对气体浓度变化响应快；即使在低浓度（3000mg/kg）下，灵敏度也很高。其缺点在于：稳定性差，老化较快，气体识别能力不强；各器件之间的特性差异大。

4. 非电阻式半导体气敏传感器

非电阻式半导体气敏传感器是利用 MOS 二极管的电容-电压特性的变化以及 MOS 场效应晶体管（MOSFET）的阈值电压的变化等物性而制成的气敏元件。由于这类器件的制造工艺成熟，便于器件集成化，因而其性能稳定且价格便宜。利用特定材料还可以使元件对某些气体特别敏感。

（1）二极管气敏传感器。如果二极管的金属与半导体的界面吸附有气体，而这种气体又对半导体的禁带宽度或金属的功函数有影响的话，则其整流特性就会发生变化。在掺铟的硫化镉上，薄薄地蒸发一层钯薄膜，就形成了钯硫化镉二极管气敏传感器，这种传感器可用来检测氢气。氢气对这种二极管整流特性的影响如下：在氢气浓度急剧增高的同时，正向偏置条件下的电流也急剧增大。所以在一定的偏置下，通过测量电流值就能知道氢气的浓度。电流值之所以增大，是因为吸附在钯表面的氧气由于氢气浓度的增高而解析，从而使肖特基势垒降低的缘故。

（2）MOS 二极管气敏传感器。金属-氧化物-半导体（MOS）二极管的结构和等效电路如图 4-114 所示。它是利用 MOS 二极管的电容-电压特性的变化制成的 MOS 半导体气敏器件。在 P 型半导体硅芯片上，采用热氧化工艺生长一层厚度为 50～100mm 的 SiO_2层，然后再在其上蒸发一层钯金属薄膜，作为栅电极。SiO_2层电容 C_{ax}是固定不变的，Si-SiO_2界面电容 C_x是外加电压的函数。所以总电容 C 是栅极偏压的函数。其函数关系称为该 MOS 管的 C-U（电容-电压）特性。由于钯在吸附 H_2以后，会使钯的功函数降低。这将引起 MOS 管的 C-U 特性向负偏压方向平移，如图 4-115 所示，由此可测定 H_2的浓度。

二、湿敏传感器

湿敏传感器也称为湿度传感器，是能够感受外界湿度变化，并通过湿敏元件材料的物理或化学性质变化，将湿度大小转化成电信号的器件。

传统的测量湿度的传感器有毛发湿度计、干湿球湿度计、氯化锂湿度计等，但这些传感器的响应速度、灵敏度、准确度等都不高，后来发展的有中子水分仪、微波水分仪等。现在，湿度的检测已广泛用于工业、农业、国防、科技、生活等各个领域。

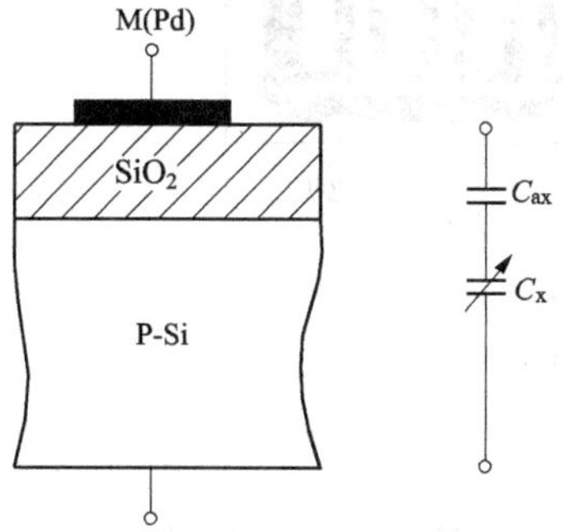

图 4-114　MOS 气敏器件的结构和等效电路

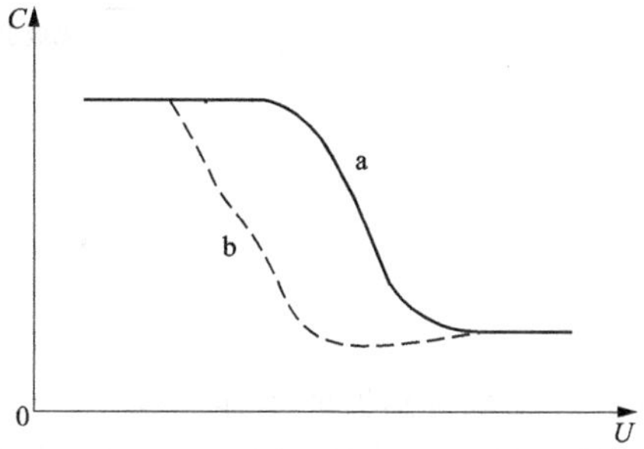

图 4-115　MOS 结构的 *C-U* 特性和等效电路

湿度检测较其他物理量的检测显得困难，这首先是因为空气中水蒸气含量很少，此外，液态水会使一些高分子材料和电解质材料溶解，一部分水分子电离后与溶入空气中的杂质结合成酸或碱，使湿敏材料不同程度地受到腐蚀和老化，从而丧失其原有的性质；再者，湿度信息的传递必须靠水对湿敏器件直接接触来完成，因此湿敏器件只能直接暴露于待测环境中，不能密封。通常，对湿敏器件有下列要求：在各种气体环境下稳定性好、响应时间短、寿命长、有互换性、耐污染和受温度影响小等。微型化、集成化及廉价是湿敏器件的发展方向。

（一）湿度概念

湿度是指大气中的水蒸气的含量，即空气的干湿程度，通常采用绝对湿度、相对湿度和露点温度三种表示方法。

绝对湿度是指在一定温度和压力下，单位体积空气中所含水蒸气的绝对质量，用符号 AH 表示。

相对湿度是指被检测气体中的水蒸气气压与该气体在相同温度条件下饱和水蒸气气压的百分比。用符号%RH 表示。相对湿度给出了大气的潮湿程度，无量纲，即 $H_r=(P_v/P_w)\times 100\%RH$。

露点温度是指在压力一定的情况下，将含水蒸气的空气冷却，当空气中的水蒸气达到饱和状态，开始从气态变为液态时的温度称为露点温度（单位为℃），通常称为露点。空气中的相对湿度越高，就越容易结霜。混合气体中的水蒸气压，就是在该混合气体中露点温度下的饱和水蒸气压。因此，通过测定空气露点温度，就可以测定空气的水蒸气压。

（二）湿敏传感器的结构

湿敏传感器的核心部分是湿敏元件，一般由基体、电极和感湿层组成，图 4-116 给出了两种常见的湿敏元件结构图。湿敏元件的基体为不吸水且耐高温的绝缘材料，如聚碳酸酯板、氧化铝瓷等。在基体之上，常用镀膜法真空蒸镀上薄膜，用丝网印刷法加工出两个电极。电极常用不易氧化的导电材料，如金、银等制成。基体、电极加工好后，再涂敷感湿材料，然后在几百摄氏度的温度下烧结成感湿层。感湿层很薄，通常仅仅几微米至几十微米，它是湿敏元件的主体，可随空气湿度变化而改变阻值（有时也可利用改变介电常数），即常说的吸湿与脱湿。

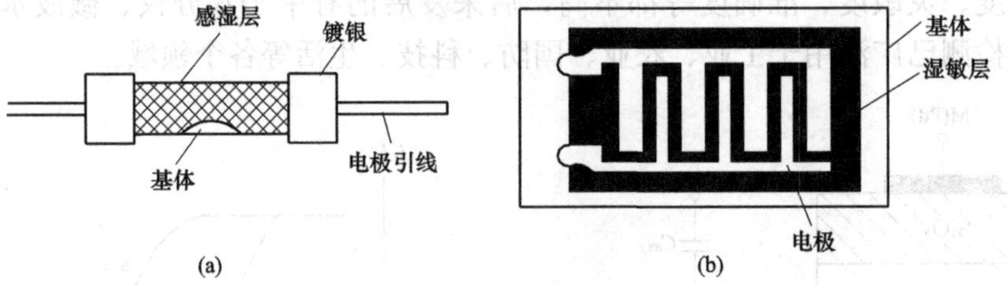

图 4-116 湿敏元件的结构

（a）传感器构成；（b）敏感元件结构

（三）湿敏传感器的工作原理

湿敏元件的工作原理主要是物理吸附和化学吸附。感湿层为微型孔状结构，极易吸附它周围空气中的水分子。由于水是导电物质，当感湿层中水分子含量增多时，就会引起电极间电导率的上升。湿敏元件的感湿层还具有电解质特性，其正离子吸附空气中水分子的羟基（OH^-），在外加电压的作用下，产生载流子移动。这种现象的变化是可逆的，即当空气中水蒸气含量减少时，感湿层又会释放羟基，引起电导率降低。为了不使感湿层因极化而降低感湿灵敏度，使用时应采取交流驱动或脉冲驱动。

（四）湿敏传感器的分类

水是一种强极性的电解质。水分子有较大的电偶极矩，在氢原子附近有极大的电场，因而它具有很大的电子亲和力，水分子易于吸附在固体表面并渗透到固体内部的这种特性称为水分子亲和力。利用这一特性制成的湿敏传感器称为水分子亲和力型传感器。而把与水分子亲和力无关的湿敏传感器称为非水分子亲和力型传感器。具体见表 4-4。

表 4-4 湿敏传感器的分类

湿敏传感器	水分子亲和力型湿敏传感器	电阻式湿敏传感器
		陶瓷式湿敏传感器
		电容式湿敏传感器
		电解质式湿敏传感器
	非水分子亲和力型湿敏传感器	热敏电阻式湿敏传感器
		红外线吸收式湿敏传感器
		微波式湿敏传感器
		超声波式湿敏传感器

本节主要介绍水分子亲和力型湿敏传感器。

1. 电阻式湿敏传感器

电阻式湿敏传感器是利用湿敏元件的电气特性（如电阻值）随温度的变化而变化的原理进行湿度测量的传感器。湿敏元件一般是在绝缘物上浸渍吸湿性物质，或者通过蒸发、涂覆等工艺在表面上制备一层金属、半导体、高分子薄膜和粉末状颗粒而制成的。在湿敏元件的吸湿和脱湿过程中，水分子分解出的离子 H^+ 的传导状态发生变化，从而使元件的电阻值随湿度而变化。现以氯化锂湿敏传感器为例说明。

图 4-117 所示为玻璃带上浸有氯化锂溶液的浸渍式湿敏元件。湿敏元件的基片材料为无

碱玻璃带。将该玻璃带浸在乙醇中，除去纤维表面上附着的收集剂，将两片变成弓字形的铂箔片夹在基片材料的两侧作为电极。元件的电阻值随湿气的吸附与脱附过程而变化。图 4-118 为这种湿敏元件的电阻—相对湿度特性曲线。通过测定电阻，便可知道相对湿度。由图 4-118 可知，在 50%～80%的相对湿度范围内，电阻的对数与湿度的变化呈线性关系。为了扩大湿度测量范围，可以将几支浸渍不同浓度氯化锂的湿敏元件组合使用。如用浸渍 1%～1.5%（质量）浓度氯化锂湿敏元件，可检测相对湿度 20%～50%范围内的湿度，而用 0.5%（质量）浓度氯化锂湿敏元件，可检测相对湿度 40%～80%范围内的湿度。这样，将这两支湿敏元件配合使用，就可以检测相对湿度 20%～80%范围内的湿度。

由图 4-118 可以看出，在湿气的吸附与脱附过程中，元件电阻值变化呈现出较小的滞后现象。因此，如果湿度的测量精度要求不太高 [如±2%（RH）]，在常温附近使用时，可以不必进行温度补偿。

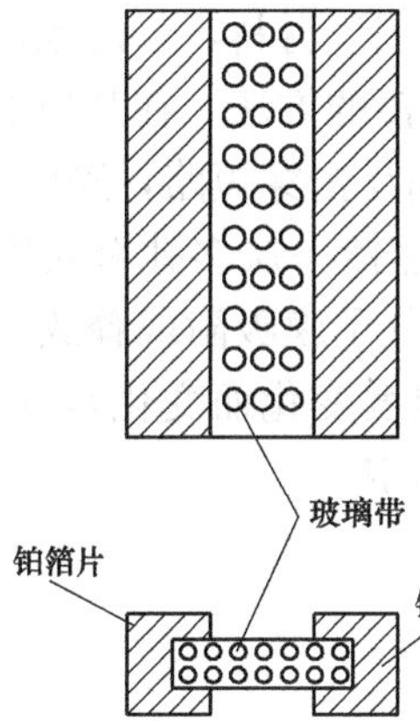

图 4-117　氯化锂湿敏元件结构图

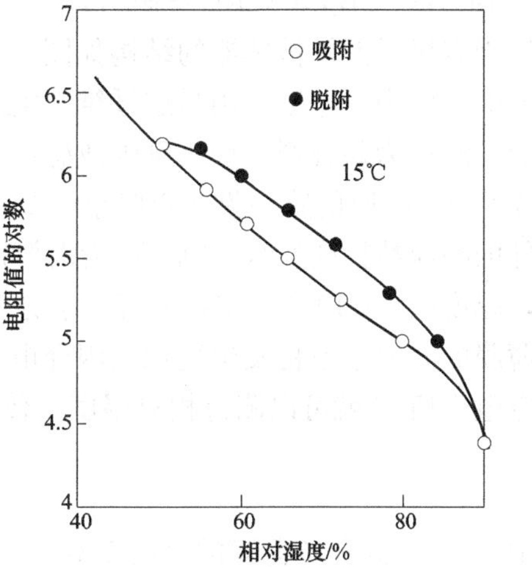

图 4-118　氯化锂湿敏元件的电阻—相对湿度特性

2. 陶瓷式湿敏传感器

陶瓷式湿敏传感器是近年来正在大力发展的一种新型传感器。金属氧化物陶瓷构成的湿敏传感器有离子型和电子型两类。

在离子型湿敏元件中，由绝缘材料制成的多孔陶瓷元件由于水分子在微孔中的物理吸附作用（毛细凝聚作用），在潮湿气氛中呈现出 H^+ 离子，使元件的电导率增加。这类传感器已有两种处于实用阶段：一种是以 α-Fe_2O_3 及 K_2CO_3 为主要成分，另一种以 ZnO、V_2O_5、Li_2O 为主要成分。

电子型湿敏元件是利用分子在氧化物表面上的化学吸附导致元件电导率改变的原理制成的。元件的电导率是增加还是减小，取决于氧化物半导体是 N 型还是 P 型。氧化锆-氧化镁陶瓷湿敏传感器是最近研制出来的一种能在高温环境下进行湿度检测的电子型湿敏传感器，其结构如图 4-119 所示。这种传感器的湿敏元件是氧化锆-氧化镁合成陶瓷，它是一种多孔质 N 型半导体材料。元件的四周装有电热元件，能将陶瓷加热到 300～700℃的工作温度，使传感器可在高温下检测水蒸气，并且能烧掉黏附在元件表面上的污物，起到清洗的作用。

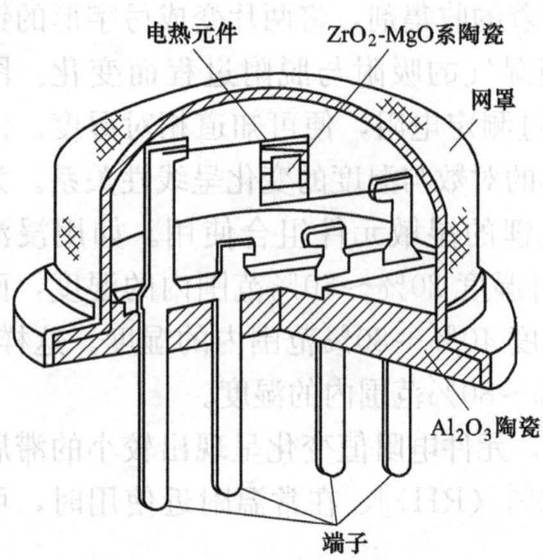

图 4-119 电子型湿敏传感器结构

湿敏元件与电热元件装在一只由耐热、耐腐蚀的三氧化二铝陶瓷和不锈钢端子组成的底座上。为了保护传感器在高温环境中使用时，具有高的热稳定性，几乎不受环境中其他气体（空气、氧气、氮气、还原性气体等）的影响。在−20～700℃的环境温度中使用，长期稳定性较好。该类传感器已应用于食品加工、空气调节器和干燥器等设备中。

陶瓷湿敏传感器的优点是：湿度滞后小，响应速度不超过10～15s，便于批量生产。

3. 电容式湿敏传感器

高分子电容式湿敏传感器基本上是一个电容器，利用其电容值随湿度变化的原理进行湿度测量。醋酸纤维有机膜湿敏传感器的结构如图 4-120（a）所示。在玻璃基片上用蒸发的方法制出梳状金电极，作为下电极。用醋酸纤维、酰胺纤维或硝化纤维作为感湿材料，以丙酮、乙醇、乙醚加乙醇作为黏合剂，按比例配成感湿膜。然后通过浸渍或涂覆的方法，在基板上附着一层约 5×10^{-7}m 厚的感湿膜（膜厚小于 2×10^{-7}m；上、下电极间易击穿短路，膜厚大于 1μm，元件的响应特性变坏），然后在感湿薄膜表面上再用蒸镀工艺蒸镀一层多孔金属膜制作上电极，厚度以 2×10^{-8}m 左右为宜。水分子可通过两金电极被高分子膜吸附或释放，随之高分子薄膜的介电系数将发生变化（因介电系数随空气中的相对湿度变化而变化），所以，只要测定电容值 C 就可以测得相对湿度。传感器的电容值由下式确定

$$C=\frac{\varepsilon A}{d} \tag{4-135}$$

式中 ε——高分子薄膜的介电系数；

A——两金电极板的面积；

d——高分子薄膜的厚度。

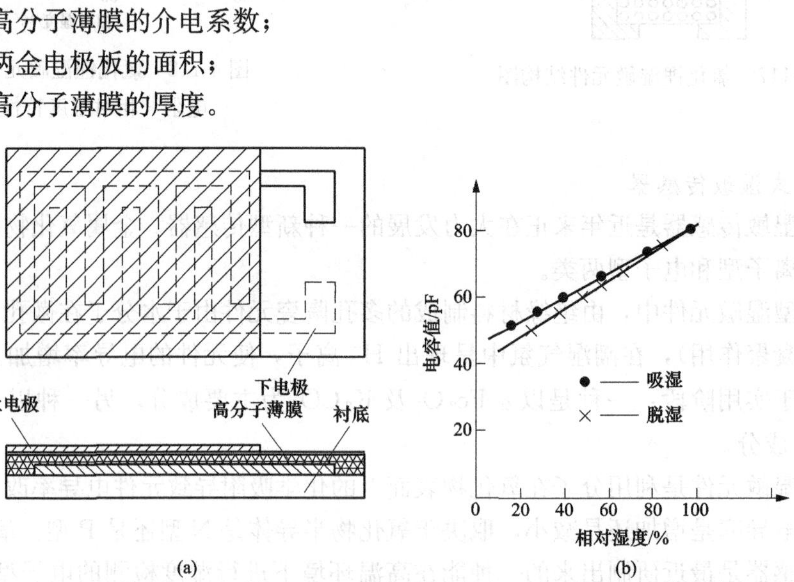

图 4-120 高分子电容式湿敏传感器的结构及特性

（a）结构；（b）特性曲线

当环境中的水分子沿着上电极的毛细微孔进入感湿膜而被吸附时，电容值与相对湿度之间具有近似正比关系，线性度约为±1%，如图 4-120（b）所示。薄膜吸附水分子后，不会使水分子之间相互作用，尤其采用多孔金电极，使得醋酸纤维有机膜湿敏传感器的响应时间快，重复性好，温度系数小，但由于是有机质，不宜在有机溶液环境和高温下使用，最适宜的温度范围一般为 0～80℃。

4. 电解质式湿敏传感器

电解质式湿敏传感器的原理如图 4-121 所示。两根电极插在浸透氯化锂溶液的玻璃纤维中，并加上交流电压。由于氯化锂水溶液以导电，通电产生的热量使其温度升高，导致溶液中的水分蒸发。当溶液达到饱和状态时，电阻急剧增大，电流减小，促使温度下降。由于温度下降，溶液反过来吸收大气中的水分。通过温度的升高和下降过程的反复进行，最后保持在一定的温度上。达到这个温度时，说明氯化锂水溶液中的水蒸气气压与周围空气的水蒸气气压相等，于是进入平衡状态。所以，测量这个温度值，就能求出周围的水蒸气气压，即可得到湿度。这种湿度传感器的可靠性高，多用于工业过程中的湿度管理。

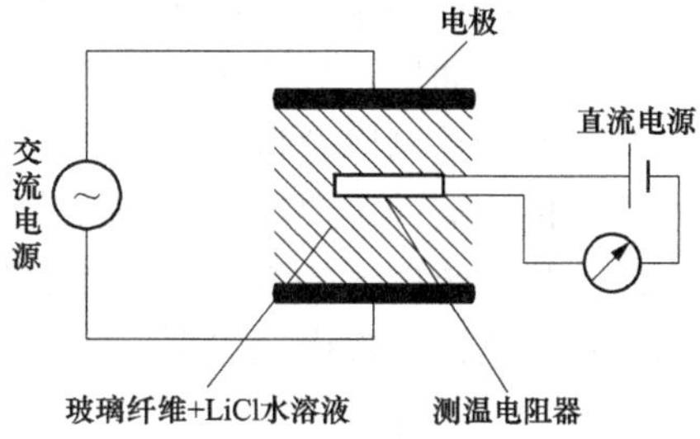

图 4-121　氯化锂电解质式湿敏传感器

第十三节　生物传感器

生物传感器交叉融合了生命科学、化学、物理学和信息科学等多学科的知识，自从 1962 年 Clark 最先提出生物传感器以来，至今已有 50 余年的历史。1962 年，Clark 将酶与 ISE 结合，构成了利用酶分子进行识别的酶电极。1967 年 Updike 和 Hicks 将葡萄糖氧化酶固定在 Clark 氧电极表面，组装成第一个酶电极-葡萄糖传感器，揭开了有机物无试剂分析的序幕。这之后又出现了微生物传感器、免疫传感器、细胞传感器和组织切片传感器。20 世纪 70 年代末至 80 年代，出现了酶热敏电阻型和生物化学发光式生物传感器。特别是随着生物化学和电化学技术在生物传感器研究中的应用日益深化，以及传感器信号转换部分技术的发展，生物传感器的研究领域更为广泛。由于生命科学受到人类的极大重视，很多工业发达国家以及发展中国家都投入了大量人力、财力和物力，致力于研究开发生命科学及其获取生命信息的生物传感器。

一、生物传感器的定义

近年来，生物传感器与人们的联系越来越密切，由于其使用方式灵活，操作简单，快速准确，宜于联机联网，可以实现快速连续在线监测，在如医学检测、食品工程、发酵工业、环境安全监测、空间生命科学乃至军事领域等均发挥着重要的作用。

生物传感器是利用生物功能物质作为敏感元件探测器，将探测器上所产生的物理量、化学量的变化，通过热电、压电、光电等转换元件转换成电信号输出的一种传感器。

生物功能物质有两大类：一类是固定化的生物体，如酶、抗原、抗体、激素等；另一类是生物体本身，如细胞、细胞体、微生物、动植物组织等。

生物传感器可巧妙地利用生物特有的生化反应，有针对性地对有机物进行简便而迅速地测定。它与通常的化学分析法相比，具有如下特点：

(1) 选择性好（或噪声低），由于生物体的分子识别功能，可从众多的化学物质中单独识别特定的分子。因此以生物敏感材料为基础做成的生物传感器选择性能好、噪声低。

(2) 灵敏度高，检测下限可达 10^{-9} g/L。

(3) 体积小，可植入人或动物体内，乃至细胞内进行监测。

(4) 需用样品量少（可达微升级）。

(5) 应用面广，可用于人体各种生理生化指标的监测、临床化验、生物工业生产中的过程监测与质量控制以及机器人感官等。

生物传感器的主要弱点是使用寿命较短。

二、生物传感器的组成与工作原理

生物传感器一般由感受器（识别部分）和变换器（变换部分）两部分组成。图 4-122 所示为生物传感器的结构原理图。敏感物质附着于膜上或包含于膜之中（称为固定化），这部分称为感受器。当要测定的溶液中的物质有选择性地吸着于敏感物质时，形成复合体，其结果就产生物理或化学变化，将会产生变化的光、电、热等信号输出，然后采用热电、压电、光电及电化学等变换器将其变换为电信号输出。

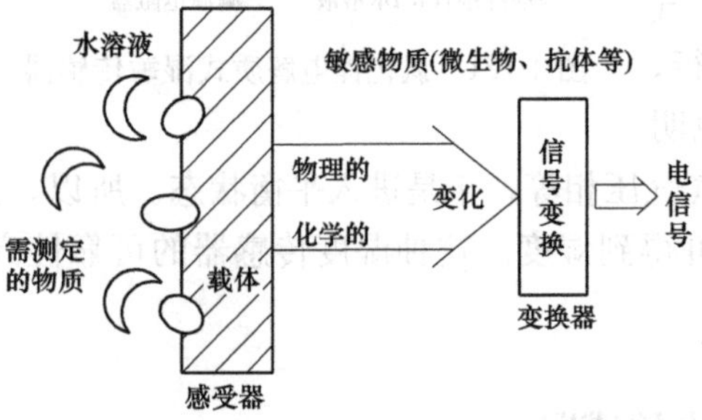

图 4-122 生物传感器的结构原理图

生物传感器的感受器（识别部分）是生物传感器的关键部分，其作用是识别被测物质。它将能识别被测物的功能物质，如酶、抗体、酶免疫分析、原核生物细胞、真核生物细胞、细胞类脂等用固定化技术固定在一种膜上，从而形成可识别被测物质的功能性膜。按照所选或测量的物质不同，使用的功能膜也不同，可以有酶膜、全细胞膜、免疫膜、细胞器膜、组织膜、杂合膜等。

生物传感器的变换部分将生物信息转变成电信号输出。按照受体学说，细胞的识别作用是由于嵌合于细胞膜表面的受体与外界的配位体发生了共价结合，通过细胞膜能透性的改变，诱发了一系列电化学过程。膜反应所产生的变化再分别通过电极、半导体器件、热敏电阻、光电二极管或声波检测器等，变换成电信号，形成生物传感器。

三、生物传感器的生物活性元件制作方法

构成生物传感器的生物体物质涉及酶、蛋白质、微生物细胞和生物体组织等。在其制作过程中，最重要的是各种信号变换装置与生物活性元件的一体化。使用最广泛的生物材料元件化技术是将酶固定在适当的高分子载体上的方法，可大致分为以下几种：

(1) 膜状载体的吸附。将酶吸附固定化在醋酸纤维素、多孔性聚碳酸酯等膜上。

(2) 膜状载体的交联。将酶吸附在多孔性聚碳酸酯等膜上之后，用戊醛（薄组织切片固定剂）等交联剂使酶分子间形成交联。

(3) 膜状载体的共价结合。用共价键将酶固定在骨胶原或经活性化处理的尼龙等膜上。在多数情况下，必须进行像含有氨基酸、羧基、羟基等那样的活性处理。

(4) 载体的包容固定。在调制聚丙烯酰胺凝胶、海藻酸凝胶、骨胶原等高分子载体时，将酶和微生物固定化。这时，凝胶多形成膜状。

上述四种常用方法也可以组合运用。

四、生物传感器的分类

生物传感器是一门新兴技术，其分类方法较多，且不尽一致。第一种基于构成传感器的生物活性材料分类，有酶传感器、微生物传感器、免疫传感器、组织传感器和细胞传感器；第二种是着眼于测量对象物质的分类，有葡萄糖传感器、胆甾醇传感器等；第三种是基于信号变换原理的分类，有生物电极、半导体生物传感器、光学生物传感器、热敏生物传感器等。

随着科学技术的发展，基于新的原理的生物传感器将不断涌现，这是毫无疑问的。总之，生物传感器种类较多，内容较为广深，是一大类很有发展前途的传感器。生物传感器分类见表4-5。

表 4-5　生物传感器分类

敏感材料	分子识别部分	信号转换部分
酶传感器	酶	电化学测定装置
微生物传感器	微生物	场效应晶体管
免疫传感器	抗体或抗原	光纤或光敏二极管
细胞器传感器	细胞器	热敏电阻等
组织传感器	动、植物组织	SAW 装置

随着生命科学与生物技术的飞速发展，在生物工业的生产、医学的诊断和治疗等方面需要多种生物敏感元件；在生物医学测量、生物反应器的自动监测与控制方面，也需要大量的多种生物传感器用来采集生物信息。生物传感器不仅为生命科学的定量化、生物工业过程监控等所必需，而且又是新型电子元器件——分子电子器件与生物电子器件研制的重要元件，用生物硅片做成的新一代计算机，其体积还可以缩小，其记忆容量与计算速度比现代计算机大三个数量级以上。

第十四节　传感器的标定

传感器的标定是指利用标准设备产生已知的非电量（标准量），或用基准量来确定传感器电输出量与非电输出量之间关系的过程。在传感器投入使用之前对其进行标定，以测定其各种性能指标；传感器在使用过程中定期进行检查，以判断其性能参数是否偏离初始标定的性能指标，是否需要重新标定或停止使用。工程测试中传感器的标定，应在与其使用条件相似的环境状态下进行，并将传感器所配用的滤波器、放大器及电缆等和传感器连接后一起标定，标定时应按照传感器规定的安装条件进行安装。

传感器的标定分静态标定和动态标定，不同的传感器其标定方法不同，但其基本要求是一致的。

（一）传感器的静态特性标定

输入已知标准非电量，测出传感器的输出，给出标定曲线、标定方程和标定常数，计算灵敏度、线性度、滞差、重复性等传感器的静态特性指标。

传感器的静态标定设备有力标定设备（如测力砝码、拉压式测力计）、压力标定设备（如活塞式压力计、水银压力计、麦氏真空计）、位移标定设备（如量块、直尺等）、温度标定设备（如铂电阻温度计，铂铑——铂热电偶、基准光电高温比较仪）等。对标定设备的要求是：具有足够的精度，至少应比被标定的传感器及其系统高一个精度等级，并且符合国家计量量值传递的规定，或经计量部门检定合格；量程范围应与被标定的传感器的量程相适应；性能稳定可靠；使用方便，能适用多种环境。标定时在一定的静态标准条件下进行，静态标准条件是指没有加速度、振动、冲击（除非这些参数本身就是被测量），环境温度一般为（20±5℃），相对湿度不大于85%，大气压力为101 308±7998Pa的情况称标准条件。

标定过程及步骤如下：

（1）将传感器全量程标准输入量分成若干个间断点，取各点的值作为标准输入值；

（2）由小到大逐渐一点一点地输入标准值，并记录与各输入值相对应的输出值；

（3）由大到小一点一点地输入标准值，同时记录与各输入值相对应的输出值；

（4）按（2）和（3）所述过程，对传感器的正反行程往复循环多次测试，将所得输出、输入数据用表格列出或画成曲线。

（5）对测试数据进行必要的分析和处理，以确定该传感器的静态特性指标。

（二）传感器的动态特性标定

传感器动态标定的目的是确定传感器的动态特性参数，通过确定其线性工作范围（用同一频率不同幅值的正弦信号输入传感器，测量其输出）、频率响应函数、幅频特性和相频特性曲线、阶跃响应曲线来确定传感器的频率响应范围、幅值误差和相位误差、时间常数、阻尼比、固有频率等。各类传感器的动态标定方法不同，同一类传感器也有多种标定方法，但基本要求是相同的。此时传感器输入信号应该是一个标准的激励函数，如阶跃函数、正弦函数等；传感器输出、输入信号建立起时域函数或频域函数，并由此函数标定传感器时域或频域参数。

传感器的动态标定就是通过实验得到传感器动态性能指标，确定方法常常因传感器的形式不同而不完全一样，但从原理上一般可分为阶跃信号响应法、正弦信号响应法、随机信号响应法和脉冲信号响应法。本节仅对阶跃信号响应法简单介绍。

应该指出，标定系统中所用标准设备的时间常数应比待标定传感器的小得多，而固有频率则应高得多，这样它们的动态误差才可忽略不计。

1. 阶跃信号响应法

（1）一阶传感器时间常数τ的确定。

一阶传感器的微分方程为$a_1\frac{\mathrm{d}y}{\mathrm{d}t}+a_0y=b_0x$，当输入$x$是幅值为$A$的阶跃函数时，可以解得

$$y(t)=kA[1-\exp(-t/\tau)] \tag{4-136}$$

$$\tau=a_1/a_0$$

$$k=b_0/a_0$$

式中 τ——时间常数；

k——静态灵敏度。

在测得的传感器阶跃响应曲线上，取输出值达到其稳态值的63.2%处所经过的时间即为其时间常数τ。但这样确定τ值实际上没有涉及响应的全过程，测量结果的可靠性仅仅取决于某些个别的瞬时值。采用下述方法，可获得较为可靠的τ值。根据式（4-136）得

$$1-y(t)/(kA)=\exp(-t/\tau)$$

令 $Z=-t/\tau$ ，可见 Z 与 t 呈线性关系，而且

$$Z=\ln[1-y(t)/(kA)]$$

根据测得的输出信号 $y(t)$ 作出 Z-t 曲线，则 $\tau=-\Delta t/\Delta Z$ 。这种方法考虑了瞬态响应的全过程，并可以根据 Z-t 曲线与直线的符合程度来判断传感器接近一阶系统的程度。

(2) 二阶传感器阻尼比 ξ 和固有频率 ω_0 的确定。

二阶传感器的微分方程为

$$a_2\frac{\mathrm{d}^2y}{\mathrm{d}t^2}+a_1\frac{\mathrm{d}y}{\mathrm{d}t}+a_0y=b_0x$$

方程的通解为

$$y(t)=kA\left[1-\frac{\exp(-t\xi/\tau)}{\sqrt{1-\xi^2}}\cdot\sin\left(\frac{\sqrt{1-\xi^2}}{\tau}t+\arctan\frac{\sqrt{1-\xi^2}}{\xi}\right)\right] \tag{4-137}$$

$$\tau=a_1/a_0$$
$$k=b_0/a_0$$

式中　τ——时间常数；

k——静态灵敏度；

A——系数；

ξ——传感器阻尼比，$\xi=\dfrac{a_1}{2\sqrt{a_0a_2}}$。

二阶传感器一般都设计成 ξ=0.6～0.8 的欠阻尼系统，根据如图 4-6 所示的二阶传感器阶跃响应输出曲线，可以获得曲线振荡周期 T_d，稳态值 $y(\infty)$，最大过冲量 y_m 与其上升的时间 t_r。其有阻尼的固有频率为 $\omega_\mathrm{d}=2\pi\dfrac{1}{T_\mathrm{d}}$ ，由式 (4-137) 可以推导出

$$\xi=\sqrt{\frac{1}{1+\{\pi/\ln[y_\mathrm{m}/y(\infty)]\}^2}} \tag{4-138}$$

$$\omega_0=\frac{\omega_\mathrm{d}}{\sqrt{1-\xi^2}}=\frac{\pi}{t_\mathrm{r}\sqrt{1-\xi^2}} \tag{4-139}$$

由式 (4-138) 和式 (4-139) 可确定出 ω_0 和 ξ。

也可以利用任意两个过冲量来确定 ξ，设第 i 个过冲量 y_{mi} 和第 $i+n$ 个过冲量 $y_{m(i+n)}$ 之间相隔整数 n 个周期，它们分别对应的时间是 t_i 和 t_{i+n} ，则 $t_{i+n}=t_i+(2\pi n)/\omega_\mathrm{d}$ 。令 $\delta_n=\ln[y_{mi}/y_{m(i+n)}]$ ，根据式 (4-137) 可以推导出

$$\xi=\sqrt{\frac{1}{1+4\pi^2n^2/\{\ln[y_{mi}/y_{m(i+n)}]\}^2}} \tag{4-140}$$

那么，从传感器阶跃响应曲线上，测取相隔 n 个周期的任意两个过冲量 y_{mi} 和 $y_{m(i+n)}$ ，然后代入式 (4-140) 便可确定出 ξ。

该方法由于用比值 $y_{mi}/y_{m(i+n)}$ ，因而消除了信号幅值不理想的影响。若传感器是二阶的，则取任何正整数 n，求得的 ξ 值都相同；反之，就表明传感器不是二阶的。所以，该方法还可以判断传感器与二阶系统的符合程度。

2. 其他方法

如果用功率谱密度为常数 C 的随机白噪声作为待定传感器的标准输入量，则传感器输

出信号功率谱密度为 $Y(\omega)=C\mid H(\omega)\mid^2$。所以传感器的幅频特性 $k(\omega)$ 为

$$k(\omega)=\frac{1}{\sqrt{C}}\sqrt{Y(\omega)} \tag{4-141}$$

由此得到传感器频率特性的方法称为随机信号校验法，它可消除干扰信号对标定结果的影响。

如果用冲击信号作为传感器的输入量，则传感器的系统传递函数为其输出信号的拉普拉斯变换，由此可确定传感器的传递函数。

如果传感器属三阶以上的系统，则需分别求出传感器输入和输出的拉普拉斯变换，或通过其他方法确定传感器的传递函数，或直接通过正弦响应法确定传感器的频率特性，再进行因式分解将传感器等效成多个一阶和二阶环节的串并联，进而分别确定它们的动特性，最后以其中最差的传感器的动特性标定结果。

本章小结

本章内容较广泛，对传感器理论与实用技术进行了阐述。本章共分十四节，介绍了电阻式传感器、电容式传感器、电感式传感器、电涡流式传感器、压电式传感器、磁电式传感器、光电式传感器、霍尔式传感器等常见传感器的工作原理、基本特性、结构形式、测量电路和应用实例等基础知识。另外，还介绍了光纤传感器、超声波传感器、气敏传感器、湿敏传感器、生物传感器等新型传感器的原理及应用。并对传感器的静态特性和动态特性、传感器的标定进行详细的阐述。

习题与思考题

4-1 什么是金属材料的应变效应？什么是半导体材料的压阻效应？

4-2 金属丝电阻应变片有哪些基本特性？

4-3 简述电容式传感器的工作原理。

4-4 电容式传感器的测量电路有哪些？

4-5 何为电感式传感器？它是基于什么原理进行检测的？

4-6 简述变气隙自感传感器的工作原理。

4-7 电涡流式传感器有何特点？它有哪些应用？

4-8 什么叫压电效应？

4-9 压电式传感器中采用电荷放大器有何优点？

4-10 简述变磁通磁电感应式传感器的结构及工件原理。

4-11 分析并说明磁电式传感器的误差有哪些？

4-12 光电效应可分几类？说明其原理并指出相应的光电器件。

4-13 光电器件的基本特性有哪些？它们各是如何定义的？

4-14 解释霍尔效应及影响霍尔电动势的因素。

4-15 分析霍尔元件的电磁特性。

4-16 霍尔元件的不等位电动势是如何产生的？减小不等位电动势可以采用哪些方法？

4-17　光纤的主要参数有哪些？

4-18　按光纤在传感器中的作用，光纤传感器如何分类？

4-19　超声波传感器的工件原理是什么？

4-20　试分析半导体气敏元件吸附气体时的阻值变化情况。

4-21　简述半导体气敏传感器的工件原理。

4-22　相对湿度、绝对湿度和露点是什么？

4-23　湿敏元件一般由哪几部分组成？简述湿敏传感器的工作原理。

4-24　传感器的静态特性有哪些性能指标组成？

4-25　传感器的动态特性有哪些性能指标组成？

4-26　传感器如何进行标定？

第五章 电参数测量

第一节 电压测量

一、概述

（一）电压测量的重要性

电压是一个基本物理量，是集总电路中表征电信号能量的三个基本参数（电压、电流、功率）之一，电压测量是电子测量中的基本内容。在电子电路中，电路的工作状态如谐振、平衡、截止、饱和以及工作点的动态范围，通常都以电压形式表现出来。电子设备的控制信号、反馈信号及其他信息，主要表现为电压量。在非电量的测量中，也多利用各类传感器件装置，将非电参数转换成电压参数。电路中其他电参数，包括电流和功率，以及如信号的调幅度、波形的非线性失真系数、元件的 Q 值、网络的频率特性和通频带、设备的灵敏度等，都可以视作电压的派生量，通过电压测量获得其量值。最后也是最重要的，电压测量直接、方便，将电压表并接在被测电路上，只要电压表的输入阻抗足够大，就可以在几乎不对原电路工作状态有所影响的前提下获得较满意的测量结果。作为比较，电流测量就不具备这些优点，首先须把电流表串接在被测支路中，很不方便，其次电流表的接入改变了原来电路的工作状态，测得值不能真实地反映出原有情况。由此不难得出结论：电压测量是电子测量的基础，在电子电路和设备的测量调试中，电压测量是不可缺少的基本测量。

（二）电压测量的特点

1. 频率范围

电子电路中电压信号的频率范围相当广，除直流外，交流电压的频率从 10^{-6} Hz（甚至更低）到 10^{9} Hz，频段不同，测量方法手段也各异。

2. 测量范围

电子电路中待测电压的大小，低至 10^{-9} V，高到几十伏，几百伏甚至上千伏。信号电压电平低，就要求电压表分辨力高，而这些又会受到干扰、内部噪声等的限制。信号电压电平高，就要考虑电压表输入级中加接分压网络，而这又会降低电压表的输入阻抗。

3. 信号波形

电子电路中待测电压的波形，除正弦波外，还包括失真的正弦波以及各种非正弦波（如脉冲电压等），不同波形电压的测量方法及对测量准确度的影响是不一样的。

4. 被测电路的输出阻抗

由待测电压两端看去的电子电路的等效电路，可以用图 5-1（b）表示，其中 Z_0 为电路的输出阻抗，Z_i 为电压表输入阻抗。在实际的电子电路中，Z_0 的大小不一，有些电路 Z_0 很低，可以小于几十欧姆，有些电路 Z_0 很高，可能大于几百千欧姆，前面已经讲过，电压表的负载效应对测量结果的准确度有影响，尤其是对输出阻抗 Z_0 比较高的电路。

5. 测量精度

由于被测电压的频率、波形等因素的影响，电压测量的准确度有较大差异。电压值的基准是直流标准电压，直流测量时分布参数等的影响也可以忽略，因而直流电压测量的精度较高。利用数字电压表可使直流电压测量精度优于 10^{-7} 量级。但交流电压测量精度要低得多，因为交流电压须经交流/直流（AC/DC）变换电路变成直流电压，交流电压的频率和电压大小对 AC/DC 变换电路的特性都有影响，同时高频测量时分布参数的影响很难避免和准确估算，因此交流电压测量的精度一般在 $10^{-2}\sim10^{-4}$ 量级。

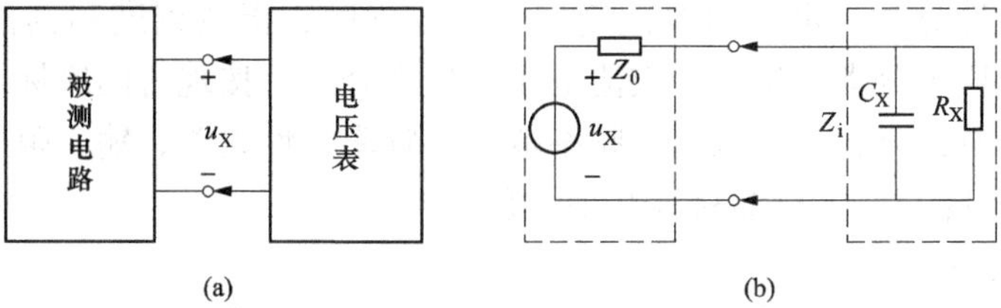

图 5-1　电压表测量电压及其等效电路

（a）测量示意图；（b）等效电路

6. 干扰

电压测量易受外界干扰影响，当信号电压较小时，干扰往往成为影响测量精度的主要因素，相应要求高灵敏度电压表（如数字式电压表、高频毫伏表等）必须具有较高的抗干扰能力，测量时也要特别注意采取相应措施（例如正确的接线方式，必要的电磁屏蔽），以减少外界干扰的影响。

（三）电压测量仪器的分类

1. 按显示方式分类

电压测量仪器主要指各类电压表。在一般工频（50Hz）和要求不高的低频（低于几十kHz）测量时。可使用一般万用表电压挡，其他情况大都使用电子电压表。按显示方式不同，电子电压表分为模拟式电子电压表和数字式电子电压表。前者以模拟式电能表显示测量结果，后者用数字显示器显示测量结果。模拟式电压表准确度和分辨力不及数字式电压表，但由于结构相对简单，价格较为便宜，频率范围也宽，另外在某些场合，并不需要准确测量电压的真实大小，而只需要知道电压大小的范围或变化趋势，例如作为零示器或者谐振电路调谐时峰值、谷值的观测，此时用模拟式电压表反而更为直观。数字式电压表的优点表现在：测量准确度高，测量速度快，输入阻抗大，过载能力强，抗干扰能力和分辨率优于模拟电压表。此外，由于测量结果是数字形式输出、显示，除读数直观外，还便于和计算机及其他设备联用组成自动化测试仪器或自动测试系统。由于微处理器的运用，高中挡数字式电压表已普遍具有数据存储、计算及自检、自校、自动故障诊断功能，并配有 IEEE 488 或 RS232C 接口，很容易构成自动测试系统。数字式电压表当前存在的不足是频率范围不及模拟式电压表。

2. 模拟式电压表分类

（1）按测量功能分类，分为直流电压表、交流电压表和脉冲电压表。其中脉冲电压表主要用于测量脉冲间隔很长（即占空系数很小）的脉冲信号和单脉冲信号，一般情况下脉冲电压的测量已逐渐被示波器测量所取代。

（2）按工作频段分类，可分为超低频电压表（低于 10Hz）、低频电压表（低于 1MHz）、视频电压表（低于 30MHz）、高频或射频电压表（低于 300MHz）和超高频电压表（高于 300MHz）。

(3) 按测量电压量级分类，分为电压表和毫伏表。电压表的主量程为 V（伏）量级，毫伏表的主量程 mV（毫伏）量级。主量程是指不加分压器或外加前置放大器时电压表的量程。

(4) 电压测量准确度等级分类，分为 0.05、0.1、0.2、0.5、1.0、1.5、2.5、5.0 和 10.0 等级，其满度相对误差分别为 0.05%、0.1%、…、10.0%。

(5) 按刻度特性分类，可分为线性刻度、对数刻度、指数刻度和其他非线性刻度。此外，还可以按测量原理分类。这将在交流电压测量中介绍。按现行国家标准，模拟电压表的主要技术指标有固有误差、电压范围、频率范围、频率特性误差、输入阻抗、峰值因数（波峰因数）、等效输入噪声、零点漂移等共 19 项。

3. 数字式电压表

数字式电压表尚无统一的分类标准。一般按测量功能分为直流数字电压表和交流数字电压表。交流数字电压表按其 AC/DC 变换原理分为峰值交流数字电压表、平均值交流数字电压表和有效值交流数字电压表。

数字式电压表的技术指标较多，包括准确度、基本误差、工作误差、分辨力、读数稳定度、输入阻抗、输入零电流、带宽、串模干扰抑制比（SMR）、共模干扰抑制比（CMR）、波峰因数等 30 项指标。

二、模拟式直流电压测量

（一）动圈式电压表

图 5-2 是动圈式电压表电路图。图中虚框内为一直流动圈式高灵敏度电流表，内阻为 R_e，满偏电流（或满度电流）为 I_m，若作为直流电压表，满度电压为

$$U_m = R_e I_m \tag{5-1}$$

例如满偏电流为 50μA，电流表内阻为 20kΩ，则满偏电压为 1V。为了扩大量程，通常串接若干倍压电阻，如图 5-2 中 R_1、R_2、R_3。这样除了不串接倍压电阻的最小电压量程外，U_0 又增加了 U_1、U_2、U_3 三个电压量程，不难计算出三个倍压电阻的阻值分别为

$$\left.\begin{aligned} R_1 &= (U_1/I_m) - R_e \\ R_2 &= (U_2 - U_1)/I_m \\ R_3 &= (U_3 - U_2)/I_m \end{aligned}\right\} \tag{5-2}$$

【例 5-1】 在图 5-3 中，虚框内表示高输出电阻的被测电路，电压表 V 的“Ω/V”数为 20kΩ/V 分别用 5V 量程和 25V 量程测量端电压 U_x，分析输入电阻的影响及用公式计算来消除负载效应对测量结果的影响。

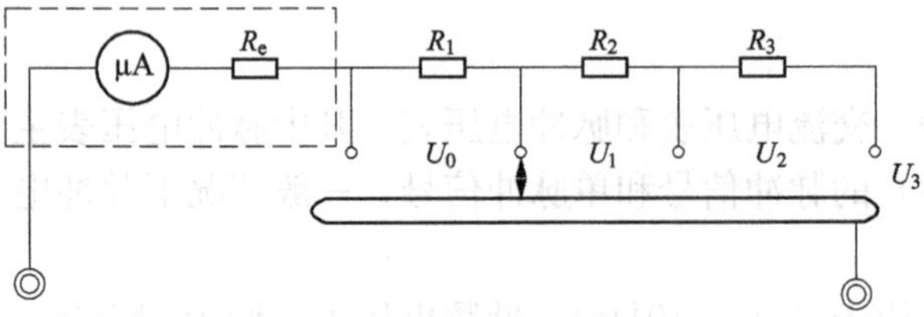

图 5-2 动圈式电压表电路图

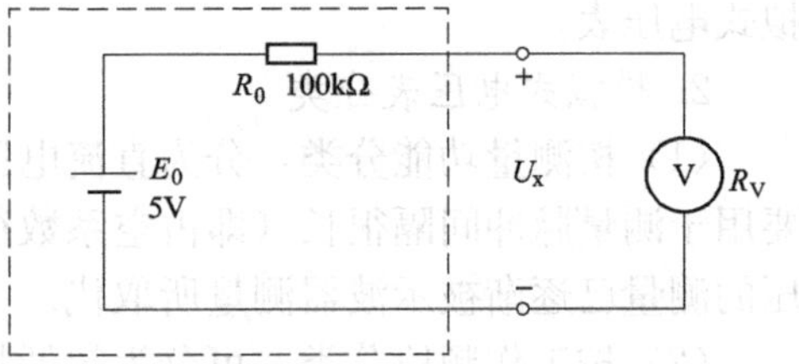

图 5-3 测量高输出电阻电路的直流电压

解： 如果是理想情况，电压表内阻 R_V 应为无穷大，此时电压表示值 U_x 与被测电压实际值 E_0 相等，即

$$U_x = E_0 = 5V$$

当电压表输入电阻为 R_V 时，电压表测得值为

$$U_x = \frac{R_V \cdot E_0}{R_V + R_0} \tag{5-3}$$

相对误差为

$$\gamma = \frac{U_x - E_0}{E_0} = \frac{\frac{R_V}{R_V + R_0} \cdot E_0 - E_0}{E_0} = -\frac{R_0}{R_0 + R_V} \tag{5-4}$$

将有关数据值代入上面两式，可得

5V 电压挡：$R_{V1} = 20k\Omega/V \times 5V = 100k\Omega$

$$U_{x1} = \frac{100}{100 + 100} \times 5.0 = 2.50V$$

$$\gamma_1 = -\frac{100}{100 + 100} \times 100\% = -50\%$$

25V 电压挡：$R_{V1} = 20k\Omega/V \times 25V = 500k\Omega$

$$U_{x2} = \frac{500}{100 + 500} \times 5 \approx 4.17V$$

$$\gamma_2 = -\frac{100}{100 + 500} \times 100\% = -16.7\%$$

由此不难看出电压表输入电阻尤其是低电压挡时输入电阻对测量结果的影响。

根据式（5-3），可以推导出消除负载效应影响的计算公式，进而计算出待测电压的近似值

$$U_{x1} = \frac{R_{V1}}{R_{V1} + R_0} \cdot E_0$$

$$R_0 = \frac{R_{V1} \cdot R_0}{U_{x1}} - R_{V1} \tag{5-5}$$

同理可得

$$R_0 = \frac{R_{V2} \cdot E_0}{U_{x2}} - R_{V2} \tag{5-6}$$

因此

$$\frac{R_{V1} \cdot E_0}{U_{x1}} - R_{V1} = \frac{R_{V2} \cdot E_0}{U_{x2}} - R_{V2}$$

解出

$$E_0 = \frac{(k-1)U_{x2}}{k - \frac{U_{x2}}{U_{x1}}} \tag{5-7}$$

式中

$$k = \frac{R_{V2}}{R_{V1}} \tag{5-8}$$

因此，如果用内阻不同的两只电压表，或者同一电压表的不同电压挡（此时 $k=R_{V2}/R_{V1}$ 即等于电压量程之比），根据式（5-7）和式（5-8），即可由两次测得值得到近似的实际值 E_0。例如将本题中有关数据代入式（5-7），可得待测电压近似值为

$$E_0 \approx \frac{(5-1)\times 4.17}{5-\dfrac{4.17}{2.5}} \approx 5.01\mathrm{V}$$

除了利用上面的公式计算来消除负载效应之外，当然也可以利用其他测量方法，如零示法（如电桥）和微差法（比如利用微差电压表），但一般操作都比较麻烦，通常用在精密测量中。在工程测量中提高输入阻抗和灵敏度以提高测量质量，最常用的办法是利用电子电压表进行测量。

（二）电子电压表

1. 电子电压表原理

电子电压表中，通常使用高输入阻抗的场效应管（FET）源极跟随器或真空三极管阴极跟随器以提高电压表输入阻抗，后接放大器以提高电压表灵敏度，当需要测量高直流电压时，输入端接入分压电路。分压电路的接入将使输入电阻有所降低，但只要分压电阻取值较大，仍然可以使输入电阻较动圈式电压表大得多。图 5-4 是这种电子电压表的示意图。图中 R_0、R_1、R_2、R_3 组成分压器，由于 FET 源极跟随器输入电阻很大（几百 MΩ 以上），因此由测量端 U_x 看进去的输入电阻基本上由 R_0、R_1、…串联决定，通常使它们的串联和大于 10MΩ，以满足高输入阻抗的要求。同时，在这种结构下，电压表的输入阻抗基本上是个常量，与量程无关。

图 5-5 是 MF-65 集成运放型电子电压表的原理图。当运放开环放大系数 A 足够大时，可以认为 $\Delta U\approx 0$，$I_i\approx 0$（虚短路和虚断路），因而有

$$U_F \approx U_i$$

$$I_F \approx I_0$$

所以

$$I_0 \approx \frac{U_i}{R_F} \tag{5-9}$$

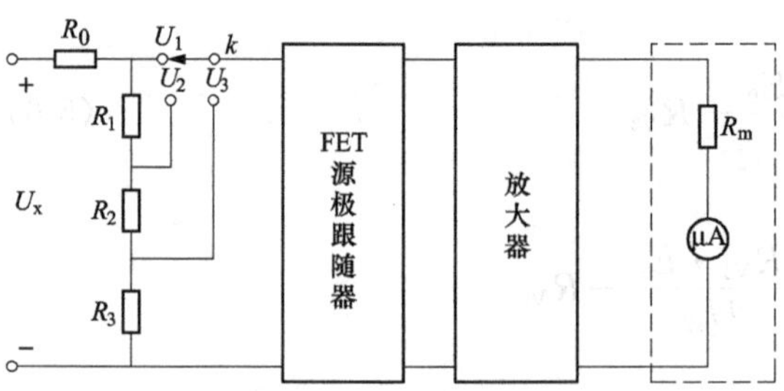

图 5-4 电子电压表框图

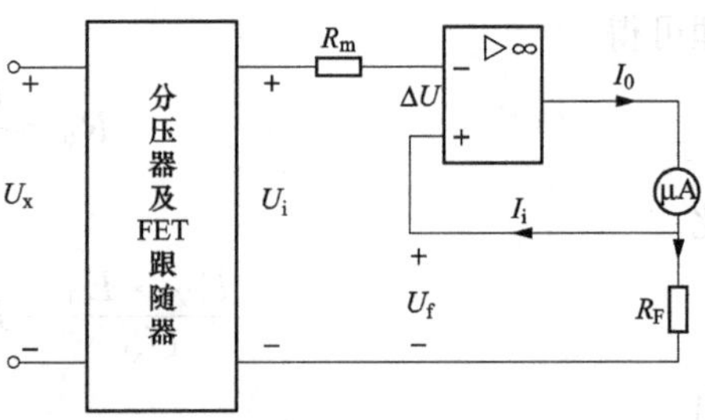

图 5-5 集成运放型电子电压表原理

分压器和电压跟随器的作用使 U_i 正比于待测电压 U_x

$$U_i = kU_x$$

因而

$$I_0 \approx \frac{k}{R_F} \cdot U_x \tag{5-10}$$

即流过电流表的电流 I_0 与被测电压成正比，只要分压系数和 R_F 足够精确和稳定，就可以获得良好的准确度，因此，各分压电阻及反馈电阻 R_F 都要使用精密电阻。

2. 调制式直流放大器

在上述使用直流放大器的电子电压表中，直流放大器的零点漂移限制了电压表灵敏度的提高，为此，电子电压表中常采用调制式放大器代替直流放大器以抑制漂移，可使电子电压表能测量微伏量级的电压。调制式直流放大器的原理如图 5-6 所示。图 5-6 中微弱的直流电压信号经调制器（又称斩波器）变换为交流信号，再由交流放大器放大，经解调器还原为直流信号（幅度已得到放大）。振荡器为调制器和解调器提供固定频率的同步控制信号。

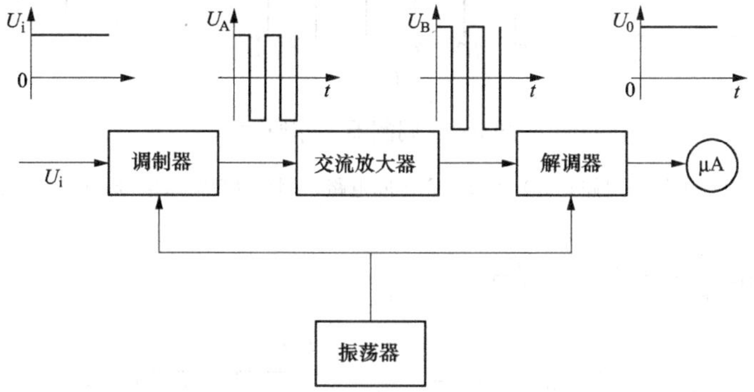

图 5-6　调制式直流放大器原理

调制器工作原理如图 5-7 所示。

解调器工作原理和各点波形如图 5-8 所示。其中图 5-8（a）中 K_D 是与调制器中 K_M 同步动作的机械式振子开关或场效应管电子开关，C 为隔直流电容，正是由于它的隔直流作用，使放大器的零点漂移被阻断，不至传输到后面的直流电压表表头。R 为限流电阻，R_f、C_f 构成滤波器，滤波后得到放大后的直流信号。解调器中各点波形如图 5-8（b）、（c）、（d）所示。

图 5-6 中的交流放大器一般采用选频放大器，只对与图中振荡器同频率的信号进行放大而抑制其他频率的噪声和干扰。在实际直流电子电压表中，还采用了其他措施以提高性能，比如在解调器输出端和调制器输入端间增加负反馈网络以提高整机稳定性等。

三、交流电压表征和测量方法

（一）交流电压的表征

交流电压除用具体的函数关系式表达其大小随时间的变化规律外，通常还可以用峰值、幅值、平均值、有效值等参数来表征。

1. 峰值

周期性交变电压 $u(t)$ 在一个周期内偏离零电平的最大值称为峰值，用表示 U_p，正、负峰值不等时分别用 U_{P+} 和 U_{P-} 表示，如图 5-9（a）所示，$u(t)$ 在一个周期内偏离直流分量 U_0 的最大值称为幅值或振幅，用 U_m 表示，正、负幅值不等时分别用 U_{m+} 和 U_{m-} 表示，如图 5-9（b）所示，图中 $U_0=0$，且正、负幅值相等。

2. 平均值

$u(t)$ 的平均值 $\overline{U}$ 的数学定义为

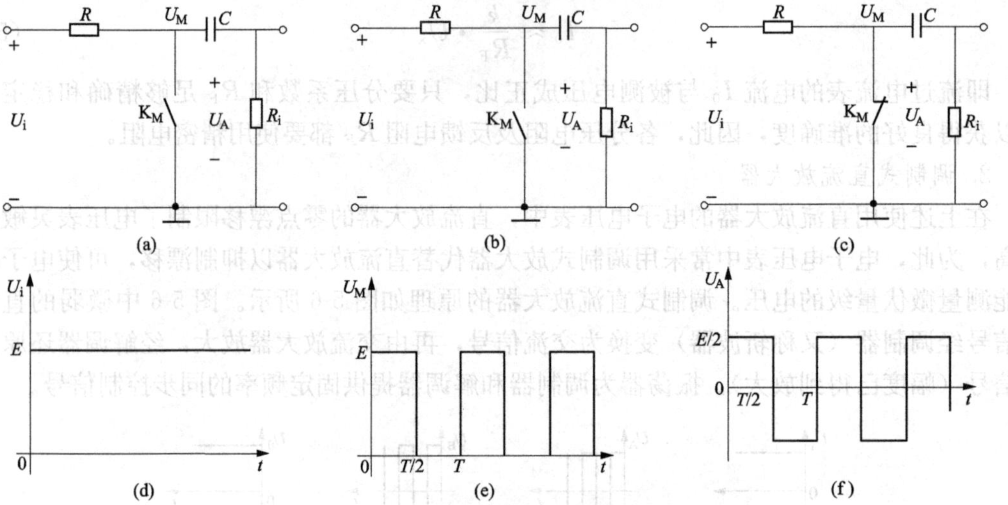

图 5-7　调制器工作原理

（a）调制电路；（b）$0\sim\frac{T}{2}$区间电路；（c）$T/2\sim T$ 区间电路；（d）直流输入信号；（e）U_M 波形；（f）U_A 波形

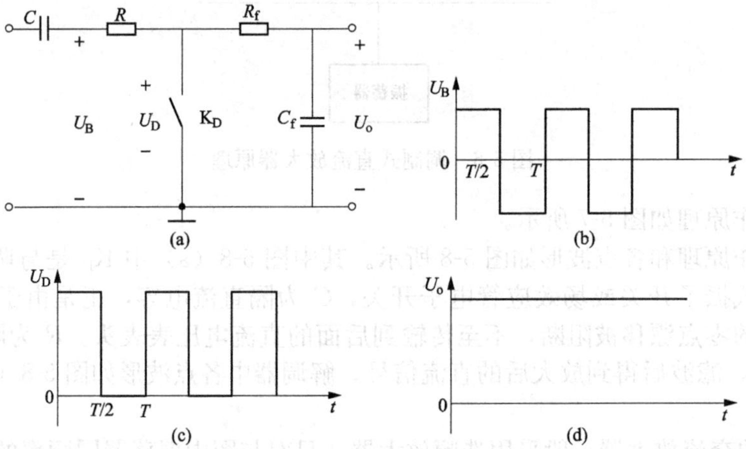

图 5-8　解调器工作原理

（a）解调器电路；（b）解调器电路 U_B 波形；（c）解调器电路 U_D 波形；（d）解调器电路 U_o 波形

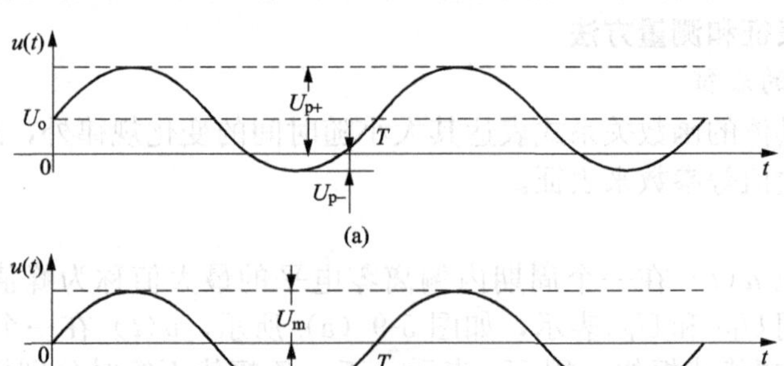

图 5-9　交流电压的峰值与幅值

（a）有直流分量；（b）无直流分量

$$\overline{U}=\frac{1}{T}\int_{0}^{T}u(t)\mathrm{d}t \tag{5-11}$$

按照这个定义，$\overline{U}$ 实质上就是周期性电压的直流分量 U_0，如图 5-9（a）中虚线所示。

在电子测量中，平均值通常指交流电压检波（也称整流）以后的平均值，又可分为半波整流平均值（简称半波平均值）和全波整流平均值（简称全波平均值），如图 5-10 所示，其中 5-10（a）为未检波前电压波形，图 5-10（b）、（c）分别为半波整流和全波整流后的波形。全波平均值定义为

$$\overline{U}=\frac{1}{T}\int_{0}^{T}|u(t)|\mathrm{d}t \tag{5-12}$$

如不另加说明，本章所指平均值均为式（5-12）所定义的全波平均值。

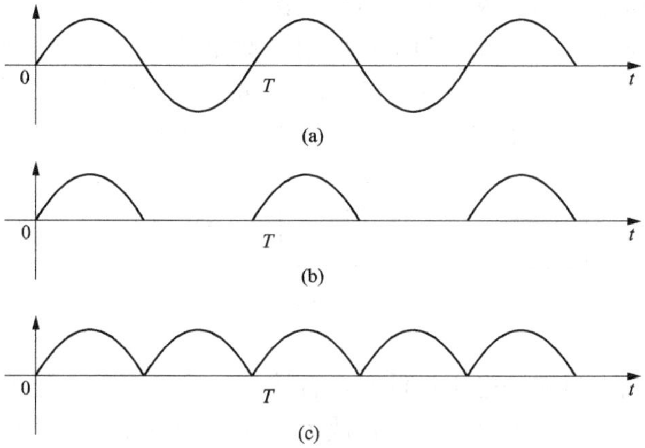

图 5-10　半波和全波整流

（a）未检波前电压波形；（b）半波整流电压波形；（c）全波整流电压波形

3. 有效值

在电工理论中曾定义：某一交流电压的有效值等于直流电压的数值 U，当该交流电压和数值为 U 的直流电压分别施加于同一电阻上时，在一个周期内两者产生的热量相等。用数学式可表示为

$$U=\sqrt{\frac{1}{T}\int_{0}^{T}u^{2}(t)\mathrm{d}t} \tag{5-13}$$

式（5-13）实质上即数学上的均方根定义，因此电压有效值有时也写作 U_{rms}。

4. 波形因数、波峰因数

交流电压的有效值、平均值和峰值间有一定的关系，可分别用波形因数（或称波形系数）及波峰因数（或称波峰系数）表示。

波形因数 K_{F}，定义为该电压的有效值与平均值之比，即

$$K_{\mathrm{F}}=\frac{U}{\overline{U}} \tag{5-14}$$

波峰因数 K_{P}，定义为该电压的峰值与有效值之比，即

$$K_{\mathrm{p}}=\frac{U_{\mathrm{p}}}{U} \tag{5-15}$$

（二）交流电压的测量方法

1. 交流电压测量的基本原理

测量交流电压的方法很多，依据的原理也不同。其中最主要的是利用交流/直流（AC/DC）转换电路将交流电压转换成直流电压，然后再接到直流电压表上进行测量。根据 AC/DC 转换器的类型，可分成检波法和热电转换法。根据检波特性的不同，检波法又可分成平均值检波、峰值检波、有效值检波等。

2. 模拟交流电压表的主要类型

（1）检波—放大式。在直流放大器前面接上检波器，就构成了如图 5-11 所示的检波—放大式电压表。这种电压表的频率范围和输入阻抗主要取决于检波器。采用超高频检波二极管并在电表结构工艺上仔细设计，可使这种电压表的频率范围从几十 Hz 到几百 MHz，输入阻抗也较大。一般将这种电压表称为“高频毫伏表”（“高频电压表”）或“超高频毫伏表”（“超高频电压表”），如国产 DA36 型超高频毫伏表，其测量频率范围为 10kHz～1000MHz。电压范围 1mV～10V（不加分压器）。输入阻抗分别为：100kHz 时，3V 量程，输入阻抗大于 100kΩ；50MHz 时，3V 量程，输入阻抗大于 50kΩ，输入电容小于 2pF。

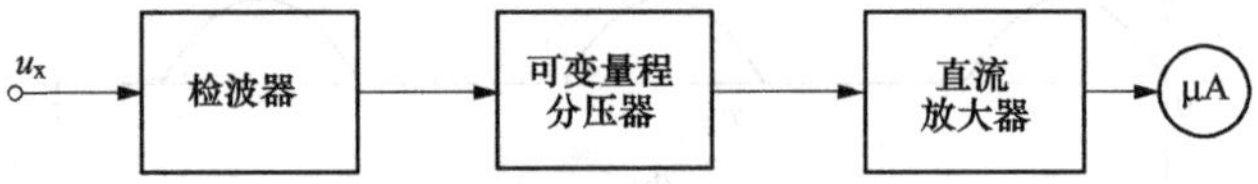

图 5-11 检波—放大式电压表框图

（2）放大—检波式。当被测电压过低时，直接进行检波误差会显著增大。为了提高交流电压表的测量灵敏度，可先将被测电压进行放大，而后再检波和推动直流电能表显示，于是构成图 5-12 所示的放大—检波式电压表。这种电压表的频率范围主要取决于宽带交流放大器，灵敏度受到放大器内部噪声的限值。通常频率范围为 20Hz～10MHz，因此也称这种电压表为“视频毫伏表”，多用在低频、视频场合。例如 S401 视频毫伏表，其频率范围为 20Hz～10MHz。测量电压范围为 100μV～1V。输入阻抗不低于 1MΩ，电容不大于 20pF（含义是输入阻抗可等效为电阻 R_i 和 C_I 电容并联，$R_I \geqslant 1M\Omega$，$C_i \leqslant 20pF$，如图 5-1（b）所示。

图 5-12 放大—检波式电压表框图

（3）调制式。在前面分析直流电压表时即已说明，为了减小直流放大器的零点漂移对测量结果的影响，可采用调制式放大器以替代一般的直流放大器，这就构成了图 5-13 所示调制式电压表。实际上这种方式仍属于检波—放大式。DA36 型超高频毫伏表就采用了这种方式，其中放大器是由固体斩波器和振荡器构成的调制式直流放大器。

（4）外差式。检波二极管的非线性，限制了检波—放大式电压表的灵敏度，因此虽然其频率范围较宽，但测量灵敏度一般仅达到 mV 级。而对于放大—检波式电压表，由于受到放大器增益与带宽矛盾的限制，虽然灵敏度可以提高，但频率范围却较窄，一般在 100MHz 以下，同时两种方式测量电压时，都会由于干扰和噪声的影响而妨碍了灵敏度的提高。外差式电压测量法在相当大的程度上解决了上述矛盾。其原理框图如图 5-14 所示。输入电路中包括输入衰减器和高频放大器，衰减器用于大电压测量，高频放大器带宽很大，但不要求有很高的增益，被测电压的放大主要由后面的中频放大器完成。被测信号经输入电路，与本振信号一起进入混频器转变成频率固定的中频信号，经中频放大器放大后进入检波器转变成直流电压推动表头显示。由于中频放大器具有良好的频率选择性和固定中频频率，从而解决了放大器增益带宽的矛盾，又因为中频放大器的极窄的带通滤波特性，因而可以在实现高增益的同时，有效地削弱干扰和噪声（它们都具有很大的带宽）的影响，使测量灵敏度提高到μA级，因此称为“高频微伏表”，典型的外差式电压表如 DW-1 型高频微伏表，最小量程 15μA，最大量程 15mV（加衰减器可扩展到 1.5V），频率范围从 100kHz 到 300MHz，分 8 个频段，基本误差为 3%。

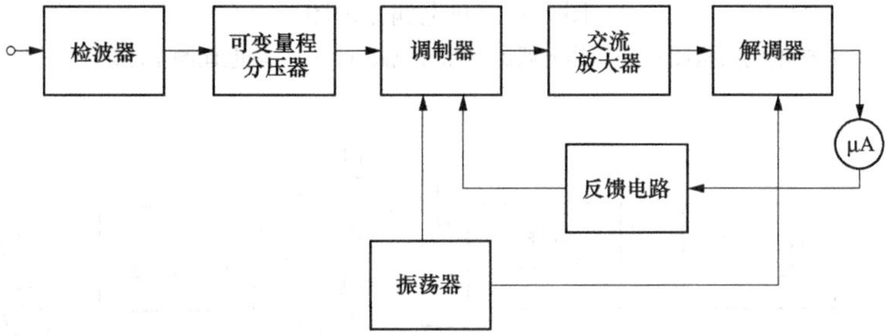

图 5-13　调制式电压表框图

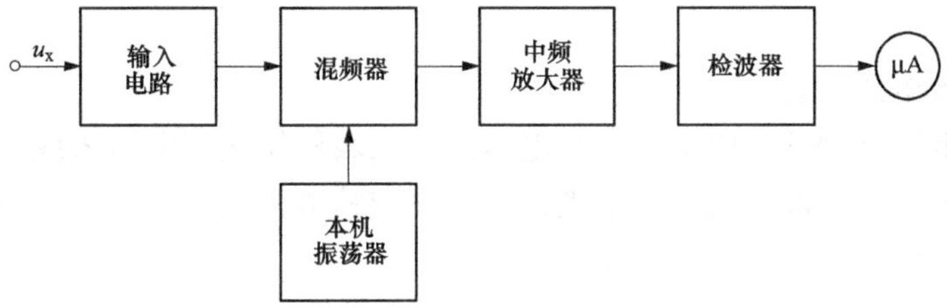

图 5-14　外差式电压表框图

（5）热偶变换式。在对波形未知或波形复杂的电压测量时，例如对噪声电压的测量、失真度测量，都要求能测出电压的真正有效值。这种测量要求 AC/DC 变换器的输出电压与输入电压的有效值成正比。利用二极管链式检波器可以实现这种功能，但频率范围不大，一般为几十赫兹到几百千赫兹。另外用得较多的是热偶元件，其基本工作原理如图 5-15 所示。

热偶元件又称热电偶，是由两种不同材料的导体所构成的具有热电现象的元件，如图 5-15 所示。热电偶式电压表框图如图 5-16 所示。

（6）其他方式。交流电压表还有其他一些方式，例如锁相同步检波式、取样式、测热电桥式等。锁相同步检波式利用同步检波原理，滤除噪声，削弱干扰，适用于被噪声、干扰淹没情况下电压信号的检测。取样式实质上是一种频率变换技术，利用取样信号中含有被取样信号的幅度信息（随机取样）或者含有被取样信号的幅度、相位信息（相关取样）的原理，将高频被测电压信号变换成低频电压信号进行测量。取样电压表可以测量 1mV～1V、10kHz～1000MHz(1GHz) 的电压。利用相关采样技术制成的矢量电压表，不仅可以测量两路电压的幅度，还能测量其相位差。测热电桥式是利用具有正的或负的温度系数的电阻，如半导体热敏电阻、镇流电阻、薄膜测热电阻等构成精密电桥，通过对低频或直流电压的测量来代替高频电压的测量，这种方法通常用于精密电压测量。

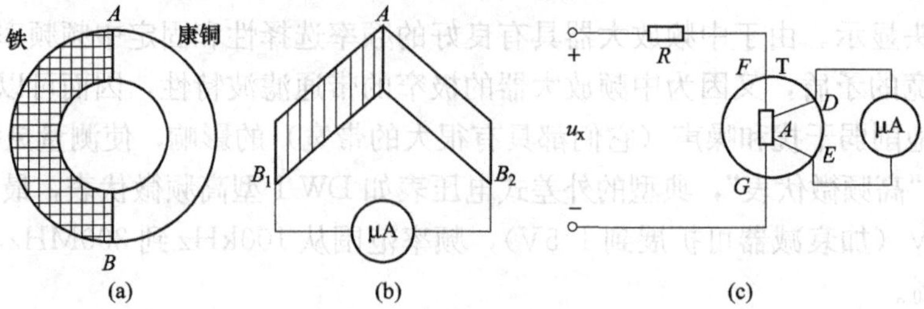

图 5-15　热电偶原理图

(a) 热电偶结构图；(b) 热电偶测量原理电路 1；(c) 热电偶测量原理电路 2

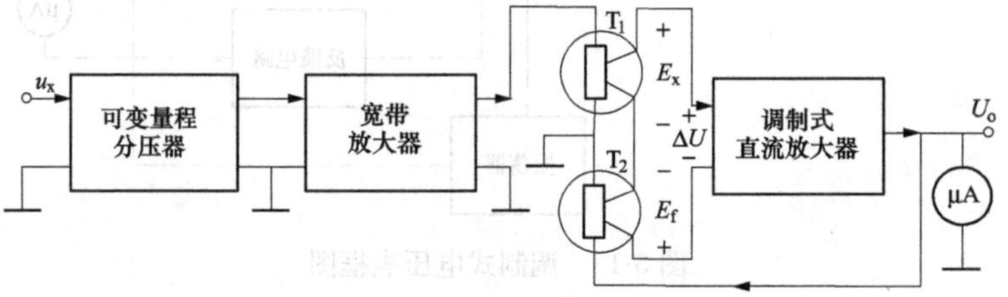

图 5-16　热电偶式电压表框图

四、低频交流电压测量

通常把测量低频（1MHz 以下）信号电压的电压表称作交流电压表或交流毫伏表。这类电压表一般采用放大—检波程式，检波器多为平均值检波器或者有效值检波器，分别构成均值电压表和有效值电压表。

（一）均值电压表

1. 平均值检波器原理

平均值检波器的基本电路如图 5-17 所示，4 只性能相同的二极管构成桥式全波整流电路，图 5-17（c）是其等效电路，整流后的波形为 $|u_x|$，整流器可等效为 R_s 串联一电压源 $|u_x|$，R_m 为电流表内阻，C 为滤波电容，滤除交流成分。将 $|u_x|$ 用傅里叶级数展开，其直流为

$$U_0=\frac{1}{T}\int_0^T |u_x| \mathrm{d}t=\overline{U} \tag{5-16}$$

恰为其整流平均值，加在表头上，流过表头的电流 I_0 正比于 $\overline{U}$，即正比于全波整流平均值。$|u_x|$ 傅里叶展开式中的基波和各高次谐波，均被并接在表头上的电容 C 旁路而不流过表头，因此，流过表头的仅是和平均值成正比的直流电流 I_0。为了改善整流二极管的非线性，实际电压表中也常使用图 5-17（b）所示的半桥式整流器。

2. 检波灵敏度

表征均值检波器工作特性的一个重要参数是检波灵敏度 S_d，定义为

$$S_d = \frac{\overline{I}}{U_p} = \frac{I_0}{U_p} \tag{5-17}$$

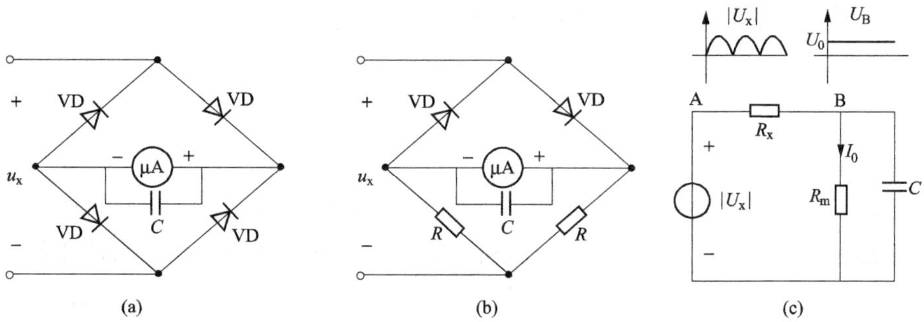

图 5-17　平均值检波器

(a) 全桥式；(b) 半桥式；(c) 全桥等效电路

对于图 5-17（a）所示全波桥式整流器，可导出

$$S_d = \left(\frac{\overline{U}}{2R_d + R_m}\right) / U_p \tag{5-18}$$

若 $u_x(t) = U_m \sin\omega t$ ，则查表有

$$\overline{U} = \frac{2U_p}{\pi} \tag{5-19}$$

所以

$$S_d = \frac{2}{\pi} \times \frac{1}{2R_d + R_m} \tag{5-20}$$

如果 $R_d = 500\Omega$，$R_m = 1\text{k}\Omega$，由上式得 $S_d = 1/314$。要提高测量灵敏度，应减小 R_d 和 R_m。

3. 输入阻抗

可以证明，对于图 5-17（a）所示均值整流器，其输入阻抗为

$$R_i = 2R_d + \frac{8}{\pi^2} R_m \tag{5-21}$$

仍设 $R_d = 500\Omega$，$R_m = 1\text{k}\Omega$（这是常规的数值），则 R_i 约为 1.8kΩ，可见均值检波器输入阻抗很低。

4. 放大—检波式均值电压表

由于均值检波器检波灵敏度的非线性特性及输入阻抗过低，所以以均值检波器为 AC/DC 变换器的均值电压表一般都设计成放大—检波式。放大器的主要作用是放大被测电压，提高测量灵敏度，使检波器工作在线性区域，同时它的高输入阻抗可以大大减小负载效应。

（二）波形换算

前已叙述，电压表度盘是以正弦波的有效值定度的，而均值检波器的输出，（即流过电流表的电流）与被测信号电压的平均值呈线性关系，为此有

$$U_a = K_a \cdot \overline{U} \tag{5-22}$$

式中　U_a——电压表示值；

$\overline{U}$——被测电压平均值；

K_a——定度系数。

由于交流电压表是以正弦波有效值定度，因此对于全波检波（整流）电路构成的均值电压表，定度系数 K_a 就等于正弦信号的波形因数，即

$$K_a=\frac{U_a}{\overline{U}}=\frac{\frac{\sqrt{2}}{2}U_m}{\frac{2}{\pi}U_m}=\frac{\pi}{2\sqrt{2}}\approx 1.11 \tag{5-23}$$

如果被测信号为正弦波形，则电压表示值就是被测电压的有效值。如果被测信号是非正弦波形，那么需进行“波形换算”，由示值和被测信号的具体波形，推算出被测信号的数值。具体方法是：根据式（5-22）可知，电压表表头示值 U_a 相等，则平均值 $\overline{U}$ 相等。因此可以由式（5-22）、式（5-23）得到任意波形电压的平均值

$$\overline{U}=\frac{1}{1.11}U_a\approx 0.9U_a \tag{5-24}$$

再由波形系数 K_F 定义

$$K_F=\frac{\text{有效值 U}}{\text{平均值 }\overline{U}} \tag{5-25}$$

得到任意波形电压的有效值

$$U=0.9K_F\cdot U_a \tag{5-26}$$

【例 5-2】 用全波整流均值电压表分别测量正弦波、三角波和方波，若电压表示值均为10V，问被测电压的有效值各为多少？

解：对于正弦波，由于电压表本来就是按其有效值定度，即电压表的示值就是正弦波的有效值，所以正弦波的有效值为

$$U=U_a=10\text{V}$$

对于三角波，查表，其波形系数 $K_F=1.15$，所以有效值为

$$U=0.9K_FU_a=0.9\times1.15\times10=10.35(\text{V})$$

对于方波，查表，其波形系数 $K_F=1$，所以有效值为

$$U=0.9K_FU_a=0.9\times1\times10=9(\text{V})$$

显然，如果被测、电压不是正弦波形时，直接将电压表示值作为被测电压的有效值，必将带来较大的误差，通常称作“波形误差”，由式（5-26）可以得到波形误差的计算公式，即

$$\gamma_V=\frac{\Delta U}{U_a}\times100\%=\frac{U_a-0.9K_FU_a}{U_a}\times100\%$$
$$=(1-0.9K_F)\times100\% \tag{5-27}$$

仍以上面例中的三角波和方波为例，如果直接将电压表示值 $U_a=10$V 作为其有效值，可以得到波形误差分别为

三角波：

$$\gamma_V=(1-0.9K_F)\times100\%=(1-0.9\times1.15)\times100\%=-3.5\%$$

方波：

$$\gamma_V=(1-0.9K_F)\times100\%=(1-0.9)\times100\%=10\%$$

(三) 均值检波器误差

均值电压表的误差包括下列因素：直流微安表本身的误差；检波二极管老化、变质、不对称带来的误差；超过频率范围时二极管分布参数带来的误差（频响误差）；波形误差。

图 5-18 是均值检波器高频等效电路，当 A 点电位高于 B 点电位的正半周内，D_1、D_4 二极管导通，导通电阻为 R_d，此时 D_2、D_3 的结电容 C_d 呈现的容抗虽仍比正向导通电阻大许多，但频率增高时，其容抗可小于二极管反向电阻，因此 D_2、D_3 不再是截止状态，即二极管失去单向导电性而带来高频频响误差。

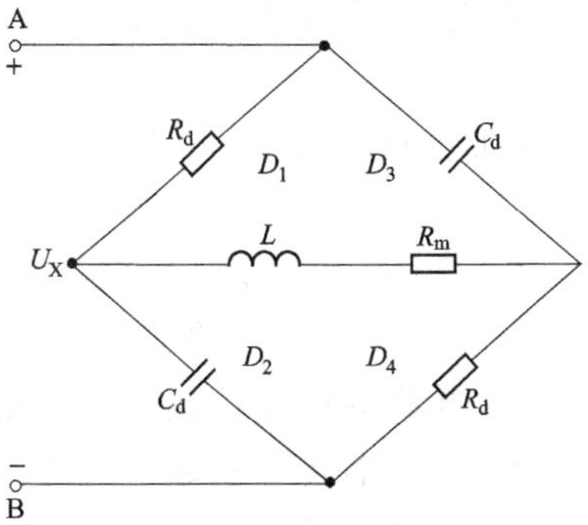

图 5-18　均值检波器高频等效电路

(四) 有效值检波器

电压有效值为

$$U = U_{rms} = \sqrt{\frac{1}{T}\int_0^T u^2(t)\mathrm{d}t} \tag{5-28}$$

由式 (5-28) 可见，为了获得有效值（均方根）响应，必须使 AC/DC 变换器具有平方律关系的伏安特性。这类变换器有二极管平方律检波式、分段逼近式检波式、热电变换式和模拟计算式等四种。

1. 二极管平方律检波式

真空或半导体二极管在其正向特性的起始部分，具有近似的平方律关系，如图 5-19 所示。图中 E_0 为偏置电压，当信号电压 u_x 较小时，有

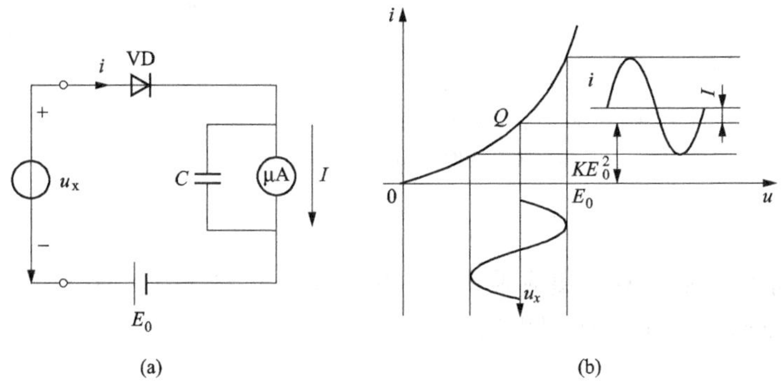

图 5-19　二极管的平方律特性

(a) 电路原理图；(b) 波形图

$$i = k[E_0 + u_x(t)]^2 \tag{5-29}$$

式中　k——与二极管特性有关的系数（称为检波系数）。由于电容 C 的积分（滤波）作用，流过微安表的电流正比于 i 的平均值 $\overline{I}$，$\overline{I}$ 等于

$$\begin{aligned}\overline{I} &= \frac{1}{T}\int_0^T i(t)\mathrm{d}t \\ &= kE_0^2 + 2kE_0\left[\frac{1}{T}\int_0^T u_x(t)\mathrm{d}t\right] + k\left[\frac{1}{T}\int_0^T u_x^2(t)\mathrm{d}t\right] \\ &= kE_0^2 + 2kE_0\overline{U}_x + kU_{xrms}^2\end{aligned} \tag{5-30}$$

式中 kE_0^2——静态工作点电流，可以设法将其抵消；

$\overline{U}_x$——$u_x(t)$ 的平均值，对于正弦波等周期对称电压 $U_x=0$；

U_{xrms}——$u_x(t)$ 的有效值 U。

这样流经微安表的电流为

$$\overline{I}=kU^2 \tag{5-31}$$

从而实现了有效值转换

2. 分段逼近式检波式

图 5-20 画出了分段逼近式有效值检波电路［见图 5-20（b)］及其平方律伏安特性［见图 5-20（a)］。其工作原理是：由二极管 VD3～VD6 和电阻 R_3～R_{10}。构成的链式网络相当于与 R_2 并联的可变负载。接在宽带变压器次级的二极管 VD1、VD2 被测电压进行全波检波。适当调节检波器负载（由链式网络实现)，可使其伏安特性成平方律关系，而使流过微安表的电流正比于被测电压有效值的平方。

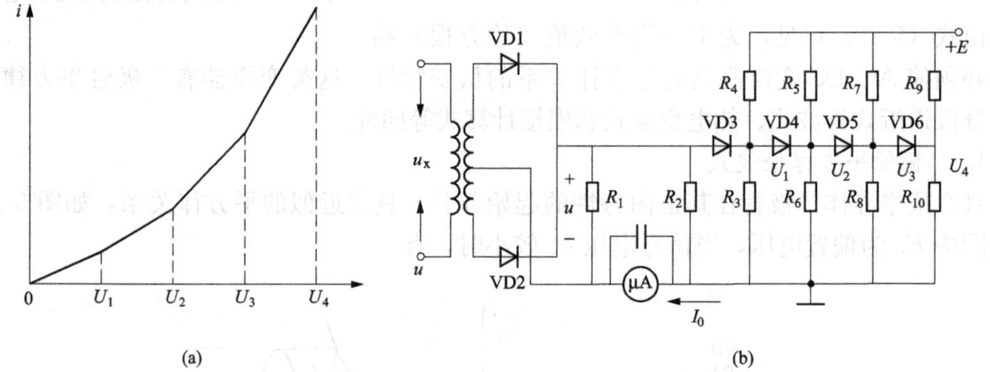

图 5-20 平方律伏安特性和二极管链式电路

（a）伏安特性；（b）二极管链式电路

3. 模拟计算式

由于电子技术的发展，利用集成乘法器、积分器、开方器等实现电压有效值测量，是有效值测量的一种新形式，其原理如图 5-21 所示。

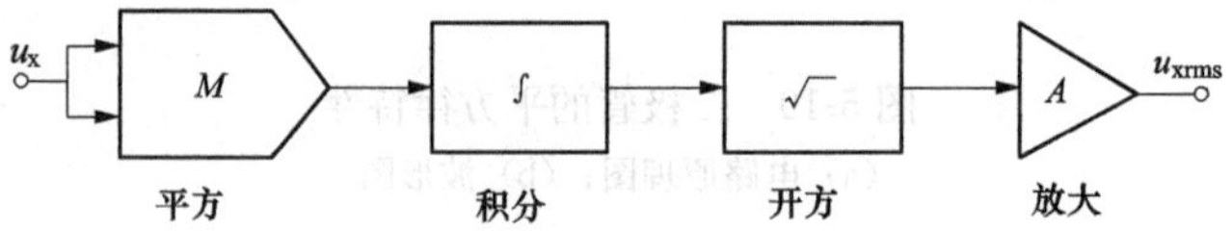

图 5-21 模拟计算型有效值电压表原理

五、高频交流电压测量

（一）峰值检波器

1. 串联式峰值检波器

图 5-22（c）是串联式峰值检波器原理电路及检波波形，元件参数满是

$$RC \gg T_{max},\ R_dC \ll T_{min} \tag{5-32}$$

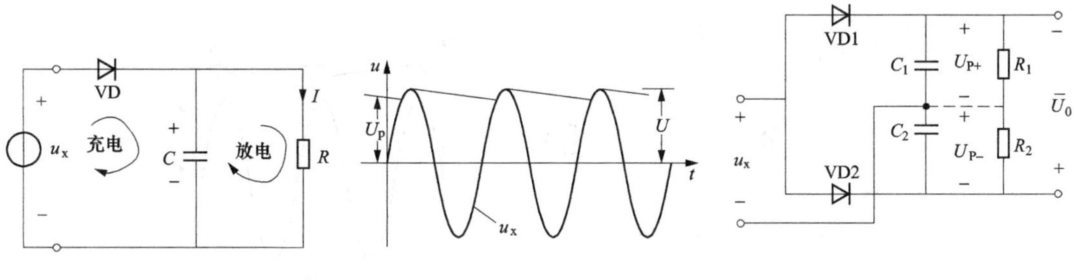

(a)　(b)　(c)

图 5-22　串联峰值检波电路及波形

(a) 串联峰值检波电路；(b) 波形图；(c) 峰值检波电路

2. 双峰值检波器

将两个串联式检波电路结合在一起，就构成了图 5-22（c）所示的双峰值检波电路。R_1 或 C_1 上的平均电压近似于 u_x 的正峰值 U_{P+}，R_2 或 C_2 上的平均电压近似于 u_x 的负峰 U_{P-} 检波器输出电压 $\overline{U}_0 \approx U_{p+} + U_{p-}$，即输出电压近似等于被测电压的峰-峰值。

3. 并联式检波器

图 5-23（a）、(b）分别画出了并联式峰值检波原理电路和检波波形，元件参数仍然满足式（5-32）条件。在 u_x 正半周，u_x 通过二极管 VD 迅速给电容 C 充电，u_x 负半周，电容上电压经过电压源及 R 缓慢放电，电容 C 上平均电压接近 u_x 峰值，因此电阻只的电压如图 5-23（b）u_R 中所示，滤除高频分量，其平均值 $\overline{U}_R$ 等于电容上平均电压，u_x 似等于峰值，即 $|\overline{U}_R| = |\overline{U}_C| \approx U_p$。

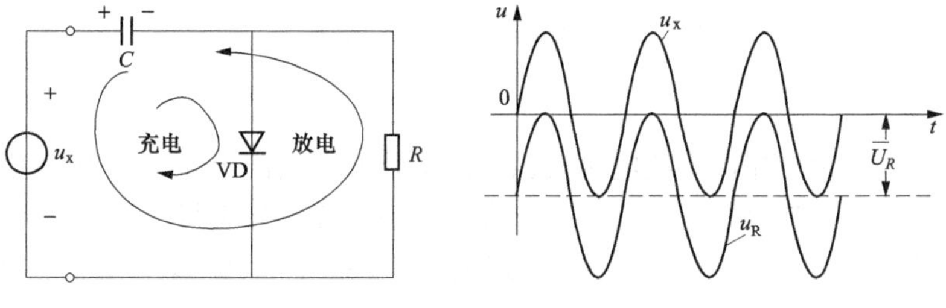

(a)　(b)

图 5-23　并联峰值检波电路及波形

(a) 并联峰值检波电路；(b) 波形图

4. 倍压式峰值检波器

为了提高检波器输出电压，实际电压表中还采用图 5-24 所示的倍压式峰值检波器。

（二）误差分析

1. 理论误差

由前面的分析可知，峰值检波器输出电压的平均值略小于被测电压的峰值，实际数值与充电、放电时常数有关。对于正弦波，由数学分析可得到理论误差为

$$\Delta U = \overline{U}_R - U_p$$

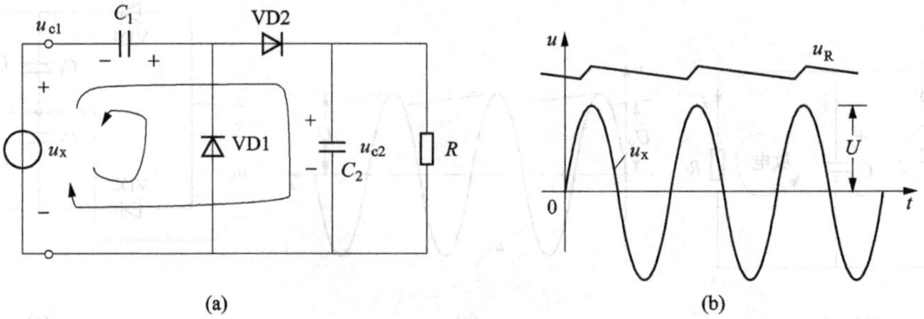

图 5-24 倍压峰值检波电路及波形

（a）倍压峰值检波电路；（b）波形图

$$\gamma \approx -2.2\left(\frac{R_d}{R}\right)^{\frac{2}{3}} \tag{5-33}$$

2. 频率误差

低频情况下，由于 T_{max} 加大，放电时间较长，$\overline{U}_C$ 下降较多，因而造成低频误差，理论分析得知低频误差为

$$\gamma = -\frac{1}{2fRC} \tag{5-34}$$

虽然峰值检波式电压表比较适用于高频测量，但由于高频时分布参数的影响加大也会带来高频误差。

模拟电压表中的“频率特性误差”（也叫频率影响误差）δ_{fx} 反映了电压表的频率误差，它定义为电压表在工作范围内各频率点的电压测量值相对于基准频率的电压测量值的误差

$$\delta_{fx} = \frac{U_{fx} - U_{f0}}{U_{f0}} \times 100\% \tag{5-35}$$

3. 波形误差

和其他程式电压表一样，峰值电压表也是按正弦波有效值定度。对于正弦波，电压表示值即为其有效值，对于其他非正弦波，可查表给出的波峰系数进行换算才能得到有效值，对于那些不能通过波峰系数进行波形换算的被测信号，只好将电压表示值作为其近似的有效值，这样就带来了波形误差。

【例 5-3】 图 5-25 是用波峰检波器测量脉冲电压的示意图，求测量误差。

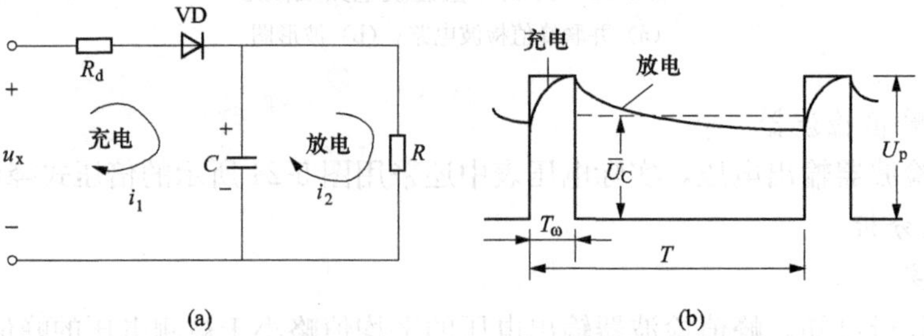

图 5-25 峰值检波器的测量误差

（a）峰值检波器；（b）电容 C 的充放电波形

解： 图 5-25（a）中，R_d 包括二极管正向导通电阻和电压源等效电阻，R 为检波器等效负载。电容器 C 在二极管导通的区间 T_ω 充电，充电电荷量

$$Q_1=\int_0^{T_\omega} i_1\mathrm{d}t \approx \frac{U_p-\overline{U}_C}{R_d}\cdot T_\omega$$

电容器 C 在脉冲休止区间（VD 截止）通过等效负载 R 放电，放电电荷量

$$Q_2=\int_{T_\omega}^{T} i_2\mathrm{d}t \approx \frac{\overline{U}_C}{R}(T-T_\omega)$$

当电路动态平衡后，$Q_1=Q_2$，所以

$$U_p=\frac{(T\cdot R_d+T_\omega\cdot R)\overline{U}_C}{R\cdot T_\omega} \tag{5-36}$$

由上式求得测量误差（示值相对误差）为

$$\gamma_T=\frac{\Delta U}{\overline{U}_C}=\frac{\overline{U}_C-U_p}{\overline{U}_C}=\left(1-\frac{U_p}{\overline{U}_C}\right) \tag{5-37}$$

将式（5-36）代入式（5-37），得

$$\gamma_T=-\frac{Rd}{R}\cdot\frac{T}{T_\omega} \tag{5-38}$$

由式（5-38）不难看出测量误差不仅与检波器参数有关，还与图 5-25（b）波形有关。

（三）波形换算

1. 定度

电压表示值 U_a 与峰值检波器输出 U_p 间满足

$$U_a=k_aU_p \tag{5-39}$$

式中　k_a——定度系数。

由于电压表以正弦波有效值定度，所以

$$k_a=\frac{U_a}{U_p}=\frac{U_{rms}}{U_m}=\frac{1}{\sqrt{2}} \tag{5-40}$$

2. 波形换算

当被测电压为非正弦波时，应进行波形换算才能得到被测电压的有效值。波形换算的原理是：示值 U_a 相等则峰值 U_p 也相等，由式（5-39）和式（5-40）得峰值

$$U_p=\sqrt{2}U_a \tag{5-41}$$

再查表给出的波峰因数 $K_p=U_p/U$ 得到有效值

$$U=\frac{\sqrt{2}}{K_p}U_a \tag{5-42}$$

式（5-42）仅适用于单峰值电压表。

【例 5-4】 用峰值电压表分别测量正弦波、三角波和方波，电压表均指在 10V 位置，问三种波形被测信号的峰值和有效值各为多少？

解： 按着示值相等峰值也相等的原理和式（5-40），可知三种波形的电压峰值 U_p 都是

$$U_p=\sqrt{2}U_a=\sqrt{2}\times 10\approx 14.1(\mathrm{V})$$

因为电压表就是以正弦波有效值定度的，因此正弦波的有效值就是电压表表针指示值，即正弦波的 f 的有效值 $U=10\mathrm{V}$。

对于三角波，根据式（5-41），有效值为

$$U=\frac{\sqrt{2}}{K_p}U_a\approx\frac{1.44\times 10}{1.73}=8.17(\mathrm{V})$$

对于方波，波峰系数 $K_p=1$，因此有效值为

$$U=U_p=14.14(\mathrm{V})$$

六、脉冲电压测量

（一）直接测量法

直接测量法也称灵敏度换算法。它是将被测电压信号接在示波器 Y（垂直）通道，根据示波管荧光屏上电压波形的高度及 Y 轴偏转因数，直接计算出脉冲峰值为

$$U_p=d\cdot H \tag{5-43}$$

其中 H 是荧光屏上脉冲波形高度，d 是 Y 轴总偏转因数（V/cm 或 V/div）。要注意的是：探极有无衰减，是否使用“倍率”，当然信号接入时还应将 Y 轴微调置“校正位”。直接测量法是最常用的方法。由于光迹较宽，视差及衰减器、放大器误差等因数限制，测量误差约为±5%。

【例 5-5】 用 SR-8 示波器测量脉冲电压。Y 轴微调已置校正位，开关“V/div”置 0.2 处，探极衰减 10 倍，脉冲在荧光屏上高度 $H=1.4\mathrm{div}$（格），求被测电压峰值（实际上是峰-峰值）。

解： 由于探极已将信号衰减 10 倍（为方便，写作 $k_1=10$），所以脉冲电压的峰-峰值

$$U_{p-p}=k\cdot H=d\cdot k_1\cdot H=0.2\mathrm{V/div}\times 10\times 1.4\mathrm{div}=2.8(\mathrm{V})$$

【例 5-6】 用 SBM-14 示波器测量脉冲电压峰-峰值。波形高度 $H=3\mathrm{div}$，开关“V/div”置 0.2 处，探极衰减 $k_1=10$，“倍率”置×5 位（$k_2=5$，信号放大 5 倍后接于 Y 轴偏转系位），求被测电压峰-峰值。

$$\begin{aligned}U_{p-p}&=k\cdot H=(d\times k_1\div k_2)\times H\\&=0.2\mathrm{V/div}\times 10\div 5\times 3\mathrm{div}=1.2(\mathrm{V})\end{aligned}$$

（二）比较测量法

比较测量法就是用已知电压值（一般为峰-峰值）的信号（一般为方波）与被测信号电压波形比较而求得被测电压值。设在保持输入衰减和 Y 轴增益不变的情况下，被测信号和标准信号在荧光屏上的高度分别为 H_1、H_2，标准信号的峰-峰值为 U_{sp-p}，则被测电压峰-峰值为

$$U_{xp-p}=\frac{H_1}{H_2}\cdot U_{sp-p} \tag{5-44}$$

七、电压的数字式测量

（一）概述

模拟式电压表直接从指针式显示仪表的表盘上读取测量结果，“模拟”的含义是指随着被测电压的连续变化，表头指针的偏转角度也连续变化。模拟式电压表结构简单，价格低廉，模拟交流电压表的频率范围比较宽，因而在电压测量尤其高频电压测量中得到广泛应用。但由于表头误差和读数误差的限制，模拟式电压表的灵敏度和精度不高。从 20 世纪 50 年代逐步发展起来的数字式测量方法，是利用模拟—数字（A/D）转换器，将连续的模拟量转换成离散的数字量，然后利用十进制数字方式显示被测量的数值。由于电子技术、计算技

术、半导体技术的发展，数字式仪表的绝大部分电路都已集成化，又因为摆脱了笨重的指针式表头，数字式仪表显得格外精巧、轻便。更主要的，它具有下列模拟式仪表所不能比拟的优点。

(1) 准确度高。以直流数字电压表为例，高挡的准确度可达 10^{-7} 量级，测量灵敏度(分辨力) 达 1μV。

(2) 数字显示。测量结果以十进制数字显示，消除了指针式仪表的读数误差。由于数字显示代替指针机械偏转，仪器内又有保护电路，所以数字仪表过载能力强。

(3) 输入阻抗高。一般的数字电压表 (DVM) 为 10MΩ 左右，高的可超过 1000MΩ，因而其负载效应几乎可以忽略。

(4) 测量速度快，自动化程度高。

(5) 功能多样。现在的数字式仪表一般都具有多种功能，这种仪表称为数字多用表，具有直流电压 (DCV)、直流电流 (DCL)、交流电压 (ACV)、交流电流 (ACL) 和电阻 (Ω) 五项功能，有的还有频率、温度等测量功能。

当前，数字式电压表的缺点是交流测量时的频率范围不够宽，一般上限频率在 1MHz 以下。

(二) 数字式电压表 (DVM) 的组成原理

1. 直流数字式电压表

直流数字电压表的组成如图 5-26 所示。图 5-26 中模拟部分包括输入电路 (如阻抗变换，放大电路、量程控制) 和 A/D 变换器，A/D 完成模拟量到数字量的转换。电压表的主要技术指标如准确度、分辨力等主要取决于这一部分电路。数字部分完成逻辑控制，译码 (比如将二进制数字转换成十进制数字) 和显示等功能。

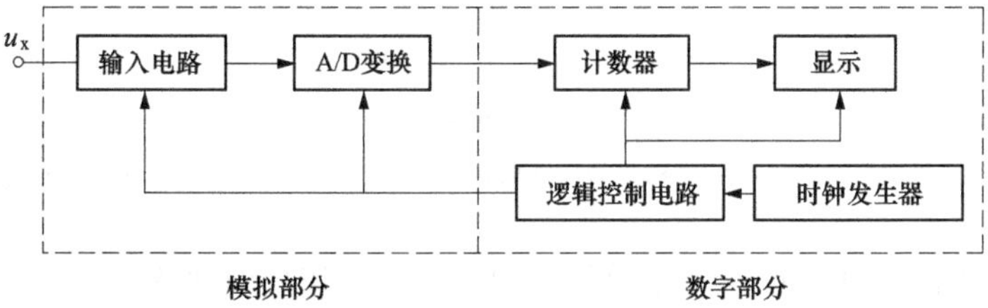

图 5-26　直流数字电压表组成原理

2. 数字多用表 (DMM)

和模拟直流电压表前端配接检波器即可构成模拟交流电压表一样，在数字直流电压表前端配接相应的交流—直流转换器 (AC/DC)、电流—电压转换电路 (I/V)、电阻—电压转换电路 (Ω/V) 等，就构成了数字多用表，如图 5-27 所示。可以看出，数字式多用表的核心是数字直流电压表。由于直流数字电压表是线性化显示的仪器，因此要求其前端配接的 AC/DC、I/V、Ω/V 等变换器也必须是线性变换器，即变换器的输出与输入间呈线性关系。而像前面介绍的有效值检波器的输出 (流过直流微安表电流 I) 和电压有效值 U 之间不是线性关系，因而那种有效值检波器不是线性 AC/DC 变

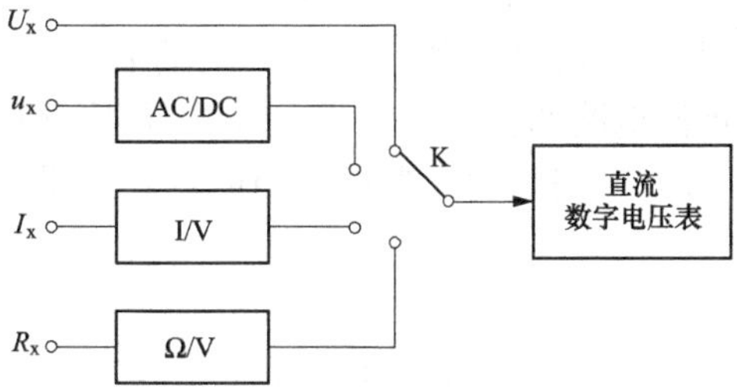

图 5-27　数字式多用表组成原理

换器。

（1）线性 AC/DC 变换器。数字多用表中的线性 AC/DC 变换器主要有平均值 AC/DC 和有效值 AC/DC。有效值 AC/DC 可以采用前面介绍的热偶变换式和模拟计算式。平均值 AC/DC 通常利用负反馈原理以克服检波二极管的非线性，以实现线性 AC/DC 转换。图 5-28 是线性平均值检波器的原理，其中图 5-28（a）为运算放大器构成的负反馈放大器，在以前的学习中曾分析过运算放大器的特性，这里用它说明图 5-28（b）半波线性检波的原理。设运放的开环增益为 k，并假设其输入阻抗足够高（实际的运放一般能满足这一假设），则

$$\begin{cases}\dfrac{u_o-u_i}{R_2}=\dfrac{u_i-u_x}{R_1}\\ u_o=-ku_i\end{cases}\tag{5-45}$$

解得

$$u_o=-\frac{kR_2}{R_2+(1+k)R_1}u_x\tag{5-46}$$

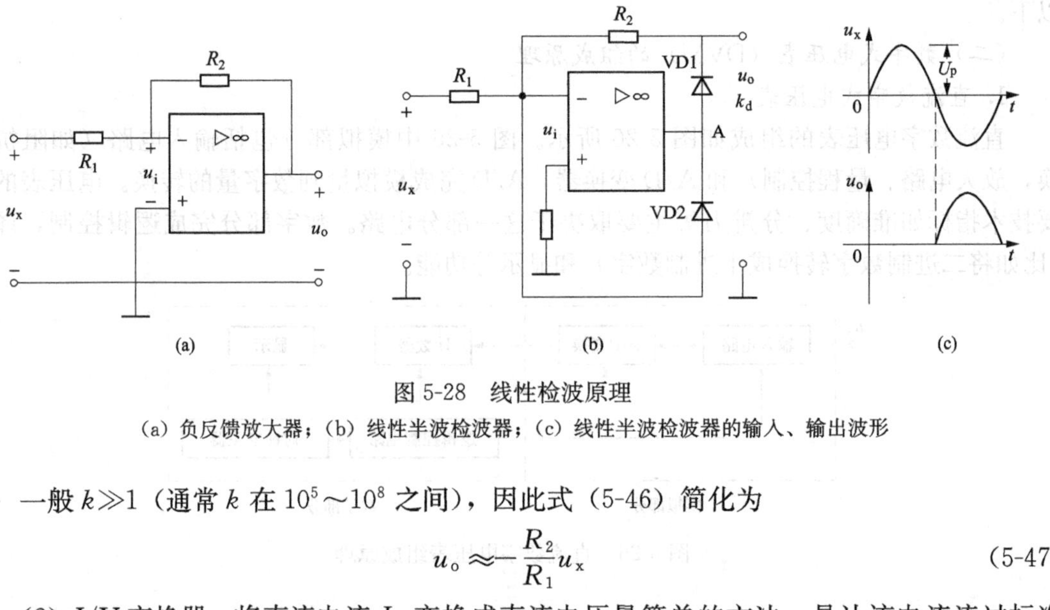

图 5-28 线性检波原理

（a）负反馈放大器；（b）线性半波检波器；（c）线性半波检波器的输入、输出波形

一般 $k\gg1$（通常 k 在 $10^5\sim10^8$ 之间），因此式（5-46）简化为

$$u_o\approx-\frac{R_2}{R_1}u_x\tag{5-47}$$

（2）I/V 变换器。将直流电流 I_x 变换成直流电压最简单的方法，是让该电流流过标准电阻 R_s，根据欧姆定律，R_s 上端电压 $U_{Rx}=R_s\cdot I_x$，从而完成了 I/V 线性转换。为了减小对被测电路的影响，电阻 R_s 的取值应尽可能小，图 5-29 是两种 I/V 变换器的原理图。图 5-29（a）采用高输入阻抗同相运算放大器，不难算出输出电压 U_o 与被测电流 I_x 之间满足

$$U_o=\left(1+\frac{R_2}{R_1}\right)R_s\cdot I_x\tag{5-48}$$

当被测电流较小时（I_x 小于几个毫安），采用图 5-29（b）转换电路，忽略运放输入端漏电流，输出电压 U_o 与被测电流 I_x 间满足：

$$U_o=-R_x\cdot I_x\tag{5-49}$$

（3）Ω/V 变换器。实现 Ω/V 变换的方法有多种，图 5-30 是恒流法 Ω/V 变换器原理图。图中 R_x 为待测电阻，R_s 为标准电阻，U_s 为基准电压源，该图实质上是由运算放大器构成的负反馈电路，利用前面的分析方法，可以得到

$$U_o=\frac{U_s}{R_s}\cdot R_x \tag{5-50}$$

即输出电压与被测电阻成正比，U_s/R_s 实质上构成了恒流源，改变 R_s，可以改变 R_x 的量程。

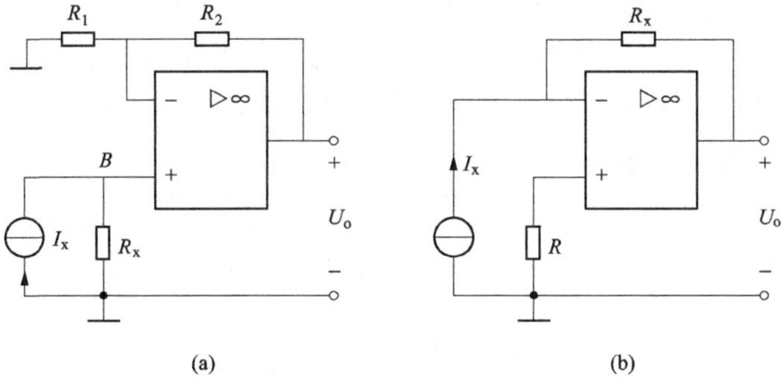

图 5-29　I/V 变换器

(a) 具有高输入阻抗 I/V；(b) 适用于小电流的 I/V

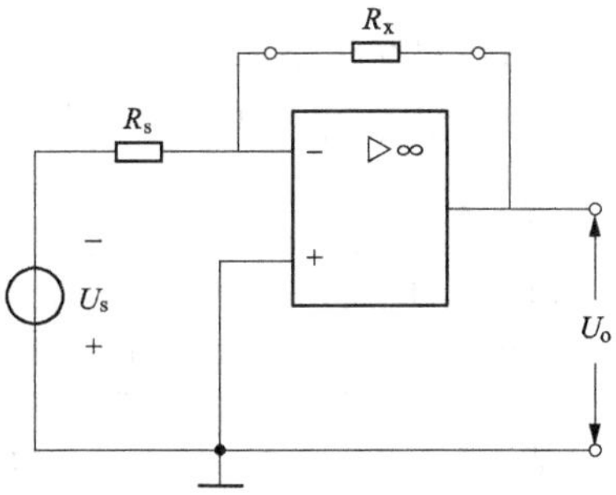

图 5-30　恒流法变换器原理图

（三）DVM 的技术指标

1. 测量范围

测量范围包括显示位数、量程划分和超量程能力，还可包括量程的选择方式是手动、自动或远控等。

2. 分辨力

分辨力指 DVM 能够显示被测电压的最小变化值，即最小量程时显示器末位跳变一个字所需的最小输入电压。例如 SXl842DVM，最小量程 20mV，最大显示数为 19 999，所以其分辨力为 20mV/19 999 即 1μV。

3. 测量速度

测量速度指每秒钟能完成的测量次数，它主要取决于 DVM 所使用的 A/D。积分型 DVM 速度较低，一般在几次/秒至几百次/秒之间，逐次比较型 DVM 可达每秒一百万次以上。

4. 输入阻抗

在直流测量时，DVM 输入阻抗用输入电阻 R_i 表示，量程不一样，R_i 也有差别，大体在 10～1000MΩ 之间。

交流测量时，DVM 输入阻抗用输入电阻 R_i 并联输入电容 C_i 表示，C_i 一般在几十～几百 pF 之间。

5. 固有误差或工作误差

DVM 的固有误差通常用绝对误差表示

$$\left.\begin{aligned}\Delta U&=\pm(a\%U_x+b\%U_m)\\ \Delta U&=\pm a\%U_x\pm \text{几个字}\end{aligned}\right\} \tag{5-51}$$

其中 U_x 为测量示值，U_m 为该量程满度值，$a\%U_x$ 称为读数误差。$b\%U_m$ 称为满度误差，它与被测点压大小无关，而与所取量程有关。当量程选定后，显示结果末位 1 个字所代表的电压值也就一定，因此满度误差通常用正负几个字表示。

第二节 电流测量

一、概述

电流是基本的电学量。在对电流进行测量时，应考虑被测电流的量值范围、测量准确度；而在对交流电流进行测量时，还需考虑波形和频率的影响；因此必须正确地选用仪器、仪表和测量方法。电流的量值分等及测量用仪器、仪表的基本性能分别见表 5-1 和表 5-2。

表 5-1 电流的量值分等

量值	直流（A）	交流（A）	量值	直流（A）	交流（A）	量值	直流（A）	交流（A）
大量值	$10^2\sim10^5$	$10^3\sim10^5$	中量值	$10^{-6}\sim10^2$	$10^{-3}\sim10^3$	小量值	$10^{-17}\sim10^{-6}$	$10^{-7}\sim10^{-3}$

表 5-2 电流测量常用仪器仪表的范围和误差

仪器、仪表	测量范围（A）	测量准确度（%）	仪器、仪表	测量范围（A）	测量准确度（%）	仪器、仪表	测量范围（A）	测量准确度（%）
指示仪表	直流 $10^{-7}\sim10^2$ 交流 $10^{-4}\sim10^2$	2.5～0.1 2.5～0.1	直流互感器	直流 $10^3\sim10^5$	2～0.2	电子测量放大器	直流 $10^{-12}\sim10^{-4}$ 交流 $10^{-10}\sim10^{-4}$	2～0.1 0.5～0.1
直流电位差计	直流 $10^{-7}\sim10^4$	0.1～0.005	交流互感器	交流 $10^{-1}\sim10^4$	0.2～0.005	电容放大器	直流 $10^{-15}\sim10^{-5}$	5～2
分流器	直流 $10\sim10^4$	0.5～0.02	磁位计	直流 10^2 以上 交流	1～0.1	数字电压表	直流 $10^{-3}\sim10^4$	0.5～0.005
霍尔效应大电流仪	直流 $10^3\sim10^5$	2～0.2	检流计	直流 $10^{-11}\sim10^{-6}$	根据定标	交直流比较仪	交流 $10^{-2}\sim10^2$	0.1～0.02

二、中值电流的测量

（一）中值电流的一般测量

对中值电流测量一般选用指示仪表，也可用数字式万用表。测量误差主要取决于所选用仪表的误差。几种主要指示仪表和数字万用表的性能见表 5-3。

表 5-3 几种主要指示仪表和数字万用表的性能

形式	测量基本量	量限	准确度（%）	波形影响	分度特性
磁电系	直流或交流的恒定分量	几微安到几十安	1.0～0.1	可测非正弦	均匀
整流系	交流平均值	几十微安到几十安	2.5～0.5	测量交流非正弦波时误差大	接近均匀
电磁系	直流或交流有效值	几毫安到 100A	2.5～0.2	可测非正弦交流有效值	不均匀
电动系	直流或交流有效值	几十毫安到几十安	1.0～0.2	可测非正弦交流有效值	不均匀
数字万用表（便携式）	直流、交流有效值（或平均值）②	几十毫安到几安	1.0～0.2	可测正弦交流有效值	数字显示

对中值电流进行测量的线路如图 5-31 所示。测量时，串入测量线路的仪表内阻 r 应远小于负载电阻 R，r 与 R 之比至少应不大于允许相对误差（$\gamma\%$）的 1/5，即 $r/R\leqslant\frac{1}{5}$（$\gamma/$

100）。如被测线路有接地时，应把电流表在低电位端。

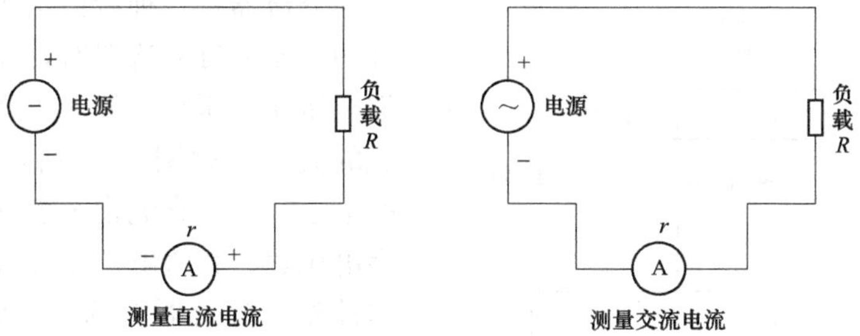

图 5-31　测量电流

（二）中值电流的精确测量

对中值电流的精确测量主要采用比较法进行。在精确测量直流电流时，通常采用直流电位差计和直流数字电压表；精确测量交流电流可采用交直流比较仪。

采用直流电位差计和直流数字电压表精确测量直流电流的线路如图 5-32 所示。直流电位差计测量电流的范围为 $10^{-7}\sim10^{4}$ A，数字电压表测量范围为 $10^{-7}\sim10^{2}$ A。

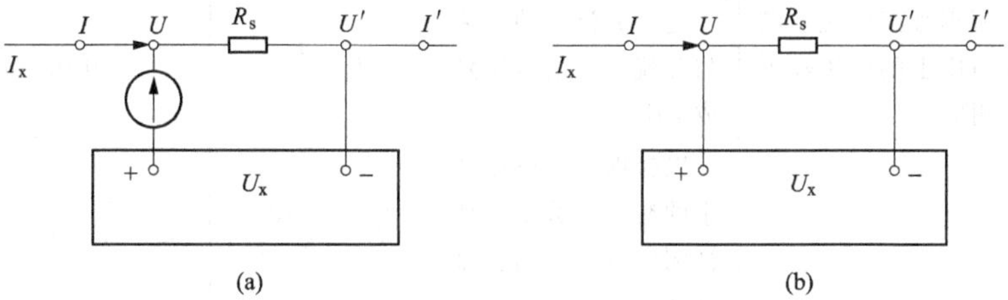

图 5-32　中值电流的精确测量

（a）直流电位差计；（b）直流数字电压表

被测电流 I_x 流经标准电阻 R_s，并在其上产生电位差 U_x，用电位差计或数字电压表测该电位差，即可求得被测电流

$$I_x=\frac{U_x}{R_s} \tag{5-52}$$

测量时应注意

（1）通过标准电阻的电流值不应超过标准电阻的允许功耗。

（2）标准电阻的电流端接被测电流，电位端接直流电位差计或直流数字电压表。

用直流电位差计或直流数字电压表测量直流电流的准确度取决于所选用的直流电位差计或直流数字电压表的准确度和标准电阻的准确度，测量范围与标准电阻及其他辅助设备有关。

三、直流大电流测量

测量直流大电流可用扩大量限器具来扩大测量仪器、仪表的量限，或用专门的大电流测量仪来测量。按照工作原理可分为两大类：一是根据被测电流在已知电阻上的电压降来进行测量；二是根据被测电流所建立的磁场来进行测量。表 5-4 列出了几种测量直流装置的情况。

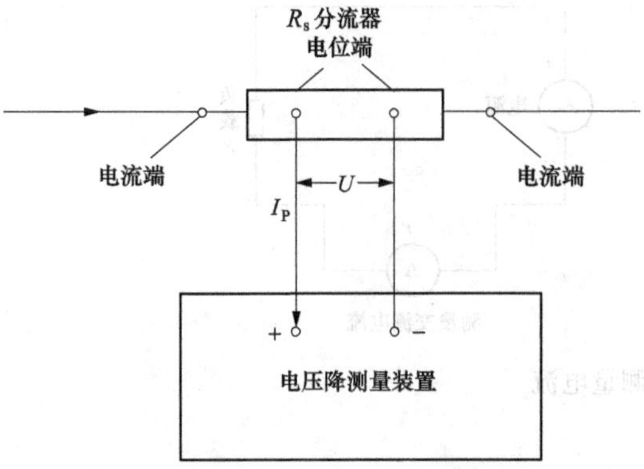

图 5-33 测量直流装置

（一）分流器法

分流器是一种量值很小的标准电阻。当被测电流流过分流器时，通过测量分流器两端电压端电压钮上的电压降就可得出被测电流的大小，如图 5-33 所示。测量分流器上的电压降可用直流指示表（毫伏表）直流数字电压表、直流电位差计等。当用直流电位差计测量分流器上的电压降时，$I_P=0$，被测电流 $I_x=\frac{U}{R_x}$。

分流器结构简单，牢固可靠，抗干扰能力强；但与被测电路有电的联系，安装时要断开被测电路，使用不方便。

表 5-4 几种测量直流大电流装置的原理及参数

名称	分类	原理	表达式	测量范围	误差
分流器	根据被测电流在已知电阻上的电压降进行测量	通过分流器的电流与分流器上的电压降成正比	$I_x=\frac{U}{R_s}$	<10 000A	0.5%
直流互感器法	根据被测电流可建立的磁场进行测量	以辅助交流电压产生的交流磁势来平衡被测电流间生的直流磁势	$I_x=I_A\frac{W_2}{W_1}$	1000～100 000A	0.5%～1%
霍尔效应法		霍尔电动势与被测电流产生的磁感应强度成正比	$I_x=\frac{U_H}{K_HK_BI_0}$	1000～100 000A	0.2%～2%
磁位计法		测量被测电流所产生的磁势	$\Delta I=M\Delta\Psi$	100A	0.1%

（二）直流互感器法

直流电流互感器通常由两个相同的闭合铁芯组成，在每个铁芯上有两个绕组：初级绕组和次级绕组。初级绕组串联接入被测电路，次级绕组则连接到辅助的交流电路里。当使用的铁芯材料具有理想的磁化特性时，如果忽略辅助交流电路的阻抗，从理论上可以证明，交流电路电流的平均值正比于被测直流电流。

直接电流互感器的初级额定电流一般为几千安到几十千安，有的可达 100kA；次级电流一般为 5A 和 1A，次级电路的额定电阻为 2Ω，被测电流在 50%～120%的额定电流范围内，误差一般为 0.5%～1.5%，有的可达 0.2%。

用直流电流互感器测量有直流电流的表达式为

$$I_x=I_A\frac{W_2}{W_1} \tag{5-53}$$

式中 I_A——交流电路电流平均值；

W_2、W_1——分别为次级和初级线圈的匝数。

（三）霍尔效应法

霍尔片是一种半导体元件，当在霍尔片的一对边上加上恒定电流 I_0，在与霍尔片平面垂直的方向加上磁场，则在霍尔片的另一对边上会产生霍尔电动势

$$U_H = K_H I_0 H \tag{5-54}$$

式中　H——磁场强度；

K_H——霍尔系数，与霍尔片的材料特性有关。

根据霍尔元件的这个特性，可实现有直流大电流的测量，具体方法如图 5-34 所示。用开口铁芯围绕被测电流的导体，将霍尔片放在铁芯气隙中，这时霍尔电动势与被测电流 I_x，具有如下关系

$$I_x = \frac{U_H}{K_H K_B I_0} \tag{5-55}$$

$$K_B = H/I_0$$

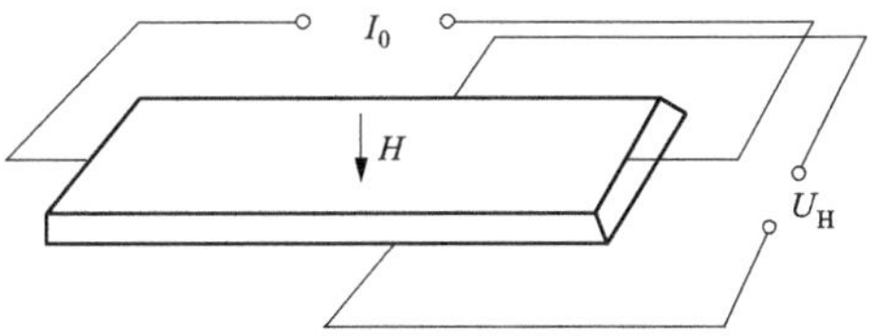

图 5-34　霍尔效应测量直流大电流原理

用霍尔效应法测量时，铁芯气隙一般做成偶数，以减小不均匀的影响。

由于霍尔元件本身线性度较差，存在不等位电势、漂移以及易受周围温度和外磁场的影响，并且铁芯存在非线性，因此这种方法测量直流大电流的准确度受到很大限制。

四、磁位计法

磁位计法又称罗柯夫斯基线圈法。这种方法的特点是被测电流几乎不受限制，抗外磁场能力强，测量时不需要开、断被测电路。用磁位计测量直流大电流的一般方法如图 5-35 所示。磁位计与被测电流交链，将被测电流接入或开、断，使磁位计交链的磁通发生变化，即

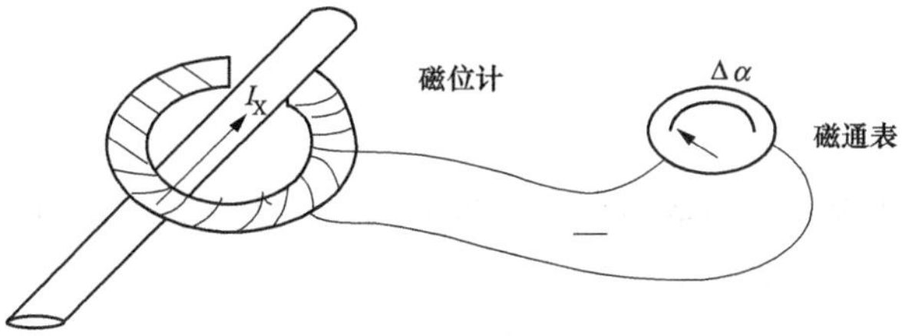

图 5-35　磁位计测量直流大电流原理

$$\Delta\Psi = M\Delta I \tag{5-56}$$

式中　ΔI——电流的改变量；

$\Delta\Psi$——磁通的改变量；

M——互感系数。

将磁位计的输出接磁通表，$\Delta\Psi$ 的变化引起磁通表活动部分偏转 $\Delta\alpha$，则

$$\Delta\Psi = K\Delta\alpha \tag{5-57}$$

式中　K——磁通表的常数。

由于电流改变量的绝对值就是被测电流，因而有

$$\Delta I = I_x = \frac{K\Delta\alpha}{M} \tag{5-58}$$

磁通表的偏转就反映了被测电流大小。

用磁位计测量整流系统的直流大电流时，将磁位计放在电流整流变压器交流次级或整流桥臂的一方，然后积分、整流、储存、总加以反映被测的直流大电流。

五、互感器法测量工频和脉冲大电流

理想的交流电流互感器初级电流与次级电流之比等于它的次级与初级线圈的匝数比。用

交流电流互感器测最工频电电流的原理线路图如图 5-36 所示。被测工频大电流接在互感器的初级，由于

$$I_x = \frac{W_2}{W_1} I_2 \tag{5-59}$$

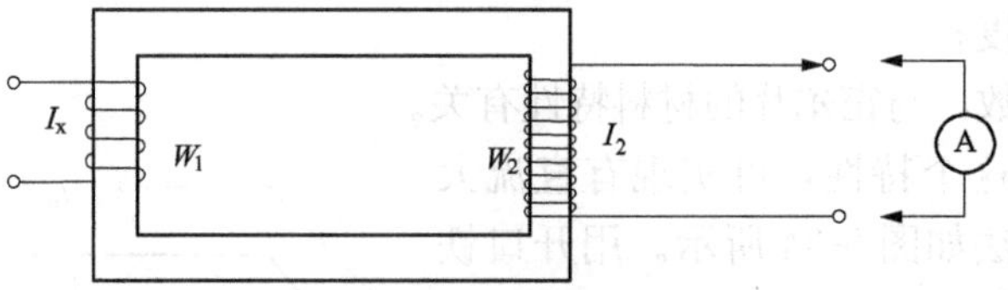

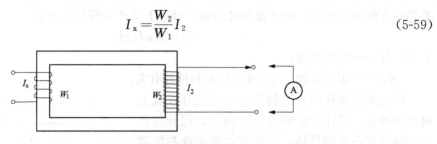

图 5-36 交流电流互感器测量工频大电流

因此只要测出 I_2 就可得出 I_X，W_1 为初级线圈的匝数，W_2 为次级线圈的匝数。

用电流互感器对大电流进行测量，具有主回路和测量回路之间隔离、次级电流额定值根据国家标准规定为 5A、选用仪表方便等特点。但是，为了防止感应高电压，在测量中次级回路绝对不允许开路。另外，为了防止一旦互感器被击穿发生人身危险，在测量时次级回路的接地端钮必须接地。

第三节 电 抗 测 量

一、概述

（一）电抗定义及其表示方法

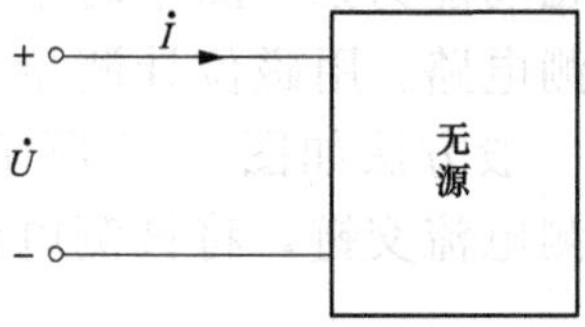

图 5-37 无源单口网络

电抗是描述网络和系统的一个重要参量。对于图 5-37 所示的无源单口网络，电抗定义为

$$Z = \frac{\dot{U}}{\dot{I}} \tag{5-60}$$

式中 $\dot{U}$，$\dot{I}$——分别为端口电压和电流相量。

在集中参数系统中，表明能量损耗的参量是电阻元件 R，而表明系统储存能量及其变化的参量是电感元件 L 和电容元件 C。严格地分析这些元件内的电磁现象是非常复杂的，因而在一般情况下，往往把它们当作不变的常量来进行测量。需要指出的是，在电抗测量中，测量环境的变化，信号电压的大小及其工作频率的变化等，都将直接影响测量的结果。例如，不同的温度和湿度，将使电抗表现为不同的值。

$$Z = \frac{\dot{U}}{\dot{I}} = R + \mathrm{j}X = |Z| e^{\mathrm{j}\theta_z} \tag{5-61}$$

式中 R 和 X——分别为电抗的电阻分量和电抗分量；

$|Z|$ 和 θ_z——分别为电抗模和电抗角。

电抗两种坐标形式的转换关系为

$$\left.\begin{aligned} |Z| &= \sqrt{R^2 + X^2} \\ \theta_z &= \arctan\frac{X}{R} \end{aligned}\right\} \tag{5-62}$$

和

$$\left.\begin{array}{l}R=|Z|\cos\theta_z\\X=|Z|\sin\theta_z\end{array}\right\}\tag{5-63}$$

导纳 Y 是电抗 Z 的倒数，即

$$Y=\frac{1}{Z}=\frac{R}{R^2+X^2}+\mathrm{j}\frac{-X}{R^2+X^2}=G+\mathrm{j}B\tag{5-64}$$

其中

$$\left.\begin{array}{l}G=\dfrac{R}{R^2+X^2}\\B=\dfrac{-X}{R^2+X^2}\end{array}\right\}\tag{5-65}$$

分别为导纳 Y 的电导分量和电纳分量。导纳的极坐标形式为

$$Y=G+\mathrm{j}B=|Y|\mathrm{e}^{\mathrm{j}\varphi}\tag{5-66}$$

式中　$|Y|$ 和 φ——分别为导纳模和导纳角。

（二）电阻器、电感器和电容器的电路模型

一个实际的元件，如电阻器、电容器和电感器，都不可能是理想的，存在着寄生电容、寄生电感和损耗。也就是说，一个实际的 R、L、C 元件都含有电阻、电感和电容三个参量。

一个实际的电阻器，在高频情况下，既要考虑其引线电感，同时又必须考虑其分布电容，故其模型见表 5-5 中的 1-3。其等效电抗为

$$\begin{aligned}Z_e&=\frac{(R+\mathrm{j}\omega L_0)\dfrac{1}{\mathrm{j}\omega C_0}}{R+\mathrm{j}\omega L_0+\dfrac{1}{\mathrm{j}\omega C_0}}=\frac{R+\mathrm{j}\omega L_0}{(1-\omega^2L_0C_0)+\mathrm{j}\omega C_0R}\\&=\frac{R}{(1-\omega^2L_0C_0)^2+(\omega C_0R)^2}+\mathrm{j}\frac{\omega L_0\left[1-\dfrac{C_0}{L_0}(R^2+\omega^2L_0^2)\right]}{(1-\omega^2L_0C_0)^2+(\omega C_0R)^2}\\&=R_e+\mathrm{j}X_e\end{aligned}\tag{5-67}$$

式中　R_e，X_e——分别为等效电抗的电阻分量和电抗分量。

在频率不太高时，即

$\omega L_0/R\ll1$，$\omega C_0/R\ll1$ 时，式（5-67）可近似为

$$Z\approx R\left[1+\mathrm{j}\omega\left(\frac{L_0}{R}-RC_0\right)\right]=R[1+\mathrm{j}\omega\tau]\tag{5-68}$$

其中

$$\tau=\frac{L_0}{R}-RC_0\tag{5-69}$$

称为电阻器的时常数。显然，当 $\tau=0$ 时，电阻器为纯电阻，$\tau>0$ 时，电阻器呈电感性，$\tau<0$ 时电阻器呈电容性。这也就是说，当工作频率很低时，电阻器的电阻分量起主要作用，其电抗分量小到可以忽略不计，此时 $Z_e=R$。随着工作频率的提高，就必须考虑电抗分量了。

精确地测量表明，电阻器的等效电阻本身也是频率的函数，工作于交流情况下的电阻

器，由于集肤效应、涡流效应、绝缘损耗等，使等效电阻随频率而变化，设 R_{-} 和 $R_{\sim}$ 分别为电阻器的直流阻值和交流阻值，实验表明，可用如下经验公式足够准确地表示它们之间的关系：

$$\left.\begin{aligned} &R_{\sim}=R_{-}(1+a\omega+\beta\omega^{2}+\gamma\omega^{3}) \\ &(\text{适用于小于 }1\text{k}\Omega\text{ 电阻}) \\ &R_{\sim}=R_{-}(1+a_{1}\omega^{0.7}+\beta_{1}\omega^{1.4}+\gamma_{1}\omega^{2}+\delta_{1}\omega^{3}) \\ &(\text{适用于 }1\sim 200\text{k}\Omega\text{ 电阻}) \end{aligned}\right\} \tag{5-70}$$

通常用品质因数 Q 来衡量电感器、电容器以及谐振电路的质量，其定义为

$$Q=2\pi\times\frac{\text{磁能或电能的最大值}}{\text{一周期内消化的能量}}$$

对电感器而言，若只考虑导线的损耗，电感器的模型见表 5-5 中的 2-2，其品质因数为

$$Q_{\mathrm{L}}=2\pi\frac{LI^{2}}{I^{2}R_{0}T}=\frac{2\pi fL}{R_{0}}=\frac{\omega L}{R_{0}} \tag{5-71}$$

式中　I，T——分别为正弦电流的有效值和周期。

在频率较高的情况下，需要考虑分布电容，电感器的模型见表 5-5 中的 2-3，其等效电抗为

$$Z_{\mathrm{e}}=\frac{R_{0}+\mathrm{j}\omega L}{1-\omega^{2}LC_{0}+\mathrm{j}\omega C_{0}R_{0}} \tag{5-72}$$

若电感器的 Q 值很高，此时电感器的等效电感为

$$L_{\mathrm{e}}=\frac{L}{1-\omega^{2}LC_{0}} \tag{5-73}$$

对电容器而言，若仅考虑介质损耗及泄漏等因数，其等效模型见表 5-5 中的 3-2。其等效导纳为 $Y_{\mathrm{e}}=G_{0}+\mathrm{j}\omega C$，品质因数为

$$Q_{\mathrm{e}}=2\pi\frac{CU^{2}}{U^{2}G_{0}T}=\frac{2\pi fC}{G_{0}}=\frac{\omega C}{G_{0}}=\omega CR_{0} \tag{5-74}$$

式（5-74）中的 U 和 T 分别为电容器两端正弦电压的有效值和周期。对电容器而言，常用损耗角 δ 和损耗因数 D 来衡量其质量。把导纳 Y 画在复平面上，如图 5-38 所示，图中画出了损耗角 δ，其正切为

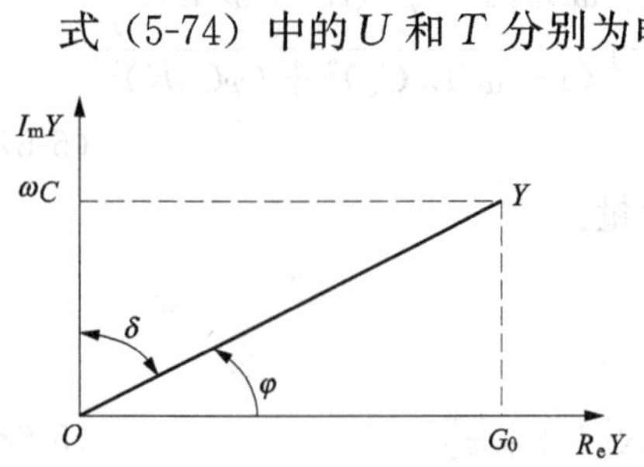

图 5-38　导纳复平面表示法

$$\tan\delta=\frac{G_{0}}{\omega C}$$

损耗因数定义为

$$D=\frac{1}{Q}=\frac{G_{0}}{\omega C}=\tan\delta \tag{5-75}$$

当损耗较小，即 δ 较小时，有

$$D\approx\delta=\frac{G_{0}}{\omega C}=\frac{1}{Q} \tag{5-76}$$

当频率很高时，电容器的模型见表 5-5 中的 3-3，其中 L_{0} 为引线电感，R_{0}' 为引线和接头引入的损耗，R_{0} 为介质损耗及泄漏。此时，寄生电感的影响相当显著，若忽略其损耗。

$$Y_e=\frac{j\omega C\cdot\frac{1}{j\omega L_0}}{j\left(\omega C-\frac{1}{\omega L_0}\right)}=j\omega\frac{C}{1-\omega^2L_0C} \tag{5-77}$$

表 5-5　典型元件的等效阻抗

元件类型		组成	等效模型	等效电抗
电阻器	1-1	理想电阻	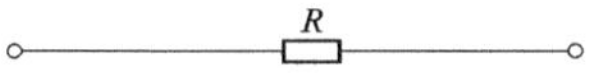	$Z_e=R$
	1-2	考虑引线电感		$Z_e=R+j\omega L_0$
	1-3	考虑引线电感和分布电容	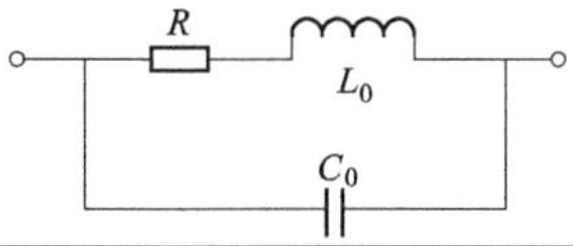	$Z_e=\frac{R+j\omega L_0\left[1-\frac{C_0}{L_0}(R^2+\omega^2L_0^2)\right]}{(1-\omega^2L_0C_0)^2+\omega^2C_0^2R^2}$
电感器	2-1	理想电感	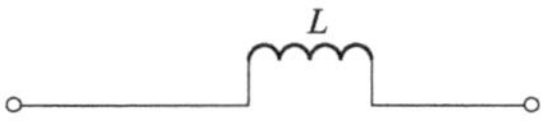	$Z_e=j\omega L$
	2-2	考虑导线损耗	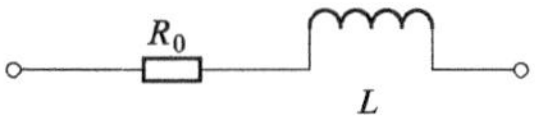	$Z_e=R_0+j\omega L$
	2-3	考虑导线损耗	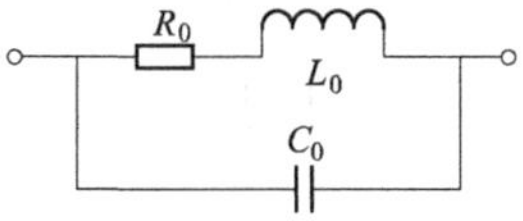	$Z_e=\frac{R_0+j\omega L\left[1-\frac{C_0}{L}(R_0^2+\omega^2L^2)\right]}{(1-\omega^2LC_0)^2+\omega^2C_0^2R_0^2}$
电容器	3-1	理想电容	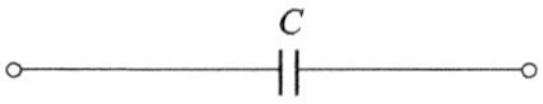	$Z_e=\frac{1}{j\omega C}$
	3-2	考虑泄漏、介质电容	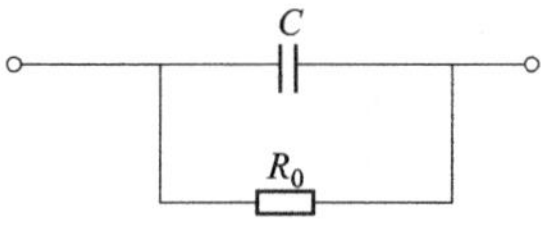	$Z_e=\frac{R_0}{1+\omega^2C^2R_0^2}-j\frac{\omega CR_0^2}{1+\omega^2C^2R_0^2}$
	3-3	考虑泄漏、引线电阻和电感	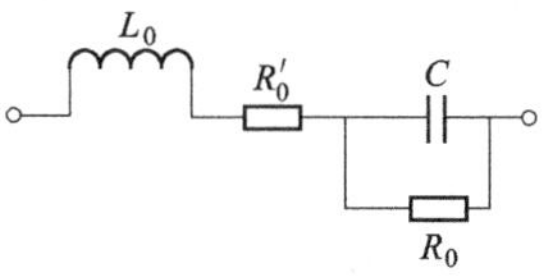	$Z_e=\left(R'_0+\frac{R_0}{1+\omega^2C^2R_0^2}\right)+j\left(\omega L_0-\frac{\omega CR_0^2}{1+\omega^2C^2R_0^2}\right)$

故其等效电容为

$$C_e=\frac{C}{1-\omega^2L_0C} \tag{5-78}$$

由式（5-78）可见，若 L_0 越大，频率越高，则 C_e 与 C 相差就越大。

从上述讨论中可以看出，只是在某些特定条件下，电阻器、电感器和电容器才能看成理想元件。一般情况下，它们都随所加的电流、电压、频率、温度等因素而变化。因此，在测量电抗时，必须使得测量条件尽可能与实际工作条件接近，否则，测得的结果将会有很大的误差，甚至是错误的结果。

测量电抗参数最常用的方法有伏安法、电桥法和谐振法。伏安法是利用电压表和电流表分别测出元件的电压和电流值，从而计算出元件值。该方法一般只能用于频率较低的情况，把电阻器、电感器和电容器看成理想元件。用伏安法测量电抗的线路有两种连接方式，如图5-39所示。这两种测量方法都存在着误差。在图5-39（a）的测量中，测得的电流包含了流过电压表的电流，它一般用于测量电抗值较小的元件。在图5-39（b）的测量中，测得的电压包含了电流表上的压降，它一般用于测量电抗值较大的元件。在低频情况下，若被测元件为电阻器，则其阻值为

$$R=\frac{U}{I} \tag{5-79}$$

若被测元件为电感器，由于 $\omega L=U/I$，则

$$L=\frac{U}{2\pi fI} \tag{5-80}$$

若被测元件为电容器，由于 $1/\omega C=U/I$，则

$$C=\frac{I}{2\pi fU} \tag{5-81}$$

二、电桥法测量电抗

（一）电桥平衡条件

图5-40所示的电桥电路，当指示器两端电压相量 $\dot{U}_{BD}=0$ 时，流过指示器的电流相量 $\dot{I}=0$，这时称电桥达到平衡。由图5-40可知，此时

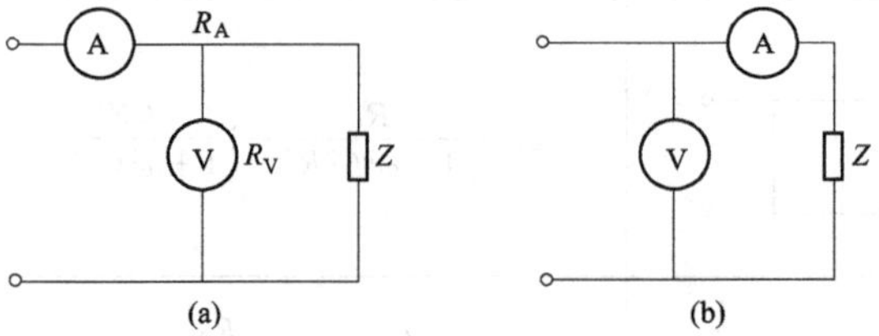

图5-39　伏安法测量电抗

（a）小电阻伏安法；（b）大电阻伏安法

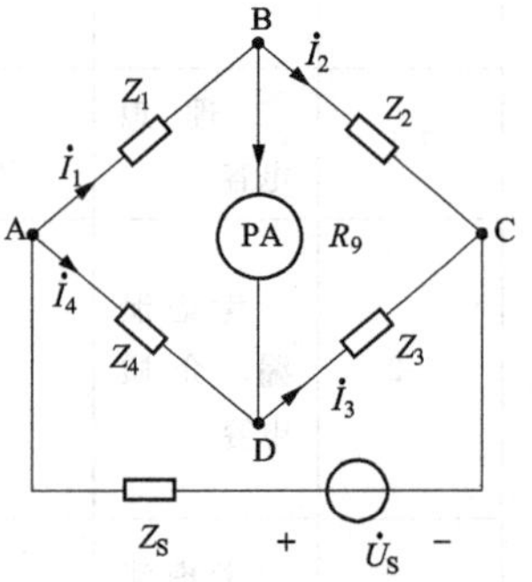

图5-40　四臂电桥原理图

$$Z_1\dot{I}_1=Z_4\dot{I}_4 \text{ 和 } Z_2\dot{I}_2=Z_3\dot{I}_3$$

而且

$$\dot{I}_1=\dot{I}_2 \text{ 和 } \dot{I}_3=\dot{I}_4$$

由以上两式解得

$$Z_1Z_3=Z_2Z_4 \tag{5-82}$$

式（5-82）即为电桥平衡条件，它表明：一对相对桥臂电抗的乘积必须等于另一对相对桥臂电抗的乘积。若式（5-82）中的电抗用指数型表示，得

$$|Z_1|\cdot|Z_3|=|Z_2|\cdot|Z_4| \tag{5-83}$$

$$\theta_1+\theta_3=\theta_2+\theta_4 \tag{5-84}$$

（二）交流电桥的收敛性

为使交流电桥满足平衡条件，至少要有两个可调元件。一般情况下，任意一个元件参数的变化会同时影响模平衡条件和相位平衡条件，因此，要使电桥趋于平衡需要反复进行调节。交流电桥的收敛性就是指电桥能以较快的速度达到平衡的能力。以图 5-45 所示的电桥为例说明此问题，其中 Z_4 作为被测的电感元件。

为了方便，令

$$N = Z_2Z_4 - Z_1Z_3 \tag{5-85}$$

当 $N=0$ 时，电桥达到平衡。N 越小，表示电桥越接近平衡条件，指示器的读数就越小。因此，只要知道了 N 随被调元件参数的变化规律，也就知道了指示器读数的变化规律。对于图 5-41 线路，有

$$N = R_2(R_4 + \mathrm{j}X_4) - R_3(R_1 + \mathrm{j}X_1) = A - B \tag{5-86}$$

其中

$$\left.\begin{aligned} A &= R_2(R_4 + \mathrm{j}X_4) \\ B &= R_3(R_1 + \mathrm{j}X_1) \end{aligned}\right\} \tag{5-87}$$

由于 A 和 B 均为复数，画在复平面上如图 5-42（a）所示。R_1、L_1 可调时，电桥平衡过程如图 5-42（b），当调节 X_1 时，复数 B 的实部保持不变，复数 B 将沿直线 ab 运动。当运动到 B_1 时，由 B_1 到 A 距离最短，复数 N 最小，指示器的读数为最小。然后调节 R_1，这时 B_1 的虚部不变，复数 B_1 将沿直线 cd 移动。当 B_1 移动到 A 点时，复数 N 为零，电桥平衡。

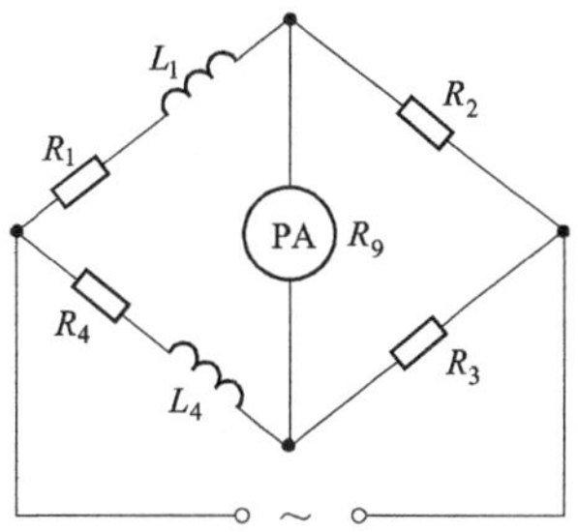

图 5-41　电桥电路

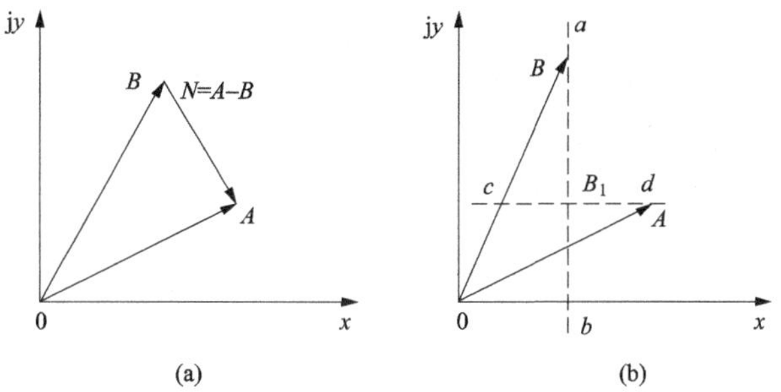

图 5-42　电桥平衡条件

（a）A、B 复平面表示；（b）R_1、L_1 可调电桥平衡过程

（三）电桥电路

电抗测量中广泛应用的基本电桥形式见表 5-6，表中还对各种电桥的特点做了扼要说明，并给出了平衡条件。下面对表中部分电桥如何测量元件参数做一些说明。直流电桥用于精确地测量电阻的阻值。当电桥平衡时，有

$$R_x = \frac{R_2}{R_3}R_4 = KR_4 \tag{5-88}$$

其中

$$K = \frac{R_2}{R_3}$$

通常，R_2 与 R_3 的比值做成一比率臂，K 称为比率臂的倍率，R_4 为标准电阻，称为标称

臂。只要适当地选择倍率 K 和 R_4 的阻值，就可以精确地测得 R_x 的阻值。

表 5-6　　常用基本电桥

编号	特点	基本线路	平衡条件
(1)	直流电桥适用于 1Ω 到几兆欧范围电阻	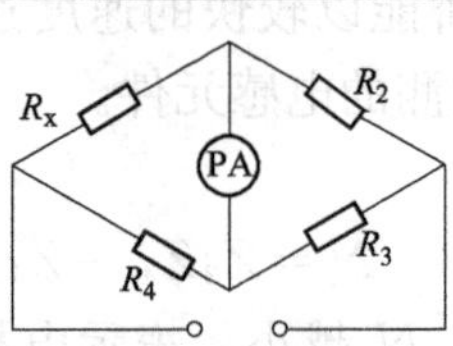	$R_x=\frac{R_2}{R_3}R_4$
(2)	串联电容比较电桥适用于测量最小损耗电容，便于分别读数。若调节 R_2 和 R_4，可直接读出 C_x 和 $\tan\delta_x$	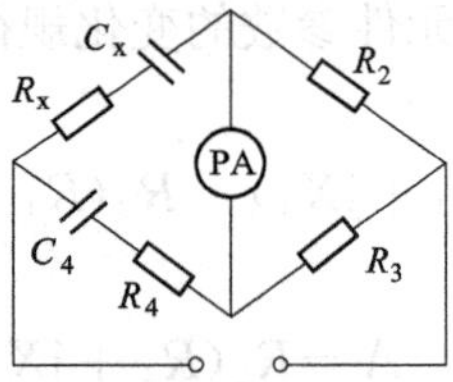	$C_x=\frac{R_3}{R_2}C_4$ $R_x=\frac{R_2}{R_3}R_4$ $\tan\delta_x=\omega C_4R_4$
(3)	并联电容比较电桥适用于测量较大损耗电容，便于分别读数	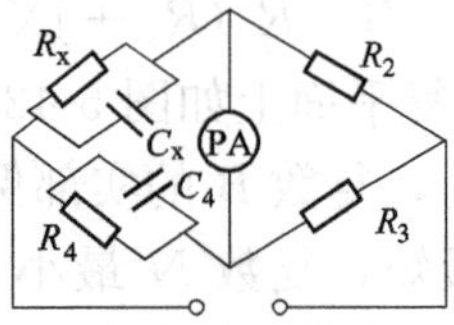	$C_x=\frac{R_3}{R_2}C_4$ $R_x=\frac{R_2}{R_3}R_4$ $\tan\delta_x=1/\omega C_4R_4$
(4)	高压（西林）电桥用于测量高压下电容或绝缘材料的介质，便于分别读数。调节 R_2 和 C_3 可直接读出 C_x 和 $\tan\delta_x$	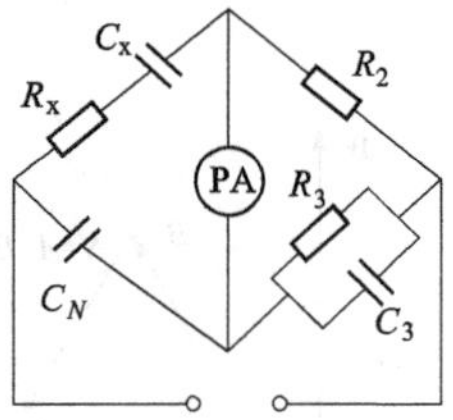	$C_x=\frac{R_3}{R_2}C_N$ $R_x=\frac{C_3}{C_N}R_2$ $\tan\delta_x=\omega C_3R_3$
(5)	麦克斯威——文氏电桥用于测量 Q 不高的电感。若选 R_3，R_4 为克调元件，则可直读 L_x，Q_x	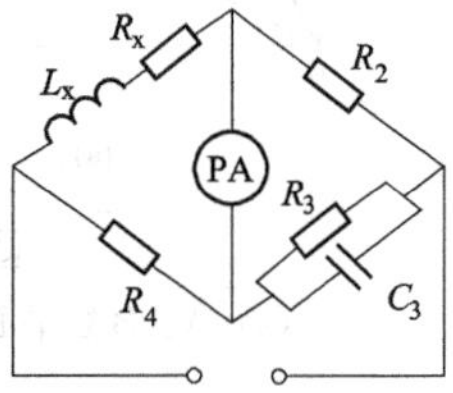	$L_x=R_2R_4C_3$ $R_x=\frac{R_2}{R_3}R_4$ $Q_x=\omega C_3R_3$
(6)	麦克斯威电感比较电桥适用于测量 Q 较低的电感，电阻 R_0 借开关 K，可串联 L_x 或 L_4	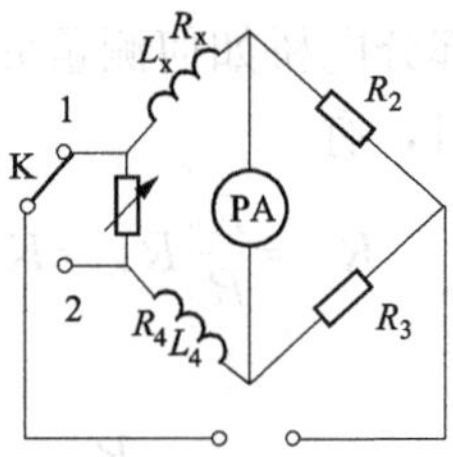	$L_x=\frac{R_2}{R_3}L_4$ K 置 1 $\begin{cases}R_x=\frac{R_2}{R_3}(R_4+R_0)\\Q_x=\omega L_4/(R_4+R_0)\end{cases}$ K 置 2 $\begin{cases}R_x=\frac{R_2}{R_3}R_4-R_0\\Q_x=\omega L_4/\left(R_4-\frac{R_3}{R_2}R_0\right)\end{cases}$

通过与已知电容或电感比较来测定未知电容或电感，称为比较电桥，其特点是相邻两臂采用纯电阻。表 5-6 中的（2）和（3）为电容比较电桥，而（6）为电感比较电桥。

串联电容比较电桥如图 5-43 所示，设

$$Z_1 = R_x + \frac{1}{j\omega C_x}，Z_2 = R_2$$

$$Z_3 = R_3，Z_4 = R_4 + \frac{1}{j\omega C_4}$$

根据电桥平衡条件，得

$$\left(R_x + \frac{1}{j\omega C_x}\right) \cdot R_3 = R_2 \cdot \left(R_4 + \frac{1}{j\omega C_4}\right) \tag{5-89}$$

式（5-89）为复数方程，方程两边必须同时满足实部相等和虚部相等，即

$$\left.\begin{aligned} &R_x \cdot R_3 = R_2 \cdot R_4 \quad &\text{（实部相等）} \\ &\frac{R_3}{\omega C_x} = \frac{R_2}{\omega C_4} \quad &\text{（虚部相等）} \end{aligned}\right\} \tag{5-90}$$

由式（5-90）解得

$$\left.\begin{aligned} R_x &= \frac{R_2}{R_3} R_4 \\ C_x &= \frac{R_3}{R_2} C_4 \end{aligned}\right\} \tag{5-91}$$

图 5-44 所示麦克斯威—文氏电桥，可用于测量电感线圈。设

$$\left.\begin{aligned} Z_1 &= R_x + j\omega L_x \\ Z_2 &= R_2 \\ Y_3 &= \frac{1}{Z_3} = \frac{1}{R_3} + j\omega C_3 \\ Z_4 &= R_4 \end{aligned}\right\} \tag{5-92}$$

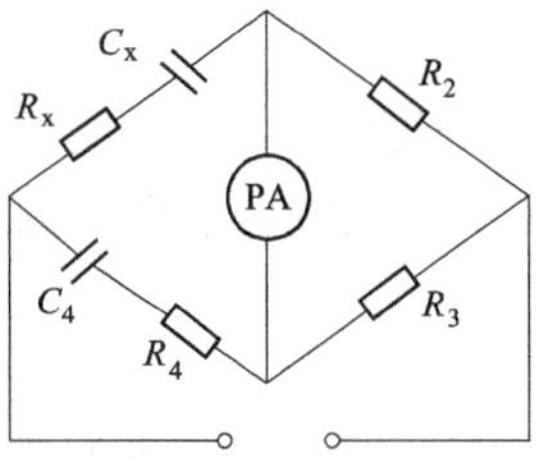

图 5-43　串联电容比较电桥

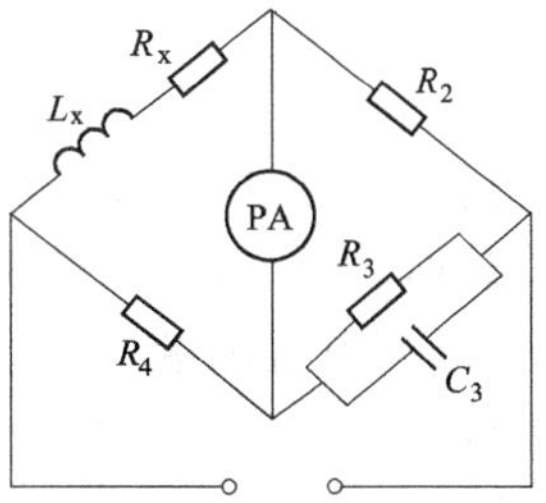

图 5-44　麦克斯威—文氏电桥

电桥平衡方程可改写为

$$Z_1 = Z_2 Z_4 Y_3 \tag{5-93}$$

把式（5-98）代入式（5-93），得

$$(R_x + j\omega L_x) = R_2 R_4 \left(\frac{1}{R_3} + j\omega C_3\right)$$

根据上式两边实部和虚部分别相等，解得

$$\left.\begin{aligned} R_x &= \frac{R_2}{R_3} R_4 \\ L_x &= R_2 R_4 C_3 \end{aligned}\right\} \tag{5-94}$$

图 5-45 所示的变量器电桥可用于高频时的电抗测量。它是以变量器的绕组作为电桥的比例臂，其中 N_1、N_2 为信号源处变量器 B_1 的初、次级绕组匝数，m_1、m_2 为指示器处变量器 B_2 的初、次级绕组匝数。根据变量器的初、次级电流与匝数成反比，对于变量器 B_2 有

$$\frac{m_1}{m_2} = -\frac{\dot{I}_2}{\dot{I}_1} \tag{5-95}$$

$$\dot{I}_1 = \frac{\dot{U}_1}{Z_x} \quad \dot{I}_2 = \frac{\dot{U}_2}{Z_b} \tag{5-96}$$

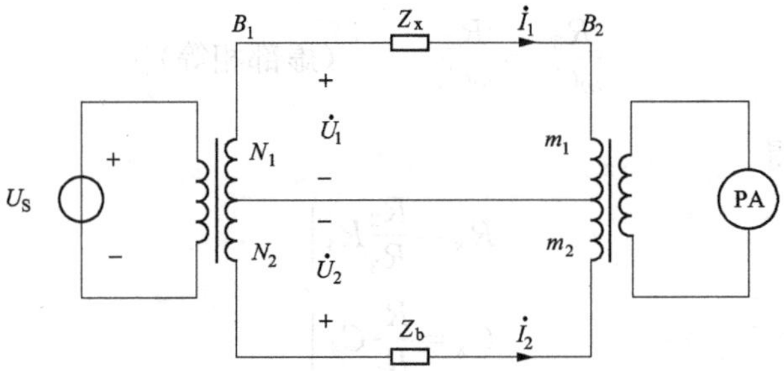

图 5-45 变量器电桥

对于变量器 B_1 存在着下列关系

$$\frac{\dot{U}_1}{\dot{U}_2} = \frac{N_1}{N_2} \tag{5-97}$$

由式（5-95）、式（5-96）和式（5-97）可解得

$$Z_x = -\frac{N_1 m_1}{N_2 m_2} Z_b \tag{5-98}$$

变量器电桥与一般四臂电桥相比较，其变压比唯一取决于匝数比。匝数比可以做得很准确，也不受温度，老化等因素的影响。其次，其收敛性好，对屏蔽的要求低，因此变量器电桥广泛地用于高频电抗测量。

（四）电桥的电源和指示器

交流电桥的信号源应该是交流电源，理想的交流电源应该是频率稳定的正弦波。当信号源的波形有失真时（即含有谐波），电桥的平衡将非常困难。这是因为在一般情况下，电桥平衡仅仅是对基波而言。若谐波分量较大，那么当通过指示器的基波电流为零时，谐波电流却使指示器不为零，这样势必导致测量误差。因此，为了消除谐波电流的影响，除了要求信号源有良好的波形外，往往还在指示器电路中加装选择性回路，以便消除谐波成分。

（五）电桥的屏蔽和防护

一切实际元件，其电抗值都不可避免地受到寄生电容的影响。寄生电容的大小往往随着桥臂的调节以及环境的改变等而变化，因此，寄生电容的存在及其不稳定性严重地影响了电

桥的平衡及其测量精度。从原则上说，要消除寄生电容是不可能的，大多数防护措施是把这些电容固定下来，或者把线路中某点接地，以消除某些寄生电容的作用。

屏蔽对消除和固定磁的或电的影响十分有效。屏蔽一般采用两种方案。第一种方案是接地屏蔽，如图 5-46 所示。这时屏蔽罩外的一切电磁干扰都将不会影响屏蔽的电抗 Z 接地线使屏蔽罩 P 与地之间的电容 C_{P0} 被短路。但 Z 本身对地的电容 C_{1p} 和 C_{2p} 将大为增加，然而其值是不变的，不受外界因数的影响。

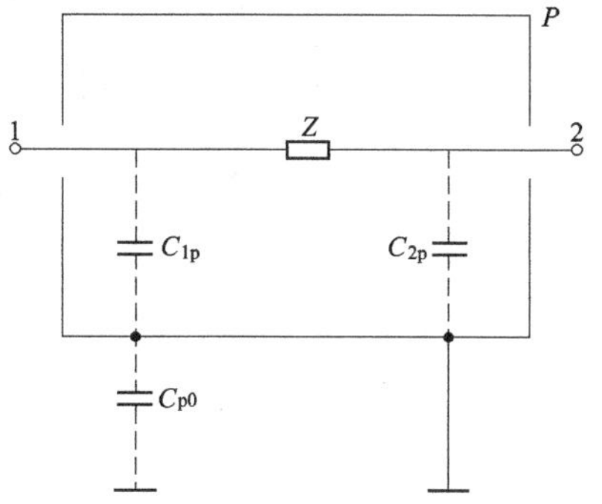

图 5-46　一点接地屏蔽方式

单极屏蔽如图 5-47（a）所示。屏蔽罩 P 与被屏蔽的阻抗 Z 的一端 2 相连接。这时阻抗 Z 与屏蔽罩之间只有 C_{1p}，其值是固定，并与阻抗 Z 是并联，但屏蔽罩与地之间的电容 C_{P0} 将会随屏蔽罩外部的变化而引起改变。在此方案中，若屏蔽罩能接地，则消除 C_{P0} 的影响。若不能接地，则在外面再加一层接地屏蔽就可稳定 C_{P0}，如图 5-47（b）所示。

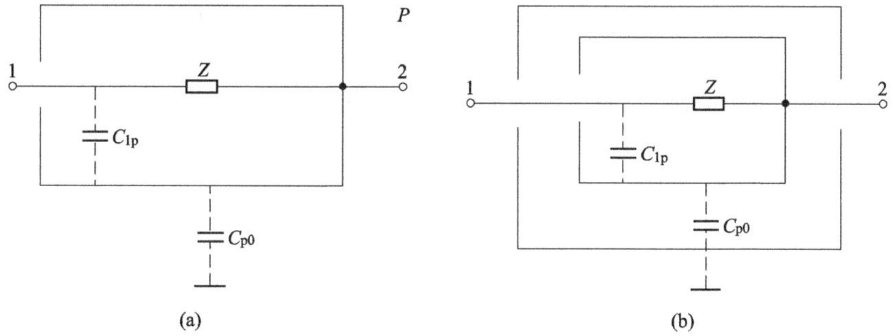

图 5-47　单极屏蔽和双层屏蔽

（a）单极屏蔽；（b）双层屏蔽

【例 5-7】 图 5-48（a）所示直流电桥，指示器的电流灵敏度为 10mm/μA，内阻为 100Ω。计算由于 BC 臂有 5Ω 不平衡量所引起的指示器偏转量。

解： 若 BC 臂电阻为 2000Ω，桥平衡，流过指示器的电流 $I=0$。电桥不平衡时，利用戴维南定理求出流过指示器的电流 I。

断开指示器支路，如图 5-48（b）所示。B、D 两端的开路电压为

$$U_{OC}=U_{BD}=U_{AD}-U_{AB}=\frac{R_1}{R_1+R_4}U_s-\frac{R_2}{R_2+R_3}U_s$$
$$=\frac{100}{100+200}\times5-\frac{1000}{1000+2005}\times5=2.77(\text{mV})$$

在 B、D 两端计算戴维南等效电阻时，5V 电压源必须短路，如图 5-48（c）所示。由图可知，

$$R_0=\frac{R_1R_4}{R_1+R_4}+\frac{R_2R_3}{R_2+R_3}=\frac{200\times100}{200+100}+\frac{1000\times2005}{1000+2005}$$
$$=734(\Omega)$$

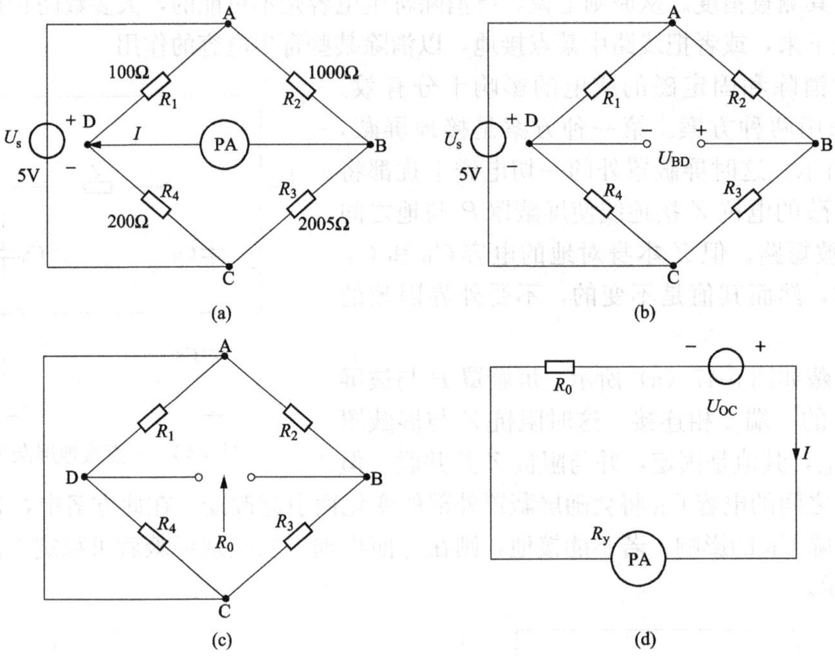

图 5-48 直流电桥

(a) 直流电桥；(b) B、D 两点开路；(c) 电源短路；(d) 戴维南等效电路

画出戴维南等效电路，如图 5-48（d）所示，由图求得

$$I=\frac{U_{OC}}{R_0+R_y}=\frac{2.77}{734+100}=3.32(\mu A)$$

指示器偏转量为

$$\alpha=3.32\mu A\times 10mm/\mu A=33.2mm$$

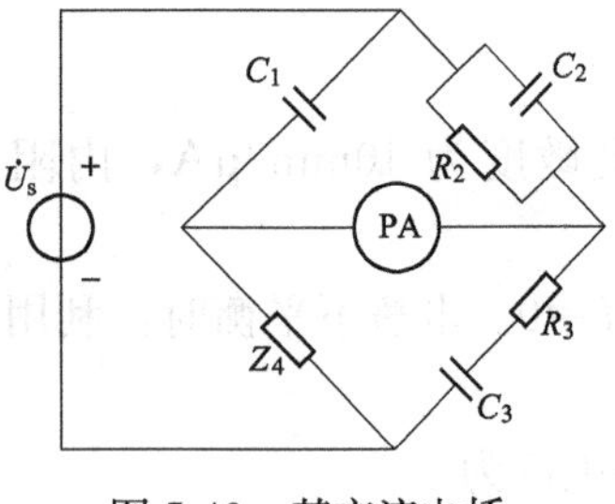

图 5-49 某交流电桥

【例 5-8】 某交流电桥如图 5-49 所示。当电桥平衡时，$C_1=0.5\mu F$，$R_2=2k\Omega$，$C_2=0.047\mu F$，$R_3=1k\Omega$，$C_3=0.47\mu F$，信号源 U_s 的频率为 1kHz，求电抗 Z_4 的元件值？

解： 由电桥平衡条件

$$Z_2Z_4=Z_1Z_3$$

$$Z_4=Z_1Z_3Y_2 \tag{5-99}$$

根据图 5-49，得

$$\left.\begin{aligned}Z_1=\frac{1}{j\omega C_1}，Y_2=\frac{1}{R_2}+j\omega C_2\\ Z_3=R_3+\frac{1}{j\omega C_3}\end{aligned}\right\} \tag{5-100}$$

将式（5-100）代入式（5-99）得

$$Z_4=\frac{1}{j\omega C_1}\left(R_3+\frac{1}{j\omega C_3}\right)\left(\frac{1}{R_2}+j\omega C_2\right)$$

对上式化简后得

$$Z_4=\left(\frac{R_3C_2}{C_1}-\frac{1}{\omega^2C_1C_3R_2}\right)-j\left(\frac{R_3}{\omega R_2C_1}+\frac{C_2}{\omega C_1C_3}\right)$$

把元件参数及角频率 $\omega=2\pi f$ 代入上式，解得

$$Z_4=40.2-j190.8=R_4-jX_{C4}$$

$$R_4=40.2\Omega$$

$$C_4=\frac{1}{X_{C4}\omega}=\frac{1}{190.8\times2\pi\times10^3}=0.83(\mu F)$$

三、谐振法测量电抗

谐振法是利用 LC 串联电路和并联电路的谐振特性来进行测量的方法。图 5-50（a）和图 5-50（b）分别画出了 LC 串联谐振电路和并联谐振电路的基本形式，图中电流、电压均用相量表示。

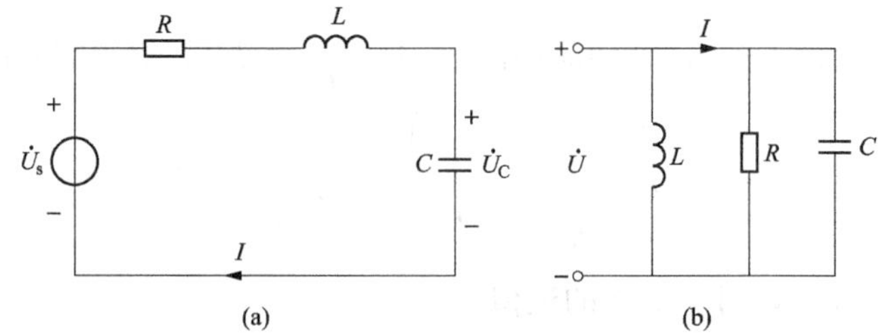

图 5-50　LC 串、并联谐振电路的基本形式

（a）LC 串联谐振电路；（b）并联谐振电路

当外加信号源的角频率等于回路的固有角频率 ω_0 时，即

$$\omega=\omega_0=\frac{1}{\sqrt{LC}} \tag{5-101}$$

时，LC 串联或并联谐振电路发生谐振，这时

$$L=\frac{1}{\omega_0^2C} \tag{5-102}$$

$$C=\frac{1}{\omega_0^2L} \tag{5-103}$$

由式（5-108）和式（5-109）可测得 L 或 C 的参数。对于图 5-54 所示的 LC 串联谐振电路，其电流为

$$\dot{I}=\frac{\dot{U}_s}{R+j\left(\omega L-\frac{1}{\omega C}\right)} \tag{5-104}$$

电流 $\dot{I}$ 的幅值为

$$I=\frac{U_s}{\sqrt{R^2+\left(\omega L-\frac{1}{\omega C}\right)^2}} \tag{5-105}$$

当电路发生谐振时，其感抗与容抗相等，即 $\omega_0L=1/\omega_0C$，回路中的电流达最大值，即

$$I=I_0=\frac{U_s}{R}$$

此时电容器上的电压为

$$U_C=U_{C0}=\frac{1}{\omega_0 C}I_0=\frac{1}{\omega_0 C}\frac{U_s}{R}=QU_s \tag{5-106}$$

其中

$$Q=\frac{1}{\omega_0 CR}=\frac{\omega_0 L}{R} \tag{5-107}$$

由式（5-105）得

$$I=\frac{U_s}{R\sqrt{1+\left(\frac{\omega_0 L}{R}\right)^2\left(\frac{\omega}{\omega_0}-\frac{\omega_0}{\omega}\right)^2}} \tag{5-108}$$

由于谐振时电流 $I_0=\frac{U_s}{R}$，回路的品质因数 $Q=\frac{\omega_0 L}{R}$，故式（5-108）改写为

$$\frac{I}{I_0}=\frac{1}{\sqrt{1+Q^2\left(\frac{\omega}{\omega_0}-\frac{\omega_0}{\omega}\right)^2}} \tag{5-109}$$

在失谐不大的情况下，可作如下的近似

$$\frac{\omega}{\omega_0}-\frac{\omega_0}{\omega}=\frac{\omega^2-\omega_0^2}{\omega_0\omega}=\frac{(\omega+\omega_0)(\omega-\omega_0)}{\omega_0\omega}\approx\frac{2\omega(\omega-\omega_0)}{\omega\omega_0}=\frac{2(\omega-\omega_0)}{\omega_0}$$

这样，式（5-109）可改写为

$$\frac{I}{I_0}=\frac{1}{\sqrt{1+Q^2\left[\frac{2(\omega-\omega_0)}{\omega_0}\right]^2}} \tag{5-110}$$

调节频率，使回路失谐，设 $\omega=\omega_2$ 和 $\omega=\omega_1$ 分别为半功率点处的上、下限频率，如图 5-51 所示。此时，$I/I_0=1/\sqrt{2}=0.707$，由式（5-110）得

$$Q\frac{2(\omega_2-\omega_0)}{\omega_0}=1 \tag{5-111}$$

由于回路的通频带宽度 $B=f_2-f_1=2\left[f_2-f_0\right]$，故由式（5-111）得

$$Q=\frac{f_0}{B}=\frac{f_0}{f_2-f_1} \tag{5-112}$$

由式（5-112）可知，只需测得半功率点处的频率 f_2、f_1 和谐振频率 f_0，即可求得品质因数 Q。这种测量 Q 值的方法称为变频率法。由于半功率点的判断比谐振点容易，故其准确度较高。

设回路谐振时的电容为 C_0，此时若保持信号源的频率和振幅不变，改变回路的调谐电容。设半功率点处的电容分别为 C_1 和 C_2，且 $C_2>C_1$，变电容时的谐振曲线如图 5-52 所示。类似于变频率法，可以推得

$$Q=\frac{2C_0}{C_2-C_1} \tag{5-113}$$

由上式可求得品质因数 Q。这样测量 Q 值的方法，称为变电容法。

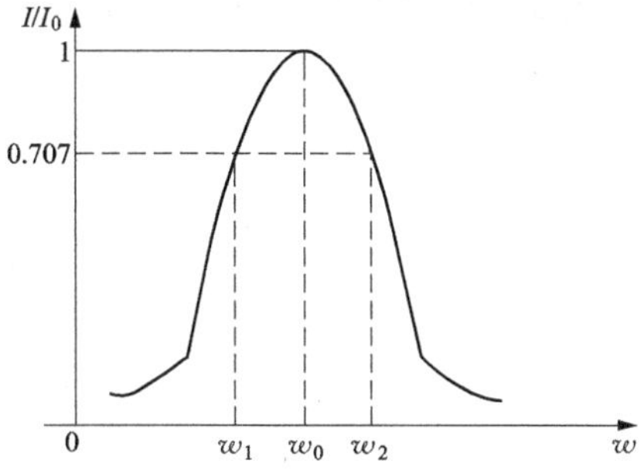

图 5-51 变频时的谐振曲线

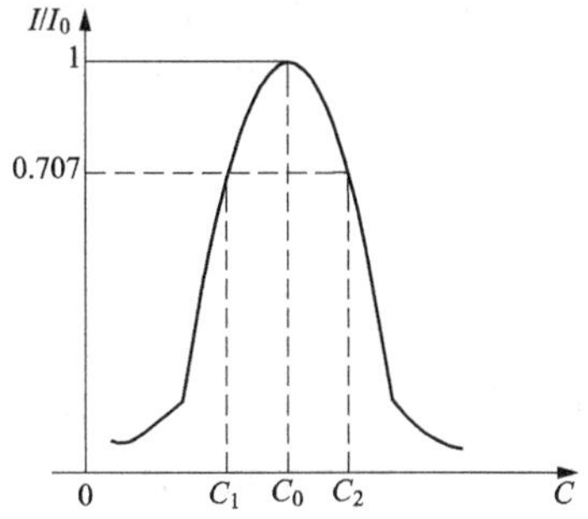

图 5-52 变容时的谐振曲线

四、利用变换器测量电抗

设一被测电抗 Z_x 与一标准电阻 R_b 相串联，其电路如图 5-53 所示，图中电流、电压均用相量表示。由于

$$Z_x = R_x + jX_x = \frac{\dot{U}_1}{\dot{I}} = \frac{\dot{U}_1}{\dot{U}_2 / R_b} = R_b \frac{\dot{U}_1}{\dot{U}_2} \tag{5-114}$$

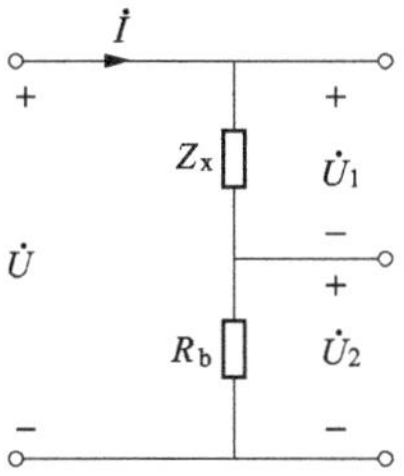

图 5-53 变换器测量电抗

故

$$\frac{\dot{U}_1}{\dot{U}_2} = \frac{R_x}{R_b} + j\frac{X_x}{R_b} \tag{5-115}$$

（一）电阻—电压变换器法

将被测电阻变换成电压，并由电压的测量确定 R_x 值，其线路如图 5-54 所示。图中运算放大器为理想器件，即放大系数 $A \to \infty$，输入电抗 $R_i \to \infty$，输出电抗 $R_0 = 0$，并且输入端虚短路（$U_i = 0$）和虚断路（$I_i = 0$）。

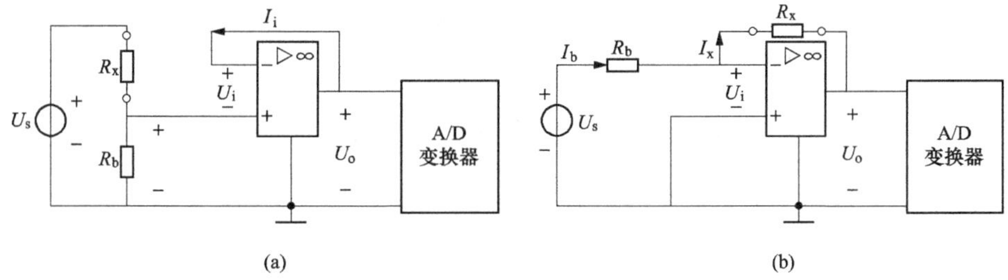

图 5-54 电阻—电压变换器

（a）测量低阻值的变换器；（b）测量高阻值的变换器

对于图 5-54（a）的电路而言，运算放大器作为电压跟随器。由于运算放大器的输入端虚短路，由图可知，运放的输出电压 U_o 即为电阻 R_b 上的电压，故

$$U_o = \frac{R_b}{R_x + R_b} U_s$$

解得

$$R_x = \frac{U_s}{U_o} R_b - R_b \tag{5-116}$$

由式（5-116）可知，当 R_b 和 U_s 一定时，R_x 可以通过测量相应的电压 U_o 而求得。

对于图 5-54（b）的电路而言，由于 $I_b=I_x$，$U_i=0$ 得

$$\frac{U_s}{R_b}=-\frac{U_o}{R_x}$$

$$R_x=-\frac{U_o}{U_s}R_b \tag{5-117}$$

同样，当 U_s 和 R_b 一定时，R_x 可以通过测量相应的电压 U_o 求得。

（二）电抗—电压变换器法

采用鉴相原理的电抗—电压变换器原理图如图 5-55 所示。由于激励源为正弦信号，故图中电流、电压均用相量表示，被测电抗 $Z_x=R_x+jX_x$。

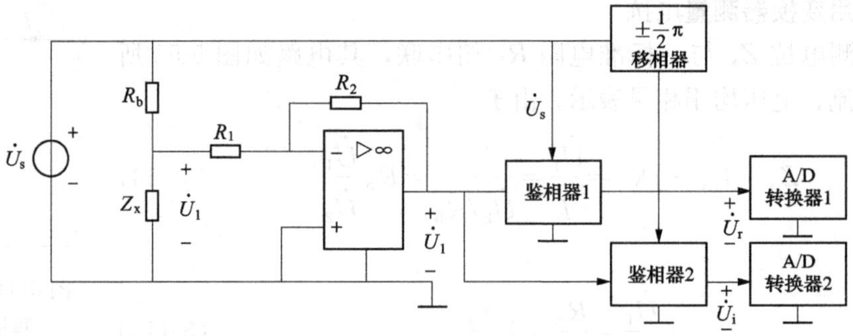

图 5-55　采用鉴相原理的电抗—电压变换器

由图可知，变换器的输出电压相量 $\dot{U}_1$ 即为被测电抗 Z_x 两端的电压，故

$$\dot{U}_1=\dot{U}_s\frac{R_x+jX_x}{R_b+R_x+jX_x} \tag{5-118}$$

$$R_b\gg|R_x+jX_x|$$

则式（5-118）近似为

$$\dot{U}_1\approx\frac{R_x}{R_b}\dot{U}_s+j\frac{X_x}{R_b}\dot{U}_s=\dot{U}_{1r}+\dot{U}_{1i} \tag{5-119}$$

其中

$$\dot{U}_{1r}=\frac{R_x}{R_b}\dot{U}_s \tag{5-120}$$

$$\dot{U}_{1i}=j\frac{X_x}{R_b}\dot{U}_s \tag{5-121}$$

由式（5-120）可得

$$R_x=\frac{U_{1r}}{U_s}R_b \tag{5-122}$$

若被测元件为电容器，则由式（5-121）得

$$C_x=\frac{U_s}{\omega R_bU_{1i}} \tag{5-123}$$

下面将讨论如何利用鉴相原理将电压 u_1 的实部和虚部分离开。图 5-55 中的鉴相器包含

乘法器和低通滤波器，设 u_s 为参考电压，即

$$u_s = U_s\cos\omega t$$

u_1 的实部电压 u_{1r} 和虚部电压 u_{1i} 分别为

$$u_{1r} = U_{1r}\cos\omega t$$

$$u_{1i} = u_{1i}\cos\left(\omega t + \frac{\pi}{2}\right)$$

则

$$u_1 = u_{1r} + u_{1i} = U_{1r}\cos\omega t + U_{1i}\cos\left(\omega t + \frac{\pi}{2}\right)$$

鉴相器 1 中的乘法器，其两个输入端分别输入电压 u_1 和 u_s，乘法器的输出为

$$u_1 \cdot u_s' = \left[U_{1r}\cos\omega t + U_{1i}\cos\left(\omega t + \frac{\pi}{2}\right)\right] \cdot U_s\cos\left(\omega t + \frac{\pi}{2}\right)$$

$$= U_{1r}U_s\cos\omega t\cos\left(\omega t + \frac{\pi}{2}\right) + U_{1r}U_s\cos^2\left(\omega t + \frac{\pi}{2}\right)$$

$$= \frac{1}{2}\cos\left(2\omega t + \frac{\pi}{2}\right) + \frac{1}{2}U_{1i}U_s - \frac{1}{2}U_{1i}U_s\cos 2\omega t$$

同理，乘法器的输出经滤波后，使鉴相器 2 的输出正比于 u_1 的虚部。

第四节　频率时间测量

一、概述

（一）时间、频率的基本概念

1. 时间的定义与标准

时间是国际单位制中七个基本物理量之一，它的基本单位是秒，用 s 表示。在年历计时中嫌秒的单位太小，常用日、星期、月、年；在电子测量中有时又嫌秒的单位太大，常用毫秒（ms，10^{-3} s）、微秒（μs，10^{-6}）、纳秒（ns，10^{-9}s）、皮秒（ps，10^{-12}s）。“时间”，在一般概念中有两种含义：一是指“时刻”，回答某事件或现象何时发生的。如图 5-56 中的矩形脉冲信号在 t_1 时刻开始出现，在 t_2 时刻消失；二是指“间隔”，即两个时刻之间的间隔，回答某现象或事件持续多久。例如图 5-56 中，$\Delta t = t_2 - t_1$ 表示 t_1、t_2 这两时刻之间的间隔，即矩形脉冲持续的时间长度。须知“时刻”与“间隔”二者的测量方法是不同的。

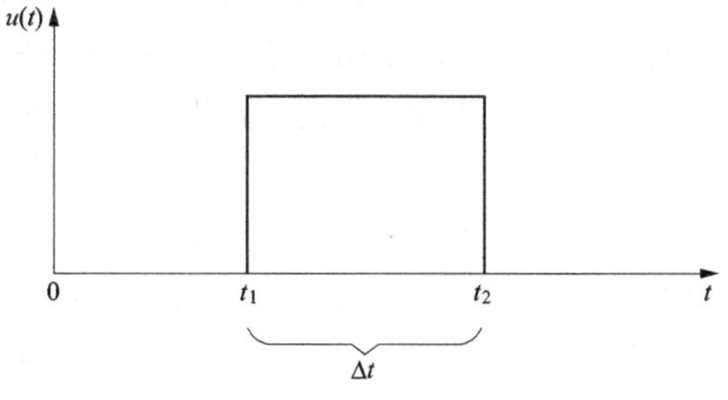

图 5-56　时刻、时间间隔示意图

2. 频率的定义与标准

生活中的“周期”现象人们早已熟悉。如地球自转的日出日落现象是确定的周期现象；重力摆或平衡摆轮的摆动、电子学中的电磁振荡也都是确定的周期现象。自然界中类似上述的周而复始重复出现的事物或事件还可以举出很多，这里不能一一列举。周期过程重复出现一次所需要的时间称为它的周期，记为 T。在数学中，把这类具有周期性的现象概括为一种

函数关系描述，即

$$F(t)=F(t+mT) \tag{5-124}$$

式中 m——整实数，即 $m=0$，±1，…；

t——描述周期过程的时间变量；

T——周期过程的周期。

频率是单位时间内周期性过程重复、循环或振动的次数，记为 f。联系周期与频的定义，不难看出 f 与 T 之间有下述重要关系，即

$$f=\frac{1}{T} \tag{5-125}$$

若周期 T 的单位是秒，那么由式（5-125）可知频率的单位就是 1/s，即赫兹（Hz）。

对于简谐振动、电磁振荡这类周期现象，可用更加明确的三角函数关系描述。设函数为电压函数，则可写为

$$u(t)=U_m\sin(\omega t+\varphi) \tag{5-126}$$

式中 U_m——电压的振幅；

ω——角频率；

φ——初相位。

整个电磁频谱有各种各样的划分方式，表 5-7 给出了国际无线电咨询委员会规定的频率划分范围。

3. 标准时频的传递

在当代实际生活、工作、科学研究中，人们越来越感觉到有统一的时间频率标准的重要性。一个群体或一个系统的各部件的同步运作或确定运作的先后次序，都迫切需要一个统一的时频标准。例如我国铁路、航空、航海运行时刻表是由“北京时间”即我国铯原子时频标来制定的，我国各省、各地区乃至每个单位、家庭、个人的“时频”都应统一在这一时频标上。通常，时频标准采用下述两类方法提供给用户使用：其一，称为本地比较法。就是用户把自己要校准的装置搬到拥有标准源的地方，或者由有标准源的主控室通过电缆把标准信号送到需要的地方，然后通过中间测试设备进行比对。使用这类方法时，由于环境条件可控制得很好，外界干扰可减至最小，标准的性能得以最充分利用。缺点是作用距离有限，远距离用户要将自己的装置搬来搬去，会带来许多问题和麻烦。其二，是发送—接收标准电磁波法。这里所说的标准电磁波，是指其时间频率受标准源控制的电磁波，或含有标准时频信息的电磁波。拥有标准源的地方通过发射设备将上述标准电磁波发送出去，用户用相应的接收设备将标准电磁波接收下来，便可得到标准时频信号，并与自己的装置进行比对测量。现在，从超长波到微波的无线电的各频段都有标准电磁波广播。如甚长波中有美国海军导航台的 NWC 信号（22.3kHz），英国的 GBR 信号（16kHz）长波中有美国的罗兰 C 信号（100kHz），我国的 BPL 信号（100kHz）短波中有日本的 JJY 信号，我国的 BPM 信号（5.1.0，15MHz）；微波中有电视网络等等。用标准电磁波传送标准时频，是时频量值传递与其他物理量传递方法显著不同的地方，它极大地扩大了时频精确测量的范围，大大提高了远距离时频的精确测量水平。频率划分表见表 5-7。

表 5-7　**频率划分表**

名称	频率范围	波长	名称
甚低频（VLF）	（3～30）kHz	（10^5～10^4）m	超长波
低频（LF）	（30～300）kHz	（10^4～10^3）m	长波
中频（MF）	（300～3000）kHz	（10^3～10^2）m	中波
高频（HF）	（3～30）MHz	（10^2～10^1）m	短波
甚高频（VHF）	（30～300）MHz	（10～1）m	米波
超高频（UHF）	（300～3000）MHz	（1～0.1）m	分米波

（二）频率测量方法概述

对于频率测量所提出的要求，取决于所测频率范围和测量任务。例如，在实验室中研究频率对谐振回路、电阻值、电容的损耗角或其他被研究电参量的影响时，能将频率测到$\pm 1\times 10^{-2}$量级的精确度或稍高一点也就足够了；对于广播发射机的频率测量，其精确度应达到$\pm 1\times 10^{-5}$量级；对于单边带通信机则应优于$\pm 1\times 10^{-7}$量级；而对于各种等级的频率标准，则应在$\pm 1\times 10^{-8}$～$\pm 1\times 10^{-13}$量级之间。由此可见，对频率测量来讲，不同的测量对象与任务，对其测量精确度的要求悬殊。测试方法是否可以简单？所使用的仪器是否可以低廉？完全取决于对测量精确度的要求。

根据测量方法的原理，对测量频率的方法大体上分类如下：

- 频率测量方法
  - 模拟法
    - 直读法
      - 电桥法
      - 谐振法
    - 比较法
      - 拍频法
      - 差频法
      - 示波法
        - 李沙育图形法
        - 测周期法
  - 计数法
    - 电容充放电式
    - 电子计数式

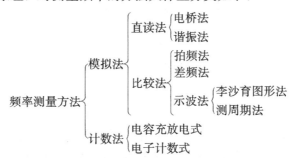

直读法又称利用无源网络频率特性测频法，它包含有电桥法和谐振法。比较法是将被测频率信号与已知频率信号相比较，通过观、听比较结果，获得被测信号的频率。属比较法的有：拍频法、差频法、示波法。关于模拟法测频诸方法的原理在后面介绍。

二、电子计数法测量频率

（一）电子计数法测频原理

若某一信号在 T 时间内重复变化了 N 次，则根据频率的定义，可知该信号的频率 f_x 为

$$f_x=\frac{N}{T} \tag{5-127}$$

通常 T 取 1s 或其他十进时间，如 10，0.1，0.01s 等等。

图 5-57（a）是计数式频率计测频的框图。它主要由下列三部分组成：

（1）时间基准 T 产生电路。这部分的作用就是提供准确的计数时间 T。

（2）计数脉冲形成电路。这部分电路的作用是将被测的周期信号转换为可计数的窄脉冲。

（3）计数显示电路。这部分电路的作用，简单地说，就是计数被测周期信号重复的次数，显示被测信号的频率。

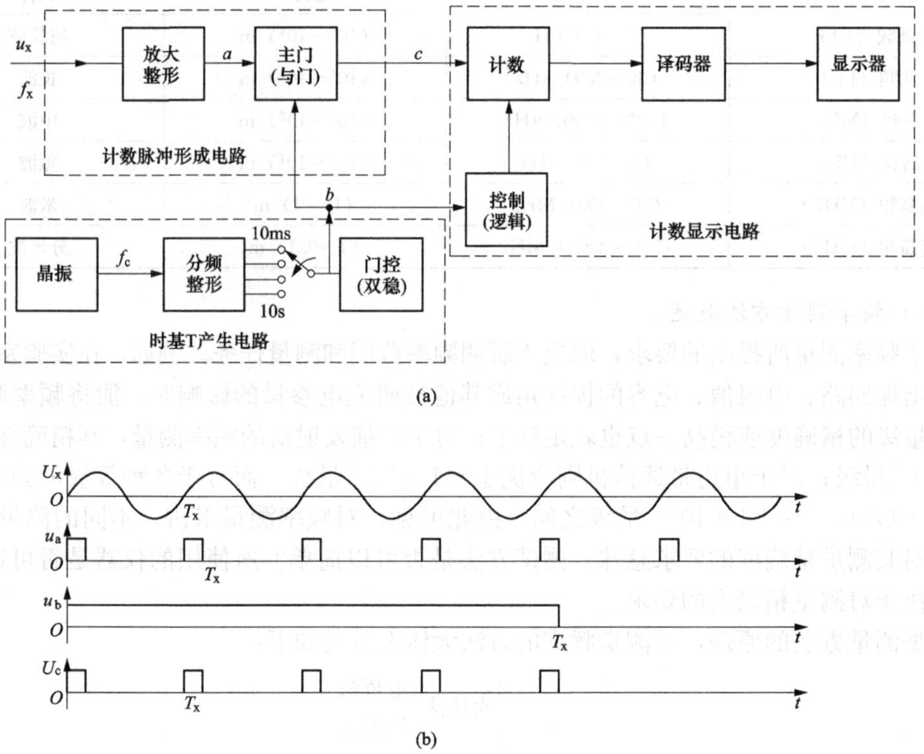

图 5-57　计数式频率计框图、波形图

（a）框图；（b）波形图

（二）误差分析计算

在测量中，误差分析计算是不可少的。理论上讲，不管对什么物理量的测量，不管采用什么样的测量方法，只要进行测量，就有误差存在。误差分析的目的就是要找出引起测量误差的主要原因，从而有针对性地采取有效措施，减小测量误差，提高测量的精确度。在前面叙述中，曾明确过计数式测量频率的方法有许多优点，但也存在着这种测量方法的测量误差。下面来分析电子计数测频的测量误差。

由式（5-127），得

$$\frac{\Delta f_x}{f_x}=\frac{\Delta N}{N}-\frac{\Delta T}{T} \tag{5-128}$$

从式（5-128）可以看出：电子计数测量频率方法引起的频率测量相对误差，由计数器累计脉冲数相对误差和标准时间相对误差两部分组成。因此，对这两种相对误差可以分别加以讨论，然后相加得到总的频率测量相对误差。

1. 量化误差—±1 误差

在测频时，主门的开启时刻与计数脉冲之间的时间关系是不相关的，即是说它们在时间轴上的相对位置是随机的。这样，即便在相同的主门开启时间 T（先假定标准时间相对误差为零）内，计数器所计得的数却不一定相同，这便是量化误差（又称脉冲计数误差）即±1误差产生的原因。

图 5-58 中 T 为计数器的主门开启时间，T_x 为被测信号周期，Δt_1 为主门开启时刻至第一个计数脉冲前沿的时间（假设计数脉冲前沿使计数器翻转计数），Δt_2 为闸门关闭时刻至下一个计数脉冲前沿的时间。设计数值为 N（处在 T 区间之内窄脉冲个数，图中 $N=6$），由图可见，

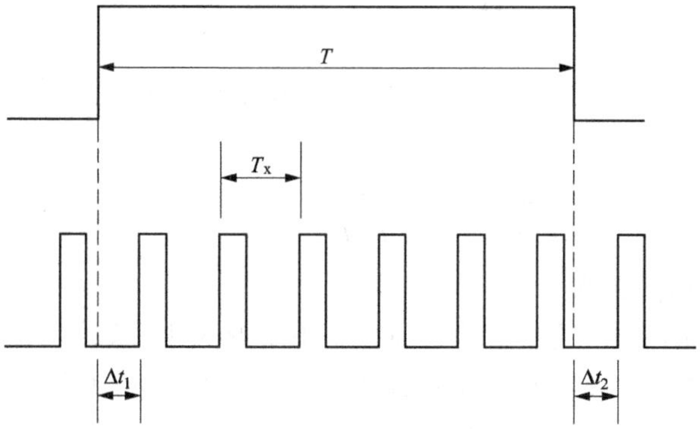

图 5-58　脉冲计数误差示意图

$$T=NT_x+\Delta t_1-\Delta t_2$$

$$=\left(N+\frac{\Delta t_1-\Delta t_2}{T_x}\right)T_x \tag{5-129}$$

$$\Delta N=\frac{\Delta t_1-\Delta t_2}{T_x} \tag{5-130}$$

脉冲计数最大绝对误差即±1 误差

$$\Delta N=\pm 1 \tag{5-131}$$

联系式（5-131），写脉冲计数最大相对误差为

$$\frac{\Delta N}{N}=\pm\frac{1}{N}=\pm\frac{1}{f_xT} \tag{5-132}$$

2. 闸门时间误差（标准时间误差）

闸门时间不准，造成主门启闭时间或长或短，显然要产生测频误差。闸门信号 T 是由晶振信号分频而得。设晶振频率为 f_c。(周期为 T_c)，分频系数为 m，所以有

$$T=mT_c=m\frac{1}{f_c} \tag{5-133}$$

对式（5-133）微分，得

$$\mathrm{d}T=-m\frac{\mathrm{d}f_c}{f_c^2} \tag{5-134}$$

由式（5-133）、式（5-134）可知

$$\frac{\mathrm{d}T}{T}=-\frac{\mathrm{d}f_c}{f_c^2} \tag{5-135}$$

考虑相对误差定义中使用的是增量符号 Δ，所以用增量符号代替式（5-135）中微分符号，改写为

$$\frac{\Delta T}{T}=-\frac{\Delta f_c}{f_c} \tag{5-136}$$

式（5-136）表明：闸门时间相对误差在数值上等于晶振频率的相对误差。

将式（5-132）、式（5-136）代入式（5-128）得

$$\frac{\Delta f_x}{f_x}=\pm\frac{1}{f_x T}+\frac{\Delta f_c}{f_c} \tag{5-137}$$

f_c 有可能大于零，也有可能小于零。若按最坏情况考虑，测量频率的最大相对误差应写为

$$\frac{\Delta f_x}{f_x}=\pm\left(\frac{1}{f_x T}+\left|\frac{\Delta f_c}{f_c}\right|\right) \tag{5-138}$$

（三）测量频率范围的扩大

电子计数器测量频率时，其测量的最高频率主要取决于计数器的工作速率，而这又是由数字集成电路器件的速度所决定的。计数器测量频率的上限为 1GHz 左右，为了能测量高于 1GHz 的频率，有许多种扩大测量频率范围的方法。这里只介绍一种称之为外差法扩大频率测量范围的基本原理。

图 5-59 为外差法扩频测量的原理框图。设计数器直接计数的频率为 f_A。被测频率为 f_x，f_x 高于 f_A。本地振荡频率为 f_L，f_L 为标准频率 f_c 经 m 次倍频频率。f_x 与 f_L 两者混频以后的差频为

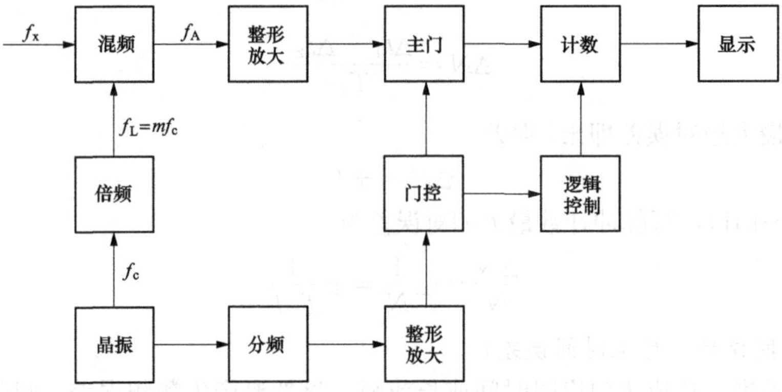

图 5-59　外差法扩频测量原理框图

$$f_A=f_x-f_L \tag{5-139}$$

用计数器频率计测得，f_A 再加上 f_L 即 mf_c，使得被测频率

$$f_x=f_L+f_A=mf_c+f_A \tag{5-140}$$

三、电子计数法测量周期

周期是频率的倒数，电子计数器能测量信号的频率，因此电子计数器也能测量信号的周期。二者在原理上有相似之处，但又不等同，下面做具体的讨论。

（一）电子计数法测量周期的原理

图 5-60 是应用计数器测量信号周期的原理框图。将图 5-60 与图 5-57 对照，可以看出，它是将图 5-57 晶振标准频率信号和输入被测信号的位置对调而构成的。当输入信号为正弦波时，图 5-57 中各点波形如图 5-61 所示。可以看出，被测信号经放大整形后，形成控制闸

门脉冲信号，宽度等于被测信号的周期 T_x。晶体振荡器的输出或经倍频后得到频率为 f_c 的标准信号，其周期为 T_c，加于主门输入端，在闸门时间 T_x 内，标准频率脉冲信号通过闸门形成计数脉冲，送至计数器计数，经译码显示计数值 N。

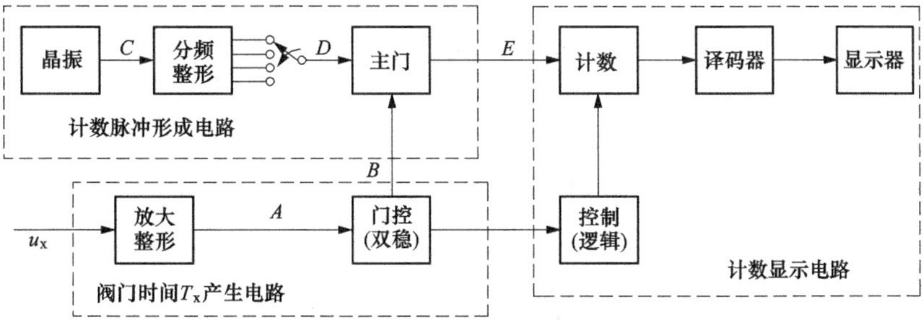

图 5-60　计数法测量周期原理框图

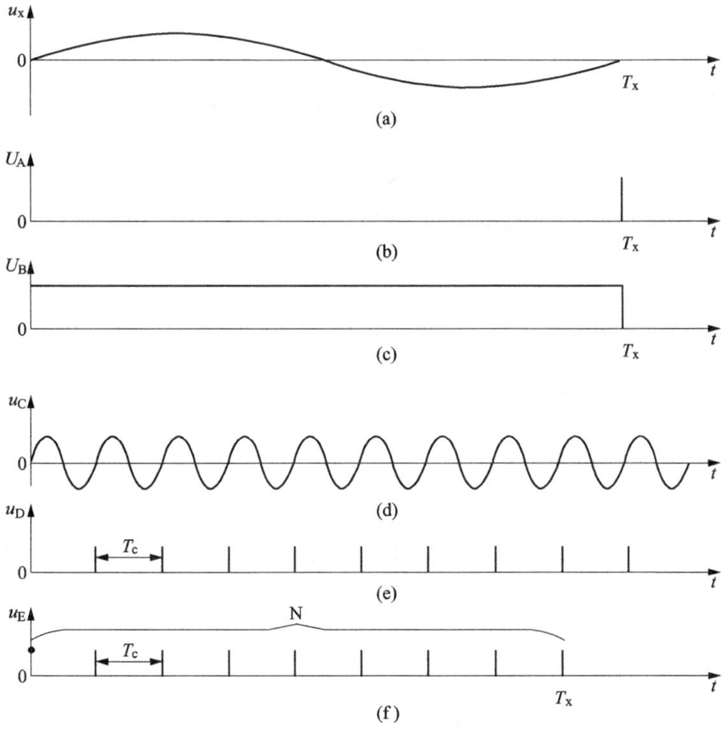

图 5-61　图 5-60 中各点波形

(a) 输入信号的波形；(b) A 点的波形；(c) B 点的波形；(d) C 点的波形；(e) D 点的波形；(f) E 点的波形

由图 5-61 所示的波形图可得

$$T_x = NT_c = \frac{N}{f_c} \tag{5-141}$$

当 T_c 为一定时，计数结果可直接表示为 T_x 值。例如 $T_c=1\mu s$，$N=562$ 时，则 $T_x=562\mu s$；$T_c=0.1\mu s$，$N=26\ 250$ 时，则 $T_x=2625.0\mu s$。

（二）电子计数器测量周期的误差分析

对式（5-141）微分，得

$$dT_x = T_c dN + N dT_c \tag{5-142}$$

式（5-142）两端同除 NT_c 即 T_x，得

$$\frac{dT_x}{NT_c} = \frac{dN}{N} + \frac{dT_c}{T_c}$$

即

$$\frac{dT_x}{T_x} = \frac{dN}{N} + \frac{dT_c}{T_c} \tag{5-143}$$

用增量符号代上式中微分符号，得

$$\frac{\Delta T_x}{T_x} = \frac{\Delta N}{N} + \frac{\Delta T_c}{T_c} \tag{5-144}$$

因 $T_c = 1/f_c$，T_c 上升时，f_c 下降，所以有

$$\frac{\Delta T_c}{T_c} = -\frac{\Delta f_c}{f_c}$$

ΔN 为计数误差，在极限情况下，量化误差 $\Delta N = \pm 1$，所以

$$\frac{\Delta N}{N} = \pm\frac{1}{N} = \pm\frac{T_c}{NT_c} = \pm\frac{T_c}{T_x} = \pm\frac{1}{f_c T_x}$$

由于晶振频率误差 $\Delta f_c/f_c$ 的符号可能为正，可能为负，考虑最坏情况，因此应用式（5-144）计算周期误差时，取绝对值相加，所以改写式（5-144）为

$$\frac{\Delta T_x}{T_x} = \pm\left(\left|\frac{\Delta f_c}{f_c}\right| + \frac{1}{N}\right) = \pm\left(\left|\frac{\Delta f_c}{f_c}\right| + \frac{T_c}{T_x}\right) \tag{5-145}$$

例如，某计数式频率计 $\Delta f_c/f_c = 2\times 10^{-7}$，在测量周期时，取 $T_c = 1\mu s$，则当被测信号周期 $T_x = 1\mu s$ 时

$$\frac{\Delta T_x}{T_x} = \pm\left(2\times 10^{-7} + \frac{1}{10^6}\right) = \pm 1.2\times 10^{-6}$$

其测量精确度很高，接近晶振频率准确度。当 $T = 1ms$ 时，测量误差为

$$\frac{\Delta T_x}{T_x} = \pm\left(2\times 10^{-7} + \frac{10^{-6}}{10^{-3}}\right) \approx \pm 0.1\%$$

当 $T_x = 10\mu s$ 时，测量误差为

$$\frac{\Delta T_x}{T_x} = \pm\left(2\times 10^{-7} + \frac{1}{10}\right) \approx \pm 10\%$$

由这几个简单例子数量计算结果，可以明显看出，计数器测量周期时，其测量误差主要决定于量化误差，被测周期越大（f_x 越小）时误差越小，被测周期越小（f_x 越大）时误差越大。

为了减小测量误差，可以减小 T_c（增大 f_c），但这受到实际计数器计数速度的限制。在条件许可的情况下，尽量使 f_c 增大。另一种方法是把 T_x 扩大 m 倍，形成的闸门时间宽度为 mT_x，以它控制主门开启，实施计数。计数器计数结果为

$$N = \frac{mT_x}{T_c} \tag{5-146}$$

由于 $\Delta N=\pm1$，并考虑式（5-146），所以

$$\frac{\Delta N}{N}=\pm\frac{T_c}{mT_x} \tag{5-147}$$

将式（5-146）代入式（5-145）得

$$\frac{\Delta T_x}{T_x}=\pm\left(\left|\frac{\Delta f_c}{f_c}\right|+\frac{T_c}{mT_x}\right)=\pm\left(\left|\frac{\Delta f_c}{f_c}\right|+\frac{1}{mT_xf_c}\right)$$

式（5-147）表明了量化误差降低了 m 倍。

扩大待测信号的周期为 mT_x，这在仪器上称作为“周期倍乘”，通常取 m 为 10^i（$i=0$，1，2…）。例如上例被测信号周期 $T_x=10\mu s$，即频率为 10^5 Hz，若采用四级十分频，把它分频成 10Hz（周期为 $10^5\mu s$），即周期倍乘 $m=10\ 000$，这时测量周期的相对误差

$$\frac{\Delta T_x}{T_x}=\pm\left(2\times10^{-7}+\frac{10^{-6}}{10\ 000\times10\times10^{-6}}\right)\approx\pm10^{-5}$$

由此可见，经“周期倍乘”再进行周期测量，其测量精确度大为提高，但也应注意到，所乘倍数要受仪器显示位数及测量时间的限制。

在通用电子计数器中，测频率和测周期的原理及其误差的表达式都是相似的，但是从信号的流通路径来说则完全不同。测频率时，标准时间由内部基准即晶体振荡器产生。一般选用高精确度的晶振，采取防干扰措施以及稳定触发器的触发电平，这样使标准时间的误差小到可以忽略。测频误差主要决定于量化误差（即±1 误差）。在测量周期时，信号的流通路径和测频时完全相反，这时内部的基准信号，在闸门时间信号控制下通过主门，进入计数器。闸门时间信号则由被测信号经整形产生，它的宽度不仅决定于被测信号周期，还与被测信号的幅度、波形陡直程度以及叠加噪声情况等有关，而这些因素在测量过程中是无法预先知道的，因此测量周期的误差因素比测量频率时要多。

在测量周期时，被测信号经放大整形后作为时间闸门的控制信号（简称门控信号），因此，噪声将影响门控信号（即 T_x）的准确性，造成所谓触发误差。如图 5-62 所示，若被测正弦信号为正常的情况，在过零时刻触发，则开门时间为 。若存在噪声，T_x 有可能使触发时间提前 ΔT_1，也有可能使触发时间延迟 ΔT_2。若粗略分析，设正弦波形过零点的斜率为 $\tan\alpha$，α 角如图中虚线所标，则得

$$\Delta T_1=\frac{U_n}{\tan\alpha} \tag{5-148}$$

$$\Delta T_2=\frac{U_n}{\tan\alpha} \tag{5-149}$$

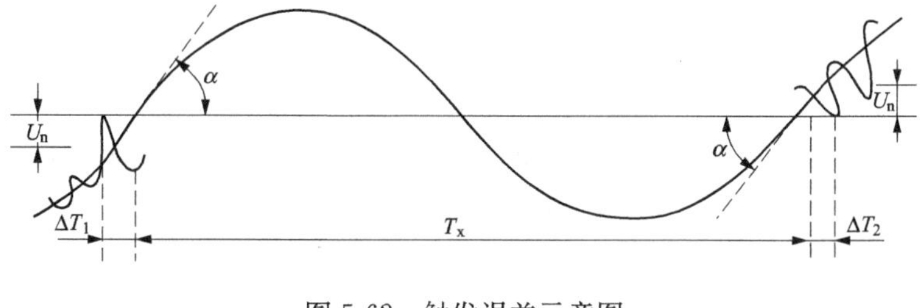

图 5-62　触发误差示意图

式中 U_n——被测信号上叠加的噪声"振幅值"。

当被测信号为正弦波，即 $u_x = U_m \sin\omega_x t$

门控电路触发电平为 U_p，则

$$\begin{aligned}\tan\alpha &= \left.\frac{\mathrm{d}u_x}{\mathrm{d}t}\right|_{u_x=u_p \cdot t=t_p} \\ &= 2\pi f_x U_m \cos\omega_x t_p \\ &= \frac{2\pi}{T_x} U_m \sqrt{1-\sin^2\omega_x t_p} \\ &= \frac{2\pi}{T_x} U_m \sqrt{1-\left(\frac{U_p}{U_m}\right)^2}\end{aligned} \tag{5-150}$$

将式（5-150）代入式（5-148）、式（5-149），可得

$$\Delta T_1 = \Delta T_2 = \frac{U_n T_x}{2\pi U_m \sqrt{1-\left(\frac{U_p}{U_m}\right)^2}} \tag{5-151}$$

因为一般门电路采用过零触发，即 $U_p = 0$，因此

$$\Delta T_1 = \Delta T_2 = \frac{T_x}{2\pi} \times \frac{U_n}{U_m} \tag{5-152}$$

在极限情况下，开门的起点将提前 ΔT_1，关门的终点将延迟 ΔT_2，或者相反。根据随机误差的合成定律，可得总的触发误差

$$\begin{aligned}\Delta T_n &= \pm\sqrt{(\Delta T_1)^2 + (\Delta T_2)^2} \\ &= \sqrt{2}\,\frac{T_x}{2\pi} \times \frac{U_n}{U_m} = \frac{T_x U_n}{\sqrt{2}\,\pi U_m}\end{aligned} \tag{5-153}$$

如前类似分析，若门控信号周期扩大 k 倍，则由随机噪声引起的触发相对误差可降低为

$$\frac{\Delta T_n}{T_x} = \pm \frac{1}{k\sqrt{2}\,\pi} \cdot \frac{U_n}{U_m} \tag{5-154}$$

分析至此，若考虑噪声引起的触发误差，那么，用电子计数器测量信号周期的误差共有三项，即量化误差（±1 误差）、标准频率误差和触发误差。按最坏的可能情况考虑，在求其总误差时，可进行绝对值相加，即

$$\frac{\Delta T_x}{T_x} = \pm\left(\frac{1}{kT_x f_c} + \left|\frac{\Delta f_c}{f_c}\right| + \frac{1}{\sqrt{2}\,k\pi}\frac{U_n}{U_m}\right) \tag{5-155}$$

式中 k——周期倍乘数。

第五节　相位差测量

一、概述

振幅、频率和相位是描述正弦交流电的三个"要素"。以电压为例，其函数关系为

$$u = U_m \sin(\omega t + \varphi_0) \tag{5-156}$$

式中 U_m——电压的振幅；

ω——角频率；

φ_0——初相位。

设 $\varphi=\omega t+\varphi_0$，称瞬时相位，它随时间改变，$\varphi_0$ 是 $t=0$ 时刻的瞬时相位值。两个角频率为 ω_1、ω_2 的正弦电压分别为

$$\left.\begin{aligned}u_1&=U_{m1}\sin(\omega_1 t+\varphi_1)\\u_2&=U_{m2}\sin(\omega_2 t+\varphi_2)\end{aligned}\right\}\tag{5-157}$$

它们的瞬时相位差

$$\begin{aligned}\theta&=(\omega_1 t+\varphi_1)-(\omega_2 t+\varphi_2)\\&=(\omega_1-\omega_2)t+(\varphi_1-\varphi_2)\end{aligned}\tag{5-158}$$

显然，两个角频率不相等的正弦电压（或电流）之间的瞬时相位差是时间 t 的函数，它随时间改变而改变。当两正弦电压的角频率 $\omega_1=\omega_2=\omega$ 时，则有

$$\theta=\varphi_1-\varphi_2\tag{5-159}$$

由此可见：两个频率相同的正弦量间的相位差是常数，并等于两正弦量的初相之差。在实际工作中，经常需要研究诸如放大器、滤波器、各种器件等的频率特性，即输出输入信号间幅度比随频率的变化关系（幅频特性）和输出输入信号间相位差随频率的变化关系（相频特性）。尤其在图像信号传输与处理、多元信号的相干接收等学科领域，研究网络（或系统）的相频特性显得更为重要。

相位差的测量是研究网络相频特性中必不可少的重要方面，如何使相位差的测量快速、精确已成为生产科研中重要的研究课题。

测量相位差的方法很多，主要有：用示波器测量；把相位差转换为时间间隔，先测量出时间间隔再换算为相位差；把相位差转换为电压，先测量出电压再换算为相位差；与标准移相器的比较（零示法）等。本章对上述四类方法测量相位差的基本工作原理都做以介绍，但重点讨论把相位差转换为时间间隔的测量方法。

二、用示波器测量相位差

设电压

$$\left.\begin{aligned}u_1(t)&=U_{m1}\sin(\omega t+\varphi)\\u_2(t)&=U_{m2}\sin\omega t\end{aligned}\right\}\tag{5-160}$$

为了叙述问题方便，并设式（5-160）中 $u_2(t)$ 的初相位为零。

将 u_1、u_2 分别接到双踪示波器的 Y_1 通道和 Y_2 通道，适当调节扫描旋钮和 Y 增益旋钮，使在荧光屏上显示出如图 5-63 所示的上下对称的波形 u_1。设过零点分别为 A、C 点，对应的时间为 t_A、t_C；u_2 过零点分别为 B、D 点，对应的时间为 t_B、t_D。正弦信号变化一周是 360°，u_1 过零点 A 比 u_2 过零点 B 提前 t_B、t_A 出现，所以 u_1 超前 u_2 的相位，即是 u_1、

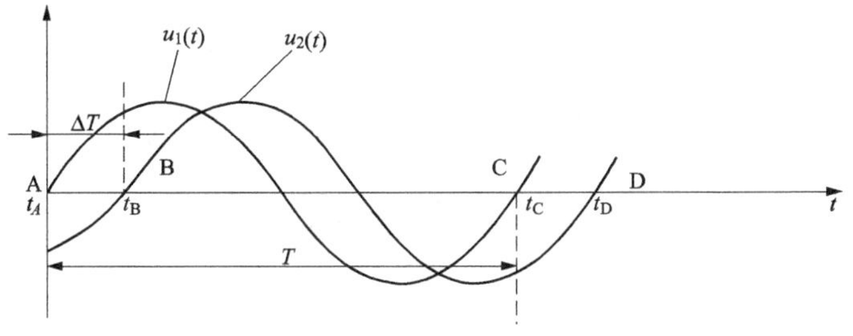

图 5-63 比较法测量相位差

u_2 的相位差

$$\varphi=360°\times\frac{t_B-t_A}{t_C-t_A}=360°\times\frac{\Delta T}{T} \tag{5-161}$$

式中 T——两同频正弦波的周期；

ΔT——两正弦波过零点的时间差。

若示波器水平扫描的线性度很好，则可将线段 AB 写为 $AB\approx k(t_B-t_A)$，线段，$AC\approx k(t_C-t_A)$ 其中 k 为比例常数，则式（5-161）改写为

$$\varphi\approx 360°\times\frac{AB}{AC} \tag{5-162}$$

量得波形过零点之间的长度 AB 和 AC 即可由式（5-161）计算出相位差。

三、相位差转换为电压进行测量

（一）差接式相位检波电路

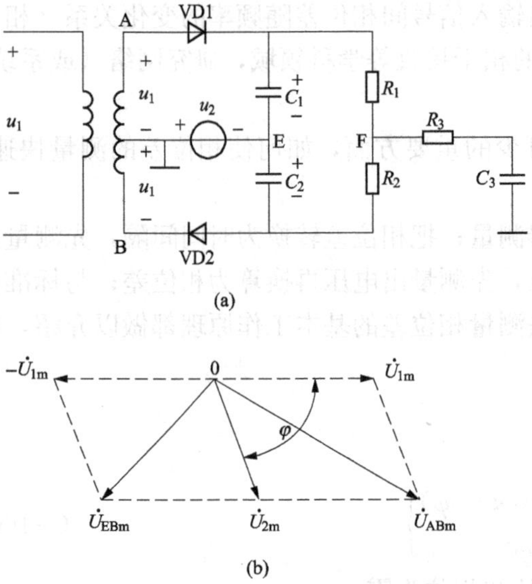

图 5-64 差接式相位检波电路

(a) 电路图；(b) 相量图

图 5-64（a）所示的鉴相电路应具有较严格的电路对称：两个二极管特性应完全一致，变压器中心抽头准确，一般取 $R_1=R_2$，$C_1=C_2$。下面介绍这种鉴相电路的基本原理。

设输入信号为 $u_1=U_{1m}\sin\omega t$，$u_2=U_{2m}\sin(\omega t-\varphi)$，且 $U_{1m}\gg U_{2m}>1V$，使两个二极管工作在线性检波状态，还假设时间常数 R_1C_1、R_2C_2、R_3C_3 都远大于被测信号周期 T。

由图 5-64 可以看出：当 $u_{AE}>0$ 时，二极管 VD1 导通，u_{AE}对 C_1 充电；由于二极管正向导通时电阻很小，则充电时常数很小，充电速度较快；$u_{AE}<0$ 时，VD1 截至，C_1 通过 R_1 等元件放电，由于放电时常数很大，它远远大于被测信号周期 T，所以冲到电容 C_1 电压近似为 A、E 两点之间电压 u_{AE}振幅 U_{AEm}。如上类似的过程，$u_{EE}>0$ 时，二极管 VD2 导通，u_{EB}对 C_2 充电；$u_{EB}<0$ 时，C_2 放电，冲到电容 C_2 上的电压近似为 E、B 两点之间电压 u_{EB}的振幅 U_{EBm}。考虑到 $u_{AE}=u_1(t)+u_2(t)$，$u_{EB}=u_1(t)-u_2(t)$ 所以由图 5-64（b）所示向量图得

$$\begin{aligned}U_{AEm}&=\sqrt{U_{1m}^2+U_{2m}^2+2U_{1m}U_{2m}\cos\varphi}\\&=U_{1m}\left[1+\left(\frac{U_{2m}}{U_{1m}}\right)^2+2\frac{U_{2m}}{U_{1m}}\cos\varphi\right]^{\frac{1}{2}}\end{aligned} \tag{5-163}$$

$$\begin{aligned}U_{EBm}&=\sqrt{U_{1m}^2+U_{2m}^2-2U_{1m}U_{2m}\cos\varphi}\\&=U_{1m}\left[1+\left(\frac{U_{2m}}{U_{1m}}\right)^2-2\frac{U_{2m}}{U_{1m}}\cos\varphi\right]^{\frac{1}{2}}\end{aligned} \tag{5-164}$$

由于（U_{2m}/U_{1m}）$\ll 1$，因而（$2U_{2m}/U_{1m}$）$\cos\varphi\ll 1$，所以忽略式上述两式中（U_{2m}/U_{1m}）^{2} 项，利用二项式定律展开再略去高次项得

$$U_{AEm} \approx U_{1m}\left[1+2\frac{U_{2m}}{U_{1m}}\cos\varphi\right]^{\frac{1}{2}}$$
$$\approx U_{1m}\left(1+\frac{U_{2m}}{U_{1m}}\cos\varphi\right) \tag{5-165}$$

$$U_{EBm} \approx U_{1m}\left(1-\frac{U_{2m}}{U_{1m}}\cos\varphi\right) \tag{5-166}$$

由前述的定性分析，可知

$$U_{c1}=U_{AEm} \approx U_{1m}\left(1+\frac{U_{2m}}{U_{1m}}\cos\varphi\right) \tag{5-167}$$

$$U_{c2}=U_{EBm} \approx U_{1m}\left(1-\frac{U_{2m}}{U_{1m}}\cos\varphi\right) \tag{5-168}$$

所以 F 点电位

$$u_F=-u_2(t)+U_{c1}-U_{R1} \tag{5-169}$$

式中 U_{R1} 为电阻 R_1 上的电压。因为 $R_1=R_2$，故 $U_{R1}=U_{R2}$，则有

$$U_{R1}=\frac{1}{2}(U_{R1}+U_{R2})=\frac{1}{2}(U_{c1}+U_{c2})=U_{1m} \tag{5-170}$$

将式（5-168）、式（5-170）代入式（5-169）得

$$u_F=-u_2(t)+U_{1m}+U_{2m}\cos\varphi-U_{1m}$$
$$=-u_2(t)+U_{2m}\cos\varphi$$

R_3 和 C_3 组成一低通滤波器，滤除角频率为 ω 的交流分量 $-u_2(t)$，得直流输出电压

$$U_0=U_{2m}\cos\varphi \tag{5-171}$$

（二）平衡式相位检波电路

由 4 个性能完全一致的二极管 VD1～VD4 接成“四边形”，待测两信号通过变压器对称地加在“四边形”的对角线上，输出电压从两变压器的中心抽头引出，如图 5-65 所示。图中 R_L 为负载电阻，C 为滤波电容。对信号频率 ω 来说相对于短路。

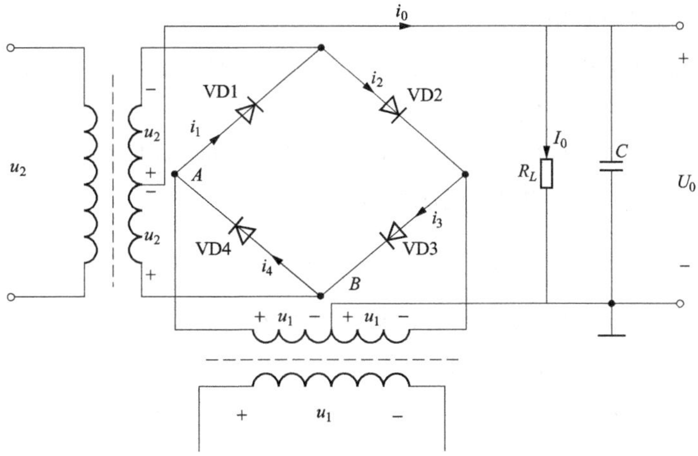

图 5-65　平衡式相位检波器

设二极管上的电流电压参考方向关联，其伏安特性为二次函数，即

$$i = a_0 + a_1 u + a_2 u^2 \tag{5-172}$$

式中 a_0、a_1、a_2——实常数。

当输入信号电压参考方向如图中所标时，加在四个二极管正极和负极间的电压分别为

$$\left.\begin{aligned} u_{VD1} &= u_1 + u_2 \\ u_{VD2} &= u_1 - u_2 \\ u_{VD3} &= -u_1 - u_2 \\ u_{VD4} &= -u_1 + u_2 \end{aligned}\right\} \tag{5-173}$$

将式（5-172）代入式（5-173），得到流过四个二极管的正向电流分别为

$$i_1 = a_0 + a_1(u_1 + u_2) + a_2(u_1 + u_2)^2$$

$$i_2 = a_0 + a_1(u_1 - u_2) + a_2(u_1 - u_2)^2$$

$$i_3 = a_0 + a_1(-u_1 - u_2) + a_2(-u_1 - u_2)^2$$

$$i_4 = a_0 + a_1(-u_1 + u_2) + a_2(-u_1 + u_2)^2$$

而流经输出端的电流

$$\begin{aligned} i_0 &= i_1 - i_2 + i_3 - i_4 \\ &= 8a_2 u_1 u_2 = 8a_2 U_{1m}\sin\omega t \cdot U_{2m}\sin(\omega t - \varphi) \\ &= 4a_2 U_{1m} U_{2m}\cos\varphi - 4a_2 U_{1m} U_{2m}\cos(2\omega t - \varphi) \end{aligned} \tag{5-174}$$

式（5-174）表明，输出电流只包含直流项和信号的二次谐波项。如果滤去高频分量，则输出电流中的直流项

$$I_0 = 4a_2 U_{1m} U_{2m}\cos\varphi \tag{5-175}$$

它与 $\cos\varphi$ 成正比。

图 5-65 所示电路，若两信号的频率不同，输出信号中也只有两输入信号的差频项和二次谐波项，而不存在输入信号频率分量。这一方面使输出端滤波容易，另一方面，可视其目的广泛用于混频、调制和鉴相。

作为相位检波器（鉴相器）时，通常取 $U_{1m} \gg U_{2m} > 1V$，$R_L C \gg T$（T 为信号周期）。这时可按差接式电路类似的方法做分析。

当只考虑 VD1、VD3 的检波作用时，它使电容器正向充电到 u_{VD1}、u_{VD3} 的振幅，类似于式（5-167），如图中所标示的电容电压参考方向，有

$$U'_c = U_{VD1m} = U_{VD3m} = U_{1m}\left(1 + \frac{U_{2m}}{U_{1m}}\cos\varphi\right) \tag{5-176}$$

当只考虑 VD2、VD4 的检波作用时，它使电容器反向充电到 u_{VD2}、u_{VD4} 则的振幅，仍用图中电容上所标电压参考方向，类似于式（5-168），有

$$U''_c = -U_{VD2m} = -U_{VD4m} = -U_{1m}\left(1 - \frac{U_{2m}}{U_{1m}}\cos\varphi\right) \tag{5-177}$$

共同考虑 VD1～VD4 的检波作用，可将式（5-176）、式（5-177）代数和相加，得电容器上的电压，即相位检波器输出电压

$$U_0 = 2U_{2m}\cos\varphi \tag{5-178}$$

本章小结

一、电压测量

（1）电压是基本的电参数，其他许多电参数可看作电压的派生，电压测量方便，因此电压测量是电子测量中最基本的测量。

（2）电压表的输入阻抗相对于被测电路等效输出阻抗越大，对被测电路工作状态的影响越小。

（3）掌握电压表的分类，根据实际情况选择电压表。

二、电流测量

（1）电流也是基本的电参数，其他许多电参数可看作电压的派生，因此电流测量是电子测量中最基本的测量。

（2）掌握中值测量原理及分类。

（3）了解直流大电流测量的分类，要掌握其相应原理，根据具体情况选择适宜的测量方法。

（4）掌握互感器法测量工频和脉冲大电流。

三、电抗测量

（1）由于电阻器、电容器和电感器都是随所加的电流、电压、频率、温度等因素而变化，因此在不同的条件下，其电路模型是不同的。测量电抗时，必须使得测量的条件和环境尽可能与实际工作条件相吻合，否则，测得的结果将会造成很大的误差。

（2）交流电桥平衡必须同时满足两个条件：相位平衡条件和模相平衡。因此交流电桥必须同时调节两个或两个以上的元件，才能将电桥调节到平衡，为了使电桥有好的收敛性，必须合理地选择可调器件。

四、频率测量

（1）掌握时间、频率有关的基本概念。

（2）掌握电子计数法测量频率的基本原理，理解±1误差，标准时间误差以及二者合成误差，能够用来分析具体问题。

五、相位测量

（1）在研究网络、系统频率特性中，相位测量具有重要意义。

（2）掌握示波器测量相位差的方法。

（3）理解相位差转化为时间间隔进行测量的原理误差分析。

（4）掌握相位转换为电压测量原理及误差分析

习题与思考题

5-1　简述电压测量的意义和特点。

5-2　题图中 L、C、r 构成的并联谐振电路的端电压 $u(t)$ 与频率 f 间关系如图 5-66（b）所示，当用输入电阻 R_i 输入电容 C_i 的电压表实际测量描绘谐振曲线时，实测曲线和理论曲线间有何不同？

5-3　用 MF-30 万用表 5V 及 25V 挡测量高内阻等效电路输出电压 U_x，已知 MF-30 电

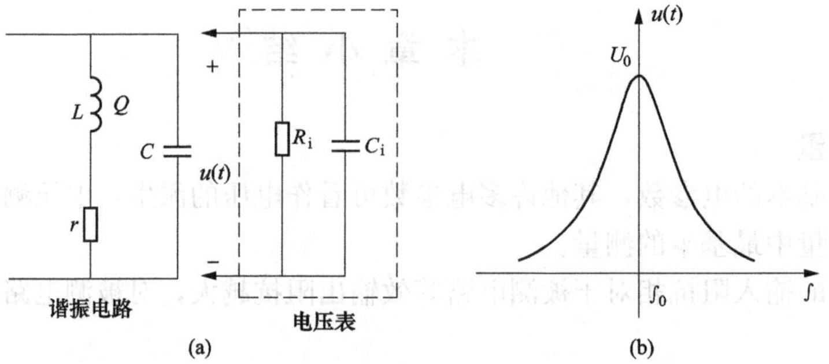

图 5-66 并联谐振电路及输出与频率关系曲线

压灵敏度为 20kΩ/V，试计算由于负载效应而引起的相对误差，并计算其实际值 U_0 和电压表示值 U_x。

5-4 被测脉冲信号电压幅度 $U_p=3V$，经 1∶10 探极引入，"倍率"置"×1"位，"微调"置校正位，要想在荧光屏上获得高度为 3cm 的波形，Y 轴偏转灵敏度开关"V/cm"应置哪一挡？

5-5 用 SR-8 示波器观察幅值 $U_m=2V$ 的正弦波，已知 Y 轴灵敏度 0.1V/div（已置校正位），信号经 1∶10 探极输入，问荧光屏上波形高度为多少格？

5-6 电流测量具有哪些特点？

5-7 简述中值电流的精确测量原理。

5-8 直流大电流的测量方法有几种？各有什么特点？

5-9 简述互感器法测量工频和脉冲大电流的特点。

5-10 测量直流功率的方法主要有哪些？各自有什么优点？

5-11 某直流电桥测量电阻 R_x，当电桥平衡时，三个桥臂电阻分别为 $R_1=100\Omega$，$R_2=50\Omega$，$R_3=25\Omega$。求电阻 R_x 等于多大？

5-12 某直流电桥的比率臂由（×0.1）可调到（$\times10^4$），标准臂电阻 R_3 能按 0.1Ω 的级差从 0Ω 调到 1kΩ，求该电桥测量 R_x 的阻值范围。

5-13 判断图 5-67 的交流电桥中，哪些接法是正确的？哪些是错误的？并说明理由。

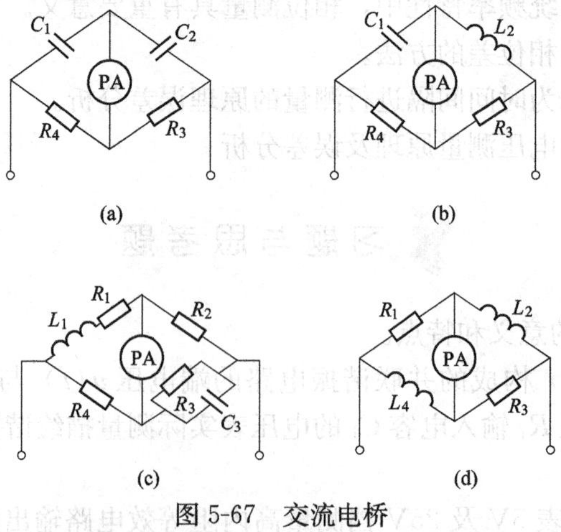

图 5-67 交流电桥

5-14　试推导表 5-6 中所示并联电容比较电桥，西林电桥在平衡时的元件参数计算公式。

5-15　图 5-68 所示交流电桥，试推导电桥平衡时计算 R_x 和 L_x 的公式。若要求分别读数，如何选择标准元件？

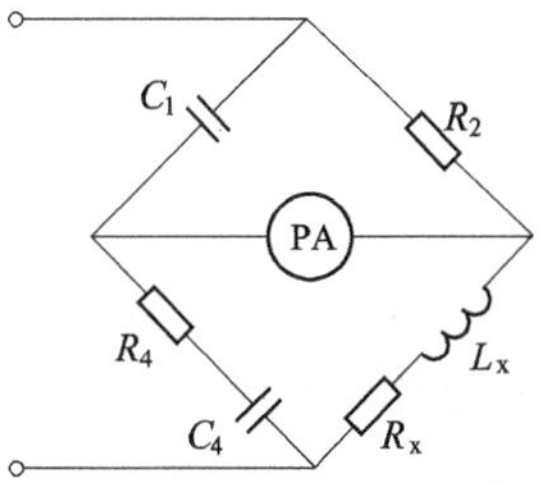

图 5-68　交流电桥

5-16　交流电桥平衡时有下列参数：Z_1 为 $R_1=2000\Omega$ 与 $C_1=0.5\mu F$ 相并联，Z_2 为 $R_2=1000\Omega$ 与 $C_2=1\mu F$ 相串联，Z_4 为电容 $C_4=0.5\mu F$，信号源角频率 $\omega=10^3 rad/s$，求阻抗 Z_3 的元件值。

5-17　某电桥在 $\omega=104rad/s$ 时平衡并有下列参数：Z_1 为电容 $C_1=0.2\mu F$，Z_2 为电阻 $R_2=500\Omega$，Z_4 为 $R_4=300\Omega$ 与 $C_4=0.25\mu F$ 相并联，求阻抗 Z_3（按串联考虑）。

5-18　利用谐振法测量某电感的 Q 值。当可变电容为 100pF 时，电路发生串联谐振。保持频率不变，改变可变电容，半功率点处的电容分别为 102pF 和 98pF，求该电感的 Q 值。

5-19　试述时间、频率测量在日常生活、工程技术、科学研究中有何实际意义？

5-20　标准的时频如何提供给用户使用？

5-21　与其他物理量的测量相比，时频测量具有哪些特点？

5-22　用某计数式频率计测频率，已知晶振频率 f_c 的相对误差为 $\Delta f_c/f_c=\pm5\times10^{-8}$，门控时间 $T=1s$，求：

（1）测量 $f_x=10MHz$ 时的相对误差；

（2）测量 $f_x=10kHz$ 时的相对误差；

（3）提出减小测量误差的方法。

5-23　某计数式频率计，测频率时闸门时间为 1s，测周期时倍乘最大为×10 000，晶振最高频率为 10MHz，求中界频率。

5-24　用计数式频率计测量 $f_x=200Hz$ 的信号频率，采用测频率（选闸门时间为 1s）和测周期（选晶振周期 $T_c=0.1\mu s$）两种测量方法。试比较这两种方法由于“±1 误差”所引起的相对误差。

5-25　拍频法和差频法测频的区别是什么？它们各适用于什么频率范围？为什么？

5-26　举例说明测量相位差的重要意义。

5-27　测量相位差的方法主要有哪些？简述它们各自的优缺点。

5-28　为什么瞬时式数字相位差计只适用于测量固定频率的相位差？如何扩展测量的频率范围？

5-29　用示波器测量两同频正弦信号的相位差，示波器上呈现椭圆的长轴 A 为 100m，短轴 B 为 4cm，试计算两信号的相位差 φ。

第六章　非电量测量

在现代检测技术中，对于各种类型的被测量的测量，大多数都是直接或通过各种传感器、电路转换为与被测量相关的电压、电流等电学基本参量后进行监测和处理的，这样既便于对被测量的检测、处理、记录和控制，又能提高测量的精度，因此，了解和掌握这些非电量的测量方法是十分重要的。

第一节　长度及线位移测量

一、光栅位移传感器

光栅是一种新型的位移检测元件，是一种将机械位移或模拟量转变为数字脉冲的测量装置。它的特点是测量精确度高（可达±1μm）、响应速度快、量程范围大、可进行非接触测量等。易于实现数字测量和自动控制，广泛用于数控机床和精密测量中。

（一）光栅的构造

所谓光栅就是在透明的玻璃板上，均匀地刻出许多明暗相间的条纹，或在金属镜面上均匀地划出许多间隔相等的条纹，通常线条的间隙和宽度是相等的。以透光的玻璃为载体的称为透射光栅，不透光的金属为载体的称为反射光栅；根据光栅的外形可分为直线光栅和圆光栅。

光栅位移传感器的结构如图 6-1 所示。它主要由标尺光栅、指示光栅、光电器件和光源等组成。通常，标尺光栅和被测物体相连，随被测物体的直线位移而产生位移。一般标尺光栅和指示光栅的刻线密度是相同的，而刻线之间的距离 W 称为栅距。光栅条纹密度一般为每毫米 25、50、100、250 条等。

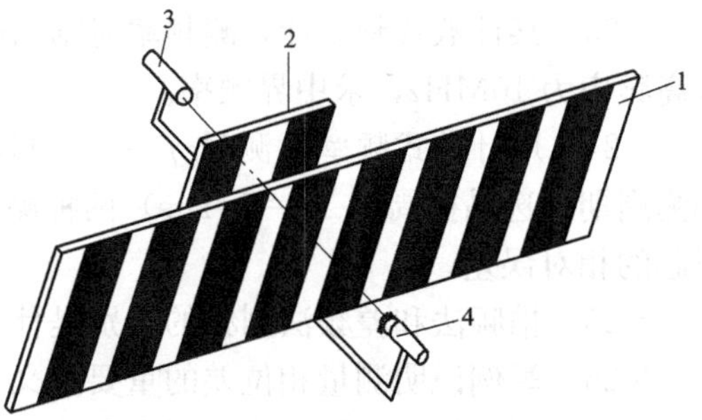

图 6-1　光栅位移传感器的结构原理

1—标尺光栅；2—指示光栅；3—光电器件；4—光源

（二）工作原理

如果把两块栅距 W 相等的光栅平行安装，且让它们的刻痕之间有较小的夹角 θ 时，这时光栅上会出现若干条明暗相间的条纹，这种条纹称莫尔条纹，它们沿着与光栅条纹几乎垂直的方向排列，如图 6-2 所示。莫尔条纹是光栅非重合部分光线透过而形成的亮带，它由一系列四棱形图案组成，如图 6-2 中的 $d—d$ 线区所示。$f—f$ 线区则是由于光栅的遮光效应形成的。莫尔条纹具有如下特点：

(1) 莫尔条纹的位移与光栅的移动成比例。当指示光栅不动，标尺光栅向左右移动时，莫尔条纹将沿着近于栅线的方向上下移动；光栅每移动过一个栅距 W，莫尔条纹就移动过一个条纹间距 B，查看莫尔条纹的移动方向，即可确定主光栅的移动方向。

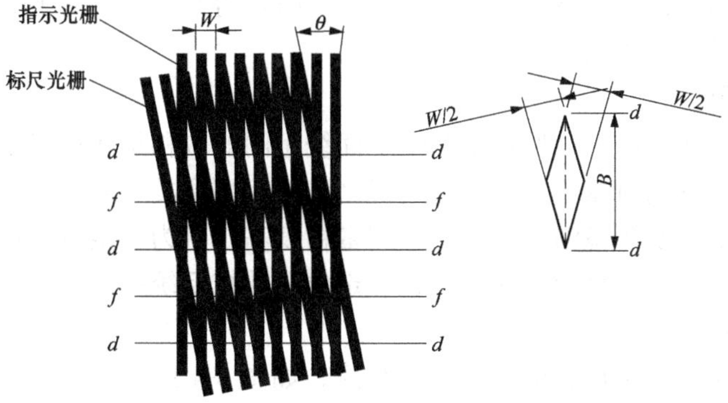

图 6-2　莫尔条纹

(2) 莫尔条纹具有位移放大作用。莫尔条纹的间距 B 与两光栅条纹夹角 θ 之间关系为

$$B=\frac{W}{2\sin\frac{\theta}{2}}\approx\frac{W}{\theta} \tag{6-1}$$

式 (6-1) 中 θ 的单位为 rad，B、W 的单位为 mm。所以莫尔条纹的放大倍数为

$$K=\frac{B}{W}\approx\frac{1}{\theta}$$

可见 θ 越小，放大倍数越大。实际应用中，θ 角的取值范围都很小。例如当 $\theta=10'$ 时，$K=1/\theta=1/0.002\ 9\text{rad}\approx345$。也就是说指示光栅与标尺光栅相对移动一个很小的距离 W 时，可以得到一个很大的莫尔条纹移动量 B，可以用测量条纹的移动来检测光栅微小的位移，从而实现高灵敏度的位移测量。

(3) 莫尔条纹具有平均光栅误差的作用。莫尔条纹是由一系列刻线的交点组成，它反映了形成条纹的光栅刻线的平均位置，对各栅距误差起了平均作用，减弱了光栅制造中的局部误差和短周期误差对检测精度的影响。

通过光电元件，可将莫尔条纹移动时光强的变化转换为近似正弦变化的电信号，如图 6-3 所示。其电压为

$$U=U_0+U_m\sin\frac{2\pi x}{W} \tag{6-2}$$

式中　U_0——输出信号的直流分量；

U_m——输出信号的幅值；

x——两光栅的相对位移。

将此电压信号放大、整形变换为方波，经微分转换为脉冲信号，再经辨向电路和可逆计数器计数，则可用数字形式显示出位移量，位移量等于脉冲与栅距乘积。测量分辨率等于栅距。

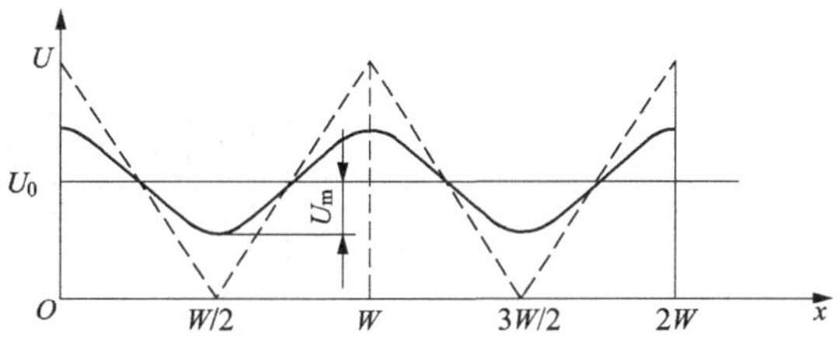

图 6-3　光栅输出波形

提高测量分辨率的常用方法是细分，且电子细分应用较广。这样可在光栅相对

移动一个栅距的位移（即电压波形在一个周期内）时，得到 4 个计数脉冲，将分辨率提高 4 倍，这就是通常说的电子 4 倍频细分。

二、感应同步器

感应同步器是利用电磁感应原理把两个平面绕组间的位移量转换成电信号的一种位移传感器。按测量机械位移的对象不同可分为直线型和圆盘型两类，分别用来检测直线位移和角位移。由于它成本低，受环境温度影响小，测量精度高，且为非接触测量，所以在位移检测中，特别是在各种机床的位移数字显示、自动定位和数控系统中得到广泛应用。

（一）感应同步器的结构

直线型感应同步器由定尺和滑尺两部分组成，如图 6-4 所示。图 6-5 为直线型感应同步器定尺和滑尺的结构。其制造工艺是先在基板（玻璃或金属）上涂上一层绝缘黏合材料，将铜箔粘牢，用制造印刷线路板的腐蚀方法制成节距 T 一般为 2mm 的方齿形线圈。定尺绕组是连续的。滑尺上分布着两个励磁绕组，分别称为正弦绕组和余弦绕组。当正弦绕组与定尺绕组相位相同时，余弦绕组与定尺绕组错开 1/4 节距。滑尺和定尺相对平行安装，其间保持一定间隙（0.05～0.2mm）。

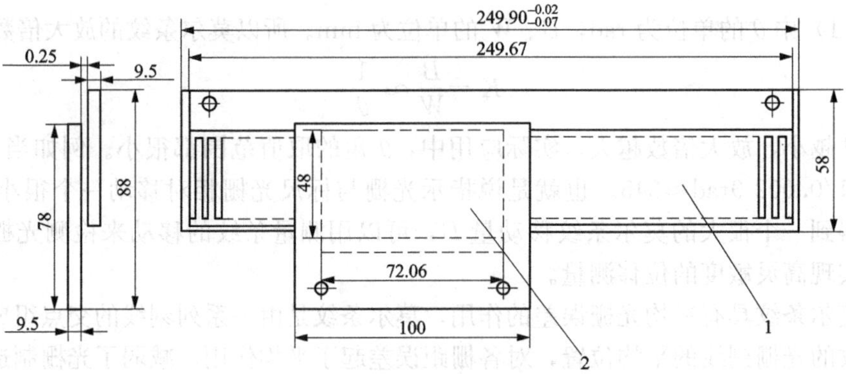

图 6-4　直线型感应同步器的组成

1—定尺；2—滑尺

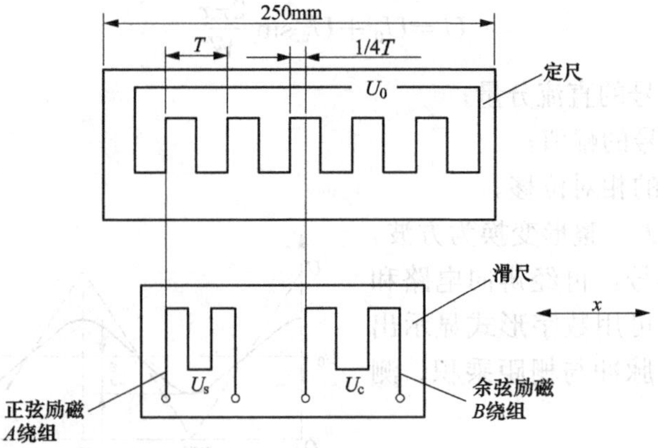

图 6-5　直线型感应同步器定尺、滑尺的结构

（二）感应同步器的工作原理

在滑尺的正弦绕组中，施加频率为 f（一般为 2～10kHz）的交变电流时，定尺绕组感应出频率为 f 的感应电动势。感应电动势的大小与滑尺和定尺的相对位置有关。当两绕组同向对齐时，滑尺绕组磁通全部交链于定尺绕组，所以其感应电动势为正向最大。移动 1/4 节距后，两绕组磁通不交链，即交链磁通量为零；再移动 1/4 节距后，两绕组反向时，感应电动势负向最大。依次类推，每移动一节距，周期性的重复变化一次，其感应电动势随位置按余弦规律变化，如图 6-6 所示。

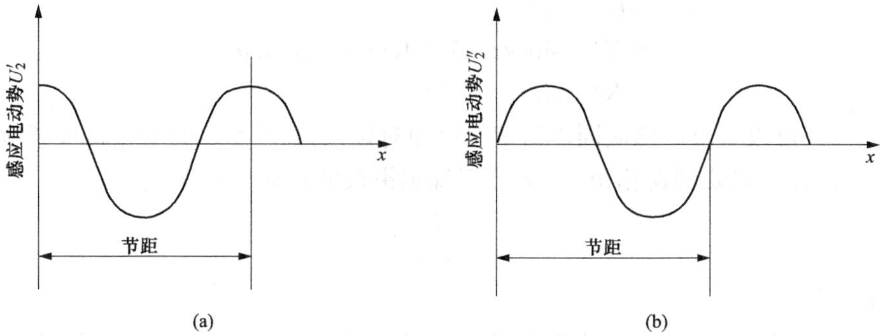

图 6-6　定尺感应电势波形图

(a) 仅对 A 绕组激磁；(b) 仅对 B 绕组激磁

同样，若在滑尺的余弦绕组中，施加频率为 f 的交变电流时，定尺绕组上也感应出频率为 f 的感应电动势。其感应电动势随位置按正弦规律变化。如图 6-6（b）所示。设正弦绕组供电电压为 U_s，余弦绕组供电电压为 U_c，移动距离为 x，节距为 T，则正弦绕组单独供电时，在定尺上感应电动势为

$$U'_2 = KU_s\cos\frac{x}{T}360° = KU_s\cos\theta \tag{6-3}$$

余弦绕组单独供电所产生的感应电动势为

$$U''_2 = KU_c\sin\frac{x}{T}360° = KU_c\sin\theta \tag{6-4}$$

由于感应同步器的磁路系统可视为线性，可进行线性叠加，所以定尺上总的感应电动势为

$$U_2 = U'_2 + U''_2 = KU_s\cos\theta + KU_c\sin\theta \tag{6-5}$$

式中　K——定尺与滑尺之间的耦合系数；

θ——定尺与滑尺相对位移的角度表示量（电角度）。

$$\theta = \left(\frac{x}{T}\right)360° = \frac{2\pi x}{T} \tag{6-6}$$

式中　T——节距，表示直线感应同步器的周期，标准式直线感应同步器的节距为 2mm。

感应同步器是利用感应电压的变化来进行位置检测的。根据对滑尺绕组供电方式的不同，以及对输出电压检测方式的不同，感应同步器的测量方式有相位和幅值两种工作法，前者是通过检测感应电压的相位来测量位移，后者是通过检测感应电压的幅值来测量位移。

（三）测量方法

1. 相位工作法

当滑尺的两个励磁绕组分别施加相同频率和相同幅值，但相位相差90°的两个电压时，定尺感应电动势相应随滑尺位置而变。设

$$U_s = U_m \sin\omega t \tag{6-7}$$

$$U_c = U_m \cos\omega t \tag{6-8}$$

则

$$\begin{aligned} U_2 &= U'_2 + U''_2 \\ &= KU_m \sin\omega t \cos\theta + KU_m \cos\omega t \sin\theta \\ &= KU_m \sin(\omega t + \theta) \end{aligned} \tag{6-9}$$

从式（6-9）可以看出，感应同步器把滑尺相对定尺的位移 x 的变化转成感应电动势相角 θ 的变化。因此，只要测得相角 θ，就可以知道滑尺的相对位移 x 为

$$x = \frac{\theta}{360°} T \tag{6-10}$$

2. 幅值工作法

在滑尺的两个励磁绕组上分别施加相同频率和相同相位，但幅值不等的两个交流电压，即

$$U_s = -U_m \sin\phi \sin\omega t \tag{6-11}$$

$$U_c = U_m \cos\phi \sin\omega t \tag{6-12}$$

根据线性叠加原理，定尺上总的感应电动势 U_2 为两个绕组单独作用时所产生的感应电动势 U'_2 和 U''_2 之和。即

$$\begin{aligned} U_2 &= U'_2 + U''_2 \\ &= -KU_m \sin\phi \sin\omega t \cos\theta + KU_m \cos\phi \sin\omega t \sin\theta \\ &= KU_m (\sin\phi \cos\theta - \cos\theta \sin\phi) \sin\omega t \\ &= KU_m \sin(\theta - \phi) \sin\omega t \end{aligned} \tag{6-13}$$

式中 $KU_m \sin(\theta-\phi)$——感应电动势的幅值；

U_m——滑尺励磁电压最大的幅值；

ω——滑尺交流励磁电压的角频率，$\omega = 2\pi f$；

ϕ——指令位移角。

由式（6-13）知，感应电动势 U_2 的幅值随（$\theta - \phi$）作正弦变化，当 $\phi = \theta$ 时，$U_2 = 0$。随着滑尺的移动，逐渐变化。因此，可以通过测量 U_2 的幅值来测得定尺和滑尺之间的相对位移。

三、磁栅位移传感器

磁栅是利用电磁特性来进行机械位移的检测。主要用于大型机床和精密机床作为位置或位移量的检测元件。磁栅和其他类型的位移传感器相比，具有结构简单、使用方便、动态范围大（1～20m）和磁信号可以重新录制等特点。其缺点是需要屏蔽和防尘。

（一）磁栅式位移传感器的结构和工作原理

磁栅式位移传感器的结构原理如图6-7所示。它由磁尺（磁栅）、磁头和检测电路等部分组成。磁尺是采用录磁的方法，在一根基体表面涂有磁性膜的尺子上，记录下一定波长的

磁化信号，以此作为基准刻度标尺。磁头把磁栅上的磁信号检测出来并转换成电信号。检测电路主要用来供给磁头激励电压和磁头检测到的信号转换为脉冲信号输出。

磁尺是在非导磁材料（如铜、不锈钢、玻璃）或其他合金材料的基体上，涂敷、化学沉积或电镀上一层 10～20μm 厚的硬磁性材料（如 Ni—Co—P 或 Fe—Co 合金），并在它的表面上录制相等节距周期变化的磁信号。磁信号的节距一般为 0.05、0.1、0.2、1mm。为了防止磁头对磁性膜的磨损，通常在磁性膜上涂一层 1～2μm 的耐磨塑料保护层。

磁栅按用途分为长磁栅与圆磁栅两种。长磁栅用于直线位移测量，圆磁栅用于角位移测量。

磁头是进行磁-电转换的变换器，它把反映空间位置的磁信号转换为电信号输送到检测电路中去。普通录音机、磁带机的磁头是速度响应型磁头，其输出电压幅值与磁通变化率成正比，只有当磁头与磁带之间有一定相对速度时才能读取磁化信号，所以这种磁头只能用于动态测量，而不用于位置检测。为了在低速运动和静止时也能进行位置检测，必须采用磁通响应型磁头。

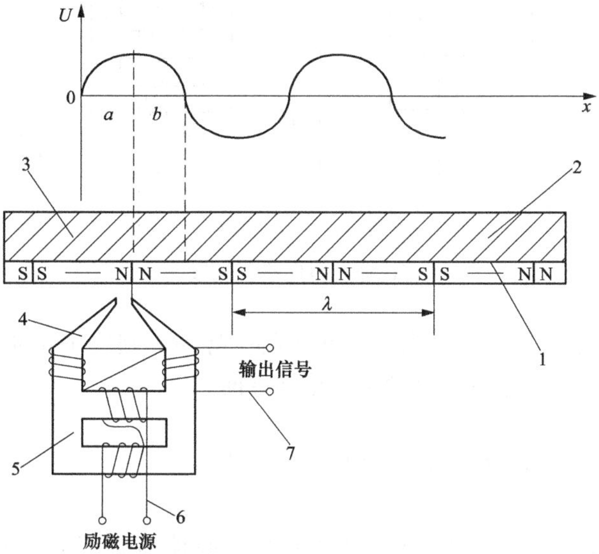

图 6-7　磁栅工作原理

1—磁性膜；2—基体；3—磁尺；4—磁头；5—铁芯；6—励磁绕组；7—拾磁绕组

磁通响应型磁头是利用带可饱和铁芯的磁性调制器原理制成的，其结构如图 6-7 所示。在用软磁材料制成的铁芯上绕有两个绕组，一个为励磁绕组，另一个为拾磁绕组，这两个绕组均由两段绕向相反并绕在不同的铁芯臂上的绕组串联而成。将高频励磁电流通入励磁绕组时，在磁头上产生磁通 Φ_1，当磁头靠近磁尺时，磁尺上的磁信号产生的磁通 Φ_0 进入磁头铁芯，并被高频励磁电流所产生的磁通 Φ_1 所调制。于是在拾磁线圈中感应电压为

$$U = U_0 \sin \frac{2\pi x}{\lambda} \sin\omega t \tag{6-14}$$

式中　U_0——输出电压系数；

λ——磁尺上磁化信号的节距；

χ——磁头相对磁尺的位移；

ω——励磁电压的角频率。

这种调制输出信号跟磁头与磁尺的相对速度无关。为了辨别磁头在磁尺上的移动方向，通常采用了间距为（$m \pm 1/4$）λ 的两组磁头（其中 m 为任意正整数）。如图 6-8 所示，i_1、i_2 为励磁电流，其输出电压分别为

$$U_1 = U_0 \sin \frac{2\pi x}{\lambda} \sin\omega t \tag{6-15}$$

$$U_2 = U_0 \cos \frac{2\pi x}{\lambda} \sin\omega t \tag{6-16}$$

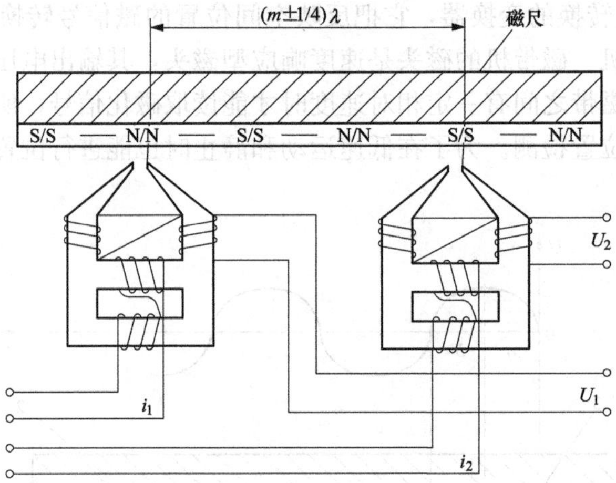

图 6-8　辨向磁头配置

U_1 和 U_2 是相位相差 90°的两列脉冲。至于哪个导前，则取决于磁尺的移动方向。根据两个磁头输出信号的超前或滞后，可确定其移动方向。

（二）测量方式

磁栅的测量方式有鉴幅测量方式和鉴相测量方式。

1. 鉴幅测量方式

如前所述，磁头有两组信号输出，将高频载波滤掉后则得到相位差为 $\pi/2$ 的两组信号，即

$$U_1 = U_0 \sin \frac{2\pi x}{\lambda} \tag{6-17}$$

$$U_2 = U_0 \cos \frac{2\pi x}{\lambda} \tag{6-18}$$

两组磁头相对于磁尺每移动一个节距发出一个正（余）弦信号，经信号处理后可进行位置检测。这种方法的检测线路比较简单，但分辨率受到录磁节距 λ 的限制，若要提高分辨率就必须采用较复杂的倍频电路，所以不常采用。

2. 鉴相测量方式

采用相位检测的精度可以大大高于录磁节距 λ，并可以通过提高内插脉冲频率以提高系统的分辨率。将图中一组磁头的励磁信号移相 90°，则得到输出电压为

$$U_1 = U_0 \sin \frac{2\pi x}{\lambda} \cos\omega t \tag{6-19}$$

$$U_2 = U_0 \cos \frac{2\pi x}{\lambda} \sin\omega t \tag{6-20}$$

在求和电路中相加，则得到磁头总输出电压为

$$U = U_0 \sin\left(\frac{2\pi x}{\lambda} + \omega t\right) \tag{6-21}$$

由式（6-21）可知，合成输出电压 U 的幅值恒定，而相位随磁头与磁尺的相对位置 χ 变化而变。读出输出信号的相位，就可确定磁头的位置。

四、脉冲激光测距

脉冲激光测距是利用激光脉冲持续时间极短，能量在时间上相对集中，瞬时功率很大的特点，在有合作目标的情况下，脉冲激光测距可达极远的测程，在进行几公里的近程测距时，如果精度要求不高，即使不使用合作目标，只是利用被测目标对脉冲激光的漫反射取得反射信号，也可进行测距。目前，脉冲激光测距方法已获得了广泛的应用，如地形测量、战术前沿测距、导弹运行轨道跟踪以及人造卫星、地球到月球距离的测量等。

（一）脉冲激光测距系统结构及测量原理

脉冲激光测距系统一般由脉冲激光发射系统、接收系统、门控电路、时钟脉冲振荡器以及计数显示电路等组成，如图 6-9 所示。

脉冲激光测距仪的测距原理为：由激光器发出持续时间极短的脉冲激光（主波），经过待测的距离射向被测目标。被反射的脉冲激光（回波）返回测距仪，由光电探测器接收。当光速为 c 时，激光脉冲从激光器到待测目标之间往返时间为 t，则可计算出待测目标的距离 s，脉冲激光测距的关键在于精确测定激光脉冲往返距离 s 的传播时间 t。

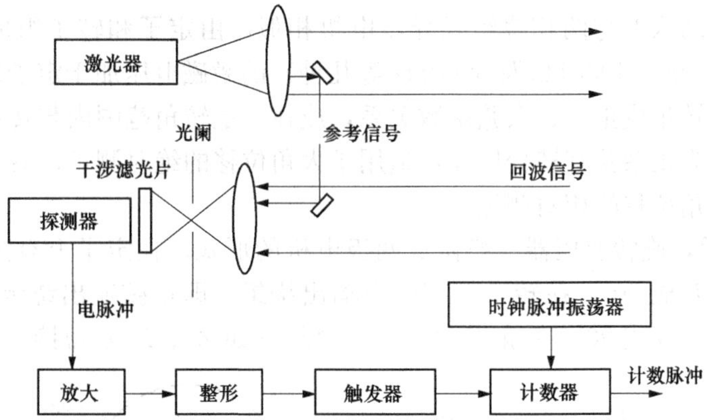

图 6-9 脉冲激光测距系统结构示意图

（二）脉冲激光测距系统测量方法

脉冲激光测距系统工作时，首先对准目标，启动复位开关 K，复原电路给出复原信号使整机复原，准备进行测量。同时触发脉冲激光发生器，产生激光脉冲，该激光脉冲中的一小部分能量由参考信号取样器直接送到接收系统，作为计时的开始，大部分能量射向待测目标。由目标反射回测距仪处的光脉冲能量，被接收系统接收，作为回波信号。参考信号（主波信号）和回波信号先后由小孔光阑和干涉滤光片聚焦到光电探测器变换为电脉冲，并加以放大和整形。整形后的参考信号使 T 触发器翻转，控制计数器开始对晶体振荡器发出的时钟脉冲进行计数。整形后的回波信号使 T 触发器的输出翻转无效，从而使计数器停止工作。

这样，根据计数器的输出即可计算出待测目标的距离，即

$$s=cN/2f \tag{6-22}$$

式中 N——计数脉冲个数；

f——计数脉冲的频率。

系统中干涉滤光片和小孔光阑的作用是减少背景光及杂散光的影响，降低探测器输出信号中的背景噪声。

系统的分辨率决定于计数脉冲的频率。由于光速很快，计时基准脉冲和计数器频率的大小直接影响着测量的精度。为了减少误差可提高计数频率，但会提高系统整体要求。目前，许多脉冲式激光测距仪的精度在 1～10m 范围，使用某些较复杂的信号记录系统，测量信号的精度可达 1ns 左右。随着脉冲式激光器的发展，已可获得持续时间 1ps 甚至更短的激光脉冲，脉冲频率可达 1000MW，因此，纳秒激光器的问世为脉冲测距法开拓了极有希望的前景。

第二节 角度及角位移测量

一、旋转变压器

旋转变压器是一种利用电磁感应原理将转角变换为电压信号的传感器。由于它结构简单，动作灵敏，对环境无特殊要求，输出信号大，抗干扰好，因此被广泛应用于机电一体化产品中。

（一）旋转变压器的构造和工作原理

旋转变压器在结构上与两相绕组式异步电机相似，由定子和转子组成。当从一定频率（频率通常为 400、500、1000Hz 及 5000Hz 等几种）的激磁电压加于定子绕组时，转子绕组的电压幅值与转子转角成正弦、余弦函数关系，或在一定转角范围内与转角成正比关系。前一种旋转变压器称为正余弦旋转变压器，适用于大角位移的绝对测量；后一种称为线性旋转变压器，适用于小角位移的相对测量。

如图 6-10 所示，旋转变压器一般做成两极电机的形式。在定子上有激磁绕组和辅助绕组，它们的轴线相互成 90°。在转子上有两个输出绕组，即正弦输出绕组和余弦输出绕组，这两个绕组的轴线也互成 90°，一般将其中一个绕组（如 Z_1、Z_2）短接。

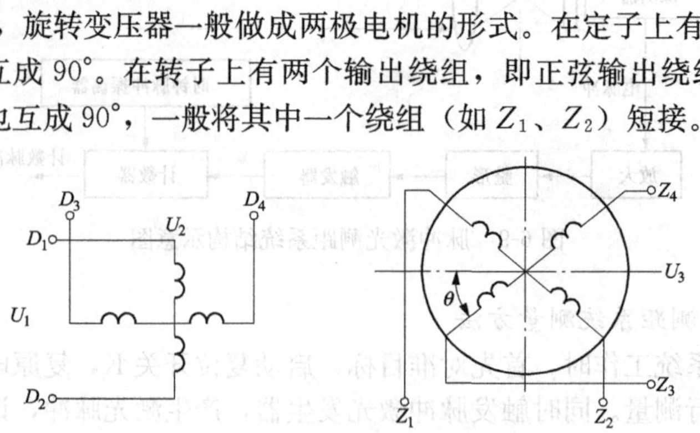

图 6-10 正余弦变压器原理图

D_1D_2—激磁绕组；D_3D_4—辅助绕组；Z_1Z_2—余弦输出绕组；Z_3Z_4—正弦输出绕组

（二）旋转变压器的测量方式

当定子绕组中分别通以幅值和频率相同、相位相差为 90°的交变激磁电压时，便可在转

子绕组中得到感应电动势U_3，根据线性叠加原理，U_3值为激磁电压U_1和U_2的感应电动势之和，即

$$U_1 = U_m \sin\omega t \tag{6-23}$$

$$U_2 = U_m \cos\omega t \tag{6-24}$$

$$U_3 = kU_1 \sin\theta + kU_2 \sin(90° + \theta) = kU_m \cos(\omega t - \theta) \tag{6-25}$$

式中　k——旋转变压器的变压比，$k = N_1/N_2$，N_1、N_2分别为转子、定子绕组的匝数。

可见，测得转子绕组感应电压的幅值和相位，可间接测得转子转角θ的变化。

线性旋转变压器实际上也是正余弦旋转变压器，不同的是线性旋转变压器采用了特定的变压比k和接线方式，如图 6-11 所示。这样使得在一定转角范围内（一般为±60°），其输出电压和转子转角θ呈线性关系。此时输出电压为

$$U_3 = kU_1 \frac{\sin\theta}{1 + k\cos\theta} \tag{6-26}$$

根据式（6-26），选定变压比k及允许的非线性度，则可推算出满足线性关系的转角范围（见图 6-12）。如取$k=0.54$，非线性度不超过±0.1%，则转子转角范围可以达到±60°。

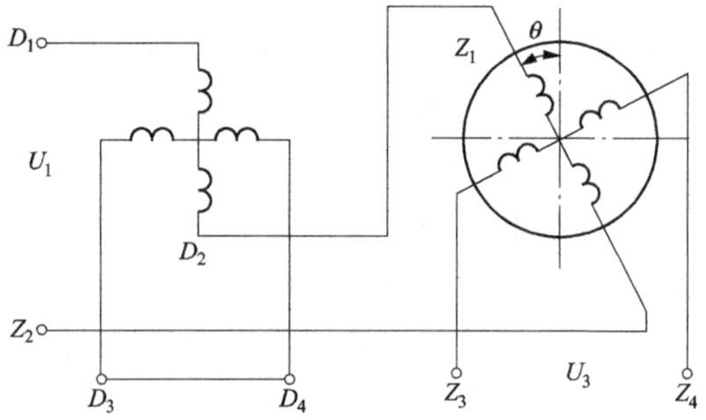

图 6-11　线性旋转变压器原理图

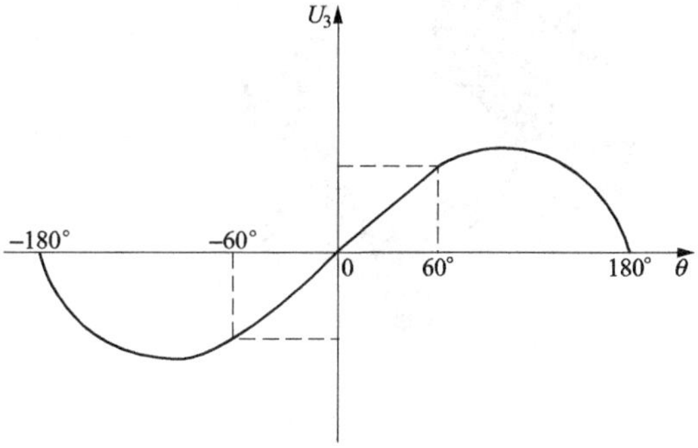

图 6-12　转子转角θ与输出电压U_3的关系曲线

二、光电编码器

光电编码器是一种码盘式角度——数字检测元件。它有两种基本类型：一种是增量式编码器，另一种是绝对式编码器。增量式编码器具有结构简单、价格低、精度易于保证等优点，所以采用最多。绝对式编码器能直接给出对应于每个转角的数字信息，便于计算机处理，但当进给数大于一转时，须做特别处理，而且必须用减速齿轮将两个以上的编码器连接起来，组成多级检测装置，使其结构复杂、成本高。

（一）增量式编码器

增量式编码器是指随转轴旋转的码盘给出一系列脉冲，然后根据旋转方向用计数器对这些脉冲进行加减计数，以此来表示转过的角位移量。增量式编码器的工作原理如图 6-13 所示。

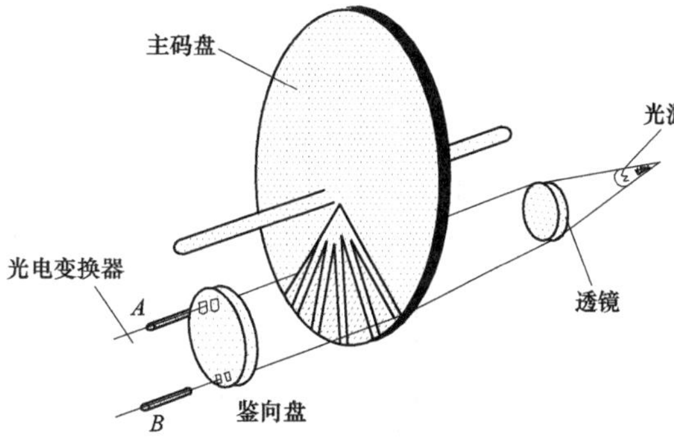

图 6-13　增量式编码器工作原理

增量式编码器由主码盘、鉴向盘、光学系统和光电变换器组成。在图形的主码盘（光电盘）周边上刻有节距相等的辐射状窄缝，形成均匀分布的透明区和不透明区。鉴向盘与主码盘平行，并刻有a、b两组透明检测窄缝，它们彼此错开1/4节距，以使A、B两个光电变换器的输出信号在相位上相差90°。工作时，鉴向盘静止不动，主码盘与转轴一起转动，光源发出的光投射到主码盘与鉴向盘上。当主码盘上的不透明区正好与鉴向盘上的透明窄缝对齐时，光线被全部遮住，光电变换器输出电压为最小；当主码盘上的透明区正好与鉴向盘上的透明窄缝对齐时，光线全部通过，光电变换器输出电压为最大。主码盘每转过一个刻线周期，光电变换器将输出一个近似的正弦波电压，且光电变换器A、B的输出电压相位差为90°。经逻辑电路处理就可以测出被测轴的相对转角和转动方向。

（二）绝对式编码器

绝对式编码器是把被测转角通过读取码盘上的图案信息直接转换成相应代码的检测元件。编码盘是带有一定编码标识或图案信息的圆盘，有光电式、接触式和电磁式三种。

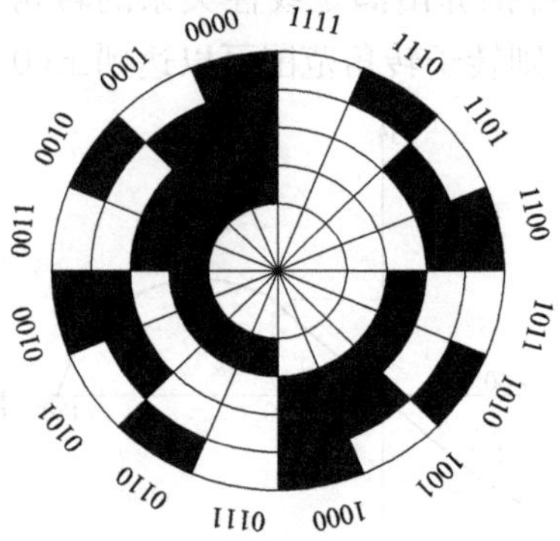

图6-14　四位二进制的码盘

光电式码盘是应用较多的一种，它是在透明材料的圆盘上精确地印制上二进制编码。图6-14所示为四位二进制的码盘，码盘上各圈圆环分别代表一位二进制的数字码道，在同一个码道上印制黑白等间隔图案，形成一套编码。黑色不透光区和白色透光区分别代表二进制的“0”和“1”。在一个四位光电码盘上，有四圈数字码道，每一个码道表示二进制的一位，里侧是高位，外侧是低位，在360°范围内可编数码数为$2^4=16$个。

工作时，码盘的一侧放置电源，另一边放置光电接收装置，每个码道都对应有一个光电管及放大、整形电路。码盘转到不同位置，光电元件接受光信号，并转成相应的电信号，经放大整形后，成为相应数码电信号。但由于制造和安装精度的影响，当码盘回转在两码段交替过程中，会产生读数误差。例如，当码盘顺时针方向旋转，由位置“0111”变为“1000”时，这四位数要同时都变化，可能将数码误读成16种代码中的任意一种，如读成1111、1011、1101、…0001等，产生了无法估计的很大的数值误差，这种误差称非单值性误差。为了消除非单值性误差，可采用以下的方法。

1. 循环码盘（或称格雷码盘）

循环码习惯上又称格雷码，它也是一种二进制编码，只有“0”和“1”两个数。图6-15所示为四位二进制循环码。这种编码的特点是任意相邻的两个代码间只有一位代码有变化，即“0”变为“1”或“1”变为“0”。因此，在两数变换过程中，所产生的读数误差最多不超过“1”，只可能读成相邻两个数中的一个数。所以，它是消除非单值性误差的一种有效方法。

2. 带判位光电装置的二进制循环码盘

这种码盘是在四位二进制循环码盘的最外圈再增加一圈信号位。图6-16所示就是带判位光电装置的二进制循环码盘。该码盘最外圈上的信号位的位置正好与状态交线错开，只有当信号位处的光电元件有信号时才读数，这样就不会产生非单值性误差。

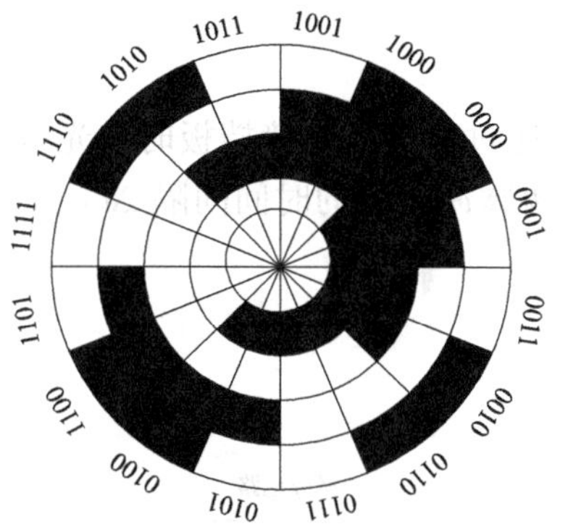

图 6-15　四位二进制循环码盘

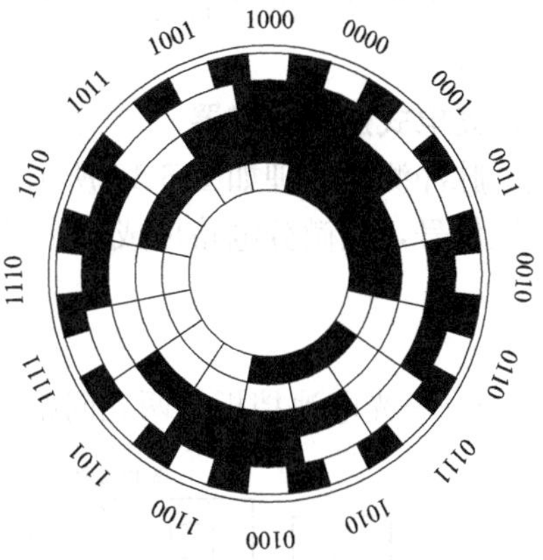

图 6-16　带判位光电装置的二进制循环码盘

第三节　速度、转速及加速度测量

一、直流测速发电机

直流测速发电机是一种测速元件，实际上它就是一台微型的直流发电机。根据定子磁极激磁方式的不同，直流测速发电机可分为电磁式和永磁式两种。如以电枢的结构不同来分，有无槽电枢、有槽电枢、空心杯电枢和圆盘电枢等。

测速发电机的结构有多种，但原理基本相同。图 6-17 所示为永磁式测速发电机原理电路图。恒定磁通由定子产生，当转子在磁场中旋转时，电枢绕组中即产生交变的电动势，经换向器和电刷转换成正比的直流电动势。

直流测速发电机的输出特性曲线如图 6-18 所示。从图中可以看出，当负载电阻 $R_L \to \infty$ 时，其输出电压 U_o 与转速 n 成正比。随着负载电阻 R_L 变小，其输出电压下降，而且输出电压与转速之间并不能严格保持线性关系。由此可见，对于要求精度比较高的直流测速发电机，除采取其他措施外，负载电阻 R_L 应尽量大。

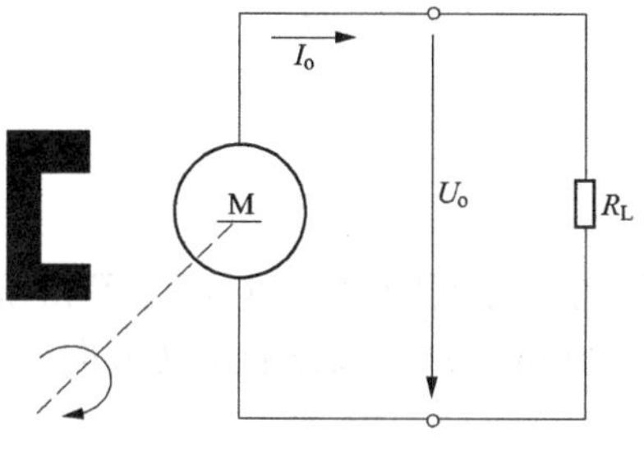

图 6-17　永磁式测速发电机原理图

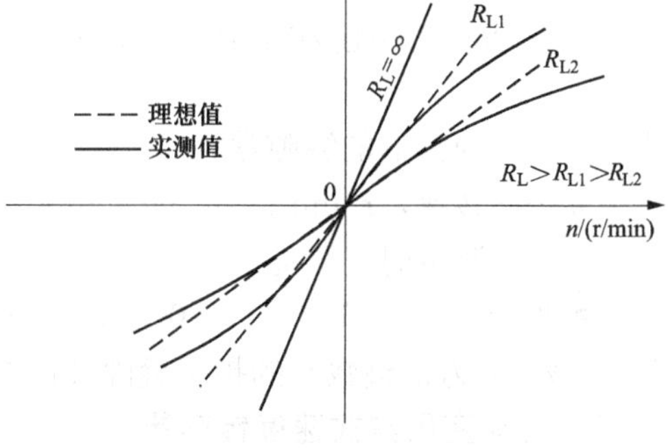

图 6-18　直流测速发电机输出特性

直流测速发电机的特点是输出斜率大、线性好，但由于有电刷和换向器、构造和维护比较复杂，摩擦转矩较大。直流测速发电机在机电控制系统中，主要用作测速和校正元件。在使用中，为了提高检测灵敏度，尽可能把它直接连接到电机轴上。有的电机本身就已安装了测速发电机。

二、光电式速度传感器

光电脉冲测速原理如图 6-19 所示。物体以速度 v 通过光电池的遮挡板时，光电池输出阶跃电压信号，经微分电路形成两个脉冲输出，测出两脉冲之间的时间间隔 Δt，则可测得速度为

$$v=\Delta x/\Delta t \tag{6-27}$$

式中 Δx——光电池挡板上两孔间距，m。

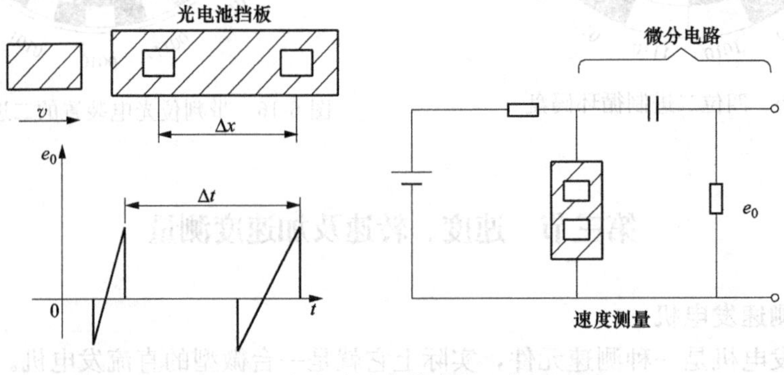

图 6-19 光电式速度传感器工作原理图

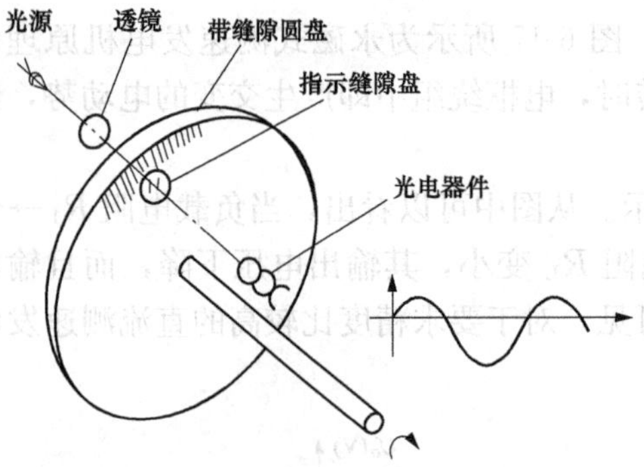

图 6-20 光电式转速传感器的结构原理图

光电式转速传感器是由装在被测轴（或与被测轴相连接的输入轴）上的带缝圆盘、光源、光电器件和指示缝隙圆盘组成，如图 6-20 所示。光源发出的光通过缝隙圆盘和指示缝隙盘照射到光电器件上，当缝隙圆盘随被测轴转动时，由于圆盘上的缝隙间距与指示缝隙的间距相同，因此圆盘每转一周，光电器件输出与圆盘缝隙数相等的电脉冲，根据测量时间 t 内的脉冲数 N，则可测得转速为

$$n=\frac{60N}{Zt} \tag{6-28}$$

式中 Z——圆盘上的缝隙数；

n——转速，r/min；

t——测量时间，s。

一般取 $Zt=60\times10^{m}$（$m=0$，1，2，…）。利用两组缝隙间距 W 相同，位置相差（$i/2+1/4$）W（i 为正整数）的指示缝隙和两个光电器件，则可辨别出圆盘的旋转方向。

三、差动变压器式速度传感器

差动变压器式除了可测量位移外，还可测量速度。其工作原理如图 6-21 所示。差动变压器式的原边线圈同时供以直流和交流电流，即

$$i(t)=I_0+I_m\sin\omega t \tag{6-29}$$

式中 I_0——直流电流，A；

I_m——交流电流的最大值，A；

ω——交流电流的角频率，rad/s。

当差动变压器以被测速度 $v=dx/dt$ 移动时，在其副边两个线圈中产生感应电动势，将它们的差值通过低通滤波器滤除励磁高频角频率后，则可得到与速度 v(m/s) 相对应的电压输出，即

$$U_v=2kI_0v \tag{6-30}$$

式中　k——磁芯单位位移互感系数的增量，H/m。

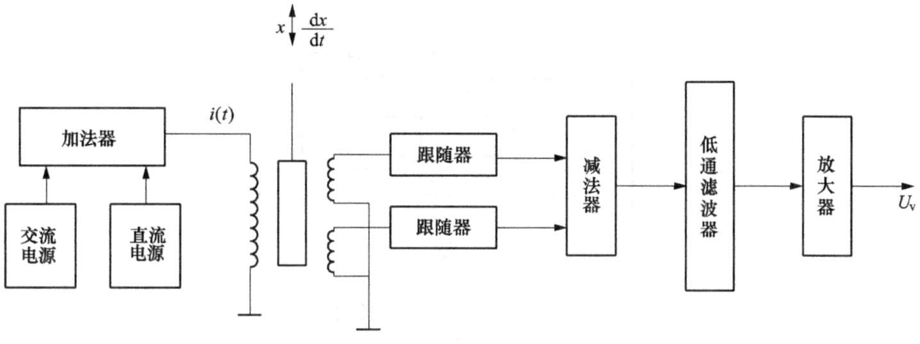

图 6-21　差动变压器测速原理

四、加速度传感器

作为加速度检测元件的加速度传感器有多种形式，它们的工作原理大多是利用惯性质量受加速度所产生的惯性力而造成的各种物理效应，进一步转化成电量，来间接度量被测加速度。最常用的有应变片式和压电式等。

电阻应变式加速度传感器结构原理如图 6-22 所示。它由重块、悬臂梁、应变片和阻尼液体等构成。当有加速度时，重块受力，悬臂梁弯曲，按梁上固定的应变片之变形便可测出力的大小，在已知质量的情况下即可计算出被测加速度。壳体内灌满的黏性液体作为阻尼之用。这一系统的固有频率可以做得很低。

压电式加速度传感器结构原理如图 6-23 所示。使用时，传感器固定在被测物体上，感受该物体的振动，惯性质量块产生惯性力，使压电元件产生变形。压电元件产生的变形和由此产生的电荷与加速度成正比。压电加速度传感器可以做得很小，质量很轻，故对被测机构的影响就小。压电加速度传感器的频率范围广、动态范围宽、灵敏度高、应用较为广泛。

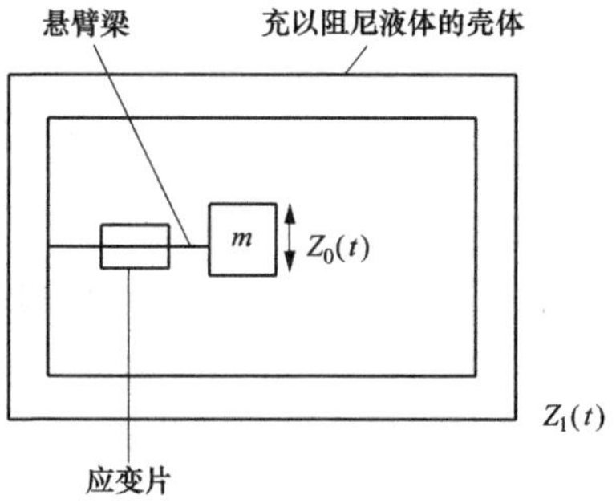

图 6-22　电阻应变式加速度传感器

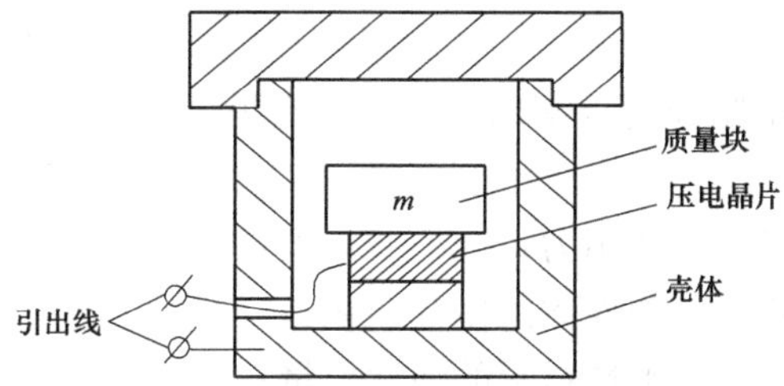

图 6-23　压电式加速度传感器

图 6-24 为一种空气阻尼的电容式加速度传感器。该传感器采用差动式结构，有两个固定电极，两极板之间有一用弹簧支撑的质量块，此质量块的两端经过磨平抛光后作为可动极板。弹簧较硬使系统的固有频率较高，因此构成惯性式加速度计的工作状态。当传感器测量垂直方向的振动时，由于质量块的惯性作用，使两固定极相对质量块产生位移，使电容 C_1、C_2 中一个增大，另一个减小，它们的差值正比于被测加速度。由于采用空气阻尼，气体黏度的温度系数比液体小得多，因此这种加速度传感器的精度较高，频率响应范围宽，可以测得很高的加速度值。

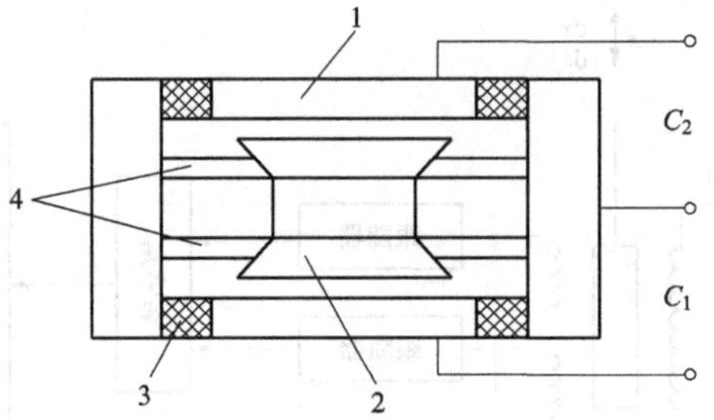

图 6-24　电容式加速度传感器

1—固定电极；2—质量块（动电极）；3—绝缘体；4—弹簧片

第四节　力、力矩及应力测量

在机电一体化工程中，力、压力和扭矩是很常用的机械参量。近年来，各种高精度力、压力和扭矩传感器的出现，更以其惯性小、响应快、易于记录、便于遥控等优点得到了广泛的应用。

一、测力传感器

测力传感器按其量程大小和测量精度不同而有很多规格品种，它们的主要差别是弹性元件的结构形式不同，以及应变片在弹性元件上粘贴的位置不同。通常测力传感器的弹性元件有柱式、梁式等。

（一）柱式弹性元件

柱式弹性元件有圆柱形、圆筒形等几种，如图 6-25 所示。这种弹性元件结构简单、承载能力大，主要用于中等载荷和大载荷（可达数兆牛顿）的拉（压）力传感器。其受力后，产生应变

$$\varepsilon = \frac{P}{AE} \tag{6-31}$$

用电阻应变仪测出的指示应变为

$$\varepsilon_i = 2(1+\mu)\varepsilon \tag{6-32}$$

式中　P——作用力；

A——弹性体的横截面积；

E——弹性材料的弹性模量；

μ——弹性材料的泊松比。

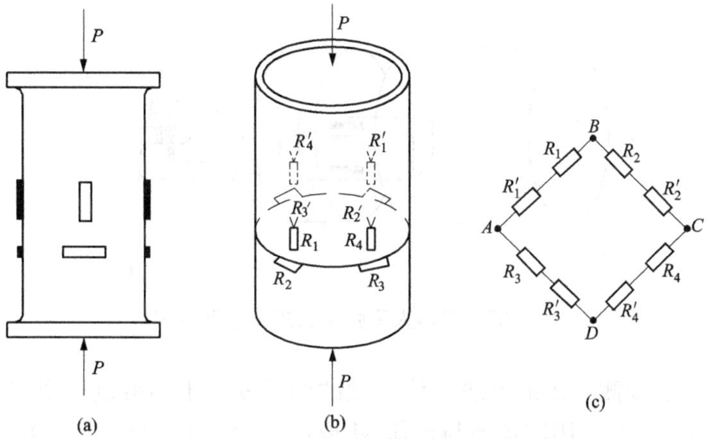

图 6-25　柱式弹性元件及其电桥

(a) 弹性元件受力图；(b) 电阻位置示意图；(c) 等效电路图

（二）悬臂梁式弹性元件

其特点是结构简单、加工方便、应变片粘贴容易、灵敏度较高。主要用于小载荷、高精度的拉、压力传感器中。可测量 0.01N 到几千牛顿的拉、压力。在同一截面正反两面粘贴应变片，并应在该截面中性轴的对称表面上，结构如图 6-26 所示。若梁的自由端有一被测力 P，则应变与 P 力的关系为

$$\varepsilon=\frac{6PL}{bh^2E} \tag{6-33}$$

指示应变与表面弯曲应变之间的关系为

$$\varepsilon_i=4\varepsilon \tag{6-34}$$

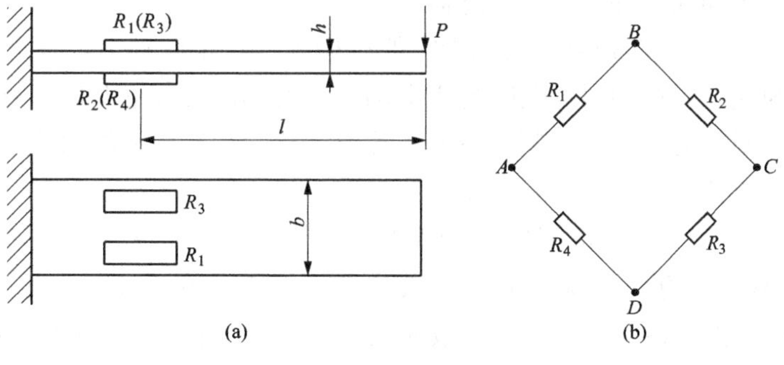

图 6-26　悬臂梁式弹性元件及其电桥

(a) 悬臂梁式弹性元受力图；(b) 等效电路图

二、力矩传感器

图 6-27 所示为机器人手腕用力矩传感器原理，它是检测机器人终端环节（如小臂）与手爪之间力矩的传感器。国内外研制腕力传感器种类较多，但使用的敏感元件几乎全都是应变片，不同的只是弹性结构有差异。图中驱动轴 B 通过装有应变片 A 的腕部与手部 C 连接。当驱动轴回转并带动手部回转而拧紧螺丝钉 D 时，手部所受力矩的大小可通过应变片电压

的输出测得。

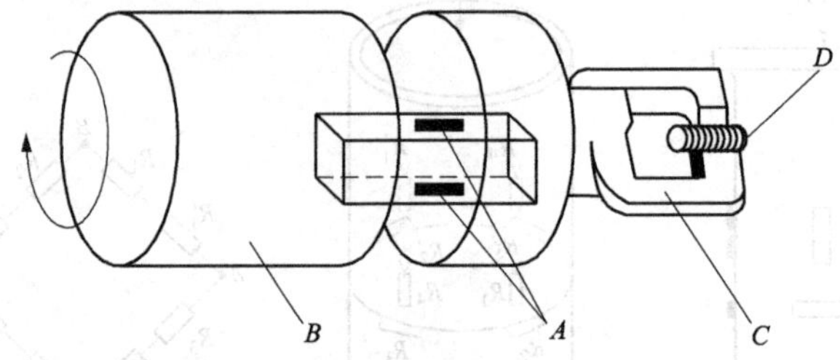

图 6-27　机器人手腕用力矩传感器原理

图 6-28 为无触点检测力矩的方法。传动轴的两端安装上磁分度圆盘 A，分别用磁头 B 检测两圆盘之间的转角差，用转角差与负荷 M 成比例的关系，即可测量负荷力矩的大小。

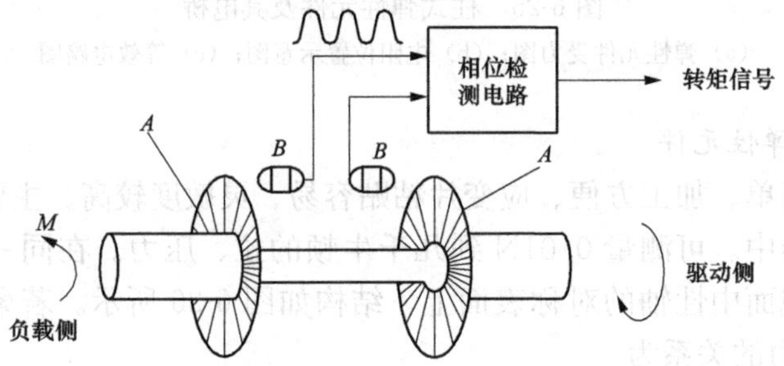

图 6-28　无触点力矩测量原理

三、力与力矩复合传感器

图 6-29 为机器人十字架式腕力传感器。这是一种用来测量机械手与支座间的作用力，从而推算出机械手施加在工件上力的传感器。

由图 6-29（a）可知，四根悬臂梁以十字架结构固定在手腕轴上，各悬臂外端插入腕框架内侧的孔中。为使悬臂在相对弯曲时易于滑动，悬臂端部装有尼龙球。悬臂梁的截面可为圆形或正方形，每根梁的上下左右侧面各贴一片应变片，相对面上的两片应变片构成一组半桥。通过测量一个半桥的输出，即可测出一个参数。

整个手腕通过应变片，可检测出 8 个参数，即 f_{x1}、f_{x2}、f_{x3}、f_{x4}、f_{y1}、f_{y2}、f_{y3}、f_{y4}。利用这些参数可计算出手腕顶端 x、y、z 三个方向上的力 F_x、F_y、F_z 和力矩 M_x、M_y、M_z。作用在手腕上各力或力矩的参数如图 6-29（b）所示，可由式（6-35）计算

$$
\begin{aligned}
F_x &= -f_{x1} - f_{x3} \\
F_y &= -f_{y1} - f_{y2} - f_{y3} - f_{y4} \\
F_z &= -f_{x2} - f_{x4} \\
M_x &= af_{x2} + af_{x4} + bf_{y1} - bf_{y3} \\
M_y &= -bf_{x1} + bf_{x3} + bf_{x2} - bf_{x4} \\
M_z &= -af_{x1} - af_{x3} - bf_{y2} + bf_{y4}
\end{aligned}
\tag{6-35}
$$

图 6-30 为机器人腕力传感器结构原理。图中 P_{x+}、P_{x-} 为在 y 方向施力时，产生与施力大小成正比的弯曲变形的挠性杆，杆的两侧贴有应变片，检测应变片的输出即可知道 y

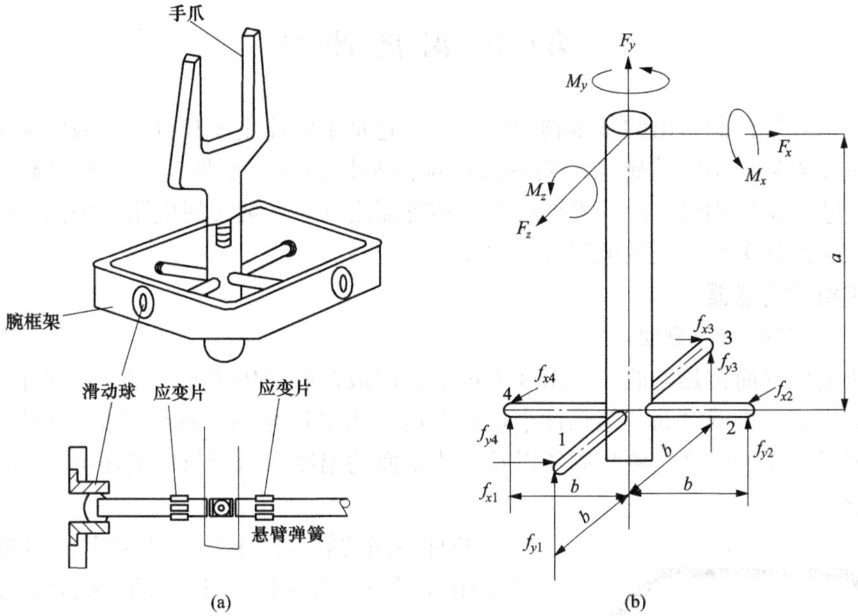

图 6-29 机器人十字架式腕力传感器原理

(a) 结构；(b) 受力状况

向受力的大小。P_{y+}、P_{y-} 为在 x 方向施力时，产生与施力大小成正比的弯曲变形的挠性杆，杆的两侧贴有应变片，检测应变片的输出即可知道 x 向受力的大小。Q_{x+}、Q_{x-}、Q_{y+}、Q_{y-} 为检测 z 向施力大小的挠性杆，原理同上。综合应用上述挠性杆也可测量手腕所受回转力矩的大小。

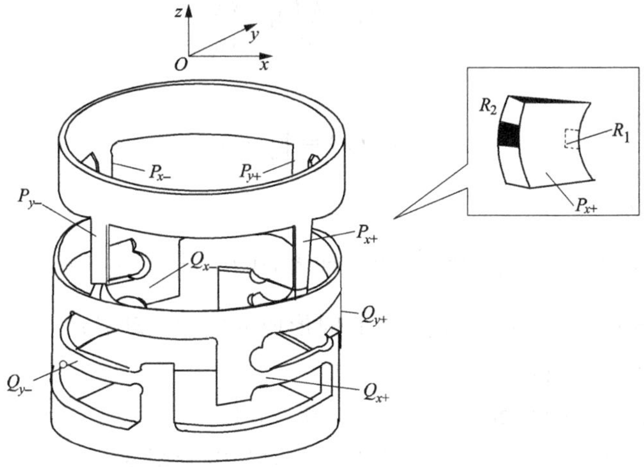

图 6-30 机器人腕力传感器结构原理

应用腕力传感器，可以控制机械手进行孔轴装配、棱线跟踪、物体表面的平面区域的方向检测等作业。

第五节 温度测量

温度是国际单位制给出的基本物理量之一，它是工农业生产和科学试验中需要经常测量和控制的主要参数。温度传感器是实现温度检测和控制的重要器件。在种类繁多的传感器中，温度传感器是应用最广泛、发展最快的传感器之一。一般金属电阻值随温度的增加而升高，且近似于线性关系，热敏电阻与之相反。

一、热电式传感器

（一）热电偶的工作原理

温差热电偶（简称热电偶）是温度测量中使用最普遍的传感元件之一。它除具有结构简单，测量范围宽、准确度高、热惯性小，输出信号为电信号便于远传或信号转换等优点外，还能用来测量流体的温度、测量固体以及固体壁面的温度。微型热电偶还可用于快速及动态温度的测量。

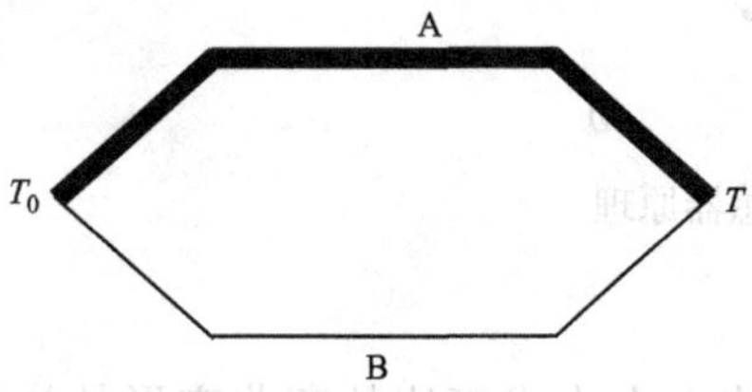

图 6-31 热电效应

两种不同的导体或半导体 A 和 B 组合成如图 6-31 所示闭合回路，若导体 A 和 B 的连接处温度不同（设 $T>T_0$），则在此闭合回路中就有电流产生，也就是说回路中有电动势存在，这种现象叫作热电效应。这种现象早在 1821 年首先由西拜克（See-back）发现，所以又称西拜克效应。设 $T>T_0$，则在该回路中产生接触电动势和温差电动势，分别为 $e_{AB}(T)$、$e_{AB}(T_0)$、$e_A(T, T_0)$ 和 $e_B(T, T_0)$，它们与 T、T_0 有关，与两种导体材料的特性有关。

1. 接触电动势

$$e_{AB}(T)=\frac{kT}{e}\ln\frac{N_A}{N_B}$$

2. 温差电动势

$$e_A(T, T_0)=\int_{T_0}^{T}\sigma_A \mathrm{d}T$$

3. 回路总电动势

$$E_{AB}(T, T_0)=\frac{k}{e}\int_{T_0}^{T}\ln\frac{N_A}{N_B}\mathrm{d}t\text{，即 }E_{AB}(T, T_0)=f(T)-f(T_0) \tag{6-36}$$

式中 $e_{AB}(T)$——导体 A、B 结点在温度 T 时形成的接触电动势；

e——单位电荷，$e=1.6\times10^{-19}$C；

k——波尔兹曼常数，$k=1.38\times10^{-23}$J/K；

N_A、N_B——分别为导体 A、B 在温度为 T 时的电子密度；

δ_A——汤姆逊系数。

在实际应用中，保持冷端温度 T_0 不变，则总热电动势 $e_{AB}(T, T_0)$ 只是温度的单值函数，即

$$e_{AB}(T, T_0)=f(T)-c \tag{6-37}$$

为使 T_0 恒定，且考虑经济因素，常采用补偿导线将冷端温度变化较大的地方延伸到温

度变化较小或恒定的地方，由于冷端温度变化通常不会超过 150℃，因此，补偿导线只需选用在 0～150℃同热电偶材料具有基本一致特性的材料，如铂铑-铂热电偶选用铜与镍铜作补偿导线。通常冷端处理及补偿方法有以下五种：

（1）冰点槽法。把热电偶的参比端置于冰水混合物容器里，使 $T_0=0℃$。这种办法仅限于科学实验中使用。为了避免冰水导电引起两个连接点短路，必须把连接点分别置于两个玻璃试管里，浸入同一冰点槽，使其相互绝缘。具体方法如图 6-32 所示。

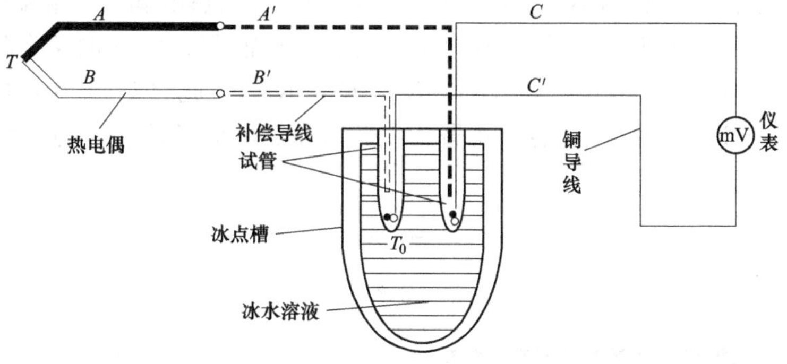

图 6-32　冰点槽法

（2）计算修正法。用普通室温计算出参比端实际温度 T_H，利用公式计算，即

$$E_{AB}(T,\ T_0)=E_{AB}(T,\ T_H)+E_{AB}(T_H,\ T_0) \tag{6-38}$$

例如：用铜-康铜热电偶测某一温度 T，参比端在室温环境 T_H 中，测得热电动势 $E_{AB}(T,\ T_H)=1.999\text{mV}$，又用室温计测出 $T_H=21℃$，查此种热电偶的分度表可知，$E_{AB}(21,\ 0)=0.832\text{mV}$，故得

$$\begin{aligned}E_{AB}(T,\ 0)&=E_{AB}(T,\ 21)+E_{AB}(21,\ T_0)\\&=1.999+0.832\\&=2.831(\text{mV})\end{aligned}$$

再次查分度表，与 2.831mV 对应的热端温度 $T=68℃$。

（3）补正系数法。把参比端实际温度 T_H 乘上系数 k，加到由 $E_{AB}(T,\ T_H)$ 查分度表所得的温度上，成为被测温度 T。用公式表达即

$$T=T'+kT_H$$

式中　T——未知的被测温度；

T'——参比端在室温下热偶电动势与分度表上对应的某个温度；

T_H——室温；

k——补正系数。

例如：用铂铑 10-铂热电偶测温，已知冷端温度 $T_H=35℃$，这时热电动势为 11.348mV。查 S 型热电偶的分度表，得出与此相应的温度 $T'=1150℃$。再从补正系数表［铂铑$_{10}$-铂(S)］中查出，对应于 1150℃的补正系数 $k=0.53$。于是，被测温度为

$$T=1150+0.53\times35=1168.3\ (℃)$$

用这种办法稍稍简单一些，比计算修正法误差可能大一点，但误差不大于 0.14%。

（4）零点迁移法。在测量结果中人为地加一个恒定值，因为冷端温度稳定不变，电动势

$E_{AB}(T_H, 0)$ 是常数，利用指示仪表上调整零点的办法，加大某个适当的值而实现补偿。

例如：用动圈仪表配合热电偶测温时，如果把仪表的机械零点调到室温 T_H 的刻度上，在热电动势为零时，指针指示的温度值并不是0℃而是 T_H。而热电偶的冷端温度已是 T_H，则只有当热端温度 $T=T_H$ 时，才能使 $E_{AB}(T, T_H)=0$，这样，指示值就和热端的实际温度一致了。这种办法非常简便，而且一劳永逸，只要冷端温度总保持在 T_H 不变，指示值就永远正确。

（5）冷端补偿器法。利用不平衡电桥产生热电动势补偿热电偶因冷端温度变化而引起热电动势的变化值。不平衡电桥由 R_1、R_2、R_3（锰铜丝绕制）、R_{Cu}（铜丝绕制）四个桥臂和桥路电源组成。在0℃下使电桥平衡（$R_1=R_2=R_3=R_{Cu}$），此时 $U_{ab}=0$，电桥对仪表读数无影响，电路如图6-33所示。注意：桥臂 R_{Cu} 必须和热电偶的冷端靠近，使处于同一温度之下。

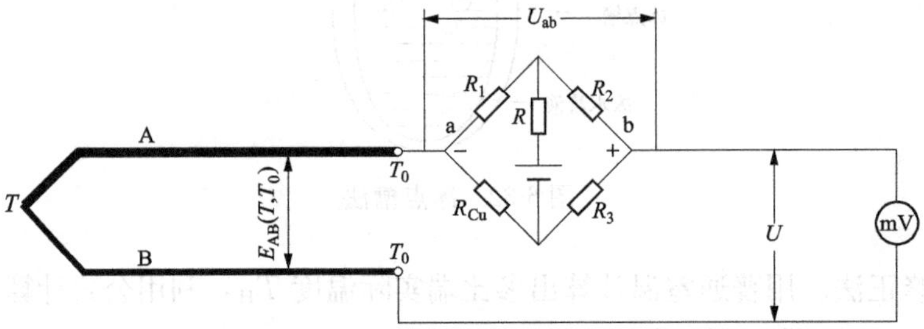

图 6-33 冷端补偿器法

（二）热电阻工作原理和热电阻材料

1. 工作原理

由物理学可知，对于大多数金属导体的电阻，都具有随温度变化的特性，其特性方程满足于

$$R_t=R_0[1+\alpha(t-t_0)] \tag{6-39}$$

式中 R_t、R_0——热电阻在 t 和0℃时的电阻值；

α——热电阻的温度系数，1/℃。

对于绝大多数金属导体，α 值并不是一个常数，而是随温度而变化，但在一定温度范围内，α 可近似视为一个常数，不同的金属导体，α 保持常数所对应的温度范围也不同。

2. 热电阻的材料

作为测量温度用的热电阻材料，必须具有以下特点：①高温度系数、高电阻率。这样在同样条件下可加快反应速度，提高灵敏度，减小体积和质量。②化学、物理性能稳定。以保证在使用温度范围内热电阻的测量准确性。③良好的输出特性。即必须有线性的或者接近线性的输出。④良好的工艺性。以便批量生产、降低成本。比较能满足上述条件要求的金属导体材料有铂、铜、铁和镍。

3. 常用热电阻

（1）铂电阻。铂是一种贵金属，容易提纯，在高温和氧化性介质中化学、物理性能稳定，制成的铂电阻输出一输入特性接近线性，测量精度高，能作为高精度工业测量温元件和作为温度标准元件。用铂制成的温度传感器使用最为广泛。

铂电阻与温度关系可用下式表示：

在 0～630.74℃的温度范围内为

$$R_t = R_0(1 + At + Bt^2)$$

在－190～0℃的温度范围内为

$$R_t = R_0[1 + At + Bt^2 + C(t - 100)t^3] \tag{6-40}$$

式中　R_t、R_0——铂电阻在 t 和 0℃时的电阻值，Ω；

A、B、C——温度系数（$A = 3.968 \times 10^{-3}$/℃，$B = 5.847 \times 10^{-7}$/℃，$C = -4.22 \times 10^{-12}$/℃）。

由以上两式可知，要确定 R_t 和 t 的关系，必须先确定 R_0。工业中把 $R_0 = 50\Omega$ 和 $R_0 = 100\Omega$ 对应的 $R_t \sim t$ 关系制成分度表，称为铂热电阻分度表，供使用者查阅。

（2）铜电阻。在测量精度不高和温度范围小时，可用铜做成温度传感器。由于铜电阻的电阻率仅为铂电阻的 1/6 左右，当温度高于 100℃时易被氧化，因此适用于温度较低和没有腐蚀性的介质中工作。

铜电阻温度系数大，在一定温度范围内常数，电阻与温度的关系在－50～150℃的温度范围内可表示为

$$R_t = R_0(1 + \alpha t) \tag{6-41}$$

式中　R_t、R_0——铜电阻在 t 和 0℃时的电阻值，Ω；

α——铜电阻的温度系数，$\alpha = 4.25 \times 10^{-3} \sim 4.28 \times 10^{-3}$℃$^{-1}$。

与铂电阻一样，在工业中把 $R_0 = 50\Omega$ 和 $R_0 = 100\Omega$ 对应的 $R_t \sim t$ 关系制成分度表，称为铜热电阻分度表，供使用者查阅。

4. 其他热电阻

镍和铁电阻的温度系数都较大，电阻率也较高，因此也适合于作热电阻。镍和铁热电阻的使用温度范围分别是－50～100℃和－50～150℃。但这两种热电阻应用较少，主要是由于它们具有以下缺点：铁很容易氧化，化学性能不好。而镍非线性严重，材料提纯也困难。但由于铁的线性、电阻率和灵敏度都较高，所以在加以适当保护后，也可作为热电阻元件。镍电阻在稳定性方面优于铁，在自动恒温和温度补偿方面的应用较多。

近年来，一些新颖的、测量低温领域的热电阻材料相继出现。铟电阻适宜在－269～－258℃温度范围内使用，测温精度高，灵敏度是铂电阻的 10 倍，但复现性差。锰电阻适宜在－271～－210℃温度范围内使用，灵敏度高，但质脆易损坏。碳电阻适宜在－273～－268.5℃温度范围内使用，热容量小，灵敏度高，价格低廉，但热稳定性较差。

（三）热敏电阻

热敏电阻是利用半导体材料的电阻率随温度变化而变化的性质制成的温度敏感元件。半导体和金属具有完全不同的导电机理，金属的电阻值随温度的升高而增大，而半导体的电阻值却随温度升高而急剧下降。当温度变化 1℃时，金属电阻的阻值变化 0.4%～0.6%，而半导体热敏电阻的阻值变化 3%～6%。半导体热敏电阻随温度变化的灵敏度高的原因是：半导体中参加导电的是载流子，载流子数目比金属中的自由电子数目少得多，所以半导体的电阻率大。随着温度的升高，半导体中的价电子受热激发跃迁到较高能级而产生新的电子空穴对，使参加导电的载流子数目大大增加，导致电阻率减小。半导体载流子的数目随温度升高呈指数规律上升，所以其电阻率温度升高按指数规律下降。

1. 基本类型

半导体热敏电阻可分为正电阻温度系数（PTC）、负电阻温度系数（NTC）、临界温度系数（CTR）热敏电阻等几类。

PTC热敏电阻的电阻率随温度升高而增加，当温度超过某一数值时，其电阻值朝正的方向快速变化。这种电阻的材料是陶瓷材料，在室温下是半导体，由强电介质钛酸钡掺杂铝或锶部分取代钡离子的方法制成，其居里点为120℃。根据掺杂量的不同，可以调节PTC热敏电阻的居里点。PTC热敏电阻的用途主要是用于彩电消磁、各种电器设备的过热保护、发热源的定温控制，也可作限流元件使用。

CTR热敏电阻采用VO_3系列材料制作，当温度升高接近某一温度时（约68℃），电阻率大大下降产生突变，其用途主要用作温度开关。

NTC热敏电阻的电阻率随着温度增加比较均匀地减小，有较均匀的感温特性。它采用负电阻温度系数很大的固体多晶半导体氧化物的混合物制成。改变其氧化物的成分和比例，就可得到测温范围、阻值和温度系数不同的NTC热敏电阻。特别适用于−100～300℃之间的温度测量用。在点温、表面温度、温差、温度场等测量中得到日益广泛的应用，同时也广泛地应用在自动控制及电子线路的热补偿电路中。

PTC和CTR热敏电阻随温度变化的特性为剧变型，适合在某一较窄温度范围内作温度控制开关或监测用；而NTC热敏电阻随温度变化的特性为缓变型，适合在较宽温度范围内作温度测量用，也是使用的主要热敏电阻。下面对NTC热敏电阻的基本特性进行介绍。

2. 基本特性

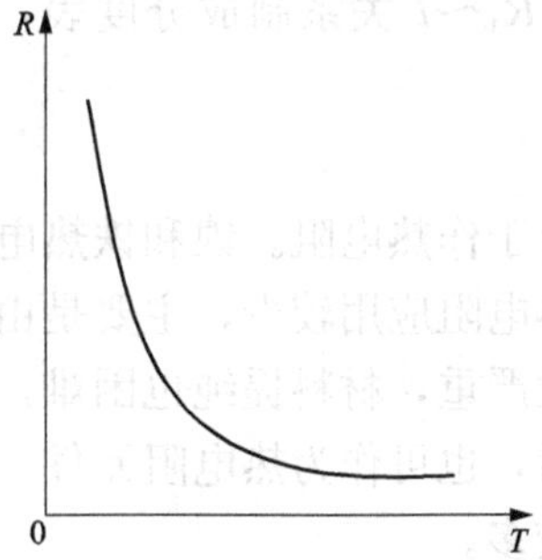

图6-34 热敏电阻热电特性曲线

(1) 热电特性。热电特性是指热敏电阻的阻值和温度之间的关系，它是热敏电阻测温的基础，图6-34是电阻—温度特性曲线，显然，热敏电阻的阻值和温度的关系不是线性的。NTC热敏电阻与温度之间的关系近似符合指数函数规律，即

$$R_T = R_0 e^{B\left(\frac{1}{T}-\frac{1}{T_0}\right)} \tag{6-42}$$

式中 T——被测温度（热力学温度），K；

T_0——参考温度（热力学温度），K；

R_T、R_0——温度T、T_0时的电阻值；

B——热敏电阻的材料常数，可由实验获得，通常B=2000～6000K，在高温下使用时，B值将增大。

热电特性的一个重要指标是，热敏电阻在其本身温度变化1℃时电阻值的相对变化量，称为热敏电阻的温度系数，即

$$\alpha_T = \frac{1}{R_T}\frac{dR_T}{dT} \tag{6-43}$$

由式（6-43）可得

$$\alpha_T = -\frac{B}{T^2} \tag{6-44}$$

可见，α_T是随温度降低而迅速增大的，如果B值为4000K，当T=293.15K（20℃）时，用式（6-44）可求得$\alpha = -4.75\times10^{-2}$/℃，约为铂热电阻的12倍，因此这种测温电阻

的灵敏度是很高的。

(2) 伏安特性。伏安特性是指热敏电阻的重要特性之一。它表示加在热敏电阻上的端电压和通过电阻体的电流在电阻本身与周围介质热平衡时的相互关系，如图 6-35 所示。从图 6-35 中可以看出，当流过热敏电阻的电流很小时，曲线呈直线状，热敏电阻的伏安特性符合欧姆定律；随着电流的增加，热敏电阻的温度明显增加（耗散功率增加），由于负温度系数的关系，其电阻的阻值减少，于是端电压的增加速度减慢，出现非现性；当电流继续增加时，热敏电阻自身温度上升更快，使其阻值大幅度下降，其减小速度超过电流增加速度，因此，出现电压随电流增加而降低的现象。

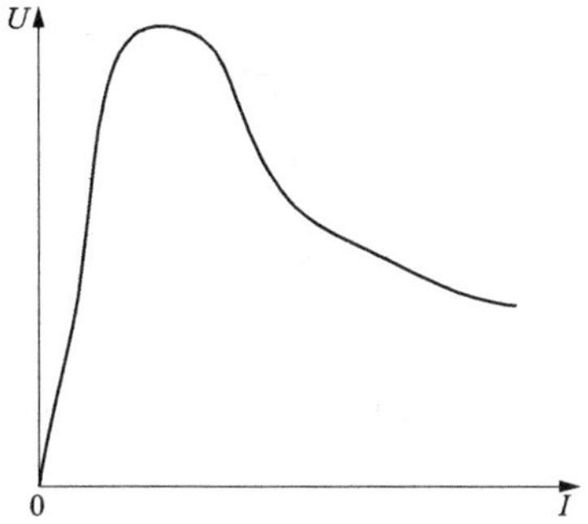

图 6-35 热敏电阻的伏安特性

热敏电阻的伏安特性是表征其工作状态的一个重要特性。它有助于我们正确选择热敏电阻的正常工作范围，例如用于测温和控温以及补偿用的热敏电阻，就应当工作在曲线的线性区，也就是说，测量电流要小。这样就可以忽略电流加热所引起的热敏电阻阻值发生的变化，而使热敏电阻的阻值发生变化仅仅与环境温度（被测温度）有关。如果是利用热敏电阻的耗散原理工作的，如测量流量、真空、风速等，就应当工作在曲线的负阻区（非线性段）热敏电阻使用范围一般是在－100～350℃之间，如果要求特别稳定，最高温度最好是 150℃左右。热敏电阻虽然具有非线性特点，但利用温度系数很小的金属电阻与其串联或并联，也可能得到具有一定线性的温度特性。

3. 热敏电阻的应用

热敏电阻可以测温。如果把它用于测量辐射，则成为热敏电阻红外探测器。热敏电阻红外探测器由铁、镁、钴、镍的氧化物混合压制成热敏电阻薄片构成，它具有－4％的电阻温度系数，辐射引起温度上升，电阻下降，为了使入射辐射功率尽可能被薄片吸收，通常总是在它的表面加一层能百分之百地吸收入射辐射的黑色涂层。这个黑色涂层对于各种波长的入射辐射都能全部吸收，对各种波长都有相同的响应率，因而这种红外探测器是一种“无选择性探测器”。

水箱温度是汽车等车辆正常行驶所必测的参数，可以用 PTC 热敏元件固定在铜质感温塞内，感温塞插入冷却水箱内。汽车运行时，冷却水的水温发生变化引起 PTC 阻值变化，导致仪表中的加热线圈的电流发生变化，指针就可指示出不同的水温（电流刻度已换算为温度刻度）。还可以自动控制水箱温度，以防止水温超高。PTC 热敏元件受电源波动影响极小，所以线路中不必加电压调整器。

二、集成温度传感器

(一) AD590

AD590 是一种两端式恒流器件，它输出的电流值正比于所测的绝对温度，激励电压可以在 4～30V 范围内变化，测温范围为－55～150℃。AD590 具有标准化的输出、固有的线性关系，因此易于使用。测量电路不需要电桥，不需要低电平测量设备和线性化电路，又因为它是电流输出，因而便于远距离传送，不会因线路压降或感应噪声电压产生大的温差，同时对激励电压也不太敏感。

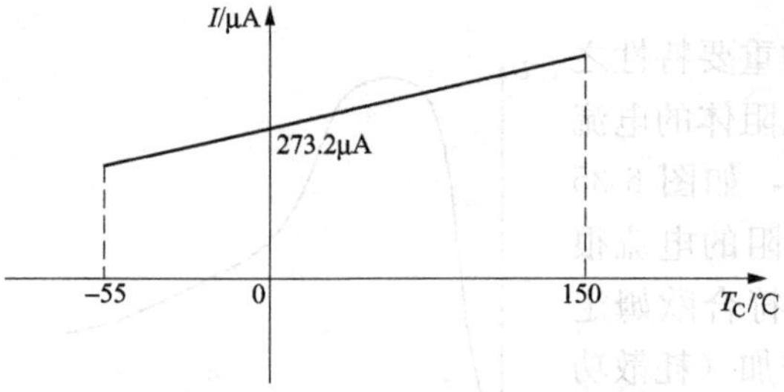

图 6-36 AD590 温度特性曲线

1. 温度特性

AD590 温度特性曲线函数是以 T_c 为变量的 n 阶多项式之和，省略非线性项后则有：$I=K_T\cdot(T_c+273.2)$，其中：T_c 为摄氏温度；I 的单位为μA。可见，当温度为 0℃时，输出电流为 273.2μA。在常温 25℃时，标定输出电流为 298.2μA。其温度特性曲线如图 6-36 所示。

2. AD590 的非线性

AD590 的非线性曲线如图 6-37 所示。在−55～100℃，ΔT 递增，100～150℃则是递降。ΔT 最大可达±3℃，最小 $\Delta T<0.3$℃，按档级分等。在实际应用中，ΔT 通过硬件或软件进行补偿校正，使测温精度达±0.1℃。其次，AD590 恒流输出，具有较好的抗干扰抑制比和高输出阻抗。当电源电压由+5V 向+10V 变化时，其电流变化仅为 0.2μA/V。长时间漂移最大为±0.1℃，反向基极漏电流小于 10pA。

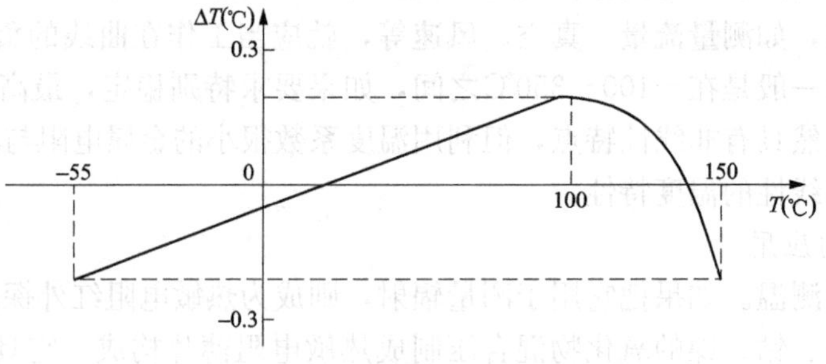

图 6-37 AD590 的非线性曲线

3. AD590 测温放大电路

AD590 测温放大电路如图 6-38 所示。AD581 为精密稳压电源，为 AD590 提供稳定的 10V 电压。

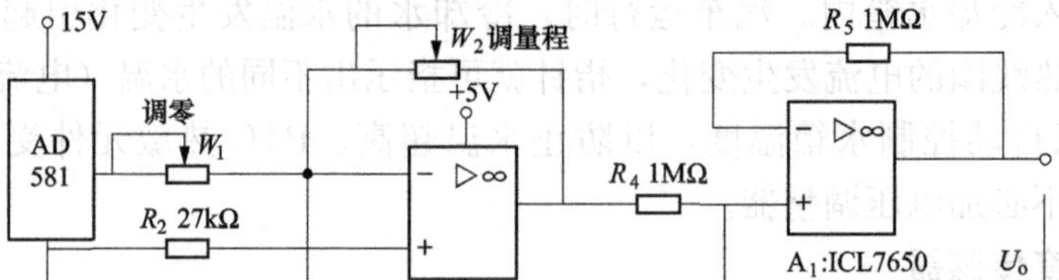

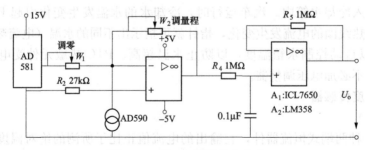

图 6-38 AD590 测温放大电路

（二）单片集成温度传感器 DS18B20

美国 DALLAS 公司推出的 DS18B20 使用了在板专利技术，全部传感器和各种数字转换电路都被集成在一起，其外形如一只三极管，3 个引脚分别是电源、地和数据线。测温范围为－55～125℃，增量为 0.5℃。输出温度有 9 位二进制数表示，无须 A/D 转换、放大等电路。温度转换时间典型值为 200ms。可以设置温度警报系统。一条数据线可与主机通信，不需外接元件，并且可用数据线供电（寄生电源）。由于每一个 DS18B20 有唯一的 64 位序列号，因此，总线上可挂接多相 DS18B20，非常方便地构成单线多点温度测量系统。

1. 内部结构及原理

DS18B20 内部主要由三个部分组成：即 64 位激光 ROM、温度传感器和温度警报开关 TH、TL。其内部构造如图 6-39 所示。

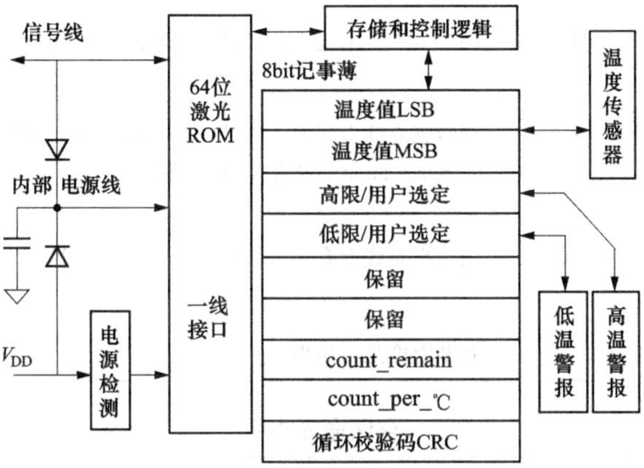

图 6-39　DS18B20 内部构造

电源既可由当数据线为高电平时充电的内部寄生电容供给，也可直接外接电源供给。温度值的产生是通过对温敏振荡器的计数产生的。存储和控制逻辑负责对命令的解释和执行，产生的温度值存储在记事薄的前两个字节中。

外接电源是多片 DS18B20 同时进行温度转换的最保险用法，此时 GND 不能浮接。采用寄生模式时，V_{DD}必须接地，在温度转换期间，DS18B20 通过高电平的数据线供电，传递数据时，它由内部充电的电容供电。由于每个 DS18B20 在转换期间约耗电 1mA，所以，当多个 DS18B20 同时转换时，电源可能供应不足，这时应在启动转换后的 10μs 以内，导通 MOSFET，把数据线直接连接到电源上，电路如图 6-40 所示。

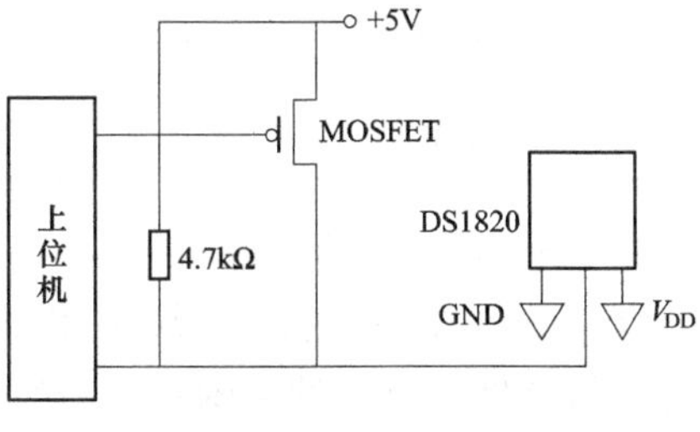

图 6-40　寄生电源供电电路

DS18B20 内部的低温度系数振荡器能产生稳定的频率信号 f_0，高温度系数振荡器则将被温度转换成频率信号 f_0。当计数门打开时，DS18B20 对 f_0 计数，计数门开通时间由高温度系数振荡器决定。芯片内部还有斜率累加器，可对频率的非线性予以补偿。测量结果存入温度寄存器中。较高精度的温度值计算公式为

$$温度值=(temp\_read)+0.75-cout\_remain/count\_per\_℃ \tag{6-45}$$

2. DS18B20 指令简介

由于和 DS18B20 之间的通信都是通过数据线进行的，只有当其功能初始化后，才能通过数据线执行控制、存储、温度转化等功能，因此，CPU 必须首先用以下 5 个命令之一作为初始化命令：①读 ROM；②ROM 匹配；③搜寻 ROM；④跳过 ROM；⑤搜寻警报。

其 ROM 初始化指令见表 6-1，存储命令指令见表 6-2。

表 6-1 ROM 初始化指令

名称	指令代码	简介
读 ROM (readROM)	#33H	当数据总线上只有一个 DS1820 时，通过#33H 读出该器件的 ROM 代码
ROM 匹配 (matchROM)	#55H	CPU 通过数据总线读出 DS1820 的 ROM 代码，以通知该器件准备工作
忽略 ROM (skip ROM)	#0CCH	当数据总线上只有一个 DS1820 时，为避免每次调用时都输入 ROM，所以，#0CCH 命令可直接调用 DS1820
搜寻 ROM (search ROM)	#0F0H	当数据总线上有多个 DS1820 时，可通过该命令搜索各个器件的 ROM
警报搜寻	#0ECH	判断温度是否超界

表 6-2 存储命令指令

名称	指令代码	简介
温度转换	#44H	启动器件内部晶振开始温度转化
读存储器	#0BEH	读出存储器中的温度值
写入存储器	#4EH	将 TH 和 TL 值输入存储器中
拷贝存储器	#48H	将存储器中的值拷贝到计算机中
读电源状态	#0B4H	判断电源工作方式
读 TH 和 TL	#0B8H	读出存储器中的 TH 和 TL 值

3. DS18B20 的读写时序

DS18B20 在一线总线系统中作为从器件，一线总线系统中可以有一个总线主器件和多个总线从器件。总线的空闲状态为高电平，除非事务处理需要中止，总线应为空闲状态。任何命令的发送必须先由主机发出复位信号，收到 DS18B20 发出的存在脉冲后，再发送命令和数据。复位和存在脉冲时序如图 6-41（a）所示。主器件发送（TX），把数据线下拉成低电平，持续 480～960μs 完成复位操作后释放数据线并进入接收模式（RX），等一会，DS18B20 发出宽度为 60～240μs 低电平，称为存在脉冲，主器件收到后说明握手成功。主器件向 DS18B20 写时序如图 6-41（b）所示。写入“0”时，将数据线拉成低电平并保持 60μs，写“1”时保持低电平 15μs，各写周期必需 1μs 的恢复时间。主器件读取每位数据时都先将数据线拉低至少 1μs 时间，然后等待输出的数据，DS18B20 的输出数据有 15μs 的保持时间供主器件采样，时序图如图 6-41（c）所示。

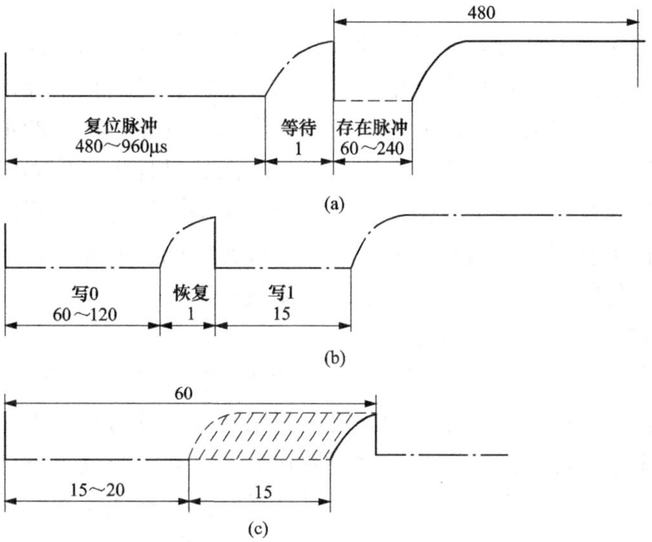

图 6-41 DS1820 时序图

(a) DS18B20 初始化脉冲；(b) 写入 DS18B20 脉冲；(c) 读出 DS18B20 脉冲

——上拉电阻提升 —·——·— CPU 驱动 ————DS18B20 驱动

第六节 流量测量

一、空气流量传感器

为了形成符合要求的混合气，使空燃比达到最佳值，就必须对发动机进气空气流量进行精确控制。下面来介绍一下几种常用的空气流量传感器。

（一）卡门旋涡式空气流量计

涡流式空气流量传感器是利用超声波或光电信号，通过检测旋涡频率来测量空气流量的一种传感器。众所周知，当野外架空的电线被风吹时，就会发出“嗡、嗡”的声音，且风速越高声音频率越高，这是气体流过电线后形成旋涡（即涡流）所致。液体、气体等流体均会产生这种现象。同样，如果在进气道中放置一个涡流发生器，比如说一个柱状物，在空气流过时，在涡流发生器后部将会不断产生两列旋转方向相反，并交替出现的旋涡。这个旋涡称为卡门旋涡。

卡门旋涡式空气流量计就是利用这种旋涡形成的原理，测量气体流速，并通过流速的测量直接反映空气流量。

对于一台具体的卡门旋涡式空气流量计，有如下关系式：$q_v=kf$，q_v 为体积流量，f 为单列旋涡产生的频率，k 为比例常数，它与管道直径、柱状物直径等有关。由这个关系式可知，体积流量与卡门涡流传感器的输出频率成正比。利用这个原理，只要检测卡门旋涡的频率 f，就可以求出空气流量。

根据旋涡频率的检测方式的不同，汽车用涡流式空气流量传感器分为超声波检测式和光学式检测式两种。

1. 光学式卡门旋涡空气流量计

现代物理学光的粒子说认为，光是一种具有能量的粒子流，当物体受到光照射时，由于吸收了光子能量而产生的效应，称为光电效应。光敏晶体管是一种半导体器件，它的特点就是受到光的照射时，它们都会产生内光电效应的光生伏特现象，从而产生电流。由此可知光学式卡门旋涡空气流量计工作原理为：在产生卡门旋涡的过程中，旋涡发生器两侧的空气压力会发生变化，通过导孔作用在金属箔上，从而使其振动，发光二极管的光照在振动的金属箔上时，光敏晶体管接收到的金属箔上的反射光是被旋涡调制的光，再由光敏晶体管输出调制过的频率信号，这种频率信号就代表了空气的流量信号。

2. 超声波式卡门旋涡式空气流量计

超声波是指频率高于 20kHz，人耳听不到的机械波。它的特性就是方向性好，穿透力强，遇到杂质或物体分界面会产生显著的反射，利用这种物理特性，可以把一些非电量转换成声学参数，通过压电元件转换成电量。超声波式卡门旋涡式空气流量计的工作原理与光学式卡门旋涡空气流量计的工作原理大致相同，只是光学元件换成了声学元件。

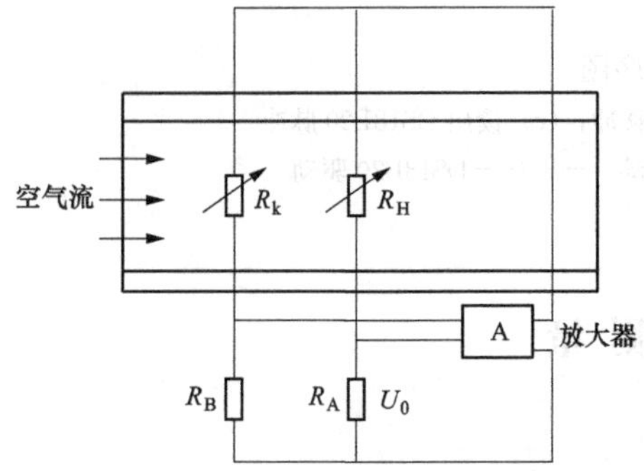

图 6-42　热线式空气流量计测量原理

（二）热线式空气流量计

热线式空气流量计的基本构成包括感知空气流量的白金热线、根据进气温度进行修正的温度补偿电阻（冷线）、控制热线电流的控制电路以及壳体等。根据白金热线在壳体内安装部位的不同，可分为安装在空气主通道内的主流测量方式和安装在空气旁通道内的旁通道测量方式。其电路如图 6-42 所示。

热线式空气流量计是利用空气流过热金属线时的冷却效应工作的。将一根铂丝热线置于进气空气流中，当恒定电流通过铂丝使其加热后，如果流过铂丝周围的空气增加，金属丝温度就会降低。如果要使铂丝的温度保持恒定，就应根据空气量调节热线的电流，空气流量越大，需要的电流越大。其中 R_H 为是直径为 0.03～0.05mm 的细铂丝（热线）电阻，R_K 是作为温度补偿的冷线电阻。R_B 和 R_A 是精密线桥电阻。四个电阻共同组成一个惠斯登电桥。在实际工作中，代表空气流量的加热电流是通过电桥中的 R_A 转换成电压输出的。当空气以恒定流量流过时，电源电压使热线保持在一定温度，此时电桥保持平衡。当有空气流动时，由于 R_H 的热量被空气吸收而变冷，其电阻值发生变化，电桥失去平衡。此时，放大器即增加通过铂丝的电流，直到恢复原来的温度和电阻值，使电桥重新平衡。由于电量的增加，R_A 的电压增加，这样就在 R_A 上得到了代表空气流量的新的电压输出。

二、液体流量传感器

（一）液体涡轮流量传感器

当被测流体流过传感器时，在流体作用下，叶轮受力旋转，其转速与管道平均流速成正比，叶轮的转动周期地改变磁电转换器的磁阻值。检测线圈中磁通随之发生周期性变化，产生周期性的感应电动势，即电脉冲信号，经放大器放大后，送至显示仪表显示。其实用流量方程为

$$q_v = f/K \tag{6-46}$$

$$q_m = q_v \rho \quad (6\text{-}47)$$

式中　q_v——体积流量，m^3/s；

q_m——质量流量，kg/s；

f——流量计输出信号的频率，Hz；

K——流量计的仪表系数，P/m^3。

流量计系数可分为线性段和非线性段两段。线性段约为工作段的三分之二，其特性与传感器结构尺寸及流体黏性有关。在非线性段，特性受轴承摩擦力，流体黏性阻力影响较大。当流量低于传感器流量下限时，仪表系数随着流量迅速变化。压力损失与流量近似为平方关系。当流量超过流量上限时要注意防止空穴现象。

技术特点：

(1) 高精确度，对于液体一般为±0.25%RH%－±0.5%RH%，高精度型可达±0.15%RH%；

(2) 重复性好，短期重复性可达0.05%～0.2%；

(3) 可获得很高的频率信号（3～4kHz），信号分辨力强；

(4) 结构紧凑轻巧，安装维护方便，流通能力大；

(5) 不适用于较高黏度介质（高黏度型除外），随着黏度的增大，流量计测量下线值提高，范围度缩小，线性度变差。

传感器应安装在便于维修，管道无振动、无强电磁干扰与热辐射影响的场所。液体涡轮流量计的典型安装管路系统如图6-43所示。图中各部分的配置可视被测对象情况而定，并不一定全部都需要。液体涡轮流量计对管道内流速分布畸变及旋转流是敏感的，进入传感器应为充分发展管流，因此要根据传感器上游侧阻流件类型配备必要的直管段或流动调整器。若上游侧阻流件情况不明确，一般推荐上游直管段长度不小于20DN，下游直管段长度不小于5DN，如安装空间不能满足上述要求，可在阻流件与传感器之间安装流动调整器。传感器安装在室外时，应有避直射阳光和防雨淋的措施。

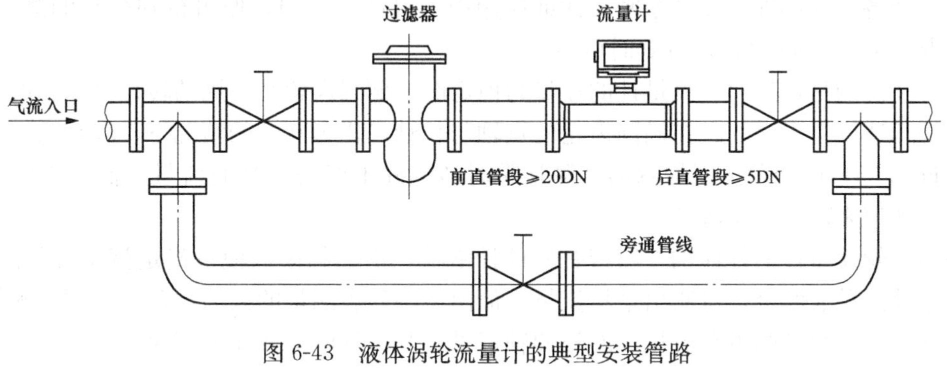

图6-43　液体涡轮流量计的典型安装管路

（二）椭圆齿轮流量计

椭圆齿轮流量计属于容积式流量测量仪表。其主要部分是壳体和装在壳体内的一对相互啮合的椭圆齿轮，它们与盖板构成了一密闭的流体计量空间，流体的进出口分别位于两个椭圆齿轮轴线构成平面的两侧壳体上，如图6-44所示。

流体进入流量计时，进出口压力差 $p = p_1 - p_2$ 的存在，使得椭圆齿轮受到力矩的作用

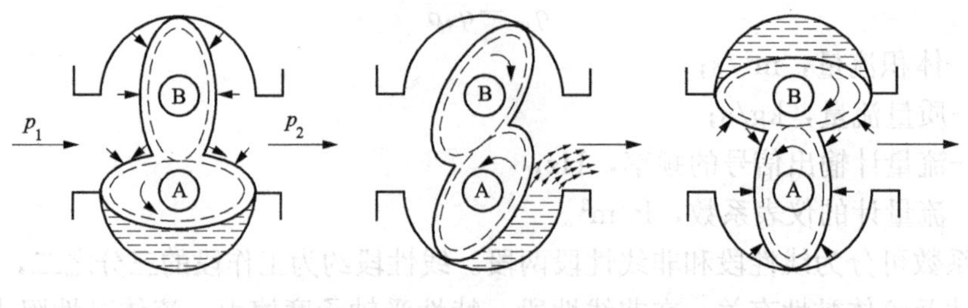

图 6-44 椭圆齿轮流量计工作原理图

而转动。在图 6-44 (a) 所示位置时，由于 $p_1>p_2$，在 p_1 和 p_2 所产生的合力矩作用下，使齿轮 A 与壳体所形成的计量空间内的流体排至出口，并带动轮 B 顺时针方向转动，这时 A 为主动轮、B 为从动轮；在图 6-44 (b) 所示位置上，A 与 B 二轮都产生转矩，两轮继续转动，并逐渐将流体封入 B 轮和壳体所形成的计量空间内；当继续转到图 6-44 (c) 所示位置时，p_1 和 p_2 作用 A 轮上的转矩为零，而 B 轮入口压力大于出口压力，产生转矩，使 B 轮成为主动轮并继续做顺时针转动，同时把 B 轮与壳体所形成的计量空间内的流体排至出口。如此往复循环，A、B 两轮交替带动，以椭圆齿轮与壳体间固定的月牙形计量空间为计量单位，不断地把入口处的流体送到出口。图 6-44 所示仅为椭圆齿轮转动 1/4 周的情况，相应排出的流体量为一个月牙型空腔容积。所以，椭圆齿轮每转一周所排流体的容积为固定的月牙形计量空间容积 V_0 的 4 倍。若椭圆齿轮的转数为 n，则通过椭圆齿轮流量计的流量为

$$Q=4V_0n=qn \tag{6-48}$$

由此可知，已知排量 q 值的椭圆齿轮流量计，只要测量出转数 n，便可确定通过流量计的流量大小。

椭圆齿轮流量计是借助于固定的容积来计量流量的，与流体的流动状态及黏度无关。但是，黏度变化会引起泄漏量的变化，泄漏过大将影响测量精度。椭圆齿轮流量计只要保证加工精度，和各运动部件的配合紧密，保证使用中不腐蚀和磨损，便可得到很高的测量精度，一般情况下为 0.5%～1%，较好时可达 0.2%。

值得注意的是，当通过流量计的流量为恒定时，椭圆齿轮在一周的转速是变化的，但每周的平均角速度是不变的。在椭圆齿轮的短轴与长轴之比为 0.5 的情况下，转动角速度的脉动率接近 0.65。由于角速度的脉动，测量瞬时转速并不能表示瞬时流量，而只能测量整数圈的平均转速来确定平均流量。

椭圆齿轮流量计的外伸轴一般带有机械计数器，由它的读数便可确定流量计的总流量。这种流量计同秒表配合，可测出平均流量。但由于用秒表测量的人为误差大，因此测量精度较低。现在大多数椭圆齿轮流量计的外伸轴都带有测速发电机或光电测速盘。再同二次仪表相连，可准确地显示出平均流量和累积流量。

（三）压差式流量计

差压原理流量计是以流动连续性方程（质量守恒定律）和伯努利方程（能量守恒定律）为基础的。充满管道的流体，当它流经管道内节流件时，流束将在节流件处形成局部收缩。因而流速增加，静压力降低，于是在节流件前后便产生了压差，流体流量越大，产生的压差越大，因而可依据压差来衡量流量的大小。压差流量计原理与压力分布情况如图 6-45 所示。

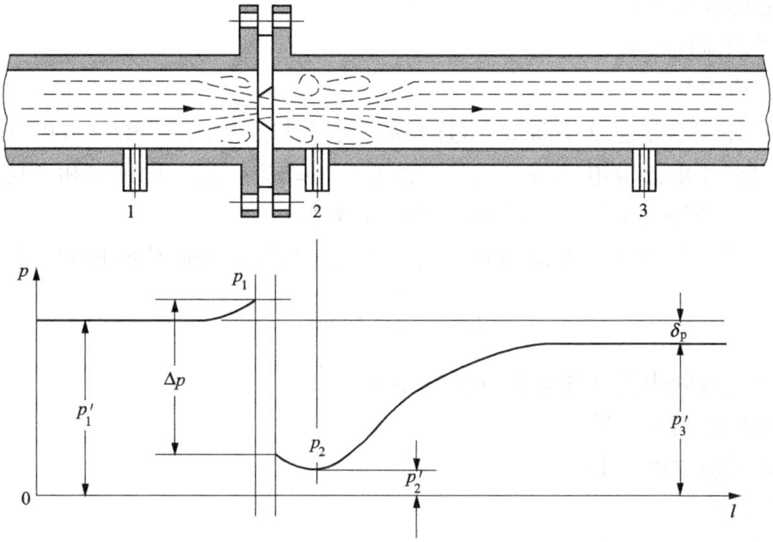

图 6-45　压差流量计原理与压力分布

实验证明，流体流经各种节流装置时，其流速和压力沿流动方向的分布情况是类似的。图 6-45 所示为水平管道内装有节流孔板时，沿流动方向的压力分布情况。压差式流量计的计算公式为

$$q_V = aEA_0\sqrt{2/\rho(P_1 - P_2)} \tag{6-49}$$

式中　a——流量系数；

E——流体压缩系数。对不可压缩流体，$E=1$；对可压缩流体，$E<1$；

A_0——孔板的最小截面积。

所有的压差式流量计都是通过节流装置产生两点间的压差。它可用简单的、充以液体（通常用水银）的 U 形管压力计准确测量，也可用更精密的其他形式的压力计测量。如通过压差直接读出流量，其标尺具有非线性刻度。

（四）电磁流量计

电磁流量计的工作原理基于法拉第电磁感应定律。当导电液体流过包围在磁场中的测量管时，在流速和磁场二者相垂直的方向就会产生与平均流速 v 成正比的感应电动势 E_0 磁场强度 B 是一常数（由线圈电流控制）、检测电极之间的距离 d 也是固定的，因此液体流速 v 是感应电动势 E 的唯一变量，电磁流量计的输出信号与流量呈线性关系。

采用不导磁材料制成的流量测量导管，置于均匀磁场中，其内径为 d，内壁衬有绝缘材料。导电液体在管道中流动时，即做切割磁力线的运动，若所有流体质点都以平均流速 v 运动，则液体流速在整个管道截面上是均匀一致的。这样，就可以把液体看成许多直径为 D 的连续运动着的薄圆盘。这种由液体组成的薄圆盘等效于长度为 D 的导电体，其切割磁力线的运动速度为 v。根据上述电磁感应原理可知，在液体圆盘内将产生感应电动势，其大小为

$$E = BvD \tag{6-50}$$

式中　E——感应电动势；

B——磁感应密度；

v——平均流速；

D——管道内径。

因为这种液体圆盘是连续不断地通过磁场，所以就能产生连续的感应电动势。如果磁场是交变磁场，则产生的感应电动势也就是交流感应电动势，其变化频率和磁场变化的频率相同。现在，一般工业用的都是交流磁场的电磁流量计。

流经圆形导管的体积流量为被测介质的平均流速与导管流通截面积的乘积。即

$$E=\frac{4Bq_{\mathrm{v}}}{\pi D}=kq_{\mathrm{v}} \tag{6-51}$$

式中 D——两电极间距离（即导管直径），m；

E——感应电动势，V；

B——磁感应强度，T；

q_{v}——流体的流速，m/s。

k——仪表的比例常数。

（五）超声波流量计

超声波流量计是利用多普勒原理测量流量。声波在流体中传播时，处在顺流和逆流的不同条件下，其波速并不相同。顺流时，超声波的传播速度为在静止介质中的传播速度 c 加上流体的速度 v，即传播速度为 $(c+v)$；逆流时，它的传播速度为 $(c-v)$。测出超声波在顺流和逆流时的传播速度，求出两者之差 $(2v)$，就可求得流体的速度 v。

测定超声波顺、逆流传播速度之差的方法很多，主要有测量在超声波发生器上、下游等距离处接到超声信号的时间差、相位差或频率差等方法。

1. 时差法

设超声波发生器与接收器之间的距离为 L，则超声波到达上、下游接收器的传播时间差为

$$\Delta t=\frac{L}{c-v}-\frac{L}{c+v}=\frac{2Lv}{c^2-v^2} \tag{6-52}$$

式中 c——超声波在静止介质中的传播速度；

v——流体的速度。

2. 相差法

若超声波发生器发射的是连续正弦波，则上、下游等距离处接收到超声波的相位差为

$$\Delta\phi=\omega\Delta t=\frac{2\omega Lv}{c^2} \tag{6-53}$$

式中 ω——超声波的角频率；

c——超声波在静止介质中的传播速度；

v——流体的速度。

可以看出，只要能测出时间差 Δt 或相位差 $\Delta\Phi$，就能求算出流速 v，进而求得流量 q_{v}。

3. 频差法

频差法是通过测量顺流和逆流时超声脉冲的重复频率差来测量流速。在上、下游等距离处收到超声波的频率差为

$$\Delta f=\frac{c+v}{L}-\frac{c-v}{L} \tag{6-54}$$

可见，利用频率差测流速时与超声波传播速度 c 无关，因此工业上常用频率差法。

第七节　压 力 测 量

压力传感器广泛应用于流体压力、差压、液位测量，特别是它可以微型化，国外已有直径为 0.8mm 的压力传感器，在生物医学上可以测量血管内压、颅内压等参数。按传感器所用弹性元件有膜式、筒式等。

一、膜式压力传感器

膜式压力传感器的弹性元件为四周固定的等截面圆形薄板，又称平膜板或膜片，其一表面承受被测分布压力，另一侧面粘有应变片或专用的箔式应变片，并组成电桥。如图 6-46 所示。膜片在被测压力 p 作用下发生弹性变形，应变片在任意半径 r 的径向应变 ε_r 和切向应变 ε_t 分别为

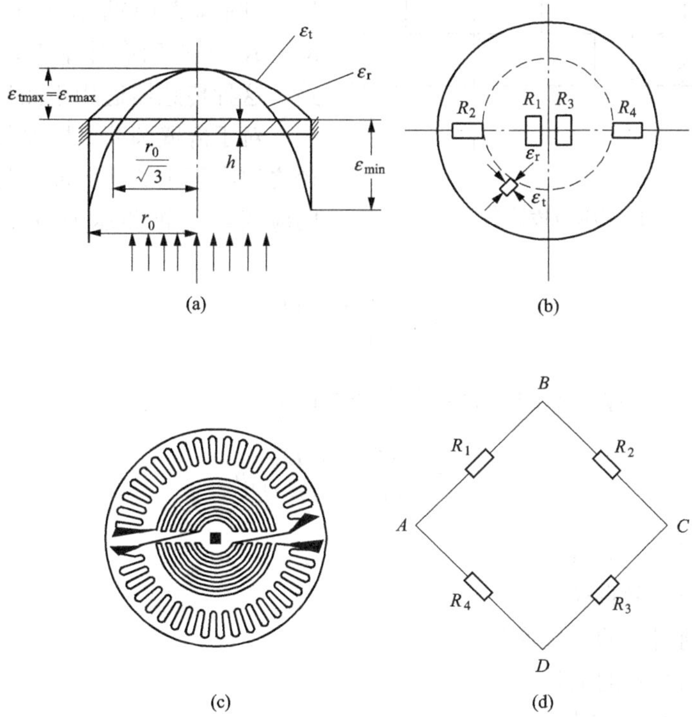

图 6-46　膜式压力传感器

(a) 膜片应变分布曲线；(b) 贴有应变片的膜片；

(c) 箔式应变花；(d) 电桥

$$\varepsilon_r=\frac{3p}{8h^2E}(1-\mu^2)(r_0^2-3r^2) \tag{6-55}$$

$$\varepsilon_t=\frac{3p}{8h^2E}(1-\mu^2)(r_0^2-r^2) \tag{6-56}$$

式中　p——被测压力；

h——膜片厚度；

r——膜片任意半径；

E——膜片材料的弹性模量；

μ——膜片材料的泊松比；

r_0——膜片有效工作半径。

由分布曲线可知，电阻 R_1 和 R_3 的阻值增大（受正的切向应变 ε_t）；而电阻 R_2 和 R_4 的阻值减小（受负的径向应变 ε_r）。因此，电桥有电压输出，且输出电压与压力成比例。

二、筒式压力传感器

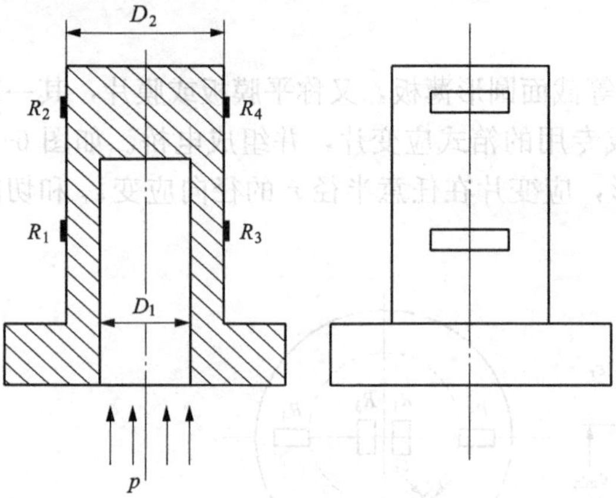

图 6-47　筒式压力传感器

筒式压力传感器的弹性元件为薄壁圆筒，筒的底部较厚。这种弹性元件的特点是，圆筒受到被测压力后表面各处的应变是相同的。因此应变片的粘贴位置对所测应变不影响。如图 6-47 所示。工作应变片 R_1、R_3 沿圆周方向粘贴在筒壁，温度补偿片 R_2、R_4 贴在筒底外壁上，并连接成全桥线路，这种传感器适用于测量较大的压力。

对于薄壁圆筒（壁厚与壁的中面曲率半径之比小于 1/20），筒壁上工作应变片的切向应变 ε_t 与被测压力 p 的关系，可用下式求得

$$\varepsilon_t=\frac{(2-\mu)D_1}{2(D_2-D_1)E}p \tag{6-57}$$

对于厚壁圆筒（壁厚与壁的中面曲率半径之比大于 1/20）则有

$$\varepsilon_t=\frac{(2-\mu)D_1^2}{2(D_2^2-D_1^2)E}p \tag{6-58}$$

式中　D_1——圆筒内孔直径；

D_2——圆筒外壁直径；

E——圆筒材料的弹性模量；

μ——圆筒材料的泊松比。

三、压阻式压力传感器

早期的压阻式压力传感器是体型压力传感器（又称半导体应变计式压力传感器），它是利用硅单晶切割加工成薄片矩形条，焊接上电极引线，粘贴在金属或者其他材料制成的弹性元件上形成的，当弹性体受压力后便产生应力，使硅受到压缩或拉伸，其电阻率发生变化，产生正比于压力变化的电阻信号输出。随着集成电路技术的迅速发展，这种半导体应变计式压力传感器后来发展成为用扩散方法在硅片上制造电阻条，即扩散硅压力传感器（又称固态压阻式压力传感器）。扩散硅压力传感器是在 N 型硅片上定域扩散 P 型杂质形成电阻条，连接成惠斯通电桥，制成压力传感器芯片。系统配置标准压力传感器的敏感芯片是根据压阻效

应原理，利用半导体和微加工工艺在单晶硅上形成一个与传感器量程相应厚度的弹性膜片，再在弹性膜片上采用微电子工艺形成四个应变电阻，组成一个惠斯通电桥。当压力作用后，弹性膜片就会产生变形，形成正、负两个应变区；同时材料由于压阻效应，其电阻率就要发生相应的变化。

对于单晶硅（100）晶面上沿（110）方向的P型电阻，其阻值变化率与所受应力的关系为

$$\frac{\Delta R}{R}=\frac{\pi_{44}}{2}(\sigma_x-\sigma_y) \tag{6-59}$$

式中　π_{44}——硅的压阻系数分量；

σ_x——电阻条的横向应力；

σ_y——电阻条的纵向应力。

将四个电阻排布在弹性膜片上，两个排布在正应力区，两个排布在负应力区，构成图6-48所示的电桥。在恒定电流供电时，若四个电阻的阻值相等，且应力作用时的阻值变化量也相等，则电桥的输出为

$$U_0=KI_0R\varepsilon \tag{6-60}$$

式中　U_0——电桥的输出电压；

K——灵敏系数；

I_0——供电电流；

R——电阻阻值；

ε——应变。

因此，当被测压力作用在敏感芯片时，敏感芯片就会输出一个与被测压力成正比的电压信号，通过测量该电压信号的大小，即可实现压力的测量。图6-49给出了惠斯登电桥的原理示意图。由四个电阻组成的电平行四边形中，对一组对角点上施加电压U_{in}或恒定电流I_{in}时，在另一组对角点上有输出电压U_{out}产生，其数值由下式给出

$$U_{out}=[(R_1R_3-R_2R_4)/(R_1+R_2+R_3+R_4)]\cdot I_{in} \tag{6-61}$$

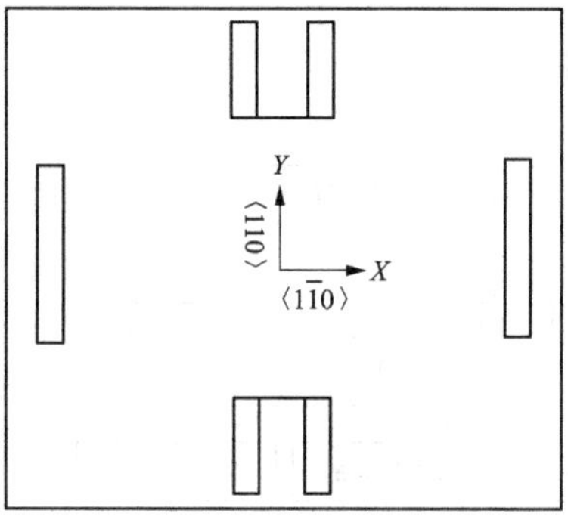

图6-48　正方形膜片力敏电阻分布图

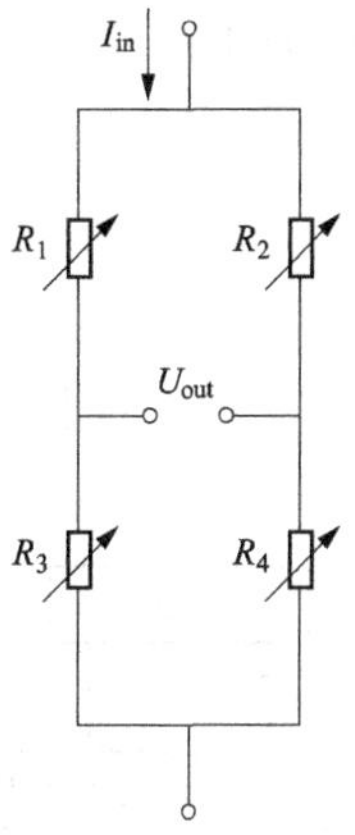

图6-49　惠斯通电桥原理图

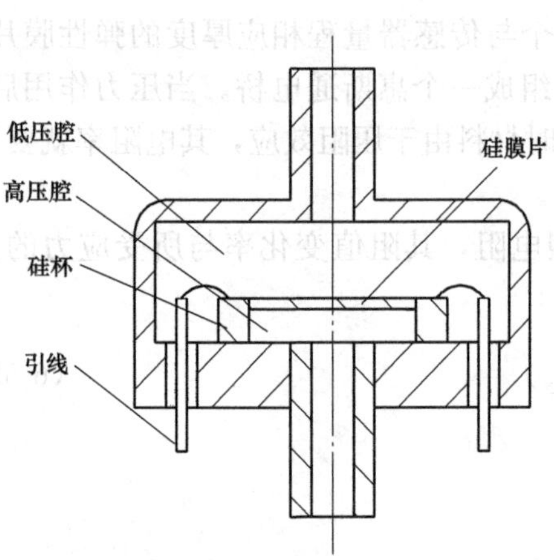

图 6-50 压阻式压力传感器

对压阻式压力传感器来讲，当器件未感受压力时，四个电阻没有发生变化，传感器输出为 $U_{out}=U_0$，U_0 为零位输出。从使用角度讲，希望 U_0 越小越好。当器件感受压力时，电阻 R_1、R_3 阻值增大；R_2、R_4 阻值减小，因此产生一个与压力成正比的电信号输出 U_{out}。

压阻式压力传感器的结构如图 6-50 所示。其核心部分是一圆形的硅膜片。在沿某晶向切割的 N 型硅膜片上扩散四个阻值相等的 P 型电阻，构成平衡电桥。硅膜片周边用硅杯固定，其下部是与被测系统相连的高压腔，上部为低压腔，通常与大气相通。在被测压力作用下，膜片产生应力和应变，P 型电阻产生压阻效应，其电阻发生相对变化。压阻式压力传感器适用于中、低压力、微压和压差测量。由于其弹性敏感元件与变换元件一体化，尺寸小且可微型化，固有频率很高。

第八节 振动测量

振动是工程技术和日常生活中常见的物理现象，在大多数情况下，振动是有害的，它对仪器设备的精度、寿命和可靠性都会产生影响。当然，振动也有有利的一面，如用于清洗、监测等。无论是利用振动还是防止振动，都必须确定其量值。在长期的科学研究和工程实践中，已逐步形成了一门较完整的振动工程学科，可进行理论计算和分析。但这些毕竟还是建立在简化和近似的数学模型上，还必须用试验和测量技术进行验证。随着现代工业和现代科学技术的发展，对各种仪器设备提出了低振级和低噪声的要求，以及要对主要生产过程或重要设备进行监测、诊断，对工作环境进行控制等。以上这些都离不开振动的测量。

一、振动和振动测量系统

（一）振动信号分类

振动信号按时间历程的分类如图 6-51 所示，即将振动分为确定性振动和随机振动两大类。

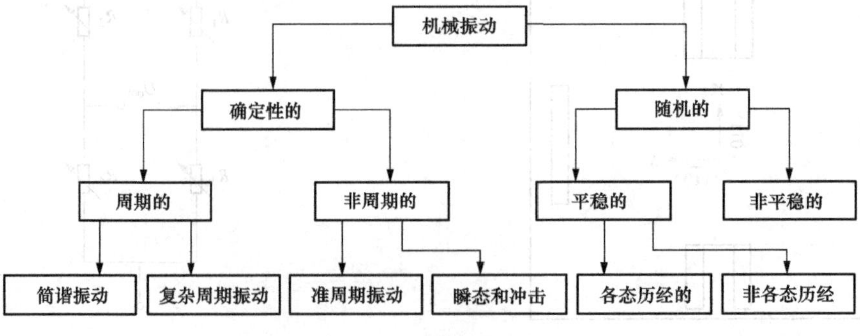

图 6-51 振动信号的分类

确定性振动可分为周期性振动和非周期性振动。周期振动包括简谐振动和复杂周期振动。非周期振动包括准周期振动和瞬态振动。准周期振动由一些不同频率的简谐振动合成，在这些不同频率的简谐分量中，总会有一个分量与另一个分量的频率的比值为无理数，因而是非周期振动。

随机振动是一种非确定性振动，它只服从一定的统计规律，可分为平稳随机振动和非平稳随机振动。平稳随机振动又包括各态历经的平稳随机振动和非各态历经的平稳随机振动。

一般来说，仪器设备的振动信号中既包含有确定性的振动，又包含有随机振动。但对于一个线性振动系统来说，振动信号可用谱分析技术化作许多简谐振动的叠加。因此简谐振动是最基本，也是最简单的振动。

（二）振动测量系统

1. 振动测量方法分类

振动测量方法按振动信号转换的方式可分为电测法、机械法和光学法。其简单原理和优缺点见表 6-3。

表 6-3　振动测量方法分类、原理及优缺点

名称	原理	优缺点及应用
电测法	将被测对象的振动量转换成电量，然后用电量测试仪器进行测量	灵敏度高，频率范围及动态、线性范围宽，便于分析和遥测，但易受电磁场干扰，是最广泛采用的方法
机械法	利用杠杆原理将振动量放大后直接记录下来	抗干扰能力强，频率范围及动态、线性范围窄，测试时会给工件加上一定的负荷，影响测试结果，用于低频大振幅振动及扭振的测量
光学法	利用光杠杆原理、读数显微镜、光波干涉原理以及激光多普勒效应等进行测量	不受电磁场干扰，测量精度高，适于对质量小、不易安装传感器的试件做非接触测量，在精密测量和传感器、测振仪标定中用得较多

2. 电测法振动测量系统

由于振动的复杂性，加上测量现场复杂，在用电测法进行振动量测量时，其测量系统是多种多样的。图 6-52 所示为用电测法测振时系统的一般组成框图。由图 6-52 可见，一个一般的振动测量系统通常由激振、测振、中间变换电路、振动分析仪器及显示记录装置等环节组成。

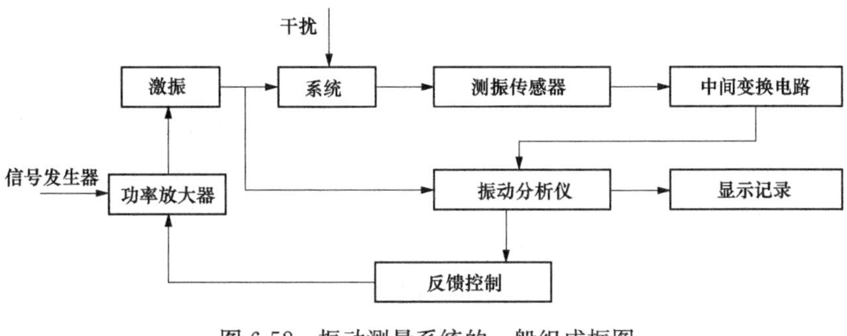

图 6-52　振动测量系统的一般组成框图

二、振动参量的测量

振动参量是指振幅、频率、相位角和阻尼比等物理量。

（一）振幅的测量

振动量的幅值是时间的函数，常用峰值、峰-峰值、有效值和平均绝对值来表示。峰值是从振动波形的基线位置到波峰的距离，峰-峰值是正峰值到负峰值之间的距离。在考虑时间过程时常用有效（均方根）值和平均绝对值表示。有效值和平均绝对值分别定义为

$$z_{\mathrm{rms}}=\sqrt{\frac{1}{T}\int_0^T z^2(t)\mathrm{d}t} \tag{6-62}$$

$$z=\frac{1}{T}\int_0^t |z(t)|\mathrm{d}t \tag{6-63}$$

对于谐振动而言，峰值、有效值和平均绝对值之间的关系为

$$z_{\mathrm{rms}}=\frac{\pi}{2\sqrt{2}}z=\frac{1}{\sqrt{2}}z_{\mathrm{f}} \tag{6-64}$$

式中 z_{f}——振动峰值。

（二）谐振动频率的测量

谐振动的频率是单一频率，测量方法分直接法和比较法两种。直接法是将拾振器的输出信号送到各种频率计或频谱分析仪，直接读出被测谐振动的频率。在缺少直接测量频率仪器的条件下，可用示波器通过比较测得频率。常用的比较法有录波比较法和李沙育图形法。录波比较法是将被测振动信号和时标信号一起送入示波器或记录仪中同时显示，根据它们在波形图上的周期或频率比，算出振动信号的周期或频率。李沙育图形法则是将被测信号和由信号发生器发出的标准频率正弦波信号分别送到双轴示波器的 Y 轴及 X 轴，根据荧光屏上呈现出的李沙育图形来判断被测信号的频率。

（三）相位角的测量

相位差角只有在频率相同的振动之间才有意义。测定同频两个振动之间的相位差也常用直读法和比较法。直读法是利用各种相位计直接测定。比较法常用录波比较法和李沙育图形法两种。录波比较法利用记录在同一坐标纸上的被测信号与参考信号之间的时间差 τ 求出相位差 φ 为

$$\varphi=\frac{\tau}{T}\times 360^{\circ} \tag{6-65}$$

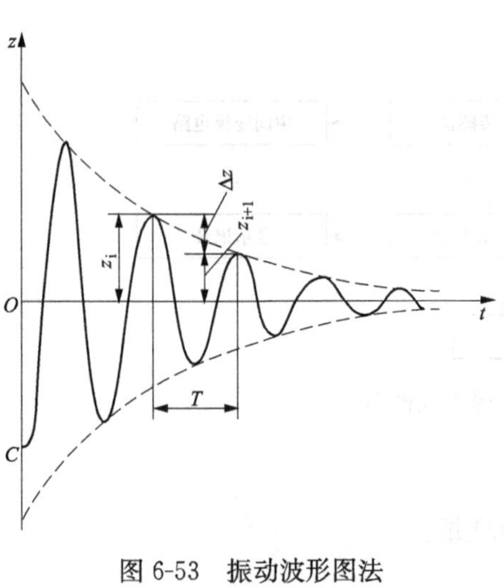

图 6-53 振动波形图法

李沙育图测相位法则是根据被测信号与同频的标准信号之间的李沙育图形来判别相位差。

（四）阻尼比测量

阻尼比是导出参数，可以通过测量振动的某些基本参数，再用公式算出。常用的方法有振动波形图法、共振法、半功率点法和李沙育图法四种。

1. 振动波形图法

用测振仪记录被测的有阻尼自由振动波形如图 6-53 所示。由振动理论知此曲线的数学方程式为

$$Z=\overline{OC}\exp(-\xi t)(\omega'_n t-\varphi) \tag{6-66}$$

式中 ω'_n——衰减振动的角频率，ω'_n 与衰减振动周期 T' 的关系为 $T'=\frac{2\pi}{\omega'_n}$，因此，由任意相邻

两振幅 z_i 与 z_{i+1} 的比值 $\frac{z_i}{z_{i+1}}=\exp(\xi T')$ 即可求得 ξ 为

$$\xi=\frac{1}{T'}\ln\frac{z_i}{z_{i+1}}=\frac{\lambda}{T'} \tag{6-67}$$

2. 共振法

由振动理论知，一个单自由度有阻尼线性振动系统的位移、速度和加速度的幅频特性的共振频率 f_d、f_v 和 f_a 是不相同的，它们与系统无阻尼振动固有频率 f_n 之间的关系分别如下

$$f_d=f_n\sqrt{1-2\xi^2} \tag{6-68}$$

$$f_v=f_n \tag{6-69}$$

$$f_a=f_n\sqrt{\frac{1}{1-2\xi^2}} \tag{6-70}$$

因此，由式（6-68）与式（6-69）或式（6-69）与式（6-70）都可求得 ξ

$$\xi=\sqrt{\frac{1-(f_d/f_v)^2}{2}} \tag{6-71}$$

或

$$\xi=\sqrt{\frac{1-(f_v/f_a)^2}{2}} \tag{6-72}$$

3. 半功率法

由振动理论知，一个振动系统的能量与其振幅的二次方成正比。系统强迫振动的能量在共振点前后能量为共振时能量的 1/2 处的两个频率 f_1、f_2 称为半功率点频率之差值与系统的阻尼比之间有如下关系：其图如图 6-54 所示。

$$\xi=\frac{f_2-f_1}{2f_n} \tag{6-73}$$

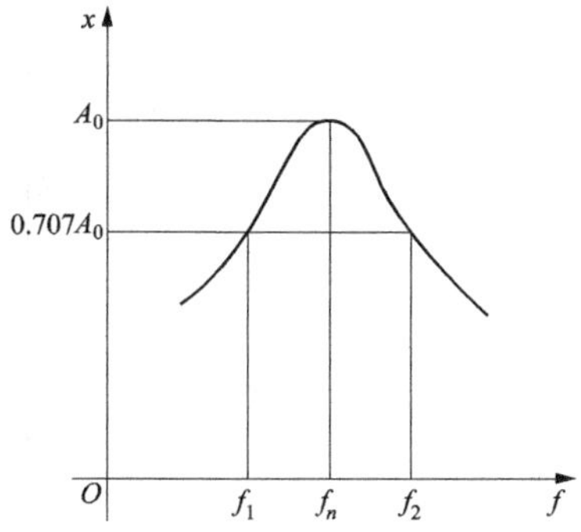

图 6-54　半功率法

4. 李沙育图法

当被测的阻尼较大时，幅频特性曲线的峰值变得不明显或不出现，上述三种方法无法使用或误差较大，这时可用李沙育图法。该方法测量系统如图 6-55 所示。如测振动台面振动的加速度计、电荷放大器和示波器的 x 轴组成的测量系统与测振动台面振动的加速度计、电荷放大器和示波器的 y 轴组成的测量系统，两者在幅频特性和相频特性上完全一致，则示波器显示的李沙育圆上有下列关系，其图如图 6-56 所示。

$$\sin\theta=\frac{y(\theta)}{y_m}=\frac{x(\theta)}{x_m} \tag{6-74}$$

$$u=\frac{\omega_1}{\omega_2}=\sqrt{\frac{\left(\frac{x_m}{y_m}\right)^2+1-2\frac{x_m}{y_m}\cos\theta}{1-\frac{x_m}{y_m}\cos\theta}} \tag{6-75}$$

则
$$2\xi u=\frac{\sin\theta}{\frac{x_{\mathrm{m}}}{y_{\mathrm{m}}}-\cos\theta} \tag{6-76}$$

$$\xi=\frac{\sin\theta}{2\left(\frac{y_{\mathrm{m}}}{x_{\mathrm{m}}}-\cos\theta\right)}\sqrt{\frac{1-\frac{x_{\mathrm{m}}}{y_{\mathrm{m}}}\cos\theta}{\left(\frac{x_{\mathrm{m}}}{y_{\mathrm{m}}}\right)^{2}+1-2\frac{x_{\mathrm{m}}}{y_{\mathrm{m}}}\cos\theta}} \tag{6-77}$$

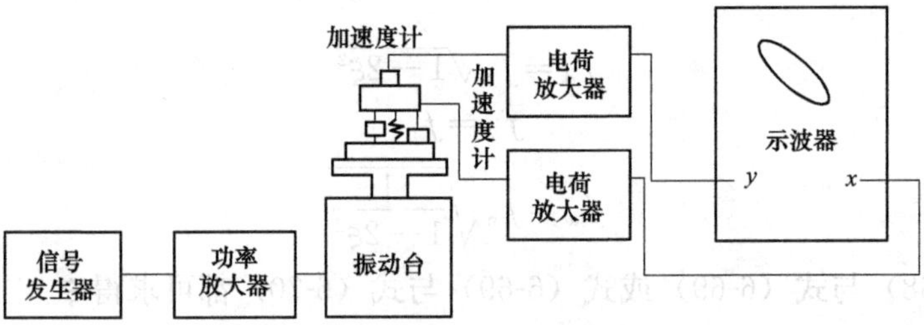

图 6-55 李沙育测量系统

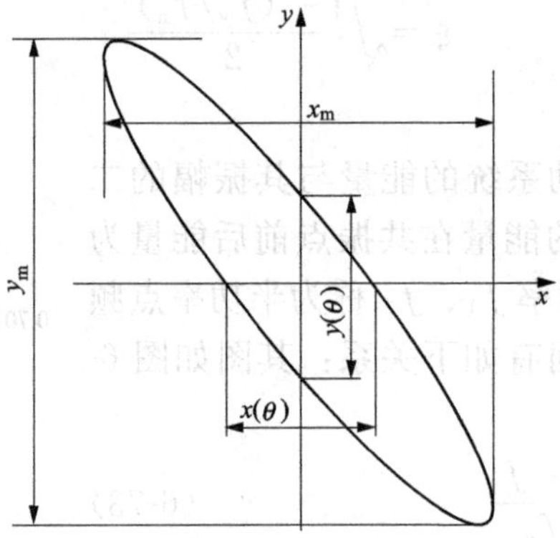

图 6-56 李沙育图法

第九节 成分与物性测量

对混合气体的成分及混合物中的某些物质的含量或性质进行自动测定，是自动检测仪表的重要内容，生产过程中常见的成分自动分析仪表有气体分析仪、湿度计、pH 计等。借助这一类仪器，可以了解生产过程中的原料、中间产品及最后产品的性质及其含量，从而直接判断生产过程进行是否合理，对某些物料的性质及其成分和物性进行质量控制。

一、成分及物性分析原理

成分自动分析仪是利用各种物质之间存在的差异，把所要检测的成分或物质性质转换成某种电信号，进行非电量的测量。为了保证所测成分或物性与输出信号之间的单值函数关系，所选分析仪不得不采用各种措施，稳定或排除某些影响因数。通常，成分自动分析仪表由检测、信号处理和取样及预处理三个部分组成。

（一）检测

检测部分将被测物质的成分或性质的变化变换成电信号。例如，当用玻璃电极测量溶液的 pH 值时，电极把溶液中的氢离子浓度转化为电动势；又如热导式气体分析仪，把气体成分的变化转换成热敏电阻值的变化。

（二）信号处理

检测送出的电信号一般都很微弱，因此常设有特种的前置放大模块及数据处理装置。

（三）取样及预处理

为了保证连续自动地供给分析检测系统合格产品，正确取样并进行预处理十分重要。取样及预处理装置包括抽吸器、冷却器、化学杂质过滤器、转化器、干燥器等。其选择与安装必须根据工艺流程、样品的物理化学状况及所采用分析仪的特性。一般来说，脏污样品必须精华，气体样品需要干燥并消除干扰成分的影响。

二、成分检测

红外技术是近代迅速发展的新技术之一，是分析仪表的一个重要分支。因其灵敏度高、选择性好、滞后小而得到了广泛的应用。不仅可在工业上做连续测量，还可用于控制系统对被测成分进行自动控制。

（一）工作原理

红外线是波长为 0.76～420μm 的电磁波，因其同可见光的红光波段相邻且位于可见光之外，故称为红外线。任何物质只要绝对温度不为零，都在不断地向外辐射红外线。各种物质在不同状态下辐射出的红外线的强弱及波长是不同的。

各种多原子气体（CO_2、CO、CH_4 等）对红外线都有一定的吸收能力，吸收某些波段的红外线。这些波段称为特征吸收波段。不同的气体具有不同的特征吸收波段。图 6-57 示出 CO_2、CO 气体的红外线吸收特征。如图 6-57 所示的 CO_2 有两个特征吸收波段：2.6～2.9μm 及 4.1～4.5μm。当波长为 2～7μm 的红外线射入含有 CO_2 的气体中时，这两个波段的红外线会被 CO_2 气体吸收，透过的射线中会不含或少含这两个波段的红外线。CO_2 气体吸收到的辐射能会转化为热能，使气体分子的温度升高，红外气体分析仪通过直接或间接地监测温度的变化来测量 CO_2 气体的浓度。

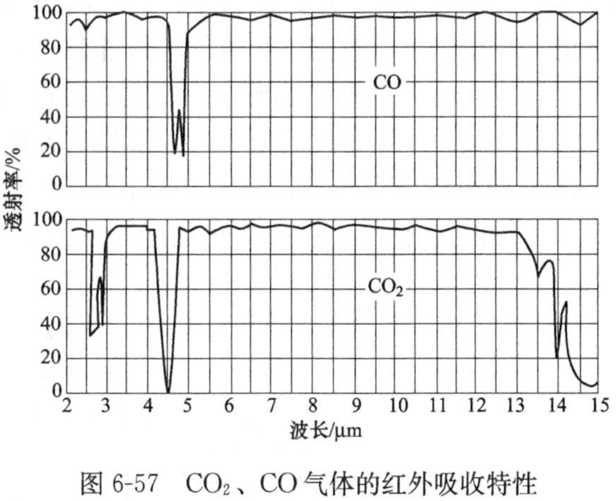

图 6-57　CO_2、CO 气体的红外吸收特性

双原子气体（N_2、O_2、H_2、Cl_2 等）以及惰性气体（He、Ne 等）对 1～25μm 以内的红外线均不吸收，因此，选择性吸收是制造红外线气体分析器的依据。

红外线被吸收的数量与吸收介质的浓度有关，当射线进入介质被吸收后，其透过的射线强度 I 按指数规律减弱，由朗伯-贝尔律确定，即

$$I = I_0 e^{\mu c l} \tag{6-78}$$

式中　I、I_0——分别吸收后和吸收前射线强度；

μ——吸收系数；

C——介质浓度；

l——介质厚度。

（二）红外线气体分析仪的分类

红外线气体分析仪的分类有工业型和实验室型，实验室型红外线气体分析仪是色散型的，它具有分光系统，可连续改变波长。通过测定介质在各波长处的吸收情况来决定被测介质的成分，目前已很少在工业中应用。非色散型红外线气体分析仪，将光源的谱辐射全部投射到被测样品上，根据样品吸收辐射能的情况，即某些成分在某些波段处具有吸收峰，来判断被测成分的含量。此外，根据投射到仪器检测部分的光束数目，可分为单光束与双光束；根据信号检测方式又可分为直读式与补偿式；在直读式中，根据被测浓度增加输出信号是增大还是减小，又可分为正式与负式。

（三）正式红外线气体分析仪结构及原理

红外线气体分析仪是基于某些气体对不同波长的红外线辐射能具有选择吸收的特性制成的。如图 6-58 所示，吸收室 A 内是被测组分，吸收室 B 内是对被测组分有干扰的适量气体，N_2 是不吸收红外辐射的气体。参比光源发出的光束，通过干扰滤光室 B 后，干扰组分 B 特征吸收波段的辐射能全部被吸收掉；通过参比室时，由于 N_2 不吸收红外线，因此，红外辐射能没有变化。然后，这个辐射能进入薄膜电容接收器。在接收器中，A 的特征吸收波段的辐射能被接收器的 A 组分吸收，温度升高，因其体积一定，故接收器下部压力增加。再观察工作光源的光路：工作光源发出的光束，通过干扰滤光室后，B 的特征吸收波段的辐射能也全部被吸收掉；通过测量室时，被测气体中的 A 组分就会吸收 A 的特征吸收波段的辐射能，A 组分浓度越高，吸收的辐射能越多，而被测气体中的 B 组分此时却没有了 B 的特征吸收波段的辐射能可供吸收。因此，通过测量室之后的光束，辐射能的变化只与 A 组分的含量有关。显然，此光束在进入薄膜电容接收器时，其辐射能已经减弱，因此，在接收器上部 A 组分的温度较低，其压力较下部的小。上部与下部的压力差会改变薄膜电容的值，待测组分的浓度越大，两束光在进入接收器时其辐射能的差别就越大，电容量的变化就越大。

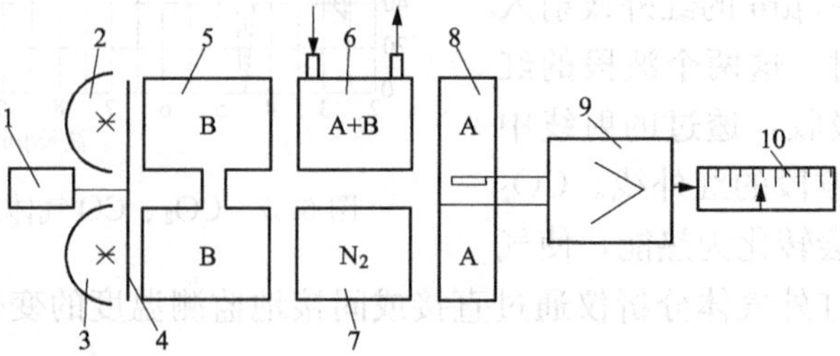

图 6-58 正式红外线气体分析仪结构框图

1—同步电动机；2—工作光源；3—参比光源；4—切光片；5—干扰滤光室；6—测量室；7—参比室；8—薄膜电容接收器；9—放大器；10—指示记录仪

薄膜电容接收器的最大优点是抗干扰组分影响能力强，已获得广泛的应用，其结构如图 6-59 所示。接收器外壳由金属制成，窗口材料是能透过红外线的某些晶体，气室充入与待测组分相同的气体，定片与动片都是金属片，动片为 5～10 μm 厚的铝箔，动定片相距

0.05～0.08mm，构成 50～100pF 的可变电容。当测量光束与参比光束分别进入接收器的两个气室时，由于被测组分的浓度不同，两个气室产生的压力也不同，压差使动片移动，改变了动片与定片之间的距离，从而改变了电容量的大小。

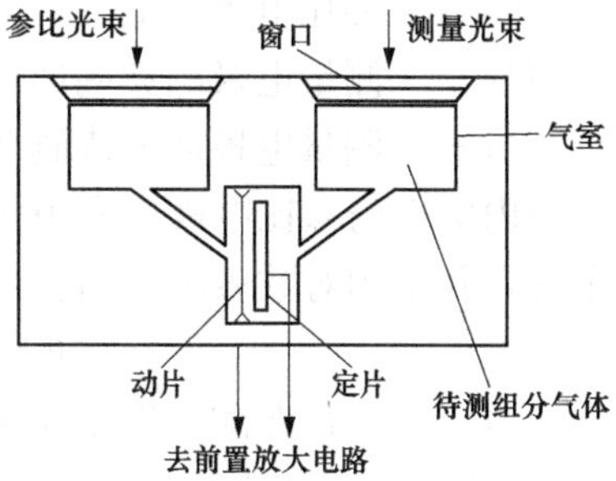

图 6-59　薄膜电容接收器结构

薄膜电容接收器需要调制的信号，因此对光束的调制由切光片的转动实现。切光频率在 3～25Hz 范围内，使光线按一定频率间断地射入接收器。在电容极间加上一定电压以后，薄膜电容器按此频率重复地充电和放电，充电和放电电流取决于电容量变化的幅度，即待测组分的浓度，此电流经高电阻产生的压降送出。放大器将高阻信号做阻抗变换、滤波等前置处理，然后放大输出。

工业红外线气体分析仪主要分析 CO、CO_2、CH_4、C_2H_2、NH_3、C_2H_5OH、C_2H_4、C_3H_6、C_2H_6、C_3H_8 及水汽等。

三、物性检测

溶液浓度的分析与检测，按其原理有：测量电导值的电磁法和测量离子浓度法。

（一）电磁法检测液体的浓度

电磁法检测液体的浓度是通过溶液电导率的变化来实现的，其原理如图 6-60 所示。T_2 为两个环形变压器，T_1 为激励变压器，在一次绕组 W_1 上激励电压 U_1；T_2 为测量变压器，二次绕组 W_2 上输出电压 U_2；D 为待测溶液构成的回路，它同时绕过 T_1 和 T_2；溶液的等效电阻 R_C 随待测溶液的浓度变化。在激励电压 U_1 的幅值和频率不变的条件下，二次绕组 W_2 的输出电压 U_2 随溶液的浓度变化而变化。通过对 U_2 的检测可实现对溶液浓度的检测。

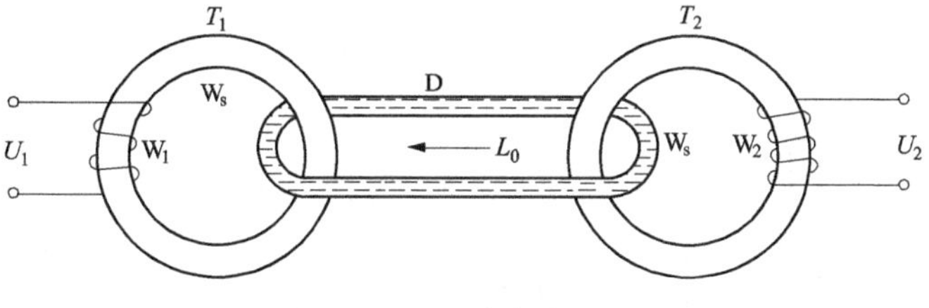

图 6-60　电磁浓度计原理图

（二）酸碱度的检测

酸碱度是以溶液的氢离子浓度 $[H^+]$ 表示的。溶液的 pH 值，由氢离子浓度 $[H^+]$ 取负对数得到。纯水在 22℃时为中性，其氢离子度为 10^{-7}，它的 pH 值为 7；故酸性溶液的 pH 值小于 7、碱性溶液的 pH 值大于 7。通过检测溶液的 pH 值，则可确定溶液的酸、碱度。

溶液酸碱度的检测方法，常用一个恒定电位的参比电极与测量电极组成一个原电池，即 pH 变送器，其原理如图 6-61 所示。工业中常用的参比电极有甘汞电极、银-氯化银电极等；测量电极有玻璃电极、锑电极等。

原电池产生的电动势为

$$E=(E_1-E_2)+(E_{内}-E_{外}) \tag{6-79}$$

式中　E_1——在测量电极的玻璃球内插入的内电极的电位；

E_2——参比电极的电位；

$E_内$——测量电极的玻璃球标准溶液的电位；

$E_外$——测量电极插入待测溶液，在玻璃球外的电位。

当内电极与参比电极均采用同种电极时，如用甘汞电极，则 $E_1=E_2$，这时根据 pH 值的定义，并常用对数表示，则有

$$E=2.303RT/F\ln(\mathrm{pH}-\mathrm{pH}_0) \tag{6-80}$$

式中 pH_0——由玻璃电极内标准溶液所决定的固定值；

R——气体常数；

F——法拉第常数；

T—温度值。

在待测量溶液温度确定的条件下，测量电动势值，就可测出溶液的 pH 值。

（三）酸碱度检测的应用

以往对溶液取样、静态分析其浓度和酸碱度的方法，已经不适应现代工业和生活环境水质监控的要求。对地表水的检测基本实现了在线实时监控，包括它的 pH 值、水温、电导率、浊度等。图 6-62 所示为 pH 值在线检测装置原理图。废水和自来水分别取自废水排放口以及自来水管道。微型泵将废水经由控制阀 2 以一定的速度输入测量池。废水在测量池中的三个 pH 计之间形成紊流，三个 pH 计的测量值经测量电路处理后送入计算机。计算机对多数据源的数据融合，得出最佳值，进而分析各路传感器测量值的离散程度，判断 pH 计的工作状态，并存储数据。

在测量之后，控制器关闭阀门 2，经过若干时间，测量池的废水流尽，开启阀门 1，向测量池注入清水，对传感器进行清洗。清洗一段时间后，阀门 1 关闭，测量装置处于待机状态。

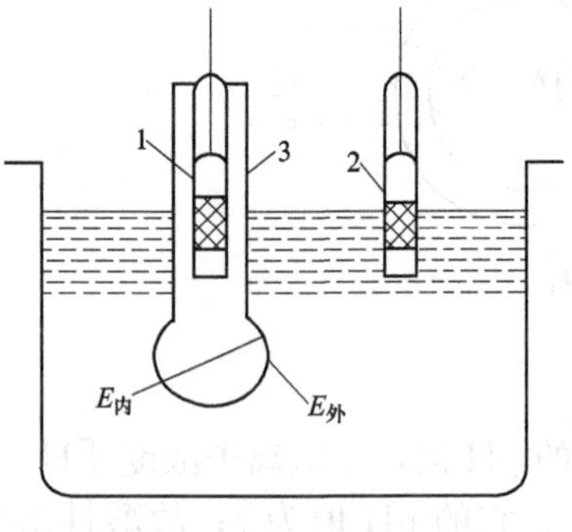

图 6-61 pH 变送器示意图

1—内电极；2—参比电极；3—玻璃电极

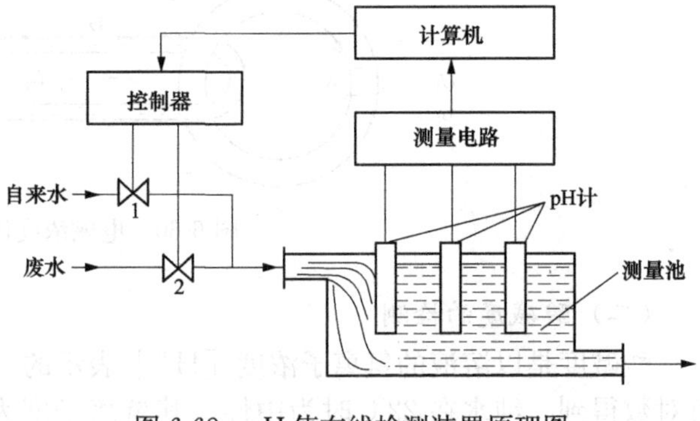

图 6-62 pH 值在线检测装置原理图

本章小结

（1）光栅位移传感器，通过测量莫尔条纹的移动来检测光栅微小的位移，从而实现高灵敏度的位移测量。

（2）感应同步器是利用感应电压的变化来进行位置检测的，根据对滑尺绕组供电方式和输出电压检测方式的不同，可实现利用相位和幅值来测量位移。

（3）磁栅位移传感器是利用电磁特性来进行机械位移的检测。主要用于大型机床和精密机床作为位置或位移量的检测元件。

（4）旋转变压器是一种利用电磁感应原理将转角变换为电压信号的传感器。正余弦旋转变压器，适用于大角位移的绝对测量；线性旋转变压器，适用于小角位移的相对测量。

（5）光电编码器是一种码盘式角度—数字检测元件。增量式编码器是指随转轴旋转的码盘给出一系列脉冲，然后根据旋转方向用计数器对这些脉冲进行加减计数，以此来表示转过的角位移量。绝对式编码器是把被测转角通过读取码盘上的图案信息直接转换成相应代码的检测元件。

（6）直流测速发电机主要用作测速和校正元件。特点是输出斜率大、线性好，但由于有电刷和换向器、构造和维护比较复杂，摩擦转矩较大。

（7）光电式转速传感器是利用光源发出的光通过缝隙圆盘和指示缝隙盘照射到光电器件上，当缝隙圆盘随被测轴转动时，光电器件输出与圆盘缝隙数相等的电脉冲，根据测量时间 t 内的脉冲数 N，测得转速。

（8）差动变压器以被测速度移动时，在其副边两个线圈中产生感应电动势，将它们的差值通过低通滤波器滤除励磁高频角频率后，则可得到与速度相对应的电压输出。

（9）加速度传感器是利用惯性质量受加速度所产生的惯性力而造成的各种物理效应，进一步转化成电量，来间接度量被测加速度。最常用的有应变片式和压电式等。

（10）电阻应变式测力传感器的工作原理是基于电阻应变效应。粘贴有应变片的弹性元件受力作用时产生变形，应变片将弹性元件的应变转换为电阻值的变化，经过转换电路输出电压或电流信号。

（11）热电偶的测温原理是基于热电效应，当两个接触点的温度不同时，回路中产生热电势，从而达到测温的目的。

（12）热电势半导体集成温度传感器 DS18B20 的原理，是利用半导体 PN 结在其正常温度范围内结电压随温度上升而下降的特性设计的。

（13）涡流式空气流量传感器是利用超声波或光电信号，通过检测旋涡频率来测量空气流量的一种传感器。利用旋涡形成的原理，测量气体流速，并通过流速的测量直接反映空气流量。

（14）液体涡轮流量传感器是在流体作用下，叶轮受力旋转，其转速与管道平均流速成正比，叶轮的转动周期地改变磁电转换器的磁阻值。检测线圈中磁通随之发生周期性变化，产生周期性的感应电动势。

（15）压阻式压力传感器是利用单晶硅材料的压阻效应制成的。单晶硅材料受到力的作用后，其电阻率就要发生变化，在通过电路将其转化成电压或电流的变化。

（16）电测法测振传感器原理是利用物体在振动时，通过传感器中的压电元件受惯性力、切割磁力线、磁通量变化而产生电荷或感应电动势，使输出量与振动加速度、振动速度成正比。

（17）红外气体分析仪是基于某些气体对不同波长的红外线辐射能具有选择吸收的特性制成的，电磁法检测液体的浓度是通过溶液电导率的变化来实现的。

习题与思考题

6-1 温度测量的方法主要有哪些？各有什么特点？

6-2 简述热电偶的测温原理。

6-3 用热电偶测温时，为什么要进行冷端补偿？冷端补偿的方法有哪几种？

6-4 选择温度传感器主要考虑哪些问题？

6-5 什么是瞬时流量和总流量？瞬时流量的表示方法有哪些？

6-6 简述电磁式流量计的测量原理。

6-7 常用的液位检测方法有哪些？各有什么特点？

6-8 说明差动式电感传感器与差动变压器式传感器工作原理的区别。

6-9 光栅传感器是通过莫尔条纹进行位移测量的，简述莫尔条纹的形成及其特点。

6-10 涡流式传感器有何特点？

6-11 怎样利用涡流效应进行位移测量？电涡流的形成范围包括哪些内容？它们的主要特点是什么？

6-12 对物质成分分析时，应考虑什么问题？

6-13 试述热导式气体分析仪的工作原理。

6-14 气敏传感器有哪几种类型？

6-15 测量力的方法有哪几种？哪些可以用于动态力的测量？

6-16 常有的应变式测力传感器主要有哪几种？各有什么特点？

6-17 什么是压磁效应，怎样构成压磁式测力传感器？

6-18 压力传感器有哪几种动态校准方法？各有什么特点？

6-19 简述位移检测常用的几种方法，并进行比较。

6-20 简述速度检测常用的几种方法，并进行比较。

6-21 简述加速度检测常用的几种方法，并进行比较。

6-22 列举三种检测转速的方法，并进行比较。

6-23 简述阻尼比测量常用的几种方法。

6-24 试用一线制数字温度传感器 DS18B20 和单片机设计一个简易的温度测量电路，可以实现温度的测量和测量结果的显示。

6-25 节流装置由哪几部分构成？其各部分的作用是什么？为什么要保证测量管路在节流装置前后有一定的直管段长度？

6-26 节流式流量计的流量系数与哪些因素有关？

6-27 简述涡轮流量计的工作原理和特点。

6-28 简述超声波流量计的工作原理和特点。

6-29 为什么超声流量计多采用频差法？

6-30 流量计有哪几种常用较准方法？

6-31 水的 PH 值有哪几种测定方法？简述玻璃电极法测定 PH 的原理及特点。

第七章　检测系统的综合设计

自动检测系统可分为通用和专用两大类，其中专用检测系统是针对具体的检测任务而设计、研制的，通常工业生产中用的各种在线检测系统都是专用检测系统，本章所研究的就是各种专用自动检测系统的设计方法。专用自动检测系统硬件一般由传感器部分，信号调理电路（包括滤波、放大），采样保持电路，A/D 转换电路，微处理机输入、输出接口，键盘，显示器，打印机，电源，指示灯等部分组成。其结构示意图如图 7-1 所示。

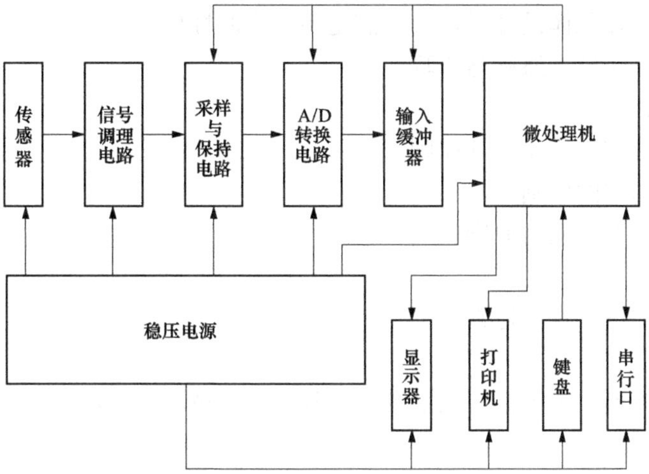

图 7-1　专用自动检测系统结构示意图

专用自动检测系统的功能是完成自动采集、数据处理、显示、记录、输入、输出等功能，单单具备上述硬件支持是不够的，还须有功能全面、算法优良、界面清楚、实时性好、抗干扰能力强的应用软件，才能使系统正确执行与完成规定的测控任务。所以设计一个性能较好的自动检测系统就必须综合多方面因素、采用多种理论，才能达到一个较好的设计效果。

第一节　综合设计基础

设计一个自动检测系统要经历如下几步：制订总体方案、确定检测系统的设计原则和步骤、细化系统的硬件和软件设计方法，同时为保证设计的系统能够长期安全可靠运行，还需综合考虑系统的抗干扰措施和可靠性设计。本节将着重在这几个方面进行介绍。

一、总体方案的制订

一个检测系统设计的好坏，其总体设计方案是否合理和优良最为关键。本阶段必须按用户提供的《设计任务书》要求及所提各项技术指标，根据国内外相关领域的现状和发展趋势，结合具体实际拟定该检测系统的总体设计方案。《设计任务书》是系统总体方案及系统的硬件、软件设计基础，它一般应包括下列内容：

（1）主要技术指标；

（2）系统的输入、输出功能。

根据《设计任务书》，就可以着手进行该检测系统的总体设计。从满足用户提出的《设计任务书》主要性能指标出发，进行检测方法的选择。选择检测方法及进行总体设计应有利于：

（1）降低成本。为了获得较高的性能价格比，应尽可能采用简单实用的方案。

（2）缩短研制周期。尽可能缩短研制周期，尽早让新研制的检测系统投入运行。

（3）提高可靠性。可靠性的考虑应贯穿于每一环节。

（4）操作简便、维护方便。检测系统结构要规范化、模板化，并配有现场故障诊断程序。

除上述准则外，在总体设计时还应该满足系统实时性要求。

二、自动检测系统设计原则与步骤

（一）设计原则

（1）开放式系统和规范化设计原则。

（2）先总体后局部的原则。

（3）指标分解留有余地的原则。

（二）设计步骤

自动检测系统的设计步骤通常如下：

1. 调研

首先要通过查资料，了解该检测系统国内外目前的概况，写成计划任务书。

2. 方案论证

根据调研所得资料进行原理方案设计。

3. 设计

实际上系统的硬件和软件在一定条件下具有互换性。应统筹兼顾、合理地确定比例。

4. 系统调试

首先系统各部分硬件分开调试，再把传感器加入调试，再进行软硬件联调。

5. 现场试运行

设备送到检测现场进行安装，并与被测对象联机调试。

6. 整理资料准备技术鉴定

系统在现场试运行正常后，整理出验收或鉴定所需的最后文件。

三、自动检测系统的硬件设计方法

（一）合理选择微处理器

选择微处理器的一般原则是：

（1）使系统能完成规定的任务。

（2）处理速度上要满足系统要求。

（3）有利于降低整机的成本。

（4）其他特性。

1）可靠性。通常集成度高的芯片抗干扰能力好、可靠性好。

2）功耗。还要选用设计人员熟悉的微处理器，能缩短设计周期。

（二）硬件设计方法与步骤

设计系统硬件通常按以下步骤进行：

（1）首先画出整个自动检测系统的总方块图，每一方块均是具有某种独立功能的模块。

（2）根据系统总方块图，确定各方块应具备的功能和达到的指标，以及连接方式。

（3）对每一方块进行原理和逻辑设计。

（4）选择系统所需且易于购买的各类元器件、集成电路芯片等。

（5）仔细地绘制每一方块的原理接线图。

（6）新设计的模块要借助实验板，进行实验和调试。

（7）把通过模拟试验的模块电路依次连接到系统中，调整接口关系直到满足要求。

（8）绘制整个系统的硬件原理接线图和印刷线路板图，然后送去制板。

（9）印刷线路板制好后，应先进行检查、再焊接，再进行调试。

（10）在实验室对系统进行软硬件联调。

实验室联调通过后，进行现场考核——试运行。

四、自动检测系统的软件设计方法

计算机的软件大体可分为系统软件、应用软件及文件三大类。这里只讨论应用软件设计与开发的一般方法与基本步骤。

（一）软件开发的任务与步骤

检测系统应用软件的开发过程各阶段如下：

（1）软件指标细化与任务分块。

（2）程序框图设计。

（3）编程。

（4）子程序调试。

（5）汇编与系统联调。

（6）现场联调。

（7）文件整理。

（二）软件的设计方法

检测系统的应用软件——用户监控程序，通常采用模块化设计方法。模块化程序设计的优点如下：

（1）单个模块比一个完整程序易于编写、查错和测试。

（2）一个子模块有可能被其他模块多次调用。

（3）模块化程序设计有利于程序员之间的任务划分。

（4）对系列化的自动检测系统，其监控程序的差异往往是几个模块。

（5）模块化程序能方便查错，容易测试、检查与修改，且不相互影响。

（6）有利于掌握软件开发的进程，还有多少模块未完成一清二楚，有利于协调。

下述原则对模块化设计是很有用的。

（1）使用 20～50 语句行的模块。这样长的程序段理解容易。

（2）力图使模块具有通用性。

（3）要对一些重要的程序模块，多花些精力。

(4) 力图使各模块在逻辑上相对独立，尽量减少各模块之间的信息交流。

(5) 对于那些简单任务，不要生硬地去追求模块化。

五、检测系统的抗干扰技术

在现场正常运行的检测系统电信号上，也会夹杂一些无用的电动势，统称为“噪声”。通常所说的干扰就是指噪声造成的不良效应。检测系统的抗干扰能力是关系到系统能否可靠工作和保证应有精度的重要技术指标。

(一) 检测系统常见的干扰类型

1. 外部干扰

外部干扰是指与检测系统本身无关，由外部环境和使用条件所引起的干扰。

2. 内部干扰

内部干扰是指检测系统自身各部分电路之间、各元器件之间引起的干扰，它包括固定干扰和电路动态运行时出现的过渡干扰。

(二) 检测系统常用抗干扰措施

噪声对检测仪表及检测系统形成干扰，需同时具备三个要素：

(1) 具有一定强度的噪声源；

(2) 存在着噪声源到检测系统的耦合通道；

(3) 检测系统本身存在着对噪声敏感的电路。

以上三要素关系如图 7-2 所示。

图 7-2 噪声对检测系统形成干扰的三要素关系图

检测系统的抗干扰设计是针对上述三项因素采取措施，即：

(1) 尽可能努力抑制和消除各种噪声源；

(2) 阻截和消除噪声的耦合通道；

(3) 设计对噪声不敏感的电路。

一般情况下，外部噪声源难以消除或者消除和抑制这些噪声源的难度很大、实施成本过高。所以，检测系统主要采用上述 (2)、(3) 两类抗干扰措施。具体措施主要有以下几种：

1. 抑制空间感应的屏蔽技术

最有效方法是利用铜、铝或镀银铜板等良导体及高磁导率铁磁材料制成屏蔽罩、屏蔽盒，把所要保护的电路置于其中。这样外部噪声源产生的高频磁场将在高导电材料构成的屏蔽层中产生电涡流，并被涡流产生的反磁场相抵消；而对外部低频干扰磁场所产生的磁力线因有磁阻很小的屏蔽盒引导构成闭合回路，不再进入被保护电路，从而有效地达到了抑制空间电磁感应干扰的目的。

高频涡流仅流过屏蔽层最表面的一层，因此对高频磁场的屏蔽层仅需考虑加工方便及具有所需机械强度即可。对低频干扰磁场的屏蔽层要保证一定厚度以减少磁阻。以上两种屏蔽罩若良好接地，则能同时起到静电屏蔽的作用。

一般情况下，空间电磁感应对检测系统造成干扰的强度和概率都远远小于经传输通道和配电系统所窜入的干扰。根据噪声进入检测系统的方式及与被测信号的关系，可将噪声干扰分为串模干扰和共模干扰两大类。

2. 串模干扰及其抑制措施

（1）串模干扰。串模干扰又称差模干扰，是指与被测信号源以串联形式叠加在一起，作用于检测系统输入通道的干扰电压，它往往和有用信号一起被放大和采样，所以它对检测系统的精度有直接的严重影响。

图 7-3 是外部交变磁通仅穿过热电偶其中一根传输线而造成测温仪表输入端产生串模干扰电动势 U_m 的典型例子。图 7-4 是串模干扰的等效电路。

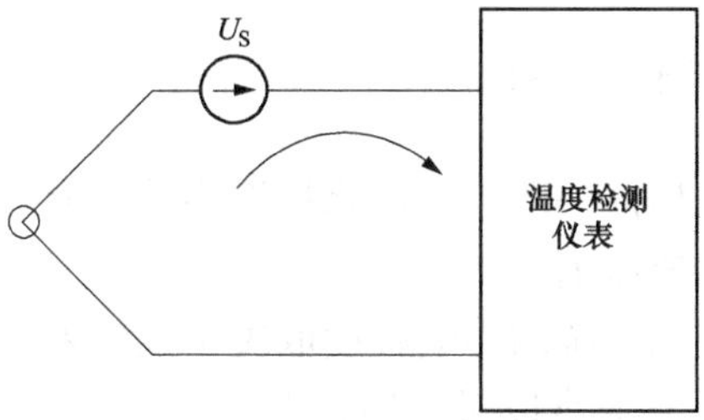

图 7-3　输入端存在串模的实际例子

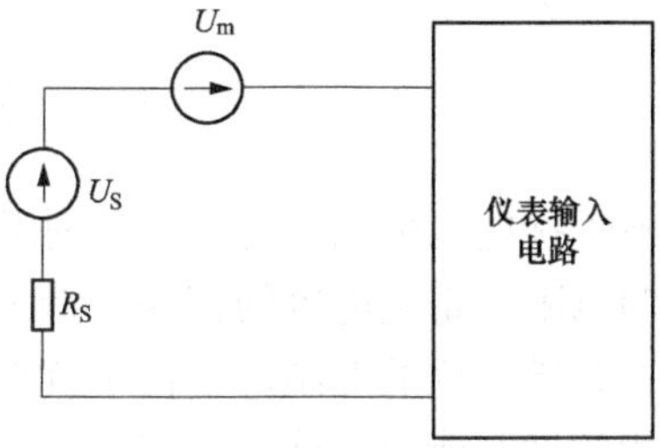

图 7-4　串模干扰等效电路

（2）串模干扰抑制。通常可采取以下几种措施：

1）滤波：如果串模干扰频率高于被测信号，则采用低通滤波器来抑制。如果串模干扰频率低于信号频率，则采用高通滤波器抑制；若串模干扰频带较宽，被测信号落入干扰频带内，则应对被测信号进行锁相放大，以便大幅度地提高信噪比。滤波可采用 RC、LC、X 型、双 T 型及有源滤被器等硬件手段，也可采用各种软件数字滤波方法。

2）采用双积分型 A/D，并采用 50Hz 的倍频作为 A/D 时钟，有效地克服工频干扰。

3）尽可能缩短传感器与检测系统之间的距离，采用带金属屏蔽层的屏蔽电缆或双绞线作传感器与前置放大器之间的连线。对远距离测量，可在靠近传感器的地方进行 V/I 变换，把传感器输出的电压信号转换成不易受干扰的标准 4～20mA（或 0～10mA）电流信号后，再远距离传送到检测系统输入端。其原理图如图 7-5 所示。

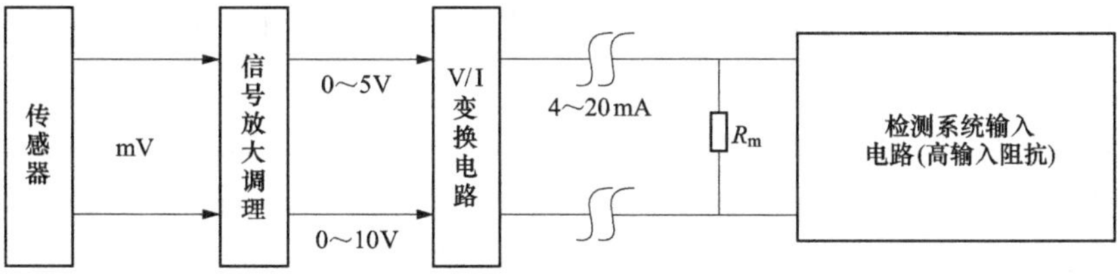

图 7-5　采用 V/I 变换远传信号原理示意图

3. 共模干扰及其抑制措施

（1）共模干扰。共模干扰是检测仪表、检测系统的两个输入端和地之间共同存在的干扰电压。这种干扰使两个输入端的电位同时相对于基准地一起涨落，当输入电路参数不对称时，将会转化成串模干扰，从而引起测量误差。

形成共模干扰的原因较多，一方面因检测系统从传感器到执行器整个信号通道比较长，系统所有电路和功率器件均需接地，往往为图方便而习惯采用就近接“地”方式，没有真正实现“一点接地”。因地线具有一定的分布电阻，并有许多支电流通过它流向电源，这样在基准地线的不同位置就会产生电位差。对传感器和检测系统的前置电路由于没有遵循“一点接地”原则而造成共模干扰的示意图如图7-6所示。

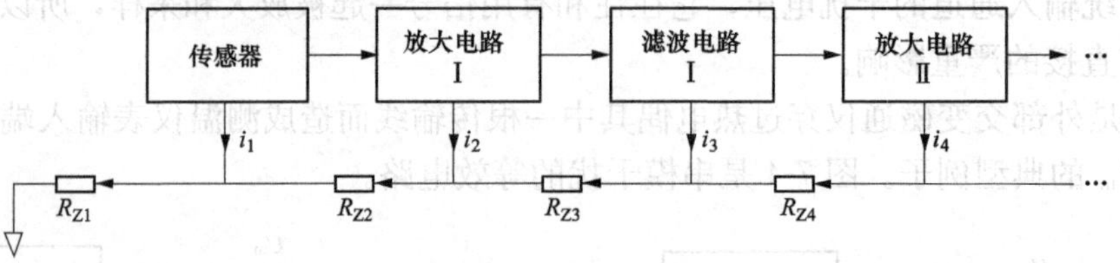

图7-6 不同接地点形成共模干扰示意图

共模干扰电压可以是直流，这时共模干扰电压的幅值一般较大。除接地不妥造成共模干扰外，漏电阻、寄生电容的存在是造成共模干扰的主要原因。

（2）共模干扰的抑制。共模干扰对检测仪表、检测系统的影响程度取决于该仪表系统对共模干扰的抑制能力，称共模抑制比，符号为 K_{cmr}，它通常以对数形式表示

$$K_{cmr}=20\lg(U_{cm}/U_{cd}) \tag{7-1}$$

式中 U_{cm}——作用在输入端的共模电压；

U_{cd}——能产生与 U_{cm} 同样测量误差（作用在输入端）的等效串模干扰电压。

共模抑制比的另一种表示方法为

$$K_{cmr}=20\lg(K_d/K_c) \tag{7-2}$$

式中 K_d——系统的差模增益；

K_c——共模增益。

常用共模干扰的抑制措施有以下几种：

1）从根本上消除和抑制共模干扰源。例如严格实行一点接地原则；设法阻断外部高电压源与输入端的通路；对外部干扰源实行电磁屏蔽等措施。

2）采用共模抑制比高的双端输入形式的差动放大器或使用它作前级放大器。

3）采用隔离放大器，使信号端与测量端没有“地”线联系。

4）采用浮置技术，把检测系统的前置放大器不接机壳和大地，让其浮置。

4. 交流供电系统干扰的抑制

绝大多数在线检测系统均使用工业现场220V、50Hz市电。然而，市电电网特别是工业现场的交流电网往往本身就是一个很大的噪声源，电网中大负荷设备开与停，大功率移相式可控硅的导通、截止，都将在电源线和地线上产生强烈的脉冲干扰。

抑制交流电网干扰的主要方法有：

（1）在交流电网输入线上采用 LC 低通滤波器来抑制高频干扰。

（2）在电源变压器初级与次级之间加一绝缘隔离层，初、次级的零线均经一个电容接地。

（3）采用交流稳压器作市电电网过滤器。

（4）对现场电网干扰特别严重的应用场合，可考虑用蓄电池以直流方式供电。

另外，为避免检测系统内部模拟电路、数字电路以及输出（执行）电路三者互相干扰，采用光电耦合器实现三部分电路的隔离，并且各部分电路分别配置独立电源，从而切断它们

之间的电气联系，这对减少系统内部交叉干扰是十分有效的。

5. 软件抗干扰措施

除了特殊情况下对系统造成毁坏外，噪声干扰对系统的影响主要表现在：

(1) 幅度大的干扰进入传输通道，导致检测系统出现大的误差或误动作；

(2) 叠加信号之上，影响测试的精确度和分辨力；

(3) 使程序跑飞，使系统不能正常运行。

针对上述三种情况，软件抗干扰可采取如下措施，减小测试误差，降低故障率。

1) 软件滤波，减小测量误差。

利用软件对输入数据信号进行软件数字滤波。例如通过对信号进行连续多次采样，然后取其算术平均值作为有效信号，以减小或消除无规则干扰对测试精度的影响，对多次测量的数据通过比较去掉最大值、最小值，然后取平均值为有效信号去掉偏差大的干扰信号；利用 RC 与 LC 滤波器设计原理，用软件方法进行数字滤波。当然，这些方法主要适合于对一些直流或缓变信号的测量，同时速度上受到限制。

2) 特殊软件处理，消除假信号。

由于外界电磁干扰一般是一些幅度大、宽度小的随机类脉冲过程，根据信号特点用软件方法区别真假信号，在某些条件下是有效的。

(a) 脉冲宽度鉴别法。当脉冲信号有一定宽度时，通过连续采集信号。在信号的上升沿结束后连续采集几次，如果 n 次以后仍有信号，则认为是真信号，如果 K 次以后 ($K<n$) 再没有信号，则所采集的信号就是干扰信号。这样可以检测多数情况下窄的尖脉冲干扰。

(b) 多次重复检查法。针对开关量信号，对接口中输入的开关量采用三次或五次重复检测的方法，结果完全一致的，则认为是真的输入信号，若多次结果不一致，认为有错误，可以重复再检测。

(c) 幅度判别法。对变化缓慢的信号，利用设置的采样值最大变化率及最大允许偏差值等编制判别程序，对采集信号进行幅度判别，对某些信号也可辨出真假。

3) 抗程序运行错误干扰的措施。

当有外界干扰时，使 CPU 的程序计数器 PC 值发生变化，导致系统失控，这种情况称为“程序跑飞”。干扰也可以直接破坏某些芯片中的信息，如改变 I/O 口状态，产生误动作，破坏 RAM 区中的数据，导致系统出错。

抗干扰软件能够在程序运行被破坏后，立即判出程序故障，然后检查 RAM 区的内容。由于 RAM 区中存放着控制过程中的各种参数和变量，记录着当时现场参数和过去参数，因此只要 RAM 区的内容未被破坏，控制系统的程序就可以恢复。

判别 RAM 区内容是否破坏的方法是将 RAM 区分成若干段，在每一段内的某一个存储器内放一个统一的标志字。当干扰破坏了 RAM 区的内容时，往往会破坏一大片内存中的内容，这样上述某些标志字有可能也被破坏。只要一个标志字发生了变化，就可断定干扰破坏了内存 RAM 的内容。

监视程序跑飞的电路俗称“看门狗”电路，当 CPU 正常执行程序时由程序控制，每隔一段时间就向硬件“看门狗”电路发再触发脉冲，“看门狗”电路中的单稳触发器连续被再触发，一直处于暂稳态；一旦程序跑飞，CPU 对“看门狗”电路停发再触发脉冲，这样“看门狗”电路的单稳触发器暂稳态过程结束后，就引起 CPU 复位。CPU 复位后，调判别程序检测是首次上电复位，则转初始化，在 RAM 区按某种规律设置标志字，再转主程序。若检测出是跑飞后造成复位，再检查程序跑飞后是否破坏 RAM 中一系列标志字；若标志字均完好，可认为 RAM 数据没有被破坏，这时跳过初始化程序模块立即使系统自动恢复正常运行。若 RAM 标志被破坏，需重新初始化或执行停机报警及故障处理程序。

可编程芯片的有关状态字、工作方式字最容易受到外部干扰而破坏。为克服这些干扰，在软件设计上采取多次刷新的措施，可提高它们的抗干扰性能。例如对接口芯片的工作状态字，初始化操作安排在实时中断程序当中，定期对某些易受干扰失去工作方式状态字的可编程芯片进行工作状态字刷新。或是在 CPU 访问这些芯片之前，调用初始化子程序对这些可编程芯片进行工作状态字的刷新。

六、检测系统的可靠性设计

可靠性高是对工作在环境条件恶劣的现场，长年在线运行的各类检测系统所提出的共同要求。

（一）可靠性估计

在制订总体设计方案时就需进行可靠性预测问题。它的目的是对各种设计方案进行评价，确定所提出的设计方案是否满足系统可靠性的要求，或者从可靠性观点出发找出系统设计的薄弱环节，以便改进。为了进行系统的可靠性预测，首先要了解组成该系统的各主要元器件、零部件的可靠性，并根据它们的可靠性计算出整个系统的可靠性指标。

对复杂的检测系统进行可靠性估计，可把系统分成若干子系统，各子系统分解成若干功能模块，直到分解至振荡器、放大器和计数器、存储器、I/O、CPU、电阻、电容和晶体管等，这样系统的可靠性估计就更加精确，并可以对各种故障做出预测。

（二）增加硬件可靠性的措施

1. 提高元器件和设备本身的可靠性

一般尽量使用集成度高的芯片和正规工艺生产的功能部件；少量自选的元器件也要经过筛选、老化才能使用。

2. 增设各种抗干扰措施

系统抗干扰的各种措施有防护、屏蔽、隔离、滤波等。

3. 适当采用冗余技术

对系统中某些重要部件、易受损害的部件增设额外的备份件。冗余的结构形式，可采用并联工作方式、备用方式或表决方式。其中并联方式可靠度最高，备用方式其次。无论采用何种冗余方法，当系统发生故障时，必须采取措施，切换隔离故障源重新组合系统。切换更换设备可以采用程序控制，实现自动切换；也可以采用自动报警，人工手动切换。

4. 利用软件提高硬件系统的可靠性

措施主要有：①定时调用系统自检、自诊断子程序模块；②对检测数据做各种比较、判断，加软件数字滤波等技术处理；③重复执行 I/O 指令。

（三）增加系统软件的可靠性措施

系统应用软件本身也会发生差错和故障，从而引起系统的不可靠。要避免系统应用软件本身的差错，一是合理划分模块，二是加强软件测试，经过全面反复测试考核，确保正确无误后再投入正式运行。

工作现场干扰严重是产生软件故障另一个主要的原因。要克服这类软件故障，主要从抑制干扰、隔离现场的干扰源入手；但另一方面也可以从软件本身加以克服。例如采用输入、输出指令多次重复执行、处理等软件的容错技术，也可以克服一些瞬间干扰引起的故障。可以采用纠错码、奇偶检验等软件措施，防止软件信息在传输过程中发生信息丢失或错误。采用"看门狗"技术，可避免检测系统"死机"，保证系统长期在线运行。采用重要数据、参数重复分区存储和RAM掉电保护等技术，可大大减少系统出错概率。

总之，硬件、软件的不可靠性，都是由系统内在和外界因素引起的。提高可靠性的办法，原则上也是针对引起故障原因，采取相应的对策。对不同种类的检测系统，应根据其使用特点、技术指标、可靠性要求等，采用相应的软硬件可靠性措施。

第二节　温度检测系统设计

根据上节所介绍的综合设计基础知识，本节将通过自动检测系统设计的实例并结合传感器工程实践台来学习温度自动检测系统的设计方法。

一、粮库多点温度监测系统的设计

保证粮库中储藏粮食的安全，一个十分重要的条件就是要求粮食储藏温度保持在18～20℃之间。对于出现不正常升温，要求能够迅速地监测到，并且报警。使工作人员可以马上采取措施降温，如打开通排风设备等。因此针对粮库设计一个温度自动检测控制系统是十分必要的，以下就是一个利用智能温度传感器构成的分布式粮库多点温度监测系统的设计实例。

DS18B20是美国DALLAS半导体公司生产的智能温度传感器，可以程序设定9～12位的分辨率，测量温度范围为－55～＋125℃，在－10～＋85℃范围内，精度为±0.5℃。DS18B20支持"一线总线"接口，用一根线对信号进行双向传输，具有接口简单、容易扩展等优点，适用于单主机、多从机构成的系统。DS18B20测量的现场温度直接以"一线总线"的数字方式传输，提高了系统的抗干扰性，适合于各种恶劣环境的现场温度测量。DS18B20支持3～5.5V的电压范围，有TO-92、SOIC及CSP封装三种封装可选。分辨率、报警温度可设定存储在DS18B20的EEPROM中，掉电后依然保存。粮库多点温度监测系统上位机采用PC机，下位机由单片机和测温网络构成。温度监测系统能够对粮库的温度进行连续24h不间断的监控，超过设定温度的值立即进行声光报警，并且能在PC机上显示出现异常温度的粮库地点。

温度检测系统由前端DS18B20的测温网络、无屏蔽四芯双绞线、端口驱动器、单片机、上位PC机和软件部分组成。单片机的编程语言采用C语言，开发工具选用KEILC51。上位PC机的人机界面和单片机的通信用VB编程。

（一）硬件组成

系统的整体组成如图7-7所示。

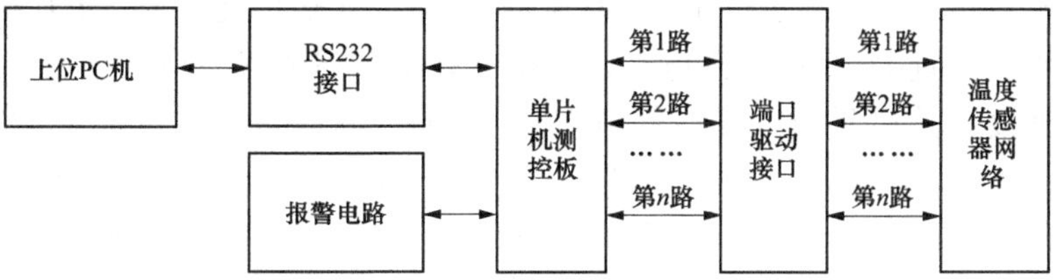

图7-7　温度检测系统组成

上位PC机主要功能是通过RS232接口与单片机通信，控制单片机读取温度值，并且实时的记录读取的通道编号、DS18B20编号、温度值、时间。可以作为原始资料的积累，用于将来的数据分析。当单片机检测到异常的储粮温度时，送信号到PC机和报警电路，有声光报警，提醒工作人员。

单片机的测控板和驱动端口连接如图7-8所示，因为每一路的电路结构都是相同，图中只画出一路。

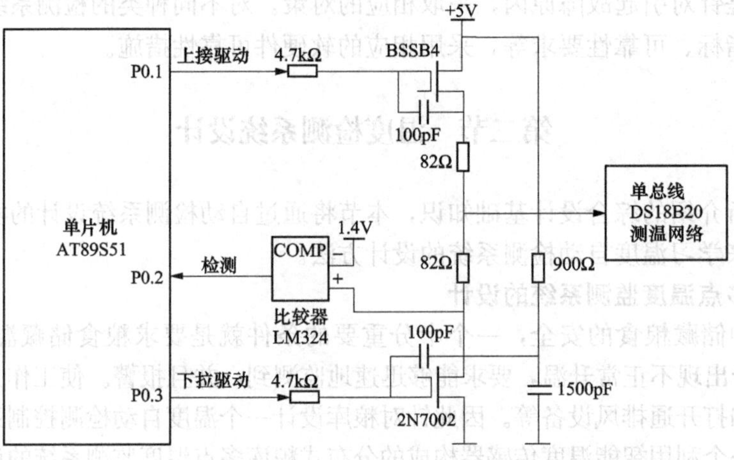

图7-8 测控板和单线总线连接

“一线总线”通信协议通过AT89551中一片机的3个通用10引脚产生。建立可靠“一线总线”网络必须提供正确的时序和适当的输出电压摆率。单片机发送信号的时序不正确会导致与温度传感器DS18B20器件之间的通信间断或完全失败。输出电压摆率若不加以控制将严重限制网络的长度。图7-8所示的驱动接口作用就是控制电压摆率，与软件配合，在总线网络的传输长度达到500m时，总线的时序仍然能满足规范要求。

“一线总线”的总线有复位、写1位、写0位和读位操作四种基本操作，字节传输可以通过多次调用位操作来实现。当总线空闲时为高电平，P0.1和P0.3引脚都置成输入状态。单片机向总线写1的过程是置P0.1为高电平，上拉驱动的BSS84场效应管导通，单总线被拉成高电平，然后根据总线操作要求延时。单片机向单总线写0的过程是置P0.3引脚为高电平，使下拉驱动的2N7002场效应管导通，单总线拉成低电平。任何时候两个场效应管最多只允许其中一个导通。当单片机读取挂接在单总线上的DS18B20温度传感器的数据时，P0.1口和P0.3口都置成输入状态，释放总线。单片机读取数据的过程如下，DS18B20向单总线写1时，将拉总线的电平向+5V拉，单片机的P0.2引脚始终监视着总线的电平情况，当总线电平被传感器拉高超过1.4V时比较器LM324输出高电平，单片机P0.2引脚检测到高电平，则马上置P0.1引脚高电平，上拉驱动使BSS84场效应管导通，加快单总线被拉成高电平的速度，然后延时一段时间置P0.1为输入状态，再次读取P0.2引脚的电平，两次读取的结果一致，则读取的数据作为一个有效bit保存。DS18B20向1-Wire总线写0时，将拉总线的电平向低电平拉，当总线电平低于1.4V时，比较器输出低电平，P0.2引脚检测到低电平时，置P0.3引脚为高电平，使下拉驱动的2N7002场效应管导通，加快总线的下拉速度，然后延时一段时间，置P0.3为输入状态，再次读取P0.2引脚的电平，两次读取的结果一致，则作为一位有效位保存。另外单总线操作时序的精度要求达到 1μs，所以单片机的选型上既要价格便宜，又要速度快，编程容易，选用了 ATMEL 公司的 AT89S51 单片机。AT89S51 兼容 MCS51 微控制器，4k 字节 FLASH 存储器支持在系统编程 4.0V 到 5.5V，全静态时钟 0Hz 到 33MHz，32 个可编程 IO 口，2/3 个 16 位定时计数器，6/8 个中断源，全双工 UART，低功耗支持 Idle 和 Power do 式，Power-down 模式支持中断唤醒，看门狗定时器，双数据指针，上电复位标志。在实际的应用中时钟频率采用 24M 晶振。单指令时钟周期 0.5μs，能满足单总线读写和延时的时序精度要求。

测温网络的连接采用线性网络拓扑，因为每一路的结构都相同，图 7-9 中只画一路。

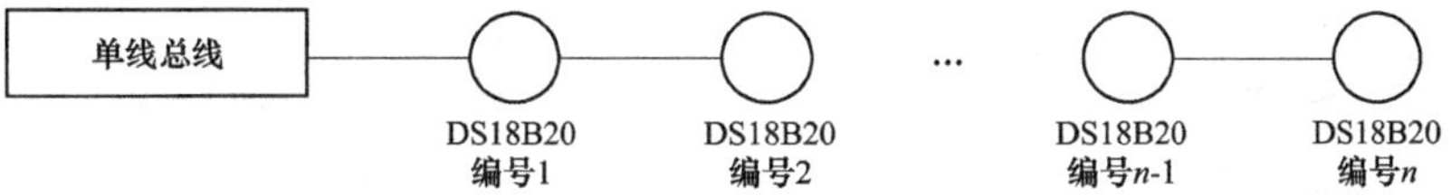

图 7-9 测温网络的连接

总线采用无屏蔽 4 芯双绞线，其中一对线接地线和 DS18B20 信号线，另一对接 V_{CC} 和地线。总线起始于驱动输出端口延伸到最远的 DS18B20 温度传感器。挂接在总线上的温度传感器不超过 100 个，总线最长距离不超过 500m。DS18B20 采用三线制应用方式，由外部电源单独供电。因为 DS18B20 温度传感器的芯片的尺寸较小，可以直接和电缆焊接在一起，外部用热缩管紧固套牢组成测温电缆，电缆的外部套上防鼠咬的套管。粮库中需要测温的地方，直接把电缆布线到测温点即可。

（二）软件设计

上位 PC 机的编程采用 Visual Basic（简称 VB）编程。VB 支持面向对象的程序设计，具有结构化的事件驱动编程模式，而且可以十分简便地做出良好的人机界面。上位 PC 机与单片机的标准串口通信使用 VB 提供的通信控件 MSCOMM。该控件可设置串行通信的数据发送和接收，对串口状态及串口通信的信息格式和协议进行设置。极大地简化了 PC 机和单片机的通信编程。PC 机上测温系统软件整体结构如图 7-10 所示。

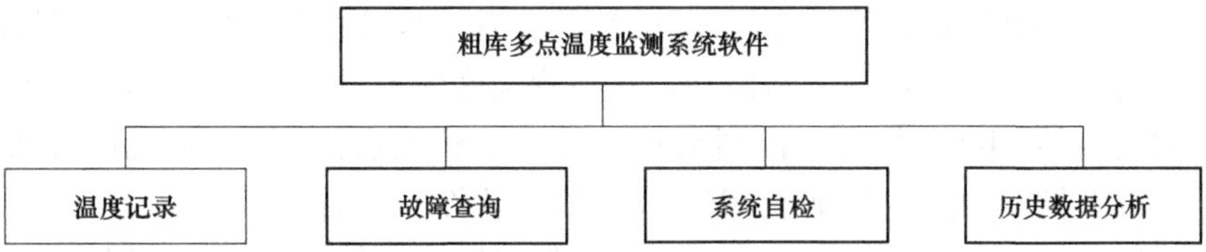

图 7-10 PC 机上测温系统软件构成

下位单片机使用 C 语言编程，开发工具选用 KEILC51。因为“一线总线”通信协议是通过 AT89S51 单片机的 3 个通用 I/O 引脚通过软件编程实现的，所示编程中 3 个通用 I/O 引脚的时序配合非常的关键。在调试的过程中使用示波器对 3 个通用 I/O 引脚和接在测温电缆 500m 处 DS18B20 数据引脚的四路信号同步采集，根据测试的波形逐步的微调延时时间，使总线的时序满足协议要求。下位单片机实现 PC 机和传感器之间收发数据的子程序框图如图 7-11 和图 7-12 所示。

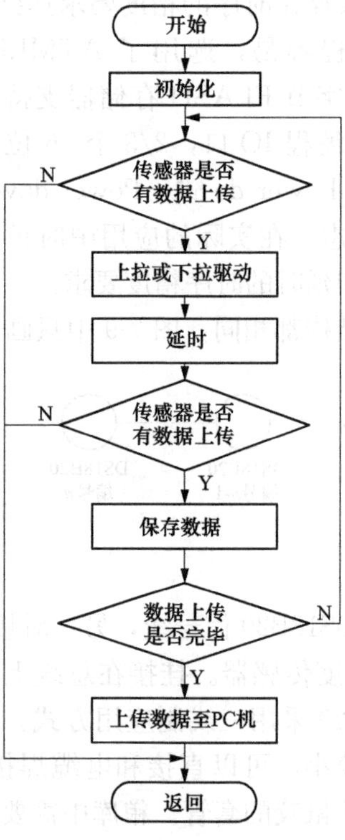

图 7-11 单片机接收数据子程序框图

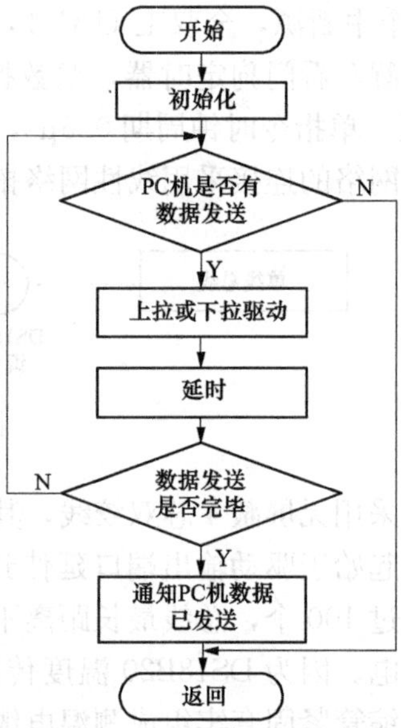

图 7-12 单片机发送数据子程序框图

二、温度自动检测控制系统设计实践

传感器工程实践台提供的温度测控系统仪器、设备有：

（1）温控源，由温控仪表和加热、冷却装置等组成。其中在铂电阻的温度控制系统中温控仪表仅起到将铂电阻信号变换成 0～5V 信号的作用，不起控制作用；加热、冷却装置在本系统中受计算机控制，用于控制被控制装置温度。

（2）温度传感器，作为检测元件，用于测量被控装置的温度。

（3）数据采集控制器，提供计算机和外设之间的接口，进行 A/D 和 D/A 转换。

（4）计算机，是本系统中的控制核心，它检测温度传感器的温度信号，并和本身的设定值比较，根据设定的 PID 参数值，控制加热和冷却装置的启停，使被控制装置的温度稳定在设定值上。以上控制功能都是基于 SET9000 测控软件实现的。

（5）被控装置，本系统目的在于控制该装置的温度。它的内部为一块铝块，受加热和冷却装置的影响，它的温度随着变化，温度传感器和铝块直接接触测温。

可见，以上装置可以构成温度闭环测控系统，其中温度传感器可选择铂电阻（Pt100）、热电偶、热敏电阻、集成温度传感器其中的一个。若选择铂电阻，它的阻值变化量可以经温控仪表变换为 0～5V 的信号，供计算机控制；若选择其他三种传感器，可利用 S4 开关切换三种传感器，接入通用放大器（Ⅰ），并经过放大器调整、定标使输出为 0～5V 的信号，供计算机控制。

另外需要说明的是，因集成温度传感器、热敏电阻、热电偶为非标器件，所以在利用这三种传感器进行温度闭环测控实践之前，要对传感器和放大器定标：使室温和 100℃两点传感器加放大器部分的输出为标准值，使系统输出和测控软件 SET9000 温度采集信号的定义对应。温控仪表在定标时对温度源起控温作用。

集成温度传感器因本身具有线性化电路，因此它所测温度信号和输出电信号之间是线性关系，此输出信号即可直接用于温度控制；而热电偶和热敏电阻传感器特性具有非线性，所以利用这两种传感器进行温度控制实践之前必须要先做特性实验，在特性曲线上找出线性段，在此线性段内进行闭环控制实践。

以下以铂电阻（Pt100）为检测元件学习温度闭环测控系统的实践方法，通过实践分析本测控系统适合的 PID 参数值，画出测控系统组成框图，指出本系统的执行器、检测元件、控制器，分析本测控系统的主要误差来源。

（一）实践目的

采用 Pt100 热电阻传感器检测温度源的温度值，利用数据采集控制器、PC 机、加热和冷却装置构成温度源闭环控制系统，通过温度源的温度闭环控制了解温度测控系统的构成，掌握温度闭环控制的方法。

（二）基本原理

将温控源（含电加热器、冷却风扇、温控仪表）、Pt100 热电阻、被控装置、数据采集控制器、计算机组成闭环回路，通过测控软件 SET9000 对温度源进行连续 PID 控制。

（三）需用器件与单元

温控源、Pt100 热电阻、被控装置、数据采集控制器、计算机及测控软件 SET9000。

（四）注意事项

（1）温控仪表在这里仅起显示和信号变换的作用，不进行控制，输出 0～5V 标准信号和当前的温度值线性对应。

（2）Pt100 热电阻温度传感器请不要用错，插传感器接头时注意对正小方形口。

（3）测控软件 SET9000 中温度采集信号定义为 0～5V/0～200℃，并且是线性的。即若当前计算机的温度输入信号为 2.5V 时，显示当前温度为 100℃。

（4）实践之前应关闭所有未用单元的电源，振动源频率和幅度旋钮分别设为最大和最小。

（5）插传感器接头和计算机通信线时注意对正小方形口。

（五）实践步骤

（1）取出 Pt100 热电阻探头插入温度源加热器左边插孔内，引线插入“标准”插座。

（2）将温控源“加热方式”开关、“冷却方式”开关置“外设控制”位，按下温控源 S_1、S_2、S_3开关，打开温控源电源开关。

（3）计算机通信线接“测控”口，打开计算机通信口电源开关。此时已将温度源、Pt100 热电阻温度传感器、温控仪表、数据采集控制器、计算机等硬件联结成温度闭环测控系统。

（4）启动计算机，在桌面上双击 SET9000 图标进入登录界面，在登录窗口选择“学生实验级”，然后确认，进入测控软件操作界面。在操作界面上设置实验选择为“温度测量控制”，选择 PID 调节规律，在通道设置中选择本系统所用的输入输出通道。本系统中 Pt100 接到 A/D0，电加热器的控制信号由 D/A0 输出，冷却风扇的控制信号由 DO3 输出，所以选择通道为 Ain0，Aout0，Dout3。

（5）开始测控实践之前，首先应该选择一个设定值，考虑到温度采集信号和实际温度之间的对应关系，建议初始设定为20%～30%。温度值是慢变信号，所以采样周期可选不小于1s。PID参数可选$P=1$，$I=0.5$，$D=10S$，实践过程中可根据实际调节的情况进行调整（注意P不能设为零）。

（6）单击“开始”按钮，开始实践。注意操作界面上的提示——系统通信是否正常，若不正常要注意数据采集器上的发光二极管T、R是否闪烁，如有表示数据采集器与计算机通信联系正常，否则需检查通信端口是否设置正确（com1或com2），计算机通信口是否正常工作，通信口线连接是否正常，通过任务管理器检查是否有软件冲突。

（7）实践中注意观察测控界面右方的图形框，可以看到黄、红、绿三条曲线，黄线表示设定量、红线表示控制量（给执行器）输出曲线、绿线表示过程量（传感器信号）输出曲线。当温度到达设定值后，数据采集器“D03”端输出继电器导通信号，使加热器中的冷却风扇启动，达到降温的目的。随着实践进行绿线将逐步靠近黄线，说明热源的温度值正逐步接近设定值，经过几个周期，PV值和SV值基本相等，认为调节过程结束，记录下经历的调节时间和当前的PID值、曲线形状。

（8）每隔5%（10℃）修改一次设定值，使设定值先从小到大变化，共测量10个点；再从大到小变化，测量10个点。每次记录上一点的值后，先修改PID值，再修改设定值，当PV和SV基本相等时，记录下经历的调节时间和当前的PID值、曲线形状。

（9）在实践过程中如按“运行”按钮则采样终止，按“暂停”按钮采样过程继续，单击“历史”按钮可查看整个调节过程的曲线，按“复位”按钮清除本次数据和曲线，并且停止采样过程。

（10）按实验结果填写表7-1。

表7-1　温度闭环系统检测数据

理论值（℃）										
实测值（℃）										
误差（℃）										

其中理论值是在传感器的特性曲线线性段上等分得到的，实测值是在等分点上标准传感器的检测值，误差就是理论值和实测值的差值。

以上是铂电阻温度闭环测控实践过程，这里可以参照本实践步骤设计其他三种传感器的温度闭环测控系统，以熟悉温度闭环测控的组成、原理、PID参数的设定方法。

第三节　位移检测系统设计

位移是一个比较重要的物理参数，工业生产的许多场合都需要检测位移，用于检测位移的传感器种类也比较多。比如以下要介绍的轮胎动态实验台往复运动位移自动测控系统，就是一个位移测控系统设计的实例。根据第一节所介绍的综合设计基础知识，结合这个设计实例和传感器工程实践台，本节将学习位移自动检测系统的设计方法。

一、轮胎动态实验台往复运动位移自动测控系统

往复运动位移的自动测控系统是轮胎动态实验台的核心部分，它直接影响实验台的性

能。本例提出一种由磁致伸缩线性位移传感器、MAX195A/D转换器和AT89C52单片机组成的往复位移自动测控系统。现场使用和实验表明，该系统的测量误差小于1mm，具有测量精度高、可靠性好和环境适应性强等优点。

汽车除空气动力外，几乎所有外力都是通过轮胎与路面接触并发生相互作用而产生的，并且影响车辆的运动状态和性能。汽车的操纵稳定性、行驶平顺性和制动安全性都与轮胎的力学特性有关。以往对轮胎力学特性的研究基本是停留在稳态特性方面，然而汽车在行驶时实际轮胎状态总表现为非稳态，对非稳态特性的研究还只是刚刚起步。由于轮胎力学特性研究的复杂性，轮胎的力学特性很难完全采用理论方法进行分析，轮胎力学特性实验一直是轮胎力学特性研究的重要技术手段，因此，利用现代先进科学技术和先进的科技产品，尽快研制开发出具有现代先进水平的多功能、高精度和自动化程度高的轮胎动态实验台，迫在眉睫。以解决轮胎动态特性试验设备的当务之急，它是国家211工程重点建设项目。往复运动位移的测量与控制是轮胎动态实验的关键部分之一。其性能指标如下：

（1）实验台往复运动位移范围：0～5m。

（2）测量绝对误差：＜2mm。

从技术指标可以看出，实验台往复运动位移范围大，测量精度高是其主要特点，本例提出一种以磁致伸缩位移传感器为核心，通过MAX195A/D转换器进行数据采集，由MCS-51系列单片机AT89C52完成数据处理的轮胎动态实验台往复运动位移的自动测控系统。

（一）测量原理

轮胎动态实验台往复运动位移的自动测控系统框图如图7-13所示。它主要包括磁致伸缩位移传感器、信号处理电路、A/D转换器、光电隔离器、线性隔离放大器和往复位移控制系统等。磁致伸缩位移传感器检测轮胎实验台往复运动位移，经信号处理电路变成－5～5V模拟电压信号，由AT89C52单片机控制MAX195A/D转换器进行量化和采集，实现轮胎动态实验台往复位移的自动测量，同时位移信号经线性隔离放大器送到控制系统，实现轮胎实验台往复运动的控制。

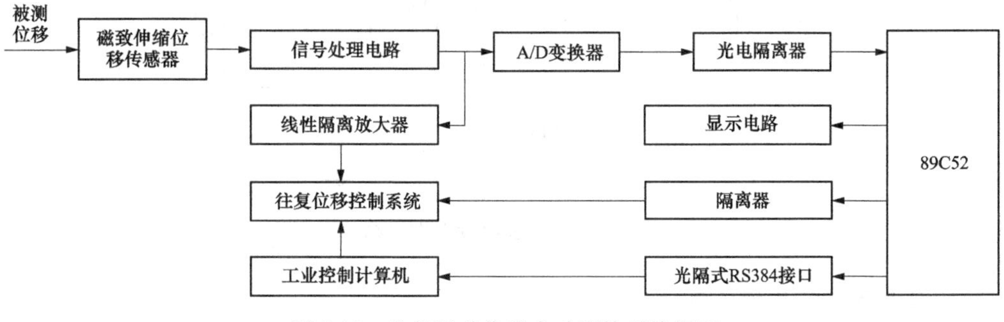

图7-13 往复运动位移自动测控系统框图

1. 磁致伸缩线性位移传感器

磁致伸缩线性位移传感器是采用磁致伸缩原理的高精度超长行程绝对位置测量传感器，同时给出运动物体的位移和速度的模拟信号，采用非接触测量方式。它由不导磁的不锈钢管（测杆）、磁致伸缩线（波导）、可移动的磁环和电子部件等部分组成。

脉冲发生器产生波导脉冲，经电子部件内的不断性装置加以变换，转换成沿波导线传播的电流脉冲，即起始脉冲，它沿着波导线传播，产生的磁场与活动磁环固有磁场矢量相加形成螺旋磁场，产生瞬时扭力，并产生张力脉冲，这个脉冲以恒定的速度沿波导线传回，在线圈两端产生感应电压脉冲，即终止脉冲，通过测量起始脉冲与终止脉冲之间的时间来精确地测定被测位移量，其主要技术参数如下：

（1）测量范围：0～5m。

（2）分辨率：优于0.002%FS。

（3）非线性：±0.01%FS。

（4）重复性：优于0.002%FS。

（5）输出形式：－10～10V DC。

（6）供电电压：±15V DC。

2. 信号处理电路

轮胎实验台往复运动位移动态范围是0～5m，它以实验台中心为机械零点位置，往复位移为－2.5～2.5m，磁致伸缩线性位移传感器将其转换－10～10V的直流信号输出，该信号受传输和负载的影响会发生微量的变化，特别是为了满足后续±5V双极性输入MAX195 A/D转换器的需要，必须对位移传感器输出信号进行调理。其信号处理电路如图7-14所示。RP1电位器调节电气零点，以达到电气零点和机械零点相一致，正负基准电源采用AD581芯片，为调节电路提供－10～10V的调节电压。RP2调节信号输出的满度。A_1、A_2和A_3选择OP27低噪声低失调电压集成运算放大器，A_1起阻抗匹配作用，A_2用于零点调整，A_3调节信号的满度。位移传感器信号经处理电路输出幅度为－5～5V。

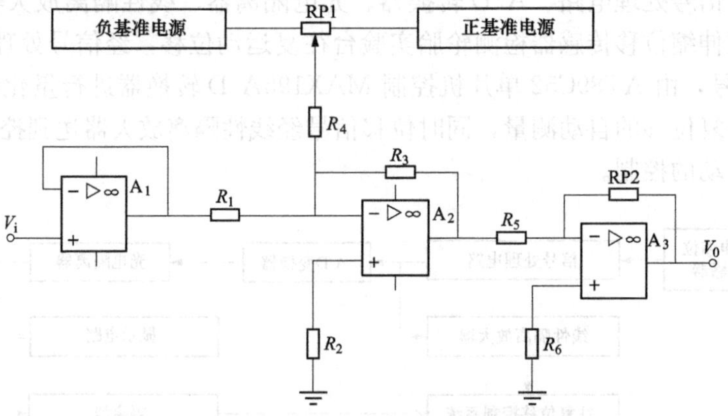

图7-14 位移信号处理电路

（二）往复位移信号的采集

根据前面的讨论，轮胎实验台往复运动位移具有测量范围大和测量精度高的特点。因此对信号的采集系统的要求很高，要求A/D转换器具有高精度和容易隔离的特点，因此，往复位移信号的数据采集系统选择MAXIM公司的16位串行MAX195 A/D转换器，以保证系统的测量精度。采用6N136光电耦合器隔离系统的模拟地线和数字地线，从而满足了系统转换速度的要求，这样，既保证了系统的可靠性，又实现了往复位移的高精度测量。

1. 高速光电耦合器6N136

高速光电耦合器6N136是内部封装一个高速度红外发光二极管和光敏二极管的器件，

具有高速度、隔离电压高、抗干扰性强、与 TTL 逻辑电平兼容等优点，其频率响应可达 500 kHz 以上。光电隔离电路如图 7-15 所示，电路中输出信号相位与输入信号相同，应用于后续的 A/D 接口电路。

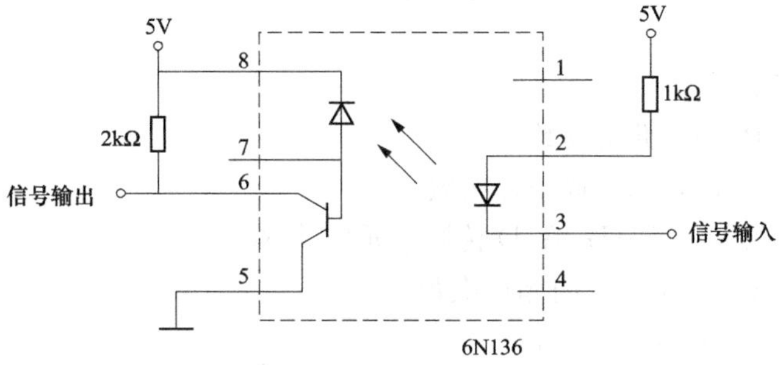

图 7-15　光电隔离电路

2. A/D 转换器 MAX195 与单片机的接口

MAX195 芯片是 16 位逐次逼近式 A/D 转换器，具有转换速度快、精度高、内置采样保持器、三态串行数据输出和易于μp 接口等优点。MAX195 的转换速度为 85kSPS，转换时间可达 9.4μs。

MAX195 内部集成一个逐次逼近寄存器（SAR），用以将输入模拟信号转变为 16 位二进制数码串行输出，输出时高位在前。MAX195 的数据接口包括三态输入信号 BP/UP/SHDN（悬浮为双极性输入；＋5V 为单极性输入；接地为关闭模式）、转换时钟输入端 CLK、串行时钟信号 SCLK、转换结束信号 EOC、选片输入信号 CS、转换启动信号 CONV 和复位信号 RESET。CONV 变低后开始模数转换。转换结束时，经过一个转换时钟 CLK 后转换结束信号变低。

MAX195 与 89C52 单片机接口电路如图 7-16 所示，其中 5 个光电隔离电路每一个都和图 7-15 相同。89C52 单片机采用 I/O 口控制方式启动 A/D 转换开始，转换结束后，EOC 向单片机申请中断，在中断处理程序中读取二进制串行数据。

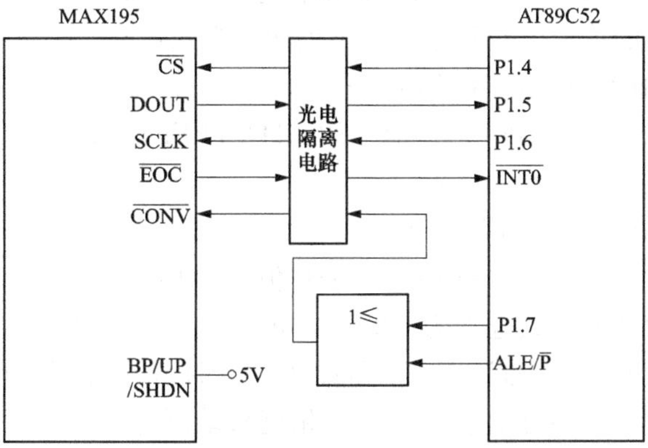

图 7-16　MAX195 与 89C52 单片机接口电路

（三）软件设计

轮胎动态实验台往复位移自动测控系统的软件设计主要由系统监控程序、A/D转换中断服务子程序、往复位移运算程序、数字中值滤波器和位移控制程序等组成。在图7-16所示的MAX195与单片机接口电路中，一次转换结束后进行数据传送，A/D转换中断服务子程序清单如下：

```
INT0：CLR   EX0
      SETB  P1.5；准备读数
      MOV   R1，#02；置循环次数
      MOV   R0，#50H；A/D转换单元指针R0
L0：  MOV R2，#08；置内循环次数
L1：  CLR   P1.4；片选P1.4
      SETB  P1.6；构造串行传送时钟
      CLR   P1.6；SCLK下降沿锁存数据
      MOV   C，P1.5；逐位读取A/D转换结果
      MOV   A，3FH；移位
      RLC   A
      MOV   3FH，A
      SETB  P1.5；准备下次读数
      DJNZ  R2，L1；8位数据未读完，继续
      MOV   A，3FH；读完8位，存内部RAM
      MOV   @ R0，A
      INC   R0；修改指针
      DJNZ  R1，L0；16位未读完，继续
      SETB  02H；置标志位
      LCALL DAT；调数据处理子程序
      RETI；返回
```

A/D转换中断服务子程序将往复位移数据暂存，由于实验台的机械零点显示模式和单片机汇编语言定点运算的特点，位移运算有下列两种模式：

（1）当A/D采样值不小于8000H时，

$$L=2500(\text{采样值}-8000\text{H})/7\text{FFFH}(\text{mm}) \tag{7-3}$$

此时的往复位移值为0～2500mm。

（2）当A/D采样值不大于7FFFH时，

$$L=2500(7\text{FFFH}-\text{采样值})/7\text{FFFH}(\text{mm}) \tag{7-4}$$

此时的往复位移为负值，其范围为−2500～0mm，符号由显示程序控制。

单片机根据采样值的大小按式（7-3）和式（7-4）计算出往复运动位移值转换成分离型BCD码送显示电路显示。实现了往复位移的高精度自动测量。

轮胎动态实验台往复运动控制系统有速度控制和位移控制两种方式。在远程控制模式下，由上位工业控制计算机选定按速度控制或按位移控制。在本地控制模式下，只能进行位移控制，可由软件设置实验台在任意位置启动和停止，位移控制范围为0～5m，稳态误差小

于 1mm，稳定时间小于 350ms，速度控制的范围为 10～200mm/s，稳态误差小于 2mm/s，稳定时间小于 200ms。

二、位移自动检测控制系统设计实践

传感器工程实践台提供的用于位移测控系统实践的装置、仪器有：

(1) 直线位移执行器，在本系统中是被控对象，它可由 S_{13} 开关切换处于内控或外控状态，当处于内控状态时受计算机的输出信号控制。

(2) 传感器，本实践台可利用的位移传感器有霍尔式传感器、光纤式传感器、差动变压器式传感器、电容式传感器、电涡流式传感器。其中霍尔式传感器的输出信号需经通用放大器（Ⅱ）调整、转换后用于控制；其他四种传感器信号通过专用接口电路转换后用于控制。另外，除差动变压器式传感器的测量系统已将传感器的输出信号修正为线性、标准信号外，其他四种传感器在用于测控系统之前均应先做特性实验，并取特性曲线上的线性段，在此范围内做测控实践，才能达到理想的控制效果。

(3) 测微头，在本测控系统实践中用于在控制输出稳定后读取直线位移执行器的实际位移值，和设定值比较，定量评价控制效果的优劣。

(4) 传感器信号转换电路，因为测控软件 SET9000 要求传感器提供的信号应该是 0～5V 并且和位移线性对应的信号，所以此电路的作用是将传感器输出的各种电量或非电量的非标准信号转换成标准信号输出。

(5) 数据采集控制器，提供计算机和外设之间的接口，进行 A/D 和 D/A 转换。

(6) 计算机，是本系统中的控制核心，它检测位移传感器的信号，并和本身的设定值比较，根据设定的 PID 参数值，输出 0～5V 的信号控制直线位移执行器的位移，使位移执行器的位移稳定在设定值上。以上控制功能都是基于 SET9000 测控软件实现的。

可见，以上装置可以构成位移闭环测控系统，其中位移传感器可选择霍尔、光纤、电涡流、差动变压器、电容传感器其中的一个。

下面以霍尔传感器为检测元件学习位移闭环测控系统的实践方法，通过实践分析本测控系统适合的 PID 参数值，画出测控系统组成框图，指出本系统的执行器、检测元件、控制器，分析本测控系统的主要误差来源，当测控系统产生震荡时，用什么方法可以消除震荡。

（一）实践目的

通过运用霍尔式位移传感器对直线位移执行器进行非接触测量及闭环控制实践，掌握测控系统的构成及如何进行位移 PID 控制。

（二）基本原理

将直线位移执行器、霍尔式位移传感器、通用放大器（Ⅱ）、数据采集控制器、计算机组成闭环回路，通过测控实践 PC 控制软件，对直线位移执行器进行连续 PID 控制。

（三）需用器件与单元

霍尔式位移传感器、通用放大器（Ⅱ）、位移执行器、测微头、数据采集控制器、计算机及测控实践 PC 控制软件。

（四）注意事项

(1) 该实验必须在霍尔传感器位移特性实验基础上进行。

(2) 霍尔式位移传感器是非接触式测量，存在线性起始点安装问题，即必须先做特性实验，确定传感器特性曲线的起始点，从此点开始在特性曲线的线性段内进行测控实践。

(3) 插传感器接头和计算机通信线时注意对正小方形口。

(4) 测控软件 SET9000 中，线位移测量控制实验中位移采集信号定义：0～20mm/0～5V，并且是线性的。

(5) 数显电压表分辨率为 1/1999，即 0.5/1000，并存在“±1”个字的量化误差，在系统精度范围外的数字跳动属正常现象。

(6) 为防止电压表超量程使用，通用放大器（Ⅱ）调零时数显电压表需从 20V 挡逐步减小。

(7) 实验之前应关闭所有未用单元的电源，振动源频率和幅度旋钮分别设为最大和最小。

(8) 确定传感器的线性段时应反复测量几次取平均值作为结果，以得到更为准确的实验数据。

（五）实践步骤

(1) 在直线位移执行器圆盘右边靠外边的支架安装上测微头。测微头刻度旋在 20mm 处，并轻轻顶住直线位移执行器圆盘（使执行器为零位移），拧紧测量架顶部的固定螺钉。

(2) 在直线位移执行器圆盘上的小圆片上吸附一圆形磁钢，红点向外。

(3) 将霍尔传感器安装在直线位移执行器右边靠里边的支架上，霍尔传感器引线插入实践台面上的“霍尔”插座中，探头对准并顶住小圆片上的圆形磁钢，拧紧测量架顶部的固定螺钉。

(4) 抬起通用放大器（Ⅱ）S_7 开关，S_5 开关置霍尔位移传感器位，通用放大器（Ⅱ）的输出接数显电压表，打开通用放大器（Ⅱ）电源。

(5) 通用放大器（Ⅱ）调零：R_{w1}、R_{w3} 顺时调至最大，抬起 S_{15} 开关调节 R_{w2} 使第一级仪表专用放大器输出 V_{o3} 为零。压下 S_{15} 开关接入第二级反相放大器，调 R_{w4} 使 V_{o4}（V_o）为零。

(6) 用手向左推直线位移执行器圆盘，直到圆盘不能移动，此时调节 R_{w3} 至电压表示值 V_{o4}（V_o）约 5V，整个过程 R_{w1}、R_{w2}、R_{w4} 不要动。调节完成后，松开直线位移执行器圆盘，使它复位。注意：此过程中要始终使传感器探头对准磁钢。

(7) 向里旋转测微头，每转动 0.5mm（测微头旋转一圈）记下数字电压表读数，直到数字电压表读数不变，记录每点的位移值和电压值。

(8) 以横轴为位移、纵轴为电压画出坐标系，将上述数据逐点描点画出传感器的特性曲线，在曲线上确定出传感器的线性起点 X_0 值及线性范围。

(9) 除采用第（11）步所述的定标方法外，特性实验后实验中各旋钮都不能动，保持特性实验结果进行以下闭环控制实验。

(10) 确定传感器的安装位置：向里旋转测微头使示值减小 5～X_0 的值，此时将传感器探头轻轻顶住位移执行器的圆盘，此位置即为传感器的初始安装位置。因为在初始安装位置位移执行器的非线性区间为 0～5mm，传感器的非线性区间为 0～X_0mm，为在实验中避开传感器的非线性区间，选择上述方法确定传感器的安装位置；为避开位移执行器的非线性区间，应使执行器在 5～20mm 段内工作，因此向里旋转测微头约 5mm 后固定，开始实验。

(11) 如果传感器的线性段是 3～8mm 时，也可将此线性段时的放大器输出定标到 0～5V，方法是：完成第（10）步后，把放大器的输出接电压表，分别调整两级运算放大器的零点，使此时的放大器输出为零；向里拧测微头至12mm处（位移8mm），调放大器的R_{W3}使电压表指示为5V；向外拧测微头至位移3mm处，重复调运算放大器的零点；直到电压表示值稳定。若放大器的输出不能按上述方法定标，需要将放大器的各调节旋钮恢复到原状态，即保持系统输出为特性实验时的输出值，在实验中按照步骤14计算具体的设定值。

（12）按下通用放大器（Ⅱ）的S_7开关，接通计算机模拟量输入通道；按下直线位移执行器前面S_{13}开关，接通计算机模拟量输出通道。计算机通信线接测控口，打开“计算机通信口”电源。现在已将直线位移执行器、霍尔式位移传感器、通用放大器（Ⅱ）、数据采集控制器、计算机等硬件连接成位移闭环测控系统。

（13）启动计算机，在桌面上双击SET9000图标进入登录界面，在登录窗口选择“学生实验级”，然后确认，进入测控软件操作界面。在操作界面上选择“自定义”实验内容（或选择实验为线位移测量控制），并键入“霍尔传感器位移闭环控制实验”后回车，选择PID调节规律，在通道设置中选择本系统所用的输入、输出通道。本系统中通用放大器的输出接到A/D2，线位移执行器的控制信号由D/A2输出，所以选择通道为Ain2，Aout2。

（14）开始测控实验之前，首先应该选择一个设定值，建议位移设定值＝50％×线性范围。例如设霍尔传感器的线性起点电压为0.8V，终点电压为4.8V，采用自定义实验时，它们分别对应为全量程（0～5V）的16％、96％，则它们的中点（50％点）为（16＋96)/2＝56％。采样周期可选1s，PID参数可选$P=0.2$　$I=9.8$　$D=0$S，实验过程中可根据实际调节的效果进行调整（注意P不能设为零）。(如果传感器的线性段如第11步所述被定标到0～5V时，此处设定值不必计算，可先选为50％)

（15）单击“开始”按钮，开始实践。注意操作界面上的提示——系统通信是否正常，若不正常要注意数据采集器上的发光二极管T、R是否闪烁，如有表示数据采集器与计算机通信联系正常，否则需检查通信端口是否设置正确（com1或com2），计算机通信口是否正常工作，通信口线连接是否正常，通过任务管理器检查是否有软件冲突。

（16）实验中注意观察测控界面右方的图形框，可以看到黄、红、绿三条曲线，黄线表示设定量、红线表示控制量（给执行器）输出曲线、绿线表示过程量（传感器信号）输出曲线。随着实验进行绿线将逐步靠近黄线，说明位移值正逐步接近设定值，经过几个周期，PV值和SV值相等并稳定，认为调节过程结束，记录下当前的PID值、曲线形状；同时向里拧测微头使它轻轻顶在执行器的圆盘上（使执行器不产生附加位移），记录下测微头此时的读数值，计算执行器的位移值，记录完成后再将测微头拧回刻度20mm处。

（17）每隔传感器位移线性范围的10％修改一次设定值，使设定值先从小到大变化，共测量5～10个点；再从大到小变化，测量5～10个点。每次记录上一点的值后，先修改PID值，再修改设定值，当PV和SV相等并稳定时，记录下经历的调节时间和当前的PID值、曲线形状，并通过测微头读数记录执行器的位移值。

（18）在实验过程中如按“运行”按钮则采样终止，按“暂停”按钮采样过程继续，单击“历史”按钮可查看整个调节过程的曲线，按“复位”按钮清除本次实验数据和曲线，并且停止采样过程。

（19）根据实验数据填写表7-2。

表 7-2 位移闭环系统检测数据

理论值（mm）										
实测值（mm）										
误差（mm）										

其中理论值为计算机设定值取10%、20%、…、100%时执行器的理想输出值，它的计算方法为

$$X = X_0 + Ln\%$$

式中 X_0——根据特性曲线选择的线性起点；

L——线性段长度；

n——10、20…100。

实测值为由测微头读出来的位移值；误差为实测值与理论值的差值，根据此差值可评价此系统控制性能的优劣。

参照上述霍尔传感器位移闭环控制实验的步骤，可以设计以其他四种传感器为检测元件的位移闭环测控系统，但每个系统各有不同点，需要注意的内容如下：

对于电涡流传感器，实践之前要参照电涡流传感器位移特性实验的结果，在做出的传感器特性曲线上找出线性段，在传感器的线性范围内进行测控系统实践。因为电涡流传感器测量系统中没有调零旋钮，所以测控实验之前不能采用定标的方法调节，需要在测控实验过程中计算每一个控制点的设定值。同时要注意避开执行器的非线性区间，即在安装传感器时初始位置要选择执行器的位移不小于5mm，使控制开始时执行器在线性段内工作。

差动变压器系统的调整比较复杂，当此系统用于测控实践时，输出选择开关打到“测量”位置，此时为保证控制精度，差动变压器特性/测量系统电路全部固定，各旋钮不起作用。传感器仅有单向输出，定标在0～20mm对应0～5V，和测控软件SET9000中线位移测量控制实践中位移采集信号定义相对应。所以实践过程中可不必考虑传感器的非线性问题，可以在全量程范围内进行测控实践。实践之前系统的零点需要调整，方法为调整传感器固定螺钉安装位置，使差动变压器测量系统的输出为零。

对于电容式传感器，首先就要知道传感器输入位移量和输出电压量之间的关系特性。传感器工程实践台所提供的电容传感器测量系统中有特性和测量两套电路，它们分别是用于传感器的特性实验和测控实践，它们是相互独立的两个电路。因为电容传感器具有非线性特性，它的位移测控实践要采用测量电路进行，因此要确定电容传感器和测量电路系统的特性，测得特性曲线，再根据此特性曲线确定线性起点和线性范围，并据此进行位移测控实验。确定传感器的线性段也就是给传感器定标，定标时要注意测微头的读数和实际位移之间的关系为：实际位移＝20mm－测微头读数，记录实验结果时填实际位移值；测微头要正确读数，避免机械间隙误差。电容传感器对位移执行器的位移量进行接触式测量，传感器的输出信号经电容传感器测量系统电路处理，再经微机数据采集控制器传给计算机。

本实验电容传感器的特性测量部分可参照电容传感器特性实验，但不能完全照搬实验内容，因为两个部分的测量电路不同。特性实验中电容传感器具有“＋”“－”双向输出，而

本实验中它只具有单向输出。实验开始时安装电容传感器要借助连接杆，初始安装时要对系统进行调零。因本实验所用传感器输出受环境影响会有改变，所以初始调零时让系统输出接近零即可。

对于光纤传感器，它的特性曲线具有前坡、后坡的非线性输出特性，所以在进行测控实践之前，也应该通过特性实验在特性曲线上找出线性段，在线性范围内进行测控实践。另外，光纤测位移的本质为检测被测件反射光的强弱，所以测量结果受光干扰影响较大，输出信号不够稳定。

根据上述不同传感器构成位移闭环测控系统的区别，可以设计测控系统。实践过程中应注意设定值的调整要在传感器的线性范围内，实验中可用测微头检查执行器的位移控制精度。在测控软件 SET9000 界面上选择实验为线位移测量控制，根据本测控系统的受控对象为位移执行器，过程量为传感器测量系统输出，设置模拟量输入输出通道，对直线位移执行器进行连续 PID 控制。实践之前应充分熟悉这些软硬件的使用方法和原理，特别是测量电路的原理和测控软件 SET9000 的使用方法，在实验之前应先拟定好设计思路。

测控软件 SET9000 线位移测量控制实验中位移采集信号定义：0～20mm 对应 0～5V，并且是线性的。依据这一特点，应该取传感器的线性段进行测控实验，所以对直线位移执行器的控制不能在全量程范围内进行。根据软件定义，还要注意不要使测量范围内传感器测量电路系统输出大于 5V。

第四节　压力检测系统设计

压力测控在石油化工、热电生产、能源开发及科研等领域具有广泛的应用。随着传感器技术、微电子技术、单片机技术和现代控制技术的发展，为智能压力测控系统测控功能的完善、测控精度的提高和抗干扰能力的增强都提供了有利条件。

MSC1210 单片机是一款高性能、低电压、低功耗、功能齐备的混合信号芯片，具有很高的模拟数字集成度和丰富的软硬件资源以及非常强的抗干扰能力。虽然方便、灵活和高精度 ADC 的使用完全可满足使用者的要求，但其指令执行速度更是实时系统所渴求的，因此，该芯片特别适合在高精度测试和智能控制等领域使用。以下我们要介绍的压力测控系统是以此单片机为核心设计的一套智能高精度压力测控系统，该系统利用 MSC1210 内部的 24 位高精度Σ-ΔADC 和改进的 8051 内核进行多通道压力信号的采集和处理，并采用 PWM 方式进行功率控制，这里将给出了该压力测控系统详细的硬件原理电路和完整的软件流程图。

一、基于 MSC1210 单片机的压力测控系统设计

本例介绍的压力测控系统是基于美国德州仪器（TI）公司推出的基于 8051 内核的高性能、低功耗单片机 MSC1210，MSC1210 单片机内容如下。

（一）MSC1210 单片机的结构特点

MSC1210 单片机是集成数字/模拟混合信号高性能芯片，其内核是优化的 8052 内核，在相同时钟频率下，它的执行速度可达到标准 8052 的三倍。MSC1210 片内集成了大量的模拟和数字外围模块，具有很强的数据处理能力。它内部集成有 24 位分辨率的Σ-Δ 模数转换

器（ADC）、8 通道多路开关、模拟输入通道电流源（Burn—out Current Sources）、输入缓冲器、可编程增益放大器（PGA）、温度传感器、内部基准电压源、8 位微控制器、程序/数据 Flash 存储器和数据 SRAM 等。

MSC1210 的片内外围模块功能齐备，其中包括 1 个 32 位累加器、1 个具有 FIFO 功能的标准 SPI 接口、2 个标准 UART 接口、32 个多功能数字 I/O 端口、3 个通用定时/计数器、看门狗电路、低电压检测电路、片内自动上电复位电路、16 位脉宽调制输出电路（PWM）和欠压锁定复位（Brownout Reset）电路等。其强大的模拟数字集成度和丰富的软硬件资源非常适合高精度测试和测控等领域使用。

（二）系统总体方案设计

1. 技术指标

本设计所要求的智能高精度压力测控系统的主要技术指标如下：

（1）测量精度：±0.1%。

（2）测量误差：±0.5%。

（3）测压范围：0～500kPa。

（4）供电电源：AC220V(±10%)25Hz。

（5）工作温度：−40～85℃。

（6）超限处理：超限报警（告警门限可设置），告警信息记录，告警数据掉电不丢失，告警信息可打印输出等。

（7）压力值及告警信息可经串口传出。

（8）可实时显示时间及当前压力值。

2. 系统总体设计

综合考虑系统的实用性、可靠性、可维护性、扩充性和操作简便性，本系统设计时主要采用以下技术措施：

（1）充分利用 MSC1210 的软硬件资源，包括其内部的 A/D 转换部件、数字滤波功能、复位电路及看门狗电路进行数据的采集、处理与监控；

（2）采用软硬件抗干扰技术，来保证系统的可靠运行；

（3）利用脉宽调制器输出 PWM 信号，并经 V/I 将其转换为 4～20mA 电流信号送至执行机构；

（4）选用适合于气体、液体、流体的隔离式压力传感器 CYZ104 进行压力测量，以确保测试精度；

（5）报警信息远传采用 RS-485 串口通信，以提高抗干扰性，并减少传输误码率；

（6）系统软硬件设计采用模块化设计思想，以提高系统的可靠性。

整个系统以 MSC1210 单片机为核心，通过压力传感器来采集压力信号，然后经滤波电路进入 MSC1210 的 A/D 转换通道，再经 MSC1210 对数据进行处理，并将结果输出到液晶显示屏或经串行口远传，从而实现对压力的精确测量与控制，并通过键盘显示器实现测控功能的选择和参数的在线修改。本系统配有时钟电路、打印机接口及告警电路，可实现实时显示、打印及告警功能。其工作原理框图如图 7-17 所示。

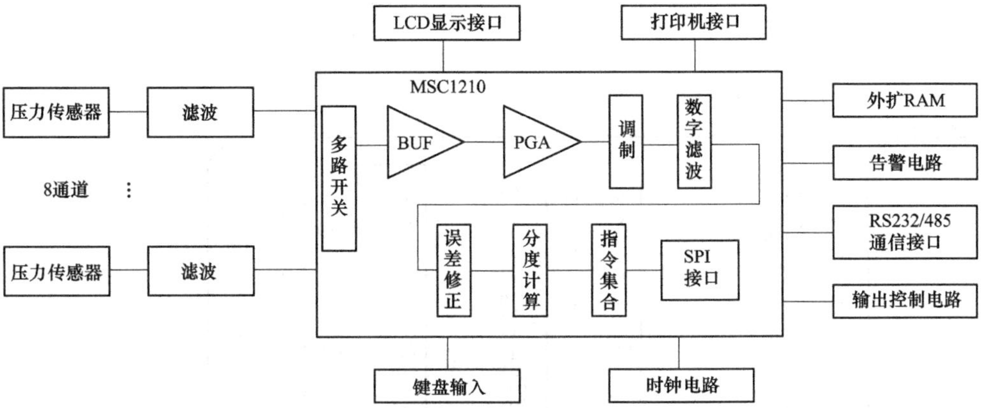

图 7-17　系统工作原理框图

（三）硬件电路设计

1. MSC1210 单片机应用系统设计

MSC1210 单片机具有功耗低、速度快、资源丰富、抗干扰能力强等特点，是一款高性能的单片机。采用 MSC1210 单片机作为压力控制器，可充分利用其硬件资源中的 A/D 部件和脉宽调制器输出的 PWM 信号来作为信号的采集和输出控制通道，同时利用其内部的低电压检测电路、看门狗电路进行电源监视和程序监视，还可利用片内自动上电复位电路和欠电压锁定复位电路进行系统复位，因而大大简化了硬件电路，提高了系统的可靠性和抗干扰能力。本系统以 MSC1210 单片机为核心，通过外扩数据存储器及外围电路来组成压力测控系统的测控核心。其 MSC1210 单片机应用系统的原理电路如图 7-18 所示。

为了提高对压力信号检测的精度，本系统采用 MSC1210 内部基准电压源来为 A/D 部件提供基准电压。而为了提高系统的可靠性和抗电源干扰的能力，设计中启用 MSC1210 内部电源检测及看门狗定时器来实现对电源的低电压检测和看门狗功能。同时利用 MSC1210 内的自动上电复位和欠电压锁定复位电路完成系统的复位。系统存储器 DS1244Y 中的实时时钟芯片可为系统提供定时及报警的准确时间。此外，系统中还扩展了 MGLS240128T 型液晶显示器接口和 TPUP-40C 型打印机接口，因而可以方便地显示、打印输出时间和告警信息。

2. 串行通信接口的设计

MSC1210 单片机片内含有一个全双工的串行接口，通过编程可实现串行通信功能。MAX232/MAX232A 可以用作单片机和单片机之间、单片机和 PC 机串行口之间的 RS232 串行接口电路。采用 MAX232 的硬件接口电路如图 7-19 所示。利用该电路可完成 MSC1210 的串行 Flash 编程，并可将压力值及告警信息传至上位机。

3. 声光报警电路

MSC1210 单片机的 P3.5 脚可输出压力超限告警信号，设计时可采用光电隔离技术来提高抗干扰性能。系统中的声光报警电路如图 7-20 所示。

（四）系统软件设计

测控系统的软件部分用于完成对压力信号的采集、处理、显示、控制调节和 PWM 输出等。

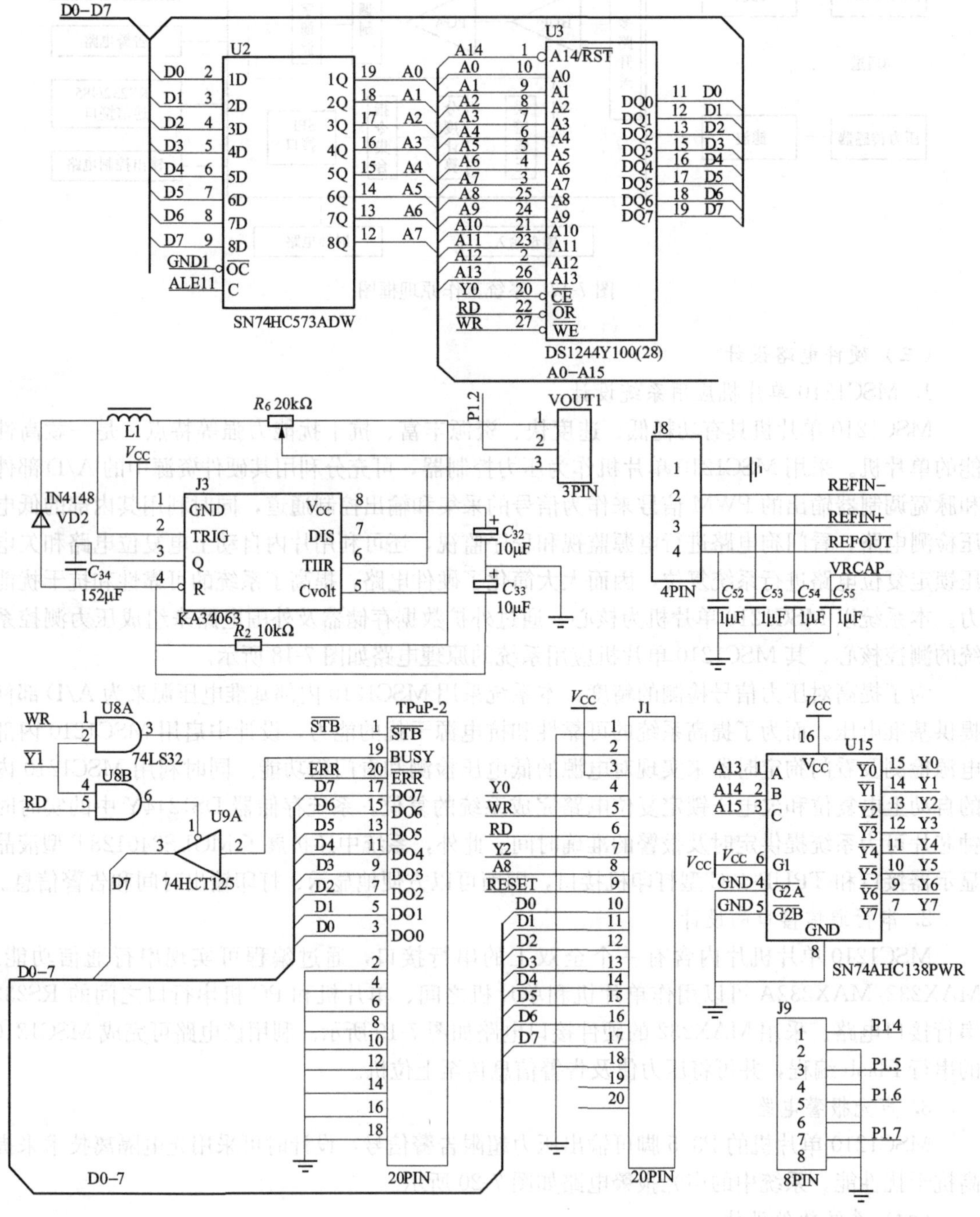

图 7-18 MSC1210 单片机应用系统的原理电路

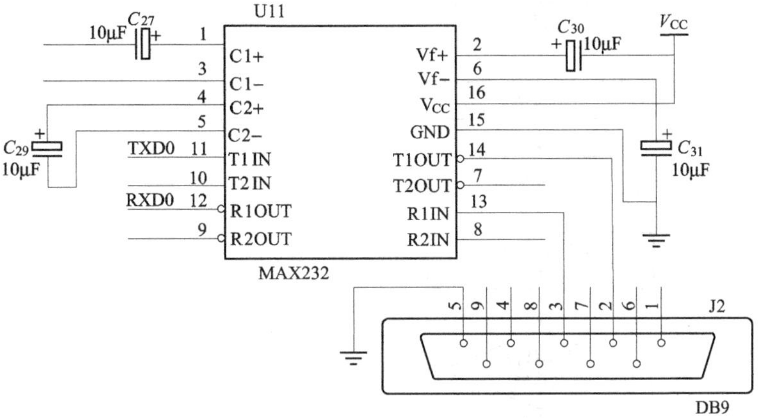

图 7-19　MAX232 与 PC 机接口电路

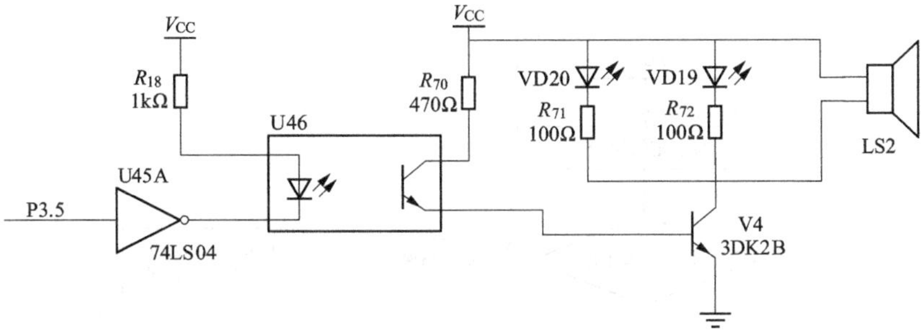

图 7-20　系统中的声光报警电路

1. 主程序流程图

主程序主要用于完成系统的初始化，包括上电复位、MSC1210 的初始化、8279 初始化、LCD 及打印机初始化、T0 初始化和 DS1244Y 初始化等。当定时器 T0 赋初值 100ms 后，系统将允许 T0、INT0 中断，然后读取 DS1244Y 时钟，并送显示器显示时间和日期。当 T0 中断时，系统则进入 A/D 转换程序；而当 INTO 中断时，系统则进入 8279 键盘处理程序。其主程序流图如图 7-21 所示。

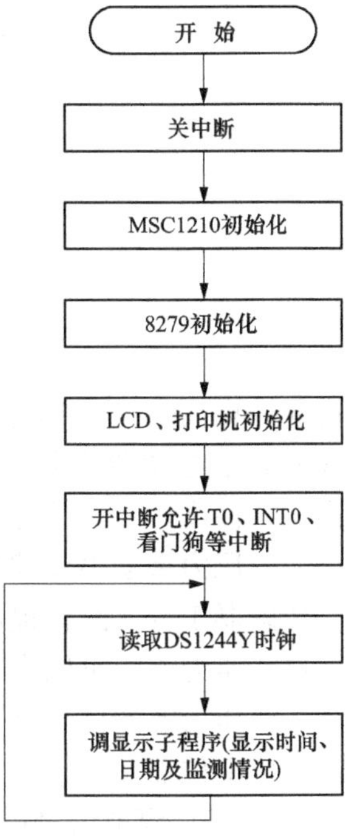

图 7-21　主程序流程图

2. 定时器 T0 中断服务

当 T0 中断时，系统进入 A/D 转换程序。此时将首先初始化 A/D 转换器以选取通道，然后启动 A/D 转换以采集压力，再经数字滤波后计算出压力值，最后将压力值与设定值进行比较。若超限，则报警，并记录、打印越限通道号、数值及时间，同时驱动控制执行机构采取相应措施进行处理，接着将信息由 LED 和 LCD 分别输出。最后，重新设定 T0 定时 100ms，并等待中断。图 7-22 为 T0 中断服务（A/D 转换）流程图。

该测控系统充分利用了 MSC1210 单片机的软硬件资源，使得设计结构简单；并采用软硬件结合的抗干扰技术，使得系统

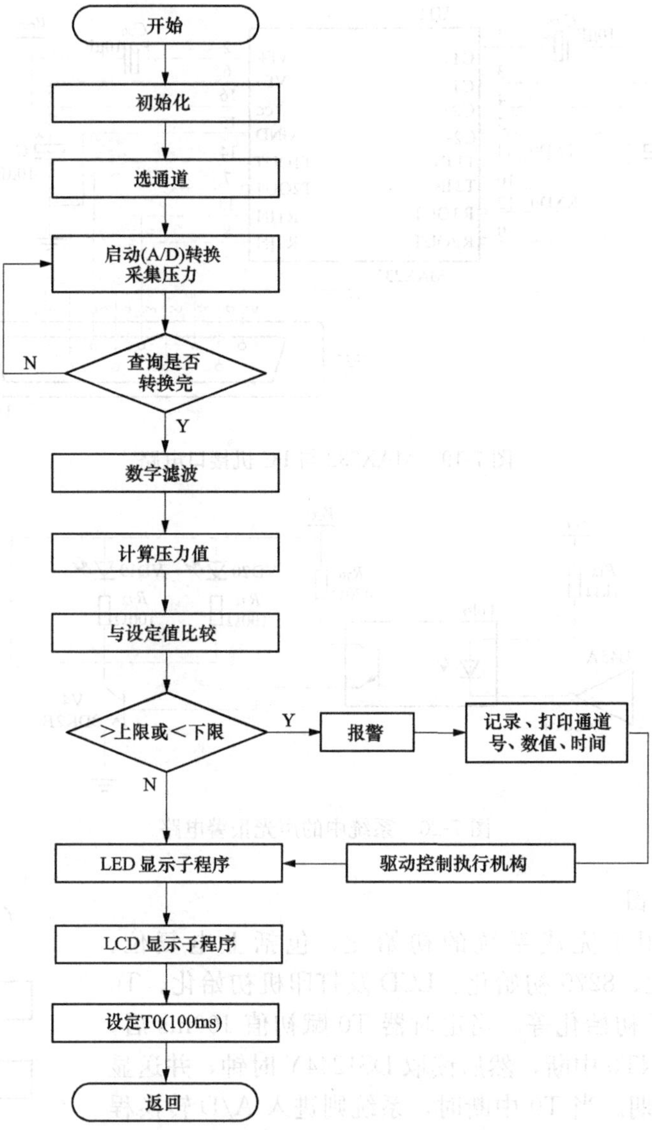

图 7-22 T0 中断服务（A/D 转换）流程图

的可靠性更高、抗干扰能力更强；系统的输出控制电路采用光电隔离技术，同时利用 MSC1210 的脉宽调制器产生 PWM 信号，经 V/I 变换输出控制电流信号，因而具有输出精度高、线性度好、调整方便等优点。

二、压力自动检测控制系统设计实践

传感器工程实践台提供的用于压力测控系统实践的装置、仪器有：

（1）压力源，可以实时显示供给压力传感器的空气压力值，同时可以通过观察浮子式流量计了解压力源的供气是否正常，它设有手动和外加信号控制气源压力两种方式。手动方式时需调节电位器，用于压力传感器的特性实验。外加信号控制方式可以采用两种方式：一种为外加 0～5V 模拟信号控制，此信号可由模拟信号变换器供给；另一种为计算机控制方式，如果进行压力测控系统实践时，应该选择此控制方式，此时压力源的输出压力被传感器检测传给计算机，计算机根据设定值控制压力源输出压力的大小，所以压力源是压力测控系统中的被控对象。压力源在使用时，它的输出气体通过皮管加在压力传感器的高压嘴上。

（2）扩散硅压阻式压力传感器，实际为差压式传感器，设有高压嘴和低压嘴，工作时高压嘴接气源（压力源输出），低压嘴通大气。它是根据半导体的压阻效应制成的，敏感元件将被测压力的变化转变成电阻值的变化，转换元件将这一变化量转变成电压的变化量，它可以反映被测压力的大小。

（3）通用放大器，为两级放大，第一级为仪用放大器，第二级为反向放大器。本系统压力传感器的输出接第一级放大器的输入，此放大电路需将压力传感器全量程（0～30kPa）的输出信号调整到0～5V范围内变化，以满足测控软件SET9000对输入信号的定义。

（4）数据采集控制器，提供计算机和外设之间的接口，进行A/D和D/A转换。

（5）计算机，是本系统中的控制核心，它检测压力传感器的信号，并和本身的设定值比较，根据设定的PID参数值，输出0～5V的信号压力源的输出气源压力值，使压力源的输出压力稳定在设定值上。以上控制功能都是基于SET9000测控软件实现的。

可见，以上装置可以构成压力闭环测控系统，用于控制压力源的输出压力。另外，也可选择实践台外的其他压力传感器、接口电路，借助微机数据采集控制器的通用A/D和D/A转换接口构成测控系统，仿照扩散硅压阻式压力传感器的测控系统设计压力测控系统。

下面以扩散硅压阻式压力传感器为检测元件学习压力闭环测控系统的实践方法，通过实践分析本测控系统适合的PID参数值，画出测控系统组成框图，指出本系统的执行器、检测元件、控制器，分析本测控系统的主要误差来源，当测控系统产生震荡时，用什么方法可以消除震荡。

（一）实践目的

掌握压阻式压力传感器在压力测控系统中的实际应用，对压力闭环控制系统进行数据采集、参数调整、画控制规律曲线，对误差产生及不稳定状态进行分析和验证。

（二）实践原理

用所提供的压阻式压力传感器、压力源、通用放大器（Ⅱ）、数据采集控制器、计算机组成闭环控制系统，对压力源进行连续PID控制。

（三）需用器件与单元

压阻式压力传感器、压力源、通用放大器（Ⅱ）、数据采集控制器、计算机及测控软件SET9000、数显电压表。

（四）注意事项

（1）该实践进行之前要对放大器的输出进行定标，要按照压阻式压力传感器特性实验的有关步骤操作。

（2）压力传感器高压嘴（H）接压力输入，低压嘴（L）接大气。

（3）插计算机通信线时注意对正小方形口。

（4）实践之前应关闭所有未用单元的电源，振动源频率和幅度旋钮分别设为最大和最小。

（五）实践步骤

（1）通用放大器（Ⅱ）的S_5开关置差压传感器档，S_7开关抬起，输出电压V_O用软线连至电压表，打开通用放大器（Ⅱ）电源。

（2）放大器调零：先不要给传感器加压（压力传感器的高压嘴通大气），将通用放大器（Ⅱ）R_{w1}、R_{w3}顺时调至调最大，抬起S_{15}开关，调R_{w2}使第一级仪表专用放大器输出V_{o3}为零；压下S_{15}开关接入第二级反相放大器，调R_{w4}使V_{o4}（V_o）为零。

（3）压力源功率“控制方式”开关置“手动”位，打开压力源电源开关。

（4）将硬气管一端插入压力源面板上的气源快速插座中（注意：管子拉出时请用手按住气源插座边缘往内压，则硬管可轻松拉出），软导管一端与压力传感器高压嘴（H）接通。

（5）调压力传感器的上限输出值，使压力源输出压力为30kPa时，电压表显示为5V，即将压力传感器及通用放大器（Ⅱ）定标在：0～30kPa对应0～5V。因为要用压力传感器进行测控实验，所以要求电压值和压力值严格对应。若手动调节压力源上限（30kPa）不稳时，可以使压力稳定在30kPa附近，如26.6kPa，由电压和压力之间的对应关系应有5V/30kPa$=X/26.6$kPa，其中X即为此时电压表应该调节的示值。

（6）将压力源的功率调节控制方式开关置控制位，压下压力源的S_{12}开关，使压力源受计算机控制。压下通用放大器（Ⅱ）的S_7开关，使它的信号输出至计算机。计算机通信线接测控口，打开“计算机通信口”电源。现在已将压力源、压阻式压力传感器、通用放大器（Ⅱ）、数据采集控制器、计算机等硬件连接成压力闭环测控系统。

（7）启动计算机，在桌面上双击SET9000图标进入登录界面，在登录窗口选择“学生实验级”，然后确认，进入测控软件操作界面。在操作界面上选择“自定义”实验，并键入“压力闭环控制实验”后回车，选择PID调节规律，在通道设置中选择本系统所用的输入输出通道。本系统中通用放大器（Ⅱ）的输出接到A/D2，压力源的控制信号由D/A1输出，所以选择通道为Ain2，Aout1。

（8）开始测控实验之前，首先应该选择一个设定值，建议压力设定值为50%，采样周期为1s，PID参数可选$P=0.5$、$I=10$、$D=0$，实验过程中可根据实际调节的情况进行调整（注意P不能设为零）。

（9）单击“开始”按钮，开始实验。注意操作界面上的提示——系统通信是否正常，若不正常要注意数据采集器上的发光二极管T、R是否闪烁，如有表示数据采集器与计算机通信联系正常，否则需检查通信端口是否设置正确（com1或com2），计算机通信口是否正常工作，通信口线连接是否正常，通过任务管理器检查是否有软件冲突。

（10）实验中注意观察测控界面右方的图形框，可以看到黄、红、绿三条曲线，黄线表示设定量、红线表示控制量（给执行器）输出曲线、绿线表示过程量（传感器信号）输出曲线。随着实验进行绿线将逐步靠近黄线，说明压力值正逐步接近设定值，经过几个周期，PV值和SV值相等并稳定，认为调节过程结束，记录下经历的调节时间和当前的PID值、曲线形状。

（11）若压力值不能趋与稳定，则是系统产生震荡，需要改变PID参数，再重复上述第（6）步的内容，并记录实验数据。

（12）每隔10%修改一次压力设定值，使设定值先从小到大变化，共测量10个点；再从大到小变化，测量10个点。每次记录上一点的值后，先修改PID值，再修改设定值，当PV和SV相等并稳定时，记录下经历的调节时间和当前的PID值、曲线形状。

（13）在实验过程中如按“运行”按钮则采样终止，按“暂停”按钮采样过程继续，单击“历史”按钮可查看整个调节过程的曲线，按“复位”按钮清除本次实验数据和曲线，并且停止采样过程。

（14）根据实验数据填写表 7-3。

表 7-3　压力闭环系统检测数据

理论值（kPa）										
实测值（kPa）										
误差（kPa）										

其中，理论值是将压力检测全量程十等分，得到的各个检测点的值；实测值是在压力闭环控制系统达到稳定后，压力表检测的压力值；误差是理论值和实测值差值的绝对值。

根据上述扩散硅压阻式压力传感器构成压力闭环测控系统的实践内容，可以设计其他压力传感器的测控系统。可以在测控软件 SET9000 界面上自定义实践名称，根据本测控系统的受控对象为压力源、过程量为传感器测量系统输出，设置模拟量输入输出通道，对压力源输出进行连续 PID 控制。实践之前应充分熟悉这些软硬件的使用方法和原理，特别是测量电路的原理和测控软件 SET9000 的使用方法，在实验之前应先拟定好设计思路。

测控软件 SET9000 采集信号定义为输入信号变化范围为 0～100%对应输出信号变化范围为 0～5V，并且是线性的。依据这一特点，应该取传感器的线性段进行测控实验，所以对压力源的控制根据具体传感器，不一定要在全量程范围内进行。根据软件定义，还要注意不要使测量范围内传感器测量电路系统输出大于 5V。

本章小结

本章首先介绍了通用自动检测系统的设计方法，包括总体方案的制定、自动检测系统的设计原则与步骤、自动检测系统的硬件设计方法及软件设计方法、自动检测系统的抗干扰技术、自动检测系统的可靠性设计。在此基础上，分别举实例分析了温度、位移、压力检测系统的设计方法。最后，结合传感器与测控技术工程实践台，说明了如何进行测控系统实践，其中以典型传感器为主，对其他传感器的测控系统实践方法也进行了说明，实现理论与实践的有机结合。

习题与思考题

7-1　检测系统常见的干扰类型有哪些？采用什么措施可以抗干扰？

7-2　提高检测系统可靠性的措施有哪些？

7-3　举例说明，如何设计一个温度、位移、压力的闭环检测控制系统？

7-4　在闭环检测控制系统设计中要注意什么？如何保证检测精度？

7-5　根据实践数据分析温度、位移、压力检测系统适合的 PID 参数值。

7-6　画出温度、位移、压力测控系统组成框图，指出系统的执行器、检测元件、控制器。

7-7　温度、位移、压力测控系统的主要误差来源是什么？

7-8　为什么有些传感器在构成测控系统之前要进行定标？如果不进行定标将产生什么结果？

第八章　工程实践方法

第一节　工程实践内容

传感器技术是实用性较强、涉及面较广的交叉学科，所以传感器工程实践显得尤为重要。传感器工程实践是利用各种传感器的工作原理及基本理论知识，借助一定的实践装置及操作软件，通过一定的实践方法对不同的对象进行检测及测量，其中包括温度测量，长度及线位移测量，角度及角度位移测量，速度、转速及加速度测量，力、力矩和应力测量，流量测量，振动测量，成分与物性测量。

本书介绍的工程实践依托于CSY2000/SET9000系列传感器与检测（控）制技术实践台，YC-2000系列传感器检测技术实践台进行“传感器原理与技术”“自动化检测技术”“非电量电测技术”“工业自动化仪表与控制”“机械量电测”等课程的实践与实验教学。实践台上采用的大部分传感器虽然是教学传感器（透明结构便于教学），但其结构与线路是工业应用的基础，通过实践帮助广大学生加强对书本知识的理解，并在实践的进行过程中，通过信号的拾取、转换、分析、掌握作为一个科技工作者应具有的基本的操作技能与动手能力。

CSY2000/SET9000系列传感器与检测（控）制技术实践台、YC-2000/3000系列传感器检测技术实验台为适应不同类别，不同层次的专业需要，最新推出的模块化的新产品。其优点在于：能适应不同专业的需要，依据专业特点选取不同的实践项目；可以根据特课程的殊要求制作或开发、不断补充新型的传感器模块，实践指导教师和学生可以开发与组织新实践，锻炼学生的实践动手和创新能力，从而适应传感器技术不断发展的趋势。也可以利用主控台的共用平台及实践创新项目用于学生的课程设计、毕业设计和自制装置的开发平台。

以上提出的工程实践内容，涉及传感器测量系统的很多方面，例如制造过程中的自动监测及自动化、石油生产、工业自动化、桥梁铁路检测与监测、自动化机床的检测、化工、生物性及成分测量等许多方面。传感器工程实践在理论上涉及的知识也较为广泛，有机械、力学、光学、声学、电子技术、自动控制技术等。在熟练掌握前述章节知识的前提下，综合运用所掌握的知识，熟悉传感器的基本原理，了解实验目的及在实践中所需的器件，按照实践方式、方法及实践数据处理部分进行分析，通过工程实践的内容及其实践方法使基本理论和实践产生有机的结合，使基本理论得到巩固和升华，实践能力得到提高。传感器工程实践提供了一个从理论到实践的平台，在工程实践的过程中，扎实了理论基础，又对理论知识有更深层次的理解。

第二节　设 计 实 践

一、软件使用方法

（一）PC数据采集软件操作

1. 数据采集板特点

采用新一代的SOC片上系统，CPU工作频率达25M；片内AD精度为12位，AD转换速度高达 100kHz；E^2ROM 自动记忆标定值，无须繁杂的硬件调试，方便可靠；串行 RS232C 通信，波特率为 38 400，实践装置与上位机间仅 3 根信号线相连。

应用软件特点：基于 WINDOWS 平台开发，GUI 图形接口界面；多种实践模式可选；采样速度从 250～100 000 次/秒可选；通信端口可选；实时曲线动态显示，图形框 XY 坐标系根据最大量程和测量点数自动调整；实践数据曲线的保存及调用。能够进行最大非线性误差分析、最大迟滞误差分析；是具有一定实用性的工具。内置实验数据库，用 DAO 方法保存及管理学生实践历史记录，便于教师开放式实验室管理。

2. 软件的运行环境和功能

CSY2000/SET9000 系列传感器与检测（控）制技术实践台，采用了教学传感器（透明结构）与工业标准传感器相结合的构思特点，其线路是工业应用的基础，通过实践操作，能够帮助广大学生加强对书本知识的理解，并在实践的进行过程中，通过信号的拾取、转换、分析，掌握作为一名科技工作者应具有的基本操作技能与动手能力等工程实践能力。

软件运行环境为 WINDOWS 9X、WINDOWS2000 及 WINDOWS XP。该应用软件用 Visual Basic 6.0 语言开发，在软件中还调用了 WINDOWS 提供的一些系统功能，与此相关的 ActiveX 部件和动态连接库（.ocx 文件及 .dll 文件）在安装时会自动设置。软件提供如下主要功能：

（1）实践管理功能：软件为用户提供了友好、灵活的操作界面。实践内容可以根据需要由用户进行选择。实践参数可自行设置，对于用户而言，登录后，每做完一次成功的实验，先将数据保存到数据文件，然后可以打印输出实验报告，并且能在实践数据库中生成一条实践记录。对于管理者而言，可对实验数据库中的记录进行添加、删除、查询等操作。

（2）实践数据存取功能：在文件菜单中实现数据文件的打开、保存、另存为操作。数据保存的默认文件为当前可执行程序目录下的 LSJ.dat 中。当然也可以用另存为方式保存到其他地方。数据文件的格式是特定的，当文件被打开后，程序会自动识别文件中的文件标识符、实验类型、实验名称、测量次数、被测量纲及所有的实验数据，并自动画出实验曲线。

（3）图形功能：软件提供了较为丰富的图形功能。实践过程中能显示静态单向、双向、定时实践曲线和动态实践曲线。

（4）显示功能：在显示子菜单中，用户可以根据实践要求和自己的习惯，设置显示内容，包括状态栏、工具按钮栏、移动栏等。

3. 软件安装

先检查桌面或硬盘，确认没有安装过实践应用软件，才进入安装，否则跳过本部分内容。安装方法：安装软件包括四张 1.44MB 磁盘或一张光盘。安装时，先在硬盘建立自己新的工作目录（如 SET），当然也可以在安装过程中边安装边建立。然后在软盘驱动器中插入安装盘片 Disk1，双击运行盘片上的 SETUP.EXE 程序。接下来按屏幕提示操作，将 4 张安装盘片上所有压缩文件释放到工作目录，直到安装完成。安装完成后，当前工作目录中应包括下面一些类型的文件：应用程序 Set2003.exe；ACCESS 实验数据库文件 Lb.mdb；用户实验数据文件 LSJ.dat；在 WINDOWS 下，进入我的电脑或资源管理器，双击 Set2003.exe 文件图标即可运行程序。

4. 软件使用说明

（1）工作窗口说明。运行程序后，进入主界面，这是工作窗口，一般操作都在该窗口下面进行。窗口最上面是标题栏，显示软件的图标和SET_2003A，标题栏的右面是最大化、最小化和还原按钮，通过它们可进行最大化、最小化和还原操作。标题栏的下面是菜单栏，本软件共有6个子菜单，分别是文件、实验、分析、显示、帮助和退出。

菜单栏下面是窗口的主要部分，由下面几部分组成：①实践数据表格：用于静态或动态实验数据，自动刷新。②实践数据框：显示测量值、增量及最大值。③图形框：用于显示实时曲线，X轴坐标自动调整（也可以用$X\longleftrightarrow$按钮手动调整），Y轴坐标表示测量值（mV），越限自动调整量程。④单选按钮：一排共7个，位于图形框的下方。其中正向、归零、反向按钮为一组，用来选择要实时曲线的方向；清除和显示按钮为一组，用来清除和复现曲线；$X\longleftrightarrow$按钮用来伸缩X轴坐标；单击分析按钮，再选择分析子菜单功能，即可进行分析操作。⑤下拉式组合框：共6个，分别是实践模式、采样速度、Y轴量程选择、X轴每格数值、量纲及测量通道。⑥操作提示框：用于实验过程中的操作提示。⑦操作按钮：共3个，分别是测量、复位和示波器。⑧状态栏：位于窗口的最底层，显示实践相关内容，可以在显示子菜单中打开或隐藏。⑨按钮工具栏：常用工具按钮的图标，工具栏可以在显示子菜单中打开或隐藏。

（2）软件应用基本方法。首先进入主窗口，打开实验子菜单，选择实践登录。当出现实验登录窗口后，在用户编号文本框中输入编号（10位字符），由用户按照院系、届、班、学号自行编码输入，以回车结束。然后用同样方法输入姓名，也以回车结束输入。接下来在实践名称编号框中输入实践编号（2位字符），以回车结束，在实践名称框中输入实践名称，字符型，以回车结束。若为规范实验，可以打开实验列表框，单击或拖动滚动条，再单击列表框内的实践名称，选择将要做的实践类型。这时候，计算机自动在实践编号文本框和实践名称文本框内填入选中的实验，并在实践模式、采样速度、每格数值、被测量纲四个文本框中显示该实践的参考值。单击确认（或取消）命令按钮，然后返回主窗口。在主窗口下，打开实践模式组合框，选择实践模式。打开采样速度组合框，选择采样速度。采样速率9挡可选，分别是100 000、50 000、25 000、10 000、5000、2500、1000、500次/秒和250次/秒。打开Y轴量程选择组合框，选择量程。Y轴量程6挡可选，分别是±10V、±5V、±2V、±1V、±500mV和±100mV。打开每格数值组合框，每格数值从0.1～10.0可选择。每格数值的含义为：每一次测量（X轴上一点、或一步）对应于所做实践中传感器输入物理量的大小；如1.5℃（若量纲为温度）。打开量纲组合框，对应于实践中传感器输入的物理量，选择相应量纲。打开测量通道组合框，根据输入选择通道。参数设置完成后，单击测量操作按钮，进入联机实践过程。具体方法后面根据不同的实践方式进行介绍。实践完成后，打开文件子菜单，选择文件保存，将实践数据保存在当前工作目录下LSJ.DAT文件中。或者用另存为的方法将数据文件存放到软盘。一般LSJ.DAT数据文件每次保存时都将上一次的内容覆盖，只能作为临时文件，故建议用户用另存为的方法将数据文件存放到软盘。打开实践子菜单，选择实践保存，对实验纪录进行保存。打开实践子菜单，选择实践浏览，在实践数据库中核对本次实践记录。若局域网的打印服务器已开通，或者客户机的打印机已连接，可打开文件子菜单，选择打印实践报告，这时出现打印浏览窗口，用户右键单击窗口右上角，再选择打印，即可打印实践报告。单击复位命令按钮准备进行下一个实践，或者打开文件子菜单，选择退出应用软件后返回WINDOWS。

（3）实践记录管理。实践记录数据库为ACCESS数据库，文件名为LB.mdb，放在当前工作目录。共有两张表，其中实验记录表由下列字段组成：用户编号：10 位文本类型。用户名称：10 位文本类型。实验日期：8 位日期类型。实验编号：数字整型。实验名称：10 位文本类型。实验模式：4 位文本类型。采样速度：数字整型。测量次数：数字整型。每格数值：数字单精度型。被测量纲：10 位文本类型。数据文件：40 位文本类型（存放数据文件的路径）。

进入实验浏览，出现卡片式界面，每一张卡片内显示一张表，代表实验记录的一种排序方式，共有 5 种方式，分别是按顺序、实验编号、实验名称、实验日期和按用户编号。

学生每做完一次实验，先将数据保存到数据文件，然后打印输出实验报告，并且在实验数据库中生成一条实验记录。学生可以在实验数据库中查看实验记录。实践管理员或教师，在实践登录时键入代码可获得更高的权限对实验数据库的实验记录进行删除、修改、查询等操作。

（4）实践模式。实践模式分为 4 种，分别是动态采集、单向单步、双向单步和定时采样。可以根据具体实践内容来选择实践模式。通常，动态单帧采样方式适用于采集随时间变化的实时曲线，单向单步输入适用于自变量单向的实验，双向单步适用于自变量正反向可变的实验，定时单步则适合等时间间隔采样。

1）动态采集。

首先要完成动态实验连接准备工作，接下来，单击测量命令按钮，计算机便以预先设定的采样速度连续采集 250 点数据，然后一次性绘出采样曲线波形。图形框中 X 轴坐标单向，表示时间，共 250 点，每一格表示一个时间单位。Y 轴坐标双向，表示实验仪输出的电压信号。Y 轴坐标电压上下限可以打开 Y 轴量程选择组合框改变，其正向的最大值为 10V，负向的最大值为－10V。其正向的最小值为 100mV，负向的最小值为－100mV。当采集数据的最大值超过用户选定的 Y 轴电压上限时，系统会提示后自动进行调整。工作时，每单击测量命令按钮，便显示一条曲线。

2）单向单步。

用户首先要完成单步实验连接准备工作，然后，单击测量命令按钮，采样按钮的文字由原先的“测量”改为“下一步”。每单击命令按钮一次，计算机采样 250 个数据求出平均值，这时，数据表格内同步显示测量平均值，图形框内显示曲线，数据框内显示测量步数、测量值、增量及最大值。联机实验中，每改变一次传感器的输入，单击“下一步”命令按钮一次，重复实验步骤直到实验过程结束。实验结束后，图形框内显示一条传感器的灵敏度曲线。在图形框中，X 轴坐标单向，实验开始为 100 点，每一点表示一个 X 单位值，其量纲也由用户设定。Y 轴坐标双向，表示实验仪输出的电压信号均值。Y 轴坐标电压上下限可以打开 Y 轴量程选择组合框改变，Y 轴坐标电压越限时系统也能自动调整。

3）双向单步。基本和单步方式相同，与单步有所区别的是原点坐标位于图形框中央。计算机在程序中自动判断测量值的 X 方向。当选定双向单步采样时，X 方向初始默认为正向。正向采样时，图形框右侧显示出一个正向动态箭头，X 为正向递增。当单击按下归零按钮后，X 归坐标原点。当单击反向按钮时，图形框左侧显示出一个反向动态箭头，X 为反向递增。在双向单步实验过程中，当 X 正向变化，实验仪正电压，则实验曲线画在坐标系的第 1 象限，实验仪输出负电压，则实验曲线画在坐标系的第 4 象限。而当 X 反向变化，实验仪输出正电压，则实验曲线画在坐标系的第 3 象限，实验仪输出负电压，则实验曲线画在坐标系的第 4 象限。实验操作时，用户一般先做正向输入变化的实验，每做完一步，便单击测量命令按钮系统便自动绘出该点的实验曲线，并在数据框中同步显示测量值、增量及最大值。当正向输入变化实验结束，用户单击归零命令按钮，则坐标归原点，然后进行逆向操作。若用户做的是回差实验，则坐标点不应归零。

4）定时采样。

进入该模式，屏幕显示的工作画面与单步输入基本相同。与单步输入有所区别的是，操作时用户不需要单击命令按钮，由系统定时采集数据。当然，用户完全可以用暂停和继续命令按钮控制实践进程。

5）实践数据分析。

单击分析单选按钮，选中分析子菜单内容，进入分析状态。软件不仅能够进行非线性误差分析，还能对图形框中的部分曲线分段进行非线性误差分析。进入分析状态后，用户应先单击左键选择线段的起点，然后单击右键选择线段的终点，软件自动在起点和终点之间用线段连接，求出最大非线性误差，显示在提示框内。由于软件能进行线性分段及重复分析，对于那些需要分段进行非线性误差补偿的设计场合，该软件提供了极大的方便。最大迟滞误差分析：操作同前，软件能自动在起点和终点之间求出最大迟滞误差并显示在提示框内。一般用于双向单步操作。动态曲线频率分析：用户选中一个完整的周期波形（一般取峰峰点），单击左键选择波形起点，单击右键选择波形终点，软件自动计算并显示动态曲线的频率。

6）虚拟示波器。

单击主窗口的示波器命令按钮，出现虚拟示波器窗口，由下面几部分组成：图形框：用于显示波形。滚动条：共两组，位于图形框右方，在双通道测量时，用于调整波形位置。指示灯：运行时用于显示通信状态。下拉式组合框：共 7 个，分别是通信端口、X 轴每格值（与系统采样速度对应）、X 轴扩展、触发方式、触发电平、通道选择及波形显示光点大小。命令按钮：共 3 个，分别是运行、停止和关闭。

7）工具按钮栏。

为方便用户，软件提供了工具按钮栏，有如下工具按钮：数据文件保存按钮、实验按钮、计算器按钮、放大按钮、虚拟示波器按钮、打印按钮、退出按钮。

8）退出应用软件。

方法一：选择文件中的退出子菜单。方法二：单击主窗口右上方的关闭按钮。方法三：单击工具栏的退出按钮。

（二）测控实践 PC 控制软件操作

1. 简介

CSY20000/SET9000 系列传感器与检测（控）制技术实践台软件提供如下主要功能：实践管理功能：软件为用户提供了友好、灵活的操作界面。实验内容可以根据需要由用户进行选择。实验参数可自行设置。对于用户而言，登录后，每做完一次成功的实验，先将数据保存到数据文件，然后可以打印输出实验报告，并且能在实验数据库中生成一条实验记录。对于管理者而言，可对实验数据库中的记录进行添加、删除、查询等操作。实践数据存取功能：在文件菜单中实现数据文件的打开、保存、另存为操作。数据保存的默认文件为当前可执行程序目录下的 \ DATA \ LSJ. dat 中。当然也可以用另存为方式保存到其他地方。数据文件的格式是特定的，当文件被打开后，程序会自动识别文件中的文件标识符、实践类型、实践名称及所有的实践数据，并自动复现实践曲线。图形功能：软件提供了较为丰富的图形功能。实践过程中能显示过程量、控制量曲线。

实践软件安装：先检查桌面或硬盘，确认没有安装过实践应用软件，才进入安装，否则跳过本部分内容。安装方法：安装软件包括四张 1.44MB 磁盘或一张光盘。安装时，先在硬盘建立自己新的工作目录（如 SET300），当然也可以在安装过程中边安装边建立。然后在软盘中插入安装盘片 Disk1，双击运行盘片上的 SETUP. EXE 程序。接下来按屏幕提示操作，将 4 张安装盘片上所有压缩文件释放到工作目录，直到安装完成。说明：安装完成后，当前工作目录中应包括下面一些类型的文件：应用程序 SET300. exe；ACCESS 实践数据库文件 Lab. mdb。

运行：在 WINDOWS 下，进入我的电脑或资源管理器，双击 Set2003. exe 文件图标即可运行程序。

2. 软件使用说明

（1）登录。运行程序后，进入登录窗口界面如图 8-1 所示。首先单击组合框，选择用户类型。用户类型分为 3 类，第 1 类是系统管理级用户，它具有系统全部权限，可以打开所有窗口，并能增删下级用户。第 2 类是系统操作级用户，它可以打开通信窗口并进行通信设置、通道设置、软件标定等重要操作。第 3 类是学生实践级用户，它仅具有与实践操作有关的权限。登录时，系统管理级及操作级用户需在密码输入框中输入密码，由系统校验，学生实验不需要密码，但必须输入用户编号（如学号）和姓名。输入完成后，单击确认按钮，进入应用软件主窗口。

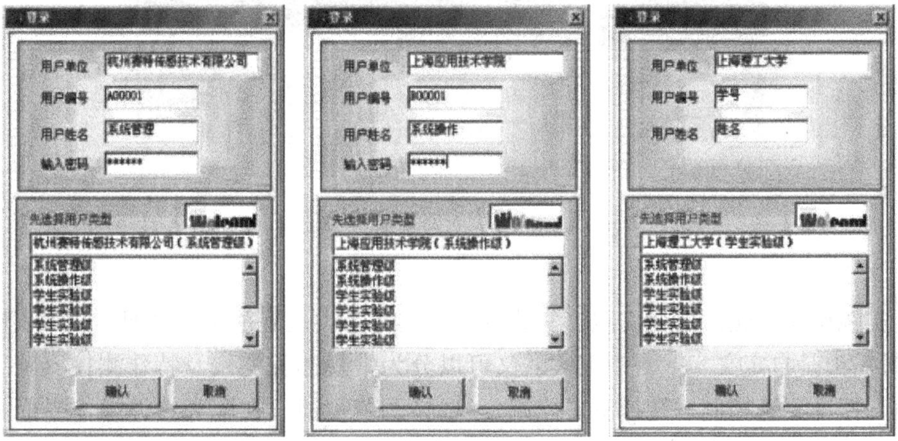

(a)　　(b)　　(c)

图 8-1　登录窗口

（a）系统管理用户登录窗口；（b）系统操作用户登录窗口；（c）学生登录窗口

（2）主窗口。主窗口是工作窗口如图 8-2 所示，一般操作都在该窗口下面进行。窗口最上面是标题栏，显示软件的图标和 SET300，标题栏的右面是最大化、最小化和还原按钮，通过它们可进行最大化、最小化和还原操作。标题栏的下面是菜单栏，本软件共有 6 个子菜单，分别是数据文件、用户权限、实验记录、通信、关于和退出。菜单栏下面是窗口的主要部分，由下面几部分组成：标题栏，用于显示当前实验的名称。实验数据表格，常规实验时用于显示实验数据，自动刷新。计数实验时用于显示实验任务列表。实践数据框，常规实验时显示采样次数、采样值、设定值、偏差及控制量，实践过程中动态刷新。计数实践时用于显示转盘正反转的脉冲计数等数据。图形框：用于显示实时曲线，坐标 X 轴表示采样点序列（点与点的时间间隔由采样周期设定），每帧 100 点，计满 100 点后自动刷新。坐标 Y 轴表示测量值（mV），越限自动调整量程。复选按钮：一排共 4 个，位于图形框的下方。其中设定、采样和调节为一组，用来选择三种不同的实时曲线。历史按钮用来显示当前或已保存在外存的整个实践过程的曲线。下拉式组合框：共 11 个，分别是实践选择、调节规律、设定值、采样周期、比例系数、积分时间、微分时间及通道选择（4 个）。操作命令按钮：共 2 个，分别是开始命令（暂停、继续）及复位命令按钮。状态栏：位于窗口的最底层，显示实验相关内容。

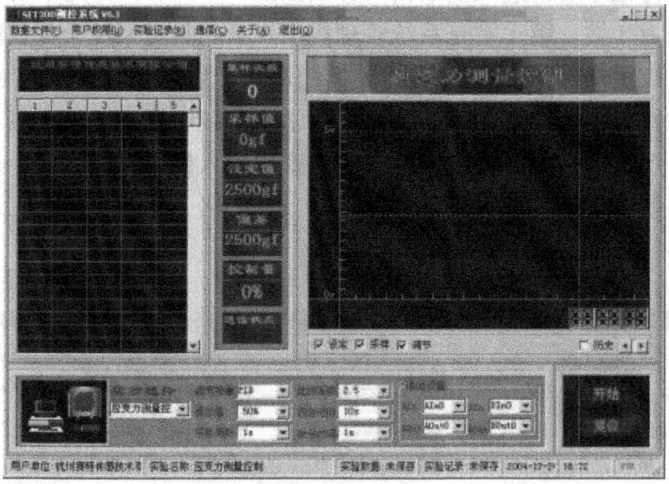

图 8-2 实践主窗口

（3）实践操作方法。选择实践：实践分为两类，一类是规范实践（即实践列表中已有的实验），另一类是自定义实践。规范实践又可以分为常规测控实践及特殊测控实践（脉冲测量及计数、振动测量控制、转速测量控制）。选择调节规律：在配套软件操作界面上单击调节规律组合框，出现调节规律列表。若为规范实践，在列表中选择 P、PI、PD、PID、位控等控制规律。若为脉冲计数实践，则不必选择控制规律。选择设定值：单击设定值组合框，出现设定值列表。设定值的范围从 0～100%。当设定值选定，数据框中显示该实验量程范围对应值。选择周期：单击采样周期组合框，出现采样周期值列表。采样周期的范围从 0.1～20s。若为振动测量控制实验，则系统自动设定采样周期为 1s。选择比例系数：若实验的调节规律带比例控制，需选择比例系数，单击比例系数组合框，出现比例系数列表。比例系数的范围从 0.1～20。选择积分、微分时间：单击微分时间组合框，在所示范围内进行选择，时间范围从 0.1～20s。通道设置：根据通道实际连接情况设置。模拟量输入共 8 路（8 位 AD），分别为Ain0～Ain7。模拟量输出共 4 路，分别为 Aout0～Aout3。数字量输入共 8 路，分别为 Din0～Din7。输出量输出共 4 路，分别为 Dout0～Dout3（4 个 5V 继电器）。开始实验：参数设置完成后，单击开始命令按钮，进入联机实验过程。保存实验结果：实验完成后，打开数据文件子菜单，选择文件保存，将实验数据保存在当前工作目录下 \ DATA \ LSJ. DAT 文件中。或者用另存为的方法将数据文件存放到软盘。

一般 LSJ. DAT 数据文件每次保存时都将上一次的内容覆盖，只能作为临时文件，故建议用户用另存为的方法将数据文件存放到软盘。打开实验记录子菜单，选择保存记录，对实验纪录进行保存。打开实验记录子菜单，选择浏览查询，进入查询窗口，在实践数据库中核对本次实验记录。

打印实践报告：打开实验记录子菜单，选择实践打印，进入打印窗口。根据提示，打印实践报告及实践曲线。复位：单击复位命令按钮准备进行下一个实验，或者打开文件子菜单，选择退出应用软件后返回 WINDOWS。

（4）实验记录管理。实践记录数据库为 ACCESS 数据库，文件名为 Lab. mdb，放在当前工作目录。共有三张表，其中实验记录表由下列字段组成：用户单位：40 位文本类型。采样次数：数字整型。用户编号：6 位文本类型。比例系数：数字型。用户名称：8 位文本类型。积分时间：数字型。实验日期：8 位日期类型。微分时间：数字型。实验编号：数字整型数据文件，40 位文本类型（存放数据文件的路径）。实验名称：40 位文本类型。实验模式：4 位文本类型。

进入查询浏览。实践记录的排序共有 6 种方式，分别是按顺序、用户编号、用户名称、实验日期、实验编号和按实践名称。单击排序按钮后，右面数据库表显示相应的排序结果。再单击数据库表第 1 列中记录位置，最右边的表格显示该记录相应内容。单击模糊查询单选按钮，在文本框中输入模糊查询关键字后，按回车键或单击查询命令按钮，则显示满足条件的查询结果。按实践名称查询，文本框输入的内容为“液位”，有 3 条记录满足条件。学生每做完一次实验，先将数据保存到数据文件，然后保存实验记录（即在实验数据库中生成一条实验记录）。学生可以在实验数据库中查看实验记录。实验管理员或教师，在实验登录时键入代码可获得更高的权限对实验数据库的实验记录删除、修改、查询等操作。打开实践记录子菜单，选择实践打印，进入打印窗口。用户可以根据提示，打印出实验报告及实验曲线。首先选择打印类型（实验报告及实验曲线）；然后单击选择起始及结束的采样周期从而确定打印的数据范围；再单击生成表格及曲线按钮，微机自动生成表格及曲线；最后单击打印按钮进行预览；确认无误后单击打印图标，即可在标准 A4 纸上打印实践报告及实践曲线。也可以单击导出图标，将要打印的数据导出为 TXT 文件保存。注意：打印实践曲线可选择整个实践数据范围，而打印实践报告由于数据范围越大，生成的表格分页也越多，故数据范围一般选择曲线的典型段，达到既能反映出实验效果，又不过分耗纸的目的。

（5）用户权限。用户权限分三个层次，分别是系统管理级、系统操作级及学生实践级。系统管理级用户系统后，系统开放所有功能菜单，能进行权限管理，通信管理和涉及有关通道硬件的操作。系统操作级用户能打开通信窗口。学生实验级用户只能进行实验操作。系统管理级的用户可以进行增加和删除下级用户的操作。

（三）数据采集控制器硬件说明

1. 信号编辑

A/D（0）-A/D（7）是8路模拟量输入端口。输入传感器测量信号（0～5V）。D/A（0）-D/A（3）是四路模拟量输出端口，输出控制量信号（0～5V）。Di（0）-Di（7）是8路数字量输入端口。其中Di（0）-Di（6）是一般数字量输入端口。Di（7）是计数脉冲信号专用输入端口，用以输入转速、计数等连续脉冲信号。Do（0）-Do（3）是4路数字量输出端口，它是一组继电器触点信号。其中Do（3）是温度控制实验专用冷却电机控制接点输出端口，与其他控制实验无关。

2. 通信端口

RS232端口：传感器应用控制实验PC通信端口，与SET-300测控软件配合使用，完成对不同对象的测量与控制。

3. 注意事项

当应用程序安装完毕后，如与计算机无法正常通信，请检查计算机通信端口是否设置正确，端口工作是否正常。进行控制实验时，务必正确选择信号输入、输出端口。A/D端口请不要输入负极性的信号，以免损坏内部集成芯片。

二、YC-20000型传感器检测技术实践台

（一）实践台的组成

YC-2000型传感器检测技术平台由主机箱、传感器、实验与实践电路、转动源、振动源、温度源、数据采集卡及处理软件、实验桌组成。

（1）主机箱：提供高稳定的±15V、±5V、±2V、±2V—±10V（步进可调）、±2V—±24V（连续可调）直流稳压电源；音频信号（音频振荡器）1～10kHz（连续可调）；低频信号源（低频振荡器）1～30Hz（连续可调）；传感器信号调理电路；智能调节仪；计算机通信口；主机箱还配有电压、气压等相关数显表。其中，直流稳压电源、音频振荡器、低频振荡器都具有过载保护功能，在排除接线错误后重新开机恢复正常工作。主机箱右侧里面装有供电电源插板及漏电保护开关。

（2）振动源（动态应变振动梁与振动台）：振动频率3～30Hz可调（谐振频率9～12Hz）。

（3）转动源：手动控制0～2400r/min、自动控制300～2200r/min。

（4）温度源：常温—200℃。

（5）气压源：0～20kPa（连续可调）。

（6）传感器：基本型有箔式应变片（350Ω）传感器（秤重200g）、扩散硅压力传感器（20kPa）、差动变压器（±4mm）、电容式位移传感器（±2.5mm）、霍尔式位移传感器（±1mm）、霍尔式转速传感器（2400r/min）、光纤位移传感器（1mm）、光电转速传感器（2400r/min）、集成温度（AD590）传感器（室温～150℃）、K热电偶（室温～150℃）、E热电偶（室温～150℃）、Pt100铂电阻（室温～150℃）、Cu50铜电阻（室温～100℃）、湿敏传感器（10%～95%RH）、气敏传感器（100～4100mg/m^3）等。

（7）调理电路（实验模板）：基本型有电桥及调平衡网络、差动放大器、电压放大器、电荷放大器、电容变换器、电涡流变换器、光电变换器、温度变换器、移相器、相敏检波器、低通滤波器。

（8）数据采集处理软件。

（9）实验台：尺寸为1600mm×800mm×750mm，实验台桌上预留了计算机及示波器安放位置。

（二）电路原理

实验电路原理已印刷在面板上（实验模板上），实验接线图参见文中的具体实验内容。

（三）使用方法

（1）开机前将电压表显示选择旋钮打到2V挡；电流表显示选择旋钮打到200mA挡；步进可调直流稳压电源旋钮打到±2V挡；其余旋钮都打到中间位置。

（2）将AC220V电源线插头插入市电插座中，合上电源开关，数显表显示0000，表示实验台已接通电源。

（3）做每个实验前应先阅读实验指南，每个实验均应在断开电源的状态下按实验线路接好连接线（实验中用到可调直流电源时，应在该电源调到实验值后再接到实验线路中），检查无误后方可接通电源。

（4）合上调节仪（器）电源开关，设置调节仪（器）参数；调节仪（器）的PV窗显示测量值；SV窗显示设定值。

（5）数据采集卡及处理软件使用方法另附说明。

（四）仪器维护及故障排除

1. 维护

（1）防止硬物撞击、划伤实验台面；防止传感器跌落地面。

（2）实验完毕要将传感器、配件及连线全部整理放置好。

2. 故障排除

（1）开机后数显表都无显示，应查AC220V电源有否接通；主机箱侧面AC220V插座中的熔丝是否烧断。如都正常，则更换主机箱中主机电源。

（2）转动源不工作，则手动输入+12V电压，如不工作，更换转动源；如工作正常，应查调节仪设置是否准确；控制输出V_o有无电压，如无电压，更换主机箱中的转速控制板。

（3）振动源不工作，检查主机箱面板上的低频振荡器有无输出，如无输出，更换信号板；如有输出，更换振动源的振荡线圈。

（4）温度源不工作，检查温度源电源开关有否打开；温度源的熔丝是否烧断；调节仪设置是否准确。如都正常，则更换温度源。

（五）注意事项

（1）在实验前务必详细阅读实验指南。

（2）严禁用酒精、有机溶剂或其他具有腐蚀性溶液擦洗主机箱及面板。

（3）请勿将主机箱的电源、信号源输出端与地（⊥）短接，因短接时间长易造成电路故障。

（4）请勿将主机箱的“±”电源引入实验电路时接错。

（5）在更换接线时，应断开电源，只有在确保接线无误后方可接通电源。

（6）实验完毕后，请将传感器及附件放回原处。

（7）如果实验台长期未通电使用，在实验前先通电十分钟预热，再检查按一次漏电保护按钮是否有效。

（8）实验接线时，要握住手柄插拔实验线，不能拉扯实验线。

三、温度测量类

（一）温控源及温控仪表的操作

1. 实践方法及相关操作

本温控仪表操作面板图如图 8-3 所示。温控仪表在通电 5s 内 PV 窗和 SV 窗首先分别显示输出和输入代码，然后分别显示温度量程上限和下限值，随后进入工作状态——PV 窗和 SV 窗分别显示当前的环境温度值和设定值。此时若想改变设定值，可按 SET 键 0.5s，SV 显示窗闪烁，按“位移键”键改变设定值闪烁的位，按“减键”使闪烁的数字减小，按“加键”使闪烁的数字增大，再按 SET 键 0.5s 确认。

温控仪表用于测量和显示温度的标准传感器是唯一的，不能通用，这里配的是 Pt100 铂热电阻。温度设定范围：室温 200℃，建议小于 150℃。温度设定值可在 0.0～200.0℃之间选择，一般实验时设定间隔：5～20℃。在输入信号大于量程上限时，仪表显示 ALM1 亮；在输入信号小于量程下限时，仪表显示 ALM2 亮 。该仪表控制方式为位式控制或 PID 控制可选，一般采用 PID 控制。若控温失常请检查仪表参数是否被误修改，传感器是否失效，按键是否不起作用。实践之前应关闭所有未用单元的电源，避免干扰。

在实践中若用本仪表控温时需要做如下准备工作：取出 Pt100 热电阻探头插入温度源加热器左边插孔内，引线插入“标准”插座，温控源的“加热方式”“冷却方式”开关置“仪表控制位”，打开温度源电源开关。

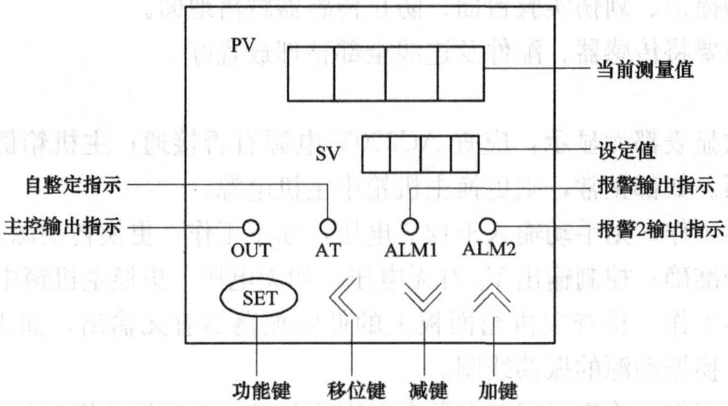

图 8-3 温控仪表操作面板图

2. 温控源的温度控制方法

温控源共有三种温度控制方法，分别如下：

（1）加热方式和冷却方式开关打到仪表控制位，则温度由数显表控制。

（2）加热方式和冷却方式开关打到外设控制位，开关全部按下时，温控源的温度值受计算机控制。这种情况主要是用于利用温度传感器来构成温度测控系统时使用，达到温控源温度闭环控制的目的。此时计算机测控系统传感器输入接 Pt100 标准热电阻，测控输出接冷却电机和加热器。

（3）加热方式和冷却方式开关打到外设控制位，开关全部抬起时，温控源的温度完全受人为控制。此时“标准传感器”口可接电压表，温控仪上显示的温度和电压表的示值是对应的，如 1V 对应 40℃，5 V 对应 200℃；“控制信号输入”口接“模拟信号变换器”电压输出口，若接“I/V”输出时，电流输入口应短接。整个调节过程中，“加热指示”显示加热器是否工作，冷却端短接冷却电机工作，冷却指示灯亮。这种方法主要用于检查温控源的工作是否正常。

（二）热电偶温度测量实践方法

通过该实践能够了解如何利用热电偶测量温度；了解热电偶输出电压和温度之间关系的特性。在实践中将两种不同的金属丝组成回路，如果二种金属丝的两个接点有温度差，在回路内就会产生热电势，这就是热电效应，热电偶就是利用这一原制成的一种温差测量传感器，置于被测温度场的接点称为工作端，另一接点称为冷端（也称自由端），冷端可以是室温值也可以是经过补偿后的0、25℃的模拟温度场。本实践所用器件与单元为：通用放大器（Ⅰ）、E型热电偶、温度源、Pt100热电阻及温度控制仪表、数显电压表。

通用放大器（Ⅰ）：该放大器用来放大热电偶，集成温度传感器，热敏电阻的检测信号，共有两级放大器组成。IC1、. IC2. 、IC3组成第一级仪表专用放大器，放大倍数（A_1）约150倍（用R_{w1}调整），R_{w2}是第一级调零，IC_4组成第二级反相放大器，放大倍数（A_2）约10倍（用R_{w3}调整），R_{w4}是第二级调零，因此该组放大器的总放大倍数$A=A_1\times A_2$约1500倍。各温度传感器通过S_4开关接入放大器的输入端，放大器的输出信号（V_o）大小用S_{14}开关来控制，当S_{14}按下时两级放大器接入，当S_{14}抬起时仅第一级放大器工作。放大器的输出信号V_o可根据用户的需要通过S_6开关接入数据采集卡的模数转换AD_0端，也可用实验线接到数字电压表或计算机通信接口上用来完成特性实验。在热敏电阻特性中S_0开关是二线/三线接法的转换开关，用来验证引线电阻对测量的影响。TP1. TP2. TP3. TP4. 是信号观测端。注意：①放大器接入不同的传感器时，放大倍数A也要作相应调整，放大倍数A太大会使放大器不稳定，系统无法正常工作。②当放大器接入热电偶，集成温度传感器时，先不要给传感器加温，将R_{w1}，R_{w3}顺时调至调最大，调R_{w2}使第一级仪表专用放大器输出V_{o3}为零。再接入第二级反相放大器，调R_{w4}使$V_{o4}(V_o)$为零，然后给传感器加温，逐步调节R_{w3}至适当位［最高温度时$V_{o4}(V_o)$不要超过5V］。③当放大器接入热敏电阻时，先不要给传感器加温，将R_{w1}，R_{w3}顺时调至调最大，调R_{w5}，R_{w2}使第一级仪表专用放大器输出V_{o3}为零。再接入第二级反相放大器，调R_{w4}使$V_{o4}(V_o)$为零，然后给传感器加温，逐步调节R_{w3}至适当位［最高温度时$V_{o4}(V_o)$不要超过5V］，整个过程R_{w5}，R_{w1}，R_{w2}，R_{w4}不要动。④当数字不稳定时请进一步减小R_{w3}值。

根据图8-4接线，设定好初始温度值，建议50℃，并将热电偶引线插入相应插座中。通用放大器（Ⅰ）的S_4开关置相应位置（图8-2中的两个S_4指同一个开关），表示选择测温的三种方式：热电偶测温，集成温度传感器测温，热敏电阻测温。先不要给传感器加温，抬起S_{14}开关将R_{w1}、R_{w3}顺时调至最大，调R_{w2}使第一级仪表专用放大器输出V_{o3}为零。压下S_{14}开关接入第二级反相放大器，调R_{w4}使$V_{o4}(V_o)$为零，然后将热电偶探头插到温度源加热器右边插孔中给传感器加温，逐步调小R_{w3}至适当位置，最高温度时$V_{o4}(V_o)$不要超过5V。

整个实践过程R_{w1}、R_{w2}、R_{w4}不要动。待温控仪指示的温度稳定后（如50℃），记录下电压表读数值。重新设定温度值为$50℃+n\cdot\Delta t$，建议$\Delta t=5℃$，$n=1\cdots10$，每隔deta t读出数显电压表指示值与温控仪指示的温度值，并填入表8-1中（也可用特性实验PC数据采集软件操作）。根据表1计算非线性误差δ，灵敏度S。在实践过程要注意：数显电压表分辨率为：1/1999，即0.5/1000，并存在“±1”个字的量化误差在系统精度范围外的数字跳动

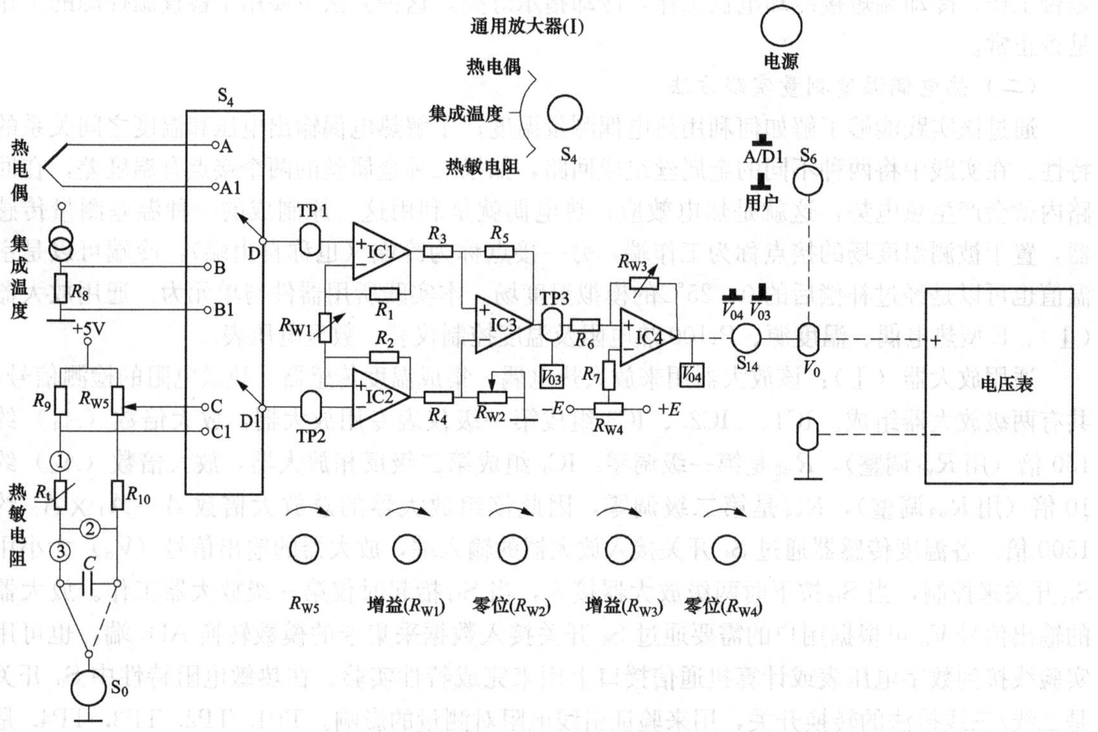

图 8-4 温度测量原理图

属正常现象。通用放大器（Ⅰ）调零时数显电压表需从 20V 挡逐步减小。实验中其他单元的电源应关闭，否则有干扰。温度源具有升温快、降温慢的特点，所以在取初始设定值时，应比 PV 值略高。插传感器接头时注意对正小方形口。

表 8-1 电压表指示值与温控仪指示的温度值

T(℃)	50									
U(mV)										

四、长度及线位移测量类

（一）霍尔式位移传感器位移特性

本实践为了了解霍尔式位移传感器原理与特性。根据霍尔效应，霍尔电势$U=KIB$，保持K、I不变，若霍尔元件在梯度磁场B中运动，且B是线性均匀变化的，则霍尔电势U_H也将线性均匀变化，这样就可以进行位移测量。本实践需用器件与单元：直线位移执行器；线性霍尔位移传感器；通用放大器（Ⅱ）；测微头；数显单元。

在实践中注意：①霍尔式位移传感器是磁敏器件，受磁场的影响较大，每只传感器都有特定的位移特性且可能是唯一的。②霍尔式位移传感器是非接触式测量，存在线性起始安装问题，所以下面步骤中非常重要。③通用放大器（Ⅱ）调零时数显电压表需从 20V 挡逐步减小。

图 8-5 中通用放大器（Ⅱ）简介：该放大器用来放大霍尔传感器，差压传感器，应变力传感器的检测信号，共有两级放大器组成，IC1、IC2、IC3 组成第一级仪表专用放大器，放

大倍数（A_1）约 50 倍（用 R_{w1} 调整），R_{w2} 是第一级调零，IC4 组成第二级反相放大器，放大倍数（A_2）约 10 倍（用 R_{w3} 调整），R_{w4} 是第二级调零，因此该组放大器的总放大倍数 $A=A_1\times A_2$ 约 500 倍。各传感器通过 S_5 开关接入放大器的输入端，放大器的输出信号（V_o）大小用 S_{15} 开关来控制，当 S_{15} 按下时两级放大器接入，当 S_{15} 抬起时仅第一级放大器工作，放大器的输出信号 V_o 可根据用户的需要通过 S_7 开关接入数据采集卡的模数转换 AD1 端，也可用实验线接到数字电压表或计算机通信接口上用来完成特性实验。在应变力传感器特性中 R_1、R_2、R_3 旁的开关是全桥、半桥、单臂接法的转换开关，用来验证全桥、半桥、单臂接法的灵敏度关系。TP1、TP2 是信号观测端。注意：①放大器接入不同的传感器时，放大倍数 A 也要做相应调整，放大倍数 A 太大会使放大器不稳定，系统无法正常工作。②当放大器接入应变力传感器时，先选择全桥接法，不要给传感器加载，R_{w1}、R_{w3} 顺时调至调最大，调 R_{w5}、R_{w2} 使第一级仪表专用放大器输出 V_{o3} 为零。再接入第二级反相放大器，调 R_{w4} 使 $V_{o4}(V_o)$ 为零，然后给传感器加载，逐步调节 R_{w3} 至适当位［最高载荷 200g 时 $V_{o4}(V_o)$ 不要超过 1V］，整个过程 R_{w5}、R_{w1}、R_{w2}、R_{w4} 不要动。转换成半桥，单臂接法时应保证放大倍数（A）不变，只要调整 R_{w5} 即可。③当放大器接入差压传感器时，先不要给传感器加压，将 R_{w1}、R_{w3} 顺时调至调最大，调 R_{w2} 使第一级仪表专用放大器输出 V_{o3} 为零。再接入第二级反相放大器，调 R_{w4} 使 $V_{o4}(V_o)$ 为零，然后给传感器加压，逐步调节 R_{w3} 至适当位［最高压力 30kPa 时 $V_{o4}(V_o)$ 不要超过 5V］，整个过程 R_{w1}、R_{w2}、R_{w4} 不要动。测控应用时请先进行压力/电压标定，否则不能正常工作。④当放大器接入霍尔传感器时，先将被测圆磁钢（红色向外）贴住霍尔传感器，R_{w1}、R_{w3} 顺时调至调最大，调 R_{w2} 使第一级仪表专用放大器输出 V_{o3} 为零。再接入第二级反相放大器，调 R_{w4} 使 $V_{o4}(V_o)$ 为零，然后给传感器加位移，

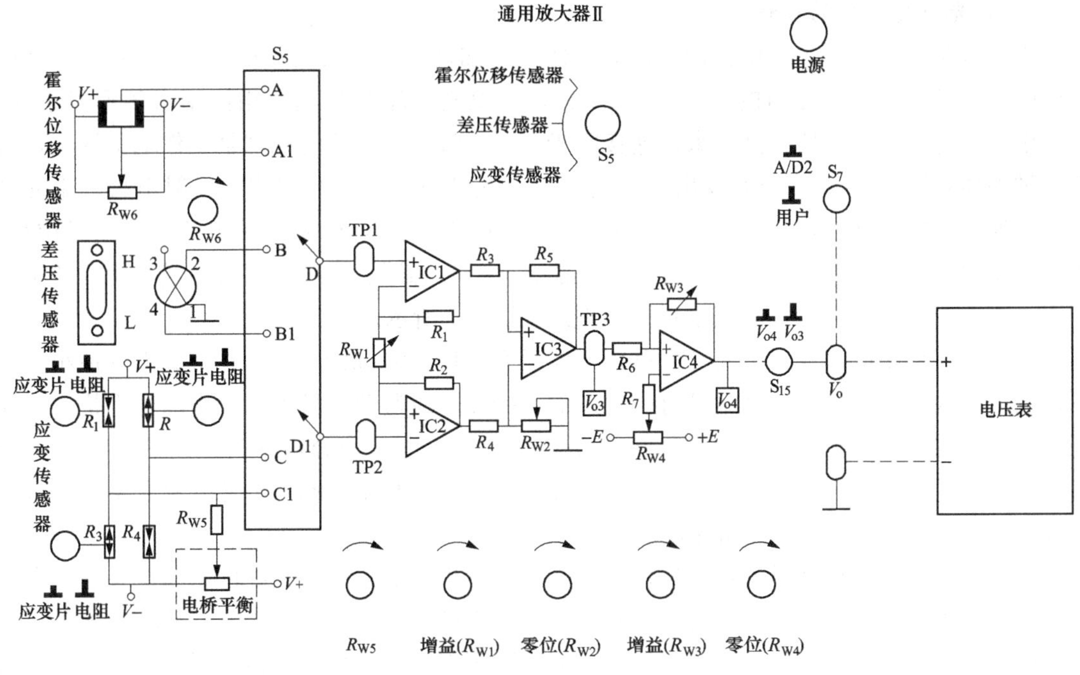

图 8-5　霍尔位移、差压、应变传感器原理图

逐步调节 R_{w3} 至适当位［非灵敏区外 5mm 时 V_{o4}（V_o）不要超过 5V］，整个过程 R_{w1}，R_{w2}，R_{w4} 不要动。测控应用时请先进行距离/电压标定，否则不能正常工作。⑤当数字不稳定时请进一步减小 R_{w3} 值。

在直线位移执行器圆盘右边靠外边的支架安装上测微头。测微头旋在 20mm 处，并顶住直线位移执行器圆盘，拧紧测量架顶部的固定螺钉。在直线位移执行器圆盘上的小圆片上吸附一圆形磁钢，红面向外。将霍尔传感器安装在直线位移执行器右边靠里边的支架上。霍尔传感器引线插入相应插座中，探头对准并贴近小圆片上的圆形磁钢，拧紧测量架顶部的固定螺钉。通用放大器（Ⅱ）的 S_5 开关置相应位，R_{w1}、R_{w3} 顺时调至调最大，抬起 S_{15} 开关调节 R_{w2} 使第一级仪表专用放大器输出 V_{o3} 为零。压下 S_{15} 开关接入第二级反相放大器，调 R_{w4} 使 V_{o4}（V_o）为零。用手给直线位移执行器圆盘一个较大位移直到数字电压读数不变，逐步调节 R_{w3} 至适当位［V_{o4}（V_o）约 5V］，整个过程 R_{w1}、R_{w2}、R_{w4} 不要动。直线位移执行器圆盘复位。向里旋转测微头，每转动 0.2mm 或 0.5mm 记下数字电压表读数，直到数字电压表读数不变，并填入表 8-2 中（也可用特性实验 PC 数据采集软件操作）。作出 U-X 曲线，计算：

（1）线性起点 X_0；

（2）线性范围；

（3）灵敏度 S 和非线性误差 δ。

表 8-2　电压表读数及位移量

T(mm)										
U(V)										

（二）光纤传感器的位移特性

本实践是为了了解光纤位移传感器的工作原理和性能。实践采用的是导光型多模光纤，它由两束光纤组成半圆分布的 Y 型传感探头，一束光纤端部与光源相接用来传递发射光，另一束端部与光电转换器相接用来传递接收光，两光纤束混合后的端部是工作端即探头，当它与被测体相距 X 时，由光源发出的光通过一束光纤射出后，经被测体反射由另一束光纤接收，通过光电转换器转换成电压，该电压的大小与间距 X 有关，因此可用于测量位移。该实践需用的器件与单元为：直线位移执行器、光纤传感器、光纤传感器测量系统、数字电压表、测微测头。光纤传感器测量系统原理图如图 8-6 所示。

在实践过程中应注意：①光纤位移传感器具有前坡（0→最大），后坡（最大→最小）的原始输出特性。②外界光对测量具有一定影响，操作时应避免人员走动产生的光干扰。③光纤位移传感器离散性较大，输出特性可能是唯一的。④电压表分辨率为：1/1999，即 0.5/1000，并存在“±1”个字的量化误差，在系统精度范围外的数字跳动属正常现象。⑤调零时数显电压表需从 20V 挡逐步减挡。

在实践台上将连接杆插入直线位移执行器右边靠里的支架内，光纤传感器探头安装在连接杆上。两束光纤分别插入光纤传感器测量系统“光纤输入”插座中，探头对准并顶住直线位移执行器圆盘上的小圆片，拧紧测量架顶部的固定螺钉。直线位移执行器圆盘右边靠外的支架安装上测微头。测微头旋在 15mm 处，并顶住直线位移执行器圆盘，拧紧测量架顶部的固定螺钉。打开光纤传感器测量系统的电源开关。光纤传感器测量系统的 R_{W1} 适中，调节

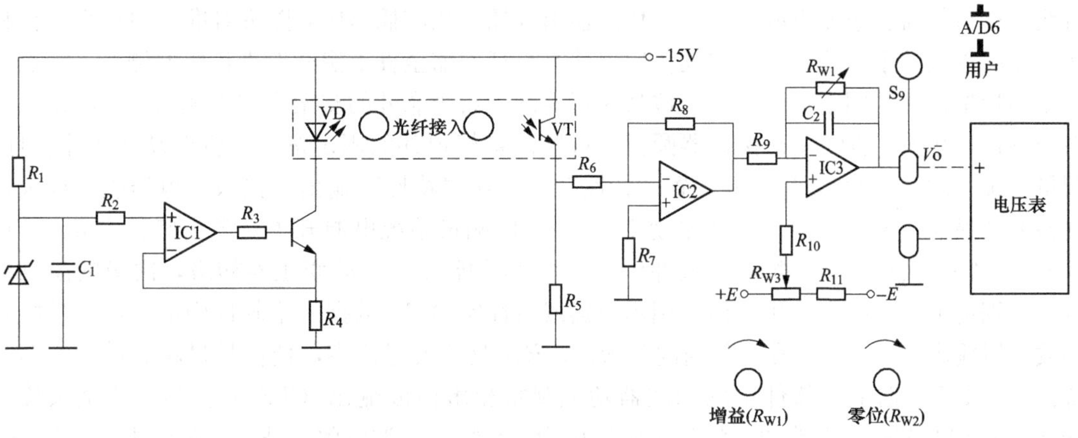

图 8-6　光纤传感器测量系统

R_{W2}使数字电压表为零。旋转测微头，使被测体离开探头，每隔 0.1mm 记下数显表读数，填入表 8-3 中（也可用特性实验 PC 数据采集软件操作）。注意：电压变化范围从 0→最大→最小必须记录完整。输出最大电压应控制在 1～2V。根据表 8-5 数据，作出光纤位移传感器的位移特性图，并加以分析、计算出前坡和后坡的灵敏度及两坡段的非线性误差。

表 8-3　　电压位移关系表

X(mm)									
U(V)									

（三）差动变压器（电感式）位移传感器特性

该实践为了了解差动变压器的工作原理和特性。差动变压器特性/测量系统原理图如图 8-7 所示。差动变压器由一只初级线圈和二只次级线圈及一个铁芯组成，根据内外层排列不同，有二段式和三段式，本实践采用三段式结构。在传感器的初级线圈上接入高频交流信号，当初、次中间的铁芯随着被测体移动时，由于初级线圈和次级线圈之间的互感磁通量发生变化促使两个次级线圈感应电动势产生变化，一只次级感应电动势增加，另一只感应电动势则减少，将两只次级线圈反向串接（同名端连接），在另两端就能引出差动电动势输出，其输出电动势的大小反映出被测体的移动量。实践所需用的器件与单元：差动变压器特性/测量系统、测微头、差动变压器传感器、数字电压表。

实践过程中应注意：①差动变压器（电感式）位移传感器测量杆上有一黑圈，表示传感器的零点，即当黑圈回缩对准传感器侧壁时，内部铁芯处于两只次级线圈的中间。理论上这点的差动电动势输出为零。②差动变压器（电感式）位移传感器测量电路调整比较复杂，应仔细。电路调整对实验结果影响很大。③确定“特性”时，传感器具有“＋”“－”双向输出特性。“测量”时，为保证控制精度，差动变压器特性/测量系统电路全部固定，各旋钮不起作用。传感器单向输出，标定在：0～20mm——0～5V。④电压表分辨率为：1/1999，即 0.5/1000，并存在“±1”个字的量化误差，在系统精度范围外的数字跳动属正常现象。⑤调零时数显电压表需从 20V 挡逐步减挡。

实践具体过程为：如做过霍尔式位移传感器位移特性实验，霍尔式转速传感器测速 PC 机闭环控制实践应取下直线位移执行器圆盘上吸附的圆形磁钢。将差动变压器传感器安装在直线位移执行器右边靠里的支架上。传感器引线插入相应插座中，探头对准并顶住直线位移执行器圆盘上的小圆片，向左移动传感器使测量杆回缩至杆上黑圈对准传感器侧壁（零点），拧紧测量架顶部的固定螺钉。直线位移执行器圆盘右边靠外的支架安装上测微头。测微头旋在 20mm，并顶住直线位移执行器圆盘，拧紧测量架顶部的固定螺钉。将差动变压器特性/测量系统中的“特性/测量”开关置“特性”位，在“特性”输出口接数字电压表。放大器增益调到最大，零位居中，打开差动变压器特性/测量系统电源开关。微头旋至 10mm。用示波器或特性实践 PC 数据采集软件中的示波器功能观察差动变压器初级，次级的激励信号。分别记下其频率和电压峰值。用示波器或特性实验 PC 数据采集软件中的示波器功能观察放大器输出（TP5）信号，分别调节 R_{W1}、R_{W2} 及放大器位零，使信号最小。用示波器或特性实验 PC 数据采集软件中的示波器功能观察相敏检波输出（TP6）信号，测微头旋至 1mm，仔细调节移相器旋钮，使显示的波形为一个接近全波的整流波形。测微头旋回 10mm 处后，整流波形消失变为一条接近零点的直线，否则重复第前述步骤。向里旋转测微头，每次转动 0.2mm 或 0.5mm 记下数字电压表读数，（至少 10 次）并填入表 8-4：（也可用特性实验 PC 数据采集软件操作）测微头旋回 10mm 处，向外旋转测微头，每次转动 0.2mm 或 0.5mm 记下数字电压表读数，（至少 10 次）并填入表 8-4 中（也可用特性实践 PC 数据采集软件操作）。作出 U-X 曲线，计算：

（1）两个方向的线性范围；

（2）灵敏度 S；

（3）非线性误差 δ。

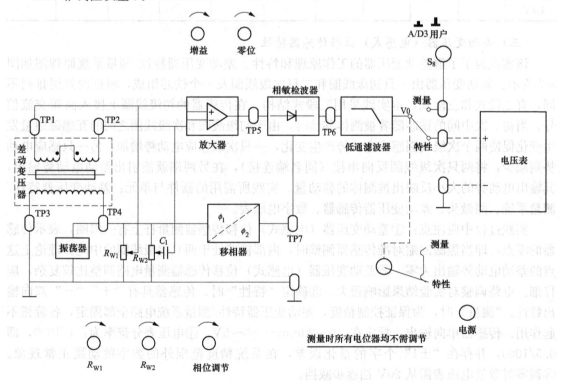

图 8-7 差动变压器特性/测量系统

表 8-4　**位移-电压关系表**

X(mm)			10						
U(mV)			0						

（四）电涡流传感器位移特性

本实践目的为了解电涡流传感器测量位移的工作原理和特性。

实践基本原理：电涡流式传感器是一种建立在涡流效应原理上的传感器。电涡流式传感器由传感器线圈和被测物体（导电体—金属涡流片）组成，如图 8-8 所示。根据电磁感应原理，当传感器线圈（一个扁平线圈）通以交变电流（频率较高，一般为 1～2MHz）I_1 时，线圈周围空间会产生交变磁场 H_1，当线圈平面靠近某一导体面时，由于线圈磁通链穿过导体，使导体的表面层感应出呈旋涡状自行闭合的电流 I_2，而 I_2 所形成的磁通链又穿过传感器线圈，这样线圈与涡流“线圈”形成了有一定耦合的互感，最终原线圈反馈一等效电感，从而导致传感器线圈的阻抗 Z 发生变化。可以把被测导体上形成的电涡等效成一个短路环，这样就可得到如图 8-9 的等效电路。图中 R_1、L_1 为传感器线。即将传感器与被测体间的距离变换为传感器的 Q 值、等效阻抗 Z 和等效电感 L 三个参数，用相应的测量电路（前置器）来测量。圈的电阻和电感。短路环可以认为是一匝短路线圈，其电阻为 R_2、电感为 L_2。线圈与导体间存在一个互感 M，它随线圈与导体间距的减小而增大。

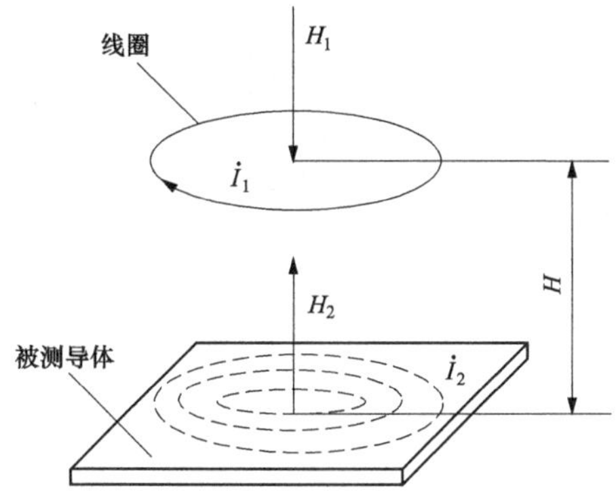

图 8-8　电涡流传感器原理图

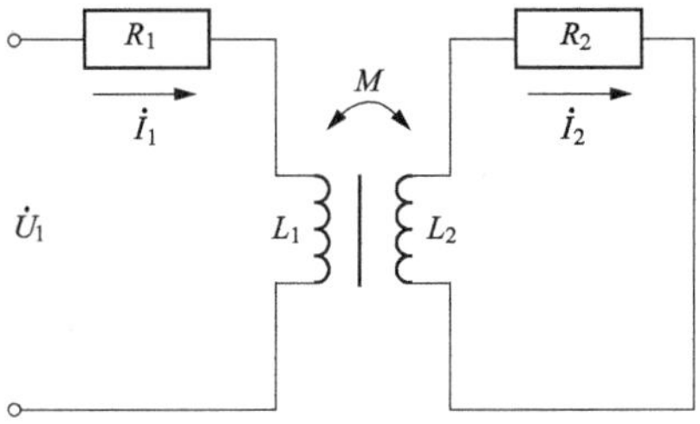

图 8-9　电涡流传感器等效电路图

为实现电涡流位移测量，必须有一个专用的测量电路。这一测量电路（称之为前置器，也称电涡流变换器）应包括具有一定频率的稳定的振荡器和一个检波电路等。电涡流传感器位移测量实验框图如图 8-10 所示。

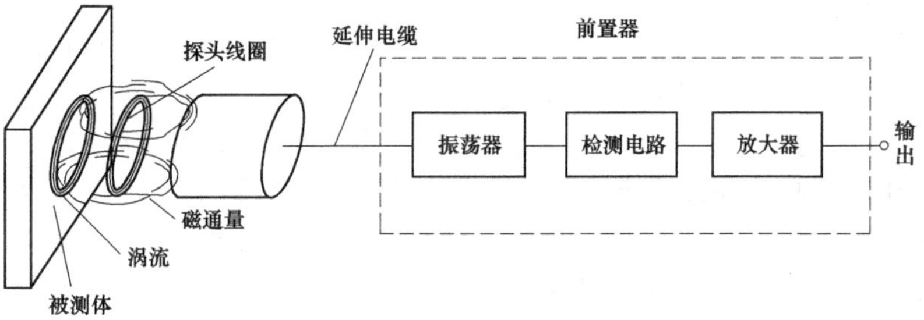

图 8-10　电涡流位移特性实验原理框图

本实践的涡流变换器为变频调幅式测量电路，电路原理如图 8-11 所示。电路组成：① Q1、C1、C2、C3 组成电容三点式振荡器，产生频率为 1MHz 左右的正弦载波信号。电涡流传感器接在振荡回路中，传感器线圈是振荡回路的一个电感元件。振荡器作用是将位移变化引起的振荡回路的 Q 值变化转换成高频载波信号的幅值变化。②D1、C5、L2、C6 组成了由二极管和 LC 形成的 π 形滤波的检波器。检波器的作用是将高频调幅信号中传感器检测到的低频信号取出来。③Q2 组成射极跟随器。射极跟随器的作用是输入、输出匹配以获得尽可能大的不失真输出的幅度值。

电涡流传感器是通过传感器端部线圈与被测物体（导电体）间的间隙变化来测物体的振动相对位移量和静位移的，它与被测物之间没有直接的机械接触，具有很宽的使用频率范围(从 0～10Hz)。当无被测导体时，振荡器回路谐振于 f_0，传感器端部线圈 Q_0 为定值且最高，对应的检波输出电压 V_o 最大。当被测导体接近传感器线圈时，线圈 Q 值发生变，振荡器的谐振频率发生变化，谐振曲线变得平坦，检波出的幅值 V_o 变小。V_o 变化反映了位移 X 的变化。电涡流传感器在位移、振动、转速、探伤、厚度测量上得到应用。

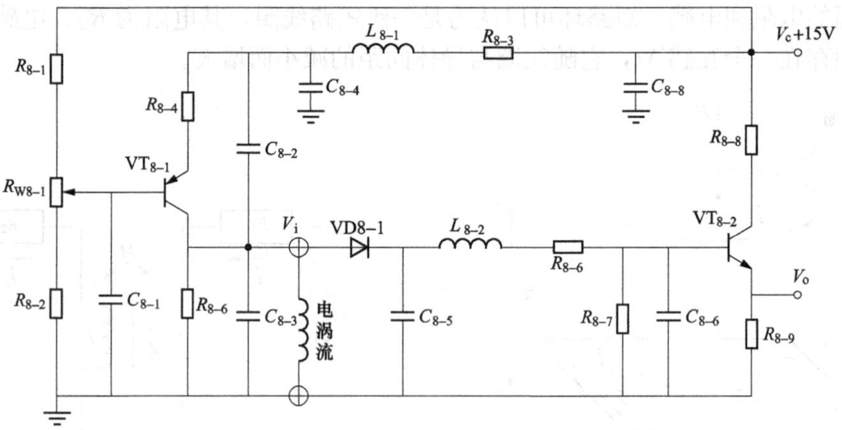

图 8-11　电涡流变换器原理图

本实践需用器件与单元：主机箱中的±15V 直流稳压电源、电压表；电涡流传感器实验模板、电涡流传感器、测微头、被测体（铁圆片）、示波器。

实践步骤为：①观察传感器结构，这是一个平绕线圈。调节测微头的微分筒，使微分筒的 0 刻度值与轴套上的 5mm 刻度值对准。按图 8-12 安装测微头、被测体铁圆片、电涡流传感器（注意安装顺序：首先将测微头的安装套插入安装架的安装孔内，再将被测体铁圆片套在测微头的测杆上；然后在支架上安装好电涡流传感器；最后平移测微头安装套使被测体与传感器端面相帖并拧紧测微头安装孔的紧固螺钉），再按图 8-12 示意接线。②将电压表量程切换开关切换到 20V 挡，检查接线无误后开启主机箱电源，记下电压表读数，然后逆时针调节测微头微分筒，每隔 0.1mm 读一个数，直到输出 U_o 变化很小为止并将数据列入表 8-5 (在输入端即传感器二端可接示波器观测振荡波形)。③根据表 8-5 数据，画出 U_o-X 实验曲线，根据曲线找出线性区域比较好的范围计算灵敏度和线性度（可用最小二乘法或其他拟合直线）。实验完毕，关闭电源。

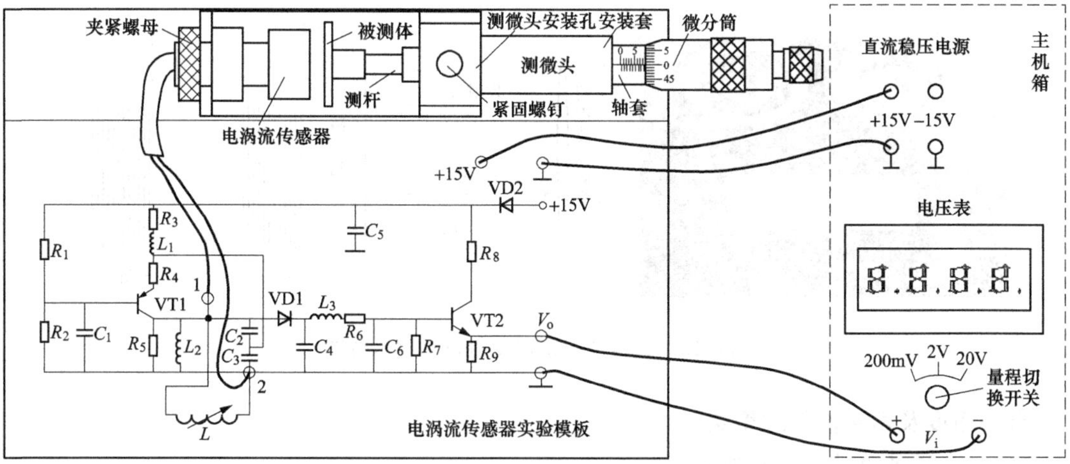

图 8-12　电涡流传感器安装、按线示意图

表 8-5　电涡流传感器位移 X 与输出电压数据

X(mm)										
U_o(V)										

（五）超声波测距实践

本实践的目的是为了了解超声波测距的原理。其基本原理是：超声波发射器向某一方向发射超声波，在发射时刻的同时开始计时，超声波在空气中传播，途中碰到障碍物就立即返回来，超声波接收器收到反射波就立即停止计时。超声波在空气中的传播速度为 340m/s，根据计时器记录的时间 t，就可以计算出发射点距障碍物的距离（s），即 $s=340t/2$。这就是所谓的时间差测距法。超声波测距的原理是利用超声波在空气中的传播速度为已知，测量声波在发射后遇到障碍物反射回来的时间，根据发射和接收的时间差计算出发射点到障碍物的实际距离。由此可见，超声波测距原理与雷达原理是一样的。测距的公式表示为

$$L=CT$$

式中　L——测量的距离长度；

C——超声波在空气中的传播速度；

T——测量距离传播的时间差（T 为发射到接收时间数值的一半）。

超声波测距主要应用于倒车提醒、建筑工地、工业现场等的距离测量，虽然测距量程上能达到百米（本实验装置受工作环境和测试器件的限制能实现一米多的距离），但量的精度往往只能达到厘米数量级。

本实践需用器件与单元：主机箱（+5V 直流稳压电源）；超声波探头，挡板，数据采集模块。实践步骤如下：

（1）如图 8-13 所示把超声波传感器的发射，接收接入数据采集模块（R、T 对应）。

（2）给数据采集板（一）供 5V 电压，检查接线无误后，合上主机箱电源开关，按功能选择键使显示屏显示高电压（C——）。

（3）在超声波探头朝向的方向放入测试挡板，观察数据采集卡上的显示数据变化，当数据显示与测试距离相吻合时，表明达到实验效果，实验正常。

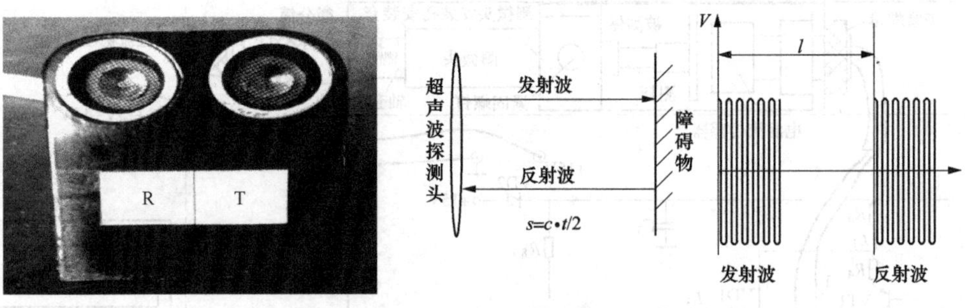

图 8-13 超声波测距仪发射及接收示意图

五、角度及角度位移测量类

（一）多通道角位移测量实践

该实践是为了了解多通道角位移测量原理；并能够依据该测量原理进行角位移测量。测量系统原理图如图 8-16 所示。增量式旋转编码器的内部结构如图 8-14 所示。在刻盘上刻有黑白相间的均匀条纹，其两侧分别装有 3 对发光-光敏管，当转盘随轴转动时 A、B、Z 三个光敏管就可分别接收安装在转盘另一侧 A、B、Z 三个发光管发出的光信号，从而产生光电脉冲信号输出，其中 Z 相每转 1 圈输出一个脉冲，输出的脉冲数目反映了角度位置，其速率反映了速度。转盘上的黑白相间的条纹越多，则分辨率越高，体积也就越大。A、B 相的几何位置使得 A、B 相的电信号输出在相位上相差 1/4 周期（2π/4）其输出特性如图 8-15 所示。从输出特性上可以看到，在一个周期内（相当机械角度 1.8°）A、B 相共有 4 个上、下沿，而每个沿之间相差 90°的电气角。若利用数字电路在编码器 1 个周期内记忆这 4 个上、下沿，在效果上相当于将 1.8°的机械角细分 4 倍，在效果上相当于对其中一相进行 4 倍频程，在相位上严格与角位移同步。依上所述，若选用 E6A2-200 编码器，经上述数字电路处理后可获得：360÷200÷4＝0.45°/脉冲。也就是说，经二次仪表 4 倍频后，可以使系统的测量精度提高 4 倍。

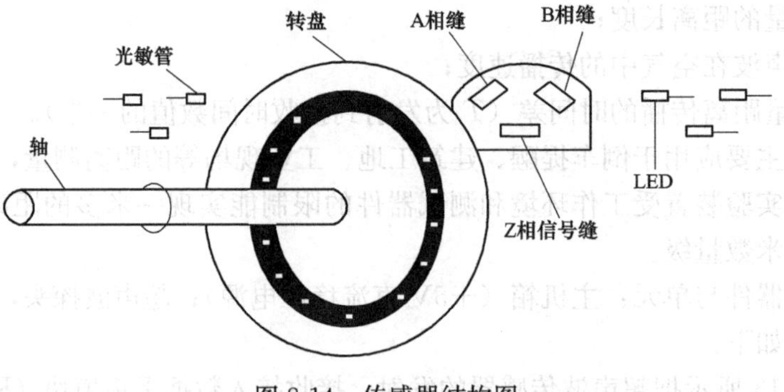

图 8-14 传感器结构图

实践所需用器件与单元：增量式编码器、光敏管、发光管、LED 等、计数器、延时电路、转盘。该传感器测量系统测量通道数：5 路（4 路串行，一种并行）。输出形式：4 路显示，配 RS-232 接口。根据实际需要，选用 OMRON 公司生产的 E6A2-200 型增量式旋转编码器，它的特点价格便宜、体积小、分辨率适中，为 200 脉冲/圈。测量范围：－360°～360°；测试精度：0.45°（配 E6A2-200 编码器），0.0879°（配 E6C-1024 编码器）；有 A、B、C 三相输出，其角度分辨率为 360÷200＝1.8°/脉冲。尽管直接测量不能满足小于 0.5°的测试要求。但可以根据传感器的输出特性在二次仪表上采取措施，达到提高测试精度的目的。图 8-15 为传感器输出波形图。多通道角位移测量系统原理如图 8-16 所示。

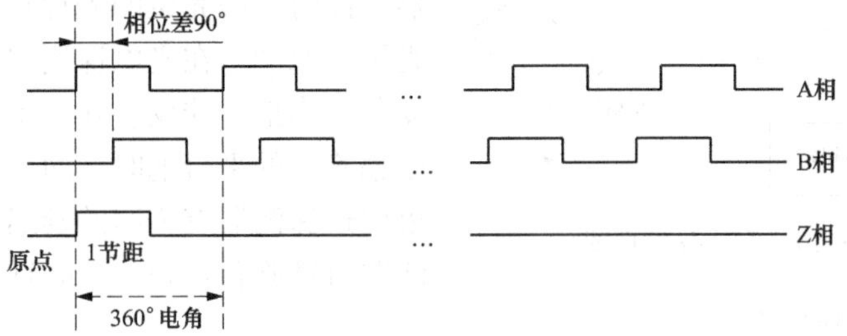

图 8-15　传感器输出波形图

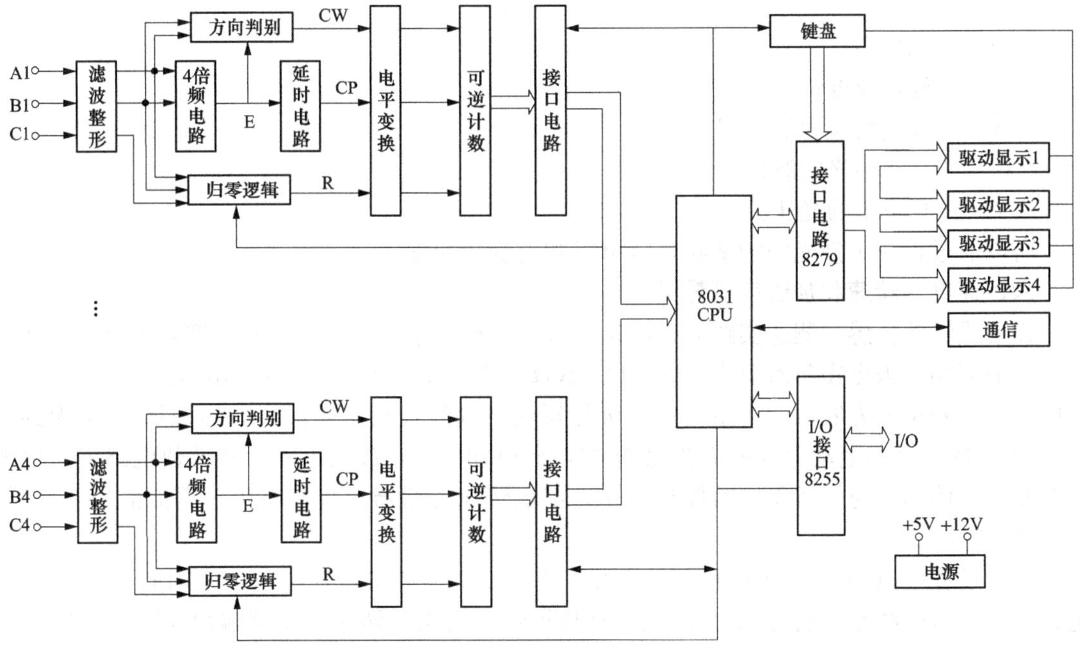

图 8-16　多通道角位移测量系统原理图

（二）基于光纤 Sagnac 干涉仪的旋转角度测量系统实践

该实践项目通过运用光纤 Sagnac 干涉仪的旋转角度测量系统测量角位移实践，掌握基于光纤 Sagnac 干涉仪的旋转角度测量系统的实际应用。Sagnac 干涉仪原理图如图 8-17 所示。利用光纤构成的 Sagnac 干涉仪是一种纯光学静止型的旋转传感器，其灵敏度高，动态范围广、启动快、耗能低、寿命长、抗冲击能力强，结构上具有适应性和冲击性。本系统采用单片机微处理器对信号处理，软件积分，要求得到的实验效果：在转速低于 100°/s 的情况下，能实现角度从－360°～360°的测量，且误差低于 1%。各种光学旋转传感器是以光的

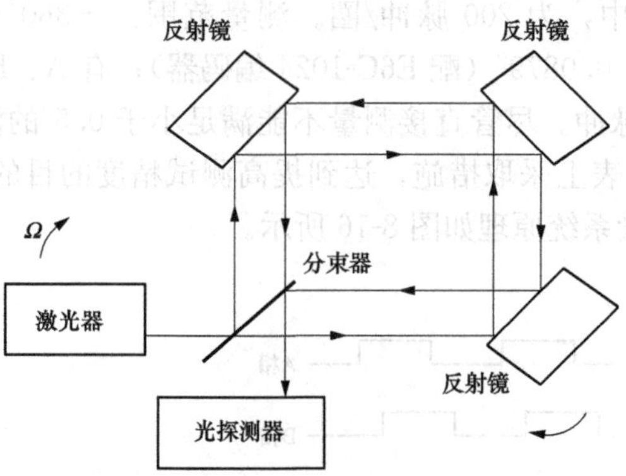

图 8-17 Sagnac 干涉仪原理图

Sagnac 效应为基础开发出来的，图 8-17 为 Sagnac 干涉仪结构图。激光经分束器分为反射和投射两部分。这两束光均由反射镜反射形成传播方向相反的闭合光路，并在分束器上会合，送入光探测器，同时，一部分返回到激光器。此时，两光束的光程长度相等。根据双束光干涉原理，在光电探测器上探测不到光强的变化。当把干涉仪装在一个可绕垂直于光束平面轴旋转的平台上时，两束传播方向相反的光束到达探测器有不同的延迟。若平台以角速度 Ω 顺时针旋转，则在顺时针方向传播的光较逆时针方向传播的光延迟大。

这样，相位延迟量可表示为

$$2\Phi=\frac{8\pi A\Omega}{\lambda_0 c}$$

式中 Φ——相位角；

Ω——旋转速度；

A——光路所包含的面积；

λ_0——真空中光的波长；

c——真空中的光速。

所以通过检测干涉光强的变化，就可以知道旋转速度。

六、速度、转速和加速度测量类

霍尔式转速传感器测速实践的目的是了解并掌握霍尔传感器的测速原理；了解霍尔转速传感器的应用。根据霍尔效应表达式：$U=KIB$，当 KI 不变时，在转速圆盘上装上 N 只磁性体，并在磁钢上方安装一霍尔元件。圆盘每转一周经过霍尔元件表面的磁场 B 从无到有就变化 N 次，霍尔电动势也相应变化 N 次，此电动势通过放大、整形和计数电路就可以测量被测旋转体的转速。所需用器件与单元：霍尔转速传感器、转速电机，模拟信号变换器，频率/转速表。

实践过程中应注意：①转速电机采用普通直流轴流风机，在电压恒定时转速不一定稳定。②转速电机圆盘上装有 12 只磁钢，圆盘每转一周霍尔转速传感器输出 12 个脉冲信号。③频率/转速表的转速挡内部已设置：每 12 个脉冲为一个计数单位，不能改变，分辨率：5r/min。④电机最高转速应控制在 2400r/min 左右。

具体过程：根据图 8-18，图 8-19 将霍尔转速传感器装于转动源的传感器调节支架上，探头对准转盘内的磁钢 2～3mm。引线插入相应插座。霍尔转速传感器输出（转速信号输出 f_o）端，接入转速/频率表（转速挡）。将模拟信号变换器 V/V 单元的输出接入转速电机前“外控输入”端，抬起 S_{16} 开关。节相关电位器使电机旋转，待转速稳定后转速/记下频率表读数。建议：隔 250r/min 记录一次。

七、力、力矩和应力测量类

（一）压阻式压力传感器特性实践

通过该实践能够了解扩散硅压阻式压力传感器测量压力的原理和方法。扩散硅压阻式压

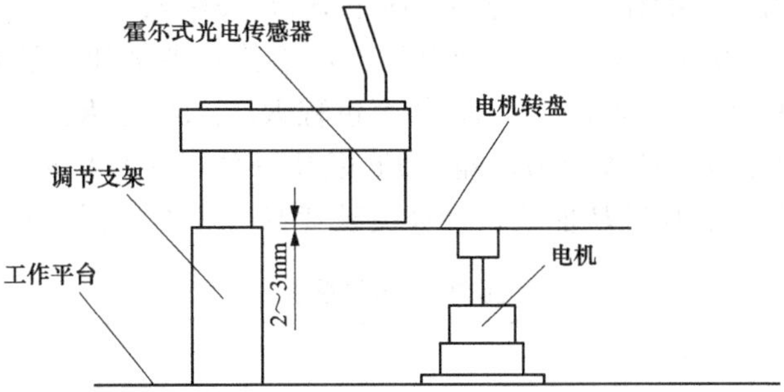

图 8-18　霍尔光电转速传感器安装示意图

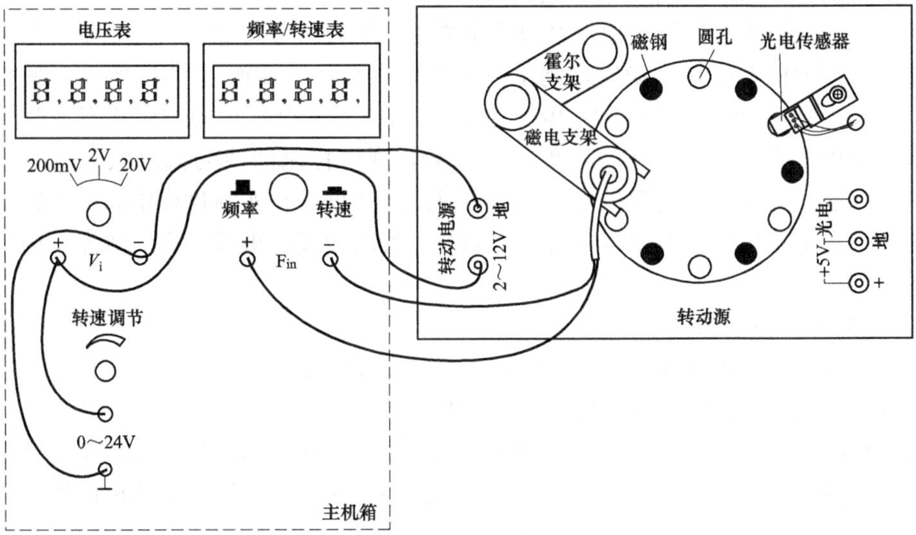

图 8-19　磁电转速传感器测速接线示意图

力传感器在单晶硅的基片上扩散出 P 型或 N 型电阻条并接成电桥。在压力作用下，基片产生应力，根据半导体的压阻效应，电阻条的电阻率会产生很大变化而引起电阻值的变化，我们把这一变化量引入测量电路，则其输出电压的变化反映了所受到的压力变化。需用器件与单元：压力源（已在主控箱内）；压阻式压力传感器；通用放大器（Ⅱ）；流量计；气源连接导管；数显表。实践时应注意：①压阻式压力传感器采用差压式，有两只气嘴一只为高压嘴（H），另一只为低压嘴（L）。高压嘴（H）接压力输入，低压嘴（L）接大气，最大压力输入：30kPa。流量计上的调节旋钮一般不要动，否则会影响压力输出。②电压表分辨率为：1/1999，即：0.5/1000，并存在“±1”个字的量化误差，在系统精度范围外的数字跳动属正常现象。③通用放大器（II）调零时数显电压表需从 20V 挡逐步逐步减小。

其实践过程为：根据压力源面板示意图（实践台上有标注），压缩泵、流量计之间的气管在内部已接好。将硬气管一端插入压力源面板上的气源快速插座中（注意管子拉出时请用手按住气源插座边缘往内压，则硬管可轻松拉出）。软导管一端与压力传感器高压嘴（H）接通。压力源功率“控制方式”开关置“手动”位。通用放大器（Ⅱ）的 S_5 开关置相应位，先不要给传感器加压，将通用放大器（Ⅱ）R_{w1}、R_{w3} 顺时调至调最大，抬起 S_{15} 开关，调

R_{w2}使第一级仪表专用放大器输出V_{o3}为零。压下S_{15}开关接入第二级反相放大器，调R_{w4}使V_{o4}(V_o）为零。打开压力源开关，调手动电位器，给传感器加压，逐步调节R_{w3}至适当位[最高压力 30kPa 时V_{o4}(V_o）为 2～5V]，整个过程R_{w1}、R_{w2}、R_{w4}不要动。逐步调小压力至 5kPa，记下电压表读数，调大压力每隔 5kPa 记录一次，填入表 8-6 中。也可用特性实验 PC 数据采集软件操作。作出 V-P 曲线，计算灵敏度 S 和非线性误差 δ。

表 8-6　　压力-电压关系表

压强（kPa）	4	8	12	……
电压（mV）				

观察输出曲线、绿线表示测量（过程量）输出曲线。随着实验进行绿线将逐步靠近黄线，说明压力值正逐步接近设定值，经过几个周期，压力值趋与稳定，注意观察稳定后偏差指示大小。若压力值不能趋与稳定，则是系统产生震荡，需要改变 PID 参数。改变压力设定值（下降或上升），观察控制曲线的输出状况及测量（过程量）的响应状态。改变转速压力设定值，分别改变 PID 三个参数中的任一参数，观察控制曲线的输出状态及测量（过程量）的响应状态。界面左边是数据框，表示实时测量数据。在实验过程中如按“暂停”按钮则采样终止，单击“历史”按钮可察看整个调节过程的曲线，再按一次“暂停”按钮，采样继续进行。

（二）应变片全桥性能实践

本实践的目的为了解应变片全桥工作原理、特点及性能。

实践的基本原理为：应变片全桥特性实验原理如图 8-20 所示。应变片全桥测量电路中，将应力方向相同的两应变片接入电桥对边，相反的应变片接入电桥邻边。当应变片初始阻值：$R_1=R_2=R_3=R_4$，其变化值 $\Delta R_1=\Delta R_2=\Delta R_3=\Delta R_4$ 时，其桥路输出电压 $U_o \approx (\Delta R/R)E=K\varepsilon E$。其输出灵敏度比半桥又提高了一倍，非线性得到改善。

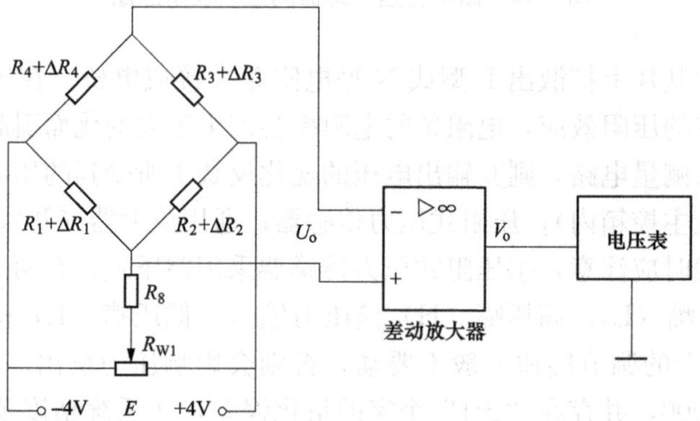

图 8-20　应变片全桥特性实验接线示意图

该实践需用器件和单元：主机箱中的±2V～±10V（步进可调）直流稳压电源、±15V 直流稳压电源、电压表；应变式传感器实践模板、托盘、砝码。

该实践的具体步骤为：①应变传感器实验模板由应变式双孔悬臂梁载荷传感器（称重传感器）、加热器+5V 电源输入口、多芯插头、应变片测量电路、差动放大器组成。实验模板中的R1（传感器的左下）、R2（传感器的右下）、R3（传感器的右上）、R4（传感器的左上）为称重传感器上的应变片输出口；没有文字标记的5个电阻符号是空的无实体，其中4个电阻符号组成电桥模型是为电路初学者组成电桥接线方便而设；R5、R6、R7是350Ω固定电阻，是为应变片组成单臂电桥、双臂电桥（半桥）而设的其他桥臂电阻。加热器+5V是传感器上的加热器的电源输入口，做应变片温度影响实验时用。多芯插头是振动源的振动梁上的应变片输入口，做应变片测量振动实验时用。②将托盘安装到传感器上，如图8-21所示。③实验模板中的差动放大器调零：按图8-22示意接线，将主机箱上的电压表量程切换开关切换到2V挡，检查接线无误后合上主机箱电源开关；调节放大器的增益电位器R_{W3}合适位置（先顺时针轻轻转到底，再逆时针回转1圈）后，再调节实验模板放大器的调零电位器R_{W4}，使电压表显示为零。

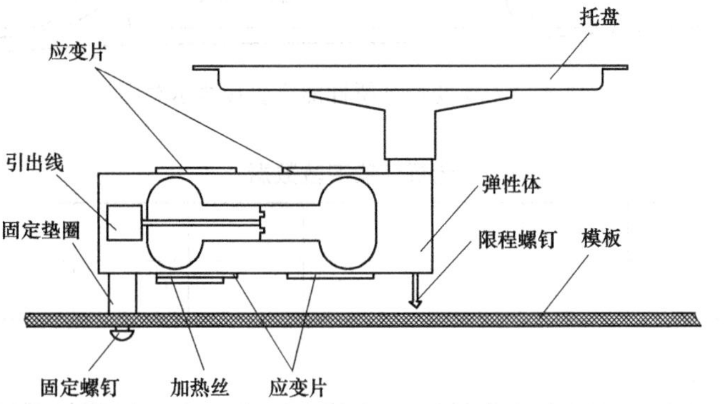

图8-21　传感器托盘安装示意图

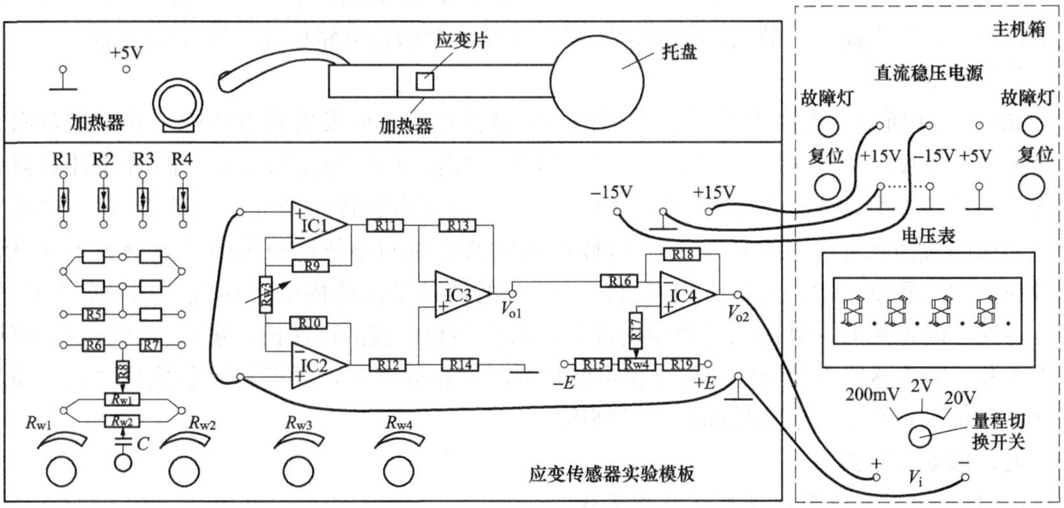

图8-22　差动放在器调零接线示意图

按图8-23示意接线外，将实验数据填入表8-7作出实验曲线并进行灵敏度和非线性误差计算。实验完毕，关闭电源。

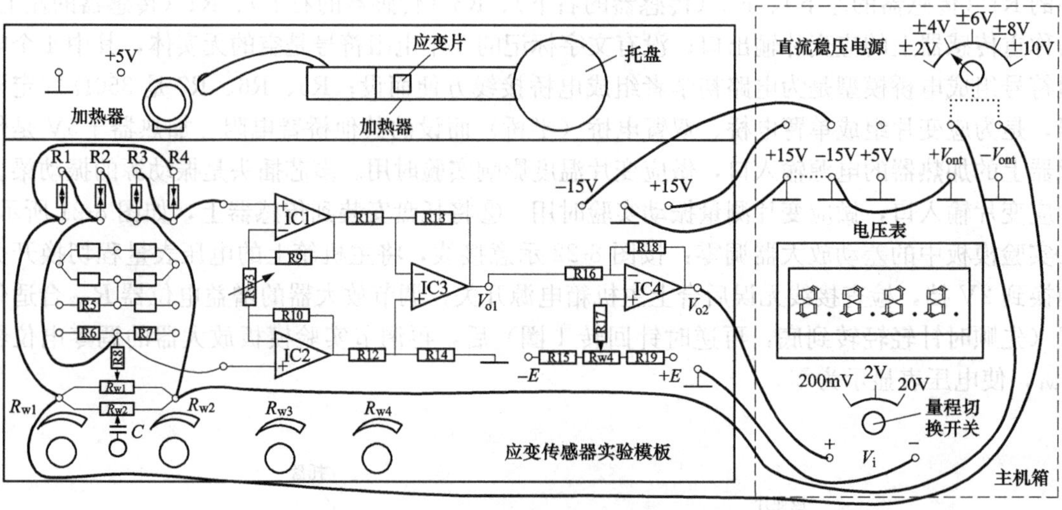

图 8-23 应变片全桥性能实验接线示意图

表 8-7　　全桥性能实验数据

质量（g）										
电压（mV）										

八、流量测量类

通过该实践了解并掌握超声波测量流量的基本原理。本流量测量系统为了测量数十毫米的小管径流量可以采用回鸣时差法，即在测量顺流、逆流的时差时，应用回鸣技术加大声程，以增大时差，其测量原理如图 8-24 所示。本实践需用器件与单元：超声波发生器、接收器，放大滤波电路，计数器，辅助计数器，自动控制增益电路单元，脉宽调制器。

其过程如下：

如图 8-24 所示：当换能器 TR_1 发射的超声脉冲逆流方向发射到液体中，并穿过对面管壁被换能器 TR_2 接收到时，立即使发射回路再次发射，形成逆流回鸣环；同时在计数器内计数。假设预置数为 M，当计数到 M 时，控制发收切换装置转换成由换能器 TR_2 顺流发射，形成顺流回鸣环，亦重复 M 次。这样得到的两个时间差便比原来的时差增大了 M 倍。并且在声楔、管壁内的固定延时相互抵消，得到的纯粹是液体内的顺逆流传播时间差的 M 倍，将这一时差用时钟脉冲在计数器内计数，可得到超声波的声速值，进而得到流量。应用 CPLD 来产生传感器驱动信号，并对超声波传播时间精确测量，要求测量系统精度高、稳定性好、流量测量系统要求达较高的测量精度。

九、振动测量类

（一）压电式传感器振动测量特性实践

通过该实践了解压电式传感器测量振动的原理和方法。压电式传感器特性系统如图 8-25 所示。压电式传感器由惯性质量块和受压的压电陶瓷片等组成（观察实践用压电加速度计结构）。工作时传感器感受与试件相同频率的振动，质量块便有正比于加速度的交变力作用在压电陶瓷片上，由于压电效应，压电陶瓷片上产生正比于运动加速度的表面电荷，经电荷放

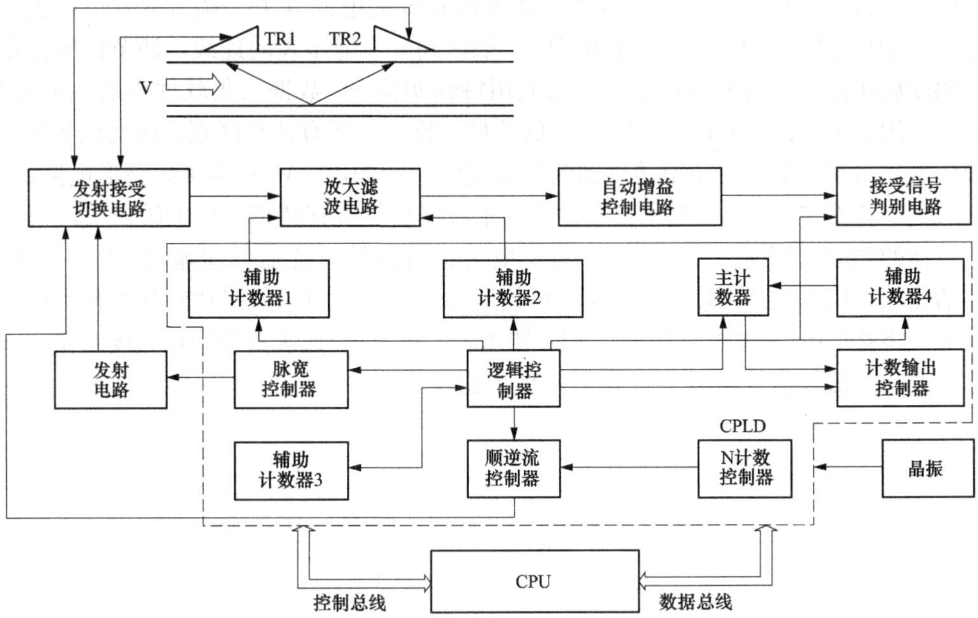

图 8-24　超声波流量测量原理图

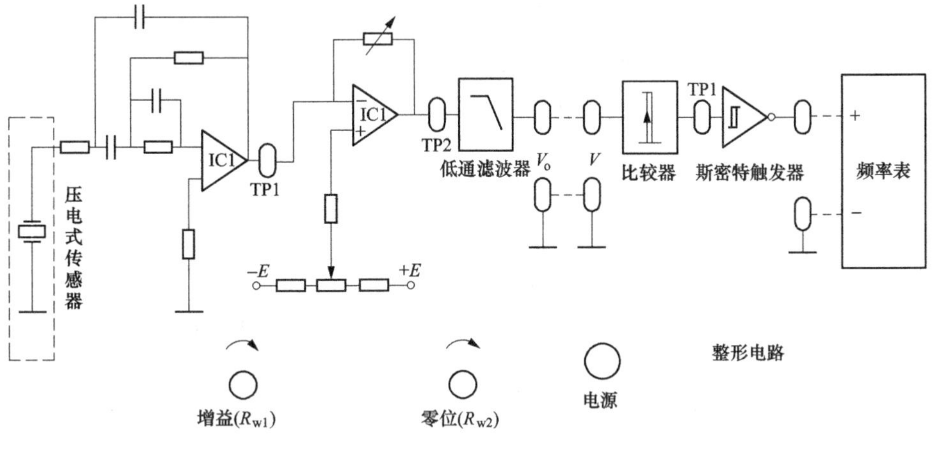

图 8-25　压电传感器特性系统

大器转换成电压，即可测量物体的运动加速度。本实践需用器件与单元：振动梁（顶部装有压电式传感器）、压电式传感器测量系统、整形电路、低通滤波器（原理图如图 8-26 所示）、数字电压表，示波器或用特性实验 PC 数据采集软件中的示波器功能。实践的注意事项：①压电式传感器的输出已接到压电传感器测量系统的输入端，IC1 是电荷放大器。②振动梁的固有谐振频率：8～10Hz。在该点振动梁会发生谐振，(振动幅度突然加大)，应控制好幅度旋钮。

其实践过程如下：

将压电式传感器测量系统的低通输出（V_o）端接到数字电压表。整形电路的输入，整形电路的输出接示波器或用特性实验 PC 数据采集软件中的示波器功能。调节低频振荡器的频率及幅度旋钮置最小位。打开压电传感器测量系统的电源开关。调节 R_{W1} 至最大，调节 R_{W2} 使数字电压表为零。撤除低通输出（V_o）端接到数字电压表的连线。调节低频振荡器的频率及幅度旋钮使振动台振动，用示波器或用特性实验 PC 数据采集软件中的示波器功能：分别观察 TP1、TP2、低通输出（V_o）端的波形。比较一下有什么区别，改变低频振荡器的频率或幅度，重复上步，将压电传感器测量系统的低通输出（V_o）端接到整形电路的输入，用示波器或用特性实验 PC 数据采集软件中的示波器功能观察整形电路的输出端波形。改变低频振荡器的频率或幅度，重复上步，将压电传感器测量系统的低通输出（V_o）端接到整形电路的输入，用示波器或用特性实验 PC 数据采集软件中的示波器功能观察整形电路的输出端波形。将整形电路的输出端接到频率/转速表，频率/转速表置频率挡，读出振动梁的振动频率，并与“低频信号输出 f_o”的频率做个比较。

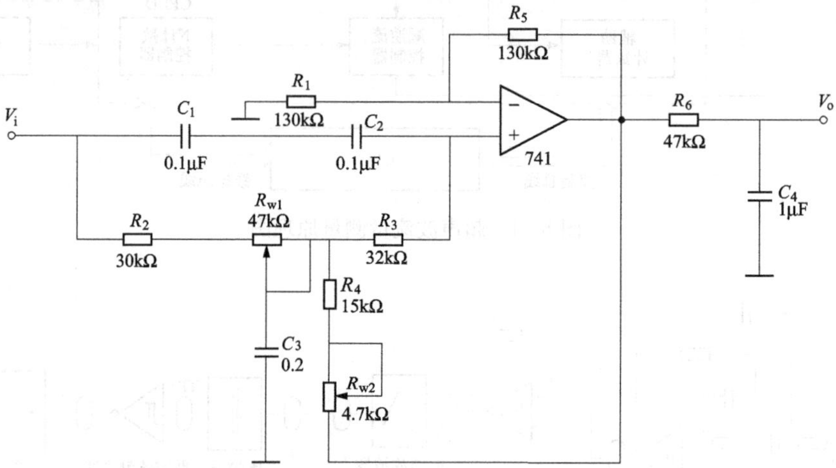

图 8-26 低通滤波器原理图

（二）激光多普勒效应微小振动测量实践

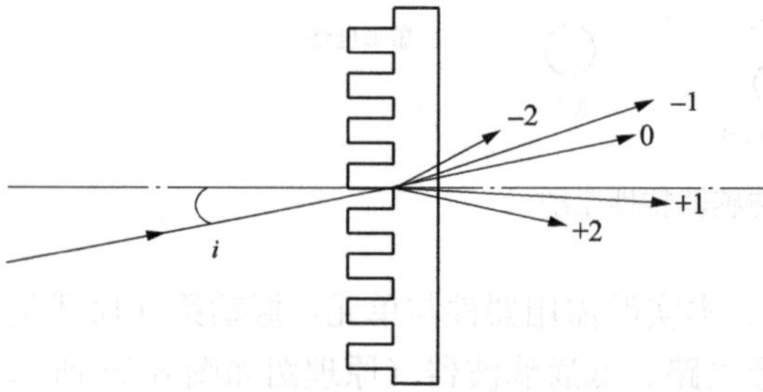

图 8-27 光栅衍射多普勒效应原理图

通过该实践了解激光多普勒效应得原理。光栅衍射多普勒效应原理如图 8-27 所示。激光的入射角为 i，波长为 λ，频率为 f_0，第 k（$k=0$，±1，$\pm2\cdots$）级衍射光的衍射角为 α_k，光栅的运动速度为 v，光栅长度为 d，根据光栅方程 $d(\sin i \pm \sin\theta)=k\lambda$，第 k 级衍射光的频率为 $f_k=f_0+kv/d$，由此可得到第 k 级衍射光束的频移为

$$\Delta f_k = k\,\frac{v}{d}$$

由上式可见，级衍射光 $\Delta f_{\pm1}=\pm v/d$。衍射光束的多普勒频移只与光栅长度 d、衍射级次 k、运动速度 v 有关，而与入射光的方向及激光的波长无关。有利于提高测量精度。实践需用器件与单元：图 8-28 是光栅切向振动测量装置的光路结构，信号处理及数据采集系

统的原理图。该系统的光路部分由激光器、透射光栅Ⅰ、透镜Ⅰ、$\lambda/4$ 波片、透镜Ⅱ、反射光栅Ⅱ、反射棱镜、渥拉斯顿棱镜、光电接收器件等组成；信号处理及数据采集部分由放大器、滤波器、数据采集板（包括模数转换器 A/D）等组成。实践注意事项及特点：为了提高测量微小振动的精密和动态范围，提出一种基于激光光栅多普勒效应的微振动测量系统。通过对差拍信号的频率分析，以峰值频率比值的方法可以排除干扰获得被测振动频率，找到振动的翻转并判断振幅的大小。对于小于计数当量的位移由测量电压得到，提高微小振动位移的测量精度以及系统测量的最小分辨率、动态范围。该系统的频率范围为0.5～500Hz，振幅为 10～20mm，相对误差小于 1%，其动态范围大于 100dB。光学多普勒测量无须干涉仪组成、精密装配，多普勒频移与被测速度矢量呈线性关系，不受环境条件影响，适合研究任何复杂的物体运动。

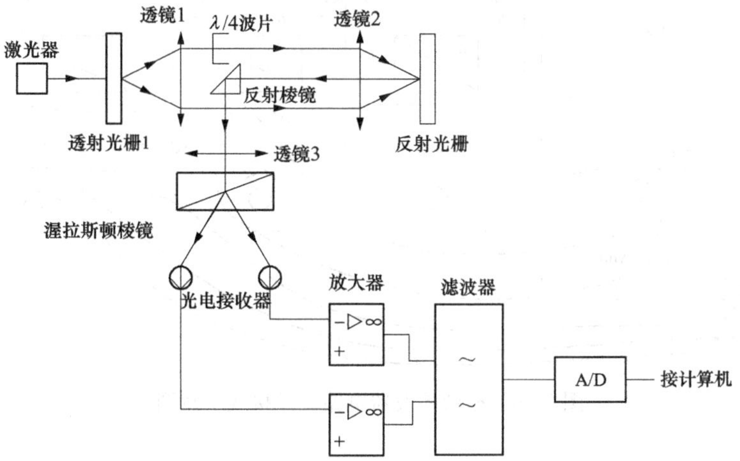

图 8-28　光路结构、信号处理及数据采集原理图

（三）差动变压器的应用—振动测量实验

实践目的：了解差动变压器测量振动的方法。

其基本原理：由变压器性能基本原理可知，当差动变压器的衔铁连接杆与被测体接触连接时就能检测到被测体的位移变化或振动。

需用器件与单元：主机箱中的±2～±10V（步进可调）直流稳压电源、±15V 直流稳压电源、音频振荡器、低频振荡器；差动变压器、差动变压器实验模板、移相器/相敏检波器/滤波器模板；振动源、双踪示波器。

具体实践步骤为：

（1）相敏检波器电路调试：①将主机箱的音频振荡器的幅度调到最小（幅度旋钮逆时针轻轻转到底），将±2～±10V 可调电源调节到±2V 挡，再按图 8-29 示意接线，检查接线无误后合上主机箱电源开关，调节音频振荡器频率 $f=5\text{kHz}$，峰-峰值 $V_{p-p}=5\text{V}$（用示波器测量。提示：正确选择双踪示波器的“触发”方式及其他设置，触发源选择内触发 CH1、水平扫描速度 TIME/DIV 在 0.1ms～10 μs 范围内选择、触发方式选择 AUTO；垂直显示方式为双踪显示 DUAL、垂直输入耦合方式选择直流耦合 DC、灵敏度 VOLTS/DIV 在 1～5V 范围内选择。当 CH1、CH2 输入对地短接时移动光迹线居中后再去测量波形）。调节相敏检波器的电位器钮使示波器显示幅值相等、相位相反的两个波形。到此，相敏检波器电路已调试完毕，以后不要触碰这个电位器钮。关闭电源。②将差动变压器卡在传感器安装支架的U形槽上并拧紧差动变压器的夹紧螺母，再安装到振动源的升降杆上，如图8-30所示。调整传感器安装支架使差动变压器的衔铁连杆与振动台接触，再调节升降杆使差动变压器衔铁大约处于L1初级线圈的中点位置。③将音频振荡器和低频振荡器的幅度电位器逆时针轻轻转到底（幅度最小），按图8-30接线，并调整好有关部分，调整如下：

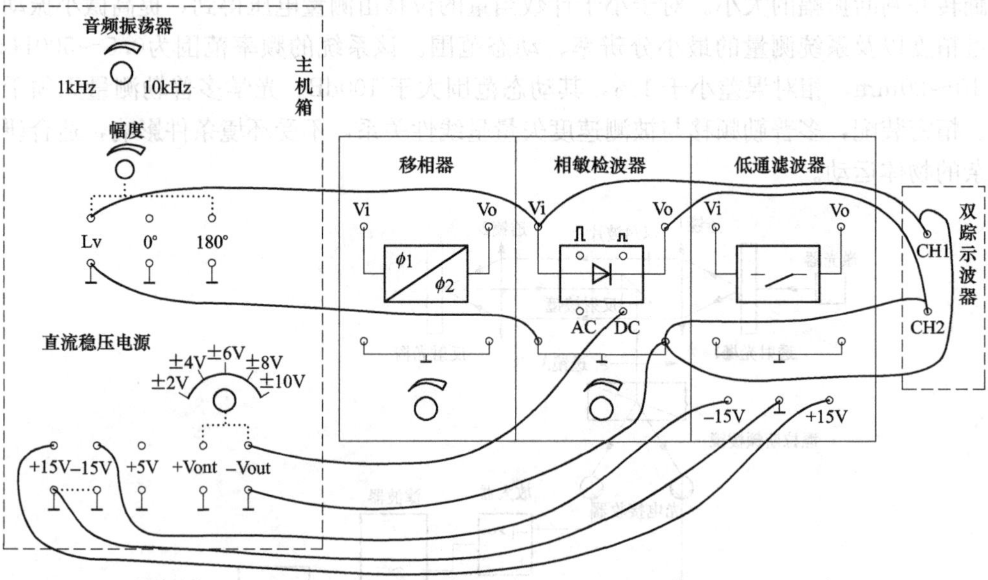

图 8-29　相敏检波器电路调试接线示意图

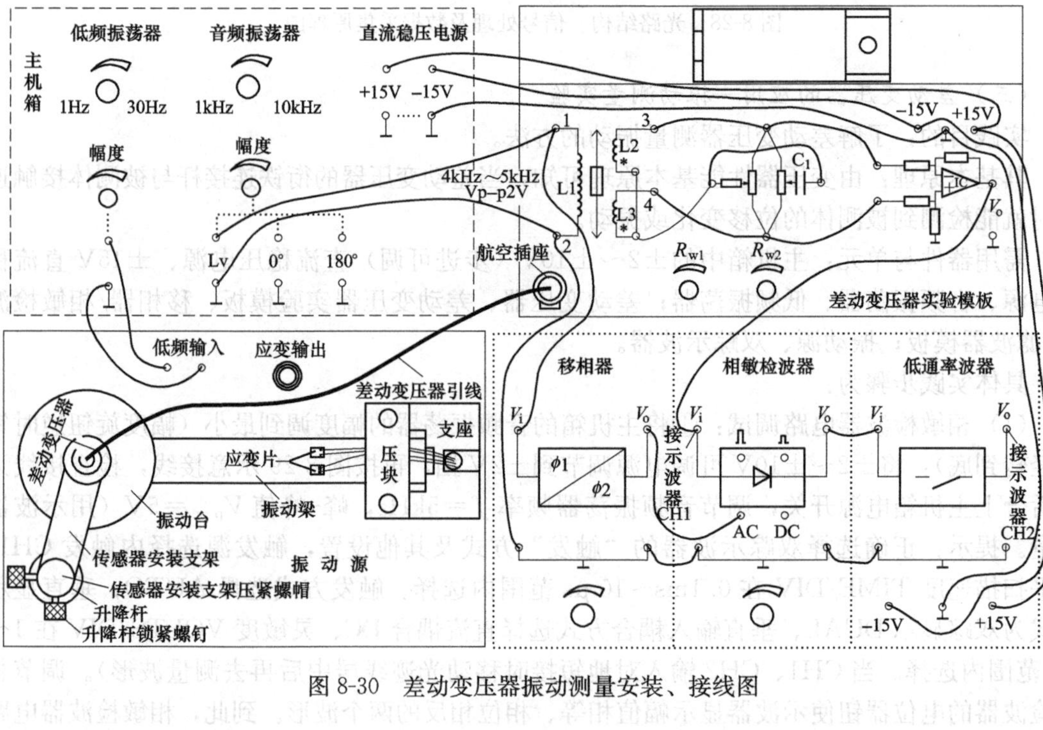

图 8-30　差动变压器振动测量安装、接线图

(2) 检查接线无误后，合上主机箱电源开关，用示波器 CH1 通道监测音频振荡器 LV 的频率和幅值，调节音频振荡器的频率、幅度旋钮使 LV 输出 4～5kHz、$V_{op-p}=2V$。

(3) 用示波器 CH2 通道观察相敏检波器输出（图中低通滤波器输出中接的示波器改接到相敏检波器输出），用手往下按住振动平台（让传感器产生一个大位移）仔细调节移相器的移相电位器钮，使示波器显示的波形为一个接近全波整流波形。

(4) 手离开振动台，调节升降杆（松开锁紧螺钉转动升降杆的铜套）的高度，使示波器显示的波形幅值为最小。

(5) 仔细调节差动变压器实验模板的 R_{W1} 和 R_{W2}（交替调节）使示波器（相敏检波器输出）显示的波形幅值更小，趋于一条接近零点线（否则再调节 R_{W1} 和 R_{W2}）。

(6) 调节低频振荡器幅度旋钮和频率（8Hz 左右）旋钮，使振动平台振荡较为明显。用示波器观察相敏检波器的输入、输出波形及低通滤波器的输出波形［正确选择双踪示波器的"触发"方式及其他（TIME/DIV：在 50～20mS 范围内选择；VOLTS/DIV：0.1～1V 范围内选择）设置］。

定性地作出相敏检波器的输入、输出及低通滤波器的输出波形。实验完毕，关闭主机箱电源。

十、成分与物性测量类

（一）气敏（酒精）传感器气体浓度测量实践

通过该实践了解气敏传感器的工作原理及特性。气敏传感器是由微型 AL_2O_3 陶瓷管和 SnO_2 敏感层、测量电极（A—B）和加热器（f—f）构成。在正常情况下，SnO_2 敏感层在一定的加热温度下具有一定的表面电阻值（10MΩ 左右），当遇有一定含量的酒精成分气体时，其表面电阻（Ra-b）可迅速下降，通过检测回路（R_{W1}）可将这变化的电阻值转成电压信号输出。实践所需用器件与单元：气敏传感器测量系统、酒精棉球。在实践的过程中应注意：①SnO_2 气敏（酒精）传感器需加热后使用。②SnO_2 气敏传感器的精度不高，约 5/100。③传感器输出电压是非线性的，用户可作为电路设计自行修正。

实践基本过程为：准备好酒精棉球。然后打开气敏传感器测量系统电源开关，给气敏传感器预热数分钟，（按正常的工作标准应为 10min）若时间较短可能会产生较大的测试误差。将酒精棉球逐步靠近传感器，观察红色 LED 指示灯的点亮情况，移开酒精棉球，观察指示灯的熄灭情况。在已知所测酒精浓度的情况下，调整 R_{W1} 可进行输出电压的满度标定。

（二）湿度传感器湿度测量实践

通过该实践了解湿度传感器的工作原理及特性。湿敏测量原理图如图 8-31 所示。本实验采用的是高分子薄膜湿敏电阻。感测机理是：在绝缘基板上溅射了一层高分子电解质湿敏膜，其阻值的对数与相对湿度成近似的线性关系，通过电路予以修正后，可得出与相对湿度呈线性关系的电信号。实践所需用器件与单元：湿敏传感器测量系统，数字电压表；温湿棉球。注意事项：①本实验的湿度传感器已由内部放大器进行放大、校正，输出的电压信号与相对湿度成近似线性关系，标定在：0～2.5V→0～95%RH。②湿度传感器脱湿时间较长。

实践的具体过程：①准备好温湿棉球。②打开气敏传感器测量系统电源开关，给传感器预热片刻。③将温湿棉球逐步靠近传感器（如没有温湿棉球也可对准传感器吹气）观察红色 LED 指示灯的点亮情况，移开棉球，观察指示灯的熄灭情况。④R_{W1} 可进行输出电压的满度标定。

表 8-8　　湿度—电压关系表

湿度（RH%）							
电压（V）							

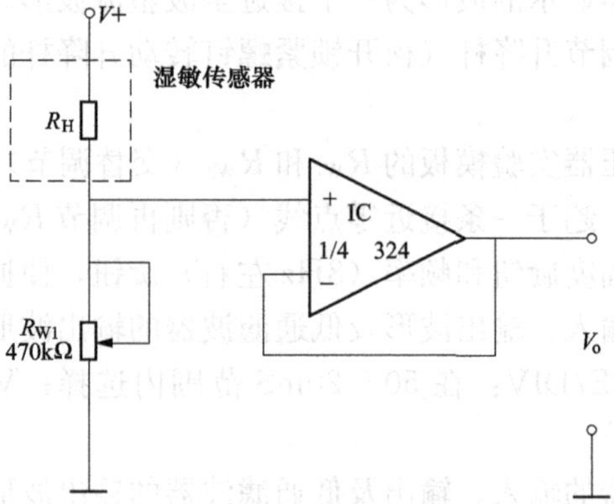

图 8-31　湿敏测量原理图

本章小结

本章主要介绍在一定的软件及硬件平台支持下传感器的工程实践方法，以传感器理论知识为基础，通过一定的实践方式与方法对不同的参数进行检测、测量及数据处理，其中包括温度测量，长度及线位移测量，角度及角度位移测量，速度、转速及加速度测量，力、力矩和应力测量，流量测量，振动测量，成分与物性测量，所提出的工程实践内容，涉及了传感器测量的诸多方面。通过对本章实践方法的掌握，可以加深对理论知识的学习深度，对于理论和实践的有机结合起到非常重要的作用。

习题与思考题

8-1　在进行超声波测距过程中，盲区与哪些因素有关？

8-2　在应变片实践进行完毕后，对实践过程中取得的数据进行分析，哪些因素与应变片测量的线性度误差有关？哪些因素与应变片的灵敏度有关？

8-3　应变片测力的原理是什么？若进行温度补偿，思考其作用。

8-4　在整形电路及施密特触发器性能实践中，当保持振动源的频率一定而幅度变化时，整形电路的输入输出信号波形的变化有什么特点？为什么？

8-5　简述热电偶测温原理，试分析影响测温精度的因素。

8-6　什么是多普勒效应？试分析利用多普勒效应测量振动的原理。

8-7　电涡流传感器位移特性实验中的测量原理是什么？

8-8　根据表 8-2 所填数据计算灵敏度 S，并分析影响灵敏度的因素。

8-9　流量测量实践中，简述超声测流量过程中的测量原理及方法。

8-10　利用光纤还可以测量哪些参量？其基本原理是什么？

8-11　利用开关式霍尔传感器测转速时被测对象要满足什么条件？

8-12　除了书中介绍的测量振动的方法，还有哪些测量振动的方法？简述其原理。

8-13　利用应变片测量过程中，当两组对边（R_1、R_3 为对边）电阻值 R 相同时，即 $R_1=R_3$，$R_2=R_4$，而 $R_1 \neq R_2$ 时，是否可以组成全桥？

8-14　差动变压器输出经相敏检波器检波后是否消除了零点残余电压和死区？从实验曲线上能理解相敏检波器的鉴相特性吗？

8-15　磁电式转速传感器测很低的转速时会降低精度，甚至不能测量。如何创造条件保证磁电式转速传感器正常测转速？能说明理由吗？

参 考 文 献

[1] 季维发，过润秋，严武升，等．机电一体化技术．北京：电子工业出版社，1995.

[2] 张建民．机电一体化系统设计．北京：北京理工大学出版社，1996.

[3] 刘政华，何将三，龙佑喜，等．机械电子学．长沙：国防科技大学出版社，1999.

[4] 胡泓，姚伯威．机电一体化原理及应用．北京：国防工业出版社，1999.

[5] 刘经燕．测试技术及应用．广州：华南理工大学出版社，2001.

[6] 于永芳，郑仲民．检测技术．北京：机械工业出版社，2000.

[7] 刘君华．智能传感器系统．西安：西安电子科技大学出版社，1999.

[8] 李迅波．机械工程测试技术基础．成都：电子科技大学出版社，1998.

[9] 强锡富．传感器．北京：机械工业出版社，2000.

[10] 单成祥．传感器的理论与设计基础及其应用．北京：国防工业出版社，1999.

[11] 吴道悌．非电量电测技术．西安：西安交通大学出版社，2001.

[12] 黄继昌，徐巧鱼，张海贵，等．传感器工作原理及应用实例．北京：人民邮电出版社，1998.

[13] 周杏鹏，仇国富，王寿荣，等．现代检测技术．北京：高等教育出版社，2004.

[14] 王伯雄．测试技术基础．北京：清华大学出版社，2003.

[15] 刘国林，殷贯西．电子测量．北京：机械工业出版社，2003.

[16] 孙传友，孙晓斌．感测技术基础．北京：电子工业出版社，2001.

[17] 张迎新．非电量测量技术基础．北京：北京航空航天大学出版社，2001.

[18] 施文康，余晓芬．检测技术．北京：机械工业出版社，2000.

[19] 常键生．自动检测技术．北京：机械工业出版社，2000.

[20] 马西泰．检测与转换技术．北京：机械工业出版社，2000.

[21] 夏士智．测量系统设计与应用．北京：机械工业出版社，1995.

[22] 张永瑞．电子测量技术基础．西安：西安电子科技大学出版社，1994.

[23] 林德杰．电气测试技术．北京：机械工业出版社，2000.

[24] 国家质量技术监督局计量司．测量不确定度评定与表示指南．北京：中国计量出版社，2000.

[25] 国家质量监督检验检疫总局计量司．测量仪器特性评定指南．北京：中国计量出版社，2003.

[26] 费业泰．误差理论与数据处理．5 版．北京：机械工业出版社，2005.

[27] 董怀武．误差理论在电磁测量中的应用．北京：机械工业出版社，1986.

[28] 周渭．测试与计量技术基础．西安：西安电子科技大学出版社，2004.

[29] 张世萁．测量误差及数据处理．北京：科学出版社，1979.

[30] 叶德培．测量不确定度．北京：国防工业出版社，1996.

[31] 肖明耀．误差理论与应用．北京：计量出版社，1985.

[32] 丁振良．误差理论与数据处理．2 版．哈尔滨：哈尔滨工业大学出版社，2002.

[33] 郑华耀．检测技术．北京：机械工业出版社，2004.

[34] 陈杰，黄鸿．传感器与检测技术．北京：高等教育出版社，2002.

[35] 王元庆．现代传感器原理及应用．北京：机械工业出版社，2003.

[36] 张琳娜，刘武发．传感器检测技术及应用．北京：中国计量出版社，1999.

[37] 温殿忠，赵晓锋．传感器原理及应用．北京：科学出版社，2013.

[38] 王化祥，张淑英．传感器原理及应用．4 版．天津：天津大学出版社，2014.

[39] 吴建平．传感器原理及应用．3 版．北京：机械工业出版社，2016.
[40] 郁有文，常健，程继红．传感器原理及工程应用．4 版．西安：西安电子科技大学出版社，2014.
[41] 彭杰纲．传感器原理及应用．2 版．北京：电子工业出版社，2017.
[42] 胡向东．传感器与检测技术．2 版．北京：机械工业出版社，2013.
[43] 徐科军．传感器与检测技术．4 版．北京：电子工业出版社，2016.
[44] 海涛，李啸骢，韦善革，等．传感器与检测技术．重庆：重庆大学出版社，2016.
[45] 董爱华．检测与转换技术．2 版．北京：中国电力出版社，2014.